陕西国际商贸学院学术著作出版基金资助出版

STM32嵌入式处理器原理

张喜民　著

电子科技大学出版社
University of Electronic Science and Technology of China Press
·成都·

图书在版编目（CIP）数据

STM32嵌入式处理器原理 / 张喜民著. — 成都：电子科技大学出版社, 2021.5

ISBN 978-7-5647-8907-7

Ⅰ. ①S… Ⅱ. ①张… Ⅲ. ①微控制器 Ⅳ. ①TP368.1

中国版本图书馆CIP数据核字(2021)第096767号

STM32嵌入式处理器原理

张喜民　著

策划编辑　　杜　倩　李述娜

责任编辑　　李述娜

出版发行　电子科技大学出版社
　　　　　成都市一环路东一段159号电子信息产业大厦九楼　邮编　610051
主　　页　www.uestcp.com.cn
服务电话　028-83203399
邮购电话　028-83201495

印　　刷　石家庄汇展印刷有限公司
成品尺寸　185mm×260mm
印　　张　24.25
字　　数　620千字
版　　次　2021年5月第1版
印　　次　2021年5月第1次印刷
书　　号　ISBN 978-7-5647-8907-7
定　　价　89.00元

前　言

　　近年来，物联网、移动互联网、大数据和云计算的迅猛发展，渐渐改变了社会的生产方式，大大提高了生产效率和社会生产力。传感器技术、体系架构共性技术、操作系统和物联网与移动互联网、大数据融合关键技术是现在社会发展的重要新型技术，主要被应用在智能制造、智慧农业、智能家居、智能交通和车联网、智慧医疗和健康养老，以及智慧节能环保等领域。

　　随着新型技术的发展，嵌入式开发将成为未来几年非常热门、非常受欢迎的职业之一。STM32 系列微控制器是近年来迅速兴起的基于 ARM Cortex-M3 内核的高端 32 位微控制器的代表。其中，STM32F103 微控制器的工作频率为 72MHz，内置高速存储器、丰富的增强型 I/O 端口和连接到两条 APB 总线的外设。优秀的性能、丰富的外设以及低廉的价格等优点，使其在工业控制、消费电子、汽车电子、安防监控等众多领域得到了广泛应用。

　　嵌入式系统涉及的技术很多，底层和应用层都需要掌握处理器外围接口的驱动开发技术。本书属于嵌入式处理器方面的著作，由 ARM 嵌入式系统概述、Cortex-M3 内核架构、Cortex-M3 指令系统、存储器系统、异常 / 中断处理、功耗管理和系统控制、ARM C 语言基础、STM32 硬件基础、软件开发环境、功能模块原理与开发等几部分组成，全书以 STM32 系列嵌入式微控制器为研究对象，分析其基本概念、内核架构、指令系统、语言基础、功能模块原理等，并对其具体应用进行了分析与探讨，对从事计算机、电子信息类、嵌入式类等方面的研究者与工作人员具有学习和参考价值。

　　笔者在编写此书过程中，参考和引用了大量专家学者的论著和研究资料，已经尽可能在参考文献中列出，谨在此向他们表示由衷的感谢。由于时间仓促和水平所限，书中难免存在一些不足之处，欢迎广大读者批评指正。

著者

2021 年 3 月 20 日

目　录

第1章　STM32 嵌入式系统概述

1.1　嵌入式系统概念

电子计算机是 20 世纪最伟大的发明之一，计算机首先应用于数值计算。随着计算机技术的不断发展，计算机的处理速度越来越快，存储容量越来越大，外围设备的性能越来越好，满足了高速数值计算和海量数据处理的需要，形成了高性能的通用计算机系统。

以往按照计算机的体系结构、运算速度、结构规模、适用领域，将其分为大型机、中型机、小型机和微型机，并以此来组织学科和产业分工，这种分类沿袭了约40年。近20年来，随着计算机技术的迅速发展，计算机技术和产品对其他行业广泛渗透，使得以应用为中心的分类方法变得更为切合实际。具体来说，按计算机系统的非嵌入式应用和嵌入式应用，其被分为通用计算机系统和嵌入式计算机系统。

随着网络通信技术、计算机技术和微电子技术的迅速发展，嵌入式计算机系统已经成为当前 IT 行业的焦点。嵌入式系统因其体积小、可靠性高、功能强和灵活方便等许多优势，逐步渗透到工业、军事、医疗、汽车及日常生活的各个领域。各种各样的新型嵌入式系统设备在使用频率上已经大大超过通用计算机系统。人们已经拥有大大小小各种嵌入式技术的电子产品，小到手表、MP3 等微型数字化产品，大到车辆导航、家用电器、多媒体电器，以及服务行业和工业领域中的医疗设备、工业过程控制、各种智能 ATM 终端等。嵌入式计算机系统在相关行业技术改造、产品更新换代、加速自动化进程，以及提高产品效率等方面起到了越来越重要的推动作用。

1.1.1　嵌入式系统定义

通用计算机具有计算机的标准形式，通过装配不同的应用软件，应用在社会的各个方面。现在，在办公室、家庭中广泛使用的个人计算机（PC）就是通用计算机最典型的代表。

嵌入式计算机则是以嵌入式系统的形式隐藏在各种装置、产品和系统中。在许多应用领域，如工业控制、智能仪器仪表、家用电器、电子通信设备等，对嵌入式计算机的应用有着不同的要求。主要要求如下：

（1）能面对控制对象，如面对物理量传感器的信号输入、面对人机交互的操作控制、面对对象的伺服驱动和控制。

（2）可嵌入应用系统，由于体积小，低功耗，价格低廉，其可方便地嵌入应用系统和电子产品。

（3）能在工业现场环境中长时间可靠运行。

（4）控制功能优良，对外部的各种模拟和数字信号能及时地捕捉，对多种不同的控制对象能灵活地进行实时控制。

可以看出，满足上述要求的计算机系统与通用计算机系统是不同的。换句话讲，能够满足和适合以上这些应用的计算机系统与通用计算机系统在应用目标上有巨大的差异。一般将具备高速计算能力和海量存储、用于高速数值计算和海量数据处理的计算机称为通用计算机系统。而面对控制领域对象，嵌入各种控制应用系统、各类电子系统和电子产品，实现嵌入式应用的计算机系统称为嵌入式计算机系统，简称嵌入式系统。

嵌入式系统是以应用为核心，以计算机技术为基础，软硬件可裁剪，适应应用系统对功能、可靠性、安全性、成本、体积、重量、功耗、环境等方面有严格要求的专用计算机系统。嵌入式系统将应用程序与计算机硬件集成在一起，简单来讲，就是系统的应用软件与系统的硬件一体化。这种系统具有软件代码小、高度自动化、响应速度快等特点，特别适应于面向对象要求的实时和多任务的应用。

特定的环境和特定的功能要求嵌入式系统与所嵌入的应用环境成为一个统一的整体，并且往往要满足紧凑、可靠性高、实时性好、功耗低等技术要求。面向具体应用的嵌入式系统，以及系统的设计方法和开发技术，构成了今天嵌入式系统的重要内涵，也是嵌入式系统发展成为一个相对独立的计算机研究和学习领域的原因。

1.1.2　嵌入式系统的特点

嵌入式系统是集软硬件于一体的、可独立工作的计算机系统。从外观上看，嵌入式系统像是一个"可编程"的电子"器件"；从功能上看，它是对目标系统（宿主对象）进行控制，是智能化的控制器；从用户和开发人员的不同角度来看，与通用计算机相比较，嵌入式系统具有如下特点。

1. 专用性强

由于嵌入式系统通常是面向某个特定应用的，所以嵌入式系统的硬件和软件，尤其是软件，都是为特定用户群设计的，通常具有某种专用性的特点。

2. 体积小型化

嵌入式计算机把通用计算机系统中许多由板卡完成的任务集成在芯片内部，从而有利于实现小型化，方便将嵌入式系统嵌入目标系统中。

3. 实时性好

嵌入式系统广泛应用于生产过程控制、数据采集、传输通信等场合，主要用来对宿主对象进行控制，所以对嵌入式系统有或多或少的实时性要求。例如，对武器中的嵌入式系统，某些工业控制装置中的控制系统等对实时性要求就极高。有些系统对实时性要求也并不是很高，例如，近年来发展速度比较快的掌上电脑等。但总体来说，实时性是对嵌入式系统的普遍要求，是设计者和用户应重点考虑的一个重要指标。

4. 可裁剪性好

从嵌入式系统专用性的特点来看，嵌入式系统的供应者理应提供各式各样的硬件和软件，以备选用，力争在同样的硅片面积上实现更高的性能，这样才能在具体应用中更具竞争力。

5. 可靠性高

由于有些嵌入式系统所承担的计算任务涉及被控产品的关键质量、人身设备安全，甚至国家机密等重大事务，且有些嵌入式系统的宿主对象工作在无人值守的场合，如在危险性高的工业环境和恶劣的野外环境中的监控装置。所以，与普通系统相比较，嵌入式系统对可靠性的要求极高。

6. 功耗低

有许多嵌入式系统的宿主对象是一些小型应用系统，如移动电话、MP3、数码相机等，这些设备不可能配置交流电源或容量较大的电源，因此低功耗一直是嵌入式系统追求的目标。

7. 需专用开发环境和开发工具

嵌入式系统设计完成以后，普通用户通常没有办法对其中的程序或硬件结构进行修改，嵌入式系统本身不具备自主开发能力。嵌入式系统的设计开发必须有一套开发工具和相应的开发环境，如 ADS、IAR、MDK-ARM 等集成开发环境。

1.1.3　嵌入式系统的应用领域

嵌入式系统以其独特的结构和性能，越来越多地应用到国民经济的各个领域。

1. 工业控制

基于嵌入式芯片的工业自动化设备获得了长足的发展，目前已经有大量的 8 位、16 位、32 位嵌入式微控制器在应用中。网络化是提高生产效率和产品质量、减少人力资源的主要途径，如工业过程控制、数字机床、电力系统、电网安全、电网设备监测、石油化工系统等。就传统的工业控制产品而言，低端型采用的往往是 8 位单片机。但是随着技术的发展，32 位、64 位的处理器逐渐成为工业控制设备的核心，在未来几年内必将获得长足的发展。

2. 交通管理

在车辆导航、流量控制、信息监测与汽车服务等方面，嵌入式系统技术已经获得了广泛的应用，内嵌 GPS 模块、GSM 模块的移动定位终端已经在各种运输行业中获得了成功的使用。目前 GPS 设备已经从尖端产品进入了普通百姓的家庭，可以随时随地定位。

3. 信息家电

信息家电领域将成为嵌入式系统最大的应用领域，冰箱、空调等的网络化、智能化将使人们的生活步入一个崭新的空间。即使不在家里，人们也可以通过手机、网络进行远程控制。在这些设备中，嵌入式系统将大有用武之地。

4. 智能家居管理

水、电、煤气表的远程自动抄表，安全防火、防盗系统，家居监视系统中嵌入的专用控制芯片将代替传统的人工检查，并实现远程监控、准确、安全、实时的性能。

5. POS 网络及电子商务

公共交通无接触智能卡（Contactless Smart Card, CSC）发行系统、公共电话卡发行系统、自动售货机等智能 ATM 终端已全面走进人们的生活，在不远的将来手持一张卡就可以行遍天下。

6. 环境工程与自然

在很多环境恶劣、地况复杂的地区需要进行水文资料实时监测、防洪体系及水土质量监测、堤坝安全与地震监测、实时气象信息和空气污染监测等时，嵌入式系统将实现无人监测。

7. 机器人

嵌入式芯片的发展将使机器人在微型化、高智能方面的优势更加明显，同时，会大幅度降低机器人的价格，使其在工业领域和服务领域获得更广泛的应用。

1.1.4　嵌入式系统的开发流程

当前，嵌入式系统开发已经逐步规范化，在遵循一般工程开发流程的基础上，嵌入式系统开发有其自身的一些特点。图1-1为嵌入式系统开发的一般流程，主要包括系统需求分析、体系结构设计、软硬件及机械系统设计、系统集成、系统测试，最终得到产品。

1. 系统需求分析

确定设计任务和设计目标，并提炼出设计规格说明书，作为正式设计指导和验收的标准。系统的需求一般分为功能性需求和非功能性需求两方面。功能性需求是系统的基本功能，如输入输出信号、操作方式等；非功能需求包括系统性能、成本、功耗、体积、重量等因素。

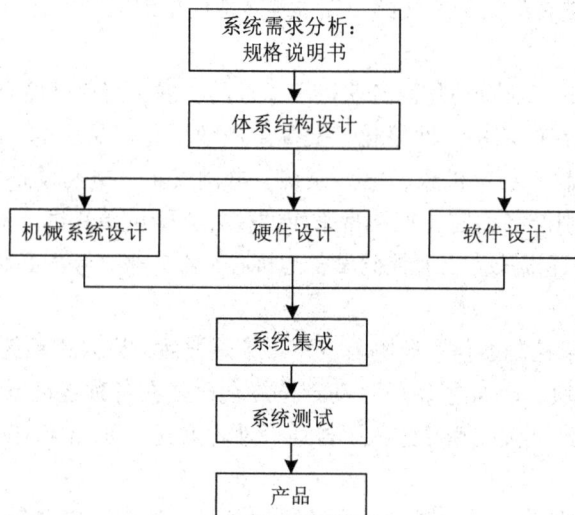

图1-1　嵌入式系统开发流程

2. 体系结构设计

该流程描述系统如何实现所述的功能和非功能需求，包括对硬件、软件和执行装置的功能划分，以及系统的软件、硬件选型等。一个好的体系结构是设计成功与否的关键。

3. 硬件/软件协同设计

该流程基于体系结构，对系统的软件、硬件进行详细设计。为了缩短产品开发周期，设计往往是并行的。嵌入式系统设计的工作大部分都集中在软件设计上，采用面向对象技术、软件组件技术、模块化设计是现代软件工程经常采用的方法。

4. 系统集成

该流程把系统的软件、硬件和执行装置集成在一起，进行调试，发现并改进单元设计过程中的错误。

5. 系统测试

该流程对设计好的系统进行测试，看其是否满足规格说明书中给定的功能要求。

1.2　ARM 嵌入式技术的背景和历史

在众多嵌入式应用系统中，基于 ARM 处理器的嵌入式系统占有极高的市场份额，也是嵌入式系统开发的首选。

1.2.1　ARM 公司

1. 公司简介

ARM 公司（Advanced RISC Machines Ltd）是全球领先的半导体知识产权（IP）提供商，在数字电子产品的开发中处于核心地位。ARM 公司的总部位于英国剑桥，它拥有 1700 多名员工，在全球设立了多个办事处，在比利时、法国、印度、瑞典和美国都有设计中心。

全世界超过 95% 的智能手机和平板电脑都采用 ARM 架构。ARM 设计了大量高性价比、耗能低的 RISC 处理器、相关技术及软件。ARM 技术具有性能高、成本低和能耗省的特点，在智能机、平板电脑、嵌入控制、多媒体数字等处理器领域拥有主导地位。

2. 发展历史

ARM 公司是苹果、诺基亚、Acorn、VLSI、Technology 等公司的合资企业。1991 年，ARM 公司成立于英国剑桥，通过出售芯片技术授权，建立起新型的处理器设计、生产和销售商业模式。ARM 将其技术授权给世界上许多著名的半导体、软件和 OEM 厂商，每个厂商得到的都是一套独一无二的 ARM 相关技术及服务。利用这种合伙关系，ARM 很快成为许多全球性 RISC 标准的缔造者。

总共有 30 家半导体公司与 ARM 签订了硬件技术使用许可协议，其中包括 Intel、IBM、华为、德州仪器、三星半导体、NEC、SONY、飞利浦和 NI 这样的大公司。至于软件系统的合伙人，则包括微软、SUN 和 MRI 等一系列知名公司。

采用 ARM 技术知识产权（IP 核）的处理器，即通常所说的 ARM 处理器，已遍及工业控制、消费类电子产品、通信系统、网络系统、无线系统等各类产品市场，基于 ARM 技术的处理器应用约占据了 32 位 RISC 处理器 75% 以上的市场份额，ARM 技术正在逐步渗入生活的各个方面。

20 世纪 90 年代，ARM 公司的业绩平平，处理器的出货量徘徊不前。由于资金短缺，ARM 公司做出了一个意义深远的决定：自己不制造芯片，而将芯片的设计方案授权给其他公司，由它们来生产。正是这个模式，最终使得 ARM 芯片遍地开花。

进入 21 世纪之后，由于手机制造行业的快速发展，手机出货量呈现爆炸式增长，ARM 处理器占领了全球手机市场。2006 年，全球 ARM 芯片出货量为 20 亿片，2010 年，ARM 合作伙伴的芯片出货量达到了 60 亿片。2014 年基于 ARM 技术的芯片全年全球出货量是 120 亿片，从诞生到现在为止基于 ARM 技术的芯片有 600 亿片。

3. 主要特点

ARM 公司是专门从事基于 RISC 技术芯片设计开发的公司，作为知识产权供应商，本身不直接从事芯片生产，靠转让设计许可由合作公司生产各具特色的芯片，世界各大半导体生产商从 ARM 公司购买其设计的 ARM 处理器核，根据各自不同的应用领域，加入适当的外围电路，从而形成自己的 ARM 处理器芯片。全世界有几十家大的半导体公司都使用 ARM 公司的授权，因此，既使得 ARM 技术获得更多的第三方工具、制造、软件的支持，又使整个系统成本降低，使产品更容易进入市场并被消费者所接受，更具有竞争力。

ARM 的商业模式主要涉及 IP 的设计和许可，而非生产和销售实际的半导体芯片。ARM 向合作伙伴（包括世界领先的半导体公司和系统公司）授予 IP 许可证。这些合作伙伴可利用 ARM 的 IP 设计创造和生产片上系统设计，但需要向 ARM 支付原始 IP 的许可费用并为每块生产的芯片或晶片交纳版税。除了处理器 IP 外，ARM 还提供了一系列工具、物理和系统 IP 来优化片上系统设计。正因为 ARM 的 IP 多种多样以及支持基于 ARM 的解决方案的芯片和软件体系十分庞大，全球领先的原始设备制造商（OEM）都在广泛使用 ARM 技术，应用领域涉及手机、数字机顶盒以及汽车制动系统和网络路由器。

1.2.2　ARM 处理器与架构的发展

Cortex-M3 处理器发布之前，ARM 处理器已经有许多种，有些已经用在微控制器中。ARM 最成功的处理器之一为 ARM7TDMT 处理器，其用在许多微控制器中。与许多传统的 32 位处理器不同，ARM7TDMI 支持两套指令集，一个为 32 位的 ARM 指令集，另一个为 16 位的 Thumb 指令集。由于处理器可以同时使用这两种指令集，代码密度就得到了极大地提高，因此，也就减小了应用程序代码的体积。同时，关键任务也能以较快的速度执行。这样 ARM 处理器就可以用在许多可移动设备中了，它们都需要低功耗和小的存储器。因此，ARM 处理器为移动电话等移动设备的首选。此后，为应对不同的应用，ARM 继续开发新的处理器。例如，ARM9 系列处理器用于高性能微控制器，而 ARM11 系列处理器则用在多种移动电话中。

在 ARM11 发布之后，ARM 决定将优化的 Thumb-2 指令集等新的技术应用在微控制器和汽车部件等低成本市场上。而且还确定了另外一点，尽管架构需要与从最低端的 MCU 到高性能的应用处理器保持一致，处理器架构还是要最贴近应用，对于成本敏感的市场则使用高确定性和低门数的处理器，而高端应用则使用具有多种特性和高性能的处理器。

在过去的几年里，ARM 通过开发多样化的 CPU，从而扩展了自己的产品线，Cortex 这一新的处理器名也是因此而来。Cortex 处理器系列包括三类：用于高性能的开放应用平台的 A 类、用于需要实时性能的高端嵌入式系统的 R 类和用于深度嵌入式微控制器系统的 M 类。

1.ARM Cortex-A

ARM Cortex-A 处理器可为具有高计算要求、运行高端嵌入式系统（OS，如 iOS、Android、Linux）及提供交互媒体和图形体验的应用提供全方位的解决方案。这些应用需要强大的处理能力、支持存储器管理单元（MMU）等虚拟存储器系统、可选的增强 Java 支持和安全的程序执行环境。高性能的 Cortex-A15、可伸缩的 Cortex-A9、经过市场验证的 Cortex-A8 处理器和高效的 Cortex-A7 和 Cortex-A5 处理器均共享这一架构。实际产品包括高端智能手机、平板电脑、电视以及服务器等。

2.ARM Cortex-R

ARM Cortex-R 实时、高性能处理器，面向较高端的实时市场，其应用包括硬盘控制器、移动通信的基带控制器以及汽车系统。在这些应用中，强大的处理能力和高可靠性非常关键，低中断等待和确定性也非常重要。Cortex-R 系列的关键特性如下。

（1）高性能：与高时钟频率相结合的快速处理能力。

（2）实时：处理能力在所有场合都符合硬实时限制。

（3）安全：具有高容错能力的可靠且可信的系统。

（4）经济：具有实现最佳性能、功耗和面积的功能。

3.ARM Cortex-M

ARM Cortex-M 面向微控制器和混合信号设计等小型应用，注重低成本、低功耗、能耗效率和低中断等待等。同时，处理器设计必须方便使用，并且可以在许多实时控制系统中提供确定的行为。

ARM 开发新的处理器、新的指令集，而且架构特性也不断更新，ARM 体系结构与 ARM 内核的对应关系如图 1-2 所示。

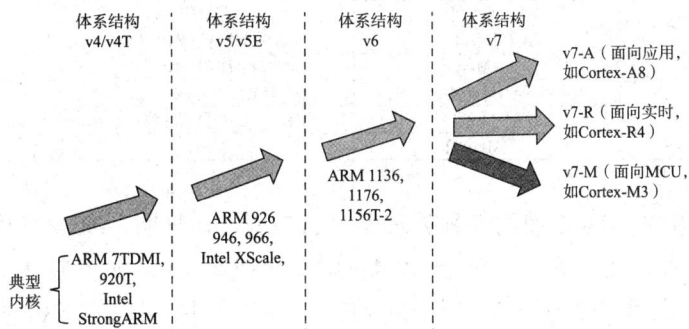

图 1-2　ARM 处理器架构发展历程

早期非常成功的 ARM7TDMI 是基于架构版本 ARMv4T（T 代表支持 Thumb 指令）。ARMv5TE 架构是随着 ARM9E 处理器系列一同发布的，其中包括 ARM926E-S 和 ARM946E-S 处理器。该架构为多媒体应用增加了"增强的"数字信号处理器（DSP）指令。

随着 ARM11 系列处理器的出现，架构升级为 ARMv6，该架构中的新特性包括存储器系统特性和单周期多数据（SIMD）指令。基于 ARMv6 架构的处理器包括 ARM1136J（F）-S、ARM1156T2（F）-S 和 ARM1176JZ（F）-S。

Cortex-M3 和 Cortex-M4 处理器基于 ARMv7-M，该架构专门用于微控制器产品。Thumb-2 技术为 ARMv7-M 的一个非常重要的特性。与 ARM7 系列处理器（架构 ARMv4T）支持的指令相比，ARMv7-M 的指令集具有很多新特性，例如，硬件除法、多个乘法指令、非对齐数据访问等。

随着 Cortex-M3 处理器的成功，另外一种名为 ARMv6-M 架构也出现了，以满足超低功耗设计的需要。它使用和 ARMv7-M 架构相同的编程模型和异常处理方法（如 NVIC），并且主要使用 ARMv6 的 Thumb 指令，以降低设计的复杂度。Cortex-M0、Cortex-M0 + 和 Cortex-M1 处理器基于 ARMv6-M 架构。这一架构的出现，使得开发小型和高能耗效率的处理器成为可能。

几十年来，每一次 ARM 体系结构的更新，随后就会带来一批新的支持该架构的 ARM 内核。

1.2.3 ARM 处理器命名

ARM 处理器名称、架构版本号与存储器管理特性对应关系如表 1.1 所示。

表 1.1　ARM 处理器命名表

处理器名	架构版本	存储器管理特性	其他特性
ARM7TDMI	ARMv4T		
ARM7TDMI-S	ARMv4T		
ARM7EJ-S	ARMv5TEJ		DSP，Jazelle
ARM920T	ARMv4T	MMU	
ARM922T	ARMv4T	MMU	
ARM926EJ-S	ARMv5TEJ	MMU	DSP，Jazelle
ARM946E-S	ARMv5TE	MPU	DSP
ARM966E-S	ARMv5TE		DSP
ARM968E-S	ARMv5TE		DMA，DSP
ARM966HS	ARMv5TE	MPU（可选）	DSP
ARM1020E	ARMv5TE	MMU	DSP
ARM1022E	ARMv5TE	MMU	DSP
ARM1026EJ-S	ARMv5TEJ	MMU 或 MPU	DSP，Jazelle
ARM1136J（F）-S	ARMv6	MMU 或 MPU	DSP，Jazelle
ARM1176JZ（F）-S	ARMv6Z	MMU+TrustZone	DSP，Jazelle
ARM11 PCore	ARMv6k	MMU 十多处理器缓存支持	DSP，Jazelle
ARMl1 56T2（F）-S	ARMv6T2	MPU	DSP

按照之前的做法，ARM 使用多种处理器命名机制。在早期（20 世纪 90 年代），处理器使用后缀以表明特性。例如，对于 ARM7TDMI 处理器，T 表示支持 Thumb 指令，D 表示 JTAG 调试，M 表示快速乘法器，I 则表示嵌入式 ICE 模块。随后，这些特性已经成为未来 ARM 处理器的标准特性，因此，这些后缀不再出现在新的处理器名称中。取而代之的是 ARM 使用新的机制来代表处理器的编号，以表示存储器接口、缓存以及紧密耦合存储器（TCM）。例如，具有缓存和 MMU 的 ARM 处理器目前的后缀为 26 或 36，而具有 MPU 的处理器的后缀则为 46（如 ARM946E-S）。另外，其他后缀则表示可综合（S）和 Jazelle（J）技术。

到了 ARMv7 架构时代，ARM 不再使用这些需要解析的复杂编号机制，对同一系列处理器使用一致的命名，而 Cortex 则作为整体品牌名称。除了可以描述处理器间的兼容性外，这套系统还消除了架构版本和处理器编号引起的混乱。例如，Cortex-M 总是代表用于微控制器应用的处理器，其涉及 ARMv7-M 和 ARMv6-M 这两种产品。

1.3　STM32 微控制器简介

1.3.1　Cortex-M 处理器与 STM32 微控制器

Cortex-M 是 ARM 公司推出的新一代 32 位低成本、高性能通用处理器，它放弃了与前一代的二进制兼容而引入大量最新设计，出色地平衡了强计算能力、低功耗和低成本之间的矛盾，广泛应用于工业控制等各个领域，代表目前嵌入式处理器发展的趋势。

Cortex-M3 系列处理器是专门为那些对成本和功耗非常敏感但同时又对性能有较高要求的应用而设计的。其核心是基于哈佛架构的三级流水线内核。该内核基于最新的 ARMv7 架构，采用 Thumb-2 指令集，集成了分支预测、单周期乘法、硬件除法等众多功能。Cortex-M 处理器包括 ARM 本身提供的 Cortex-M 处理器内核、调试系统，另外配置相应的时钟、存储器、外设以及 I/O 组件等部件共同构建了处理器单元，从而系统地实现内置的中断控制、存储器保护、I/O 访问控制以及系统的调试和跟踪等功能。

ARM 公司最新推出的面向微控制器（Micro Controller Unit，MCU）应用的 Cortex-M 处理器，但却无法从 ARM 公司直接购买到这样一款 ARM 处理器芯片。按照 ARM 公司的经营策略，它只负责设计处理器 IP 核，而不生产和销售具体的处理器芯片。ARM Cortex-M 处理器内核是微控制器的中央处理单元（CPU）。完整的基于 Cortex-M 的 MCU 还需要很多其他组件。在芯片制造商得到 Cortex-M 处理器内核的使用授权后，它们就可以把 Cortex-M 内核用在自己的硅片设计中，添加存储器、外设、I/O 及其他功能块，即为基于 Cortex-M3 的 MCU。不同厂家设计出的 MCU 会有不同的配置，包括存储器容量、类型、外设等都各具特色。Cortex-M 内核与 STM32 微控制器关系如图 1-3 所示。

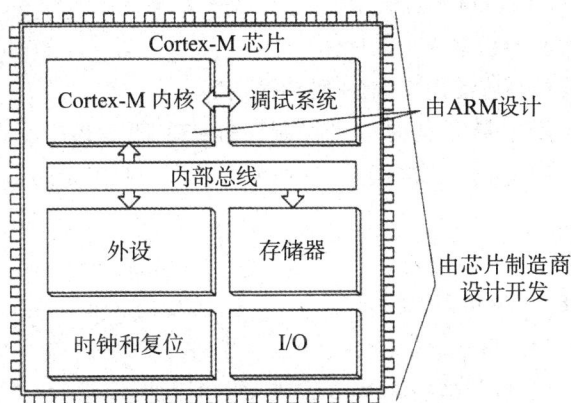

图 1-3　Cortex-M 内核与 STM32 微控制器关系图

1.3.2　STM32 微控制器的特性

1. 先进的内核结构

STM32 系列 MCU 使用了 ARM 最新的、具有先进架构的 Cortex-M 内核。Cortex-M 是一个 32 位的处理器内核，采用哈佛结构，拥有独立的指令总线和数据总线，可以让取指与数据访问并行。

2. 优秀的功耗控制

高性能并非意味着更加耗电，STM32F103 微控制器经过特殊处理，针对市场上主要的 3 种能耗需求进行了优化。

（1）在运行模式时，使用高效率的动态耗电机制，代码在 Flash 中以 72MHz 全速运行时，如果外部时钟开启，微控制器就仅消耗 27mA 的电流。

（2）在待机状态时保持极低的电能消耗，典型的耗电值仅为 2μA。

（3）在使用电池供电时，提供 2.0-3.6V 的低电工作能力。

STM32F103 微控制器具有 3 种低功耗模式和灵活的时钟控制机制，用户可以根据自己所需的耗电性能要求进行合理的优化。STM32 还内嵌了实时时钟（RTC），它既可由 32kHz 外部晶体提供频率基准，也可由内部 RC 电路提供频率基准。RTC 有其单独的供电电路，内置的开关使其既可使用外部纽扣电池供电，又可由主电源供电。在 3.3V 的供电电压下，其典型的消耗电流仅为 1.4μA。另外，RTC 中还包含用于数据备份的 20B RAM。

STM32F103 微控制器从停机模式到唤醒通常只需要不到 7us 的时间，而从待机或复位状态到启动通常只需 55μs，就可以进入运行状态。

3. 性能优越而且功能创新的片上外设

STM32 微控制器片上外设的优势来源于双 APB 总线结构，其中有一个高速 APB（速度可达 CPU 的运行频率），使连接到该总线上的外设能以更高的速度运行。

（1）USB 接口可达到 12Mbit/s。

（2）USART 接口高达 4.5Mbit/s。

（3）SPI 接口可达 18Mbit/s。

（4）I2C 接口频率可达 400kHz。

（5）GPIO 的最大翻转频率为 18MHz。

（6）PWM 定时器最高可使用 72MHz 时钟输入。

针对微控制器应用中最常见的电机控制，STM32 对片上外设进行了一些功能创新。STM32 增强型系列处理器内嵌了非常适合三相无刷电机控制的定时器和 ADC，其高级 PWM 定时器具有以下功能：

（1）6 路 PWM 输出。

（2）产生带死区时间的 PWM 信号。

（3）边沿对齐和中心对称波形。

（4）紧急故障停机、可与两路 ADC 及其他定时器同步。

（5）可编程防范机制，用于防止对寄存器的非法写入。

（6）编码器输入接口。

（7）霍尔传感器接口。

（8）完整的向量控制环。

以上专门的外围电路与高性能 Cortex-M3 内核相结合，可将完整的电机向量控制环软件的执行时间缩短为 21μs。当电流采样频率为 10kHz 时，CPU 的工作负载低于 25%，这样，处理器还可以执行电机控制之外的其他任务。

4. 高度的集成整合

STM32 微控制器最大限度地实现集成，尽可能地减少对外部器件的要求。

（1）内嵌电源监控器，带有上电复位、低电压检测、掉电检测、自带时钟的看门狗定时器。

（2）一个主晶振可驱动整个系统。低成本的 4-6MHz 晶振即可驱动 CPU、USB 以及所有外设；内嵌 PLL 可产生多种频率；可以为内部实时时钟选择 32kHz 的晶振。

（3）内嵌精确 8MHz 的 RC 振荡电路，可用作主时钟源，还有针对 RTC 或看门狗的低频

RC 电路。

5. 易于开发

STM32 微控制器易于开发，可使产品快速进入市场。

1.3.3　STM32 微控制器产品线

意法半导体集团于 1987 年 6 月成立，是由意大利的 SGS 微电子公司和法国 THOMSON 半导体公司合并而成，1998 年 5 月，改名为意法半导体有限公司（意法半导体），是世界最大的半导体公司之一。从成立至今，意法半导体的增长速度超过了半导体工业的整体增长速度。自 1999 年起，意法半导体始终是世界十大半导体公司之一。据最新的工业统计数据，意法半导体是全球第五大半导体厂商，在很多市场居世界领先水平。例如，意法半导体是世界第一大专用模拟芯片和电源转换芯片制造商，世界第一大工业半导体和机顶盒芯片供应商，而且在分立器件、手机相机模块和车用集成电路领域居世界前列。

在诸多半导体制造商中，意法半导体是较早在市场上推出基于 Cortex-M 内核的微控制器产品的公司，也是市场和技术方面的领先者，其根据 Cortex-M 内核设计生产的 STM32 微控制器充分发挥了低成本、低功耗、高性价比的优势，以系列化的方式推出，方便用户选择，受到了广泛的好评，目前提供 16 大产品线（F0、G0、F1、F2、F3、G4、F4、F7、H7、MP1、L0、L1、L4、L4+、L5、WB、WL），超过 1000 个型号。STM32 产品广泛应用于工业控制、消费电子、物联网、通信设备、医疗服务、安防监控等应用领域，其优异的性能进一步推动了生活和产业智能化的发展。

STM32 系列微控制器适合的应用：替代绝大部分 8/16 位 MCU 的应用、目前常用的 32 位 MCU（特别是 ARM7）的应用、小型操作系统相关的应用以及简单图形和语音相关的应用等。

STM32 系列微控制器不适合的应用：程序代码大于 1MB 的应用、基于 Linux 或 Android 的应用、基于高清或超高清的视频应用等。

STM32 系列微控制器的产品线包括高性能类型、主流类型和超低功耗类型三大类，分别面向不同的应用，其具体产品系列如图 1-4 所示。

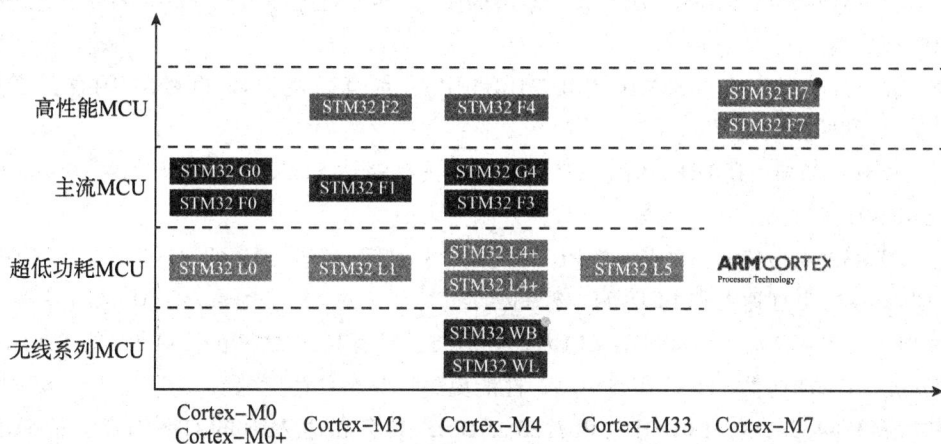

图 1-4　基于 ARM Cortex-M 内核的 MCU

1.STM32F1 系列（主流类型）

STM32FI 系列微控制器基于 Cortex-M3 内核，利用一流的外设和低功耗、低压操作实现了高性能，同时以可接受的价格，利用简单的架构和简便易用的工具实现了高集成度，能够满足工业、医疗和消费类市场的各种应用需求。凭借该产品系列，意法半导体在全球基于 ARM Cortex-M3 的微控制器领域处于领先地位。

STM32F1 系列微控制器包含以下 5 个产品线，它们的引脚、外设和软件均兼容。

（1）STM32F100，超值型，24MHz CPU，具有电机控制和 CEC 功能。

（2）STM32F101，基本型，36MHz CPU，具有高达 IMB 的 Flash。

（3）STM32F102，USB 基本型，48MHz CPU，具备 USBFS。

（4）STM32F103，增强型，72MHz CPU，具有高达 IMB 的 Flash、电机控制、USB 和 CAN。

（5）STM32F105/107，互联型，72MHz CPU，具有以太网 MAC、CAN 和 USB2.0 OTG。

2.STM32F4 系列（高性能类型）

STM32F4 系列微控制器基于 Cortex-M4 内核，采用了意法半导体有限公司的 90nm NVM 工艺和 ART 加速器，在高达 180MHz 的工作频率下通过闪存执行时，其处理性能达到 225 DMIPS/608CoreMark。由于采用了动态功耗调整功能，通过闪存执行时的电流消耗范围为 STM32F401 的 128μA/MHz 到 STM32F439 的 260μA/MHz。

STM32F4 系列包括 8 条互相兼容的数字信号控制器（Digital Signal Controller，DSC）产品线，是 MCU 实时控制功能与 DSP 信号处理功能的完美结合体。

（1）STM32F401，84MHz CPU/105DMIPS，尺寸最小、成本最低，具有卓越的功耗效率（动态效率系列）。

（2）STM32F410，100MHz CPU/125DMIPS，采用新型智能 DMA，优化了数据批处理的功耗（采用批采集模式的动态效率系列），配备随机数发生器、低功耗定时器和 DAC，为卓越的功率效率性能设立了新的里程碑（停机模式下 89μA/MHz）。

（3）STM32F411，100MHz CPU/120DMIPS，具有卓越的功率效率、更大的 SRAM 和新型智能 DMA，优化了数据批处理的功耗（采用批采集模式的动态效率系列）。

（4）STM32F405/415，168MHz CPU/210DMIPS，具有高达 IMB 的 Flash 闪存、先进连接功能和加密功能。

（5）STM32F407/417，168MHz CPU/210DMIPS，具有高达 1MB 的 Flash 闪存，增加了以太网 MAC 和照相机接口。

（6）STM32F446，180MHz CPU/225DMIPS，具有高达 512KB 的 Flash 闪存、Dual Quad SPI 和 SDRAM 接口。

（7）STM32F429/439，180MHz CPU/220DMIPS，具有高达 2MB 的双区闪存、带 SDRAM 接口、Chrom-ART 加速器和 LCD-TFT 控制器。

（8）STM32F427/437，180MHz CPU/225DMIPS，具有高达 2MB 的双区闪存、SDRAM 接口、Chrom-ART 加速器、串行音频接口，性能更高，静态功耗更低。

（9）SM32F469/479，180MHz CPU/225DMIPS，具有高达 2MB 的双区闪存、带 SDRAM 和 QSPI 接口、Chrom-ART 加速器、LCD-TFT 控制器和 MPI-DSI 接口。

3.STM32F7 系列（高性能类型）

STM32F7 是世界上第一款基于 Cortex-M7 内核的微控制器。它采用 6 级超标量流水线和浮点单元，并利用 ST 的 ART 加速器和 Ll 缓存，实现了 Cortex-M7 的最大理论性能——无论是从嵌入式闪存还是外部存储器来执行代码，都能在 216MHz 处理器频率下使性能达到 462DMIPS/1082CoreMark。由此可见，相对于意法半导体以前推出的高性能微控制器，如F2、F4 系列，STM32F7 的优势就在于其强大的运算性能，能够适用于那些对于高性能计算有巨大需求的应用，对于目前还在使用简单计算功能的可穿戴设备和健身应用来说，将会带来革命性的颠覆，起到巨大的推动作用。

STM32F7 系列与 STM32F4 系列引脚兼容，包含以下 4 款产品线：STM32F7x5 子系列、STM32F7x6 子系列、STM32F7 x7 子系列和 STM32F7x9 子系列。

4.STM32L 系列（超低功耗类型）

STM32L 系列微控制器采用意法半导体专有的超低泄漏制程，具有创新型自主动态电压调节功能和 5 种低功耗模式，在 25-125 ℃范围内具有业内最低的电流波动，保证了高温下极低的功耗。在最低功耗模式并维持 SRAM 数据的情况下，该 MCU 实现了业界最低的170nA 电流消耗。低功耗唤醒动作快捷，停止模式下的唤醒时间低至 3.5 μs，为各种应用提供了具有灵活性的平台。

STM32L 系列微控制器包含以下 4 个产品线：

（1）STM32L5 系列采用 Cortex-M33 和面向 Armv8-M 架构的 TrustZone®，增强了安全功能。STM32L5 采用这种新型内核和全新的意法半导体 ART Accelerator™ 技术（现在也支持外部存储器），CoreMark 测试得分为 442。

（2）STM32L4 系列除了具有意法半导体最佳的超低功耗架构外，还提供了 DSP 指令、浮点单元（FPU）、更多存储器（高达 1MB Flash 存储器）以及其他创新特性，使得性能方面可达到 100 DMIPS。

（3）STM32L4+ 系列是 STM32L4 的技术升级版，提供更高的性能（从内部闪存执行代码时可达 120 MHz/409 CoreMark）、更大的片上内存（高达 2MB 的闪存和 640KB 的 SRAM）、更先进的图形处理功能，同时丝毫不影响其超低功耗特性。

（4）STM32L0 系列为入门级应用提供了真正的节能解决方案。STM32L0 具有低至 14 引脚的小尺寸封装，内置从 8 KB 到 192 KB 的宽范围闪存容量，充分发挥了超低功耗和成本竞争力两大优势。

1.3.4　STM32 微控制器命名规则

意法半导体在推出以上一系列基于 Cortex-M 内核的 STM32 微控制器产品线的同时，也制定了它们的命名规则。通过名称，用户能直观、迅速地了解某款具体型号的 STM32 微控制器产品。STM32 系列微控制器命名规则如图 1-5 所示，STM32 系列微控制器的名称主要由以下几部分组成。

STM32 | **F** | **051** | **R** | **8** | **T** | **6** | **x** | **xx**

家族
STM32 32位MCU
STM8 8位MCU

特定功能(3位数字)（依据产品系列非详细表）
STM32x
051 入门级
103 STM32基础型
303 103升级版，带DSP和模拟外设
407 高性能，带DSP和FPU
152 超低功耗
STM8x ./STM8Ax.
103 主流入门级
F52 汽车级CAN
L31 低端汽车级

产品类别
A 汽车级
F 基础型
L 超低功耗
S 标准型
T 触摸感应
W 无线产品
xP Fastrom

引脚数(适用于STM8和STM32)
D 14引脚　C 48 & 49引脚　A 169引脚
Y 20引脚(STM8)　U 63引脚　176 & 201 (176+25)引脚
F 20引脚(STM32)　R 64 & 66引脚　B 208引脚
24 & 25引脚　J 72引脚　N 216引脚
G 28引脚　M 80引脚　X 256引脚
K 32引脚　V 100引脚　汽车级
T 36引脚　Q 132引脚　8 48
H 40引脚　Z 144引脚　9 64
S 44引脚　A 80

闪存容量(Kbytes)
0 1
1 2
2 4
3 8
4 16
5 24
6 32
7 48
8 64
9 72
A 96 or 128*
B 128
Z 192
C 256
D 384
E 512
F 768
G 1024
H 1536
I 2048
Note: *仅针对STM8A

封装
B Plastic DIP*
C Ceramic DIP*
G Ceramic QFP
H LFBGA /TFBGA
I UFBGA Pitch 0.5**
J UFBGA Pitch 0.8**
K UFBGA Picth 0.65**
M Plastic SO
P TSSOP
Q Plastic QFP
T QFP
U UFOFPN
V VFQFPN
Y WLCSP
* Dual-in-Line封装
** 仅针对于全新产品系列 现有产品系列请使用H

温度范围(°C)
6和A -40到+85
7和B -40到+105
3和C -40到+125
D -40到+150

固件版税
U Universal　不用于生产(样品和工具)
V MP3解码器
W MP3编码器
J 0.80 mm
D IS2T JAVA

选项
xxx Fastrom code
or
xTR Tape and Real
Dxx No RTC (STM8L)
Dxx BOR OFF with Special bonding + Boot standard
Dxx BOR OFF with Boot I2CS (Special)
Sxx BOR OFF
Ixx BOR ON
No Letter BOR ON + Boot standard
or
Yxx Die rev (Y)

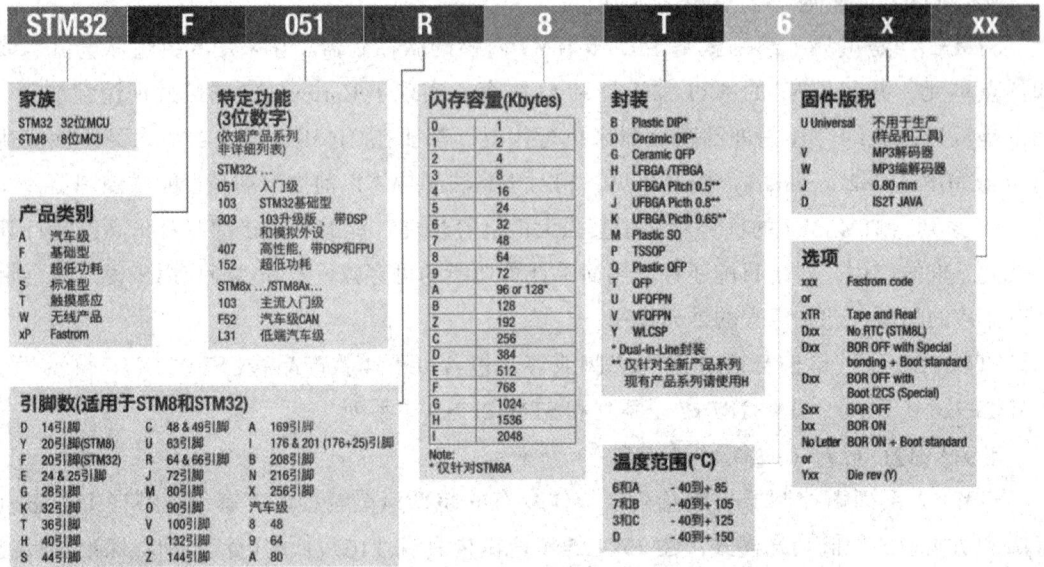

图1-5　STM32系列微控制器命名规则

1.产品系列名

STM32系列微控制器名称通常以STM32开头，表示产品系列，代表意法半导体基于ARM Cortex-M系列内核的32位MCU。

2.产品类型名

产品类型是STM32系列微控制器名称的第二部分，通常有F（Flash Memory，通用快速闪存），W（无线系统芯片），L（低功耗低电压，1.65-3.6V）等类型。

3.产品子系列名

产品子系列是STM32系列微控制器名称的第三部分。例如，常见的STM32F产品子系列有050/051（Cortex-M0内核），100（Cortex-M3内核，超值型），100（Cortex-M3内核，基本型），102（Cortex-M3内核，USB基本型），103（Corlex-M3内核，增强型），105（Cortex-M3内核，USB互联网型），107（Cortex-M3内核，USB互联网型和以太网型），108（Cortex-M3内核，IEEE802.15.4标准），151（Cortex-M3内核，不带LCD），152/162（Cortex-M3内核，带LCD），205/207（Cortex-M3内核，摄像头），215/217（Cortex-M3内核，摄像头和加密模块），405/407（Cortex-M4内核，MCU+FPU，摄像头），415/417（Cortex-M4内核，MCU+FPU，加密模块和摄像头），等等。

4.引脚数

引脚数是STM32系列微控制器名称的第四部分，通常有以下几种：F（20 pin）、G（28 pin）、K（32 pin）、T（36 pin）、H（40 pin）、C（48 pin）、U（63 pin）、R（64 pin）、O（90 pin）、V（100 pin）、Q（132 pin）、Z（144 pin）和I（176 pin），等等。

5.Flash存储器容量

Flash存储器容量是STM32系列微控制器名称的第五部分，通常有以下几种：4（16KB Flash，小容量），6（32KB Flash，小容量），8（64KB Flash，中容量），B（128KB Flash，中容

量），C（256KB Flash，大容量），D（384KB Flash，大容量），E（512KB Flash，大容量），F（768KBFlash，大容量），G（IMB Flash，大容量）。

6. 封装方式

封装方式是 STM32 系列微控制器名称的第六部分，通常有以下几种：T（LQFP，Low-profile Quad Flat Package，薄型四侧引脚扁平封装），H（BGA，Ball Grid Array，球栅阵列封装），U（VFQFPN，Very thin Fine pitch Quad Flat Pack No-Iead package，超薄细间距四方扁平无铅封装），Y（WLCSP，Wafer Level Chip Scale Packaging，晶圆片级芯片规模封装）。

7. 温度范围

温度范围是 STM32 系列微控制器名称的第七部分，通常有以下两种：6（-40-85℃，工业级），7（-40-105℃，工业级）。

通过命名规则，读者能直观、迅速地了解某款具体型号的微控制器产品。例如，本书后续部分主要介绍的 STM32F103ZET6 微控制器，其中，STM32 代表意法半导体公司基于 ARM Cortex-M 系列内核的 32 位 MCU，F 代表通用闪存型，103 代表基于 Cortex-M3 内核的增强型子系列，Z 代表 144 个引脚，E 代表大容量 512KB Flash 存储器，T 代表 LQFP 封装方式，6 代表 -40-85℃的工业级温度范围。

1.4　STM32 嵌入式系统开发要点

与传统的单片机相比，STM32 嵌入式系统的整体系统性能和数据处理能力有了大幅提升，与之相应，STM32 嵌入式系统设计的复杂度和难度也有所提升，与传统的单片机设计方法也有着很大不同。

对于用户而言，在实现对 STM32 嵌入式系统进行开发之前，首先应该对 STM32 嵌入式系统的概念和基本结构做一些了解，其次需要熟悉 ARM 嵌入式指令集。虽然现在绝大部分嵌入式系统都使用 C 语言开发程序，但是绝大部分芯片的初始化启动程序仍然使用汇编语言编写，以得到较高的代码执行效率和开机速度。因此，开发者在熟练掌握 C 语言的基础上，了解一定的汇编语言知识也是必要的。除此之外，开发者还需要结合所使用的 ARM 处理器芯片，掌握某一个集成开发环境的使用方法，做到熟练使用。

1.4.1　明确 STM32 嵌入式系统开发的过程

不同于通用计算机平台上应用软件的开发，STM32 嵌入式系统程序的开发具有很多特点和不确定性，其中最重要的一点就是嵌入式软件代码和系统硬件具有独立性。

由于嵌入式系统的层次结构和自身的灵活性、多样性，各个层次之间缺乏统一的接口标准，甚至每个嵌入式系统都各不一样。这就给上层的嵌入式软件设计人员在嵌入式软件代码设计的过程中带来比较大的困难。软件设计人员必须建立在对底层硬件设计充分了解的基础上，才能设计出符合 STM32 嵌入式系统要求的应用层代码。

为了简化开发流程，提高开发效率，用户可以在应用与驱动（API）接口上设计一些相对统一的接口函数，就可以在一定程度上规范应用层嵌入式软件设计的标准，同时方便应用程序在跨平台之间的复用和移植。

1.4.2　熟悉 STM32 嵌入式系统的调试操作

嵌入式系统不可避免地会涉及对输入 / 输出（I/O）设备的操作，例如，文件操作函数需要访问磁盘 I/O，打印函数需要访问字符输出设备等。在嵌入式调试环境下，所有的标准 C 库函数都是有效且有其默认行为的。一般情况下，部分目标系统硬件所不能支持的操作，开发者可以通过相应的调试工具来发现。

嵌入式系统是需要完全脱离调试工具独立运行的，所以在程序移植的过程中，开发者需要对这些库函数的运行机制有比较清楚的了解。特别是在系统出现故障甚至逻辑错误的时候，开发者要以最短的时间来排查、解决问题。

第2章　STM32组成与基本原理

2.1　STM32微控制器体系结构

2.1.1　总体结构与组成模块

STM32 微控制器具有丰富的片内资源和强大的功能，典型的 STM32F103ZET6 微控制器的内部总体结构如图 2-1 所示。其片内含 CPU、各种类型的存储器及外设，它们均挂接在总线（包括程序总线、数据总线、DMA 总线等）上。

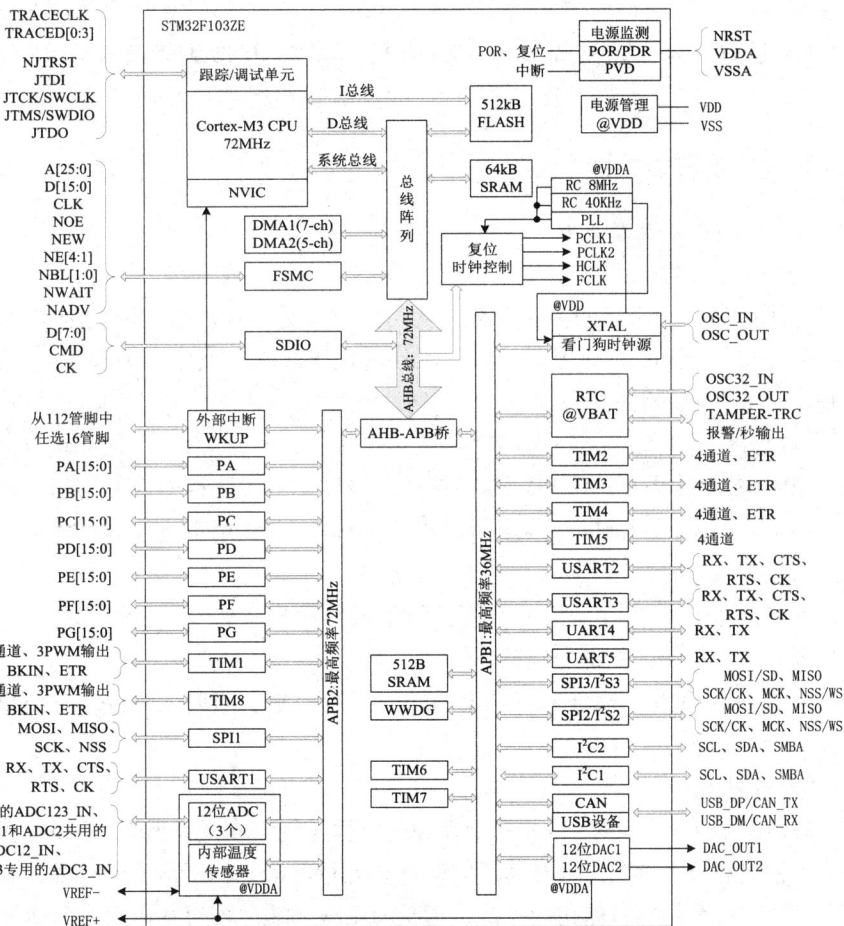

图 2-1　STM32F103ZET6 内部总体结构

1.Cortex-M3 处理器

STM32F103ZET6 具有 32 位 Cortex-M3 处理器，支持多达 240 个外部中断，内嵌了嵌套向量中断控制器，还可以配上一个存储器保护单元（MPU）。

2. 片内总线

STM32F103ZET6 内部有若干个总线，使得它的 Cortex-M3 内核能够同时取地址和访问内存。这些总线包括：指令存储区总线（两条）、系统总线、私有外设总线。

3. 片内存储器

STM32F103ZET6 包括 512KB（256K×16b）的片内 Flash、64KB（32K×16b）的 SRAM。

4. 片内外设

STM32F103ZET6 的片内外设主要包括 112 个通用输入/输出（GPIO）接口，1 个通用 16 位段有输入捕获、输出比较和 PWM 输出的定时器，3 个 16 位基本定时器，2 个看门狗定时器，以及 SysTick 定时器；除此之外，还有 3 个通用同步/异步串行接收/发送器（USART），1 个现场总线通信接口（CAN），2 个串行外设接口（SPI），2 个内部集成电路模块（12C）和 1 个通用串行总线（USB）；另外，还包括可兼容 SRAM、NOR 和 NAND Flash 接口的 16 位总线控制器（FSMC），3 路共 16 通道的 12 位 ADC，2 路共 2 通道的 12 位 DAC。

2.1.2　主要模块功能

1.Cortex-M3 处理器内核

Cortex-M3 是最新一代的嵌入式 ARM 处理器，它为实现 MCU 的需要提供了低成本的平台、缩减的引脚数目、降低的系统功耗，同时提供卓越的计算性能和先进的中断系统响应。Cortex-M3 是 32 位的 RISC 处理器，提供额外的代码效率，通常在 8 和 16 位系统的存储空间上发挥了 ARM 内核的高性能。

2. 片内总线

STM32F103ZET6 内部的两条指令存储区总线负责对代码存储区的访问，分别是 I-Code 总线和 D-Code 总线。I-Code 总线用于取指，D-Code 总线用于查表等操作，它们按最佳执行速度进行优化。

系统总线用于访问内存和外设，覆盖的区域包括 SRAM、片上外设、片外 RAM、片外扩展，以及系统级存储区的部分空间。

私有外设总线负责一部分私有外设的访问，主要是访问调试组件，它们也在系统级存储区。

3. 片内存储器

STM32F103ZET6 的片内 Flash 用于存放用户程序代码或者数据表，可以通过 JTAG 接口烧写或者擦除，Cortex-M3 内核对其访问时需要等待时间。内置闪存存储器，用于存放程序和数据，SRAM 每个周期只能访问一次，但是 Cortex-M3 内核对其访问时无须等待。

4. 时钟系统

系统时钟的选择是在启动时进行的，复位时内部 8MHz 的 RC 振荡器被选为默认的处理器时钟，随后可以选择外部的、具失效监控的 4~16MHz 时钟；当检测到外部时钟失效时，它将被隔离，系统将自动地切换到内部的 RC 振荡器，如果使用了中断，软件可以接收到相应的中断，同样，在需要时可以采取对 PLL 时钟完全的中断管理（如当一个间接使用的外部振荡器失效时）。

多个预分频器用于配置 AHB 的频率、高速 APB（APB2）和低速 APB（APB1）区域。AHB 和高速 APB 的最高频率是 72MHz，低速 APB 的最高频率为 36MHz。

5.DMA

灵活的 7 路 DMA 可以管理存储器到存储器、设备到存储器和存储器到设备的数据传输；DMA 控制器支持环形缓冲区的管理，避免了控制器传输到达缓冲区结尾时所产生的中断。

每个通道都有专门的硬件 DMA 请求逻辑，同时可以由软件触发每个通道；传输的长度、传输的源地址和目标地址都可以通过软件单独设置。

DMA 可以用于主要的外设：SPI，I2C，USART，通用、基本和高级控制定时器 TIMx 和 ADC。

6. 定时器和看门狗

STM32F103ZET6 包含 1 个高级控制定时器、3 个普通定时器，以及 2 个看门狗定时器。

（1）高级控制定时器。高级控制定时器（TIM1）可以被看成是分配到 6 个通道的三相 PWM 发生器，它具有带死区插入的互补 PWM 输出，还可以被当成完整的通用定时器。四个独立的通道可以用于：输入捕获、输出比较、产生 PWM（边缘或中心对齐模式）、单脉冲输出。配置为 16 位标准定时器时，它与 TIMx 定时器具有相同的功能。配置为 16 位 PWM 发生器时，它具有全调制能力（0-100%）。

（2）普通定时器。每个普通定时器都有一个 16 位的自动加载递增 / 递减计数器、一个 16 位的预分频器和 4 个独立的通道，每个通道都可用于输入捕获、输出比较、PWM 和单脉冲模式输出，在最大的封装配置中可提供最多 12 个输入捕获、输出比较或 PWM 通道。它们还能通过定时器链接功能与高级控制定时器共同工作，提供同步或事件链接功能。

（3）看门狗。看门狗分为独立看门狗和窗口看门狗。独立看门狗是基于一个 12 位的递减计数器和一个 8 位的预分频器，它由一个内部独立的 40kHz 的 RC 振荡器提供时钟；因为这个 RC 振荡器独立于主时钟，所以它可运行于停机和待机模式。它可以被当成看门狗，在发生问题时复位整个系统，或作为一个自由定时器为应用程序提供超时管理。

窗口看门狗内有一个 7 位的递减计数器，并可以设置成自由运行。它可以被当成看门狗，在发生问题时复位整个系统。它由主时钟驱动，具有早期预警中断功能。

7. 通用输入输出接口（GPIO）

每个 GPIO 引脚都可以由软件配置成输出（推挽或开漏）、输入（带或不带上拉或下拉）或复用的外设功能端口。多数 GPIO 引脚都与数字或模拟的复用外设共用。

8. 外部中断 / 事件控制器（EXTI）

EXTI 包含 19 个边沿检测器，用于产生中断 / 事件请求。每个中断线都可以独立地配置它的触发事件（上升沿或下降沿或双边沿），并能够单独地被屏蔽；有一个挂起寄存器，维持所有中断请求的状态。EXTI 可以检测到脉冲宽度小于内部 APB2 的时钟周期。

9.CRC（循环冗余校验）计算单元

CRC（循环冗余校验）计算单元使用一个固定的多项式发生器，从一个 32 位的数据字产生一个 CRC 码。

10.ADC（模拟／数字转换器）

STM32F103ZET6内部内嵌2个12位的模拟／数字转换器（ADC），每个ADC共用多达16个外部通道，可以实现单次或扫描转换。在扫描模式下，在选定的一组模拟输入上的转换自动进行，ADC可以使用DMA操作。由标准定时器（TIMx）和高级控制定时器（TIM1）产生的事件，可以分别由内部级联到ADC的开始触发和注入触发，应用程序能使AD转换与时钟同步。

11.温度传感器

温度传感器产生一个随温度线性变化的电压，转换范围在2V<VDDA<3.6V之间。温度传感器在内部被连接到ADC12_IN16的输入通道上，用于将传感器的输出转换到数字数值。

12.数据通信模块

（1）I2C总线控制器。STM32F103ZET6包含2个I2C总线控制器，能够工作于多主模式或从模式，支持标准和快速模式。I2C接口支持7位或10位寻址，7位从模式时则支持双从地址寻址。它们内置了硬件CRC发生器／校验器，可以使用DMA操作并支持SMBus总线2.0版/PMBus总线。

（2）通用同步／异步收发器（USART）。USART1接口通信速率可达4.5Mb/s，其他接口的通信速率可达2.25Mb/s。USART接口具有硬件的CTS和RTS信号管理、支持IrDA SIR ENDEC传输编解码、兼容ISO7816的智能卡并提供LIN主／从功能。所有USART接口都可以使用DMA操作。

（3）串行外设接口（SPI）模块。STM32F103ZET6包含2个SPI接口，在从或主模式下，全双工和半双工的通信速率可达18Mb/s。3位的预分频器可产生8种主模式频率，可配置成每帧8位或16位。硬件的CRC产生／校验支持基本的SD卡和MMC模式。所有的SPI接口都可以使用DMA操作。

（4）控制器区域网络（CAN）。CAN接口的兼容规范为2.0A和2.0B（主动），位速率高达1Mb/s。它可以接收和发送11位标识符的标准帧，也可以接收和发送29位标识符的扩展帧，具有3个发送邮箱、2个接收FIFO和3级14个可调节的滤波器。

（5）通用串行总线（USB）。STM32F103ZET6内嵌一个兼容全速USB的设备控制器，遵循全速USB设备（12Mb/s）标准，端点可由软件配置，具有待机／唤醒功能。

2.1.3 封装与引脚

不同型号的STM32微控制器，虽然可能在系统硬件资源上类似，但在引脚及封装上并不是完全一致的。对于不同的STM32微控制器，即使硬件资源一样，也可能存在不同类型的封装。

STM32微控制器芯片的典型封装有LQFP48、LQFP64、LQFP100、LQFP144、VFQFPN36、BGA100、BGA144等形式，如图2-2所示。

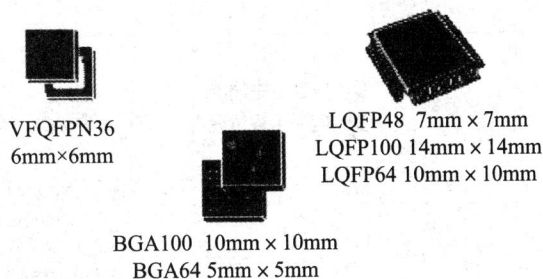

图 2-2　STM32 微控制器的封装

除了 STM32 微控制器封装形式存在差异外，同一款型号的微控制器芯片也可能存在不同的引脚数目，即上述封装中的 LQFP48、LQFP64、LQFP100、LQFP144，其封装符号中最后的数字就是当前处理器芯片的引脚数目。用户可以通过表 2.1 中的内容来查看不同封装的处理器芯片中各个引脚的定义。

STM32 微控制器有丰富的引脚，其中大容量的微控制器有上百个引脚，尽管有这么多引脚，其功能模块也会出现复用。STM32 微控制器的绝大部分的引脚都具有 1 个以上的功能，见表 2.1。在实际工程应用中，用户需要将这些具有复用功能的引脚配置为用户所需要的功能，例如，同样作为数字输入 / 输出口，用户可以将引脚配置为模拟信号输入、数字信号输入及数字信号输出等模式。

一般而言，STM32 微控制器中的引脚绝大部分都可以容忍 5V 电压的上限，但作为模拟信号输入的引脚则最高不得超过 3.3V 电压。因此，在进行 ADC 操作的电路设计中，需要特别留意。

表 2.1　STM32 微控制器引脚功能定义

脚位						管脚名称	类型	I/O 电平	主功能（复位后）	可选的复用功能	
BGA144	BGA100	WLCSP64	LQFP64	LQFP100	LQFP144					默认复用功能	重定义功能
A3	A3	–	–	1	1	PE2	I/O	FT	PE2	TRACECK/FSMC_A23	
A2	B3	–	–	2	2	PE3	I/O	FT	PE3	TRACED0/FSMC_A19	
B2	C3	–	–	3	3	PE4	I/O	FT	PE4	TRACED1/FSMC_A20	
B3	D3	–	–	4	4	PE5	I/O	FT	PE5	TRACED2/FSMC_A21	
B4	E3	–	–	5	5	PE6	I/O	FT	PE6	TRACED3/FSMC_A22	
C2	B2	C6	1	6	6	VBAT	S		VBAT		
A1	A2	C8	2	7	7	PC13–TAMPER-RTC	I/O		PC13	TAMPER-RTC	
B1	A1	B8	3	8	8	PC14–OSC32_IN	I/O		PC14	OSC32_IN	
C1	B1	B7	4	9	9	PC15–OSC32_OUT	I/O		PC15	OSC32_OUT	
C3	–	–	–	10	PF0	PF0	I/O	FT	PF0	FSMC_A0	
C4	–	–	–	11	PF1	PF1	I/O	FT	PF1	FSMC_A1	
D4	–	–	–	12	PF2	PF2	I/O	FT	PF2	FSMC_A2	
E2	–	–	–	13	PF3	PF3	I/O	FT	PF3	FSMC_A3	
E3	–	–	–	14	PF4	PF4	I/O	FT	PF4	FSMC_A4	
E4	–	–	–	15	PF5	PF5	I/O	FT	PF5	FSMC_A5	
D2	C2	–	–	10	16	VSS_5	S		VSS_5		
D3	D2	–	–	11	17	VDD_5	S		VDD_5		

脚位						管脚名称	类型	I/O电平	主功能（复位后）	可选的复用功能	
BGA144	BGA100	WLCSP64	LQFP64	LQFP100	LQFP144					默认复用功能	重定义功能
F3	—	—	—	—	18	PF6	I/O		PF6	ADC3_IN4/FSMC_NIORD	
F2	—	—	—	—	19	PF7	I/O		PF7	ADC3_IN5/FSMC_NREG	
G3	—	—	—	—	20	PF8	I/O		PF8	ADC3_IN6/FSMC_NIOWR	
G2	—	—	—	—	21	PF9	I/O		PF9	ADC3_IN7/FSMC_CD	
G1	—	—	—	—	22	PF10	I/O		PF10	ADC3_IN8/FSMC_INTR	
D1	C1	D8	5	12	23	OSC_IN	I		OSC_IN		
E1	D1	D7	6	13	24	OSC_OUT	O		OSC_OUT		
F1	E1	C7	7	14	25	NRST	I/O		NRST		
H1	F1	E8	8	15	26	PC0	I/O		PC0	ADC123_IN10	
H2	F2	F8	9	16	27	PC1	I/O		PC1	ADC123_IN11	
H3	E2	D6	10	17	28	PC2	I/O		PC2	ADC123_IN12	
H4	F3	—	11	18	29	PC3	I/O		PC3	ADC123_IN13	
J1	G1	E7	12	19	30	VSSA	S		VSSA		
K1	H1	—	—	20	31	VREF−	S		VREF−		
L1	J1	F7 (6)	—	21	32	VREF+	S		VREF+		
M1	K1	G8	13	22	33	VDDA	S		VDDA		
J2	G2	F6	14	23	34	PA0−WKUP	I/O		PA0	WKUP/USART2_CTS/ADC123_IN0/ TIM2_CH1_ETR/TIM5_CH1/TIM8_ ETR	
K2	H2	E6	15	24	35	PA1	I/O		PA1	USART2_RTSADC123_IN1/TIM5_ CH2/TIM2_CH2	
L2	J2	H8	16	25	36	PA2	I/O		PA2	USART2_TX/TIM5_CH3ADC123_ IN2/TIM2_CH3	
M2	K2	G7	17	26	37	PA3	I/O		PA3	USART2_RX/TIM5_CH4/ADC123_ IN3/TIM2_CH4	
G4	E4	F5	18	27	38	VSS_4	S		VSS_4		
F4	F4	G6	19	28	39	VDD_4	S		VDD_4		
J3	G3	H7	20	29	40	PA4	I/O		PA4	SPI1_NSS/USART2_CK/DAC_OUT1/ ADC12_IN4	
K3	H3	E5	21	30	41	PA5	I/O		PA5	SPI1_SCK/DAC_OUT2/ADC12_IN5	
L3	J3	G5	22	31	42	PA6	I/O		PA6	SPI1_MISO/TIM8_BKIN/ADC12_IN6/ TIM3_CH1	TIM1_BKIN
M3	K3	G4	23	32	43	PA7	I/O		PA7	SPI1_MOSI/TIM8_CH1N/ADC12_ IN7/TIM3_CH2	TIM1_CH1N
J4	G4	H6	24	33	44	PC4	I/O		PC4	ADC12_IN14	
K4	H4	H5	25	34	45	PC5	I/O		PC5	ADC12_IN15	
L4	J4	H4	26	35	46	PB0	I/O		PB0	ADC12_IN8/TIM3_CH3TIM8_CH2N	TIM1_CH2N
M4	K4	F4	27	36	47	PB1	I/O		PB1	ADC12_IN9/TIM3_CH4/TIM8_CH3N	TIM1_CH3N
J5	G5	H3	28	37	48	PB2	I/O	FT	PB2/ BOOT1		
M5	—	—	—	—	49	PF11	I/O	FT	PF11	FSMC_NIOS16	
L5	—	—	—	—	50	PF12	I/O	FT	PF12	FSMC_A6	
H5	—	—	—	—	51	VSS_6	S		VSS_6		
G5	—	—	—	—	52	VDD_6	S		VDD_6		
K5	—	—	—	—	53	PF13	I/O	FT	PF13	FSMC_A7	
M6	—	—	—	—	54	PF14	I/O	FT	PF14	FSMC_A8	
L6	—	—	—	—	55	PF15	I/O	FT	PF15	FSMC_A9	
K6	—	—	—	—	56	PG0	I/O	FT	PG0	FSMC_A10	
J6	—	—	—	—	57	PG1	I/O	FT	PG1	FSMC_A11	
M7	H5	—	—	38	58	PE7	I/O	FT	PE7	FSMC_D4	TIM1_ETR
L7	J5	—	—	39	59	PE8	I/O	FT	PE8	FSMC_D5	TIM1_CH1N
K7	K5	—	—	40	60	PE9	I/O	FT	PE9	FSMC_D6	TIM1_CH1

脚位						管脚名称	类型	I/O 电平	主功能（复位后）	可选的复用功能	
BGA144	BGA100	WLCSP64	LQFP64	LQFP100	LQFP144					默认复用功能	重定义功能
H6	–	–	–	–	61	VSS_7	S		VSS_7		
G6	–	–	–	–	62	VDD_7	S		VDD_7		
J7	G6	–	–	41	63	PE10	I/O	FT	PE10	FSMC_D7	TIM1_CH2N
H8	H6	–	–	42	64	PE11	I/O	FT	PE11	FSMC_D8	TIM1_CH2
J8	J6	–	–	43	65	PE12	I/O	FT	PE12	FSMC_D9	TIM1_CH3N
K8	K6	–	–	44	66	PE13	I/O	FT	PE13	FSMC_D10	TIM1_CH3
L8	G7	–	–	45	67	PE14	I/O	FT	PE14	FSMC_D11	TIM1_CH4
M8	H7	–	–	46	68	PE15	I/O	FT	PE15	FSMC_D12	TIM1_BKIN
M9	J7	G3	29	47	69	PB10	I/O	FT	PB10	I2C2_SCL/USART3_TX（7）	TIM2_CH3
M10	K7	F3	30	48	70	PB11	I/O	FT	PB11	I2C2_SDA/USART3_RX（7）	TIM2_CH4
H7	E7	H2	31	49	71	VSS_1	S		VSS_1		
G7	F7	H1	32	50	72	VDD_1	S		VDD_1		
M11	K8	G2	33	51	73	PB12	I/O	FT	PB12	SPI2_NSS/I2S2_WS/I2C2_SMBA/USART3_CK/TIM1_BKIN	
M12	J8	G1	34	52	74	PB13	I/O	FT	PB13	SPI2_SCK/I2S2_CK/USART3_CTS/TIM1_CH1N	
L11	H8	F2	35	53	75	PB14	I/O	FT	PB14	SPI2_MISO/TIM1_CH2N/USART3_RTS	
L12	G8	F1	36	54	76	PB15	I/O	FT	PB15	SPI2_MOSI/I2S2_SD/TIM1_CH3N	
L9	K9	–	–	55	77	PD8	I/O	FT	PD8	FSMC_D13	USART3_TX
K9	J9	–	–	56	78	PD9	I/O	FT	PD9	FSMC_D14	USART3_RX
J9	H9	–	–	57	79	PD10	I/O	FT	PD10	FSMC_D15	USART3_CK
H9	G9	–	–	58	80	PD11	I/O	FT	PD11	FSMC_A16	USART3_CTS
L10	K10	–	–	59	81	PD12	I/O	FT	PD12	FSMC_A17	TIM4_CH1/USART3_RTS
K10	J10	–	–	60	82	PD13	I/O	FT	PD13	FSMC_A18	TIM4_CH2
G8	–	–	–	–	83	VSS_8	S		VSS_8		
F8	–	–	–	–	84	VDD_8	S		VDD_8		
K11	H10	–	–	61	85	PD14	I/O	FT	PD14	FSMC_D0	TIM4_CH3
K12	G10	–	–	62	86	PD15	I/O	FT	PD15	FSMC_D1	TIM4_CH4
J12	–	–	–	–	87	PG2	I/O	FT	PG2	FSMC_A12	
J11	–	–	–	–	88	PG3	I/O	FT	PG3	FSMC_A13	
J10	–	–	–	–	89	PG4	I/O	FT	PG4	FSMC_A14	
H12	–	–	–	–	90	PG5	I/O	FT	PG5	FSMC_A15	
H11	–	–	–	–	91	PG6	I/O	FT	PG6	FSMC_INT2	
H10	–	–	–	–	92	PG7	I/O	FT	PG7	FSMC_INT3	
G11	–	–	–	–	93	PG8	I/O	FT	PG8		
G10	–	–	–	–	94	VSS_9	S		VSS_9		
F10	–	–	–	–	95	VDD_9	S		VDD_9		
G12	F10	E1	37	63	96	PC6	I/O	FT	PC6	I2S2_MCK/TIM8_CH1/SDIO_D6	TIM3_CH1
F12	E10	E2	38	64	97	PC7	I/O	FT	PC7	I2S3_MCK/TIM8_CH2/SDIO_D7	TIM3_CH2
F11	F9	E3	39	65	98	PC8	I/O	FT	PC8	TIM8_CH3/SDIO_D0	TIM3_CH3
E11	E9	D1	40	66	99	PC9	I/O	FT	PC9	TIM8_CH4/SDIO_D1	TIM3_CH4
E12	D9	E4	41	67	100	PA8	I/O	FT	PA8	USART1_CK/TIM1_CH1/MCO	
D12	C9	D2	42	68	101	PA9	I/O	FT	PA9	USART1_TX//TIM1_CH2	
D11	D10	D3	43	69	102	PA10	I/O	FT	PA10	USART1_RX/TIM1_CH3	
C12	C10	C1	44	70	103	PA11	I/O	FT	PA11	USART1_CTS/USBDM/CAN_RX/TIM1_CH4	
B12	B10	C2	45	71	104	PA12	I/O	FT	PA12	USART1_RTS/USBDP/CAN_TX/TIM1_ETR	
A12	A10	D4	46	72	105	PA13	I/O	FT	JTMS/SWDIO		PA13
C11	F8	–	–	73	106					未连接	
G9	E6	B1	47	74	107	VSS_2	S		VSS_2		

BGA144	BGA100	WLCSP64	LQFP64	LQFP100	LQFP144	管脚名称	类型	I/O电平	主功能（复位后）	默认复用功能	重定义功能
F9	F6	A1	48	75	108	VDD_2	S		VDD_2		
A11	A9	B2	49	76	109	PA14	I/O	FT	JTCK/SWCLK		PA14
A10	A8	C3	50	77	110	PA15	I/O	FT	JTDI	SPI3_NSS/I2S3_WS	TIM2_CH1_ETRPA15/SPI1_NSS
B11	B9	A2	51	78	111	PC10	I/O	FT	PC10	USART4_TX/SDIO_D2	USART3_TX
B10	B8	B3	52	79	112	PC11	I/O	FT	PC11	USART4_RX/SDIO_D3	USART3_RX
C10	C8	C4	53	80	113	PC12	I/O	FT	PC12	USART5_TX/SDIO_CK	USART3_CK
E10	D8	D8	5	81	114	PD0	I/O	FT	OSC_IN	FSMC_D2	CAN_RX
D10	E8	D7	6	82	115	PD1	I/O	FT	OSC_OUT	FSMC_D3	CAN_TX
E9	B7	A3	54	83	116	PD2	I/O	FT	PD2	TIM3_ETR/USART5_RX/SDIO_CMD	
D9	C7	–	–	84	117	PD3	I/O	FT	PD3	FSMC_CLK	USART2_CTS
C9	D7	–	–	85	118	PD4	I/O	FT	PD4	FSMC_NOE	USART2_RTS
B9	B6	–	–	86	119	PD5	I/O	FT	PD5	FSMC_NWE	USART2_TX
E7	–	–	–	–	120	VSS_10	S		VSS_10		
F7	–	–	–	–	121	VDD_10	S		VDD_10		
A8	C6	–	–	87	122	PD6	I/O	FT	PD6	FSMC_NWAIT	USART2_RX
A9	D6	–	–	88	123	PD7	I/O	FT	PD7	FSMC_NE1/FSMC_NCE2	USART2_CK
E8	–	–	–	–	124	PG9	I/O	FT	PG9	FSMC_NE2/FSMC_NCE3	
D8	–	–	–	–	125	PG10	I/O	FT	PG10	FSMC_NCE4_1/FSMC_NE3	
C8	–	–	–	–	126	PG11	I/O	FT	PG11	FSMC_NCE4_2	
B8	–	–	–	–	127	PG12	I/O	FT	PG12	FSMC_NE4	
D7	–	–	–	–	128	PG13	I/O	FT	PG13	FSMC_A24	
C7	–	–	–	–	129	PG14	I/O	FT	PG14	FSMC_A25	
E6	–	–	–	–	130	VSS_11	S		VSS_11		
F6	–	–	–	–	131	VDD_11	S		VDD_11		
B7	–	–	–	–	132	PG15	I/O	FT	PG15		
A7	A7	A4	55	89	133	PB3	I/O	FT	JTDO	SPI3_SCK/I2S3_CK	PB3/TRACESWO/TIM2_CH2/SPI1_SCK
A6	A6	B4	56	90	134	PB4	I/O	FT	NJTRST	SPI3_MISO	PB4/TIM3_CH1/SPI1_MISO
B6	C5	A5	57	91	135	PB5	I/O		PB5	I2C1_SMBA/SPI3_MOSII2S3_SD	TIM3_CH2/SPI1_MOSI
C6	B5	B5	58	92	136	PB6	I/O	FT	PB6	I2C1_SCL/TIM4_CH1	USART1_TX
D6	A5	C5	59	93	137	PB7	I/O	FT	PB7	I2C1_SDA/FSMC_NADVTIM4_CH2	USART1_RX
D5	D5	A6	60	94	138	BOOT0	I		BOOT0		
C5	B4	D5	61	95	139	PB8	I/O	FT	PB8	TIM4_CH3/SDIO_D4	I2C1_SCL/CAN_RX
B5	A4	B6	62	96	140	PB9	I/O	FT	PB9	TIM4_CH4/SDIO_D5	I2C1_SDA/CAN_TX
A5	D4	–	–	97	141	PE0	I/O	FT	PE0	TIM4_ETR/FSMC_NBL0	
A4	C4	–	–	98	142	PE1	I/O	FT	PE1	FSMC_NBL1	
E5	E5	A7	63	99	143	VSS_3	S		VSS_3		
F5	F5	A8	64	100	144	VDD_3	S		VDD_3		

2.2　Cortex-M3 处理器架构

2.2.1　Cortex-M3 处理器组成结构

Cortex-M3 处理器是建立在一个高性能哈佛结构的三级流水线技术上的 ARMv7 架构，可满足事件驱动的应用需求。内核的内部数据路径宽度为 32 位，寄存器宽度为 32 位，存储器接口宽度也是 32 位，是典型的 32 位处理器内核。内核实现了 Thumb-2 指令集（传统 Thumb 指令集的超集），既获得了传统 32 位代码的性能，又具有 16 位代码的高代码密度。处理器拥有独立的指令总线和数据总线，取指与数据访问可同时进行。但指令总线和数据总线共享同一个存储器空间，其寻址能力为 4GB。时钟选通等技术的广泛使用，改进了每个时钟周期的性能，获得优异的能效比。Cortex-M3 处理器是专门为在微控制系统、汽车车身系统、工业控制系统和无线网络等对功耗和成本敏感的嵌入式应用领域实现高系统性能而设计的，它大大简化了编程的复杂性，集高性能、低功耗、低成本于一体。

Cortex-M3 处理器内不仅有处理器内核，还包含多个用于系统管理的部件以及调试支持部件，其内部组成结构如图 2-3 所示。

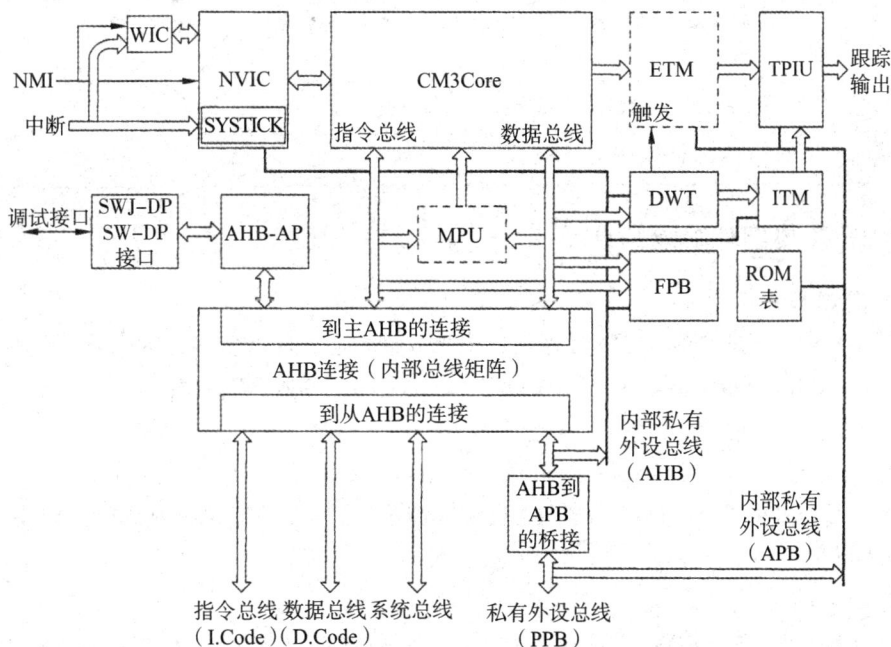

图 2-3　Cortex-M3 处理器内部组成结构图

Cortex-M3 处理器内部各部件通过高级高性能总线（AHB）以及高级外设总线（APB）相互连接，其中 MPU、WIC 和 ETM 是可选组件，不一定包含在具体实现的微控制器中。表 2.2 列出了各模块名称与描述。

表2.2　Cortex-M3处理器内部部件名称与描述

名　称	描　述
CM3Core	Cortex-M3处理器的内核
NVIC	嵌套向量中断控制器
SYSTICK定时器	简易的周期定时器，用于提供时基，多为操作系统所使用
WIC	唤醒中断控制器（可选）
MPU	存储器保护单元（可选）
BusMatrix	内部的AHB互连总线阵列
AHB to APB	把AHB转换为APB的总线桥接器
SW-DP/SWJ-DP接口	串行调试接口（SW-DP），提供2针（时钟+数据）接口；JTAG调试接口（JTAG-DP），提供5针标准JTAG接口
AHB-AP	AHB访问端口，用于将SW/SWJ接口的命令转换成AHB数据传送
ETM	嵌入式跟踪宏单元（可选），调试时用于指令跟踪
DWT	数据监视点与跟踪单元，调试时用于数据监视
ITM	指令跟踪宏单元
TPIU	跟踪端口的接口单元。所有跟踪组件发出的调试信息都要先送给它，它再转发给外部跟踪捕获硬件
FPB	Flash地址重载及断点单元
ROM表	存储配置信息的查找表

2.2.2　主要组件功能简介

1. 处理器核心

Cortex-M3 Core是Cortex-M3处理器的中央处理核心，即通常所说的内核，包括指令提取单元（Instruction Fetch Unit）、译码单元（Decoder）、寄存器组（Register Bank）和ALU（Arithmetic Logic Unit）等。

2. 总线阵列

总线阵列提供了Cortex-M3内核、3根外部精简先进高性能总线（AHB）和1根先进外设总线（APB）。

（1）I-code指令总线

基于AHB-Lite总线协议的32位总线，默认映射到0x00000000-0x1FFFFFFF内存地址段，主要用于取指操作。取指以字方式操作，即每次取4字节长度指令。即使对16位指令进行取指也是如此。因此CPU内核可以一次取出两条16位的Thumb指令。

（2）系统总线

基于AHB-Lite总线协议的32位总线，默认映射到0x20000000-0xDFFFFFFF和0xE0100000-0xFFFFFFFF两个内存地址段，用于访问内存和外设，即SRAM，片上外设，片外 RAM，片外扩展设备以及系统级存储区。可以根据需要传送指令和数据。和 D-Code 总线一样，所有的数据传送都是对齐的。

（3）D-Code 数据总线

基于 AHB-Lite 总线协议的 32 位总线，默认映射到 0x00000000-0x1FFFFFFF 内存地址段，主要用于数据访问操作。尽管 Cortex-M3 支持非对齐数据访问，但地址总线上总是对齐的地址。然而对于非对齐的数据传送，都将转换成多次的对齐数据传送，然后拼装成所需的数据。因此，连接到 D-Code 总线上的任何设备都只需要支持 AHB-Lite 对齐访问，不需要支持非对齐访问。

（4）外部私有外设总线

基于 APB 总线协议的 32 位总线，用于访问私有外设，默认映射到 0xE0040000-0xE00FFFFF 内存地址段。由于 TPIU、ETM 以及 ROM 表占用了部分空间，实际可用地址区间为 0xE0042000-0xE00FF000。在系统连接结构中，我们通常借助 AHB-APB 桥实现内核内部高速总线到外部低速总线的数据缓冲和转换。

3. 可嵌套向量中断控制器

NVIC 是一个在 Cortex-M3 中内建的中断控制器，与 CPU 核心紧耦合，包含众多控制寄存器，支持中断嵌套模式，提供向量中断处理机制等功能。中断发生时，NVIC 自动获得服务例程入口地址并直接调用，无须软件判定中断源，大大缩短中断延时。

先进的 NVIC 控制器可以使 Cortex-M3 支持 1-240 个外部中断，且每个中断的优先级可动态配置或分组，优先级分组使得某些中断不能被其他中断抢占，而另外一些中断可以被其他中断抢占；支持中断尾连和中断延迟响应，使得一个中断切换到另一个中断时，不需要进行中断间的环境状态保存和恢复；中断发生时与中断入口相关的处理器状态自动存储，中断退出时，这些状态自动恢复，由硬件完成，不需要指令操作。

4. 系统时钟

Cortex-M3 内核提供的一个 24 位倒计时计数器，可产生定时中断，作为系统定时器用。所有 Cortcx M3 处理器均有该计数器，因此系统级移植时不必修改系统定时器相关代码，移植效率高。特别注意的是，即使系统处于睡眠模式，该计数器也能正常工作。

5. 唤醒中断控制器

Cortex-M3 内核具有一个可选的唤醒中断控制器（WIC），实现从极低功耗休眠模式中唤醒内核。

6. 存储器保护单元

MPU 是可选单元，可以视为一个简化的存储器管理单元，但重点在于存储器保护。即通过将存储器划分成存储区域块，并设置其存取特性（是否缓冲、是否读写、是否执行、是否共享等）对存储区域块进行访问保护。

7. 调试跟踪组件

调试跟踪组件包括如下模块，它们用于调试和测试，通常不会在应用程序中直接使用。

（1）串行线调试端口 / 串行线 JTAG 调试端口。SW-DP/SWJ-DP 两种端口都与 AHB 访问端口（AHB-AP）协同工作，以使外部调试器可以发起 AHB 上的数据传送，从而执行调试活动。在处理器核心的内部没有 JTAG 扫描链，大多数调试功能都是通过在 NVIC 控制下

27

的 AHB 访问来实现的。SWJ-DP 通过支持串行线协议和 JTAG 协议来实现与调试接口的连接，而 SW-DP 只支持串行线协议。

（2）嵌入式跟踪宏单元。ETM 用于实现实时指令跟踪，但它是一个选配件，所以不是所有的 Cortex-M3 产品都具有实时指令跟踪能力。ETM 的控制寄存器是映射到主地址空间上的，因此调试器可以通过 DAP 来控制它。

（3）基于 AHB 总线的通用调试接口。AHB 访问端口通过少量的寄存器，提供了对全部 Cortex-M3 存储器的访问机能。该功能块由 SW-DP/SWJ-DP 通过一个通用调试接口（DAP）来控制。当外部调试器需要执行动作的时候，就要通过 SW-DP/SWJ-DP 来访问 AHB-AP，从而产生所需的 AHB 数据传送。

（4）数据观察点触发器。通过 DWT，可以设置数据观察点触发条件，当一个数据地址或数据值匹配观察点条件时，触发一次匹配命中并产生一个观察点事件，从而激活调试器以产生数据跟踪信息，或者让 ETM 联动以跟踪在哪条指令上发生了匹配命中事件。

（5）跟踪端口接口单元。TPIU 与外部的跟踪硬件（如跟踪端口分析仪）交互。在 Cortex-M3 的内部，跟踪信息都被格式化成"高级跟踪总线（ATB, Advanced Trace Bus）数据包"，TPIU 重新格式化这些数据，从而让外部设备能够捕捉到它们。

（6）指令跟踪宏单元。软件通过控制该模块直接把消息送给 TPIU，或者让 DWT 匹配命中事件，通过 ITM 产生数据跟踪包，并把它输出到一个跟踪数据流中。

（7）Flash 重载及断点单元。FPB 提供 Flash 地址重载和断点功能。Flash 地址重载指：当内核访问的某条指令匹配到一个特定的 Flash 地址时，将把该地址重映射到 SRAM 中指定的位置，取指后返回的是另外的值。匹配的地址还能用来触发断点事件。

（8）ROM 表。ROM 表提供存储器映射信息的查找表，包括内核可视组件或外设 ID 号和指针组，指针组是三个指向系统控制空间、断点单元（BPU）和数据观测点单元的指针。当调试系统定位各调试组件时，它需要找出相关寄存器在存储器的地址，这些信息由此表给出。

2.3　寄存器组功能

Cortex-M3 拥有通用寄存器（R0-R15）和特殊功能寄存器。其中 R0-R7 是低组寄存器，R8-R12 是高组寄存器，如图 2-4 所示。绝大多数 16 位指令只能使用低组寄存器，32 位 Thumb-2 指令可以访问所有通用寄存器。R13 是堆栈指针 SP。R14 是连接寄存器 LR。R15 是程序计数器 PC。特殊功能寄存器有预定义的功能，必须通过专用指令进行访问。

寄存器组

R0	通用目的寄存器
R1	通用目的寄存器
R2	通用目的寄存器
R3	通用目的寄存器
R4	通用目的寄存器
R5	通用目的寄存器
R6	通用目的寄存器
R7	通用目的寄存器

低寄存器

R8	通用目的寄存器
R9	通用目的寄存器
R10	通用目的寄存器
R11	通用目的寄存器
R12	通用目的寄存器

高寄存器

R13(分组)	栈指针(SP)
R14	链接寄存器(LR)
R15	程序计数器(PC)

MSP	主栈指针
PSP	进程栈指针

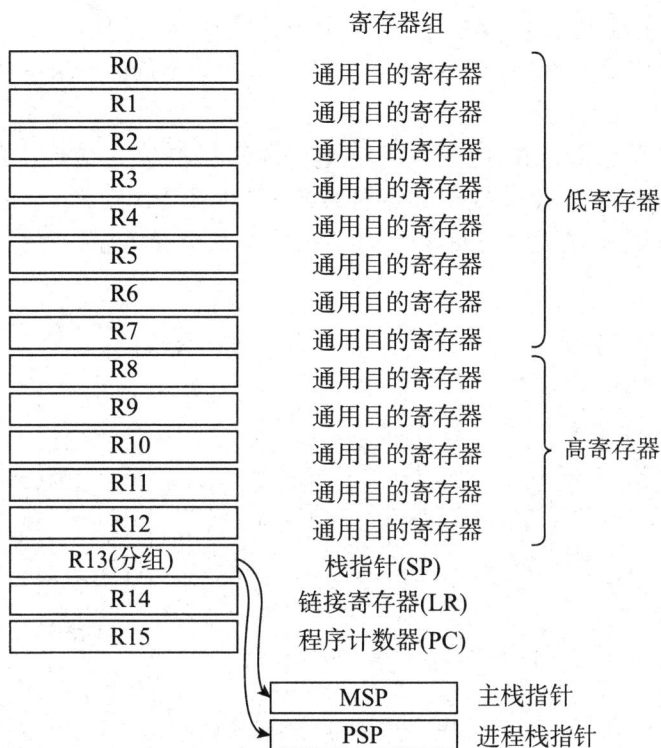

图 2-4　Cortex-M3 的寄存器组

2.3.1　通用寄存器

1. 低组寄存器（R0—R7）

所有指令均能访问，字长为 32 位，复位后的初始值是随机的。绝大多数 16 位 Thumb 指令只能访问 R0—R7。

2. 高组寄存器（R8—R12）

只有很少的 16 位 Thumb 指令能访问，32 位指令则不受限制，字长为 32 位，复位后的初始值是随机的。

2.3.2　堆栈寄存器

堆栈寄存器（R13）又称堆栈指针 SP（Stack Pointer），在 ARM 汇编程序中 SP 和 R13 写法可以互换。Cortex-M3 处理器内核中共有两个堆栈指针，因而有两个堆栈。但这两个寄存器不会同时生效，根据系统运行状态进行堆栈切换，以保证程序运行的快速性、安全性等要求，因而堆栈寄存器也称为分组寄存器。当作为堆栈功能对 R13（SP）进行引用时，你只能引用到当前系统状态确定的堆栈，另一个堆栈寄存器则只能通过特殊的指令进行访问（MRS、MSR 指令）。

如下为两个堆栈指针：

（1）主堆栈指针（MSP），或写作 SP_main，缺省堆栈指针，它由 OS 内核、异常服务例程以及所有需要特权访问的应用程序代码来使用。

（2）进程堆栈指针（PSP），或写作 SP_process，用于常规的应用程序代码（不处于异常服用例程中时）。

堆栈是一种存储器的使用模型。它由一块连续的内存，以及一个栈顶指针组成，用于实现"先进后出"（FILO，First In Last Out）的缓冲区，如图2-5所示。其最典型的应用就是在数据处理前先保存寄存器的值，再在处理任务完成后从中恢复先前保护的这些值。

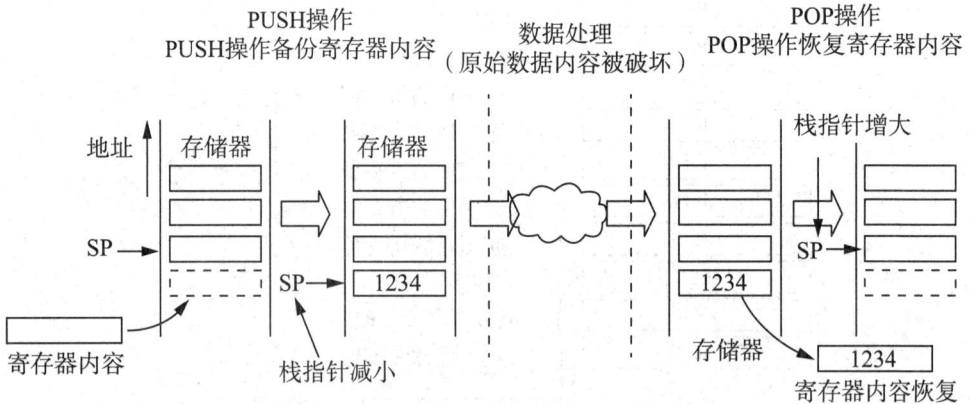

图 2-5 堆栈内存的基本概念

特别注意，堆栈指针用于访问堆栈，并不是每个应用程序都能用到两个堆栈指针，简单应用程序只使用 MSP 即可。采用专门的 PUSH 指令和 POP 指令进行入栈和出栈操作，在执行这些操作时，堆栈指针 SP 的内容会自动调整，以避免后续操作破坏先前的数据。

Conex-M3 中的堆栈是"向下生长的满栈"。因此，在 PUSH 新数据入栈时，堆栈指针先减一个单元，然后将数据压入堆栈指针所指的内存单元。通常在调用并进入一个子程序后，为保证子程序运行过程中不影响调用程序所使用的寄存器内容，第一件事就是把寄存器的值先 PUSH 入堆栈中，并在子程序退出前再将堆栈中保存的值 POP 到原来的寄存器，以恢复调用程序寄存器的原有内容。

MSP 和 PSP 都被称为 R13，但在任一时刻不总是呈现堆栈功能，在程序中可以通过 MRS/MSR 指令来指定访问的具体堆栈指针。由于 R13 的最低两位被硬线连接到 0，因此堆栈的 PUSH 和 POP 操作永远都是 4B 对齐的，即堆栈指针指向的内存起始地址必定是 0x4，0x8，0xC，诸如此类。

2.3.3 程序控制寄存器组

1. 连接寄存器（R14）

连接寄存器 LR（Linked Register）不同于大多数其他处理器。Conex-M3 处理器为减少访问内存的次数，把返回地址直接存储在连接寄存器 R14 中，而不是存放在内存的堆栈中。这样，对于只有一级子程序调用时，不需访问堆栈内存就可返回到主调用程序，从而提高子程序调用的效率。

在针对 Conex-M 处理器编写的汇编程序中，LR 和 R14 写法可以互换（以下不做区分）。

LR 在调用子程序时存储返回地址。例如，当你在使用 BL（分支并连接，Branch and Link）指令时，就自动填充 LR 的值。

    main   ；主程序

    ...

    B1 funciton1   ；使用"分支并连接"指令调用 function1

    ；PC= function1，并且 1R = main 中当前执行指令的下一条指令地址

    ...

    Function1

    …   ；function1 的代码

    BX 1R   ；函数返回

Cortex-M 处理器在中断处理上与其他 ARM 处理器存在较大差异：尽管 R14 寄存器仍称为链接寄存器，但并不像其他 ARM 处理器那样存放当前（主）程序的返回地址，以便分支程序执行完毕后能够顺利返回，从而实现当前（主）程序与分支程序的链接，而是用来存放 Cortex-M 处理器的当前工作模式，即 Cortex-M 处理器转去执行分支程序时，R14 寄存器用来存放一个能够描述 Cortex-M 处理器当前工作模式的值 EXC_RETURN。当 Cortex-M 处理器在分支程序中执行 BXLR 指令时，首先明确自身应当从当前工作模式切换到何种目标工作模式，其次进一步触发自身由分支程序返回先前被中断的程序。EXC_RETURN 并不是分支程序执行完毕后的返回地址，R14 寄存器用于实现的是 Cortex-M 处理器切换过程中不同工作模式的链接。

2. 程序计数寄存器（R15）

程序计数寄存器又称程序计数器 PC（Program Counter），在 ARM 汇编程序中 R15 和 PC 写法可以互换，用于指明当前的指令地址。如果修改它的值，即向 PC 中写数据，就会引起一次程序跳转，从而改变程序的执行流，但此时不更新 LR 寄存器。

由于 ARM 处理器发展的历史原因，PC 的第 0 位（LSB）用于指示 ARM/Thumb 状态。0 表示当前指令环境处于 ARM 状态，而 1 则表示当前指令环境处于 Thumb 状态。Cortex-M 中的指令是隶属于 Thumb-2 指令集，且至少是半字对齐的，所以 PC 的 LSB 总是读回 0。然而在编写分支指令时，无论是直接写 PC 的值还是使用分支指令，都必须保证加载到 PC 的数值是奇数（即 LSB=1），用于表明当前指令在 Thumb 状态下执行，但处理器在执行分支指令时，必须屏蔽 LSB 位的 1，才能保证程序的正确运行。倘若写了 0，则视为企图转入 ARM 模式，Cortex-M 将产生一个 Fault 异常。

因为 Cortex-M3 内部使用了指令流水线，读取 PC 内容时返回的值是当前指令的地址 +4。

2.3.4 特殊功能寄存器组

Cortex-M 内核有三类特殊功能寄存器，即程序状态字寄存器（Program Status Register，PSRs），中断屏蔽寄存器（PRIMASK、FAULTMASK、BASEPRI），控制寄存器（CONTROL），如图 2-6 所示。这些寄存器只能采用 MSR 和 MRS 指令进行访问。

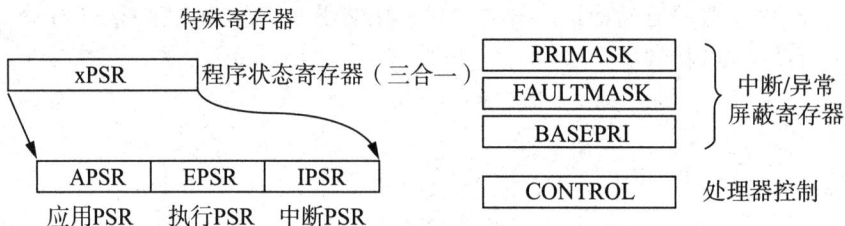

图 2-6　Cortex-M 中的特殊功能寄存器

三种特殊寄存器具有特殊的功能，其各自功能说明见表 2.3。

表 2.3　特殊寄存器及其功能

类　别	寄存器名	功　　能
程序状态字寄存器	xPSR	记录 ALU 标志（零标志、进位标志、负数标志、溢出标志以及饱和标志），执行状态，以及当前正服务的中断号
中断屏蔽寄存器	PRIMASK	禁止所有的中断，但非屏蔽中断除外
	FAULTMASK	禁止所有的 Fault，但非屏蔽中断除外，而且被禁止的 Faults 会"上访"
	BASEPRI	禁止所有优先级不高于某个具体数值的中断
控制寄存器	CONTROL	定义特权状态，并且决定使用哪一个堆栈指针

1. 程序状态字寄存器（PSR）

PSR 程序状态寄存器可分为三个 32 位子状态寄存器：应用程序状态字寄存器（APSR）、中断程序状态字寄存器（IPSR）、执行程序状态字寄存器（EPSR），如图 2-7 所示。

	31	30	29	28	27	26：25	24	23：20	19：16	15：10	9	8	7	6	5	4：00
APSR	N	Z	C	V	Q											
IPSR															Exception Number	
EPSR						ICI/IT	T			ICI/IT						

图 2-7　Cortex-M 中的程序状态寄存器

（1）应用程序状态字寄存器。应用程序状态字寄存器（APSR）使用第 27–31 位，0–26 保留，各位的功能如下。

N：ALU 的运算结果为负，N=l；否则，N =0。

Z：ALU 运算结果为 0，则 Z=0；否则 Z=l。

C：ALU 运算存在仅为借位 C=l；否则 C=0。

V：ALU 运算结果溢出，V=1；否则 V=0。

Q：ALU 运算结果饱和溢出，Q=l；否则 Q=0。

（2）中断程序状态字寄存器。中断程序状态字寄存器（IPSR）使用 0–8 位，其余位保留，功能如下。

Exception Number=0：表示基础级别的线程上下文，无被激活异常。

Exception Number=n：表示向量表位置 n 处的异常发生，例如：n=2 表示非屏蔽中端，n=15 表示 SysTick 中断请求，n=16 + m 表示外部中断号 m 的中断请求。

（3）执行程序状态字寄存器。执行程序状态字寄存器（EPSR）使用第 10–15 和 24–26

位，其余位保留，各位的功能如下。

IT/ICI 标志位：包含 IF-THEN 指令的基础条件码和支持中断继续执行的相关信息。LDM/STM 指令可以利用 ICI 继续执行被中断的程序，但包含在 IT 指令块中的 LDM/STM 指令无此功能，因为 IT 与 ICI 域占用相同的比特位。

T 标志位：指示 Thumb 工作状态，对于 Cortex-M3 处理器，T=1 恒成立；T=0 将引发异常，因为 Cortex-M3 无法执行 ARM 指令。

借助 MRS/MSR 指令，这 3 个程序状态字寄存器既可以单独访问，也可以组合整体访问。当使用组合整体访问时，应使用寄存器名 xPSR。xPSR 寄存器各位功能如图 2-8 所示。这里可通过 MRS 指令读取 PSR，也可通过 MSR 指令修改 APSR，但 EPSR 和 IPSR 为只读。

	31	30	29	28	27	26：25	24	23：20	19：16	15：10	9	8	7	6	5	4：00
EPSR	N	Z	C	V	Q	ICI/IT	T			ICI/IT		Exception Number				

图 2-8　组合后的程序状态寄存器（xPSR）

2. 中断屏蔽寄存器

中断屏蔽寄存器包括 PRIMASK、FAULTMASK 和 BASEPR 三个 32 位寄存器，用于控制异常的使能和禁止，见表 2.4。

表 2.4　Cortex-M3 的屏蔽寄存器功能

寄存器名	功能描述
PRIMASK	寄存器中仅有 1 位，在其置位时，允许不可屏蔽中断和硬件错误异常，其他所有中断和异常都会被屏蔽，默认为 0，不屏蔽中断
FAULTMASK	寄存器中仅有 1 位，在其置位时，只允许 NMI，所有的中断和硬件错误处理异常都被禁止，默认为 0，不屏蔽中断禁止所有的 Fault，但非屏蔽中断除外，而且被禁止的 Faults 会"上访"
BASEPRI	寄存器中最多 8 位（取决于优先级的实际位宽），定义了屏蔽优先级。在其置位时，相同或更低等级的所有中断都被禁止（更大优先级数值），更高优先级的中断仍可执行。若设置为 0，则屏蔽功能禁止（默认情况）

在时间敏感的任务中需要暂时禁止中断时，我们可以使用 PRIMASK 和 BASEPRI 寄存器。当一个任务崩溃时，OS 可以使用 FAULTMASK，暂时禁止错误处理。在这种情况下，任务崩溃时可能会产生多个不同错误。内核开始清理操作时，它也许不想被崩溃进程引起的其他错误打断，因此，利用 FAULTMASK，OS 内核就获得了处理错误状态的时间。

要访问 PRIMASK、FAULTMASK 以及 BASEPRI，同样要使用 MRS/MSR 指令例如：

MRS R0, BASEPRI 　　　；读取 BASEPRI 寄存器内容到 R0 中
MRS R0, FAULTMASK 　　；读取 FAULTMASK 寄存器内容到 R0 中
MSR BASEPRI, R0 　　　；写入 R0 寄存器内容到 BASEPRI 中
MSR FAULTMASK, R0 　　；写入 R0 寄存器内容到 FAULTMASK 中
MSR PRIMASK, R0 　　　；写入 R0 寄存器内容到 PR1MASK 中

只有在特权级下，这 3 个寄存器才允许被访问。

3. 控制寄存器

控制寄存器（CONTROL）用于定义特权级别，还用于选择当前使用哪个堆栈指针，该寄存器使用第 0–1 位，其余位保留，各位的功能见表 2.5。

表 2.5　控制寄存器功能

位	功能描述
CONTROL[1]	1：使用其他的栈；0：使用默认栈（MSP） 若在线程或基本等级，PSP 为另外一个栈，处理模式没有另外的栈，因此在处理模式下该位必须为 0
CONTROL[0]	0：线程模式的特权状态；1：线程模式的用户状态 在处理模式（非线程模式），处理器运行在特权等级

（1）CONTROL[1]。对于 Cortex-M3，CONTROL[1] 位在处理模式中总是为 0；在线程模式中则可以为 0（特权级）或 1（用户级）。

该位只有在内核处于线程模式及特权状态下才是可写的；在用户状态或处理模式下，该位不允许进行写操作。除了写这个寄存器外，我们也可以在异常返回时通过修改 LR 的第 2 位来修改这个位。

（2）CONTROL[0]。仅当在特权级下操作时才允许写该位，一旦进入了用户状态，要想切换回特权状态，只能触发一次中断并且在异常处理中进行修改。

CONTROL 寄存器也是通过 MRS 和 MSR 指令来操作的，例如：

MRS R0，CONTROL　　；将 CONTROL 寄存器读入 R0

MSR CONTROL，R0　　；将 R0 写入 CONTROL 寄存器

2.4　异常和中断

2.4.1　异常基本概念

异常是会改变程序流的事件，当其产生时，处理器会暂停当前正在执行的任务，转而执行一段被称作异常处理的程序。在异常处理执行完后，处理器继续正常执行重点的程序。对于 ARM 架构，中断就是异常的一种，它一般由外设或外部输入产生，有时也可以由软件触发。中断的异常处理也被称作中断服务程序（ISR）。

Cortex-M 处理器具有多个异常源，如图 2-9 所示，但总体上分为两类。

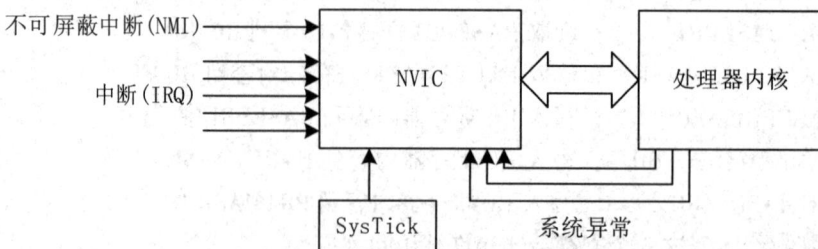

图 2-9　Cortex-M 处理器的各种异常源

1.NVIC 处理异常

NVIC 可以处理多个中断请求（IRQ）和一个不可屏蔽中断（NMI）请求，IRQ 一般由片上外设或外部中断输入通过 I/O 端口产生，NMI 可用于看门狗定时器或掉电检测。Cortex-M 处理器内部名为 SysTick 的定时器，它可以产生周期性的定时中断请求。

2. 内部运行异常

Cortex-M 处理器自身也是一个异常事件源，其中包括表示系统错误状态的错误事件异常以及软件产生的异常。

Cortex-M 支持的异常见表 2.6，每个异常源都有一个异常编号，编号 1–15 被归为系统异常，16 号及其之上的则用于中断。Cortex-M 处理器在设计上支持最多 240 个中断输入，不过实际实现的中断数量要小得多，一般在 16–100 之间。

表 2.6　Cortex-M 中的异常类型

异常编号	异常类型	优先级	描　述
1	复位	-3（最高）	复位
2	NMI	-2	不可屏蔽中断（外部 NMI 输入）
3	硬件错误	-1	所有的错误都可能会引发，前提是相应的错误处理未使能
4	MemManage 错误	可编程	存储器管理错误：存储器管理单元（MPU）冲突或访问非法位置
5	总线错误	可编程	总线错误：当高级高性能总线（A H B）接口收到从总线的错误响应时产生（若为取指也称作预取终止，数据访问则为数据终止）
6	使用错误	可编程	程序错误或试图访问协处理器导致的错误(Cortex-M 处理器不支持协处理器)
7-10	保留	NA	-
11	SVC	可编程	请求管理调用：一般用于 OS 环境且允许应用任务访问系统服务
12	调试监控	可编程	调试监控：在使用基于软件的调试方案时，断点和监视点等调试事件的异常
13	保留	NA	-
14	PendSV	可编程	可挂起的服务调用：OS 一般用该异常进行上下文切换
15	SYSTTCK	可编程	系统节拍定时器：当其在处理器中存在时，由定时器外设产生，可用于 OS 或简单的定时器外设
16-255	IRQ	可编程	IRQ 输入 #0-239

异常编号在多个寄存器中都有所体现，其中包括用于确定异常向量地址的 IPSR。异常向量存储在向量表中，在异常入口流程中，处理器会读取这个表格，以确定异常处理的起始地址。

Cortex-M 处理器处理异常和中断时，R12、链接寄存器（LR）、PSR 和 PC 自动压入栈中，中断退出时则将它们自动出栈，这样就降低了 IRQ 的处理等待并可用普通 C 函数作为中断处理。

复位是一种特殊的异常，当处理器从复位中退出时，Cortex-M 直接进入特权级访问的线程模式。IPSR 中的异常编号为 0。

2.4.2　嵌套向量中断控制器（NVIC）

NVIC 为 Cortex-M 处理器的一部分，NVIC 处理异常和中断配置、优先级以及中断屏蔽。NVIC 实现以下功能：

1.灵活的中断和异常管理

每个中断（除了 NMI）都可以被使能或禁止，而且都具有可由软件设置或清除的挂起状态。NVIC 可以处理多种类型的中断源：

（1）脉冲中断请求。中断请求至少持续一个时钟周期，当 NVIC 在某中断输入收到一个脉冲时，挂起状态就会置位且保持到中断得到处理。

（2）电平触发中断请求。在中断得到处理前需要将中断源的请求保持为高。

NVIC 输入信号为高有效。不过，实际微控制器中的外部中断输入的设计可能会有所不同，会被片上系统逻辑转换为有效的高电平信号。

2. 支持嵌套向量 / 中断

每个异常都有一个优先级，中断等一些异常具有可编程的优先级，而其他的则可能会有固定的优先级。当异常产生时，NVIC 会将异常的优先级和当前等级相比较，若新异常的优先级较高，当前正在执行的任务就会暂停，有些寄存器则会被保存在找空间，而且处理器会开始执行新异常的异常处理，这个过程叫作"抢占"。当更高优先级的异常处理完成后，它就会被异常返回操作终止，处理器自动从堆栈中恢复寄存器内容，并且继续执行之前的任务。利用这种机制，异常服务嵌套不会带来任何软件开销。

3. 向量化的异常 / 中断入口

当异常发生时，处理器需要确定相应的异常处理入口的位置。对于 AR M7TDMI 等 ARM 处理器，这一操作由软件实现，Cortex-M 处理器则会从存储器的向量表中自动定位异常处理的入口。这样减小了从异常产生到异常响应的延时。

4. 中断屏蔽

Cortex-M 处理器中的 NVIC 提供了多个中断屏蔽寄存器，如 PRIMASK 特殊寄存器。利用 PRIMASK 寄存器，可以禁止除 HardFault 和 NMI 外的所有异常。这种屏蔽对不应被中断的操作非常有用，如时序关键控制任务或实时多媒体编解码器；另外，还可以使用 BASEPRI 寄存器来选择屏蔽低于特定优先级的异常或中断。

NVIC 的灵活性和功能还使得 Cortex-M 处理器非常易于使用，而且通过降低中断处理的软件开销，在减小了代码体积的同时，提高了系统的响应速度。

2.4.3　向量表

当异常发生并被 Cortex-M 处理器接受时，对应的异常处理就会执行。为了确定异常处理的起始地址，处理器使用了一种向量表机制。向量表为系统存储器中的字数据数组，每个元素代表了一种异常类型的起始地址。向量表的位置是可以重置的，该位置由 NVIC 中的重定位寄存器决定（见表 2.7）。复位后，该重定位寄存器被置为 0，因此，向量表在复位后位于地址 0x0 处。

表 2.7　向量表默认定义

异常类型	地址偏移	异常向量
18–255	0x48–0x3FF	IRQ#2–239
17	0x44	IRQ#1
16	0x40	IRQ#0
15	0x3C	SYSTICK
14	0x38	PendSV
13	0x34	保留
12	0x30	调试监控
11	0x2C	SVC

异常类型	地址偏移	异常向量
7–10	0x1C–0x28	保留
6	0x18	使用错误
5	0x14	总线错误
4	0x10	存储器管理错误
3	0x0C	硬件错误
2	0x08	NMI
1	0x04	复位
0	0x00	MSP 的起始地址

例如：若复位的异常类型为 1，那么复位向量的地址为 1×4（每个字为 4B），也就是 0x00000004，NMI 向量（类型 2）位于 $2 \times 4 =$ 0x00000008 位置。地址 0x00000000 用于存放 MSP 的初始值。

每个异常类型的 LSB 表示异常是否允许在 Thumb 状态中执行，由于 Cortex-M3 只支持 Thumb 指令，所有的异常向量的 LSB 都应该置 1。

2.4.4　错误处理异常

Cortex-M 处理器中的几个异常为错误处理异常。处理器检测到错误时，就会触发错误异常，检测到的错误包括执行未定义的指令以及总线错误对存储器访问返回错误的响应等。错误异常机制使得错误可以被快速发现，软件因此也可以执行相应的修复措施，如图 2-10 所示。

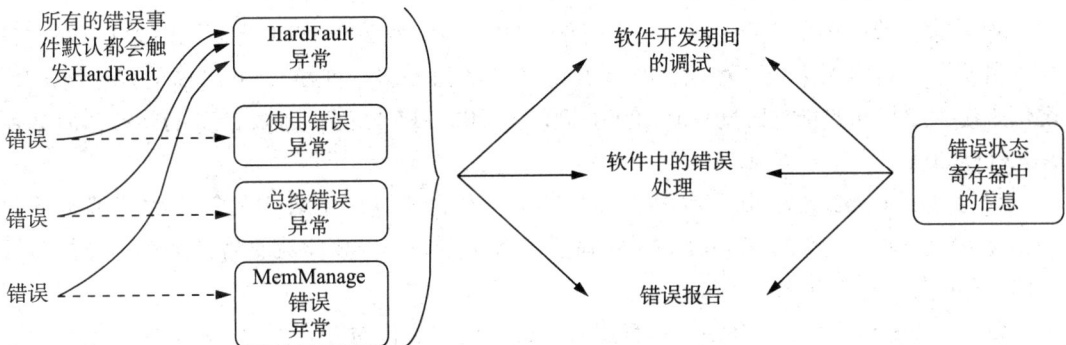

图 2-10　Cortex-M 处理器错误异常的应用

总线错误、使用错误以及存储器管理错误默认都是禁止的，且所有的错误事件都会触发 HardFault 异常。不过，这些配置都是可编程的，可以单独使能这三个错误异常，以处理不同类型的错误。HardFault 异常总是使能的。

错误异常也可在软件调试时使用。例如，在错误产生时，错误异常可以自动收集信息及通知用户或其他系统错误已产生，并能够提供调试信息。Cortex-M 处理器中有多个可用的错误状态寄存器，它们提供了错误源等信息。在软件开发过程中，开发人员利用调试器检查这些错误状态寄存器。

2.5 Cortex-M3 处理器的基本操作

2.5.1 启动与指令流水线

1. 启动过程

Cortex-M3 处理器离开复位状态后，立即读取下列两个 32 位整数的值，如图 2-11 所示，按以下步骤完成启动。

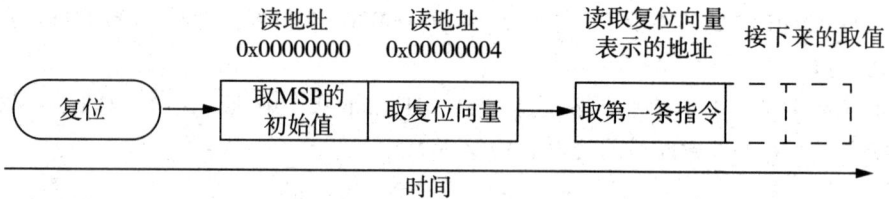

图 2-11 Cortex-M3 启动过程

（1）从地址 0x00000000 读取数值并存放于寄存器 R13（主栈指针 MSP）。

（2）从地址 0x00000004 读取数值并存放于寄存器 R15（程序计数器 PC），读取数值的 LSB 必须是 1，表明 Thumb 状态。

（3）PC 的值所对应的地址处一次读取指令代码，开始执行代码。

MSP 的初始值必须位于 RAM 区域，如 0x20007C00~0x20007FFF 之间，因为 Cortex-M3 处理器使用的是向下生长的堆栈，所以 MSP 的初始值必须是堆栈 RAM 区域的末地址加 1。举例来说，如果你的堆栈区域在 0x20007C00~0x20007FFF 之间，那么 MSP 的初始值就必须是 x20008000。

因为 Cortex-M3 处理器总是在 Thumb 态下执行，所以向量表中的每个数值都必须把 LSB 置 1（也就是奇数），Cortex-M3 处理器读取指令时，LSB 位被忽略，例如，复位向量 0x101 表示指令地址为 0x100。

Cortex-M3 处理器正式开始执行程序时，必须先初始化 MSP。因为，可能第 1 条指令还没执行就会产生 NMI 或其他 fault 异常中断。MSP 初始化后就为它们的服务例程的执行准备好了堆栈。

2. 指令流水线

Cortex-M3 处理器指令执行采用 3 级流水线，分别是：取指、解码和执行，如图 2-12 所示。

图 2-12 Cortex-M3 的指令流水线

Cortex-M3 处理器内核的指令预取单元中有一个指令缓冲区，可让后续执行指令在执行前排队等候。当运行的程序多是 16 位指令时，处理器可能不会在每个周期都取指令。这是因为处理器每次最多取出 2 个指令（32 位），那么当一个指令取出后，下一条已经在处理器里。在这种情况下，Cortex-M3 处理器下次才会取指，或者若缓冲满，总线接口可能会处于空闲状态。有些指令的执行需要花费多个周期，在这种情况下，流水线就会暂停。

在执行跳转指令时，流水线会被清空，Cortex-M3 处理器将从跳转目的取出指令并填充流水线。

由于 Cortex-M3 处理器的流水线特性，要保证程序同 Thumb 代码兼容，在指令执行期间读取程序计数器时，读出值需要为当前执行指令的地址加 4。如果利用程序计数器生成存储器访问的地址，就会使用指令地址加 4 的字对齐值。

2.5.2　操作模式

Cortex-M3 处理器具有两个模式以及两个特权等级，如图 2-13 所示。操作模式（线程模式和处理模式）表明处理器在运行普通程序还是异常处理，异常处理包括中断处理或系统异常处理。特权等级（特权等级和用户等级）提供了对关键区域的存储器安全访问机制以及基本的安全模型。

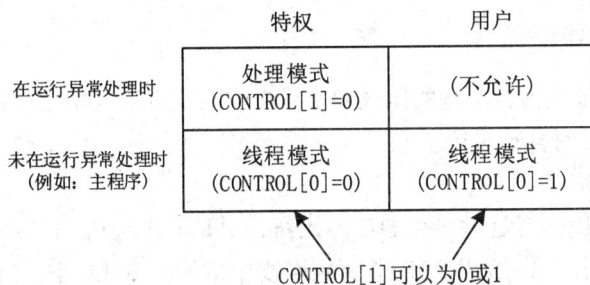

图 2-13　Cortex-M3 中的操作模式和特权等级

当处理器运行主程序时（线程模式），它可以处于特权状态，也可以处于用户状态，而异常处理则只能处于特权状态。当处理器退出复位时，它处于线程模式，并且具有特权访问权限。在特权状态，程序可以访问所有的存储器区域（被 MPU 设置禁止除外），而且可以使用所有支持的指令。

Cortex-M3 处理器操作模式间的转换如图 2-14 所示，处于特权访问等级的软件可以通过控制寄存器将程序切换至用户访问等级，当异常发生时，处理器会切换回特权状态并且在退出异常处理后返回到之前的状态。用户程序无法通过修改控制寄存器返回到特权状态，只能通过异常处理在返回线程模式时修改控制寄存器才能返回特权状态。

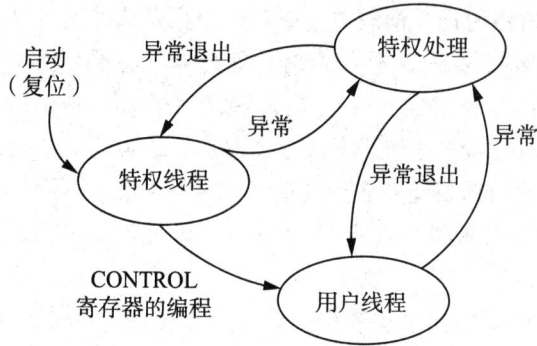

图 2-14　Cortex-M3 处理器操作模式转换图

特权等级和用户等级的分离提高了系统的可靠性，这样能够防止不受信任的程序访问或修改系统配置寄存器。若 MPU 存在，它可以同特权等级一起保护关键的存储区域，如 OS 的程序和数据等。

例如，特权等级一般由 OS 内核使用，所有的存储器区域都可以访问（除非被 MPU 禁止）。当 OS 启动用户程序时，该程序可能会在用户等级运行，以免用户程序崩溃，导致系统失效。

2.5.3　堆栈操作

对于 Cortex-M3 处理器，堆栈的压栈和出栈操作除了可由专用指令控制外，还可在进入或退出异常 / 中断处理时自动执行。

1. 堆栈基本操作

一般来说，堆栈操作就是对内存的读写操作，但是其地址由 SP 给出。寄存器的数据通过 PUSH 指令存入堆栈，以后用 POP 指令从堆栈中取回。在 PUSH 与 POP 指令的操作中，SP 的值会按堆栈的使用法则自动调整，以保证后续的 PUSH 不会破坏先前压栈的内容。

堆栈的功能就是把寄存器的数据放入内存，以便一个任务或一段子程序执行完毕后恢复。正常情况下，PUSH 与 POP 必须成对使用，而且参与的寄存器与先后顺序都必须完全一致。当 PUSH/POP 指令执行时，SP 指针的值自动减少 / 增加。

单个寄存器栈操作示例代码如下：

```
PUSH {R0}                ；把 R0 存入栈中，并调整 SP
PUSH {R1}                ；把 R1 存入栈中，并调整 SP
PUSH {R2}                ；把 R2 存入栈中，并调整 SP
……                      ；执行任务，中间可能改变 R0-R2 的值
POP {R2}                 ；恢复 R2 先前值，恢复调整 SP
POP {R1}                 ；恢复 R1 先前值，恢复调整 SP
POP {R0}                 ；恢复 R0 先前值，恢复调整 SP
```

PUSH/POP 指令支持一次操作多个寄存器，多个寄存器栈操作示例代码如下：

```
PUSH {R0-R2}            ；把 R0-R2 存入栈中，并调整 SP
PUSH {R3-R5，R8，R12}   ；把 R3-R5、R8、R12 存入栈中，并调整 SP
```

……　　　　　　　　　　　　；执行任务

POP {R3-R5，R8，R12}　　　；恢复 R3-R5、R8、R12 先前值，恢复调整 SP

POP {R0-R2}　　　　　　　　；恢复 R0-R2 先前值，恢复调整 SP

Cortex-M3 处理器的返回指令（RETURN）可以同 POP 操作合并在一起，可以将 LR 存入栈中，并且在子例程结束时将其送回 PC，实现调用返回，示例代码如下：

BL functionl　　　　　　　；调用子程序 function1

……；

function 1

PUSH {R0，R2，LR}　　　　　；保存寄存器，包括链接寄存器

……　　　　　　　　　　　　；执行子任务（R0、Rl 和 R2 可能会变化）

POP {R0，R2，PC}　　　　　　；恢复寄存器并且返回

2. 堆栈操作原理

Cortex-M3 处理器使用一种递减的堆栈操作模型，SP 指向压入栈存储的最后一个数据，SP 在新的 PUSH 操作前减小，图 2-15 为指令 PUSH{R0} 执行的原理。

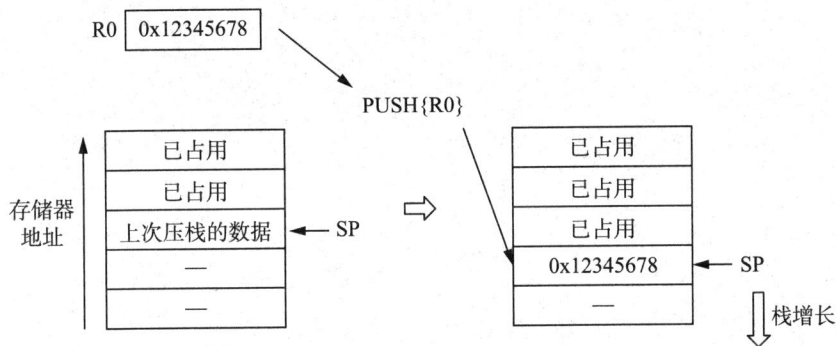

图 2-15　Cortex-M3 的压栈

对于 POP 操作，数据被从 SP 指向的位置中读出，然后 SP 增加，存储器中的数据不会变化，但下次 PUSH 操作发生时则会被覆盖，图 2-16 为指令 POP{R0} 执行的原理。

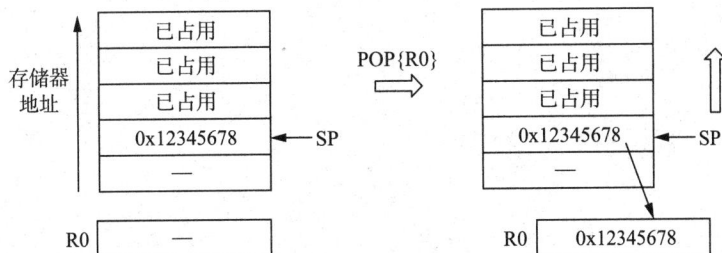

图 2-16　Cortex-M3 的出栈

由于每次 PUSH/POP 操作传输 4 字节的数据（每个寄存器包含 1 个字，也就是 4 字节），SP 每次会增加／减小 4 字节，如果多于 1 个寄存器需要压栈或出栈则是 4 的倍数。

在 Cortex-M3 处理器中，R13 被定义为 SP。当中断发生时，多个寄存器会自动压栈，在这个过程中，R13 会被用作 SP。类似的，在退出中断处理时，压栈的寄存器会自动地恢复 / 出栈，SP 的值也会得到调整。

3. 双堆栈模型

Cortex-M3 处理器有两个 SP：MSP 和 PSP。实际使用哪个 SP 由控制寄存器的第 1 位（CONTROL[1]）控制。

当 CONTROL[1] 为 0 时，线程模式和处理模式都会使用 MSP，此状态下主程序和异常处理共用相同的栈存储空间，这也是上电后的默认设置。

当 CONTROL[1] 为 1 时，线程模式使用 PSP。在这种状态下，程序自动压栈和出栈机制将会使用 PSP，不过异常处理中的栈操作会使用 MSP。在这种状态下，主程序和异常处理可以使用独立的栈存储区域。这样用户程序的栈出现错误时，就不会破坏 OS 使用的堆栈（假定用户程序只运行在线程模式，OS 内核运行在处理模式）。

第 3 章　指令系统

3.1　ARM 指令集概述

3.1.1　ARM 指令集的演化

指令集：ARM 公司称之为 ISA（Instruction Set Architecture），指令集设计是处理器结构中最重要的一个部分，所有的 ARM Cortex-M 处理器均基于 Thumb-2 技术，在一种工作状态中允许混合使用 16 位和 32 位指令。这一点与传统的 ARM 处理器（如 ARM7TDMI）不同。ARM 指令集的演化过程如图 3-1 所示。

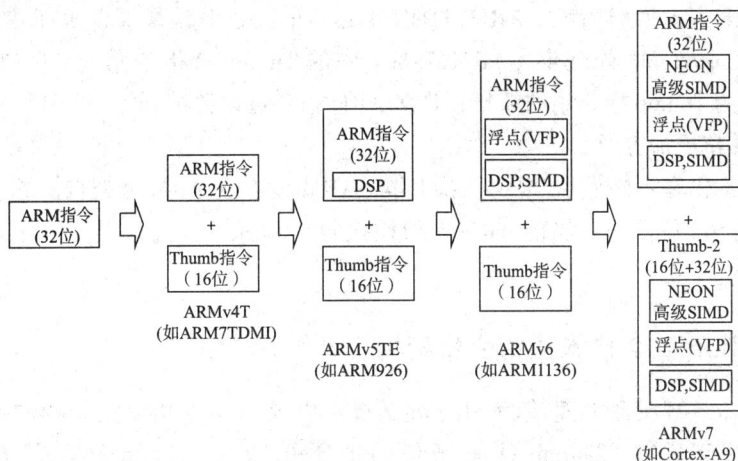

图 3-1　ARM 指令集的演化过程

早期的 ARM 处理器（在 ARM7TDMI 处理器之前）仅支持 32 位 ARM 指令集。在接下来的数年间，ARM 架构从版本 1 发展到版本 4，ARM 指令集也随之不断发展。ARM 指令集功能强大，大多数指令支持条件执行，同时提供了很好的性能。但是与 8 位和 16 位架构的处理器相比，32 位的 ARM 指令集需要更多的存储器空间。随着手机等设备对 32 位处理器需求的不断增加，功耗和成本都变得十分关键，就需要一种代码密度高的解决方案。

在 1995 年，ARM 推出了 ARM7TDMI 处理器，开始支持一种新的工作状态，可以运行一种新的 16 位指令集。这种 16 位指令集称为 Thumb 指令集（它比 ARM 指令集要小）。ARM7TDMI 可以工作在 ARM 状态（默认情况下）下，也可以工作在 Thumb 状态下。ARM 和 Thumb 状态的切换可以通过软件控制。程序的一部分利用 ARM 指令来编译，从而获得更高的性能，其余部分用 Thumb 指令编译，从而获得更高的代码密度，减少程序占用的空间。利用这种实现机制，应用程序就可以在缩紧代码大小的同时获得较高的性能。在有些情况下，Thumb 代码可以比相同条件下的 ARM 代码减少 30% 的程序空间。

在 ARM7TDMI 处理器的设计中，利用一种映射功能可以将 Thumb 指令翻译成 ARM 指令，之后进行解码，这里只需要一个指令译码器即可。ARM 和 Thumb 两种工作状态在新的 ARM 处理器中仍然被支持，如 Cortex-A 处理器系列及 Cortex-R 处理器系列。虽然 Thumb 指令集能够提供 ARM 指令集所能提供的大多数功能，但是它仍然存在一些限制。例如，对可操作的寄存器，寻址模式都存在限制，用于数据或地址操作的立即数范围也有所减少。

2003 年，ARM 推出了 Thumb-2 技术，将 16 位指令集和 32 位指令集集成到一种工作状态。Thumb-2 指令集是 Thumb 指令集的超集。许多指令是 32 位的，因此可以像 ARM 指令集一样实现相应操作，但是它与 ARM 指令集有不同的指令编码方式。第一个支持 Thumb-2 技术的处理器是 ARM1156T-2 处理器。

在 2006 年，ARM 发布了 Cortex-M3 处理器。Cortex-M3 处理器集成 Thumb-2 技术，仅支持 Thumb 工作态。与早期的 ARM 处理器不同，Cortex-M3 处理器不支持 ARM 指令集。之后更多的 Cortex-M 处理器发布，为面向不同市场分别采用了 Thumb 指令集的不同指令范围。因为 Cortex-M3 处理器不支持 ARM 指令集，所以向后不能与传统的 ARM 处理器如 ARM7TDMI 兼容。换句话说，ARM7TDMI 上运行的二进制镜像文件不能在 Cortex-M3 处理器上运行。Cortex-M3 处理器（ARMv7-M）中的 Thumb-2 指令集是 ARM7TDMI（ ARM v4T）处理器中的 Thumb 指令集的超集，许多 ARM 指令可以移植到等价的 32 位 Thumb 指令，从而使应用的移植更加方便。

ARM 指令集仍在不断发展当中。2011 年，ARM 发布了 ARMv8 架构。它包含了一些新的指令集，用于 64 位操作。当前 ARMv8 架构仅限于 Cortex-A 处理器，Cortex-M 处理器暂不包含这种架构。

3.1.2 Thumb-2 技术和指令集架构

所有的 Cortex-M 处理器都支持 Thumb-2 技术以及 Thumb 指令集架构的不同子集。在 Thumb-2 技术出现之前，Thumb 只是 16 位的指令集。Thumb-2 指令集是 16 位 Thumb 指令集的超集，它在增加 16 位指令的同时，还增加了一些 32 位指令，可在 Thumb 状态下执行更多的复杂操作，减少 ARM 状态和 Thumb 状态间的切换，提高了处理器的效率。利用 Thumb-2 技术，Thumb 指令集架构成了高效且强大的指令集，且在易用性、代码密度以及性能方面有了很大的提升。Thumb-2 指令集和传统 Thumb 指令集的关系如图 3-2 所示。

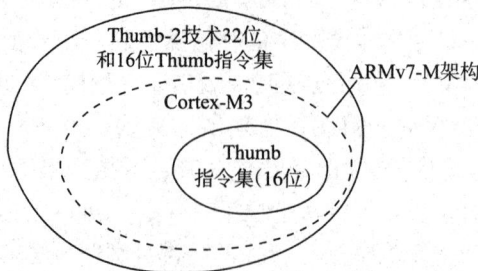

图 3-2 Thumb-2 指令集和传统 Thumb 指令集的关系

由于面向的是具有小的存储器系统的微控制器，Cortex-M3 只支持 Thumb-2（以及传

统的 Thumb）指令集。与早期的 ARM 处理器在某些操作下使用 ARM 指令不同，它通过
Thumb-2 处理所有操作。Cortex-M3 处理器几乎可以运行所有的 16 位 Thumb 指令，这也包
括 ARM7 系列处理器支持的 16 位 Thumb 指令，这样就使得应用程序的移植非常方便。

　　Thumb-2 指令集为 ARMv7 架构的一个非常重要的特性。同 ARM7 系列处理器（ARMv4T
架构）支持的指令相比，Cortex-M3 处理器的指令集具有许多新的特性，而且首次实现了硬
件除法，Cortex-M3 上新增的许多乘法指令也有助于提高数据指令，以提高数据处理性能。
Cortex-M3 处理器还支持非对齐数据访问，该特性之前只用在高端处理器中。

3.2　汇编基础

　　大多情况下，应用程序代码可以用 C 或其他高级语言实现，因此多数软件开发人员无
须了解指令集的细节。不过了解 Cortex-M3 处理器可用的指令和汇编语言语法，对于充分应
用 Cortex-M3 处理器的功能很有帮助。

　　不同供应商的汇编工具（如 GNU 工具）具有不同的语法，多数情况下，助记符和汇编
指令都是相同的，但汇编伪指令、定义、标号和注释的语法则可能会有差异。下面介绍以
Keil ARM 微控制器开发套件（MDK-ARM）的 ARM 汇编器（armasm）中的语法。

3.2.1　汇编语言语法

　　在汇编代码中，通常使用下面的指令格式：

label

mnemonic　operandl , operand2…　　　　　　　　 ;注释

　　label（标号）表示地址位置，是可选的。有些指令的前面可能会有标号，这样就可以通
过这个标号得到指令的地址。标号也用于表示数据地址，如可以在程序内的查找表处放一个
标号。label 后为 mnemonic（助记符），也就是指令的名称，其后跟着多个操作数。

　　指令中操作数（operand）的个数取决于指令的种类，有些指令不需要任何操作，而有
些则可能只需要一个。助记符后可能会存在不同类型的操作数，这样可能会得到不同的指令
编码，例如：MOV 指令可以在两个寄存器间传输数据，也可以将立即数放到寄存器中。操作
数的语法可能各不相同。例如，立即数通常具有前缀 "#"：

MOVS R0 , # 0x12　　　　　　　　　　　　 ;设置 R0 = 0x12（十六进制）

MOVS Rl , # 'A'　　　　　　　　　　　　 ;设置 Rl = ASCII 字符 A

　　每个分号 ";" 后的文字为注释，注释不会影响程序运行，不过可以提高程序的可读性。

　　汇编代码的一个常见特性为定义常量。通过常量定义，程序代码的可读性得到了提升，
而且方便程序维护。对于 ARM 汇编，定义常量的一个例子为：

NVIC_IRQ_SETEN　　EQU　0xE000E100

NVIC_IRQ0_ENABLE EQU　0xl

……

LDR　R0, = NVIC_ IRQ_ SETEN　　　　　　 ;将 0xE000E100 放入 R0

这里的 LDR 为伪指令，会被汇编器转换为 PC 相关的数据加载。

MOVS Rl, # NVIC_IRQ0_ENABLE   ;将立即数（0xl）放入寄存器 Rl

STR Rl, [R0]   ;将 0xl 存入 0xE000E100，使能中断 IRQ0

对于上面的代码，伪指令 LDR 将 NVIC 寄存器的地址值加载到寄存器 R0 中。汇编器会将一个常数值放到程序代码中的某个位置，并插入一个将数据值读入 R0 的存储器读指令。之所以使用伪指令，是因为对于一个传送立即数的指令来说，这个常数值就有点太大。在使用 LDR 伪指令将数据加1载到寄存器中时，需要对数据增加"="前缀。在将立即数加载到寄存器中的一般情况下（如使用 MOV），前缀应该使用"#"。

多个数据定义伪指令可用于在汇编代码中插入常量，例如，如果汇编器无法生成某个指令，且你知道指令的二进制代码，那么就可以使用 DCI（定义常量指令）来定义一个指令的编码，例如：

DCI 0xBE00   ;断点（BKPT0），16 位指令

DCB（定义常量字节）可用于如字符等字节大小的常量数据定义，而 DCD（定义常量字）则用于在代码中定义字大小的数据，例如：

LDR R3, = MY_NUMBER   ;读取 MY_NUMBER 的地址

LDR R4, [R3]   ;将 0x12345678 放入 R4

LDR R0, = HELLO_TXT   ;获取 HELLO_TXT 的起始地址

BL PrintTex   ;调用函数 PrintText 显示字符串

……;

MY NUMBER

DCD 0x12345678

HELLO_TXT

DCB"Hello\n", 0   ;以 NULL 结尾的字符串

3.2.2 后缀的使用

对于 ARM 处理器的汇编器，有些指令后会跟着后缀。Cortex-M 处理器可用的后缀见表 3.1。

表 3.1 Cortex-M 汇编语言的后缀

后　缀	描　述
S	更新 APSRC 应用程序状态寄存器（如进位、溢出、零和负标志），例如： ADDS R0, Rl; 该 ADD 操作会更新 APSR
EQ, NE, CS, CC, MI, PL, VS, VC, HI, LS, GE, LT, GT, LE	条件执行，EQ= 等于，NE= 不等于，LT= 小于，GT= 大于。对于 Cortex-M 处理器，这些条件可用于条件跳转。例如： BEQ label; 若之前的操作得到相等的状态， ; 则跳转至 label 或者条件执行指令，例如： ADDEQ R0,Rl,R2; 若之前的操作得到相等状态， ; 则执行加法运算
.N, .W	指定使用的是 16 位指令（narrow）或 32 位指令（wide）
.32, .F32	指定 32 位单精度运算，对于多数工具链，.32 后缀是可选的
.64, F64	指定 64 位双精度运算，对于多数工具链，.64 后缀是可选的

对于 Cortex-M 处理器，数据处理指令可以指定是否执行 APSR 的更新，例如，当将数据从一个寄存器送到另外一个寄存器中时，可以使用：

MOVS R0，Rl　　　　　　　　;将 Rl 送到 R0 且更新 APSR

或

MOV R0，Rl　　　　　　　　;将 Rl 送到 R0 且不更新 APSR

条件执行后缀通常用于跳转指令，其他指令只能放到 IF-THEN（IT）指令块中条件执行。利用数据运算以及测试（TST），或比较（CMP）指令更新 APSR 后，程序流程可以由运算结果的条件控制。

3.3　Cortex-M3 指令概述

3.3.1　Cortex-M3 指令分类

Cortex-M3 处理器的指令可以按功能分为以下几类：

（1）处理器内传送数据。

（2）存储器访问。

（3）算术与逻辑运算。

（4）移位与数据转换运算。

（5）位域处理指令。

（6）程序流控制（跳转、条件跳转、条件执行和函数调用）。

（7）存储器屏障指令。

（8）异常相关指令。

（9）休眠模式相关指令。

（10）其他指令。

3.3.2　Cortex-M3 指令列表与使用

1.Cortex-M3 指令列表

Cortex-M3 支持的指令见表 3.2，需要了解细节可参考《ARMv7-M 架构应用层参考手册》。

表 3.2　Cortex-M3 指令集

助记符	操作数	简　介	标　志
ADC, ADCS	{Rd, } Rn, Op2	带进位的加法	N, Z, C, V
ADD, ADDS	{Rd,} Rn, Op2	加法	N, Z, C, V
ADD, ADDW	{Rd, } Rn, #imm12	加法	N, Z, C, V
ADR	Rd, label	加载 PC 相关地址	
AND, ANDS	{Rd,} Rn, Op2	逻辑与	N, Z, C
ASR, ASRS	Rd, Rm, <Rs ǀ #n>	算术右移	N, Z, C
B	Label	跳转	
BFC	Rd, #lsb, #width	位域清除	
BFI	Rd, Rn, #lsb, #width	位域插入	

助记符	操作数	简　介	标　志
BIC, BICS	{Rd,} Rn, Op2	位清除	N, Z, C
BKPT	#imm	断点	
BL	Label	带链接的跳转	
BLX	Rm	带链接的间接跳转	
BX	Rm	间接跳转	
CBNZ	Rn, label	若比较非零则跳转	
CBZ	Rn, label	若比较为零则跳转	
CLREX		排他清除	
CLZ	Rd, Rm	前导零计数	
CMN	Rn, Op2	负比较	N, Z, C, V
CMP	Rn, Op2	比较	N, Z, C, V
CPSID	iflags	改变处理器状态，禁止中断	
CPSIE	iflags	改变处理器状态，使能中断	
DMB		数据存储器屏障	
DSB		数据同步屏障	
EOR, EORS	{Rd,} Rn, Op2	异或	N, Z, C
ISB		指令同步屏障	
IT		if–Then 条件块	
LDM	Rn{ ! }, reglist	加载多个寄存器后增加	
LDMDB, LDMEA	Rn{ ! }, reglist	加载多个寄存器前减小	
LDMFD, LDV IIA	Rn{ ! }, reglist	加载多个寄存器后增加	
LDR	Rt, [Rn, #offset]	将字加载到寄存器	
LDRB, LDRBT	Rt, [Rn, #offset]	将字节加载到寄存器	
LDRD	Rt, Rt2, [Rn, #offset]	将 2 个字加载到寄存器	
LDREX	Rt, [Rn, #offset]	排他加载寄存器	
LDREXB	Rt, [Rn]	排他加载字节到寄存器	
LDREXH	Rt, [Rn]	排他加载半字到寄存器	
LDRH, LDRHT	Rt, [Rn, #offset]	加载半字到寄存器	
LDRSB, LDRSBT	Rt, [Rn, #offset]	加载有符号字节到寄存器	
LDRSH, LDRSHT	Rt, [Rn, #offset]	加载有符号半字到寄存器	
LDRT	Rt, [Rn, #offset]	将字加载到寄存器	
LSL, LSLS	Rd, Rm, <Rs | #n>	逻辑左移	N, Z, C
LSR, LSRS	Rd, Rm, <Rs | #n>	逻辑右移	N, Z, C
MLA	Rd, Rn, Rm, Ra	乘累加，结果为 32 位	
MLS	Rd, Rn, Rm, Ra	乘相减，结果为 32 位	
MOV, MOVS	Rd, Op2	移动	N, Z, C
MOVT	Rd, #imm16	移到顶部	
MOVW, MOV	Rd, #imm16	移动 16 位常量	N, Z, C
MRS	Rd, spec_reg	从特殊寄存器移至普通寄存器	
MSR	spec_reg, Rm	从普通寄存器移至特殊寄存器	N, Z, C, V
MUL, MULS	Rd, Rn, Rm	乘法，结果为 32 位	N, Z
MVN, MVNS	Rd, Op2	移动取反	N, Z, C
NOP		无操作	
ORN, ORNS	{Rd,} Rn, Op2	逻辑或取反	N, Z, C
ORR, ORRS	{Rd,} Rn, Op2	逻辑或	N, Z, C
POP	reglist	将寄存器出栈	
PUSH	reglist	将寄存器压栈	
RBIT	Rd, Rn	位反转	
REV	Rd, Rn	反转字中的字节序	
REV16	Rd, Rn	反转每个半字中的字节序	
REVSH	Rd, Rn	反转低半字的字节序并有符号展开	
ROR, RORS	Rd, Rm, <Rs | #n>	右移	N, Z, C
RRX, RRXS	Rd, Rm	右移并展开	N, Z, C
RSB, RSBS	{Rd,} Rn, Op2	反转相减	N, Z, C, V
SBC, SBCS	{Rd,} Rn, Op2	带借位减法	N, Z, C, V
SBFX	Rd, Rn, #lsb, #width	有符号位域提取	
SDIV	{Rd,} Rn, Rm	有符号除法	
SEV		发送事件	
SMLAL	RdLo, RdHi, Rn, Rm	有符号乘法并累加（32×32+64），64 位结果	
SMULL	RdLo, RdHi, Rn, Rm	有符号乘法（32×32），64 位结果	

助记符	操作数	简 介	标 志
SSAT	Rd, #n, Rm {,shif #s}	有符号饱和	Q
STM	Rn{!}, reglist	存储多个寄存器后增加	
STMDB, STMEA	Rn{!}, reglist	存储多个寄存器后减小	
STMFD, STMIA	Rn{!}, reglist	存储多个寄存器后增加	
STR	Rt, [Rn, #offset]	存储寄存器字	
STRB, STRBT	Rt, [Rn, #offset]	存储寄存器字节	
STRD	Rt, Rt2, [Rn, #offset]	将两个字存入寄存器	
STREX	Rd, Rt, [Rn, #offset]	排他存储寄存器	
STREXB	Rd, Rt, [Rn]	排他将字节存入寄存器	
STREXH	Rd, Rt, Rn	排他将半字存入寄存器	
STRH, STRHT	Rt, [Rn, #offset]	将半字存入寄存器	
STRT	Rt, [Rn, #offset]	将字存入寄存器	
SUB, SUBS	{Rd,} Rn, Op2	减法	N, Z, C, V
SUB, SUBW	{Rd,} Rn, #imm12	减法	N, Z, C, V
SVC	#imm	请求管理调用	
SXTB	Rd, Rm {, ROR #n}	有符号展开字节	
SXTH	Rd, Rm {,ROR #n}	有符号展开半字	
TBB	[Rn, Rm]	表格跳转字节	
TBH	[Rn, Rrn, LSL #l]	表格跳转半字	
TEQ	Rn, Op2	测试相等	N, Z, C
TST	Rn, Op2	测试	N, Z, C
UBFX	Rd, Rn, #lsb, #width	无符号位域提取	
UDIV	{Rd,} Rn, Rm	无符号除法	
UMLAL	RdLo, RdHi, Rn, Rm	无符号乘累加（32×32+64），64 位结果	
UMULL	RdLo, RdHi, Rn, Rm	无符号乘法（32×32），64 位结果	
USAT	Rd, #n, Rm {,shift #s}	无符号饱和	Q
UXTB	Rd, Rm {,ROR #n}	零展开字节	
UXTH	Rd, Rm {,ROR #n}	零展开半字	
WFE		等待事件	
WFI		等待中断	

2.Cortex-M3 指令的使用

（1）操作数。指令操作数可以为 ARM 寄存器、常量或者其他指令相关的参数。指令根据操作数执行相应的动作，并且通常将结果存储在目标寄存器中。当指令中有目标寄存器时，它一般位于操作数的前面。有些指令中的操作数非常灵活，它们可以是寄存器或者常量。

（2）第二个操作数。许多普通数据处理指令都有第二个操作数，它在每条指令的语法描述中被称作 Operand2。第二个操作数可以为常量或具有可选移位的寄存器。

常量可以按照 # constant 的格式指定第二个操作数，这里 constant 可以为：

① 在 32 位范围内将一个 8 位数左移任意位得到的常量；

② 0x00XY00XY 格式的任意常量；

③ 0xXY00XY00 格式的任意常量；

④ 0xXYXYXYXY 格式的任意常量。

其中，X 和 Y 为十六进制的数字。

当第二个操作数为常量且用于指令 MOVS、MVNS、ANDS，ORRS、ORNS、EORS、BICS、TEQ 或 TST 时，进位标志会被更新到常量的 bit[31] 上，若常量大于 255，则可由 8 位数移位得到。若第二个操作数为其他任何常量，则这些指令不会影响进位标志。

（3）地址对齐。对齐访问是指用字对齐地址进行字、双字或多字访问，或者用半字对齐的地址进行半字访问，字节访问总是对齐的。

Cortex-M3 处理器中只有下面的几条指令支持非对齐访问：LDR、LDRT，LDRH、LDRHT，LDRSH、LDRSHT，STR、STRT，STRH、STRHT。

所有的其他加载和存储指令在执行非对齐访问时都会产生使用错误异常。非对齐访问通常要比对齐访问慢，另外，有些存储器区域可能不支持非对齐访问，因此，ARM 建议编程人员确保传输为对齐的。

（4）条件标志影响。大多数数据处理指令可以根据操作的结果更新应用程序状态寄存器（APSR）中的条件标志，有些指令更新所有标志，而有些则只会更新一部分。若一个标志未被更新，则其会保留初始值。

根据其他指令中设置的条件标志，指令可以条件执行。条件执行通过使用条件跳转或者在指令后增加条件代码后缀来实现。指令条件执行时，处理器可以检测相应标志条件。若条件检测无效，则指令将被不执行且不往目的寄存器中写任何数值，不影响任何标志，不产生任何异常。

（5）指令宽度选择。根据指定的不同操作数以及目的寄存器，许多指令都可以产生 16位编码或 32 位编码。对于这样的一些指令，你可以使用一种指令宽度后缀来强制指定特定的指令宽度。后缀 .W 强制 32 位指令编码，而后缀 .N 则强制 16 位指令编码。

若指定了指令宽度，而汇编器无法产生所需的指令编码，就会产生一个错误。有些情况下，指定 .W 后缀很有必要，尤其在操作数为指令或字符数据的标号时，此时汇编器可能不会自动产生正确大小的编码。

要使用指令宽度后缀，需要使其紧跟在指令助记符之后，若有条件代码，则是在条件代码之后。

3.4　指令功能描述

3.4.1　处理器内传送数据指令

处理器中最基本的操作为在处理器内来回传送数据。表 3.3 中列出此类指令的操作说明，此类指令实现以下功能：

（1）将数据从一个寄存器送到另外一个寄存器。

（2）在寄存器和特殊寄存器（如 CONTROL、PRIMASK、FAULTMASK 和 BASEPRI）间传送数据。

（3）将立即数送到寄存器。

表 3.3　处理器内传送数据指令操作说明

指　令	目　的	源	操　作
MOV	R4,	R0	从 R0 复制数据到 R4
MOVS	R4,	R0	从 R0 复制数据到 R4，且更新 APSR（标志）
MRS	R7,	PRIMASK	将数据从 RPTMASK（特殊寄存器）复制到 R7
MSR	CONTROL,	R2	将数据从 R2 复制到 CONTROL（特殊寄存器）
MOV	R3,	#0x34	设置 R3 为 x34
MOVS	R3,	#0x34	设置 R3 为 x34，且更新 APSR
MOVW	R6,	#0x1234	设置 R6 为 16 位常量 0x1234
MOVT	R6,	#0x8765	设置 R6 的高 16 位为 0x8765
MVN	R3,	R7	将 R7 中数据取反后送至 R3

此类指令除使用 S 后缀会更新 APSR 中的标志外，MOVS 指令和 MOV 指令类似，对于将一个 8 位立即数送到通用目的寄存器组中的一个寄存器来说，MOVS 指令是完全可以胜任的，若目的寄存器为低寄存器（R0-R7），16 位 Thumb 指令也可以实现。若要将立即数送到高寄存器，或者不更新 APSR 寄存器，则需要使用 32 位的 MOV/MOVS 指令。

要将寄存器设置为一个较大的立即数（9-16 位），应使用 MOVW 指令。

若需要将寄存器设置为 32 位立即数，也可以使用其他方法，最常见的方法为利用一个名为 LDR 的伪指令，例如：

LDR R0 , = 0x12345678　　; 将 R0 设置为 0x12345678

此语句不是一个实际的指令，汇编器会将其转换为存储器传输指令及存储在程序映像中的常量：

LDR R0, [PC, # offset]　　; LDR 读取 [PC + 偏移] 位置的数据，并将其存入 R0

……;

DCD　0x12345678

若需要将寄存器设置为程序代码中位于一定范围内的地址，则可以使用 ADR/ADRL 伪指令。ADRL 伪指令提供更大的地址范围，例如：

ADR R0, DataTable　　　; 计算 PC + DataTable 偏移，并将其存入 R0

……;

ALIGN

DataTable

DCD　0, 245 , 132, …

将寄存器设置为 32 位立即数，也可通过组合使用 MOVW 和 MOVT 指令来实现，示例如下：

MOVW R0, # 0x789A　　; 设置 R0 为 0x0000789A

MOVT R0, # 0x3456　　; 将 R0 的高 16 位设置为 0x3456，目前 R0 = 0x3456789A

3.4.2　存储器访问指令

Cortex-M3 处理器支持许多存储器访问指令，这是因为寻址模式和数据大小与数据传输方向具有多种组合方式。对于不同的数据传输，Cortex-M3 处理器支持的指令见表 3.4。

表 3.4　各种数据大小的存储器访问指令

数据类型	加载（读存储器）	存储（写存储器）
8 位无符号	LDRB	STRB
8 位有符号	LDRSB	STRB
16 位无符号	LDRH	STRH
16 位有符号	LDRSH	STRH
32 位	LDR	STR
多个 32 位	LDM	STM
双字（64 位）	LDRD	STRD
栈操作（32 位）	POP	PUSH

注意：LDRSB 和 LDRSH 会对被加载数据自动执行有符号展开运算，将其转换为有符号的 32 位数据。例如，若 LDRB 指令读取的是 0x83，则数据在被放到目的寄存器前会被转换为 0xFFFFFF83。

存储器访问指令的寻址模式也有多种，在有些模式下，还可以选择更新保存地址的寄存器（写回）。

1. 立即数偏移（前序）

数据传输的存储器地址为寄存器中的数值和立即数常量（偏移）的相加和，这有时被称作"前序"寻址，示例如下：

LDRB R0, [R1，#0x3]   ；从地址 Rl+0x3 处读取一个字节并将其存入 R0

偏移值可以为正数或负数，表 3.5 列出了一些常用的加载和存储指令。

表 3.5　具有立即数偏移的存储器访问指令

前序访问实例 （注：#offset 域可选）	描　述
LDRB Rd, [Rn, #offset]	从存储器位置 Rn+offset 读取字节
LDRSB Rd, [Rn, #offset]	从存储器位置 Rn+offset 读取有符号展开的字节
LDRH Rd, [Rn, #offset]	从存储器位置 Rn+offset 读取半字
LDRSH Rd, [Rn, #offset]	从存储器位置 Rn+offset 读取有符号展开的半字
LDR Rd, [Rn, #offset]	从存储器位置 Rn+offset 读取字
LDRD Rdl, Rd2, [Rn, #offset]	从存储器位置 Rn+offset 读取双字
STRB Rd, [Rn, #offset]	往存储器位置 Rn+offset 存储字节
STRH Rd, [Rn, #offset]	往存储器位置 Rn+offset 存储半字
STR Rd, [Rn, #offset]	往存储器位置 Rn+offset 存储字
STRD Rdl, Rd2, [Rn, #offset]	往存储器位置 Rn+offset 存储双字

该寻址模式支持对存放地址的寄存器的写回操作，示例如下：

LDR R0, [Rl, # 0x8]!   ；访问存储器地址 [Rl+0x8] 后 Rl 被更新为 Rl+0x8

指令中的感叹号（!）表示指令完成时是否更新存放地址的寄存器（写回）。表 3.6 列出了一些具有写回操作常用的加载和存储指令。

表 3.6　具有立即数偏移并写回的存储器访问指令

前序写回访问实例 （注：#offset 域可选）	描　述
LDRSB Rd, [Rn, #offset]!	读取字节后进行有符号展开并写回
LDRH Rd, [Rn, #offset]!	读取半字并写回
LDRSH Rd, [Rn ,#offset]!	读取半字后进行有符号展开并写回
LDR Rd, [Rn, #offset]!	读取字并写回
LDRD Rdl, Rd2, [Rn ,#offset]!	读取双字并写回
STRB Rd, [Rn, #offset]!	往存储器存储字节并写回
STRH Rd, [Rn, #offset]!	往存储器存储半字并写回
STR Rd, [Rn, #offset]!	往存储器存储字并写回
STRD Rdl, Rd2, [Rn, #offset]!	往存储器存储双字并与回

注意：有些指令不能使用 R15（PC）或 R14（SP），另外，这些指令的 16 位版本只支持低寄存器（R0-R7），而且无法提供写回操作。

2.PC 相关寻址（文本）

存储器访问可以使用相对于当前 PC 的地址值和偏移值，见表 3.7。它常用于将常量加载到寄存器中，也可被称作文本访问。

表 3.7　PC 相关寻址的存储器访问指令

例子 （注：#offset 域为可选的）	描 述
LDRB　Rt, [PC, #offset]	利用 PC 偏移加载无符号字节到 Rt
LDRSB Rt, [PC, #offset]	对字节数据进行有符号展开并利用 PC 偏移加载到 Rt
LDRH　Rt, [PC, #offset]	利用 PC 偏移加载无符号半字到 Rt
LDRSH Rt, [PC, #offset]	对半字数据进行有符号展开并利用 PC 偏移加载到 Rt
LDR　Rt, [PC, #offset]	利用 PC 偏移加载字数据到 Rt
LDRD Rt, Rt2, [PC, #offset]	利用 PC 偏移加载双字数据到 Rt 和 Rt2

3. 寄存器偏移（前序）

另一种寻址模式为寄存器偏移，用于所处理的数据数组的地址为基地址 + 索引值计算出的偏移的情况。为了进一步提高地址计算的效率，在加到基地址寄存器前，索引值可以进行 0~3 位的移位，示例如下：

LDR R3, [R0, R2, LSL # 2]　　　;将存储器 [R0 +（R2 << 2）] 读入 R3

STR R5, [R0 , R7]　　　　　　 ;将 R5 写入存储器 [R0+R7]

与立即数偏移寻址模式类似，不同的数据大小对应着多种寄存器偏移寻址模式，见表 3.8。

表 3.8　寄存器偏移的存储器访问指令

寄存器偏移访问实例	描 述
LDRB Rd,[Rn, Rm {, LSL #n}]	从存储器位置 Rn+（Rm<<n）处读取字节
LDRSB Rd,[Rn, Rm {, LSL #n}]	从存储器位置 Rn+（Rm<<n）处读取字节并进行有符号展开
LDRH Rd,[Rn, Rm {, LSL #n}]	从存储器位置 Rn+（Rm<<n）处读取半字
LDRSH Rd,[Rn, Rm {, LSL #n}]	从存储器位置 Rn+（Rm<<n）处读取半字并进行有符号展开
LDR　Rd,[Rn, Rm {, LSL #n}]	从存储器位置 Rn+（Rm<<n）处读取字
STRB Rd,[Rn, Rm {, LSL #n}]	往存储器位置 Rn+（Rm<<n）存储字节
STRH Rd,[Rn, Rm {, LSL #n}]	往存储器位置 Rn+（Rm<<n）存储半字
STR　Rd,[Rn, Rm {, LS L#n}]	往存储器位置 Rn+（Rm<<n）存储字

4. 后序更新

具有后序更新寻址模式的存储器访问指令也有一个立即数偏移数值。不过，在存储器访问期间是不会用到偏移的，它会在数据传输结束后更新地址寄存器，示例如下：

LDR R0, [Rl], # offset　　　　　　　　 ;读取存储器 [Rl]，然后 Rl 被更新为 Rl+ 偏移

若使用后序更新存储器寻址模式，由于在数据传输成功完成时，基地址寄存器总会得到更新，因此无须使用感叹号（!），表 3.9 列出了后序更新存储器访问指令的多种形式。后序更新寻址模式在处理数组中的数据时非常有用，在访问数组中的元素时，地址寄存器可以自动调整，节省了代码大小和执行时间。

表 3.9　后序更新存储器访问指令

后序访问实例	描 述
LDRB Rd, [Rn], #offset	读取存储器 [Rn] 处的字节到 Rd，然后更新 Rn 到 Rn+offset
LDRSB Rd, [Rn], #offset	读取存储器 [Rn] 处的字节到 Rd 并进行有符号展开，然后更新 Rn 到 Rn+offset
LDRH Rd, [Rn], #offset	读取存储器 [Rn] 处的半字到 Rd，然后更新 Rn 到 Rn+offset
LDRSH Rd, [Rn], #offset	读取存储器 [Rn] 处的半字到 Rd 并进行有符号展开，然后更新 Rn 到 Rn+offset
LDR　Rd, [Rn], #offset	读取存储器 [Rn] 处的字到 Rd，然后更新 Rn 到 Rn+offset
LDRD Rdl, Rd2, [Rn], #offset	读取存储器 [Rn] 处的双字到 Rdl、Rd2，然后更新 Rn 到 Rn+offset
STRB Rd, [Rn], #offset	存储字节到存储器 [Rn]，然后更新 Rn 到 Rn+offset
STRH Rd, [Rn], #offset	存储半字到存储器 [Rn]，然后更新 Rn 到 Rn+offset

后序访问实例	描　述
STR　Rd, [Rn], #offset	存储字到存储器 [Rn]，然后更新 Rn 到 Rn+offset
STRD Rdl, Rd2, [Rn], #offset	存储双字到存储器 [Rn]，然后更新 Rn 到 Rn+offset

注意：后序更新指令中不能使用 R15（PC）或 R14（SP），后序存储器访问指令都是
32 位的，偏移数值可以为整数或负数。

5. 多加载和多存储

ARM 架构的一个重要优势在于，可以读或写存储器中多个连续数据，LDM（加载多个
寄存器）和 STM（存储多个寄存器）指令只支持 32 位数据，它们支持两种前序：IA（在每
次读 / 写后增加地址）、DB（在每次读 / 写前减小地址）。

LDM 和 STM 指令在使用时可以不进行基地址写回操作，见表 3.10。

表 3.10　多加载 / 存储存储器访问指令

多加载 / 存储实例	描　述
LDMIA Rn, < reg list>	从 Rn 指定的存储器位宣读取多个字，地址在每次读取后增加（IA）
LDMDB Rn, < reg list>	从 Rn 指定的存储器位置读取多个字，地址在每次读取前减小（OB）
STMIA Rn, < reg list>	往 Rn 指定的存储器位置写入多个字，地址在每次写入后增加
STMDB Rn, < reg lisl>	往 Rn 指定的存储器位置写入多个字，地址在每次写入前减小

表 3.10 中的 < reglist > 为寄存器列表，其中至少包括一个寄存器，以及开始为 "{"，结
束为 "}"；使用 "–"（连字符）表示范围，例如，R0-R4 表示 R0、R1、R2、R3、R4；使用 ","
（逗号）隔开每个寄存器。

例如，下面的指令读取地址 0x20000000–0x2000000F（4 个字）的内容，并存入 R0-R3：

LDR　R4 , = 0x20000000　　　　　　 ;将 R4 设置为 0x20000000（地址）

LDMIA　R4, { R0–R3 }　　　　　　 ;读取 4 个字并将其存入 R0-R3

寄存器列表可以是不连续的，如 {Rl,R3,R5–R7, R9, R11–12}，其中包括 R1、R3、R5、
R6、R7、R9、R11、R12。

与其他的加载 / 存储指令类似，可以在 STM 和 LDM 中使用写回操作，示例如下：

LDR　R8, = 0x8000　　　　　　 ;将 R8 设置为 0x8000（地址）

STMIA　R8!, { R0–R3 }　　　　　　 ;存储后 R8 变为 0x8010

具有写回操作的多加载 / 存储存储器访问指令见表 3.11，LDM 和 STM 指令的 16 位版本只能
使用低寄存器，而且若基地址寄存器为被存储器读更新的目的寄存器之一，其总具有写回使能。

表 3.11　具有写回操作的多加载 / 存储存储器访问指令

多加载 / 存储实例	描　述
LDMIA Rn!, < reg list>	从 Rn 指定的存储器位置读取多个字，地址在每次读取后增加（IA），Rn 在传输完成后写回
LDMDB Rn!, < reg list>	从 Rn 指定的存储器位置读取多个字，地址在每次读取前减小（OB），Rn 在传输完成后写回
STMIA Rn!, < reg list>	往 Rn 指定的存储器位置写入多个字，地址在每次写入后增加，Rn 在传输完成后写回
STMDB Rn!, < reg lisl>	往 Rn 指定的存储器位置写入多个字，地址在每次写入前减小，Rn 在传输完成后写回

6. 压栈和出栈

堆栈的压栈和出栈操作也可用于多存储和多加载，它利用当前选定的堆栈指针作为访问

地址。压栈和出栈的多数据操作指令见表 3.12。

表 3.12　多寄存器的压栈和出栈操作指令

找操作示例	描　述
PUSH < reg list>	将寄存器存入栈中
POP < reg list>	从栈中恢复寄存器

多寄存器的压栈和出栈指令的寄存器列表的语法与 LDM 和 STM 相同，示例如下：

PUSH { R0, R4–R7, R9 }　　　　　;将 R0、R4、R5、R6、R7、R9 压入栈中

POP　{ R2 , R3}　　　　　　　　;将栈中内容存入 R2 和 R3

对于 PUSH 指令，通常会对应一个具有相同寄存器列表的 POP 指令，不过这并不是必需的，例如，子程序、异常中使用 POP 作为返回的情形，示例如下：

PUSH {R4–R6, LR}

;在子程序开始处保存 R4–R6 和 LR（链接寄存器），LR 中包含返回地址

……　　　　　　　　　　　　　;子程序、异常中的处理

POP {R4–R6, PC}

;从栈中恢复 R4–R6 和返回地址，返回地址直接存入 PC

;这样会触发跳转（子程序返回）

16 位的 PUSH 和 POP 只能使用低寄存器（R0–R7）、LR（用于 PUSH）和 PC（用于 POP）。因此，若在子程序中使用了某个高寄存器，就需保存寄存器的先前内容，则要使用 32 位的 PUSH 和 POP 指令对。

7. 非特权访问等级下的加载和存储

针对安全防护和有些 OS 环境应用的需要，Cortex–M3 处理器提供一组非特权访问权限的存储器加载和存储指令，见表 3.13。

表 3.13　非特权访问等级的存储器访问指令

非特权访问等级 LDR/STR 示例 （注：#offset 域可选）	描　述
LDRBT Rd, [Rn, #offset]	从存储器位置 Rn+offset 读取字节
LDRSBT Rd, [Rn, #offset]	从存储器位置 Rn+offset 读取有符号展开的字节
LDRHT Rd, [Rn, #offset]	从存储器位置 Rn+offset 读取半字
LDRSHT Rd, [Rn, #offset]	从存储器位置 Rn+offset 读取有符号展开的半字
LDRT Rd, [Rn, #offset]	从存储器位置 Rn+offset 读取字
STRBT Rd, [Rn, #offset]	往存储器位置 Rn+offset 存储字节
STRHT Rd, [Rn, #offset]	往存储器位置 Rn+offset 存储半字
STRT　Rd, [Rn, #offset]	往存储器位置 Rn+offset 存储字

若存储器的访问由普通的加载和存储指令完成，非特权应用任务可以修改被其他任务或 OS 内核使用的数据。若采用非特权访问等级的特殊的加载和存储指令，非特权应用任务只能访问应用任务可以访问的数据。

8. 排他访问

排他访问指令为一组特殊的存储器访问指令，用于实现信号量或 MUTEX（互斥体）操作。Cortex–M3 处理器提供一组排他访问存储器指令，见表 3.14。

表 3.14　排他访问存储器指令

排他访问示例	描　述
LDREXB Rt, [Rn]	从存储器位置 Rn 排他读取字节
LDREXH Rt, [Rn]	从存储器位置 Rn 排他读取半字
LDREX Rt, [Rn, #offset]	从存储器位置 Rn 排他读取字
STREXB Rd, Rt, [Rn]	往存储器位置 Rt 排他存储字节，返回状态位于 Rd 中
STREXH Rd, Rt, [Rn]	往存储器位置 Rt 排他存储半字，返回状态位于 Rd 中
STREX Rd, Rt, [Rn, #offset]	往存储器位置 Rt 排他存储字，返回状态位于 Rd 中
CLREX	强制本地排他访问监控清零，使得下一次排他存储失败；它并不是排他存储器访问指令，不过由于它的用法，在这里列出来

　　排他访问指令包括排他加载和排他存储，要监控排他访问，需要使用处理器内或总线中的特殊硬件。处理器内部存在一个仅有一位的寄存器，它可以记录排他访问流程，称为本地排他访问监控。在系统总线级，也需要排他访问监控，以确定排他访问使用的某个存储位置是否被另外一个处理器或总线主控访问。处理器在总线接口上存在额外的信号，以指示传输为排他访问。

　　存储器的访问期间若出现以下情况，排他访问会失败：

　　（1）总线级排他访问监控返回错误（如存储器位置或存储器区域已经被其他的处理器访问）。

　　（2）本地排他访问监控未置位，可由下列情况引起：

　　① 排他访问传输顺序错误。

　　② 在排他访问间产生中断进入 / 退出（存储器位置或存储器区域可能已经被中断处理或另一个任务访问）。

　　③ 特殊指令 CLREX 的执行清除本地排他访问监控。

3.4.3　算术与逻辑运算指令

1. 算术运算指令

　　Cortex-M3 处理器提供了用于算术运算的多个指令，并且许多数据处理指令有多种形式。例如，ADD 指令可以操作两个寄存器或者一个寄存器和一个立即数，示例如下：

　　ADD　R0，R0，Rl　　　　　　　　; R0 = R0 + Rl

　　ADDS R0，R0，# 0x12　　　　　　; R0 = R0 + 0x12，APSR（标志）更新

　　ADC　R0，Rl，R2　　　　　　　; R0 = Rl + R2 + 进位

　　这些都是 ADD 指令，但它们的语法和二进制编码不同。在使用 16 位的 Thumb 代码时，ADD 指令会修改 PSR 中的标志。不过, 32 位 Thumb-2 指令可修改这些标志，也可以不修改。为了区分这两种操作，应该使用 S 后缀，例如：

　　ADD　R0, Rl，R2　　　　　　　;标志未变

　　ADDS R0，Rl，R2　　　　　　　;标志改变

　　除了 ADD 指令，Cortex-M3 的算术功能还包括 SUB（减法）、MUL（乘法）以及 UDIV/SDIV（无符号和有符号除法），表 3.15 列出了一些常用的算术运算指令。

表 3.15　数据算术运算指令

常用算术指令（可选后缀未列出）	操　作
ADD Rd, Rn, Rm　　　; Rd = Rn + Rm	ADD 运算
ADD Rd, Rn, #immed　　; Rd = Rn + #immed	

常用算术指令（可选后缀未列出）	操 作
ADC Rd, Rn, Rm　　　; Rd = Rn + Rm + 进位	带进位的 ADD
ADC Rd, #immed　　　; Rd = Rd + #immed + 进位	
ADDW Rd, Rn, #immed ; Rd = Rn + #immed	寄存器和 12 位立即数相加
SUB Rd, Rn , Rm　　　; Rd = Rn − Rm	减法
SUB Rd, #immed　　　; Rd = Rd− #immed	
SUB Rd, Rn, #immed　; Rd = Rn− #immed	
SBC Rd, Rn, # immed　; Rd = Rn− #immed − 借位	带借位的减法
SBC Rd, Rn, Rm　　　; Rd = Rn − Rm − 借位	
SUBW Rd, Rn, #immed　; Rd = Rn− #immed	寄存器和 12 位立即数相减
RSB Rd, Rn, #immed　; Rd = #immed − Rn	减反转
RSB Rd, Rn, Rm　　　; Rd = Rm − Rn	
MUL Rd, Rn, Rm　　　; Rd = Rn * Rm	乘法（32 位）
UDIV Rd, Rn, Rm　　　; Rd = Rn/Rm	无符号和有符号除法
SDIV Rd, Rn, Rm　　　; Rd = Rn/Rm	

这些指令在使用时可以带着或不带 S 后级以及指明 APSR 是否应更新。

若出现被零除的情况，UDIV 和 SDIV 指令的结果默认为 0。若设置 NVIC 配置控制寄存器中的 DIVBYZERO 位时出现被零除的情况，就产生异常（使用错误）。

Cortex−M3 处理器还支持具有 32 位和 64 位结果的 32 位乘法指令和乘累加（MAC）指令，APSR 标志不受这些指令的影响。这些指令支持有符号和无符号的形式，见表 3.16。

表 3.16　乘法和 MAC（乘累加）指令

指令（由于 APSR 不更新，因此无 S 后缀）	操 作
MLA Rd, Rn, Rm, Ra　　　; Rd = Ra + Rn*Rm	32 位 MAC 指令，32 位结果
MLS Rd, Rn, Rm, Ra　　　; Rd = Ra − Rn*Rm	32 位乘减指令，32 位结果
SMULL RdLo, RdHi, Rn, Rm　; {RdHi, RdLo}= Rn *Rm	有符号数据的 32 位乘 &MAC 指令，64 位结果
SMLAL RdLo, RdHi, Rn, Rm　; {RdHi, RdLo}+= Rn *Rm	
UMULL RdLo, RdHi, Rn, Rm　; {RdHi, RdLo}= Rn *Rm	无符号数据的 32 位乘 &MAC 指令，64 位结果
UMLAL RdLo, RdHi, Rn, Rm　; {RdHi, RdLo}+= Rn*Rm	

2. 逻辑运算指令

Cortex−M3 处理器支持多种逻辑运算指令，如 AND、OR 以及异或等。与算术指令类似，这些指令的 16 位版本会更新 APSR 中的标志，若未指定 S 后缀，汇编器会将它们自动转换为 32 位指令。表 3.17 列出了一些常用的逻辑运算指令。

表 3.17　逻辑运算指令

指令（可选的 S 后缀未列出）	操 作
AND Rd, Rn　　　　　; Rd=Rd & Rn	按位与
AND Rd, Rn, #immed　; Rd=Rn & #immed	
AND Rd, Rn, Rm　　　; Rd=Rn & Rm	
ORR Rd, Rn　　　　　; Rd=Rd	Rn	按位或
ORR Rd, Rn, #immed　; Rd=Rn	#immed	
ORR Rd, Rn, Rm　　　; Rd=Rn	Rm	
BIC Rd, Rn　　　　　; Rd=Rd & （−Rn）	位清除
BIC Rd, Rn, #immed　; Rd=Rn & （−#immed）	
BIC Rd, Rn, Rm　　　; Rd=Rn & （−Rm）	
ORN Rd, Rn, #immed　; Rd=Rn	（w#immed）	按位或非
ORN Rd, Rn, Rm　　　; Rd=Rn	（wRm）	
EOR Rd, Rn　　　　　; Rd=Rd ^ Rn	按位异或
EOR Rd, Rn, #immed　; Rd=Rn	#immed	
EOR Rd, Rn, Rm　　　; Rd=Rn	Rm	

若使用这些指令的 16 位版本，则只能操作两个寄存器，其中目的寄存器为源寄存器，另外，还必须是低寄存器（R0-R7），而且要使用 S 后缀（APSR 更新）。ORN 指令没有 16 位的形式。

3.4.4　移位和数据转换指令

1. 移位和循环移位指令

Cortex-M3 处理器支持多种移位和循环移位指令，见表 3.18 所列和如图 3-3 所示。

表 3.18　移位和循环移位指令

指令（可选的 S 后缀未列出）	操　作
ASR Rd, Rn, #immed　　; Rd=Rn>>immed	算术右移
ASR Rd, Rn　　; Rd=Rn>>Rn	
ASR Rd, Rn, Rm　　; Rd=Rn>>Rm	
LSL Rd, Rn, #immed　　; Rd=Rn<<immed	逻辑左移
LSL Rd, Rn　　; Rd=Rd<<Rn	
LSL Rd, Rn, Rm　　; Rd=Rn<<Rm	
LSR Rd, Rn, #immed　　; Rd=Rn>>immed	逻辑右移
LSR Rd, Rn　　; Rd=Rd>>Rn	
LSR Rd, Rn, Rm　　; Rd=Rn>>Rm	
ROR Rd, Rn　　; Rd 右移 Rn	循环右移
ROR Rd, Rn, Rm　　; Rd=Rn 右移 Rm	
RRX Rd, Rn　　; {C, Rd }={Rn, C}	循环右移并展开

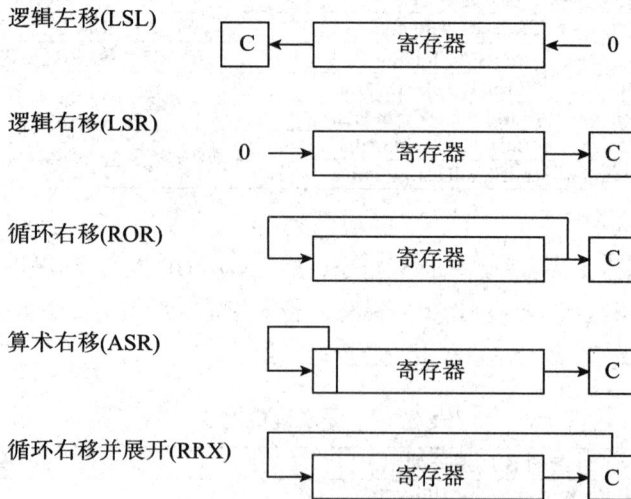

图 3-3　移位和循环移位操作过程

若使用 S 后缀，这些循环和移位指令也会更新 APSR 中的进位标志。若移位运算移动了寄存器中的多个位，进位标志 C 的数据就会为移出寄存器的最后一位。

要使用这些指令的 16 位版本，寄存器应为低寄存器，而且应该使用 S 后缀（更新 APSR）。RRX 指令没有 16 位的形式。

2. 数据转换运算（展开和反序）

Cortex-M3 处理器用于处理数据的有符号和无符号展开的指令有很多，如将 8 位数转换为 32 位或将 16 位转换为 32 位。有符号和无符号指令都有 16 位和 32 位的形式，见表 3.19。

表 3.19　有符号和无符号展开指令

指　令	操　作
SXTB Rd, Rm ; Rd= 有符号展开（Rn[7:0]）	有符号展开字节为字
SXTH Rd, Rm ; Rd= 有符号展开（Rn[15:0]）	有符号展开半字为字
UXTB Rd, Rm ; Rd= 无符号展开（Rn[7:0]）	无符号展开字节为字
UXTH Rd, Rm ; Rd= 无符号展开（Rn[15:0]）	无符号展开半字为字

这些指令的 16 位版本只能访问低寄存器（R0-R7）。这些指令的 32 位形式可以访问高寄存器，而且可以选择在进行有符号展开运算前将输入数据循环右移，见表 3.20。

表 3.20　具有可选循环移位的有符号和无符号展开指令

指　令	操　作
SXTB Rd, Rm {, ROR #n} ; n=8/16/24	有符号展开字节为字
SXTH Rd, Rm {, ROR #n} ; n=8/16/24	有符号展开半字为字
UXTB Rd, Rm {, ROR #n} ; n=8/16/24	无符号展开字节为字
UXTH Rd, Rm {, ROR #n} ; n=8/16/24	无符号展开半字为字

SXTB/ SXTH 通过 Rn 的 bit[7]/bit[15] 进行有符号展开，而 UXTB 和 UXTH 将数据以零展开的方式扩展为 32 位，例如，若 R0 为 0x55AA8765，则：

SXTB　R1 , R0　　　　　　;R1 = 0x00000065

SXTH　R1 , R0　　　　　　;R1 = 0xFFFF8765

UXTB　R1 , R0　　　　　　;R1 = 0x00000065

UXTH　R1 , R0　　　　　　;R1 = 0x00008765

这些指令可以用于不同数据类型间的转换，在从存储器中加载数据时，可能会同时产生有符号展开和无符号展开（如 LDRB 用于无符号数据，LDRSB 用于有符号数据）。

另外一组数据转换运算则用于反转寄存器中的字节，见表 3.21 所列和如图 3-4 所示。这些指令通常用于大端和小端间的数据转换。

表 3.21　数据反转指令

指　令	操　作
REV　Rd, Rn ; Rd=rcv（Rn）	反转字中的字节
REV16 Rd, Rn ; Rd=rev16（Rn）	反转每个半字中的字节
REVSH Rd, Rn ; Rd=revsh（Rn）	反传低半字中的字节并将结果有符号展开

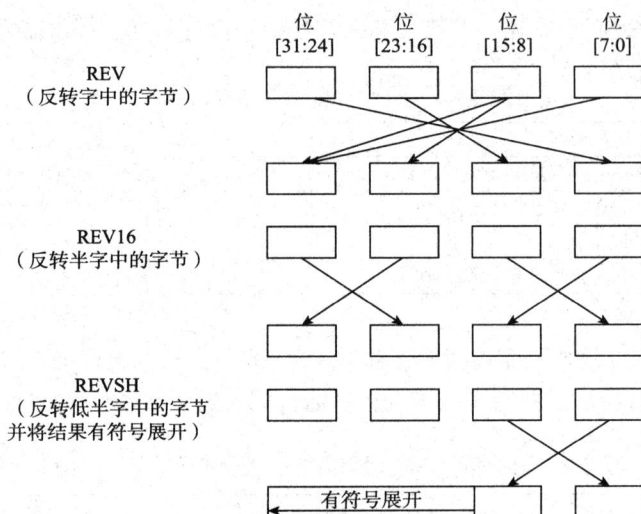

图 3-4   数据反转操作过程

这些指令的 16 位形式只能访问低寄存器（R0-R7）。REV 反转字数据中的字节顺序，而 REVH 则反转半字中的字节顺序。例如，若 R0 为 0x12345678，则：

REV Rl , R0   ;R1 变为 0x78563412

REVH R2 , R0   ;R2 变为 0x34127856

REVSH 和 REVH 指令类似，只是它只能在处理低半字后将结果有符号展开。例如，若 R0 为 0x33448899，则：

REVSH Rl , R0   ;Rl 变为 0xFFFF9988

3.4.5   位域处理和比较与测试指令

1. 位域处理指令

Cortex-M3 处理器支持多种位域处理运算，表 3.22 列出了支持的位域处理指令。

表 3.22   位域处理指令

指　令	操　作
BFC Rd, #<lsb>, #<widlh>	清除寄存器中的位域
BFI Rd, Rn, #<lsb>, #<widlh>	将位域插入寄存器
CLZ Rd, Rm	前导零计数
RBIT Rd, Rn	反转寄存器中的位顺序
SBFX Rd, Rn, #<lsb>, #<widlh>	从源中复制位域并有符号展开
UBFX Rd, Rn, #<lsb>, #<widlh>	从源寄存器中复制位域

BFC（位域清除）清除寄存器任意相邻的 1-31 位，例如：

LDRR R0, = 0x1234FFFF

BFC R0 , #4, #8   ;结果为 R0 = 0x1234F00F

BFI（位域插入）将一个寄存器的 1-31 位（#width）复制到另外一个寄存器的任意位置上，例如：

LDR R0, = 0x12345678

LDR　R1, = 0x3355AACC

BFI　Rl, R0, #8, # 16　　　　;将 R0[15:0] 插入 R1[23:8], 得到 Rl= 0x335678CC

CLZ 计算前导零的个数, 若所有位为 0 则结果为 32, 若所有位都为 1 则结果为 0。CLZ 指令用于在对数据进行标准化处理时确定移位的个数, 以便将第一个 1 移到第 31 位。

RBIT 指令反转字数据中的位顺序, 该指令常在数据通信中用于串行位数据流的处理。例如, 若 R0 为 0xB4E10C23 (二进制数值为 1011_0100_1110_0001_0000_ 1100_0010_0011), 则:

RBIT　R0, R1　　　　　　　　;Rl 变为 0xC430872D

; Rl 的二进制数值为 1100 _0100_0011_0000_1000_0111_0010_1101

UBFX 和 SBFX 为无符号和有符号位域提取指令。UBFX 从寄存器中的任意位置 (由操作数 < #lsb > 指定) 开始提取任意宽度 (由操作数 < #width > 指定) 的位域, 将其零展开后放入目的寄存器。例如:

LDR　R0, = 0x5678ABCD

UBFX　Rl , R0 , # 4, # 8　　　　　　;结果为 Rl = 0x000000BC (0xBC 的零展开)

类似的, SBFX 提取出位域, 不过会在放入目的寄存器前进行有符号展开, 例如:

LDR　R0, = 0x5678ABCD

SBFX　Rl , R0 , # 4, #8　　　　　　;结果为 Rl = 0xFFFFFFBC (0xBC 的有符号展开)

2. 比较与测试指令

比较和测试指令用于更新 APSR 中的标志, 这些标志随后可能会用于条件跳转或条件执行, 表 3.23 列出了这些指令。

表 3.23　比较和测试指令

指　令	操　作
CMP <Rn>, <Rm>	比较计算 Rn–Rm, APSR 更新但结果不会保存
CMP <Rn>, #<immed>	比较: 计算 Rn– 立即数
CMN <Rn>, <Rm>	负比较: 计算 Rn+Rm, APSR 更新但结果不会保存
CMN <Rn>, #<immed>	负比较: 计算 Rn+ 立即数, APSR 更新但结果不会保存
TST <Rn>, <Rm>	测试 (按位与): 计算 Rn 和 Rm 相与后的结果, APSR 中的 N 位和 Z 位更新, 但与运算的结果不会保存, 若使用了桶形移位则更新 C 位
TST <Rn>, #<immed>	测试 (按位与): 计算 Rn 和立即数相与后的结果, APSR 中的 N 位和 Z 位更新, 但与运算的结果不会保存
TEQ <Rn>, <Rm>	测试 (按位异或): 计算 Rn 和 Rm 异或后的结果, APSR 中的 N 位和 Z 位更新, 但运算的结果不会保存, 若使用了桶形移位则更新 C 位
TEQ <Rn>, #<immed>	测试 (按位异或): 计算 Rn 和立即数异或后的结果, APSR 中的 N 位和 Z 位更新, 但运算的结果不会保存

注意: 由于比较与测试指令总会更新 APSR, 因此, 这些指令中不存在 S 后缀。

3.4.6　程序流控制指令

Cortex-M3 处理器用于程序流控制的指令有: 跳转指令、函数调用指令、条件跳转指令、比较和条件跳转组合指令、条件执行 (IF-THEN) 指令、表格跳转指令等。

1. 跳转指令

有多个指令可以引发跳转操作, 如跳转指令 (如 B、BX), 更新 R15 (PC) 的数据处理指令 (如 MOV、ADD), 写入 PC 的读存储器指令 (如 LDR、LDM、POP)。一般来说, 尽管可以使用任意一种操作来实现跳转，比较常用的还是 B（跳转）、BX（间接跳转）以及 POP 指令（通常用于函数返回）。此外，Cortex-M3 处理器还有用于表格跳转的特殊指令，表 3.24 中列出了最基本的跳转指令。

表 3.24 基本跳转指令

指 令	操 作
B <label>	跳转到 label。若跳转范围超过了 +/-2KB，则可以指定 B.W<label> 使用 32 位版本的跳转指令，
B.W < label>	这样可以得到较大的范围
BX <Rm>	间接跳转。跳转到存放于 Rm 中的地址值，并且基于 Rm 第 0 位设置处理器的执行状态（T 位）（由于 Cortex-M 处理器只支持 Thumb 状态，Rm 的第 0 位必须为 1）

2. 函数调用指令

要调用函数，可以使用链接跳转（BL）或带链接的间接跳转（BLX）指令，见表 3.25，它们执行跳转并同时将返回地址保存到链接寄存器（LR），这样在函数调用结束后处理器还可以返回之前的程序。

表 3.25 函数调用指令

指 令	操 作
BL < label>	跳转到标号地址并将返回地址保存在 LR 中
BLX < Rm>	跳转到 Rm 指定的地址，并将返回地址保存在 LR 中，以及更新 EPSR 中的 T 位为 Rm 的最低位

函数调用指令的执行过程如下：

（1）程序计数器被置为跳转目标地址。

（2）链接寄存器（LR/R14）被更新为返回地址，这也是已执行的 BL/BLX 后指令的地址。

（3）若指令为 BLX，则 EPSR 中的 Thumb 位也会被更新为存放跳转目标地址的寄存器的最低位。

由于 Cortex-M3 处理器只支持 Thumb 状态，BLX 操作中使用的寄存器的最低位必须置为 1，要不然，它就表示试图切换至 ARM 状态，这样会引发错误异常。

3. 条件跳转指令

条件跳转指令根据 APSR 的当前值条件执行（N、Z、C 和 V 标志，见表 3.26）。

表 3.26 用于条件跳转指令的 APSR 中的状态位

标 志	FSR 位	描 述
N	31	负标志（上一次运算结果为负值）
Z	30	零（上一次运算结果得到零值，例如，比较两个数值相同的寄存器）
C	29	进位（上一次执行的运算有进位或没有借位，还可以是移位或循环移位操作中移出的最后一位）
V	28	溢出（上一次运算的结果溢出）

APSR 的标志位受以下情况的影响：

（1）多数 16 位数据处理指令。

（2）带有 S 后缀的 32 位（Thumb-2）数据处理指令，如 ADDS.W。

（3）比较（如 CMP）和测试（如 TST、TEQ）指令。

（4）直接写 APSR/xPSR 寄存器。

条件跳转发生时所需的条件由后缀指定，在表 3.27 中表示为 <cond>，条件跳转指令具有 16 位和 32 位的形式，它们的跳转范围不同，见表 3.27。

表 3.27　条件跳转指令指令

指　令	操　作
B <cond> <label>	若条件为 true 则跳转到 label，例如：CMP R0, #1 BEQ loop；若 R0 等于 1 则跳转到 "loop"
B <cond>、W <label>	若所需的跳转范围超过了 ±254B，则可能需要指定使用 32 位版本的跳转指令，以增加跳转范围

表 3.27 中的 <cond> 为 14 个可能的条件后缀之一，见表 3.28。

表 3.28　条件执行和条件跳转用的后缀

后　缀	条件跳转	标志（APSR）
EQ	相等	Z 置位
NE	不相等	Z 清零
CS/HS	进位置位 / 无符号大于或相等	C 置位
CC/LO	进位清零 / 无符号小于	C 清零
MI	减 / 负数	N 置位（减）
PL	加 / 正数或零	N 清零
VS	溢出	V 置位
VC	无无溢	V 清零
HI	无符号大于	C 置位 Z 清零
LS	无符号小子或相等	C 零或 Z 置位
GE	有符号大于或相等	N 置位 V 置位，或 N 清零 V 清零（N==V）
LT	有符号小子	N 清零 V 清零，或 N 清零 V 置位（N!=V）
GT	有符号大于	Z 清零，且或者 N 置位 V 置位，或者 N 清零 V 清零（Z==0，N==V）
LE	有符号小于或相等	Z 置位，或者 N 置位 V 清零，或者 N 清零 V 置位（Z==1 或 N!=V）

例如，图 3-5 中的程序流可以用如下条件跳转和简单的跳转指令来实现：

```
CMP R0, #1        ;比较 R0 和 1
BEQ  p2           ;若相等则跳转到 p2
MOVS R3, #1       ;R3 = 1
B p3              ;跳转到 p3
p2                ;标号 p2
MOVS R3, #2
p3                ;标号 p3
……              ;接下来的其他操作
```

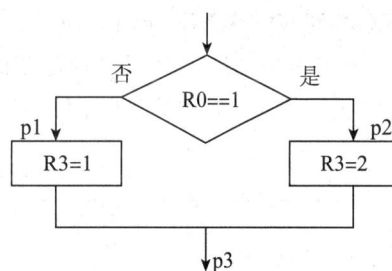

图 3-5　简单的条件跳转

4. 比较和跳转指令

ARMv7-M 架构提供了两个新的指令，它们合并了和零比较以及条件跳转操作。这两个指令为 CBZ（比较为零则跳转）和 CBNZ（比较非零则跳转），它们只支持前向跳转，不支持向后跳转。

CBZ 和 CBNZ 常用于 while 等循环结构。例如：

```
i = 5;
while(i != 0){
func1();          // 调用函数
```

}

这段语句可能会被编译为:

```
MOV R0,#5              ;设置循环变量
loopl CBZ R0, looplexit ;若循环变量为 0 则跳出循环
BL funcl               ;调用函数
SUBS R0,#1             ;循环变量减小
B loopl                ;下一个循环
looplexit
```

CBNZ 的用法和 CBZ 类似,只是 Z 标志未置位时才会发生跳转(结果非零)。APSR 的值不受 CBZ 和 CBNZ 指令的影响。

5. 条件执行块（IF-THEN 指令）

除了条件跳转,Cortex-M3 处理器还支持条件执行块（IF-THEN）指令,最多 4 个指令,可以根据 IT 指令指定的条件以及 APSR 数值条件执行。

在 IT 指令模块中,第一行必须为 IT 指令,描述执行的选择,后面跟着需要检查的条件。IT 命令后的第一条语句必须为 TRUE-THEN-EXECUTE（真然后执行）,通常写作 ITxyz,这里的 T 的含义为 THEN,而 E 代表 ELSE。第二个到第四个语句可以是 THEN（true）或 ELSE（false）:

```
IT < x > <y> < z > < cond>              ;IT 指令（<x>，<y>，<z> 可以为 T 或 E）
instrl < cond > < operands >           ;第一条指令（< cond> 须和 IT 相同）
instr2 < cond or not cond > < operands >  ;第二条指令（可以为 < cond> 或 <!cond>）
instr3 < cond or not cond > < operands >  ;第三条指令（可以为 < cond> 或 <!cond>）
instr4 < cond or not cond > < operands >  ;第四条指令（可以为 < cond> 或 <!cond>）
```

若一条语句需要在 <cond> 为 false 时执行,那么指令的后缀就要与条件相反。例如,与 EQ 相对应的为 NE,而 LE 与 GT 相对应等。

表 3.29 列出了 IT 指令块序列的多种形式和实例,其中 <x> 指定第二个指令的执行条件,<y> 指定第三个指令的执行条件,<z> 指定第四个指令的执行条件,<cond> 指定指令块的基本条件。

表 3.29　各种形式的 IT 指令块

	IT 块 [每个 <x>、<y> 和 <z> 可以为 T（true）或 E（else）]	例子
只有一个条件指令	IT < cond>	IT EQ
	instr1 <cond>	ADDEQ R0, R0, Rl
两个条件指令	IT<x> <cond>	ITEGE
	instrl <cond>	ADDGE R0, R0, Rl
	instr2 <cond or –（cond）>	ADDLT R0, R0, R3
三个条件指令	IT<x> <y> <cond>	ITET GT
	instr1 <cond>	ADDGT R0, R0, Rl
	instr2 <cond or –（cond）>	ADDLE R0, R0, R3
	instr3 <cond or –（cond）>	ADDGT R2, R4, #1
四个条件指令	IT<x> <y> <z> <cond>	ITETT NE
	instrl <cond>	ADDNE R0, R0, Rl
	instr2 <cond or –（cond）>	ADDEQ R0, R0, R3
	instr3 <cond or –（cond）>	ADDNE R2, R4, #1
	instr4 <cond or –（cond）>	MOVNE R5, R3

应用 IT 指令块，图 3-5 中同样的程序流程可以用以下代码实现：

CMP R0, #1　　　　　　　　　;将 R0 和 1 比较

ITE EQ　　　　　　　　　　;若 Z 置位（EQ）则执行下一条指令

;再往后的一条则在 Z 清除时（NE）执行

MOVEQ R3, #2　　　　　　;若 EQ 则将 R3 设置为 2

MOVNE R3, #1　　　　　　;若非 EQ（阻）则将 R3 设置为 1

最多可以使用 4 个条件执行指令，最少为 1 个，应确保在 IT 指令中 T 和 E 出现的次数同 IT 后面条件执行的指令个数相匹配。

若在 IT 条件块中产生了异常，块的执行状态会被存储在 PSR 中（在 IT/中断可继续指令 [ICI] 位域中）。这样，当异常处理完成后，IT 块还可以恢复，块中剩下的指令可以继续正确执行。对于在 IT 块中使用多周期指令的情况（如多加载和存储），如果在执行过程中产生异常，整条指令会被放弃并且会在中断处理完成后重新执行。

6. 表格跳转指令

Cortex-M3 处理器支持两个表格跳转指令：TBB（表格跳转字节）和 TBH（表格跳转半字），它们同跳转表一起使用，通常用于实现 C 代码中的 switch 语句。由于程序计数器数值的第 0 位总是为 0，利用表格跳转指令的跳转表也就无须保存这一位，因此，在目标地址计算中跳转偏移被乘以 2。

TBB 用于跳转表的所有入口被组织成字节数组的情形（相对于基地址的偏移小于 $2 \times 2^8 = 512B$），而当所有入口为半字数组时则使用 TBH（相对于基地址的偏移小于 $2 \times 2^{16} = 128KB$）。基地址可以为当前程序计数器（PC）或另外一个寄存器中的数值，由于 Cortex-M 处理器的流水线特性，当前 PC 值为 TBB/TBH 指令的地址加 4，这一点在生成跳转表时必须要考虑到。TBB 和 TBH 都只支持前向跳转。

TBB 指令的语法为：

TBB [Rn, Rm]

其中，Rn 中存放跳转表的基地址，Rm 则为跳转表偏移。TBB 偏移计算用的立即数位于存储器地址 [Rn +Rm]。若 R15/PC 用作 Rn，则 TBB 的操作如图 3-6 所示。

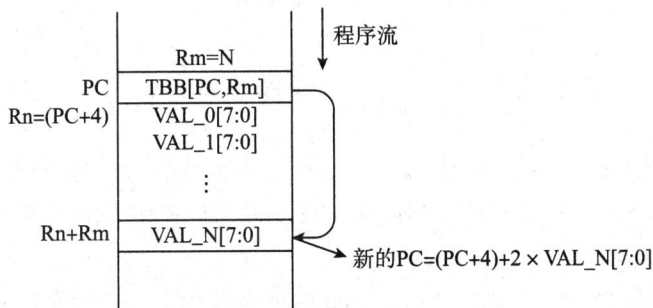

图 3-6　TBB 指令操作过程

TBH 指令的情况是非常类似的，只是跳转表中的每个入口都是双字节大小，因此数组的索引不同，且偏移范围较大。为了表示索引的差异,TBH 的语法稍微不同，语法表示如下：

TBH [Rn, Rm, LSL #1]

若 R15/PC 用作 Rn，则 TBH 的操作如图 3-7 所示。

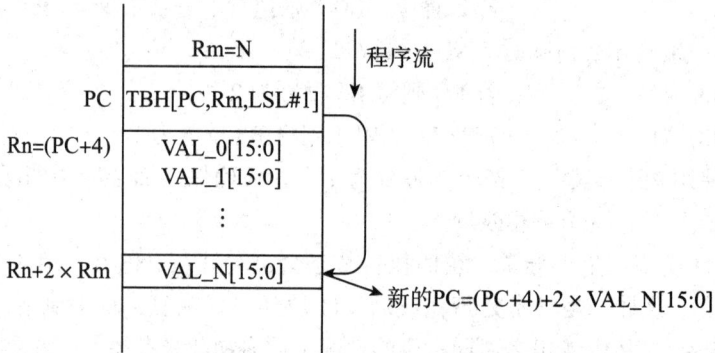

图 3-7 TBH 指令操作过程

直接对跳转表进行编码不太容易实现，这是因为跳转表中的数值和当前的程序计数器相关，在汇编 / 编译阶段也不好确定地址偏移数值，尤其是跳转目标在另外一个程序代码文件中时。对于 ARM 汇编器，可以用以下方法创建跳转表：

```
TBB. W [PC, R0]                    ;执行本指令时，PC 等于 branchtable
branchtable
DCB （（dest0 – branchtable）/2）    ;由于数据为 8 位因此使用了 DCB
DCB （（destl – branchtable）/2）
DCB （（dest2 – branchtable）/2）
DCB （（dest3 – branchtable）/2）
dest0                              ;若 R0=0 则执行
……
dest1                              ;若 R1=0 则执行
……
dest2                              ;若 R2=0 则执行
……
dest3                              ;若 R3=0 则执行
……
```

当 TBB 指令执行时，当前 PC 值为 TBB 指令的地址加 4（处理器的流水线特性），由于 TBB 指令为 4 字节大小，因此也就和 branchtable 相同（TBB 和 TBH 都是 32 位指令）。

类似的，TBH 指令应用的示例如下：

```
TBH.W [PC, R0, LSL #l]             ;执行本指令时，PC 等于 branchtable
branchtable
DCI （（dest0 – branchtable）/2）    ;数据为 16 位，因此使用了 DCI
DCI （（destl – branchtable）/2）
DCI （（dest2 – branchtable）/2）
```

DCI　（（dest3 – branchtable）/2）
dest0　　　　　　　　　　;若 R0=0 则执行
……
dest1　　　　　　　　　　;若 R1=0 则执行
……
dest2　　　　　　　　　　;若 R2=0 则执行
……
dest3　　　　　　　　　　;若 R3=0 则执行
……

3.4.7　饱和运算指令

Cortex-M3 处理器支持两个用于有符号和无符号数据饱和调整的指令:SSAT（用于有符号数据）和 USAT（用于无符号数据）。饱和多用于信号处理,例如,在放大处理等操作后,信号的幅度可能会超出允许的输出范围,若此时只是简单地将数据的最高位去掉,则最终得到的波形可能会产生严重的畸变,如图 3-8 所示。

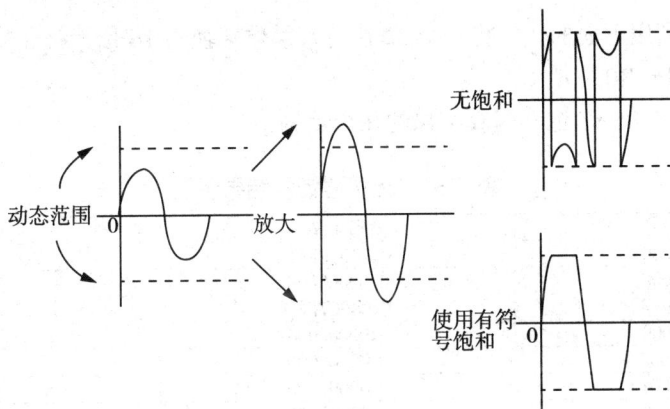

图 3-8　有符号饱和运算

饱和运算通过将数据强制置为最大允许值,减小了数据畸变。畸变仍然是存在的,不过若数据没有超过最大范围太多,就不会有太大的问题。

SSAT 和 USAT 指令的语法如下:

SSAT <Rd>, #<immed>, < Rn>, {, <shift>}　　　;有符号数据的饱和

USAT<Rd>, #<immed>, < Rn >,{,<shift>}　　　;有符号数据转换为无符号数据的饱和

其中,<Rn> 为输入值,<shift> 为饱和前可选的移位操作,可以为 #LSL N 或 #ASR N,<immed> 为执行饱和的位的位置,<Rd> 为目的寄存器。

除了目的寄存器,APSR 中的 Q 位也会受结果的影响。若在运算中出现饱和 Q 标志就会置位,它可以通过写 APSR 清除 Q 标志位。例如,若一个 32 位有符号数值要被饱和为 16 位有符号数,可以使用下面的指令:

SSAT R1, #16, R0

表 3.30 列出了 SSAT 饱和运算结果的几个示例。

表 3.30　有符号饱和结果示例

输入（R0）	输出（RI）	Q 位
0x00020000	0x00007FFF	置位
0x00008000	0x00007FFF	置位
0x00007FFF	0x00007FFF	不变
0x00000000	0x00000000	不变
0xFFFF8000	0xFFFF8000	不变
0xFFFF7FFF	0xFFFF8000	置位
0xFFFE0000	0xFFFF8000	置位

USAT 则稍微有些不同，它的结果为无符号数据，其饱和运算的情况如图 3-9 所示。

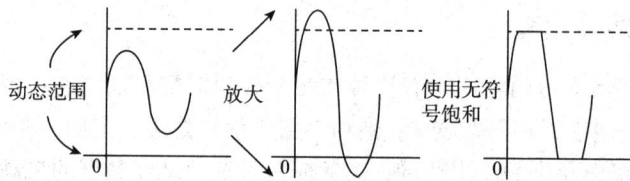

图 3-9　无符号饱和运算

例如，可以利用下面的代码将一个 32 位有符号数转换为 16 位无符号数：
USAT R1, # 16, R0
表 3.31 列出了 USAT 饱和运算结果的几个示例。

表 3.31　无符号饱和结果示例

输入（R0）	输出（RI）	Q 位
0x00020000	0x0000FFFF	置位
0x00008000	0x00008000	不变
0x00007FFF	0x00007FFF	不变
0x00000000	0x00000000	不变
0xFFFF8000	0x00000000	置位
0xFFFF8001	0x00000000	置位
0xFFFFFFFF	0x00000000	置位

3.4.8　特殊寄存器访问指令

Cortex-M3 处理器提供 MSR 和 MRS 两个指令，用于访问特殊寄存器，指令的语法如下：
MRS <Rn >，<SReg >　　　;将 SReg 中的内容传送至 Rn
MSR <SReg >，<Rn >　　　;将 Rn 中的内容写入 Rn
其中，<SReg > 为表 3.32 中的选项之一。

表 3.32　MRS 和 MSR 指令用的特殊寄存器名

符　号	描　述
IPSR	中断状态寄存器
EPSR	执行状态寄存器（读出为 0）
APSR	之前操作产生的标志
IEPSR	IPSR 和 EPSR 的组合
IAPSR	IPSR 和 APSR 的组合
EAPSR	EPSR 和 APSR 的组合

符　号	描　述
PSR	APSR、EPSR 和 IPSR 的组合
MSP	主栈指针
PSP	进程栈指针
PRIMASK	普通异常屏蔽寄存器
BASEPRI	普通异常优先级屏蔽寄存器
ASEPRI_MAX	和普通异常优先级屏蔽寄存器相同，只是写是有条件的（新的优先级要大于老的优先级）
FAULTMASK	错误异常屏蔽寄存器（也禁止普通中断）
CONTROL	控制寄存器

例如，下面的代码可用于设置进程栈指针：

```
LDR R0，=0x20008000          ;进程栈指针（PSP）的新数值
MSR PSP, R0
```

除了对 APSR 的访问，MRS 和 MSR 指令只能用于特权模式。否则，操作会被忽略，如果使用 MRS 指令，返回的读出值就为 0。

使用 MSR 指令更新 CONTROL 寄存器的值以后，要确保更新立即产生，最好增加一个 ISB 指令。对于 Cortex-M3 处理器，这个要求不是太严格，不过对软件的可移植性大有帮助（如果软件代码要在其他的 ARM 处理器上使用）。

3.4.9　存储器屏障指令

对于 ARM 架构（包括 ARMv7-M 在内），在不影响数据处理结果的情况下，存储器传输的顺序可以和程序代码不同。这种情况对于具有超矢量或乱序执行能力的高端处理器是很常见的。不过，在对存储器访问重新排序之后，若数据在多个处理器间共用，则另一个处理器看到的数据顺序可能和设定的不同，这样可能会引起错误。

存储器屏障指令可用于确保存储器访问的顺序、确保存储器访问和另一个处理器操作间的顺序、确保系统配置发生在后序操作之前。见表 3.33，Cortex-M3 处理器支持三种存储器屏障指令。

表 3.33　存储器屏障指令

指　令	描　述
DMB	数据存储器屏障。确保在执行新的存储器访问前所有的存储器访问都已经完成
DSB	数据同步屏障。确保在下一条指令执行前所有的存储器访问都已经完成
ISB	指令同步屏障。清空流水线，确保在执行新的指令前，之前所有的指令都已完成

DSB 和 ISB 指令对于自修改代码非常重要，例如，如果一个程序改变了自身的程序代码，下一条执行的指令就应该基于更新的程序。不过，由于处理器为流水线结构，修改后的指令位置可能已经被取出了。使用 DSB 后再使用 ISB 可以确保修改后的程序代码可以再次被取出。

根据 ARMv7-M 架构定义，在更新完 CONTROL 寄存器的值后应该使用 ISB 指令，而对于 Cortex-M3，这方面的要求没有这么严格。不过，如果要提高程序的可移植性，你应该确保在更新完 CONTROL 寄存器后使用 ISB 指令。

DMB 在多处理器系统中非常有用，例如，运行在不同处理器上的任务可能会使用共享存储器，以实现相互间的通信。在这些环境中，存储器的访问顺序非常重要。可以在对共享存储器访问之间插入 DMB 指令，以保证存储器访问的顺序同设想的一致。

3.4.10　异常相关指令

管理调用（SVC）指令用于产生 SVC 异常（异常类型为 11）。SVC 一般用于嵌入式 OS，其中，运行在非特权执行状态的应用可以请求运行在特权状态的 OS 的服务。SVC 异常机制提供了从非特权到特权的转换。

另外，SVC 制可以作为应用任务访问各种服务（包括 OS 服务或其他 API 函数）的入口，这样应用任务就可以在无须了解服务的实际存储器地址的情况下请求所需服务。它只需知道 SVC 服务编号、输入参数和返回结果。

SVC 指令要求 SVC 异常的优先级高于当前的优先级，而且异常没有被 PRIMASK 等寄存器屏蔽，不然就会触发错误异常。NMI 和 HardFault 异常的优先级总是比 SVC 异常大，因此无法在这两个处理中使用 SVC。

SVC 指令的语法如下：

SVC # < immed >

< immed >立即数为 8 位，数值自身不会影响 SVC 异常的动作，不过 SVC 处理可以在程序中提取出这个数值并将其用作输入参数，这样可以确定应用任务所请求的服务。按照传统 ARM 汇编语法，SVC 指令用的立即数无须加 "#"，因此指令可以写作：

SVC < immed>

另一个和异常相关的指令为改变处理器状态（CPS）指令。对于 Cortex-M3 处理器，我们可以使用这条指令来设置或清除 PRIMASK 和 FAULTMASK 等中断屏蔽寄存器。注意，这些寄存器也可以用 MSR 和 MRS 指令访问。

CPS 指令在使用时必须要带一个后缀：IE（中断使能）或 ID（中断禁止）。Cortex- M3 处理器具有多个中断屏蔽寄存器，因此还得指定要设置 / 清除的寄存器。表 3.34 列出了 Cortex-M3 处理器中可用的各种 CPS 指令。

表 3.34　RRIMASK 和 FAULTMASK 的设置及清除指令

指　令	功能描述
CPSIE I	使能中断（清除 PRIMASK ）
CPSID I	禁止中断（设置 PRIMASK ），NMI 和 HardFault 受影响
CPSIE F	使能中断（清除 FAULTMASK ）
CPSID F	禁止错误中断（设置 FAULTMASK ），NMI 不受影响

切换 PRIMASK 和 FAULTMASK 可以禁止或便能中断，经常用于确保时序关键的任务在不被打断的情况下快速完成。

3.4.11　其他指令

1. 休眠模式相关指令

Cortex-M3 处理器主要通过两条指令进入休眠模式（注意：另外一种进入休眠模式的方

式是退出时休眠，即处理器可以在异常退出时进入休眠模式）。指令的语法如下：

WFI　　　　　　　　　　;等待中断（进入休眠）

WFE　　　　　　　　　　;等待事件（条件进入休眠）

WFI（等待中断）指令会使处理器立即进入休眠模式，中断、复位或调试操作可以将处理器从休眠中唤醒。

WFE（等待事件）指令会使处理器有条件地进入休眠。在 Cortex- M3 处理器内部，一个只有一位的寄存器会记录事件。若该寄存器置位，WFE 指令不会进入休眠，而只是清除事件寄存器并继续执行下一条指令；若该寄存器清零，则处理器会进入休眠，而且会被事件唤醒，事件可以是中断、调试操作、复位或外部事件输入的脉冲信号（例如，事件脉冲可由另一个处理器或外设产生）。

2.NOP 指令

Cortex-M 处理器支持 NOP 指令，其用于产生指令对齐或延时，指令的语法如下：

NOP　　　　　　　　　;空操作

若用 NOP 指令实现延时，不同系统间可能会存在差异（如存储器等待状态和处理器类型），若延时需要非常精确，建议使用硬件定时器。

3.断点指令

断点指令用于软件开发 / 调试过程中，实现应用程序中的软件断点。若程序在 SRAM 中执行，则该指令一般由调试器插入以替换原有的指令。当到达断点时，处理器会被暂停，然后调试器就会恢复原有的指令，用户也可以通过调试器执行调试任务。指令的语法如下：

BKPT #< immed>　　　　　;断点

BKPT 指令也可以用于产生调试监控异常，它带有一个 8 位立即数，调试器或调试监控异常可以将该数据提取出来，并根据该信息确定要执行的动作。

除了 BKPT 指令，Cortex-M3 处理器中还存在一个断点单元，它具有最多 8 个硬件断点，而且不用覆盖原有的程序映像，以方便软件调试。

第4章 存储器系统

4.1 存储器系统基础

4.1.1 存储器系统概述

Cortex-M3 处理器本身并不包含存储器（没有程序存储器、SRAM 或缓存），它们具有通用的片上总线接口，因此，微控制器供应商可以将它们自己的存储器系统添加到系统中。一般来说，微控制器供应商需要将下面的部件添加到存储器系统中：程序存储器，一般是Flash；数据存储器，一般是 SRAM；外设。这样，不同微控制器产品可能会具有不同的存储器配置、不同的存储器大小和类型，以及不同的外设。

Cortex-M3 处理器的总线接口为 32 位宽，且基于高级微控制器总线架构（AMBA）标准。AMBA 中包含多个总线协议，Cortex-M3 处理器主要使用的总线接口协议为 AHB Lite（高级高性能总线），它用于程序存储器和系统总线接口。AHB Lite 协议为流水线结构的总线协议，可以在低硬件成本下实现高运行频率。高级外设总线（APB）接口为处理器使用的另外一种总线协议，它通常用于基于 ARM 的微控制器的总线系统。另外，APB 协议在 Cortex-M3 处理器内部还用于调试支持。

Cortex-M3 处理器的存储器架构和传统的 ARM 处理器不同。首先，它预先定义了存储器映射，指定了在访问某个存储器位置时，应该使用哪个总线接口。这个特性使得在访问不同的设备时，处理器可以对这些访问进行优化。Cortex-M3 处理器的存储器系统具有以下特性：

（1）可寻址存储器空间共为 4GB，且以 32 位寻址，无须将存储器分页。

（2）所有的 Cortex-M 处理器的存储器映射定义都是一致的，预定义的存储器映射使得处理器设计可以为哈佛总线架构进行优化，而且访问处理器内经过存储器映射的外设（如NVIC）也非常容易。

（3）流水线结构的 AHB Lite 总线接口可以提供高速且低等待的传输，AHB Lite 接口支持 32 位、16 位和 8 位数据的高效传输。总线协议还允许插入等待状态、支持总线错误条件及允许多个总线主控共用总线。

（4）可选的位段特性。SRAM 和外设空间中存在两个可位寻址的区域，通过位段别名地址修改的位数值会被自动转换为位段区域的"读 – 修改 – 写"的原子操作。

（5）支持小端或大端访问模式。Cortex-M3 处理器既可以运行在小端模式，也可以运行在大端模式。不过，基本上所有的微控制器都是要么为小端要么为大端的，不会两者兼有，多数 Cortex-M3 微控制器产品使用小端。

（6）支持非对齐访问和排他访问。

（7）可选的存储器保护单元（MPU）。

4.1.2　总线结构

在计算机系统中，各个部件之间传送信息的公共通路叫总线。它是计算机各种功能部件之间传送信息的公共通信干线。按照计算机所传输的信息种类，计算机的总线可以划分为数据总线、地址总线和控制总线，分别用来传输数据、地址和控制信号。主机的各个部件通过总线相连接，外部设备通过相应的接口电路再与总线相连接，从而形成了计算机硬件系统。

常见的计算机系统是采用冯诺依曼结构构建而成的。在该结构中，程序指令和数据不加以区分，均采用数据总线进行传输。因此，数据访问和指令存取不能同时在总线上传输。Cortex-M3 内核是基于哈佛结构构建的，有专门的数据总线和指令总线，使得数据访问和指令存取可以并行处理，效率大大提高。

总线结构是计算机体系结构中最基本的结构，其性能很大程度上决定了 CPU 的性能。为了提高处理速度，可通过提高 CPU 时钟频率以提高响应速度，还可加宽数据总线宽度以进行更高位数的复杂运算。此外，一种最佳方案就是采用并行机制，即采用多组总线，执行流水线。STM32 微控制器的主要总线结构如图 4-1 所示。

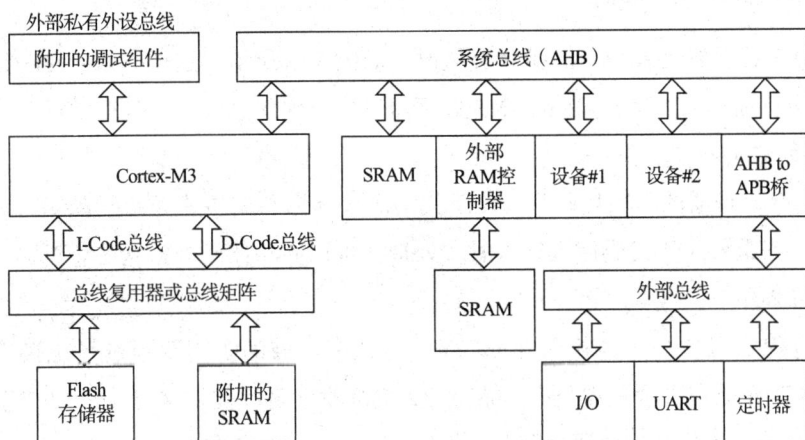

图 4-1　STM32 微控制器的主要总线结构

1. I-Code 总线

I-Code 总线是一条基于 AHB-LITE 总线协议的 32 位总线，负责在 0x00000000-0x1FFFFFFF 的取指操作。取指以字的长度执行，即使对于 16 位指令也是如此。因此，CPU内核可以一次取出两条 16 位 Thumb 指令。

2. D-Code 总线

D-Code 总线也是一条基于 AHB-LITE 总线协议的 32 位总线，负责在 0x00000000-0x1FFFFFFF 的数据访问操作。尽管 Cortex-M3 支持非对齐访问，但是绝对不会看到该总线上任何非对齐的地址，这是因为处理器的总线接口会把非对齐的数据传送都转换成对齐的数据传送。因此，连接到 D-Code 总线上的任何设备只需支持 AHB-LITE 的对齐访问，不需要支持非对齐访问。

3. 系统总线

系统总线也是一条基于 AHB-Lite 总线协议的 32 位总线，负责传送在 0x20000000-0xDFFFFFFF 和 0xE0100000-0xFFFFFFFF 的所有数据，取指和数据访问都要算上。和 D-Code 总线一样，所有的数据传送都是对齐的。

4. 外部私有外设总线

这是一条基于 APB 总线协议的 32 位总线。此总线负责 0xE0040000-0xE00FFFFF 的私有外设访问。但是，由于此 APB 存储空间的一部分已经被 TPIU、ETM 以及 ROM 表使用，只留下 0xE0042000-E00FF000 这个区间，用于配接附加的（私有）外设。

5. 调试访问端口总线

调试访问端口总线接口是一条基于增强型 APB 规格的 32 位总线，它专用于挂接调试接口，如 SWJ-DP 和 SW-DP。

4.1.3　地址空间映射

Cortex-M3 处理器具有固定的存储器映射，如图 4-2 所示，这样 Cortex-M3 设备间的软件移植就变得更加容易。尽管 Cortex-M3 处理器有多重内部总线，但其存储区仍然是一个线性的 4GB 地址空间。

Cortex-M3 处理器的程序代码可以位于代码区域、片上 SRAM 区域或者外部 RAM 区域。不过，程序代码最好位于代码区域，这时，处理器可以同时在两个独立的总线接口上执行取指和数据访问操作。

SRAM 存储器区域用于连接内部 SRAM，对这个区域的访问要经过系统接口总线。在这个区域，32MB 被定义为位段别名，在该 32 位位段别名存储器区域中，每个字地址代表 1MB 位段区域的一个位。对位段别名存储器区域的写访问，会被转换为对位段区域的"读-修改-写"访问的原子操作。位段区域仅用于数据访问，而不是取指。通过将布尔量放入位段区域，可以把多个布尔量数据打包成一个字，而且它们还可以通过位段别名单独访问。

地址区域的另外 0.5GB 用于片上外设，和 SRAM 区域类似，该区域也支持位段别名特性而且可以通过系统接口访问，不过，其不支持指令执行。由于外设区域支持位段特性，外设的控制和状态位的修改会非常简单，对外设控制的编程也就更加简单。

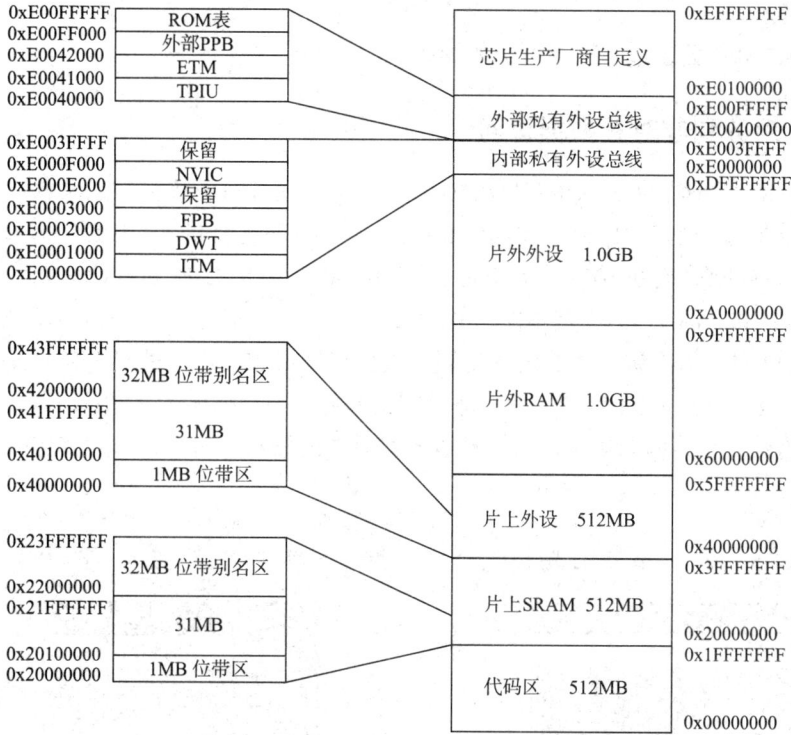

图 4-2 Cortex-M3 处理器预定义的存储器映射

外部 RAM 和外部设备分别具有 1GB 的存储器空间，这两块的区别为外部设备空间不允许程序执行，并且缓存的处理也有所不同。

最后的 0.5GB 用于系统级部件、内部外设总线、外部外设总线和供应商特定的系统外设。私有外设总线（PPB）包括两个部分：

（1）高级高性能总线（AHB）PPB，仅用于 Cortex-M3 的内部 AHB 外设，包括 NVIC、FPB、DWT 和 ITM；

（2）高级外设总线（APB）PPB，用于 Cortex-M3 的内部 APB 设备以及外部外设，Cortex-M3 允许芯片厂商在私有外设总线上添加额外的经由 APB 接口的片上 APB 外设。

Cortex-M3 处理器专门划分一块存储器区域，用作系统控制空间（SCS），如图 4-3 所示，该区域除了可以提供中断控制寄存器外，还包括 SYSTICK 的控制、MPU 配置以及代码调试控制相关寄存器。

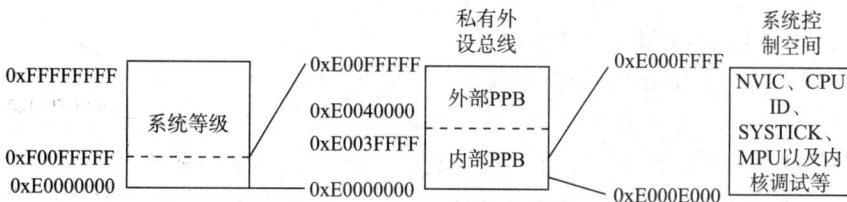

图 4-3 系统控制空间

剩下的未使用的供应商特定的存储器区域可以通过系统总线接口访问，不过，该区域不允许指令执行。

Cortex-M3 处理器还包括一个可选的 MPU。

4.1.4 对齐和非对齐数据访问

传统的 ARM 处理器（如 ARM7/ARM9/ARM10）只允许对齐传输，这就意味着在存储器访问时，字传输地址的 bit[1] 和 bit[0] 必须为 0，半字传输地址的 bit[0] 必须为 0。例如，字数据可以位于 0x1000 或 0x1004，但不能位于 0x1001、0x1002 或 0x1003。对于半字数据，地址可以为 0x1000 或 0x1002，但不能为 0x1001。

Cortex-M3 支持单次访问的非对齐传输，数据存储器访问可以被定义为对齐或是非对齐的。假定存储器为 32 位（4 字节）宽，非对齐访问可以为任何字大小的读 / 写，因此地址也不必是 4 的倍数，当传输为半字时，地址也不必是 2 的倍数，对齐和非对齐传输的实例如图 4-4 所示。

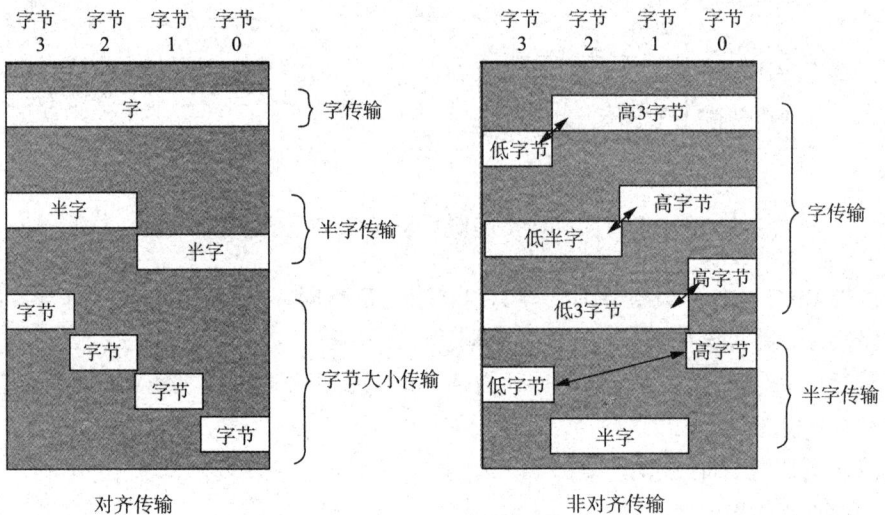

图 4-4 对齐和非对齐数据传输示例

由于地址的最小单位为 1 字节，因此所有的字节传输在 Cortex-M3 上都是对齐的。对于 Cortex-M3，普通的存储器访问都支持非对齐访问（如 LDR、LDRH、STR 和 STRH 指令），当然，也存在如下限制：

（1）多加载 / 存储指令不支持非对齐传输。

（2）栈操作（PUSH/POP）必须是对齐的。

（3）排他访问（如 LDREX 或 STREX）必须是对齐的，否则，错误异常（使用错误）就会产生。

（4）位段操作不支持非对齐传输，否则可能会导致不可预料的结果。

使用非对齐传输时，实际上它们会被处理器的总线接口单元转换为多次对齐传输，这个转换对用户是透明的，因此应用程序开发人员无须考虑这个问题。不过，当发生非对齐访问时，它会被分解为几个独立的传输，因此，一次数据访问会花费更多的时钟周期，而当系统对性能要求较高的时候可能就不适用了。要获得最佳性能，确保数据正确的对齐是很有必要的。

对 NVIC 进行设置对，非对齐访问可以触发异常。这里可以在 NVIC 中配置控制寄存器（地址 0xE000ED14）的 UNALIGN_TRP（非对齐陷阱）位。在进行非对齐访问时，Cortex-M3 会产生使用错误异常。在软件开发过程中，在测试应用程序是否有非对齐访问时，可以利用这一特性。

4.1.5 位段操作

利用位段操作一次加载 / 存储操作可以访问（读 / 写）一个位。对于 Cortex- M3 处理器，两个名为位段区域的预定义存储器区域支持这种操作，其中一个位于 SRAM 区域的第一个 1MB，另一个则位于外设区域的第一个 1MB。这两个区域可以同普通存储器一样访问，而且还可以通过名为位段别名的一块独立的存储器区域进行访问。当使用位段别名地址时，每个位都可以通过对应的字对齐地址的最低位单独访问，如图 4-5 所示。

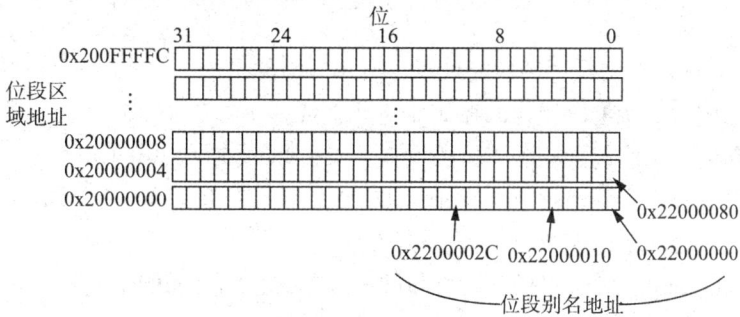

图 4-5 通过位段别名对位段区域进行位访问（SRAM 区域）

例如，要设置地址 0x20000000 处字数据的第 2 位，除了使用三条指令读取数据、设置位，然后将结果写回之外，还可以通过使用一条位段操作指令来实现，如图 4-6 所示。这两种情况的汇编流程如图 4-7 所示。

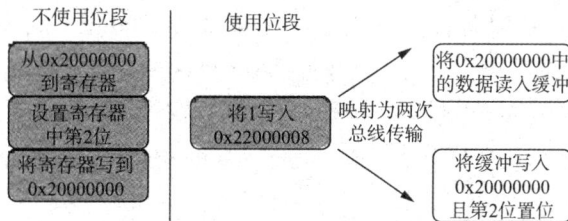

图 4-6 设置位段数据

```
不使用位段                          使用位段
LDR   R0.-0x20000000  ; 设置地址    LDR   R0. -0x22000008  ; 设置add
LDR   R1. [R0]        ; 读          M0V   R1. #1           ; 设置dat
0RR.W R1. #0x4        ; 修改位       STR   R1. [R0]         ; 写
STR   R1. [R0]        ; 写回结果
```

图 4-7 使用及不使用位段写入位的汇编流程示例

类似的，若需要读出某存储器位置中的一位，位段特性也可以简化应用程序代码。例如，若需要确定地址 0x20000000 的第 2 位，可以采取图 4-8 所示的步骤。这两种情况的汇编流程如图 4-9 所示。

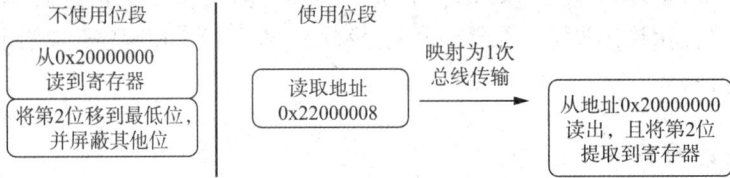

图 4-8　读位段数据

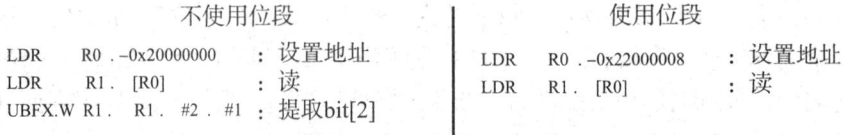

图 4-9　使用及不使用位段读取位的汇编流程示例

Cortex-M3 处理器在位段存储器寻址时，使用下面的术语。

（1）位段区域：支持位段操作的存储器地址区域。

（2）位段别名：访问位段别名（位段操作）会引起对位段区域的访问。

在位段区域，每个字由位段别名地址区域 32 个字的 LSB 表示。实际情况是，当访问位段别名地址时，该地址就会被重映射到位段地址。对于读操作，字被读出且选定位的位置被移到读返回数据的 LSB。对于写操作，待写的位数据被移到所需的位置，然后执行"读 – 修改 – 写"操作。

可以进行位段操作的存储器区域有两个：

（1）0x20000000-0x200FFFFF（SRAM，1MB）。

（2）0x40000000-0x400FFFFF（外设，1MB）。

位段别名区域位段区的映射公式为：

bit_word_addr = bit_band_base + byte_offset × 32 + bit_number × 4

其中，bit_word_addr 是别名存储器区中字的地址 AliasAddr，它映射到某个目标位，bit_band_base 是别名区的基址，即起始地址 0x22000000 或 0x42000000，byte_offset 是包含目标位的字节在位段里的序号，bit_number 是目标位的所在位置（0-7）。

记位段区比特位所在字节地址为 A，位序号为 n（0<n<7），则 byte_offset = A−0x20000000，bit_number = n。

对于内部 SRAM 位段区的某个比特位，该比特位在别名区的地址为：

bit_word_addr = 0x22000000 + byte_offset × 32 + bit number × 4

对于片内外设位段区的某个比特位，该比特位在别名区的地址为：

bit_word_addr = 0x42000000 + byte_offset × 32 + bit number × 4

位段操作的简单示例如下：

（1）将地址 0x20000000 设置为 0x3355AACC。

（2）读地址 0x22000008，本次读访问被重映射为到 0x20000000 的读访问，返回值为 1（0x3355AACC 的 bit[2]）。

（3）将 0x22000008 写为 0，本次写访问被重映射为到地址 0x20000000 的"读 – 修改 – 写"，数值 0x3355AACC 被从存储器中读出来，清除第 2 位后，结果 0x3355AAC8 被写入地址 0x20000000。

（4）现在读取 0x20000000，这样会得到返回值 0x3355AAC8（bit[2] 被清除）。

访问位段别名地址时，只会用到数据的 LSB（bit[0]）。另外，对位段别名区域的访问不应该是非对齐的。若非对齐访问在位段别名地址区域内执行，结果是不可预测的。

4.2　存储器访问控制

4.2.1　存储器访问属性

存储器映射描述了每个存储器区域所包含的部分，除了解析被访问的存储器块或设备外，存储器映射还定义了访问的存储器属性。Cortex-M 处理器的存储器属性包括以下几种。

（1）可缓冲：当处理器继续执行下一条指令时，对存储器的写操作可由写缓冲执行。

（2）可缓存：读存储器所得到的数据可被复制到存储器缓存，以便下次再访问时可以从缓存中取出这个数值，从而加快程序执行。

（3）可执行：处理器可以从本存储器区域取出并执行程序代码。

（4）可共享：这种存储器区域的数据可被多个总线主设备共用，存储器系统需要确保可共享区域中的数据在不同主设备间访问时的一致性。

在每次指令和数据传输时，Cortex-M3 总线接口将存储器访问属性信息输出到存储器系统。若 MPU 存在且 MPU 区域配置和默认的不同，则默认的存储器属性设置会被覆盖。每个存储器区域的默认访问属性定义如下。

（1）缓存存储器区域（0x00000000-0x1FFFFFFF）：该区域为可执行的，缓存属性为写通（WT），也可以将数据存储器放到这个区域。如果在这个区域执行数据操作，则会通过数据总线接口执行。对这个区域的写传输为可缓冲的。

（2）SRAM 存储器区域（0x20000000-0x3FFFFFFF）：该区域用于片上 RAM，该区域的写传输为可缓冲的，并且缓冲属性为写回写分配（WB-WA）。该区域为可执行的，因此可以将程序代码复制到这里并执行。

（3）外设区域（0x40000000-0x5FFFFFFF）：该区域用于外设，并且对其的访问为不可缓存的，该区域不允许程库执行（Execute Never，XN）。

（4）外部 RAM 区域（0x60000000-0x7FFFFFFF）：该区域可用于片上或片外存储器，对其的访问为可缓存的（WB-WA），可以在这个区域中执行代码。

（5）外部 RAM 区域（0x80000000-0x9FFFFFFF）：该区域可用于片上或片外存储器，对其的访问为可缓存的（WT），可以在这个区域中执行代码。

（6）外部设备（0xA0000000-0xBFFFFFFF）：该区域用于外部设备 / 需要顺序 / 非缓冲

访问的存储器，也是不可执行区域。

（7）外部设备（0xC0000000-0xDFFFFFFF）：该区域用于外部设备／需要顺序／非缓冲访问的存储器，也是不可执行区域。

（8）系统区域（0xE0000000-0xFFFFFFFF）：该区域用于私有外设和供应商特定的设备，并且为不可执行的。

4.2.2　存储器访问权限

Cortex-M3 处理器的存储器映射对存储器访问权限可配置，这样可以防止用户程序（非特权）访问系统控制存储器空间（如 NVIC）。在 MPU 不存在或者 MPU 存在但未使能等情况下，默认的存储器访问权限会启用。

如果 MPU 存在且使能，MPU 设置的访问权限则会决定是否允许用户访问，默认的存储器访问权限见表 4.1。

表 4.1　默认的存储器访问权限

存储器区域	地址	用户程序的非特权访问
供应商定义	0xE0100000-0xFFFFFFFF	全访问
ROM 表	0xE00FF000-0xE00FFFFF	禁止，非特权访问导致总线错误
外部 PPB	0xE0042000-0xE00FEFFF	禁止，非特权访问导致总线错误
ETM	0xE0041000-0xE0041FFF	禁止，非特权访问导致总线错误
TPIU	0xE0040000-0xE0040FFF	禁止，非特权访问导致总线错误
内部 PPB	0xE000F000-0xE003FFFF	禁止，非特权访问导致总线错误
NVIC	0xE000E000-0xE000EFFF	禁止，非特权访问导致总线错误。除了软件触发中断寄存器，其可被编程为允许用户访问
FPB	0xE0002000-0xE0003FFF	禁止，非特权访问导致总线错误
DWT	0xE0001000-0xE0001FFF	禁止，非特权访问导致总线错误
ITM	0xE0000000-0xE0000FFF	读允许，写忽略，除非是非特权访问激励端口（实时可配置）
外部设备	0xA0000000-0xDFFFFFFF	全访问
外部 RAM	0x60000000-0x9FFFFFFF	全访问
外设	0x40000000-0x5FFFFFFF	全访问
SRAM	0x20000000-0x3FFFFFFF	访问
代码	0x00000000-0x1FFFFFFF	全访问

当非特权访问被阻止时，错误异常就会立即产生。根据总线错误异常是否使能以及优先级配置，它可以是硬件错误或总线错误异常。

4.2.3　排他访问

Cortex-M3 处理器不支持 SWP 指令（交换）。该指令一般用于 ARM7TDMl 等传统 ARM 处理器的信号量操作，目前它已被排他访问操作替代。

信号量常用于共享资源分配。当某个共享资源只能满足一个客户端或应用处理器时，还可将其称为互斥体（MUTEX）。在这种情况下，若某个资源被一个进程占用，它就会被锁定到这个进程，在锁定解除前无法用于其他进程。要创建 MUTEX 信号量，需要将某个存储器地址定义为锁定状态，以表示共享资源是否已被一个进程锁定。当进程或应用要使用资源时，它需要首先检查资源是否已被锁定，若未被使用，则可以设置锁定状态，表示本资源目前已被锁定。对于传统的 ARM 处理器，对锁定状态的访问由 SWP 指令执行，它可以确保读写锁定状态操作的原子性，避免资源被两个进程同时锁定。

对于较新的 ARM 处理器，读 / 写访问可由独立的总线执行。由于锁定传输流程中的读写必须要位于同一个总线，SWP 指令无法保证存储器访问的原子性，锁定传输也就被排他访问取代。

排他访问操作的原理相当简单，操作过程如图 4-10 所示。与 SWP 不同，排他访问允许另一个总线主控设备或同一个处理器上运行的另一个进程访问信号量的存储器位置。

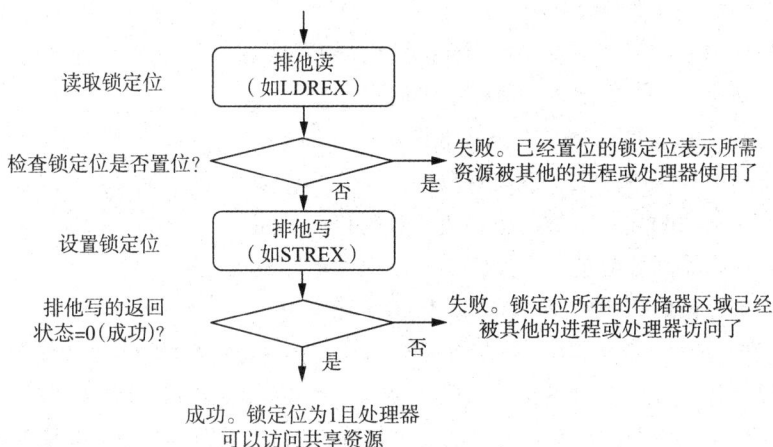

图 4-10　使用及不使用位段读取位的汇编流程示例

若出现了下面的条件之一，排他写访问可能会失败：

（1）执行了 CLREX 指令。

（2）产生了上下文切换（如中断）。

（3）前面没有执行过 LDREX 指令。

若排他存储得到一个失败状态，则存储器中不会进行实际的写操作，因为它可能已经被处理器内核或外部硬件阻止。

Cortex-M3 处理器中的排他访问指令包括 LDREX（字）、LDREXB（字节）、LDREXH（半字）、STREX（字）、STREXB（字节）以及 STREXH（半字）。该语法简单实例如下所示：

LDREX < Rxf > , [Rn, # offset]

STREX<Rd>, <Rxf>, [Rn, # offset]

其中，Rd 为排他写的返回状态（0 为成功，1 为失败）。

当使用排他访问时，即使 MPU 将区域定义为了可缓冲的，也不会使用处理器总线接口上的写缓冲。这样可以确保物理存储器中的信号量信息总是最新的，并保持各总线主设备间的一致性。

4.3　存储器保护单元

4.3.1　MPU 概述

1.MPU 简介

存储器保护单元（MPU）是一种可编程的部件，用于定义不同存储器区域的存储器访问权限（如只支持特权访问或全访问）和存储器属性（如可缓冲、可缓存）。有些 STM32 微控制器具有这种特性，有些则没有。

Cortex-M3 中的 MPU 支持多达 8 个可编程存储器区域，每个都具有自己可编程的起始地址、大小及设置，另外还支持一种背景区域特性。

MPU 可以通过以下方面提高嵌入式系统的健壮性：

（1）防止用户程序破坏操作系统的数据。

（2）分离任务间的数据，阻止任务间的数据相互访问。

（3）允许存储器区域被定义为只读的，以保护重要数据。

（4）检测不可预期的存储器访问（如栈被破坏）。

另外，MPU 还用于定义存储器访问特征，如不同区域的缓冲和缓存特性等。

若存储器访问和 MPU 定义的访问权限冲突，或者访问的存储器位置未在已编程的 MPU 区域中定义，则传输会被阻止且触发一次错误异常。触发的错误异常处理可以是 MemManage（存储器管理）错误或 HardFault 异常，实际情况取决于当前的优先级及 MemManage 错误是否使能。然后异常处理就可以确定系统是否应该复位或只是 OS 环境中的攻击任务。

在使用 MPU 前需要对其进行设置和使能，若未使能 MPU，处理器会认为 MPU 不存在。

若 MPU 区域可以出现重叠，且同一个存储器位置落在两个 MPU 区域中，则存储器访问属性和权限会基于编号最大的那个区域。例如，若某传输的地址位于区域 1 和区域 4 定义的地址范围内，则会使用区域 4 的设置。

2.MPU 配置方式

MPU 的设置有多种方式，对于没有嵌入式 OS 的系统，MPU 可以被编程为静态配置，参考配置方式如下：

（1）将 RAM/SRAM 区域设置为只读，避免重要数据被意外破坏。

（2）将堆栈底部的 RAM/SRAM 空间设置为不可访问的，可检测栈溢出。

（3）将 RAM/SRAM 区域设置为 XN，避免代码注入攻击。

（4）配置可被系统级缓存（2 级）或存储器控制器使用的存储器属性。

对于具有嵌入式 OS 的系统，在每次上下文切换时都可以配置 MPU，每个应用任务都有不同的 MPU 配置。参考配置方式如下：

（1）定义存储器访问权限，使得应用任务只能访问分配给自己的栈空间，因此可以避免因为栈泄露而破坏其他栈。

（2）定义存储器访问权限，使得应用任务只能访问有限的外设。

（3）定义存储器访问权限，使得应用任务只能访问自己的数据或自己的程序数据。
如果需要的话，具有嵌入式 OS 的系统还可使用静态配置。

4.3.2　MPU 寄存器

MPU 内含多个寄存器，这些寄存器位于系统控制空间（SCS）。各寄存器名称和功能见表4.2。

表 4.2　MPU 寄存器概略表

地址	寄存器	功　能
0xE000ED90	MPU 类型寄存器	提供 MPU 方面的信息
0xE000ED94	MPU 控制寄存器	MPU 使能 / 禁止和背景区域控制
0xE000ED98	MPU 区域编号寄存器	选择待配置的 MPU 区域
0xE000ED9C	MPU 基地址寄存器	定义 MPU 区域的基地址
0xE000EDA0	MPU 区域属性和大小寄存器	定义 MPU 区域的属性和大小
0xE000EDA4	MPU 别名 1 区域基地址寄存器	MPU->RBAR 的别名
0xE000EDA8	MPU 别名1区域属性和大小寄存器	MPU->RASR 的别名
0xE000EDAC	MPU 别名 2 区域基地址寄存器	MPU->RBAR 的别名
0xE000EDB0	MPU 别名 2 区域属性和大小寄存器	MPU->RASR 的别名
0xE000EDB4	MPU 别名 3 区域基地址寄存器	MPU->RBAR 的别名
0xE000EDB8	MPU 别名 3 区域属性和大小寄存器	MPU->RASR 的别名

1. 类型寄存器

MPU 包含多个寄存器，第一个为 MPU 类型寄存器，该寄存器各数据位的定义见表 4.3。可以利用其确定 MPU 是否存在。若 DREGION 位读出为 0，则说明 MPU 不存在。

表 4.3　MPU 类型寄存器（0xE000ED94）的定义

位	名称	类型	复位值	描　述
23:16	IREGION	R	0	本 MPU 支持的指令区域数。由于 ARMv7-M 架构使用统一的 MPU，其总为 0
15:8	DREGION	R	0 或 8	MPU 支持的区域数。在 Cortex-M3 中，其为 0（MPU 不存在）或 8（MPU 存在）
0	SEPARATE	R	0	由于 MPU 为统一的，其总为 0

2. 控制寄存器

MPU 控制寄存器具有 3 个控制位。复位后，该寄存器的数值为 0，表示 MPU 禁止。要使能 MPU，软件应该首先设置每个 MPU 区域，然后再设置 MPU 控制寄存器的 ENABLE 位。该寄存器各数据位的定义见表 4.4。

表 4.4　MPU 控制寄存器（0xE000ED94）的定义

位	名称	类型	复位值	描　述
2	PRIVDEFENA	R/W	0	特权等级的默认存储器映射使能，当其为 1 且 MPU 使能时，特权访问时会将默认的存储器映射用作背景区域；若其未置位，则背景区域被禁止且对不属于任何使能区域的访问会引发错误
1	HFNMIENA	R/W	0	若为 1，则 MPU 在硬件错误处理和不可屏蔽中断（NMI）处理中也是使能的，否则，硬件错误及 NMI 中 MPU 不使能
0	ENABLE	R/W	0	若为 1 则使能 MPU

MPU 控制寄存器中的 PRIVDEFENA 位用于背景区域的使能（区域 1）。若未设置其他

区域，通过 PRIVDEFENA 特权程序可以访问所有的存储器位置，且非特权程序会被阻止。若设置并使能了其他的 MPU 区域，背景区域可能会被覆盖。例如，若具有类似区域设置的两个系统中，一个的 PRTVDEFENA 置 1，则那个允许对背景区域的特权访问，如图 4-11 所示。

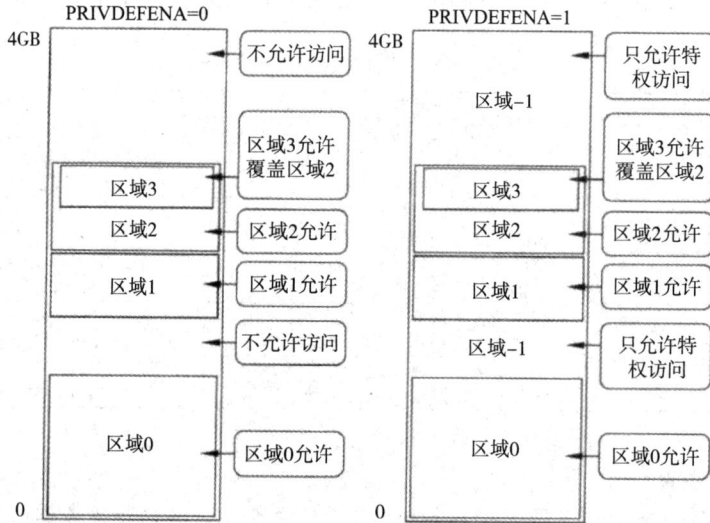

图 4-11　PRIVDEFENA 位（背景区域）的作用程示例

HFNMIENA 定义了 NMI、HardFault 异常执行期间或 FAULTMASK 置位时 MPU 的行为，MPU 在这些情况下默认被禁止，即使 MPU 设置得不正确，它也可以使 HardFault 和 NMI 异常处理正常执行。

设置 MPU 控制寄存器中的使能位通常是 MPU 设置代码的最后一步，否则 MPU 可能会在区域配置完成前意外产生错误。许多情况下，特别是在具有动态 MPU 配置的嵌入式 OS 中，MPU 配置程序开始应该将 MPU 禁止，以免在 MPU 区域配置期间意外触发 MemManage 错误。

3. 区域编号寄存器

软件在设置每个区域前需写入区域编号寄存器并选择要编程的区域，该寄存器各数据位的定义见表 4.5。

表 4.5　MPU 区域编号寄存器（0xE000ED98）的定义

位	名称	类型	复位值	描　述
7:0	REGION	R/W	—	选择待编程的区域，由于 MPU 支持 8 个区域，该寄存器只使用了 bit[2:0]

4. 基地址寄存器

每个区域的起始地址在 MPU 区域基地址寄存器中定义，利用该寄存器中的 VALID 和 REGION 位，可跳过设置 MPU 区域编号寄存器这一步，这样可以降低代码的复杂度，特别是整个 MPU 设置定义在一个查找表中时，该寄存器各数据位的定义见表 4.6。

表 4.6 MPU 基地址寄存器（0xE000ED9C）的定义

位	名称	类型	复位值	描述
31:N	ADDR	R/W	–	区域的基地址: N取决于区域大小。例如: 64KB大小的区域的基地址域为[31:16]
4	VALID	R/W	–	若为 1, 则 bit[3:0] 定义的 REGION 会用在编程阶段, 否则就会使用 MPU 区域编号寄存器选择的区域
3:0	REGION	R/W	–	若 VALID 为 1, 则该域会覆盖 MPU 区域编号寄存器, 否则会被忽略。由于 Cortex-M3 的 MPU 支持 8 个区域, 若 REGION 域大于 7, 则不会进行区域编号覆盖

5. 区域基本属性和大小配置寄存器

MPU 区域基本属性和大小配置寄存器用于定义每个区域的属性，该寄存器各数据位的定义见表4.7。

表 4.7 区域基本属性和大小配置寄存器（0xE000EDA0）的定义

位	名称	类型	复位值	描述
31:29	保留	–	–	
28	XN	R/W	0	指令访问禁止（1= 禁止该区域的取值, 非要这么做会引发存储器管理错误）
27	保留	–	–	
26:24	AP	R/W	0	数据访问允许域
23:22	保留	–	–	
21:19	TEX	R/W	0	类型展开域
18	S	R/W	–	可共用
17	C	R/W	–	可缓存
16	B	R/W	–	可缓冲
15:8	SRD	R/W	0x00	子区域禁止
7:6	保留	–	–	
5:1	REGION 大小	R/W	–	MPU 保护区域大小
0	ENABLE	R/W	0	区域使能

MPU 区域基本属性和大小配置寄存器中的 REGION 域决定区域的大小，见表4.8。

表 4.8 不同存储器区域大小的 REGION 域编码

REGION 大小	大小	REGION 大小	大小
b00000	保留	b10000	128KB
b00001	保留	b10001	256KB
b00010	保留	b10010	512KB
b00011	保留	b10011	1MB
b00100	32B	b10100	2MB
b00101	64B	b10101	4MB
b00110	128B	b10110	8MB
b00111	256B	b10111	16MB
b01000	512B	b11000	32MB
b01001	1KB	b11001	64MB
b01010	2KB	b11010	128MB
b01011	4KB	b11011	256MB
b01100	8KB	b11100	512MB
b01101	16KB	b11101	1GB
b01110	32KB	b11110	2GB
b01111	64KB	b11111	4GB

子区域禁止域（该寄存器中的 bit[15:8]）用于将一个区域分为 8 个相等的子区域并定义每个部分为使能或禁止的。若一个子区域被禁止且和另一区域重叠，则另一区域的访

问规则会起作用。若子区域禁止但未和其他区域重叠，则对该存储器区域的访问会导致 MemManage 错误。若区域大小为 128 字节或更小，则子区域无法使用。

数据访问权限（AP）域（bit [26:24]）定义了区域的 AP，见表 4.9。

表 4.9　各种访问权限配置的 AP 域编码

AP 数值	特权访问	用户访问	描　述
000	无访问	无访问	无访问
001	读 / 写	无访问	只支持特权访问
010	读 / 写	只读	用户程序中的写操作会引发错误
011	读 / 写	读 / 写	全访问
100	无法预测	无法预测	无法预测
101	只读	无访问	只支持特权读
110	只读	只读	只读
111	只读	只读	只读

XN（不可执行）域 bit[28] 决定是否允许从该区域取指。若该域为 1，则所有从本区域取出的指令在进入执行阶段时都会触发 MemManage 错误。

TEX（类型展开）、S（可共享）、B（可缓冲）及 C（可缓存）域（bit [21:16]）要复杂一些。这些存储器属性在每次指令和数据访问时都会被输出到总线系统，而且该信息可被写缓冲或缓存单元等总线系统使用。

为了支持不同类型的存储器或设备，应该正确地设置 TEX、S、B 和 C 等位域的值，这些位域的定义见表 4.10。

表 4.10　存储器访问属性

TEX	C	B	描　述	区域可共享性
b000	0	0	强序（传输按照程序顺序执行后完成）	可共享
b000	0	1	共享设备（写可以缓冲）	可共享
b000	0	1	外部和内部写通，非写分配	[S]
b000	1	1	外部和内部写回，非写分配	[S]
b001	0	0	外部和内部不可缓存	[S]
b001	0	1	保留	保留
b001	1	0	由具体实现定义	–
b001	1	1	外部和内部写回，写和读分配	[S]
b010	0	0	不可共享设备	不可共享
b010	0	1	保留	保留
b010	1	X	保留	保留
b1BB	A	A	缓存存储器，BB= 外部策略，AA= 内部策略	[S]

对于许多 STM32 微控制器来说，总线系统是不会使用这些存储器属性的，只有 B（可缓冲）属性会影响到处理器中的写缓冲，多数情况下，存储器属性可以简化为表 4.11 所示的配置形式。

表 4.11　存储器访问属性

类　型	存储器类型	常用的存储器属性
ROM，Flash（可编程存储器）	普通存储器	不可共用，写通 C=1，B=0，TEX=0，S=0
内部 SRAM	普通存储器	可共用，写通 C=1，B=0，TEX=0，S=1
外部 RAM	普通存储器	可共用，写回 C=1，B=1，TEX=0，S=1
外设	设备	可共用，设备 C=0，B=1，TEX=0，S=1

有些情况下内部和外部缓存可能需要具有不同的策略，此时需要将 TEX 的第 2 位设置为 1。这样，TEX [1:0] 的定义就会变为外部策略（表 4.10 中表示为 BB），而 C 和 B 位则会变为内部策略（表 4.10 中表示为 AA）。缓存策略的定义（AA 和 BB）见表 4.12。

表 4.12 TEX 的最高位置 1 时内外缓存策略

存储器属性编码（AA 和 BB）	缓存策略
00	不可共享
01	写回、写和读分配
10	写通，无写分配
11	写回，无写分配

若正在使用的微控制器具有缓存存储器，且在应用中利用 MPU 定义了访问权限，则应该确认存储器属性配置是否和要使用的存储器类型及缓存策略相匹配（如缓冲禁止、写通缓存或写回缓存）。

4.3.3 设置 MPU

MPU 寄存器看起来可能会非常复杂，不过只要清楚应用程序所需的存储器区域，应该不难实现。通常，下面的存储器区域是必需的：

（1）特权程序的程序代码（如 OS 内核和异常处理）。

（2）用户程序的程序代码。

（3）多个存储器区域中用于特权和用户程序的数据存储器（例如，应用程序的数据和栈位于 SRAM 存储器区域，也就是 0x20000000–0x3FFFFFFF）。

（4）其他外设。

设置私有外设总线存储器中的区域是没有必要的，MPU 会自动识别私有外设存储器为地址并运行特权软件在该区域执行数据访问。

对于许多 STM32 微控制器来说，大多数存储器区域可被设置为 TEX= b000、C=0、B=1。嵌套中断控制器等系统设备是强序的，而外设区域则可被编程为可共享设备（TEX= b000、C=1、B=1）。不过，若要确保在这个区域产生的所有总线错误都是精确的总线错误，就应该使用强序存储器属性（TEX= b000、C=0、B=0），以禁止写缓冲，不过，这样做会降低系统性能。一个简单 MPU 设置的流程如图 4–12 所示。

4.3.4 MPU 设置实例

1.简单设置实例

假设应用需要以下 4 个区域。

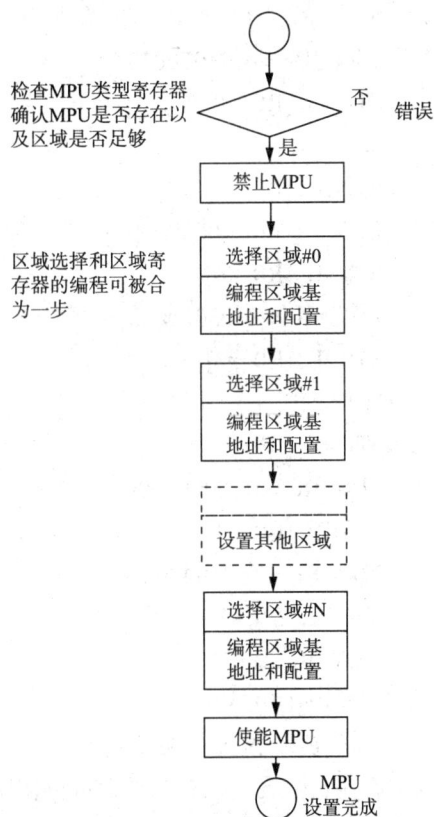

图 4–12 MPU 设置示例

（1）代码：0x00000000–0x00FFFFFF（16MB），全访问，可缓存。

（2）数据：0x20000000–0x2003FFFF（64MB），全访问，可缓存。

（3）外设：0x40000000–0x5FFFFFFF（64MB），全访问，共享设备。

（4）外部设备：0xA0000000–0xA00FFFFF（IMB），特权访问，强序，XN。

MPU 的设置汇编代码（无区域检查和使能）如下：

```
LDR  R0, = 0xE000ED98          ; 区域编号寄存器
MOV  Rl, # 0                   ; 选择区域 0
STR  Rl, [R0]
LDR  Rl, = 0x00000000          ; 基地址 = 0x00000000
STR  Rl, [R0,#4]               ;MPU 区域基地址寄存器
LDR  Rl, = 0x0307002F          ;R/W，TEX=0，S=1，C=1，B=1，16MB，使能 =1
STR  Rl, [R0,#8]               ;MPU 区域属性和大小寄存器
MOV  Rl, #1                    ; 选择区域 1
STR  Rl, [R0]
LDR  Rl, = 0x20000000          ; 基地址 = 0x20000000
STR  Rl, [R0, # 4]             ;MPU 区域基地址寄存器
LDR  Rl, = 0x03070033          ;R/W，TEX=0，S=l，C=1，B=l，64MB，使能 =1
STR  Rl, [R0,#8]               ;MPU 区域属性和大小寄存器
MOV  Rl, # 2                   ; 选择区域 2
STR  Rl, [R0]
LDR  Rl, = 0x40000000          ; 基地址 =0x40000000
STR  Rl, [R0,#4]               ;MPU 区域基地址寄存器
LDR  Rl, = 0x03050033          ;R/W，TEX=0，S=I，C= 0，B=1，64MB，使能 =1
STR  Rl, [R0,#8]               ;MPU 区域属性和大小寄存器
MOV  Rl, # 3                   ; 选择区域 3
STR  Rl, [R0]
LDR  Rl, = 0xA0000000          ; 基地址 = 0xA0000000
STR  Rl, [R0,#4]               ;MPU 区域基地址寄存器
LDR  Rl, = 0x01040027          ;R/W，TEX=0，S=1，C=0，B=0，1MB，使能 =1
STR  Rl, [R0,#8]               ;MPU 区域属性和大小寄存器
MOV  Rl, #1                    ; 使能 MPU
STR  Rl, [R0,#8]               ; 设置 MPU 控制寄存器
```

2. 子区域禁止使用实例

在一定情况下，有些外设可以被用户程序访问，而有些则只能以特权方式访问，这样会造成用户可访问存储器空间的碎片化。在这种情况下，可以如下处理：

（1）定义多个用户区域。

（2）在用户外设区域定义特权区域。

（3）在用户区域使用子区域禁止。

前两种方法可以充分利用可用区域，利用第 3 种方法，通过子区域禁止特性，可以很容易地设置 AP 来分离外设块，而无须使用额外的区域。一个使用子区域禁止控制外设的访问权限的实例如图 4-13 所示。

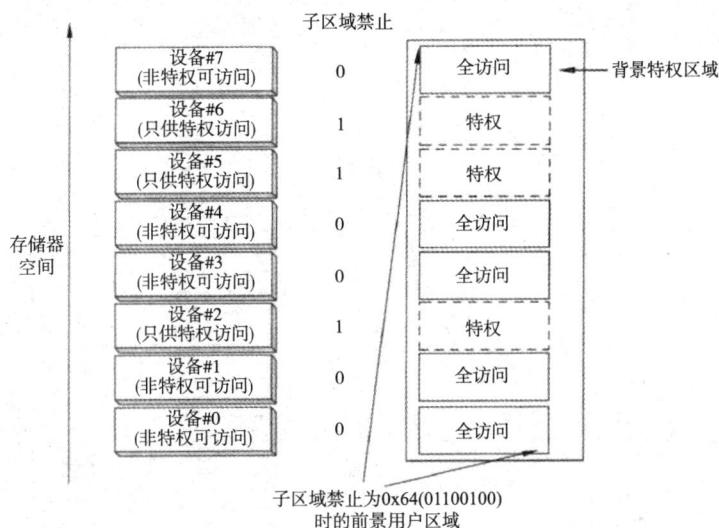

图 4-13　使用子区域禁止控制外设的访问权限实例

4.4　STM32F103 存储器系统

4.4.1　概述

下面以 STM32Fl03ZET6 芯片为例介绍存储器系统。STM32F103ZET6 芯片是 32 位的微控制器，可寻址存储空间大小为 2^{32} =4GB，分为 8 个 512MB 的存储块，存储块 0 的地址范围为 0x00000000-0x1FFFFFFF，存储块 1 的地址范围为 0x20000000-0x3FFFFFFF……依次类推，存储块 7 的地址范围为 0xE0000000-0xFFFFFFFF。其存储器配置如图 4-14 所示。其中：存储块 6 保留，存储块 7 被 Cortex-M3 内核的内部外设占用。

虽然可寻址空间大小为 4GB，但是，并不意味着所有地址空间均可以有效地访问，只有映射了真实物理存储器的存储空间才能被有效地访问。

4.4.2　内存空间配置

对于存储块 0，片内 Flash 映射到地址空间为：0x08000000-0x0807FFFF（512KB），系统存储器映射到地址空间为：0x1FFFF000-0x1FFFF7FF（2KB），用户选项字节（Option Bytes）映射到地址空间为：0x1FFFF800-0x1FFFF80F（16B）。同时，地址空间 0x0-0x7FFFF，根据启动模式要求，可以作为 Flash 或系统存储器的别名访问空间，例如：BOOT0=0 时，片内 Flash 同时映射到地址空间 0x0-0x7FFFF 和地址空间 0x0800000-0x0807FFFF，即地址空间 0x0-0x7FFFF 也是 Flash 存储器。除这些之外，其他空间是保留的。

Reserved	0xA000 1000~0xBFFF FFFF
FSMC register	0xA000 0000~0xA000 0FFF
FSMC bank4 PCCARD	0x9000 0000~0x9FFF FFFF
FSMC bank3 NAND(NAND2)	0x8000 0000~0x8FFF FFFF
FSMC bank2 NAND(NAND1)	0x7000 0000~0x7FFF FFFF
FSMC bank1 NOR/PSRAM4	0x6C00 0000~0x6FFF FFFF
FSMC bank1 NOR/PSRAM3	0x6800 0000~0x6BFF FFFF
FSMC bank1 NOR/PSRAM2	0x6400 0000~0x67FF FFFF
FSMC bank1 NOR/PSRAM1	0x6000 0000~0x63FF FFFF
Reserved	0x4002 4400~0x5FFF FFFF
CRC	0x4002 3000~0x4002 33FF
Reserved	0x4002 2400~0x4002 2FFF
Flash interface	0x4002 2000~0x4002 23FF
Reserved	0x4002 1400~0x4002 1FFF
RCC	0x4002 1000~0x4002 13FF
Reserved	0x4002 0400~0x4002 0FFF
DMA2	0x4002 0400~0x4002 07FF
DMA1	0x4002 0000~0x4002 03FF
Reserved	0x4001 8400~0x4001 FFFF
SDIO	0x4001 8000~0x4001 83FF
Reserved	0x4001 400~0x4001 7FFF
ADC3	0x4001 3C00~0x4001 3FFF
USART1	0x4001 3800~0x4001 3BFF
TIM8	0x4001 3400~0x4001 37FF
SPI1	0x4001 3000~0x4001 33FF
TIM1	0x4001 2C00~0x4001 2FFF
ADC2	0x4001 2800~0x4001 2BFF
ADC1	0x4001 2400~0x4001 27FF
Port G	0x4001 2000~0x4001 23FF
Port F	0x4001 1C00~0x4001 1FFF
Port E	0x4001 1800~0x4001 1BFF
Port D	0x4001 1400~0x4001 17FF
Port C	0x4001 1000~0x4001 13FF
Port B	0x4001 0C00~0x4001 0FFF
Port A	0x4001 0800~0x4001 0BFF
EXTI	0x4001 0400~0x4001 07FF
AFIO	0x4001 0000~0x4001 03FF
Reserved	0x4000 7800~0x4000 FFFF
DAC	0x4000 7400~0x4000 77FF
PWR	0x4000 7000~0x4000 73FF
BKP	0x4000 6C00~0x4000 6FFF
Reserved	0x4000 6800~0x4000 6BFF
BxCAN	0x4000 6400~0x4000 67FF
Shared USB/CAN SRAM 512 bytes	0x4000 6000~0x4000 63FF
USB registers	0x4000 5C00~0x4000 5FFF
I2C2	0x4000 5800~0x4000 5BFF
I2C1	0x4000 5400~0x4000 57FF
UART5	0x4000 5000~0x4000 53FF
UART4	0x4000 4C00~0x4000 4FFF
USART3	0x4000 4800~0x4000 4BFF
USART2	0x4000 4400~0x4000 47FF
Reserved	0x4000 4000~0x4000 43FF
SPI3/I^{2}S3	0x4000 3C00~0x4000 3FFF
SPI2/I^{2}S2	0x4000 3800~0x4000 3BFF
Reserved	0x4000 3400~0x4000 37FF
IWDG	0x4000 3000~0x4000 33FF
WWDG	0x4000 2C00~0x4000 2FFF
RTC	0x4000 2800~0x4000 2BFF
Reserved	0x4000 1800~0x4000 27FF
TIM7	0x4000 1400~0x4000 17FF
TIM6	0x4000 1000~0x4000 13FF
TIM5	0x4000 0C00~0x4000 0FFF
TIM4	0x4000 0800~0x4000 0BFF
TIM3	0x4000 0400~0x4000 07FF
TIM2	0x4000 0000~0x4000 03FF

Left memory blocks:

0xFFFF FFFF	512Mb block 7 Cortex-M3's internal Peripherals
0xE000 0000 0xDFFF FFFF	512Mb block 6 Not used
0xC000 0000 0xBFFF FFFF	512Mb block 5 FSMC register
0xA000 0000 0x9FFF FFFF	512Mb block 4 FSMC bank3 & bank4
0x8000 0000 0x7FFF FFFF	512Mb block 3 FSMC bank1 & bank2
0x6000 0000 0x5FFF FFFF	512Mb block 2 Peripherals
0x4000 0000 0x3FFF FFFF	512Mb block 1 SRAM
0x2000 0000 0x1FFF FFFF	512Mb block 0 Code
0x0000 0000	

SRAM detail:

Reserved	0x3FFF FFFF / 0x2001 0000
SRAM(64KB aliased by bit-banding)	0x2000 FFFF / 0x2000 0000

Code detail:

Option Bytes	0x1FFF F800~0x1FFF F80F
System memory	0x1FFF F000~0x1FFF F7FF
Reserved	0x1FFF EFFF / 0x0808 0000
Flash	0x0807 FFFF / 0x0800 0000
Reserved	0x07FF FFFF / 0x0008 0000
Aliased to Flash or system memory depending on BOOT pins	0x0007 FFFF / 0x0000 0000

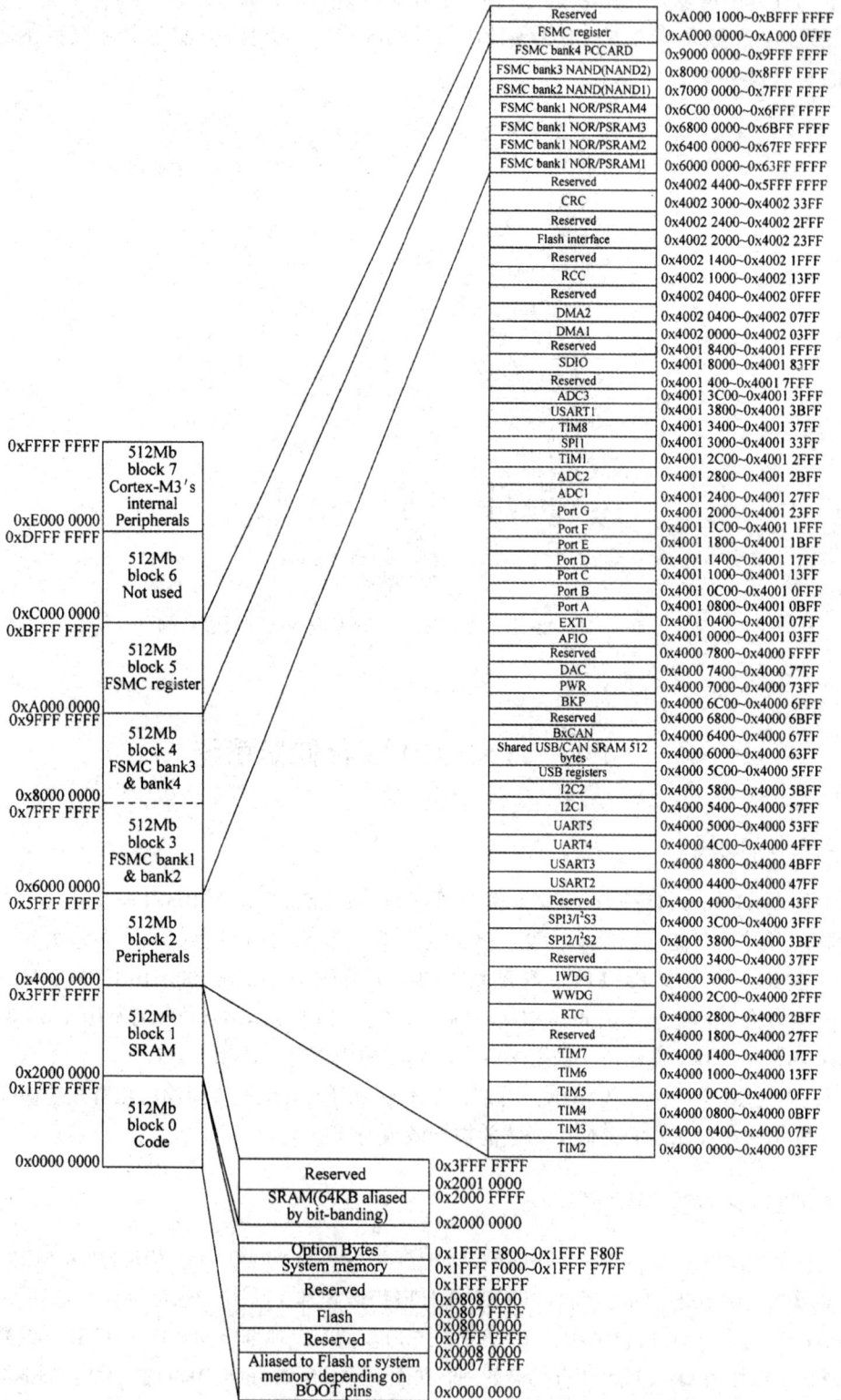

图 4-14　STM32F103ZET6 的存储器配置

存储块 1 中只有地址空间 0x20000000–0x2000FFFF 映射了 64KB 的 SRAM 存储器，其余空间是保留的。

4.4.3 外设空间配置

尽管 STM32F103ZET6 微控制器具有两个 APB 总线，且这两个总线上的外设访问速度不同，但是芯片存储空间中并没有区别这两个外设的访问空间，而是把全部 APB 外设映射到存储块 2 中，每个外设的寄存器占据 1KB 空间，见表 4.13。

表 4.13　APB 外设映射的存储空间（基地址为 0x40000000）

序　号	APB 外设	起始偏移地址	序　号	APB 外设	起始偏移地址
1	TIM2	0x00000	24	AFIO	0x10000
2	TIM3	0x00400	25	EXTI	0x10400
3	TIM4	0x00800	26	PortA	0x10800
4	TIM0	0x00C00	27	PortB	0x10C00
5	TIM6	0x01000	28	PortC	0x11000
6	TIM7	0x01400	29	PortD	0x11400
7	RTC	0x02800	30	PortE	0x11800
8	WWDG	0x02C00	31	PortF	0x11C00
9	IWDG	0x03000	32	PortG	0x12000
10	SPI2/I2S2	0x03800	33	ADC1	0x12400
11	SPI3/I2S3	0x03C00	34	ADC2	0x12800
12	USART2	0x04400	35	TIMI	0x12C00
13	USART3	0x04800	36	SPII	0x13000
14	UART4	0x04C00	37	TIM8	0x13400
15	UART5	0x00000	38	USART1	0x13800
16	I2C1	0x05400	39	ADC3	0x13C00
17	I2C2	0x05800	40	SDIO	0x18000
18	USB	0x05C00	41	DMA1	0x20000
19	USB/CAN 共享	0x06000	42	DMA2	0x20400
20	BxCAN	0x06400	43	RCC	0x21000
21	BKP	0x06C00	44	Flash 接口	0x22000
22	PWR	0x07000	45	CRC	0x23000
23	DAC	0x07400			

表 4.13 中的"USB/CAN 共享"对应的 1KB 存储空间，对于 CAN 而言，实际上只有 512B 的 SRAM 空间。除了表中的地址空间外，存储块 2 中的其他空间是保留的。

4.4.4 FSMC 空间配置

STM32F103ZET6 芯片的一个特色在于其对外部静态存储器的支持，存储块 3–5 都是为访问外部灵活的静态存储器（FSMC）服务的，其中，存储块 3 包含了 FSMC 块 1 和块 2，存储块 4 包括了 FSMC 块 3 和块 4，这 4 个 FSMC 块直接对应外部映射的静态存储器，见表 4.14。

表 4.14　FSMC 块与映射的静态存储器

序号	FSMC 类型	地址范围	大小 /MB
1	NOR/PSRAMI（FSMC 块 1）	0x60000000–0x63FFFFFF	64
2	NOR/PSRAM2（FSMC 块 1）	0x64000000–0x67FFFFFF	64
3	NOR/PSRAM3（FSMC 块 1）	0x68000000–0x6BFFFFFF	64
4	NOR/PSRAM4（FSMC 块 1）	0x6C000000–0x6FFFFFFF	64
b	NANDl（FSMC 块 2）	0x70000000–0x7FFFFFFF	256
6	NAND2（FSMC 块 3）	0x80000000–0x8FFFFFFF	256
7	PCCARD（FSMC 块 4）	0x90000000–0x9FFFFFFF	256

需要注意的是，如果某个 FSMC 块中映射了真实的物理静态存储器，但是映射的物理存储器的大小比 FSMC 块的空间小得多，则实际上能访问的空间取决于物理静态存储器的空间。例如，FSMC 块 1 中映射了物理的 NOR 型存储器，但是 NOR 型存储器没有 64MB，假设只有 8MB，那么该 FSMC 块 1 中只能有效地访问这 8MB 的空间。

存储块 5 中只有地址范围 0xA0000000–0xA0000FFF 映射了 FSMC 寄存器区，其余空间保留。

第5章　异常／中断处理

5.1　异常／中断基础

5.1.1　异常／中断简介

对于几乎所有的微控制器，中断都是一种常见的特性。中断一般是由硬件（如外设和外部输入引脚）产生的事件，它会引起程序流偏离正常的流程（如给外设提供服务）。当外设或硬件需要处理器的服务时，一般会出现下面的流程：

（1）外设确认到处理器的中断请求。

（2）处理器暂停当前执行的任务。

（3）处理器执行外设的中断服务程序（ISR），若有必要可以选择由软件清除中断请求。

（4）处理器继续执行之前暂停的任务。

所有的 Cortex-M3 处理器都会提供一个用于中断处理的嵌套向量中断控制器（NVIC）。除了中断请求，还有其他需要服务的事件，将其称为"异常"。一般来说，中断也是一种异常。Cortex-M3 处理器中的其他异常包括错误异常和其他用于 OS 支持的系统异常（如 SVC 指令）。处理异常的程序代码一般被称作异常处理，它们属于已编译程序映像的一部分。

Cortex-M3 的 NVIC 支持最多 240 个 IRQ（中断请求）、1 个不可屏蔽中断（NMI）、1 个 SysTick（系统节拍）定时中断及多个系统异常。多数 IRQ 由定时器、I/O 端口和通信接口（如 UART 和 I2C）等外设产生。NMI 通常由看门狗定时器或掉电检测器等外设产生，其余的异常则是来自处理器内核，中断还可以利用软件生成。

为了继续执行被中断的程序，异常流程需要利用一些手段来保存被中断程序的状态，这样在异常处理完成后还可以被恢复。一般来说，这个过程可以由硬件机制实现，也可由硬件和软件操作共同完成。对于 Cortex-M3 处理器，当异常被接受后，有些寄存器会被自动保存到堆栈中，而且也会在返回流程中自动恢复。

5.1.2　异常类型

Cortex-M3 处理器的异常架构具有多种特性，支持多个系统异常和外部中断。Cortex-M3 处理器异常类型如表 2.6 所示，编号 1-15 的为系统异常，16 及以上的则为中断输入。包括所有中断在内的多数异常，都具有可编程的优先级，一些系统异常则具有固定的优先级。

不同基于 Cortex-M3 内核的微控制器的中断源的编号（1-240）可能会不同，优先级也可能会有所差异。需要注意的是中断编号（如中断 #0）表示到 Cortex-M3 处理器 NVIC

的中断输入。对于实际的 STM32 微控制器产品，外部中断输入引脚编号同 NVIC 的中断输入编号可能会不一致。例如，编号靠前的几个中断输入可能会被用作内部外设，而外部中断引脚则可能会使后面的一些中断输入。因此，需要检查芯片生产商的数据，以确定中断是如何编号的。

异常处理需要识别每个异常，当前正在运行的异常的编号数值位于特殊寄存器中断程序状态寄存器（IPSR）中，或者 NVIC 中一个名为中断控制状态寄存器的 VECTACTIVE 域中。

当已使能的中断产生但不能立即执行时（例如，如果当前正在执行更高优先级的中断或者中断屏蔽寄存器置位），它就会被挂起（有些错误异常例外）。Cortex-M3 处理器有寄存器用于保存异常请求，这和传统的 ARM 处理器不同，产生中断的设备需要在它得到处理前一直保持中断请求，Cortex-M3 处理器借助 NVIC 中的挂起寄存器，即便中断源撤销了请求信号，已产生的中断也会被处理的。

5.1.3　优先级定义

对于 Cortex-M 处理器，异常是否能被处理器接受以及何时被处理器接受并执行异常处理，是由异常的优先级和处理器当前的优先级决定的。更高优先级的异常（优先级编号更小）可以抢占低优先级的异常（优先级编号更大），称为异常 / 中断嵌套。

Cortex-M 处理器有些异常（复位、NMI 和 HardFault）具有固定的优先级，其优先级由负数表示，它们的优先级就会比其他的异常高。其他异常具有可编程的优先级，范围为 0~255。Cortex-M3 处理器在设计上具有 3 个固定的高优先级以及最多 256 个可编程优先级（具有最多 128 个抢占等级）。可编程优先级的实际数量视具体 STM32 微控制器有所不同，具体支持的优先级数量与优先级配置寄存器屏蔽的低位数有关，如果只实现了 3 位的优先等级，优先级配置寄存器的见表 5.1 所列。

表 5.1　位优先级寄存器（8 个可编程优先级）

Bit7	Bit6	Bit5	Bit4	Bit3	Bit2	Bit1	Bit0
已使用			未使用				

由于第 0-4 位未实现，它们读出总是为 0，对这些位的写操作会被忽略。根据这种设置，可能的优先级为 0x00（高优先级）、0x40、0x60、0x80、0xA0、0xC0 以及 0xE0（最低），如图 5-1 所示。

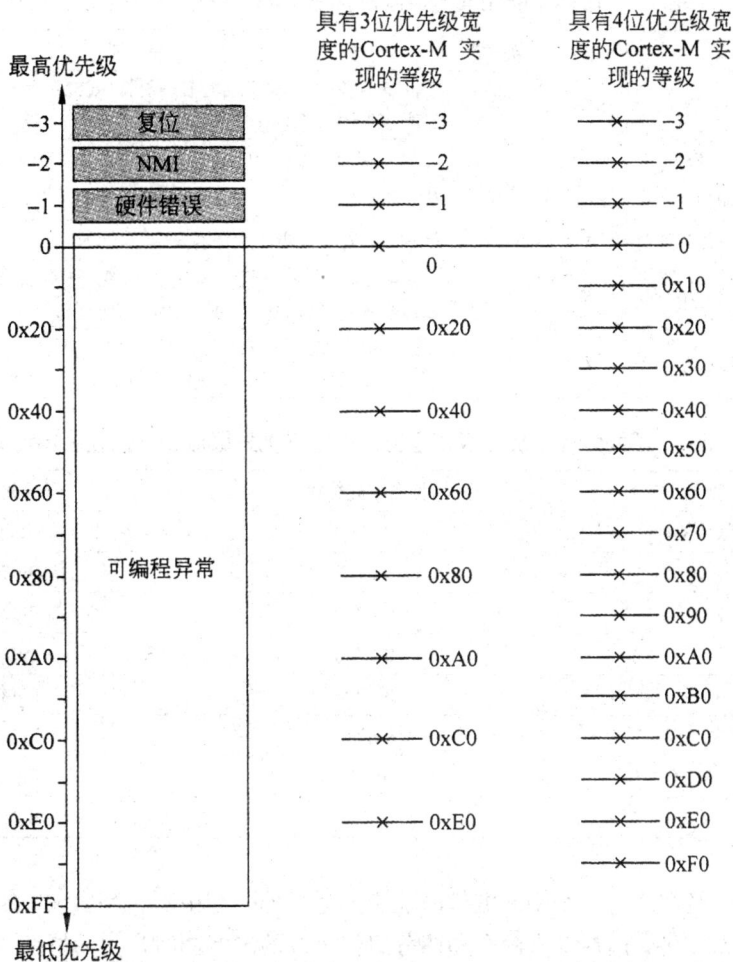

图 5-1 3 位或 4 位优先级宽度可用的优先级

类似的，若设计中实现了 4 位优先级，优先级配置寄存器就见表 5.2 所列，这样会得到 16 个可编程优先级，如图 5-2 所示。

表 5.2 4 位优先级寄存器（16 个可编程优先级）

Bit7	Bit6	Bit5	Bit4	Bit3	Bit2	Bit1	Bit0
已使用			未使用				

Cortex-M 处理器优先级配置寄存器为 8 位宽，但却只有 128 个等级，这是因为 8 位寄存器会被进一步分为两个部分：分组优先级和子优先级。

NVIC 中有一个配置寄存器被称作优先级组（NVIC 中应用中断和复位控制寄存器的一部分，见表 5.3 所列），通过这个寄存器，每个具有可编程优先级的异常的优先级配置寄存器可以分为两个部分，高半部分（左边的位）为抢占优先级，而低半部分（右边的位）则为子优先级，见表 5.4 所列。

表 5.3　应用中断和复位控制寄存器（地址 0xE000ED0C）

位	域	类型	复位值	描　　述
31:16	VECTKEY	R/W	–	访问键值：写这个寄存器时必须要将 0x05FA 写入，否则写会被忽略，高半字的读回值为 0xFA05
15	ENDIANESS	R	–	1 表示系统为大端，0 则表示系统为小端，复位后才能更改
10:8	PRIGROUP	R/W	0	优先级分组
2	SYSRESETREQ	W	–	请求芯片控制逻辑产生一次复位
1	VECTCLRACTIVE	W	–	清除异常的所有活跃状态信息。一般用于调试或 OS 中，以便系统可以从系统错误中恢复过来（复位更安全）
0	VECTRESET	W	–	复位 Cortex-M3 处理器（调试逻辑除外），不会复位处理器外的电路，用于调试操作，且不能和 SYSRESETREQ 同时使用

表 5.4　不同分组下优先级寄存器中的抢占优先级域和子优先级域定义

优先级分组	抢占优先级域	子优先级域
0（默认）	Bit[7:1]	Bit[0]
1	Bit[7:2]	Bit[1:0]
2	Bit[7:3]	Bit[2:0]
3	Bit[7:4]	Bit[3:0]
4	Bit[7:5]	Bit[4:0]
5	Bit[7:6]	Bit[5:0]
6	Bit[7]	Bit[6:0]
7	无	Bit[7:0]

在处理器已经在运行一个中断处理时能否产生另外一个中断，是由该中断的抢占优先级决定的。子优先级只会用在具有两个相同分组优先级的异常同时产生的情形，此时，具有更高子优先级（数值更小）的异常会被首先处理。

由于优先级分组的存在，分组（抢占）优先级的最大宽度为 7，因此也就有了 128 个等级。若优先级分组被设置为 7，所有具有可编程优先级的异常则会处于相同的等级，这些异常间也不会产生抢占，但硬件错误、NMI 和复位例外，因为它们的优先级分别为 –1、–2 和 –3，它们可以抢占这些异常。

在确定实际的分组优先级和子优先级时，必须要考虑实际的优先级配置寄存器和优先级分组设置，例如，若配置寄存器的宽度为 3（第 7–5 可用）且优先级分组为 5，则会有 4 个分组/抢占优先级（第 7–6 位），而且每个分组/抢占优先级具有两个子优先级，见表 5.5 所列，可用的优先级如图 5-2 所示。

表 5.5　3 位优先级、优先级分组为 5 时的域定义

Bit7	Bit6	Bit5	Bit4	Bit3	Bit2	Bit1	Bit0
抢占优先级		子优先级	未使用				

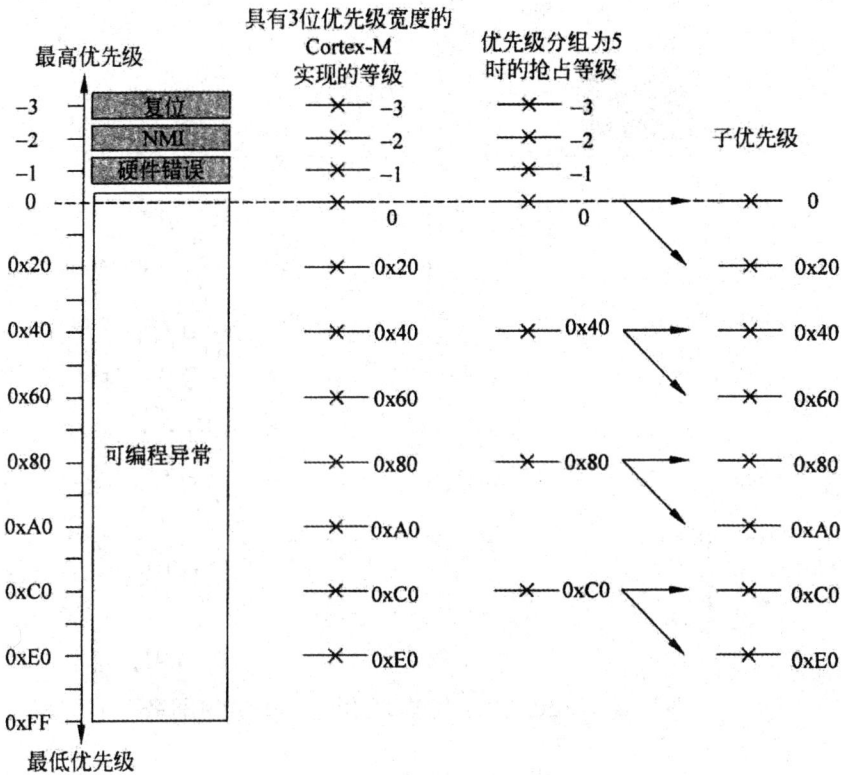

图 5-2 3 位优先级、优先级分组为 5 时的可用等级

　　若优先级分组为 0x01，则只会有 8 个分组优先级且每个抢占等级中不再包含子优先级（优先级寄存器的 bit[1:0] 总是 0）。优先级配置寄存器的定义见表 5.6 所列，可用的优先级则可以参如图 5-3 所示。

表 5.6 3 位优先级、优先级分组为 1 时的域定义

Bit7	Bit6	Bit5	Bit4	Bit3	Bit2	Bit1	Bit0
抢占优先级 [5:3]			抢占优先级 [2:0]（总是为 0）子优先级 [1:0]（总是为 0）				

　　为了避免中断优先级被意外修改，在写入应用中断和复位控制寄存器（地址为 0xE000ED0C）时要非常小心。多数情况下，在配置了优先级分组后，若不是要产生一次复位，就不要再修改这个寄存器。

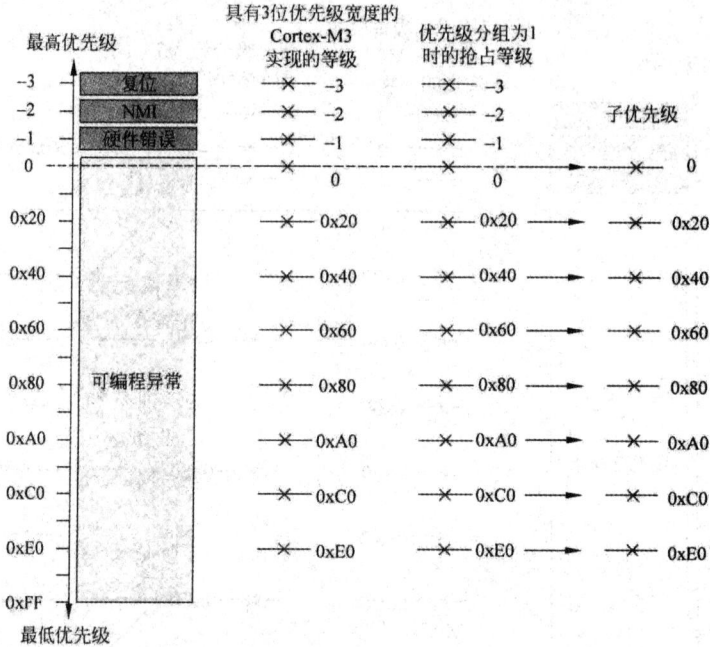

图 5-3   3 位优先级、优先级分组为 1 时的可用等级

5.1.4   向量表和向量表重定位

当 Cortex- M3 处理器接受某异常请求后，处理器需要确定该异常处理（若为中断则是 ISR）的起始地址，该信息位于存储器内的向量表中，向量表默认从地址 0 开始，向量地址则为异常编号乘 4，如图 5-4 所示。

由于地址 0 处应该为启动代码，且该位置通常为 Flash 存储器或者 ROM 存储器，因此其数值在运行时不能改变。不过，有些应用可能需要在运行时修改或定义向量表。为了进行这种处理，Cortex-M3 处理器实现了一种名为向量表重定位的特性。向量表重定位特性提供了一个名为向量表偏移寄存器（地址 0xE000ED08）的可编程寄存器。该寄存器将正在使用的存储器的起始地址定义为向量表，见表 5.7。

表 5.7   向量表偏移寄存器（地址 0xE000ED08）

位	名称	类型	复位值	描　述
29	TBLBASE	R/W	0	表格地址位于代码（0）或 RAM（1）
28:7	TALOFF	R/W	0	代码区域或 RAM 区域的表格偏移数值

不过，向量表可以重定位到代码或 RAM 区域中的其他位置，设置时，地址偏移应该同向量表大小对齐，并且需要扩大为下一个 2 的整数次方。例如，如果 IRQ 输入的数量为 32，异常总数为 32+16（系统异常）=48，将其扩大为 2 的整数次方 64，与 4 相乘（每个向量 4 字节）得到 256 字节 0x100。因此，向量表偏移应该设置为 0x0、0x100 和 0x200 等。

图 5-4　异常 / 中断向量表

　　若应用程序支持异常处理向量的动态修改，启动映像的开始部分应该包含以下内容（最少）：

　　（1）主栈指针的初始值。

　　（2）复位向量。

　　（3）NMI 向量。

　　（4）硬件错误向量。

　　由于 NMI 和硬件错误可能会在启动过程中产生，所以以上内容是必需的。其他的异常则是使用后才会产生。启动过程完成后，可以将新向量表定义到静态随机访问存储器，并且将向量表重定位到新的位置。

5.2　异常 / 中断处理原理

5.2.1　异常 / 中断输入和挂起

当异常 / 中断输入被确认后，NVIC 就会设置该异常 / 中断的挂起状态有效，这也就意味着它将被置于等待处理器处理请求的状态。即使异常 / 中断源取消了中断，在优先级允许时，挂起状态仍会引起执行异常 / 中断处理。如图 5-5 所示，异常 / 中断处理开始后，挂起状态就会自动清除。

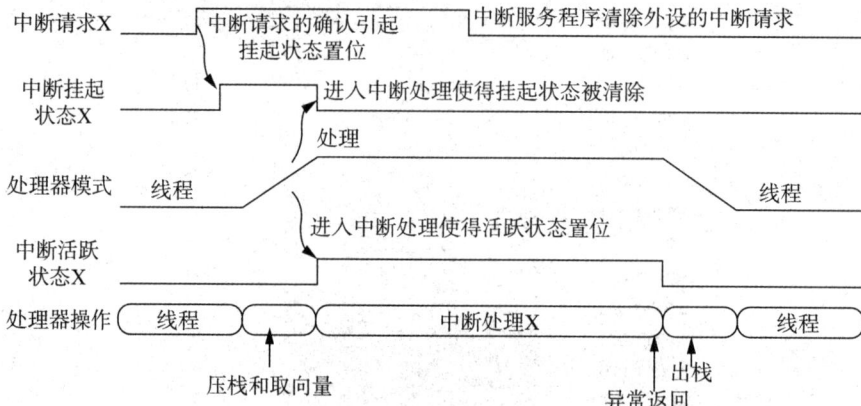

图 5-5　异常 / 中断挂起和激活行为的一般情况

不过，如果在处理器对挂起异常 / 中断作出回应前，挂起状态已经被清除（例如，由于软件将 PRIMASK/FAULTMASK 置为 1 或清除挂起状态），该异常 / 中断就会被取消。异常 / 中断挂起状态可以访问，并且是可写的，因此，可以通过设置 NVIC 中相应的寄存器来清除挂起异常 / 中断设置挂起异常 / 中断。

当异常 / 中断处于活动状态时，在异常 / 中断程序完成及中断返回前，用户无法再次处理相同的异常 / 中断，由于活动状态自动被清除。如果挂起状态再次被置 1，异常 / 中断处理将再次执行。在异常 / 中断服务程序结束前可以再次将中断挂起。

若外设持续保持某个中断请求，那么即使软件尝试着清除该挂起状态，挂起状态还是会再次置位。若中断得到处理后，中断源仍在继续保持中断请求，那么这个中断就会再次进入挂起状态且再次得到处理器处理，如图 5-6 所示。

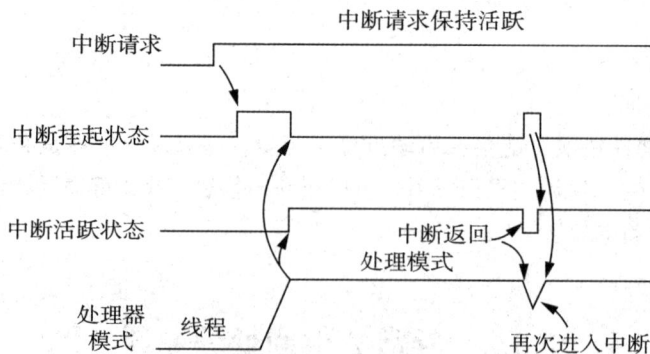

图 5-6　持续中断请求在中断返回后再次挂起

对于脉冲中断请求，若在处理器开始处理前，中断请求信号产生了多次，如图 5-7 所示，它们会被当作一次中断请求。

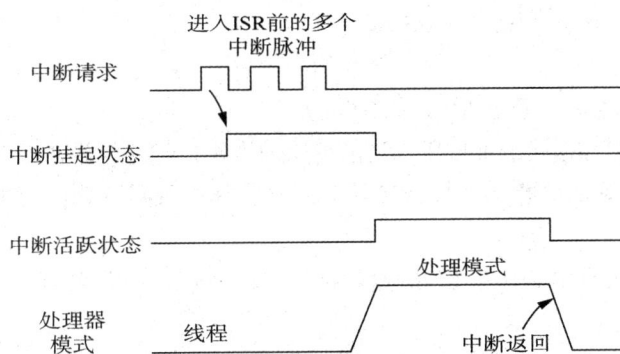

图 5-7 多脉冲中断请求，中断只挂起一次

中断的挂起状态可以在其正被处理时再次置位，如图 5-8 所示，在之前的中断请求正被处理时产生了新的请求，这样会引发新的挂起状态，因此，处理器在前一个 ISR 结束后需要再次处理这个中断。

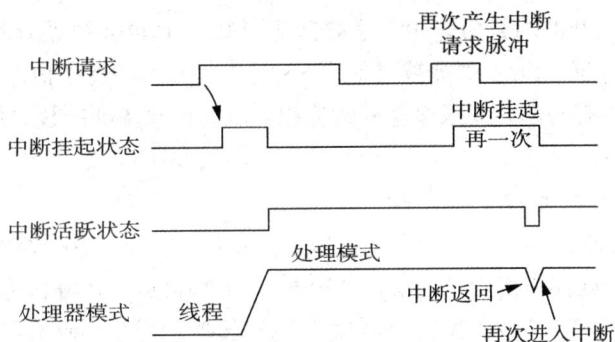

图 5-8 异常处理过程中再次产生中断挂起

即使中断被禁止，它的挂起状态仍可置位，在这种情况下，若中断稍后被使能，它仍可以被触发并得到响应。有时候，这种情况不是所希望的，因此需要在使能 NVIC 中断前手动清除挂起状态。

一般来说，NMI 的请求方式和中断类似，若当前没有在运行 NMI 处理，或者处理器被暂停或处于锁定状态，由于 NMI 具有最高优先级且不能被禁止，因此它几乎会立即执行。

5.2.2 异常 / 中断处理过程

1. 接受请求

若满足下面的条件，处理器会接受异常 / 中断请求。

（1）处理器正在运行（未被暂停或处于复位状态）。

（2）异常 / 中断处于使能状态（NMI 和 HardFault 为特殊情况，它们总是使能的）。

（3）异常 / 中断的优先级高于当前等级。

（4）异常 / 中断未被异常屏蔽寄存器（如 PRIMASK）屏蔽。

注意：对于 SVC 异常，若 SVC 指令被意外用在某异常 / 中断处理中，且该异常处理的优先级不小于 SVC，它就会引起 HardFault 异常。

2. 进入处理流程

异常 / 中断进入处理流程包括以下操作：

（1）多个寄存器和返回地址被压入当前使用的堆栈，若处理器处于线程模式且正使用进程栈指针（PSP），则 PSP 指向的栈区域就会用于压栈，否则就会使用主栈指针（MSP）指向的区域。

（2）取出向量（异常 / 中断处理的起始地址），为了减少等待时间，这一步可能会和压栈操作一并执行。

（3）取出待执行异常 / 中断处理的指令，在确定了异常 / 中断处理的起始地址后，指令就会被取出。

（4）更新相关的 NVIC 寄存器和处理器寄存器，其中包括挂起状态和异常的活跃状态，处理器的寄存器包括程序状态寄存器（PSR）、链接寄存器（LR）、程序计数器（PC）以及栈指针（SP）。

当异常 / 中断发生时，寄存器 R0–R3，R12、R14（LR）、PC 以及程序状态（PSR）会被压入栈中，MSP 或 PSP 的数值会相应地被自动调整。PC 也会被更新为异常处理程序的起始地址，而链接寄存器（LR）则会被更新为 EXC_RETURN 的特殊值。该数值为 32 位，高27 位为 1，低 5 位中有些部分用于保存异常流程的状态信息（如压栈时使用的哪个栈），该数值用于异常返回。

3. 执行异常 / 中断处理

在异常 / 中断处理内部，可执行所需的服务。在执行异常 / 中断处理时，处理器就会处于处理模式，此时，栈操作使用主栈指针（MSP）、处理器运行在特权访问模式。

若更高优先级的异常 / 中断在这个阶段产生，处理器会接受新的异常 / 中断，而当前正在执行的处理会被挂起且被更高优先级的处理抢占，这种情况称为异常 / 中断嵌套。

若另一个在这个阶段产生的异常 / 中断具有相同或更低的优先级，新到的异常 / 中断就会处于挂起状态，等当前异常 / 中断处理完成后才会得到处理。

在异常 / 中断处理的结尾，程序代码执行返回指令会引起 EXC_RETURN 数值被加载到程序计数器中（PC），并触发异常返回机制。

4. 异常 / 中断返回

Cortex-M3 处理器的异常 / 中断返回机制由一个特殊的地址 EXC_RETURN 触发，该数值在异常 / 中断入口处产生且被存储在链接寄存器（LR）中。当该数值由某个异常 / 中断返回指令写入 PC 时，它就会触发异常返回流程。异常 / 中断返回可由表 5.8 中所示的指令产生。

表 5.8　可用于触发异常 / 中断返回的指令

返回指令	描　　述
BX<reg>	若 EXC_RETURN 数值仍在 LR 中，则在异常处理结束时可以使用 BX LR 指令执行中断返回
POP{PC} 或 POP{…,PC}	在进入异常处理后，LR 的值通常会被压入栈中，可以使用操作一个寄存器或包括 PC 在内的多个寄存器的 POP 指令，将 EXC_RETURN 放到程序计数器中，这样处理器会执行中断返回
加载（LDR）或多加载（LDM）	可以利用 PC 为目的寄存器的 LDR 或 LDM 指令产生中断返回

EXC_RETURN 数值中从 31 到 4 位全部为 1,3 到 0 位则提供了异常返回操作所需的信息。当进入异常处理后，LR 的数值会自动更新，无须手动生成这些数值，EXC_RETURN 各位域的定义见表 5.9，EXC_RETURN 的合法值如下。

（1）0xFFFFFFF1：返回处理模式。

（2）0xFFFFFFF9：使用主栈返回线程模式。

（3）0xFFFFFFFD：使用进程栈返回线程模式。

表 5.9　EXC_RETURN 的位域描述

位	描　　述	数　　值
31:28	EXC_RETURN 指示	0xF
27:5	保留（全为 1）	0xEFFFFF（23 位都是 1）
4	栈帧类型	1（8 字）或 0（26 字）。当浮点单元不可用时总是为 1，在进入异常处理时，其会被置为 CONTROL 寄存器的 FPCA 位
3	返回模式	1（返回线程）或 0（返回处理）
2	返回栈	1（返回线程栈）或 0（返回主栈）
1	保留	0
0	保留	1

EXC_RETURN 数值的第 2 位用于确定提取栈帧时所用的栈指针，若第 2 位为 0，则之前压栈时使用使用 MSP（主栈），在进入异常时，LR 会被设置为 0xFFFFFFF9，而当进入嵌套异常时，LR 则为 0xFFFFFFF1，如图 5-9 所示。

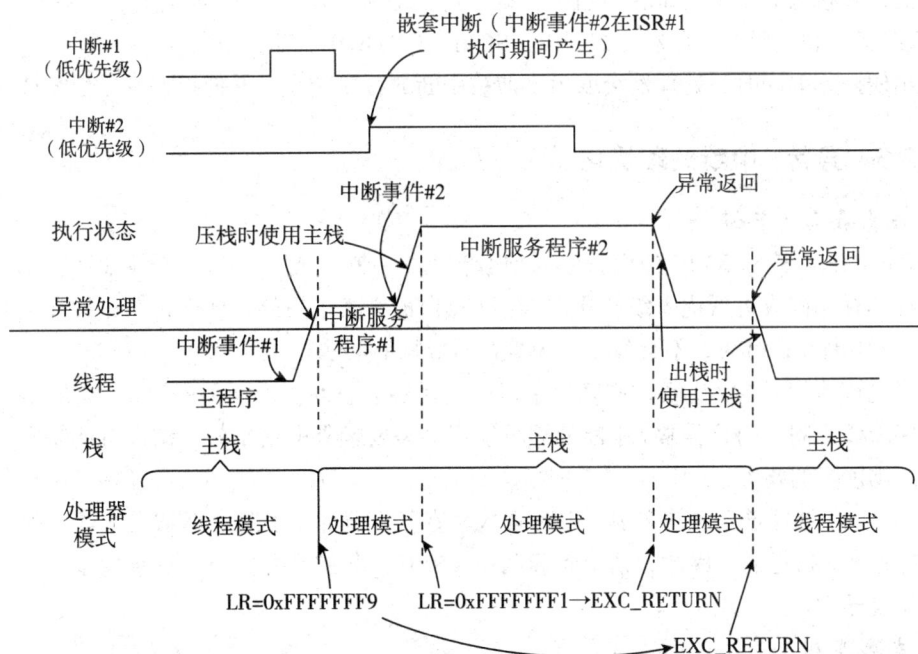

图 5-9　异常时被设置的 EXC_RETURN 使用主找

若第 2 位为 1，则之前压栈时使用 PSP（进程栈），在进入第一个异常时，LR 会被设置为 0xFFFFFFFD，而当进入嵌套异常时，LR 则为 0xFFFFFFF1，如图 5-10 所示。

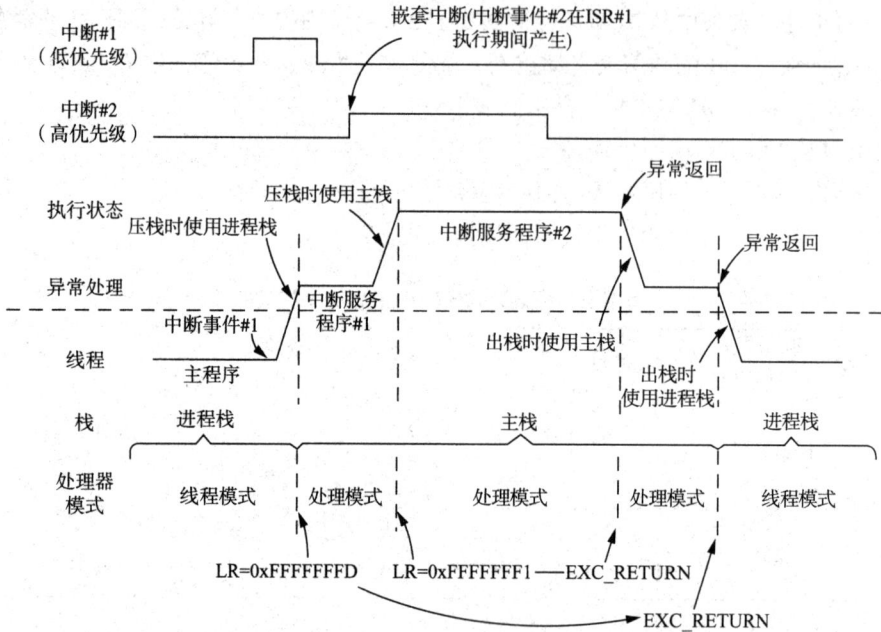

图 5-10 异常时被设置为 EXC_ RETURN 使用进程栈

当触发异常 / 中断返回机制后，处理器会访问栈空间里在进入处理时被压入栈中的寄存器数值，并将它们恢复到寄存器组中，这个过程被称作出栈。另外，相关的 NVIC 寄存器（如活跃状态）和处理器寄存器（如 PSR、SP 和 CONTROL）都会被恢复。

在出栈操作的同时，处理器会取出之前被中断的程序指令，并使得程序尽快继续执行。

5.2.3 异常 / 中断处理优化

1. 嵌套异常 / 中断

Cortex-M3 内核和 NVIC 中内置了对嵌套异常 / 中断的支持，NVIC 会处理优先级解码，其他所有具有相同或更低优先级的异常 / 中断都会被屏蔽，另外，硬件自动压栈和出栈使得嵌套异常 / 中断在执行时，不会发生丢失寄存器数据的问题。

如果允许嵌套异常 / 中断，应确保主栈中有足够的空间。由于每个异常 / 中断等级都会使用 8 字的栈空间，而且异常 / 中断处理可能还会需要额外的栈空间，结果可能是实际使用的栈空间比预想的要大。

Cortex-M3 处理器不允许异常 / 中断重入，在某个异常 / 中断处理结束之前，同一个异常 / 中断是无法执行的。因此，请求管理调用（SVC）指令无法在 SVC 处理内部使用，否则会引发错误异常。

2. 末尾连锁

若某个异常 / 中断产生时处理器正在处理另一个具有相同或更高优先级的异常 / 中断，该异常 / 中断就会进入挂起状态，处理器执行完当前的异常处理后，它将继续执行挂起的异常 / 中断请求。这时，处理器不会从栈中恢复寄存器（出栈）然后再将它们存入栈中（压栈），而是跳过出栈和压栈过程并会尽快进入挂起异常 / 中断的处理，如图 5-11 所示。这样，

两个异常 / 中断处理间隔的时间就会降低很多。

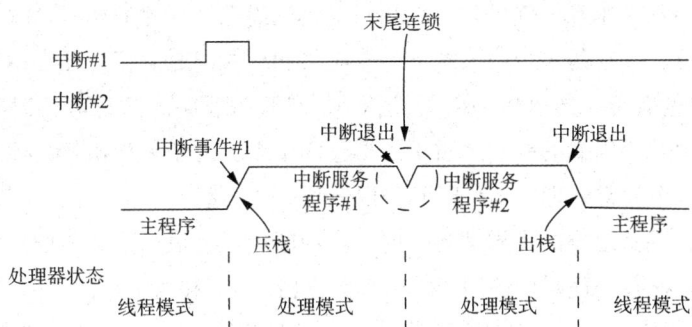

图 5-11　末尾连锁

3. 延迟到达

当异常 / 中断产生时，处理器会接受异常 / 中断请求并开始压栈操作，若在压栈操作期间产生了另外一个更高优先级的异常 / 中断，则更高优先级的后到异常 / 中断会首先得到处理。例如，若异常 / 中断 #1（低优先级）在异常 / 中断 #2（高优先级）几个周期前产生，则处理器的执行情况如图 5-12 所示，处理 #2 会在压栈结束时尽快执行。

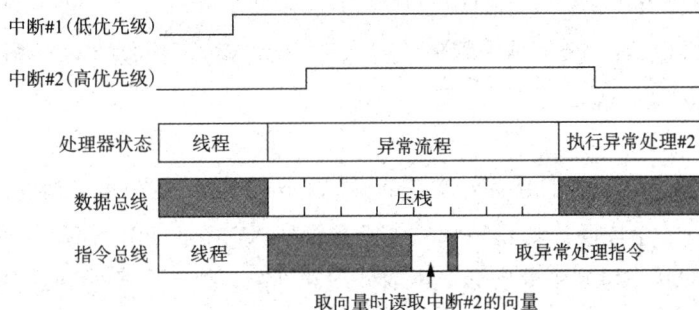

图 5-12　延迟到达异常 / 中断行为

4. 出栈抢占

若某个异常 / 中断请求在另一个刚完成的异常 / 中断处理出栈期间产生，Cortex-M 处理器会舍弃出栈操作且开始取向量以及下一个异常服务的指令。该优化被称作出栈抢占，如图5-13 所示。

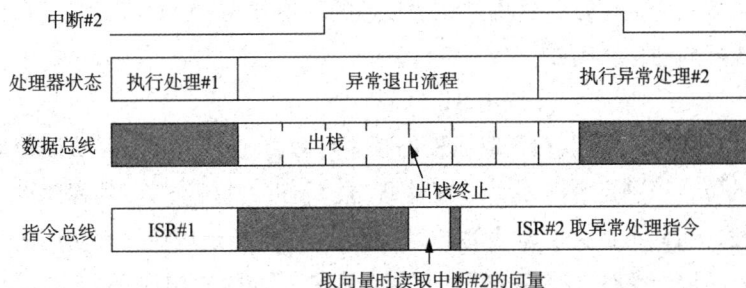

图 5-13　出栈抢占行为

5. 中断等待

中断等待是指从请求到中断处理开始执行的延迟时间，对于 Cortex-M3 处理器，如果存储器系统为零等待，并且假定总线系统支持取向量和压栈同时进行，那么中断等待可以低至 12 个周期，其中包括寄存器压栈、取向量和中断处理取指。不过，等待时间还受存储器访问等待状态和其他几个因素的制约。对于末尾连锁中断，由于无须执行压栈操作，从一个异常处理切换到另一个异常处理的等待时间可以低至 6 个周期。

当处理器执行除法之类的多周期指令时，在中断处理完成后，之前的指令可能会被舍弃并开始重新执行。这种处理同样适用于双字加载（LDRD）和双字存储（STRD）指令。

为降低异常等待，Cortex-M3 处理器允许在多加载和多存储（LDM/STM）期间执行异常。若 LDM/STM 正在执行，当前存储器访问会完成，而下一个寄存器编号则被保存在压栈的 xPSR 中（中断继续指令 [ICI] 位）。异常处理完成后，多加载/存储指令会从上次传输停止的地方继续执行。不过如果被打断的多加载/存储指令是 IF-THEN（IT）指令块的一部分，加载/存储指令会被取消并在中断完成后重新开始，这是因为 ICI 位和 IT 执行状态为在执行程序状态寄存器（EPSR）中的位置相同。

5.2.4 服务调用

服务调用异常包括：SVC（请求管理调用）和 PendSV（可挂起的系统调用）异常，这对于 OS 设计非常重要。

1. SVC 异常

SVC 的异常类型为 11，且优先级可编程。SVC 异常可由 SVC 指令触发，尽管可以利用写入 NVIC 来触发一个中断（如软件触发中断寄存器 NVIC->STIR），不过处理的行为有些不同，在设置挂起状态后到中断实际产生前处理器可能会执行多条指令，中断是不精确的，而 SVC 指令异常的处理必须得在 SVC 指令后执行，除非同时出现了另一个更高优先级的中断。

SVC 常用于产生系统功能调用，例如，OS 可以通过 SVC 提供硬件访问的入口，而不是让应用程序直接访问硬件。当应用程序要使用特定硬件时，它就会使用 SVC 指令产生 SVC 异常，然后 OS 中的异常处理就会执行并且提供应用程序请求的服务。按照这种方式，OS 可以控制对硬件的访问，而且防止应用程序直接操作硬件可以提高系统的健壮性。

SVC 指令需要一个立即数，这也是参数传递的一种方式，SVC 异常处理可以提取出参数并确定它需要执行的动作。例如：

SVC # 0x3   ;调用 SVC 服务 3

在执行 SVC 处理时，可以在读取压栈的程序计数器（PC）数值后从该地址读出指令并屏蔽掉不需要的位，以确定 SVC 指令中的立即数。不过，执行 SVC 的程序可以使用主栈也可以使用进程栈，因此，在提取压栈的 PC 数值前，需要确定压栈过程使用的是哪个栈，此时可以查看进入异常处理时链接寄存器的数值来确定，如图 5-14 所示。

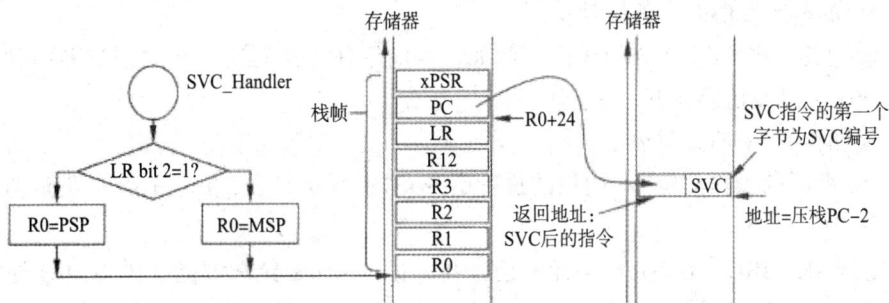

图 5-14 利用汇编语言提取 SVC 服务号

对于汇编编程，可以确定实际使用的栈，并利用下面的代码提取出 SVC 服务编号：

```
SVC_Handler
TST LR, #4                    ；测试 EXC_RTURN 的第 2 位
ITE EQ
MRSEQ R0, MSP                 ；若为 0，压栈使用的是 MSP，复制到 R0
MRSNE R0, PSP                 ；若为 1，压栈使用的是 PSP，复制到 R0
LDR R0, [R0, #24]            ；从栈帧中得到压栈的 PC，
                             ；（压栈的 PC = SVC 后指令的地址）
LDRB R0,[R0, #-2]           ；读取 SVC 指令的第一个字节，SVC 编号目前位于 R0 中
……；
```

2.PendSV 异常

PendSV（可挂起的系统调用）异常对 OS 操作也非常重要，其异常编号为 14 且具有可编程的优先级，可以写入中断控制和状态寄存器（ICSR）设置挂起位以触发 PendSV 异常。与 SVC 异常不同，它是不精确的，它的挂起状态可在更高优先级异常处理内设置，且会在高优先级处理完成后执行。

利用该特性，若将 PendSV 设置为最低的异常优先级，可以让 PendSV 异常处理在所有其他中断处理任务完成后执行。这对于上下文切换非常有用，也是各种 OS 设计中的关键。

在具有嵌入式 OS 的典型系统中，处理时间被划分为多个时间片。若系统中只有两个任务，这两个任务会交替执行，如图 5-15 所示。

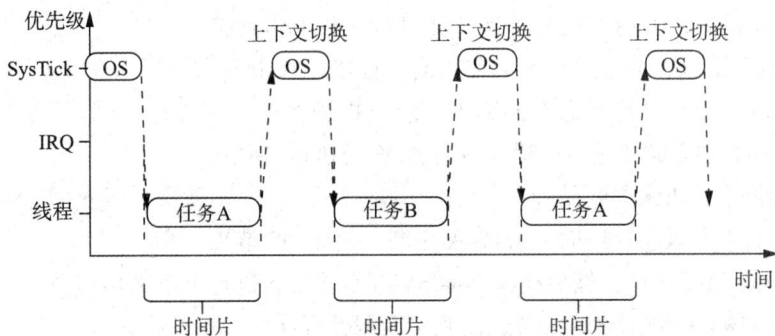

图 5-15 上下文切换简单实例

OS 内核的执行可由以下条件触发：

（1）应用任务中 SVC 指令的执行，例如，当应用任务需等待一些数据或事件时，它可以调用系统服务以便切换到下一个任务。

（2）周期性的 SysTick 异常。

图 5-15 所示的操作假定 OS 内核的执行由 SysTick 异常触发，每次它都会决定切换到一个不同的任务。

若中断请求（IRQ）在 SysTick 异常前产生，则 SysTick 异常可能会抢占 IRQ 处理。在这种情况下，OS 不应执行上下文切换，否则，IRQ 处理就会被延迟，如图 5-16 所示。对于 Cortex-M3，当存在活跃的异常服务时，一般不允许返回到线程模式。若存在活跃中断处理，且 OS 试图返回到线程模式，则使用错误异常会被触发。

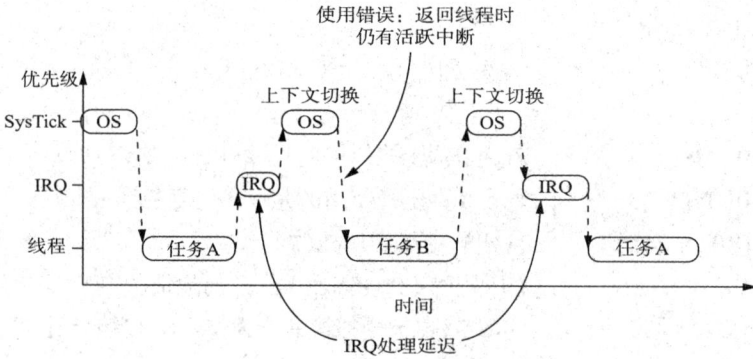

图 5-16　ISR 执行期间的上下文切换会延迟中断服务

在一些 OS 设计中，要解决这个问题，可以在运行中断服务时不执行上下文切换，此时可以检查栈帧中的压栈的 xPSR 或 NVIC 中的中断活跃状态寄存器，不过，系统的性能可能会受到影响，特别是当中断源在 SysTick 中断前后持续产生请求时，上下文切换可能就没有执行的机会。

为了解决这个问题，PendSV 异常将上下文切换请求延迟到所有其他 IRQ 处理都已经完成后，此时需要将 PendSV 设置为最低优先级。若 OS 需要执行上下文切换，它会设置 PendSV 的挂起状态，上下文切换在 PendSV 异常内执行。图 5-17 为利用 PendSV 进行上下文切换的一个实例，事件流程如下：

（1）A 任务调用 SVC 进行任务切换（如等待一些工作完成）。

（2）OS 收到请求，准备进行上下文切换，且挂起 PendSV 异常。

（3）当 Cortex-M3 处理器退出 SVC 时，会立即进入 PendSV 且进行上下文切换。

（4）当 PendSV 完成并返回线程等级时，OS 会执行 B 任务。

（5）中断产生且进入中断处理。

（6）在运行中断处理程序时，SysTick 中断（用于 OS 节拍）会产生。

（7）OS 执行重要操作，然后挂起 PendSV 异常并准备进行上下文切换。

（8）当 SysTick 中断退出时，会返回到中断服务程序。

（9）当中断服务程序结束后，PendSV 开始执行实际的上下文切换操作。

（10）当 PendSV 完成后，程序返回到线程等级，这次它会回到任务 A 并继续执行。

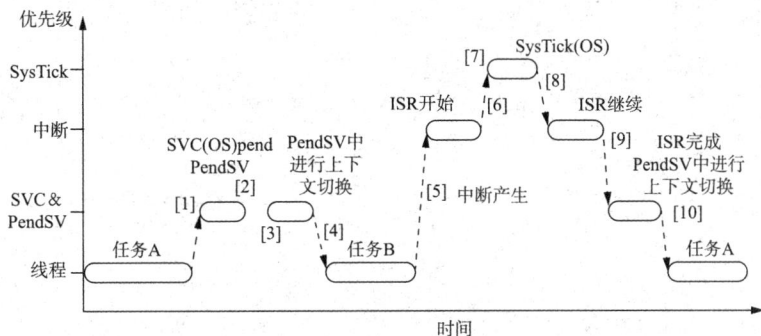

图 5-17　PendSV 上下文切换示例

PendSV 在非 OS 的环境中也有应用需求，例如，中断服务程序处理的部分需要高优先级而且处理时间较长，若将整个中断服务程序都是在高优先级中执行的，其他的中断服务可能在很长时间内都无法执行，在这种情况下，可将中断服务处理划分为两个部分，如图 5-18 所示。

（1）第一部分对时间要求比较高，需要快速执行，且优先级较高，它位于普通的 ISR 内，在 ISR 结束时，设置 PendSV 的挂起状态。

（2）第二部分为中断服务所需的剩余的处理工作，它位于 PendSV 处理内且具有较低的异常优先级。

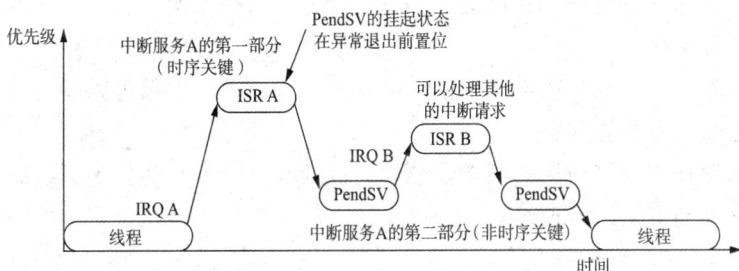

图 5-18　利用 PendSV 将中断服务分为两个部分

5.3　错误异常

5.3.1　错误异常简介

电子系统总是会时不时地出错，有时可能为软件中的错误，大多情况是由外部因素（例如：供电不稳、电磁干扰、温度剧变等）引起的错误。出错将会引起处理器上运行的程序执行失败，为了能尽早检测到出错原因，Cortex-M3 处理器增加了错误异常机制，若检测到错误，错误异常就会被触发且会执行错误异常处理。

Cortex-M3 处理器的错误异常包括：存储器管理错误（异常类型 4）、总线错误（异常类型5）、使用错误（异常类型6）和 HardFault 异常（异常类型编号为3）。要触发这些异常，需要将它们使能，且它们的优先级要大于当前的异常优先级，如图5-19所示。

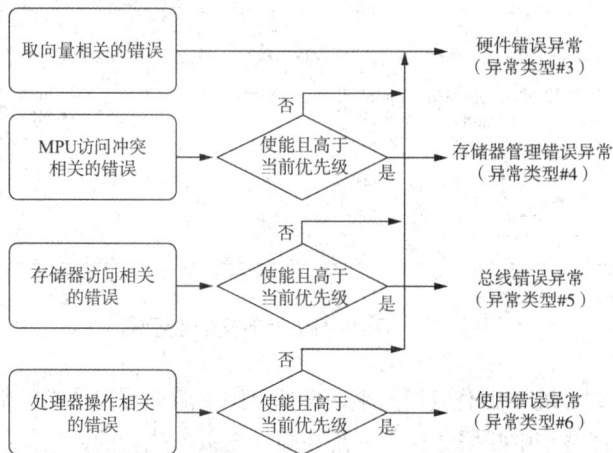

图5-19　Cortex-M3 处理器可用的错误异常

这些异常也被称作可配置错误异常，而且异常优先等级可编程。

为了方便检测错误处理中出现的错误类型，Cortex-M3 处理器还提供了多个错误状态寄存器（FSR），这些 FSR 中的状态位表示检测到的错误的种类，尽管它不能确切指出何时或何处出错，利用这些信息定位问题也更加容易。另外，有些情况下，错误地址还可被错误地址寄存器（FAR）捕获。

在软件开发期间，程序错误也会导致错误异常。软件开发人员可以在调试期间利用 FAR 提供的信息确定软件方面的问题。

错误异常机制还提高了应用调试的安全性。例如，在开发马达控制系统时，可以在停止处理器进行调试前利用错误处理将马达关掉。

5.3.2　错误原因与相关寄存器

1. 总线错误

在 Cortex-M3 处理器中，以下情况下会产生总线错误：

（1）中断处理开始时栈的 PUSH 操作，也叫做压栈错误。

（2）中断处理结束时栈的 POP 操作，也叫做出栈错误。

（3）当处理器开始中断处理流程时读取中断向量地址（硬件错误的一种特殊情况）。

当以上这些总线错误产生时（除了取向量），若总线错误异常已使能并且当前没有同优先级或更高优先级的异常在执行，总线错误处理就会被执行。如果总线错误处理使能而同时处理器接收到另外一个具有更高优先级的异常，总线错误异常就会被挂起。最后，如果总线错误处理未使能或者总线错误发生时，处理器正在执行更高或相同优先级的异常处理，则硬件错误异常就会执行。如果在硬件错误处理执行期间产生了另外一个总线错误，则处理器会进入锁定状态。

要使能总线错误异常，需要设置 NVIC 中系统处理控制和状态寄存器的 BUSFAULTENA 位。设置之前，若向量表已经被重定位在 RAM 中，应该确认向量表中已经设置了总线错误处理的起始地址。

Cortex-M3 处理器的 NVIC 中有一个为总线错误状态寄存器（BFSR），通过这个寄存器，总线错误处理程序可以确定引发错误的原因，如数据 / 指令访问或者中断压栈、出栈操作。

对于确定的总线错误，可以通过压栈的程序计数器找到错误的指令。如果 BFSR 的 BFARVALID 位为 1，可确定引起错误的存储器位置，该操作可以通过读取另外一个 NVIC 寄存器总线错误地址寄存器（BFAR）完成。不过，总线错误可能无法获取到类似的信息，因为在收到错误时，处理器可能已经执行了多条其他指令。

BFSR 的编程模型为 8 位宽，可以通过对地址 0xE000ED29 的字节访问或者通过地址 0xE000ED28 的字访问来读写，BFSR 各位域的定义见表 5.10，对 BFSR 写 1 将清除错误指示位。

表 5.10　总线错误状态寄存器（0xE000ED28）

位	名称	类型	复位值	描　述
15	BFARVALID	–	0	表明 BFAR 合法
14	–	–	–	
13	LSPERR	R/Wc	0	浮点惰性压栈错误（具有浮点单元的 Cortex-M4 中存在）
12	STKERR	R/Wc	0	压栈错误
11	UNSTKERR	R/Wc	0	出栈错误
10	IMPRECISERR	R/Wc	0	不精确的数据访问冲突
9	PREC1SERR	R/Wc	0	精确的数据访问冲突
8	TBUSERR	R/Wc	0	指令访问冲突

2. 存储器管理错误

Cortex-M3 处理器中，存储器管理错误可由以下问题引起：存储器访问同 MPU 的设置冲突，或者即使没有 MPU，某些非法访问也可能会引发错误（如试图在不可执行区域执行代码）。下面为一些常见的 MPU 错误：

（1）访问的存储器区域在 MPU 设置中未定义。

（2）写只读区域。

（3）用户态下访问只允许特权访问的区域。

当发生存储器管理错误时，如果存储器管理处理已经使能，那么存储器管理错误处理就会执行。如果发生错误的同时产生了另外一个更高优先级的异常，另一个异常就会首先处理而存储器管理错误则会被挂起。若处理器正在运行的异常处理的优先级相同或更高，或者存储器管理错误处理未使能，硬件错误处理就会执行。如果存储器管理错误发生在硬件错误或 NMI 处理执行过程中，处理器会进入锁定状态。

和总线错误处理类似，存储器管理错误处理需要被使能。可以通过 NVIC 的系统处理控制和状态寄存器中的 MEMFAULTENA 位来进行使能操作。

NVIC 的存储器管理错误状态寄存器（MFSR）用于指示引发存储器管理错误的原因，如表明错误为数据访问冲突（DACCVIOL 位）或者指令访问冲突（IACCVIOL 位），引发错误的代码可以通过压栈的程序计数器定位到。若 MFSR 中的 MMARVALID 位置 1，也可以通过 NVIC 中的存储器管理地址寄存器（MMAR）确定引发错误的存储器地址。

MFSR 的编程模型见表 5.11，它也是 8 位宽的，可以通过地址 0xE000ED28 的字节传输或字传输进行访问，MFSR 在最低字节，和其他的 FSR 相同，错误状态位可以通过写 1 清除。

表 5.11　存储器管理错误状态寄存器（0xE000ED28）

位	名称	类型	复位值	描　述
7	MMARVALID	–	0	表明 MMFAR 合法
6:5	–	–	–	保留
4	MSTKERR	R/Wc	0	压栈错误
3	MUNSTKERR	R/Wc	0	出栈错误
2	–	–	–	
1	DACCVIOL	R/Wc	0	数据访问冲突
0	IACCVIOL	R/Wc	0	指令访问冲突

3. 使用错误

Cortex-M3 处理器的使用错误可由以下情况引发：

（1）未定义的指令。

（2）协处理器指令（Cortex-M3 不支持协处理器，不过可以通过错误异常机制模拟协处理器）。

（3）试图切换至 ARM 状态（软件可以利用该错误机制测试处理器是否支持 ARM 代码，由于 Cortex-M3 不支持 ARM 状态，在试图切换时会产生使用错误）。

（4）非法的中断返回（链接寄存器内有非法/错误值）。

（5）使用多加载或存储指令的非对齐访问。

另外，通过设置 NVIC 中的特定位，也可以在被零除、任意非对齐存储器访问情况下产生使用错误。

当发生使用错误时，如果使用处理已经使能，那么使用错误处理通常会执行。不过，如果发生错误的同时产生了另外一个更高优先级的异常，使用错误则会被挂起。若处理器正在运行的异常处理的优先级相同或更高，或者使用错误处理未使能，硬件错误处理就会执行。如果使用错误发生在硬件错误或 NMI 处理执行过程中，处理器会进入锁定状态。

可以通过 NVIC 的系统处理控制和状态寄存器中的 USGFAULTENA 位使能使用错误处理。

NVIC 的使用错误状态寄存器（UFSR）表示使用错误的原因，在错误处理内部，引发错误的程序代码也可以通过压栈的程序计数器数值定位。

UFSR 见表 5.12，它占据两个字节，可以通过地址 0xE000ED2A 的半字传输访问，或者通过地址 0xE000ED28 的字传输访问，错误状态位可以通过写 1 清除。

表 5.12　使用错误状态寄存器（0xE000ED2A）

位	名称	类型	复位值	描　述
25	DIVBYZERO	R/Wc	0	表明发生了被 0 徐（只有 DIV_0_TRP 置位时才会置位）
24	UNALIGNED	R/Wc	0	表明产生了非对齐访问错误
23:20	–	–	–	
19	NOCP	R/Wc	0	试图执行协处理器指令
18	INVPC	R/Wc	0	试图执行 EXC_RETURN 错误的异常
17	INVSTATE	R/Wc	0	试图切换到错误的状态（如 ARM）
16	UNDEFINSTR	R/Wc	0	试图执行未定义的指令

4. 硬件错误

硬件错误处理可以由使用错误、总线错误以及存储器管理错误引发，前提是这些错误无法执行。另外，它可由取向量过程中的总线错误引发（在异常处理过程中读取向量表）。通过 NVIC 中的硬件错误状态寄存器可以确定错误是否由取向量引起，若不是，硬件错误处理需要检查其他的 FSR 以确定硬件错误的原因。

硬件错误状态寄存器（HFSR）的细节见表 5.13。和其他的 FSR 相同，错误状态位可以通过写 1 清除。

表 5.13 硬件错误状态寄存器（0xE000ED2C）

位	名称	类型	复位值	描 述
31	DEBUGEVT	R/Wc	0	表明硬件错误由调试事件触发
30	FORCED	R/Wc	0	表明硬件错误由于总线错误、存储器管理错误或使用错误而产生
29:2	–	–	–	–
1	VECTBL	R/Wc	0	表明硬件错误由取向量失败引发
0	–	–	–	–

5.3.3 异常处理的相关错误

有些情况下，错误可能会在异常处理期间产生。最常见的是栈设置不正确，例如，预留的栈空间太小导致栈空间溢出。下面介绍可能出现的问题情况以及可能触发的异常。

1. 压栈

如果在压栈期间发生了总线错误，压栈过程会被终止并且总线错误会被触发或挂起。若总线错误未使能，硬件错误处理会执行。要不然，如果总线错误处理的优先级比原异常高，总线错误处理就会执行；否则，在原异常完成前错误异常会一直处于挂起状态，这种情形被称作压栈错误。

发生压栈错误，总线错误状态寄存器（0xE000ED29）中的 STKERR 位（第 4 位）会置 1。

如果栈错误是由存储器保护单元（MPU）冲突引起的，存储器管理错误就会执行，而且存储器管理错误状态寄存器（0xE000ED28）中的 MSTKERR（第 4 位）会置 1。若存储器管理错误未使能，硬件错误处理就会执行。

2. 出栈

如果总线错误发生在出栈期间（中断返回），出栈过程会终止并且总线错误异常会被触发或挂起。若总线错误为使能，硬件错误异常就会执行。要不然，若总线错误处理的优先级比当前正在执行的任务要高（处理器可能已经在执行其他的异常，也就是发生了中断嵌套），总线错误处理就会执行，这种情形被称作出栈错误。

发生出栈错误，总线错误状态寄存器（0xE000ED29）中的 UNSTKERR 值（第 3 位）会置 1。

类似的，若出栈错误由 MPU 冲突引起，存储器管理错误就会执行，而且存储器管理错误状态寄存器（0xE000ED28）中的 MUNSTKERR（第 3 位）会置 1。若存储器管理错误未使能，硬件错误处理就会执行。

3. 取向量

若在取向量期间产生了总线错误，则会触发 HardFault 异常，且硬件错误状态寄存器的 VECTBL（第 1 位）会指示出该错误。MPU 总是允许取向量，因此也就不会造成 MPU 访问冲突。若取向量时产生了错误，则需要查看 VTOR 的数值，确认向量表是否位于正确的地址区域。

若异常向量的 LSB 为 0，则其表示试图切换至 ARM 状态，这在 Cortex-M 处理器中不支持，若非要这么做，处理器会在异常处理的第一条指令处触发使用错误，同时使用错误状态寄存器的 INVSTATE 位（第 1 位）置 1。

4. 非法返回

如果 EXC_RETURN 的数值为非法值或者与处理器的状态不匹配（如使用 0xFFFFFFF1 返回到线程模式），就会触发使用错误。如果使用错误处理未使能，硬件错误处理就会执行。根据错误的实际原因的不同，使用错误状态寄存器（0xE000ED2A）中的 INVPC 位（第 2 位）或 INVSTATE（第 1 位）会置 1。

5.3.4 错误处理与锁定避免

1. 一般错误处理

在软件开发过程中，可以使用 FSR 来确定程序中引起错误的原因并进行修正。在实际运行的系统中，应根据情况的不同，采取不同的方法。在运行 OS 的系统中，引发错误的任务或应用程序可以被终止，而有些情况下，系统可能需要复位，错误恢复措施取决于目标应用。合理处理错误可以使得产品更加健壮，不过首先要做的还是要防止错误的产生，下面为一些错误处理的常用方法。

（1）复位：可以通过中断和复位控制寄存器中的 SYSRESETREQ 进行复位，除了调试逻辑，系统中的大部分都会复位，根据应用的不同，若不想复位整个系统，可以通过 VECTRESET 只复位处理器。

（2）恢复：有些情况下，引起错误异常的问题是可以解决的，例如，对于协处理器指令的情况，使用协处理器模拟软件就可以解决问题。

（3）任务终止：对于运行 OS 的系统，引发错误的任务可能会被终止，如果有必要的话还可以重新启动。

由于在手动清除之前，FSR 会保持它们之前的状态，错误处理应该处理它们相应的错误状态位，要不然，下次另外一个错误产生时，错误处理会再次被触发而且可能会误认为之前的错误仍然存在并试图再次对其进行处理。FSR 采用一种写后清的机制（对需要清除的位写 1）。

2. 锁定避免

当出现错误时，就会有一个错误处理被触发。若另一个错误发生在某可配置错误处理中，则或者触发另一个可配置的错误处理（若本错误和另一个错误处理不同，且优先级大于当前等级）或者触发 HardFault 并执行。不过，若在 HardFault 处理中产生了另外一个错误，此时处理器将被锁定，以下情形将产生锁定：

（1）在 HardFault 或 NMI 异常处理期间产生了错误。

（2）在 HardFault 或 NMI 异常取向量期间产生了总线错误。

（3）在 HardFault 和 NMl 异常处理中执行 SVC 指令。

（4）启动流程中取向量。

在锁定期间，处理器停止程序执行，若锁定由总线系统的错误响应引起，则处理器可能会连续地重试访问，或者若错误是不可恢复的，则它可能会强制将程序计数器置为 0xFFFFFFFX，并从此处取指令。

需要注意是在 HardFault 处理或 NMI 处理中的压栈和出栈期间产生的总线错误或 MPU

访问冲突并不会使系统进入锁定状态，如图 5-20 所示。不过，总线错误异常可能会进入挂起状态，并在 HardFault 处理结束后执行。

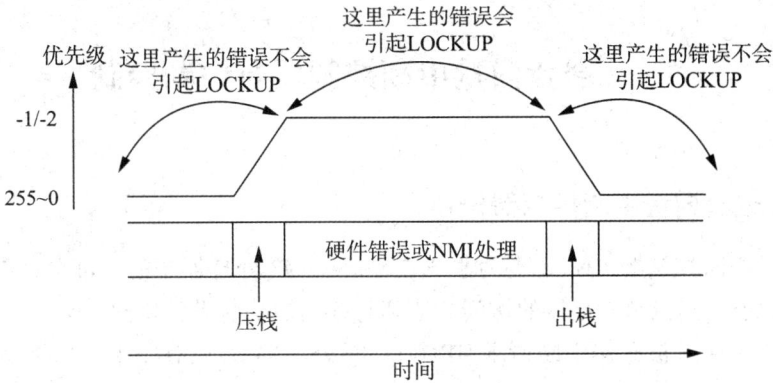

图 5-20　Cortex-M3 处理器可用的错误异常

若锁定由 HardFault 处理中的错误事件引发（双重错误的情形），则处理器的优先级会处于 –1，此时处理器还可能会响应 NMI（优先级为 –2）并执行 NMI 处理。不过在 NMI 处理结束后，它还会返回锁定状态并将优先级重置为 1。

退出锁定状态有以下两种方法：

（1）系统复位或上电复位

（2）调试器暂停处理器并清除错误（例如，复位或清除当前异常处理状态、将程序计数器更新为新的起点等）。

一般来说，系统复位是最好的办法，因为它可以确保外设和所有的中断处理逻辑返回到复位状态。

对于一些应用，避免锁定是很重要的，因此在开发 NMI 或硬件错误处理时应该非常小心，避免出现锁定。例如，在不知道存储器是否工作正常及栈指针是否合法时，应该在硬件错误处理中避免不必要的栈操作。在开发复杂系统时，总线错误或存储器错误的一个可能原因就是栈指针被破坏，如：硬件错误处理开头处编写了如下代码

```
hard fault handler
PUSH {R4 – R7, LR}                    ;没确认安全就不要使用栈
……
```

若错误是由栈错误引起的，则可能会在硬件错误处理中立即进入锁定。一般来说，在设计硬件错误、总线错误以及存储器管理错误处理时，在执行更多的栈操作之前，应该检查栈指针是否位于合法区域内。而在设计 NMI 处理时，可以只使用 R0–R3 以及 R12，由于它们已经被压栈，这样可以减少栈操作引起错误的风险。

设计硬件错误和 NMI 处理的一种方法为只在处理中执行关键代码，剩下的如错误报告等任务则可以通过另外一个异常挂起，如 PendSV 或软件中断等。这样可以减少硬件错误和 NMI 的代码并提高软件的健壮性。

另外，应该确保不在硬件错误和 NMI 错误处理中使用 SVC 指令。由于 SVC 的优先级比硬件错误及 NMI 的要低，在这些异常处理中使用 SVC 会引起锁定。这看起来可能很简单，

不过当应用程序非常复杂，且需要在 NMI 和硬件错误处理中调用其他文件中的函数时，就可能会意外调用包含 SVC 指令的函数。因此，在开发软件之前，需要对 SVC 应用仔细规划。

5.4 嵌套向量中断控制器与中断控制

5.4.1 嵌套向量中断控制器概述

嵌套向量中断控制器（NVIC）为集成在 Cortex-M3 处理器中的一部分，它同处理器内核逻辑紧密相连，其控制寄存器的访问方法和与存储器映射设备相同。NVIC 支持 1–240 个外部中断输入（通常被称作中断请求 [IRQ]），另外，NVIC 还有一个不可屏蔽中断（NMI）输入。

NVIC 可以通过系统控制空间（SCS）地址区域访问，该区域的存储器地址为 0xE000E000。大多数中断控制 / 状态寄存器只能在特权模式访问，而软件触发中断寄存器（STIR）是个例外，经过设置，在用户模式也能访问。中断控制 / 状态寄存器可通过多种传输方式访问，包括字、半字和字节传输。

另外，有些其他的中断屏蔽寄存器也同中断有关，而且只能通过特殊寄存器访问指令进行操作：将特殊寄存器送至通用目的寄存器（MRS）和将通用目的寄存器送至特殊寄存器（MRS）指令。

5.4.2 中断控制的 NVIC 寄存器

1.NVIC 寄存器简介

NVIC 中有多个用于中断控制的寄存器（异常类型 16–255），这些寄存器位于系统控制空间（SCS）地址区域。表 5.14 列出了这些寄存器名称和功能。

表 5.14 中断控制的 NVIC 寄存器列表

地　址	寄存器	功　能
0xE000EI00–0xE000E11	中断设置便能寄存器	写 1 设置使能
0xE000E180–0xE000E19	中断清除使能寄存器	写 1 清除使能
0xE000E200–0xE000E21	中断设置挂起寄存器	写 1 设置挂起状态
0xE000E280–0xE000E29C	中断清除挂起寄存器	写 1 清除挂起状态
0xE000E300–0xE000E31C	中断活跃位寄存器	活跃状态位，只读
0xE000E400–0xE000E4EF	中断优先级寄存器	每个中断的中断优先级（8 位宽）
0xE000EF00	软件触发中断寄存器	写中断编号设置相应中断的挂起状态

根据默认设置，系统复位后：

（1）所有中断被禁止（使能位 =0）。

（2）所有中断的优先级为 0（最高的可编程优先级）。

（3）所有中断的挂起状态清零。

2. 中断使能寄存器

中断使能寄存器可由两个地址进行配置。要设置使能位，需要写入 NVIC-> ISER[n] 寄存器地址；要清除使能位，需要写入 NVIC->ICER[n] 寄存器地址。使能或禁止一个中断不会影响其他的中断使能状态，ISER/ICER 寄存器都是 32 位宽，每个位代表一个中断输入。

由于 STM32 微控制器可能存在 32 个以上的外部中断，因此 ISER 和 ICER 寄存器会不止一个，如 NVIC-> ISER[0] 和 NVIC->ISER[l] 等，见表 5.15。只有存在的中断，使能位才会被实现，因此，若只有 32 个中断输入，则寄存器只会有 ISER 和 ICER。ISER 和 ICER 寄存器可以按照字、半字或字节的方式访问。由于前 16 个异常类型为系统异常，外部中断 #0 的异常编号为 16。

表 5.15　中断使能设置和清除寄存器
（0xE000El00 – 0xE000E11C，0xE000E180 – 0xE000E19C）

地　址	名　称	类　型	复位值	描　述
0xE000E100	NVIC->ISER[0]	R/W	0	设置中断 0-31 的使能 Bit[0] 用于中断 #0（异常 #16） Bit[1] 用于中断 #1（异常 #17） …… Bit[31] 用于中断 #31（异常 #47） 写 1 将位置 1，写 0 无作用 读出值表示当前使能状态
0xE000E104	NVIC->ISER[1]	R/W	0	设置中断 32-63 的使能 写 1 将位置 1，写 0 无作用 读出值表示当前使能状态
0xE000E108	NVIC->ISER[2]	R/W	0	设置中断 64-95 的使能 写 1 将位置 1，写 0 无作用 读出值表示当前使能状态
……	……	……	……	……
0xE000E180	NVIC->ICER[0]	R/W	0	清零中断 0-31 的使能 Bit[0] 用于中断 #0（异常 #16） Bit[1] 用于中断 #1（异常 #17） …… Bit[31] 用于中断 #31（异常 #47） 写 1 将位置 0，写 0 无作用 读出值表示当前使能状态
0xE000E184	NVIC->ICER[1]	R/W	0	清零中断 32-63 的使能 写 1 将位置 0，写 0 无作用 读出值表示当前使能状态
0xE000E188	NVIC->ICER[2]	R/W	0	清零中断 64-95 的使能 写 1 将位置 0，写 0 无作用 读出值表示当前使能状态
……	……	……	……	……

3. 中断挂起和清除寄存器

若中断产生但没有立即执行（例如，若正在执行另一个更高优先级的中断处理），它就会被挂起。中断挂起状态可以通过中断设置挂起（NVIC->ISPR[n]）和中断清除挂起（NVIC->ICPR[n]）寄存器访问。与使能寄存器类似，若存在 32 个以上的外部中断输入，则挂起状态控制寄存器会不止一个。

挂起状态寄存器的数值可由软件修改，因此可以通过 NVIC->ICPR[n] 取消一个当前被挂起的异常，或通过 NVIC->ISPR[n] 产生软件中断，见表 5.16。

表 5.16　中断挂起设置和清除寄存器

（0xE000E200－0xE000E21C，0xE000E280－0xE000E29C）

地　址	名　称	类　型	复位值	描　述
0xE000E200	NVIC->ISPR[0]	R/W	0	设置外部中断 0-31 的挂起 Bit[0] 用于中断 #0（异常 #16） Bit[1] 用于中断 #1（异常 #17） … Bit[31] 用于中断 #31（异常 #47） 写 1 将位置 1，写 0 无作用 读出值表示当前状态
0xE000E204	NVIC->ISPR[1]	R/W	0	设置中断 32-63 的挂起 写 1 将位置 1，写 0 无作用 读出值表示当前状态
0xE000E208	NVIC->ISPR[2]	R/W	0	设置中断 64-95 的挂起 写 1 将位置 1，写 0 无作用 读出值表示当前状态
…	…	…	…	…
0xE000E280	NVIC->ICPR[0]	R/W	0	清零外部中断 0-31 的挂起 Bit[0] 用于中断 #0（异常 #16） Bit[1] 用于中断 #1（异常 #17） … Bit[31] 用于中断 #31（异常 #47） 写 1 将位置 0，写 0 无作用 读出值表示当前挂起状态
0xE000E284	NVIC->ICPR[1]	R/W	0	清零外部中断 32-63 的挂起 写 1 将位置 0，写 0 无作用 读出值表示当前挂起状态
0xE000E288	NVIC->ICPR[2]	R/W	0	清零外部中断 64-95 的挂起 写 1 将位置 0，写 0 无作用 读出值表示当前挂起状态
…	…	…	…	…

4. 中断活跃状态寄存器

每个外部中断都有一个活跃状态位，当处理器开始处理中断时，该位会被置 1，在执行中断返回时将被清零。不过，在中断服务程序（ISR）执行期间，更高优先级的中断可能会产生且抢占，在此期间，处理器将执行抢占中断处理，但之前被抢占的中断仍保持为活跃状态。IPSR 可表示当前正在执行的异常服务，但无法提供有嵌套异常时某个异常是否为活跃状态。中断活跃状态寄存器为 32 位宽，也可通过半字或字节传输访问。若外部中断的数量超过 32，活跃状态寄存器会不止一个。外部中断的活跃状态寄存器是只读的，见表 5.17。

表 5.17　中断活跃状态寄存器（0xE000E300-0xE000E31C）

地　址	名　称	类　型	复位值	描　述
0xE000E300	NVIC->IABR[0]	R/W	0	外部中断 0-31 的活跃状态 Bit[0] 用于中断 #0 Bit[1] 用于中断 #1 … Bit[31] 用于中断 #31
0xE000E304	NVIC->IABR[1]	R/W	0	外部中断 32-63 的活跃状态
…	…	…	…	…

5. 优先级寄存器

每个中断都有对应的优先级寄存器，其最大宽度为 8 位，最小为 3 位。每个寄存器根据优先级分组设置被进一步划分为分组优先级和子优先级。优先级寄存器的数量取决于 STM32 微控制器实际存在的外部中断数，优先级寄存器可以通过字节、半字或字访问，优先级寄存器地址和描述见表 5.18。

表 5.18　优先级寄存器（0xE000E400–0xE000E4EF）

地　址	名　称	类　型	复位值	描　述
0xE000E400	NVIC->IP[0]	R/W	0（8 位）	外部中断 #0 的优先级
0xE000E401	NVIC->IP[1]	R/W	0（8 位）	外部中断 #1 的优先级
…	…	…	…	…
0xE000E41F	NVIC->IP[31]	R/W	0（8 位）	外部中断 #31 的优先级
…	…	…	…	…

若需要确定可用的优先级数量，可以将 0xFF 写入其中一个中断优先级寄存器，并在将其读回后查看多少位为 1，例如，若设备实际实现了 8 个优先级（3 位），则读回值为 0xE0。

6. 软件触发中断寄存器

应用程序可通过软件触发中断寄存器（NVIC->STIR）来触发中断，软件触发中断寄存器的描述见表 5.19。

表 5.19　软件触发中断寄存器（0xE000EF00）

位	名　称	类　型	复位值	描　述
8:0	NVIC->STIR	W	–	写中断编号可以设置中断的挂起位，如写 0 挂起外部中断 #0

例如，利用下面的代码可以产生中断 #3：

```
LDR  R0, = 0xE000EF00        ;软件触发中断寄存器
MOV  R1, # 3                 ;中断号为 3
STR R1, [R0]
```

与 NVIC->ISPR[n] 只能在特权等级访问不同，可通过设置配置控制寄存器（地址 0xE000ED14）中的第 1 位（USERSETMPEND）容许非特权程序代码访问 NVIC->STIR 来触发一次软件中断，USERSETMPEND 默认为清零状态，这就意味着只有特权代码才能访问 NVIC->STIR。

与 NVIC->ISPR[n] 类似，NVIC->STIR 无法触发 NMI 以及 SysTick 等系统异常。

7. 中断控制器类型寄存器

NVIC 在 0xE000E004 地址处还有一个中断控制器类型寄存器，它是一个只读寄存器，给出了 NVIC 支持的中断输入的数量，单位为 32，见表 5.20。

表 5.20　中断控制器类型寄存器（0xE000E004）

位	名　称	类　型	复位值	描　述
4:0	INTLINESNUM	R	–	以 32 为单位的中断输入数量 0 = 1–32 1= 33–64 …

与中断控制器类型寄存器只能给出可用中断的大致数量不同,可以在 PRIMASK 置位的情况下(禁止中断),通过下面的方法能得到可用中断的确切数量:写入中断使能/挂起寄存器等中断控制寄存器,读回后查看中断使能/挂起寄存器中实际实现的位数。

5.4.3　中断控制的 SCB 寄存器

1.SCB 寄存器简介

除了 NVIC 寄存器,系统控制块(SCB)中也包含一些用于中断控制的寄存器,SCB 中的寄存器列表与功能见表 5.21,下面只介绍与中断或异常控制有关的寄存器。

表 5.21　SCB 中的寄存器列表

地　址	寄存器	功　能
0xE000ED00	CPUID	可用于识别处理器类型和版本的 ID 代码
0xE000ED04	中断控制和状态	系统异常的控制和状态
0xE000ED08	向量表偏移寄存器	使能向量表重定位到其他的地址
0xE000ED0C	应用中断/复位控制寄存器	优先级分组配置和自复位控制
0xE000ED10	系统控制寄存器	休眠模式和低功耗特性的配置
0xE000ED14	配置控制寄存器	高级特性的配置
0xE000ED18–0xE000ED23	系统处理优先级寄存器	系统异常的优先级设置
0xE000ED24	系统处理控制和状态寄存器	使能错误异常和系统异常状态的控制
0xE000ED28	可配置错误状态寄存器	引起错误异常的提示信息
0xE000ED2C	硬件错误状态寄存器	引起硬件错误异常的提示信息
0xE000ED30	调试错误状态寄存器	引起调试事件的提示信息
0xE000ED34	存储器管理错误寄存器	存储器管理错误的地址值
0xE000ED38	总线错误寄存器	总线错误的地址值
0xE000ED3C	辅助错误状态寄存器	设备相关错误状态的信息
0xE000ED40–0xE000ED44	处理器特性寄存器	可用处理器特性的只读信息
0xE000ED48	调试特性寄存器	可用调试特性的只读信息
0xE000ED4C	辅助特性寄存器	可用辅助特性的只读信息
0xE000ED50–0xE000ED5C	存储模块特性寄存器	可用存储器模块特性的只读信息
0xE000ED60–0xE000ED70	指令集属性寄存器	指令集特性的只读信息
0xE000ED88	协处理器访问控制寄存器	使能浮点特性的寄存器,只存在于具有浮点单元的 Cortex–M4

2.中断控制和状态寄存器

中断控制和状态寄存器(ICSR)可用于以下情况:

(1)设置和清除系统异常的挂起状态,其中包括 SysTick、PendSV 和 NMI。

(2)通过读取 VECTACTIVE 可以确定当前执行的异常/中断编号。

另外,调试器可利用该寄存器确定中断状态,该寄存器的 VECTACTIVE 域和 IPSR 相同,该寄存器各位域的作用见表 5.22,多数情况下,只有挂起位可用于应用开发。

表 5.22　中断控制和状态寄存器(0xE000ED04)

位	名　称	类　型	复位值	描　述
31	NMIPENDSET	R/W	0	写 1 挂起 NMI 读出值表示 NMI 挂起状态
28	PENDSVSET	R/W	0	写1挂起系统调用 读出值表示挂起状态
27	PENDSVCLR	W	0	写 1 清除 PendSV 挂起状态

续表

位	名 称	类 型	复位值	描 述
26	PENDSTSET	R/W	0	写 1 挂起 PendSV 异常 读出值表示挂起状态
25	PENDSTCLR	W	0	写 1 清除 SYSTICK 挂起状态
22	ISRPENDING	R	0	外部中断挂起（除了用于错误的 NMI 等系统异常）
18:12	VECTPENDING	R	0	挂起的 ISR 编号
11	RETTOBASE	R	0	当处理器在执行异常处理时置 1，若中断返回且没有其他 异常挂起则会返回线程
8:0	VECTACTIVE	R	0	当前执行的中断服务程序

3. 应用中断和复位控制寄存器

应用中断和复位控制寄存器（AIRCR）用于以下情况：

（1）控制异常 / 中断优先级管理中的优先级分组。

（2）提供系统的端信息（可被软件或调试器使用）。

（3）提供自复位特性。

该寄存器的 PRIGROUP 域用于设置和表示中断优先级分组特性，VECTRESET 和 VECTCLRACTIVE 位域主要用于调试，软件可用 VECTRESET 位复位处理器，但不会复位外设等系统中的其他部分。

注意：VECTRESET 和 VECTCLRACTIVE 位域不能同时置位，否则会导致 Cortex-M3 处理器的复位电路出错，这是因为 VECTRESET 信号会复位 SYSRESETREQ，由于将 SYSRESETREQ 写入 1 后，处理器可能会在复位产生前继续执行几条指令，因此通常要在系统复位请求后增加一个死循环。

4. 系统处理优先级寄存器组

系统处理优先级寄存器的定义和中断优先级寄存器的定义相同，不同之处在于它们用于调整或访问系统异常的优先级，STM32 微控制器中这些寄存器并未全部实现，该寄存器组的作用见表 5.23。

表 5.23　系统处理优先级寄存器组

地 址	名 称	类 型	复位值	描 述
0xE000ED18	SCB->SHP[0]	R/W	0（8 位）	存储器管理错误的优先级
0xE000ED19	SCB->SHP[1]	R/W	0（8 位）	总线错误的优先级
0xE000ED1A	SCB->SHP[2]	R/W	0（8 位）	使用错误的优先级
0xE000ED1B	SCB->SHP[3]	–	–	–（未实现）
0xE000ED1C	SCB->SHP[4]	–	–	–（未实现）
0xE000ED1D	SCB->SHP[5]	–	–	–（未实现）
0xE000ED1E	SCB->SHP[6]	–	–	–（未实现）
0xE000ED1F	SCB->SHP[7]	R/W	0（8 位）	SVC 的优先级
0xE000ED20	SCB->SHP[8]	R/W	0（8 位）	调试监控的优先级
0xE000ED21	SCB->SHP[9]	–	–	–
0xE000ED22	SCB->SHP[10]	R/W	0（8 位）	PendSV 的优先级
0xE000ED23	SCB->SHP[11]	R/W	0（8 位）	SysTick 的优先级

5. 系统处理控制和状态寄存器

系统处理控制和状态寄存器用于使能使用错误、存储器管理错误和总线错误异常，错误的挂起状态和多数系统异常的活跃状态也可以从这个寄存器中得到，该寄存器各位域的作用见表 5.24。

表 5.24　系统处理控制和状态寄存器（0xE000ED24）

位	名　称	类　型	复位值	描　述
18	USGFFULTENA	R/W	0	使用错误处理便能
17	BUSFAULTENA	R/W	0	总线错误处理使能
16	MEMFAULTENA	R/W	0	存储器管理错误处理使能
15	SVCALLPENDED	R/W	0	SVC 挂起，SVC 已启动但被更高优先级异常抢占
14	BUSFAULTPENDED	R/W	0	总线错误挂起，总线错误已启动但被更高优先级异常抢占
13	MEMFAULTPENDED	R/W	0	存储器管理错误挂起，存储苦苦管理错误已启动但被更高优先级异常抢占
12	USGFAULTPENDED	R/W	0	使用错误挂起，使用错误已启动但被更高优先级异常抢占
11	SYSTICKACT	R/W	0	若 SYSTICK 异常活跃则读出为 1
10	PENDSVACT	R/W	0	若 PendSV 异常活跃则读出为 1
8	MONITORACT	R/W	0	若调试监控异常活跃则读出为 1
7	SVCALLACT	R/W	0	若 SVC 异常活跃则读出为 1
3	USGFAULTACT	R/W	0	若使用错误异常活跃则读出为 1
1	BUSFAULTACT	R/W	0	若总线错误异常活跃则读出为 1
0	MEMFAULTACT	R/W	0	若存储器管理异常活跃则读出为 1

多数情况下，该寄存器仅用于应用程序使能可配置的错误处理（使用错误、存储器管理错误和总线错误），在写这个寄存器时应该多加小心，确保系统异常的活跃状态位不会被意外修改，如要使能总线错误异常，应该使用"读 – 修改 – 写"操作，不然，若一个已经被激活的系统异常的活跃状态被意外清除，当系统异常处理产生异常退出时就会出现错误异常。

5.4.4　中断控制的特殊寄存器

1.PRIMASK 寄存器

在许多应用中，可能都需要暂时禁止所有中断以执行时序关键的任务，此时可以使用 PRIMASK 寄存器，PRIMASK 用于禁止除 NMI 和 HardFault 外的所有异常，它实际上是将当前优先级改为 0（最高的可编程等级）。

寄存器只能在特权状态访问，可以用 CPS 指令修改 PRIMASK 寄存器的数值，示例汇编代码如下：

```
CPSIE  I                    ;清除 PRIMASK（使能中断）
CPSID  I                    ;设置 PRIMASK（禁止中断）
```

PRIMASK 寄存器也可通过 MRS 和 MSR 指令访问，示例汇编代码如下：

```
MOVS R0, # 1
MSR PRIMASK, R0             ;将 1 写入 PRIMASK 禁止所有中断
MOVS R0, # 0
MSR PRIMASK, R0             ;将 0 写入 PRlMASK 以使能中断
```

当 PRIMASK 置位时，所有的错误事件都会触发 HardFault 异常，无论相应的可配置错误异常（如存储器管理错误、总线错误和使用错误）是否使能。

2.FAULTMASK 寄存器

FAULTMASK 用于在可配置的错误处理执行期间，阻止其他异常或中断处理的执行。从

行为来说，FAULTMASK 和 PRIMASK 很类似，只是它实际上会将当前优先级修改为 –1，这样甚至是 HardFault 处理也会被屏蔽，当 FAULTMASK 置位时，只有 NMI 异常处理才能执行。

FAULTMASK 寄存器也只能在特权状态访问，不过不能在 NMI 和 HardFault 处理中设置。可以用 CPS 指令修改 FAULTMASK 的当前状态，示例汇编代码如下：

CPSIE F   ;清除 FAULTMASK

CPSID F   ;设置 FAULTMASK

还可以利用 MRS 和 MSR 指令访问 FAULTMASK 寄存器，示例汇编代码如下：

MOVS R0 , # 1

MSR FAULTMASK, R0   ;将 1 写入 FAULTMASK 禁止所有中断

MOVS R0 , # 0

MSR FAULTMASK, R0   ;将 0 写入 FAULTMASK 以使能中断

FAULTMASK 会在退出异常处理时被自动清除，从 NMI 处理中退出时除外。由于这个特点，FAULTMASK 就有了一个很有趣的用法，若要在低优先级的异常处理中触发一个高优先级的异常（NMI 除外），但想在低优先级处理完成后再进行高优先级的处理，可以执行以下步骤：

（1）设置 FAULTMASK 禁止所有中断和异常（NMI 异常除外）。

（2）设置高优先级中断或异常的挂起状态。

（3）退出处理。

由于在 FAULTMASK 置位时，挂起的高优先级异常处理无法执行，高优先级的异常就会在 FAULTMASK 被清除前继续保持挂起状态，低优先级处理完成后才会将其清除。因此，可以强制让高优先级处理在低优先级处理结束后开始执行。

3. BASEPRI 寄存器

有些情况下，可能只想禁止优先级低于某特定等级的中断，此时，就可以使用 BASEPRI 寄存器。要实现这个目的，只需将所需的屏蔽优先级写入 BASEPRI 寄存器即可。例如：若要屏蔽优先级小于等于 0x60 的所有异常，则可以将这个数值写入 BASEPRI 寄存器，其汇编语言实现代码如下：

MOVS R0, # 0x60

MSR BASEPRI, R0   ;禁止优先级在 0x60–0xFF 间的中断

读回 BASEPRI 的数值的汇编代码如下：

MRS R0, BASEPRI

与其他的优先级寄存器类似，BASEPRI 寄存器的格式受实际的优先级寄存器宽度影响，例如：若优先级寄存器只实现了 3 位，BASEPRI 可被设置为 0x00，0x20，0x40，…，0xC0 和 0xE0。

5.4.5 中断控制示例

1. 简单情况

在多数应用中，包括向量表在内的程序代码位于 Flash 等只读存储器中，而且在运行过程中无须修改向量表，这样可以只依赖于存储在 ROM 中的向量表，无须进行向量表重定位，要设置中断，只需执行以下步骤：

（1）设置优先级分组：优先级分组默认为 0（优先级寄存器中只有第 0 位用于子优先

级），这一步是可选的。

（2）设置中断的优先级：中断的优先级默认为0（最高的可编程优先级），这一步也是可选的。

（3）在NVIC或外设中使能中断。

注意：若允许多级中断嵌套，应该确保栈存储足够用，由于异常处理总是使用主栈指针，主栈存储应该有足够的空间以应对最大级别的嵌套中断。

2. 向量表重定位时的情况

若需要将向量表重定位，如到SRAM中以便能在应用的不同阶段更新部分异常向量，则需要执行如下步骤：

（1）系统启动时，需要设置优先级分组，这一步是可选的，优先级分组默认为0（优先级寄存器的第0位用于子优先级，第7-1位则用于抢占优先级）。

（2）若需要将向量表重定位到SRAM，则复制当前向量表到SRAM中的新位置。

（3）设置向量表偏移寄存器（VTOR）指向新的向量表。

（4）若有必要，更新异常向量。

（5）设置所需中断的优先级。

（6）使能中断。

假定新向量表的起始地址定义为"NEW_VECT_TABLE"，使用汇编语言实现以上步骤的实例代码如下：

```
LDR R0, = 0xE000ED0C        ;应用中断和复位控制寄存器
LDR Rl, = 0x05FA0500        ;优先级分组为5（2/6）
STR Rl, [R0]                ;设置优先级分组
MOV R4, # 8                 ;ROM中的向量表
LDR R5, =（NEW_VECT_TABLE+8）
LDMIA R4!,{ R0 – R1}        ;读取NMI和硬件错误的向量地址
STMIA R5!,{ R0 – R1 }       ;将向量复制到新的向量表
LDR R0, = 0xE000ED08        ;向量表偏移寄存器
LDR Rl, = NEW_VECT_TABLE
STR Rl, [R0]                ;将向量表设置为新的位置
LDR R0, = IRQ7_Handler      ;获取IRQ#7处理的起始地址
LDR Rl, = 0xE000ED08        ;向量表偏移寄存器
LDR Rl, [R1]
ADD Rl, R1, #（4*（7 + 16））  ;计算IRQ#7处理的向量地址
STR R0, [R1]                ;设置IRQ#7的向量
LDR R0, = 0xE000E400        ;外部IRQ优先级基地址
MOV Rl, # 0x0
STRB Rl, [R0, # 7]          ;设置IRQ#7优先级为0x0
LDR R0, = 0xE000E100        ;SETEN寄存器
MOV Rl, #（1<< 7）           ;IRQ#7使能位（0xl左移7位）
STR Rl, [R0]                ;使能中断
```

第6章 功耗管理和系统控制

6.1 功耗管理

6.1.1 低功耗特性

许多嵌入式系统产品需要低功耗的微控制器，特别是使用电池供电的可移动产品，另外，低功耗特性可以给产品设计带来许多好处，其中包括以下方面：

（1）更小的电池体积（降低了大小和戚本）或更长的电池寿命。

（2）电磁干扰（EMI）更小，可以提高无线通信质量。

（3）电源设计更简单，无须考虑散热问题。

（4）系统可以通过其他低能量电源供电（如：太阳能板、无线接收电源等）。

Cortex-M3 处理器的一个主要优势在于能耗效率和低功耗特性，其主要的与低功耗有关的系统特性如下：

（1）多种运行模式和休眠模式。

（2）超低功耗实时时钟（RTC）、看门狗和掉电检测（BOO）。

（3）在处理器处于休眠模式时仍可以运行的智能外设。

（4）灵活的时钟系统控制特性，无应用的部分外设可被关闭。

目前许多嵌入式系统低功耗设计方法都采用中断驱动的方式，即在没有请求需要处理时，系统会处在休眠模式。当产生中断请求后，处理器会被唤醒并处理请求，然后在处理完成后再进入休眠模式。另外，若数据处理请求为周期性的，且每次的持续时间都相同，在无须考虑数据处理等待时间的情况下，可以在尽可能低的时钟频率下运行以降低功耗。

6.1.2 休眠模式

一般处理器的功耗模式如图 6-1 所示，Cortex-M3 处理器提供的休眠模式是一种电源管理特性，在休眠模式中，系统时钟可能会停止，而自由运行时钟输入仍可能在运行，以便处理器可由中断唤醒。

Cortex-M3 处理器具有如下的两种休眠模式：

（1）休眠：Cortex-M3 处理器的 SLEEPING 信号表示休眠状态。

（2）深度休眠：Cortex-M3 处理器的 SLEEPDEEP 信号表示深度休眠状态。

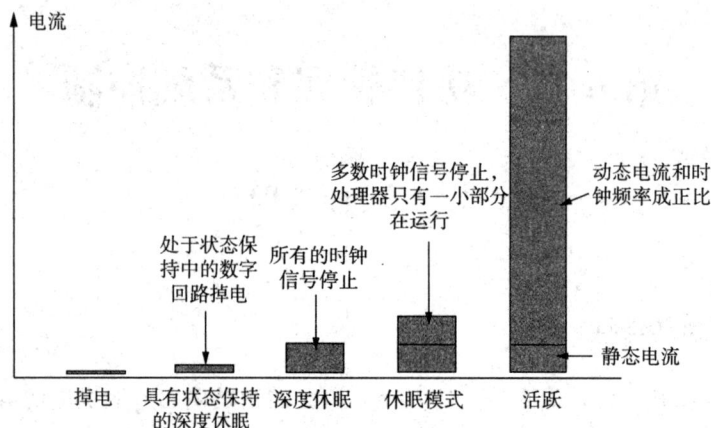

图6-1 处理器一般功耗模式

Cortex-M3 处理器中有一个名为系统控制寄存器（SCR）的寄存器，可以在这个寄存器中设置休眠模式和深度休眠模式。其位于地址 0xE000ED10，SCR 位域的详细描述见表 6.1，与系统控制块（SCB）中的其他多数寄存器类似，SCR 只能在特权状态中访问。

表 6.1 系统控制寄存器（0xE000ED10）

位	名 称	类 型	复位值	描 述
4	SEVONPEND	R/W	0	每次挂起都会发送事件。如果使用 WFE 进入休眠，不管中断的优先级是否比当前的高或是否使能，它都能唤醒处理器
3	保留	–	–	–
2	SLEEPDEEP	R/W	0	设置为1时，选择深度休眠模式，否则为休眠模式
1	SLEEPONEXIT	R/W	0	设置为1时，使能退出时休眠特性，当从异常处理中退出并返回线程时处理器会自动进入休眠模式
0	保留	–	–	–

Cortex-M3 处理器提供等待中断（WFI）和等待事件（WFE）指令进入休眠模式，见表 6.2。

表 6.2 进入休眠模式的指令

指 令	描 述
WFI	等待中断 进入休眠模式。处理器可由中断请求、调试请求或复位唤醒
WFE	等待事件 条件进入休眠模式。若内部事件寄存器为 0，则处理器会进入休眠模式。否则内部事件寄存器被清除，且处理器会继续执行。处理器可由中断请求、事件输入、调试请求或复位唤醒

要将处理器从 WFI 休眠中唤醒，中断优先级要高于当前的优先级（若为当前正在执行的中断），并且要高于 BASEPRI 寄存器或屏蔽寄存器（PRIMASK 和 FAULTMASK）设置的等级。若由于优先级不够导致中断没有被接受，那么该中断就不会唤醒 WFI 引起的休眠。

WFE 的情况有些许不同，若休眠期间触发的中断与屏蔽寄存器或 BASEPRI 寄存器相比更低或相等并且 SEVONPEND 置位，处理器仍可被唤醒。Cortex-M3 处理器休眠模式的唤醒规则见表 6.3。

表 6.3　WFI 和 WFE 的唤醒行为

WFI 行为	唤　醒	IRQ 执行
IRQ 与 BASEPRI		
IRQ 优先级 >BASEPRI	Y	Y
IRQ 优先级 =<BASEPRI	N	N
IRQ 与 BASEPRI、PRIMASK		
IRQ 优先级 >BASEPRI	Y	N
IRQ 优先级 =<BASEPRI	N	N
WFE 行为	**唤醒**	**IRQ 执行**
IRQ 与 BASEPRI,SEVONPEND=0		
IRQ 优先级 >BASEPRI	Y	Y
IRQ 优先级 =<BASEPRI	N	N
IRQ 与 BASEPRI,SEVONPEND=1		
IRQ 优先级 >BASEPRI	Y	Y
IRQ 优先级 =<BASEPRI	Y	N
IRQ 与 BASEPRI、PRIMASK,SEVONPEND=0		
IRQ 优先级 >BASEPRI	N	N
IRQ 优先级 =<BASEPRI	N	N
IRQ 与 BASEPRI、PRIMASK,SEVONPEND=1		
IRQ 优先级 >BASEPRI	Y	N
IRQ 优先级 =<BASEPRI	Y	N

　　休眠模式的另外一个特性是它可以被设置为在退出中断程序后自动回到休眠，这样，若没有需要处理的中断，内核就可以一直保持休眠状态。要使用这个特性，需要设置系统控制寄存器里的 SLEEPONEXIT 位，应用退出时休眠的实例如图 6-2 所示。

　　注意：若使能退出休眠特性，处理器可以在任何异常退出时进入休眠，即便是没有执行 WFE/WFI 指令。要确保处理器只在需要时进入休眠，如若系统未准备好进入休眠，就不要设置 SLEEPONEXIT 位。

6.1.3　唤醒中断控制器

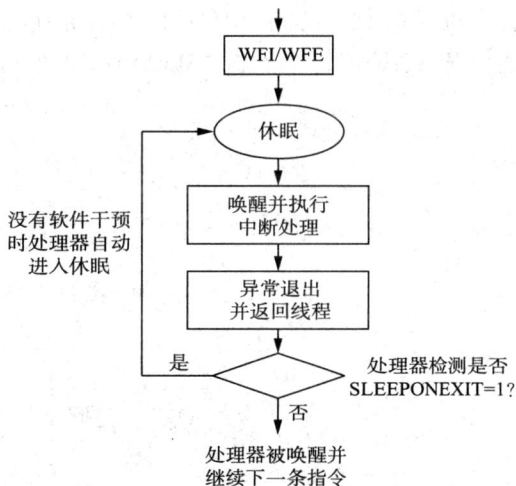

图 6-2　退出时休眠的应用实例

　　在深度休眠期间，当处理器的所有时钟信号都被关闭后，NVIC 无法检测到新产生的中断请求。为了使处理器在时钟信号不可用时也可被唤醒，Cortex-M3 引入了唤醒中断控制器（WIC）。

　　WIC 的体积非常小，是可选的中断检测电路，它通过一个特殊的接口同 Cortex-M3 处理器的 NVIC 相连，而且还和电源管理单元等设备相关的电源控制系统相连，如图 6-3 所示。

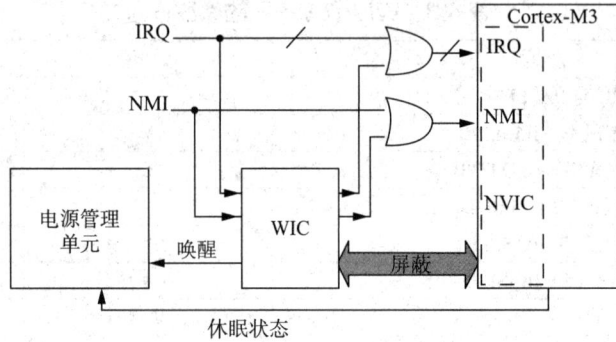

图 6-3　时钟信号停止时 WIC 充当中断检测功能

WIC 中没有可编程寄存器，它可以从 NVIC 的接口上得到所需的信息。通过 WIC 的使用，进入处理器内核的时钟信号可以完全停止，当有中断请求到达时，WIC 会向芯片中的系统控制器或电源管理单元发出唤醒请求，通知恢复处理器时钟。

为在休眠期间降低功耗，WIC 提供了的新方法。状态保持功率门（SRPG）可以将 Cortex-M3 处理器的大部分电源关掉，只留下一小部分逻辑门保存当前的逻辑状态。通过 SRPG 和 WIC 的组合使用，Cortex-M3 处理器的大部分都可以在深度休眠期间掉电，只保留一小部分保存状态，如图 6-4 所示。

在这种掉电状态期间，WIC 仍在工作，它可在中断到达时产生唤醒请求以恢复电源和系统状态。因此，处理器可以继续工作并能在很短时间内处理中断请求。通过这种处理，最大的中断等待时间取决于系统上电所需的时间，多数情况下，20-30 个时钟周期就够用了。普通休眠（系统控制寄存器的 SLEEPDEEP 位为 0）不会触发掉电特性。

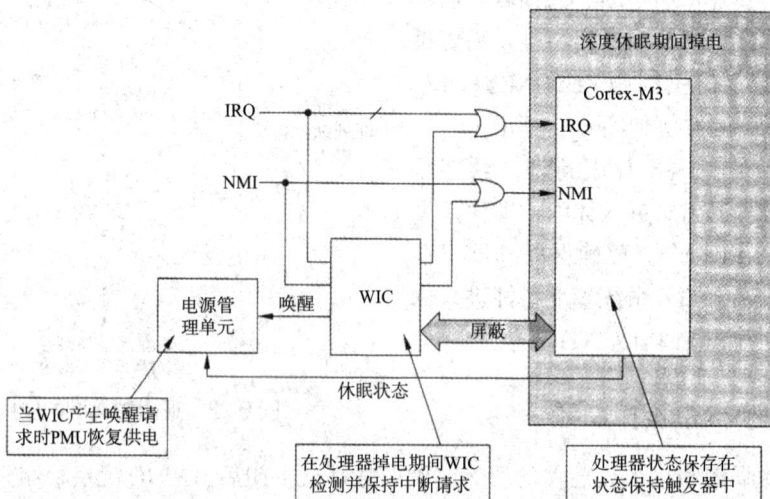

图 6-4　保持状态时 WIC 的中断检测功能应用

注意：处理器掉电特性在深度休眠时会停止 SYSTICK 定时器，在连接调试器时掉电特性会被禁止（调试器通过周期性地访问调试寄存器来检查处理器的状态）。

6.2　SysTick 定时器

6.2.1　SysTick 定时器应用需求

Cortex-M3 处理器内集成了一个名为 SysTick（系统节拍）的定时器，它属于 NVIC 的一部分，可以产生 SysTick 异常（异常类型 #15）。SysTick 为简单的向下计数的 24 位计数器，可以使用处理器时钟或外部参考时钟（通常为片上时钟源）。

在嵌入式 OS，需要一个周期性的中断来定期触发 OS 内核，如用于任务管理和上下文切换，处理器也可以在不同时间片内处理不同任务。处理器设计还需要确保运行在非特权等级的应用任务无法禁止该定时器，否则任务可能会禁止 SysTick 定时器并锁定整个系统。在处理器内增加一个定时器，可提高软件的可移植性。由于所有的 STM32 微控制器具有相同的 SysTick 定时器，通过 STM32 微控制器实现的 OS 也能适用于其他的微控制器。

若应用中不需要使用 OS，SysTick 定时器可用作简单的定时器外设，用于产生周期性中断、延时或时间测量。

6.2.2　SysTick 定时器操作

SysTick 定时器中存在 4 个寄存器，如图 6-5 所示。SysTick 内部包含一个 24 位向下计数器，它会根据处理器时钟或一个参考时钟信号来减小计数。SysTick 中的计数器有两个时钟源：第一个为内核的运行时钟（并非系统时钟 HCLK，因此在系统时钟停止时它也不会停止）；第二个为外部参考时钟，由于要检测上升沿，参考时钟至少得比处理器时钟慢两倍。

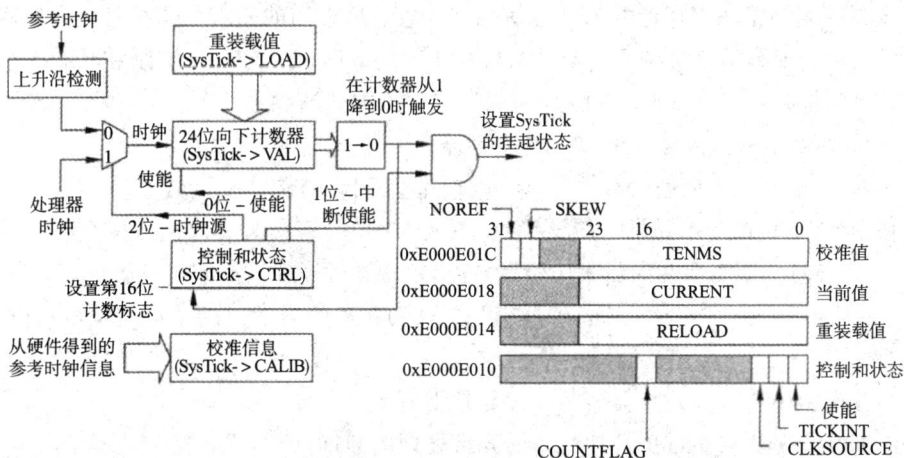

图 6-5　SysTick 定时器简单框图

SysTick 中的寄存器的细节见表 6.4– 表 6.7，SysTick 中的校准值寄存器为软件提供了校准信息，其第 31 位用于指示外部时钟源是否存在。

表6.4 SYSTICK 的控制和状态寄存器（0xE000E010）

位	名 称	类 型	复位值	描 述
16	COUNTFLAG	RO	0	当 SYSTICK 定时器计数到 0 时，该位变为 1，读取寄存器或清除计数器当前值时会被清零
2	CLKSOURCE	R/W	0	0= 外部参考时钟（STCLK）;1= 使用内核时钟
1	TICKINT	R/W	0	1=SYSTICK 定时器计数减至 0 时产生异常 0= 不产生异常
0	ENABLE	R/W	0	SYSTICK 定时器使能

表6.5 SYSTICK 的重装载值寄存器（0xE000E014）

位	名 称	类 型	复位值	描 述
23:0	RELOAD	R/W	未定义	定时器计数为 0 时的重装载值

表6.6 SYSTICK 的当前值寄存器（0xE000E018）

位	名 称	类 型	复位值	描 述
23:0	CURRENT	R/Wc	0	读出值为 SYSTICK 定时器的当前数值。写入任何值都会清除寄存器，SYSTICK 控制和状态寄存器中的 COUNTFLAG 也会清零

表6.7 SYSTICK 的校准值寄存器（0xE000E01C）

位	名 称	类 型	复位值	描 述
31	NOREF	R	–	1= 没有外部参考时钟（STCLK 不可用）0= 有外部参考时钟可供使用
30	SKEW	R	–	1= 校准值并非精确的 10ms 0= 校准值准确
23:0	TENMS	R/W	0	10 毫秒校准值。芯片设计者应通过 Cortex-M3 的输入信号提供该数值，若读出为 0，则表示校准值不可用

在设置控制和状态寄存器的第 0 位使能该计数器后，当前值寄存器在每个处理器时钟周期或参考时钟的上升沿都会减小，当计数器从 1 变为 0 时，SYSTICK 控制和状态寄存器中的 COUNTFLAG 将会置位，COUNTFLAG 可以通过以下方式清除：

（1）处理器读 SYSTICK 控制和状态寄存器；

（2）对 SYSTICK 当前值寄存器写入任何值都会清除 SYSTICK 计数值。

要使能 SYSTICK 产生异常，应该设置 TICKINT 位，若向量表已被转移至静态随机访问存储器（SRAM），则需要在向量表中设置 SYSTICK 异常处理，汇编代码如下：

```
                           ;设置 SYSTICK 的异常处理（只在向量表位于 RAM
中时需要）
    MOV R0，#0xF           ;异常类型 15
    LDR R1，=SysTick_handler   ;异常处理的地址
    LDR  R2, =0xE000ED08   ;向量表偏移寄存器
    LDR R2，[R2]
    STR R1，[R2，R0，LSL #2]   ;将向量写入 VectTbloffset+ ExcpType*4
```

要每 1024 个处理器时钟周期产生一次 SYSTICK 异常，可用下面的汇编代码实现操作：

```
                                        ; 使能 SYSTICK 定时器且使能 SYSTICK 中断
    LDR  R0,=0xE000E010                 ;SYSTICK 控制和状态寄存器
    MOV  R1，#0
    STR  R1，[R0]                        ; 停止计数防止意外触发中断
    LDR  Rl，=1023                       ; 每 1024 周期触发一次
    STR  R1，[R0，#4]                     ; 写重装载值寄存器
                                        ;对当前值寄存器写任何值都会将其清 0,COUNTFLAG
也会被清 0
    STR  R1，[R0，#8]
    MOV  Rl，# 0x7                       ;时钟源 = 内核时钟，使能中断，使能计数器
    STR  Rl，[R0]                        ;开始计数
```

SYSTICK 计数器可以用作时钟定时，它可以在数个时钟周期之后启动某个任务。例如，若任务需要在 300 个时钟周期后启动，可以在 SYSTICK 异常处理中设置这个任务并且对 SYSTICK 进行编程，这样在 300 周期过后该任务就会启动：在主程序中被清除计数器，它启动时的初始值为 0，然后就会被立即重装载为 288（300-12）。由于异常等待最小为 12 个周期，因此再将计数值减去 12。不过，当 SYSTICK 计数器变为 0 时，若另外一个优先级更高或相同的异常正在执行，SYSTICK 异常就会延迟执行。

SYSTICK 计数器不会自动停止，需要在 SYSTICK 异常处理中将其停止；若 SYSTICK 只执行一次，应该清除其异常挂起状态。

6.2.3　其他考虑

在使用 SysTick 定时器时需要考虑以下几点：

（1）SysTick 定时器中的寄存器只能在特权状态下访问。

（2）参考时钟在一些 STM32 微控制器中可能会不存在。

（3）若应用中存在嵌入式 OS，SysTick 定时器会被 OS 使用，因此就不能再被应用任务使用。

（4）当处理器在调试期间暂停时，SysTick 定时器会停止计数。

（5）某些 STM32 微控制器的 SysTick 定时器可能会在某些休眠模式中停止计数。

6.3　系统控制寄存器

6.3.1　配置控制寄存器

1. 简介

系统控制块（SCB）中有一个名为配置控制寄存器（CCR）的寄存器，它可以调整处理器的某些行为以及控制高级特性，表 6.8 列出 CCR 位域的细节内容。

表6.8　配置控制寄存器位域说明（0xE000ED14）

位	名　称	类　型	复位值	描　述
9	STKALIGN	R/W	–	强制异常压栈从双字对齐地址开始：对于 Cortex-M3 版本 1，该位复位为 0；版本 2 则复位为 1，版本 0 不具备该特性
8	BFHFNMIGN	R/W	–	在硬件错误和 NMI 处理期间忽略数据总线错误
7:5	保留	–	–	保留
4	DIV_0_TRP	R/W	0	被零除陷阱
3	UNALIGN_TRP	R/W	0	非对齐访问陷阱
2	保留	–	–	保留
1	USERSETMPEND	R/W	0	若设为1，用户可以写软件触发中断寄存器
0	NONBASETHRDENA	R/W	0	非基本线程使能：若设为1，异常处理可以通过控制返回值在任何等级下返回到线程状态

2.STKALIGN 位

当 STKALIGN 位为 1 时，处理器会强制将校帧放到双字对齐的存储器位置处，若中断产生时栈指针未指向双字对齐的位置，则会在压栈过程中插入一个字，且压入栈的 xPSR 的第 9 位为 1 表示栈进行过调整，出栈时则会进行反向调整。若该特性未使能，栈帧会对齐到字地址边界处。程序开发时，强烈建议在程序开头处使能双字栈对齐特性。

3.BFHFNMIGN 位

当设置 BFHFNMIGN 位为 1 时，优先级为 –1（如 HardFault）或 –2（如 NMI）的异常处理会忽略加载和存储指令引起的数据总线错误，它还可用于可配置异常处理（如总线错误、使用错误或存储器管理错误）在 FAULTMASK 置位时执行的情形。

若该位没有置位，则 NMI 或 HardFault 中的数据总线错误会导致系统进入锁定状态。

当该位用在错误处理中时，一般需要检测各个存储器位置以确定系统总线或存储器控制器问题。

4.DIV_O_TRP 位

当 DIV_O_TRP 位为 1 时，若 SDIV（有符号除法）或 UDIV（无符号除法）中出现被零除，则使用错误异常会被触发，否则，运算只会得到商为 0 的结果。若未使能使用错误处理，HardFault 异常会被触发。

5.UNALIGN_TRP 位

Cortex-M3 处理器支持非对齐数据传输，不过，非对齐传输的产生可能就意味着程序代码中出现了错误（如使用了错误的数据类型），而且由于每次执行非对齐传输都需要更多的时钟周期而导致性能下降，处理器实现了一种陷阱机制以检测是否存在非对齐传输。

若 UNALIGN_TRP 位为 1，则当产生非对齐传输时会触发使用错误异常，否则，非对齐传输只支持单加载和存储指令，其中包括：LDR、LDRT、LDRH、LDRSH、LDRHT、LDRSHT、STR、STRH、STRT 和 STRHT。

若地址是非对齐的，则不管 UNA LIG N_ TRP 为何值，LDM、STM、LDRD 和 STRD 等多加载指令总会触发异常。

注意：字节大小的传输总是对齐的。

6.USERSETMPEND 位

默认情况，软件触发中断寄存器只能在特权状态下访问。若 USERSETMPEND 为 1，则也能在非特权等级下访问该寄存器。

设置 USERSETMPEND 可能会导致另外一个问题。在其置位后，非特权任务可以触发系统异常外的任意软件中断，因此，若使用 USERSETMPEND 且系统中存在不受信任的用户任务，则由于正在处理的异常有可能是由这些不受信任的程序触发的，中断处理需要确认是否应该执行该异常。

7.NONBASETHRDENA 位

若当前没有在处理其他异常，则正在执行异常处理的处理器默认只能返回线程模式。否则，Cortex-M3 处理器会触发一次使用错误，以表明有错误发生。即使从嵌套异常中退出，NONBASETHRDENA 位也会使处理器返回到线程模式。

本特性很少用在应用软件开发中，多数情况下它应该被禁止。

6.3.2　辅助控制寄存器

1.简介

Cortex-M3 处理器中还存在另外一个控制寄存器，也就是辅助控制寄存器，可以控制其他的处理器相关行为，一般用于调试，在一般的应用编程中不会用到，表 6.9 列出辅助控制寄存器位域的细节内容。

表 6.9　辅助控制寄存器位域说明（0xE000E008）

位	域	类型	复位值	描述
2	DISFOLD	R/W	0	禁止 IT 重叠（防止 IT 指令执行时与下一条指令重叠）
1	DISDEFWBUF	R/W	0	禁止默认存储器映射的写缓冲（MPUI 映射区域的存储器访问不受影响）
0	DISMCYCINT	R/W	0	禁止多周期指令的中断，如多加载指令（LDM）、多存储指令（STM）以及 64 位乘法和除法指令

2.DISFOLD 位

有些情况下，当处理器还在执行 IT 指令时，就可以开始执行 IT 块中的第一条指令。这种设计被称作 IT 重叠，而且这种执行周期的重叠还可以提高性能，不过，IT 重叠可能会引起循环偏差，若某个任务要避免偏差，可以在执行任务前将 DISFOLD 位设置为 l 禁止 IT 重叠。

3.DISDEFWBUF 位

Cortex-M3 处理器具有一个写缓冲特性，当执行对可缓冲的存储器区域写操作时，处理器在传输完成前可以继续执行下一条指令，这对性能有很大帮助，不过在调试总线错误时会比出现问题。例如在图 6-6 的程序中，若在总线写过程中出现了错误且引发了总线错误，这时，处理器已经向前执行了几条包括跳转在内的指令，由于三个存储指令中的任何一个都会引发不精确的总线错误，因此确定错误指令的位置是非常困难的。

```
            STR   R0, [R1, R5]  ◄────── 可能的错误之处
            B     Label
            ---
            STR   R2, [R2, #4]  ◄────── 可能的错误之处
            B     Label
            ---
    Label:
            MOVS  R1, #4
            CMP   R3, R1        ◄────── 收到不精确的总线错误
            ---
            STR   R0, [R1, R5]  ◄────── 可能的错误之处
            CMP   R6, #0
            BNE   Label
```

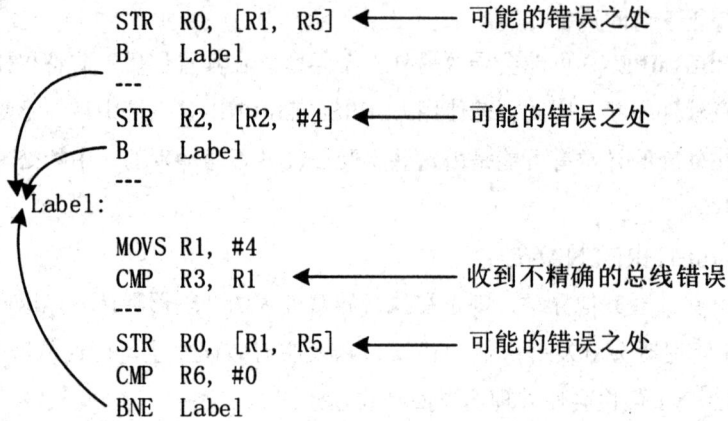

图 6-6　不精确的总线错误示例程序

DISDEFWBUF 位可用于禁止在处理器接口上的写缓冲，这样处理器在写操作完成前不会继续执行下一条指令，这样会发现总线错误在 STR 指令（精确的总线错误）处立即产生，且可以很容易从栈中的返回地址（压栈的程序计数器）确定引发错误的存储指令。

4.DISMCYCINT 位

当 DISDEFWBUF 位设为 1，多加载和多存储指令将不会被打断，若处理器要将当前状态压栈并进入中断处理，必须在完成 LDM 或 STM 等指令之后，这会增加处理器的中断等待时间。

第7章 软件开发基础

7.1 软件开发过程

7.1.1 概述

微控制器中有多个部分，在许多 STM32 微控制器中，处理器占的硅片面积小于 10%，剩余部分被其他部件占用，例如：

（1）程序存储器（如 Flash 存储器）、SRAM。

（2）内部总线。

（3）I/O 部分、外设。

（4）时钟生成逻辑（包括锁相环）、复位生成器以及这些信号的分布网络。

（5）电压调节和电源控制器回路。

（6）其他模拟部件（如 ADC、DAC 以及模拟参考回路）。

（7）供生产测试使用的电路等。

这些部件中的一部分对编程人员是可见的，而其他部分则对开发者是不可见的（如供生产测试用的电路）。不过，不必担心，要使用 STM32 微控制器，只需对 Cortex-M3 处理器的基本情况（例如，如何使用中断特性）以及外设的编程模型细节有所了解。对不同 STM32 微控制器提供的有所差异的外设，可参阅供应商提供的用户手册。

STM32 微控制器可以使用多种语言编程，例如汇编、C 语言以及 National Instruments 的 LABVIEW 等其他高级语言。对于使用 STM32 微控制器的多数应用程序，软件可以全部用 C 语言编写。当然，也可以使用汇编语言，或者汇编与 C 语言的混合编程。实际软件开发时，代码编写、建立和下载映像文件的步骤很大程度上取决于工具链。

7.1.2 软件开发流程

软件开发流程根据所使用的编译器组件而有所差异，假定使用的是集成开发环境（IDE）中的 C 编译器，软件开发流程如图 7-1 所示，一般包括：

1. 创建工程

在创建工程时，需要指定源文件位置、编译目标、存储器配置以及编译选项等，许多 IDE 在这一步都有工程创建向导。

2. 添加文件到工程

需要将工程所需的惊代码文件添加进来，可能还需要在工程选项中指定所有被包含的头文件的路径。很显然，可能还需要创建程序源代码文件并编写程序。

注意，为了减少编写新文件的麻烦，应该可以重用设备代码库中的多个文件，其中包括启动代码、头文件及一些外设控制函数。

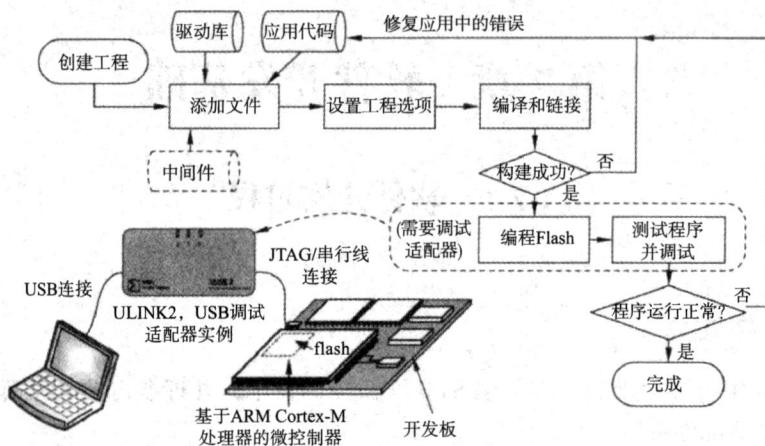

图 7-1　一般的软件开发流程

3. 设置工程选项

多数情况下，创建的工程文件可以设置多个工程选项，如编译器优化选项、存储器映射以及输出文件类型。根据所使用的开发板和调试适配器，可能还需要设置调试和代码下载的配置选项。

4. 编译和链接

多数情况下，工程中包含独立编译的多个文件。经过优化后，每个文件都会有相应的目标文件。为了生成最终完整的可执行映像，还需要单独的链接过程。链接阶段后，IDE 还生成其他文件格式的程序映像，以便下载到设备中。

5. Flash 编程

基本上所有的 STM32 微控制器都用 Flash 存储器存放程序，在创建完程序映像后，需要将程序下载到微控制器的 Flash 存储器中。程序下载一般要通过调试适配器完成。注意，若需要的话，还可以将应用程序下载到 SRAM 中并执行。

6. 执行程序和调试

在将编译后的程序下载到微控制器后，可以运行程序并查看是否工作。可以使用 IDE 中的调试环境来暂停处理器的执行，以及检查系统状态并确认是否工作正常。若程序工作不正常，则可以使用单步等多种调试特性以详细检查程序操作。要完成所有的这些操作，需要一个调试适配器连接到 IDE 且 STM32 微控制器处于测试状态。若发现了软件错误，则可以编辑程序代码、重新编译工程、将代码下载到微控制器并再次测试。

在执行编译后程序的过程中，还可以通过 UART 接口或 LCD 模块等多种 I/O 机制来检查程序执行状态和结果。

7.1.3　程序的编译

嵌入式程序的编译取决于你所使用的开发工具，这些工具的代码生成流程类。对于最基本的应用，需要汇编器、C 编译器、链接器以及二进制文件生成工具。对于 ARM 提供的解决方案，Keil MDK-ARM 开发套件的编译器工具提供了如图 7-2 所示的文件生成流程。

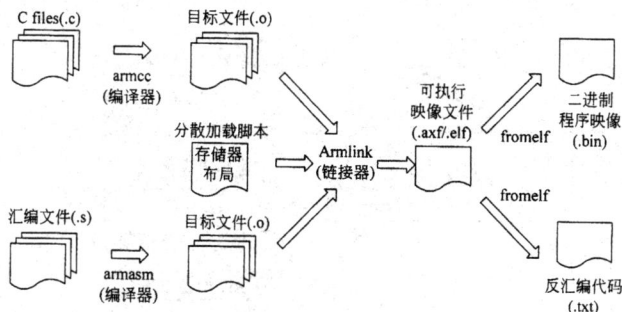

图 7-2　ARM 开发工具的编译流程

7.1.4　软件框架模式

可以用很多种软件模式实现应用程序框架，下面介绍几个典型的软件框架模式。

1. 轮询模式

对于简单的应用，STM32 微控制器可以等待数据准备好后进行处理，而后再等待。这种模式容易实现且非常适用于简单任务，图 7-3 为一个简单轮询模式的程序流程。

多数情况下，STM32 微控制器要控制多个接口的，因此需要支持处理多个任务。经过简单扩展，轮询模式就可以支持多个处理，如图 7-4 所示，这种处理有时也被称作"超级循环"模式。

轮询模式非常适合简单的应用，不过它有诸多缺点。例如，当应用程序变得更加复杂时，轮询循环的设计维护非常困难。而且，使用轮询很难定义不同服务的优先级，结果导致反应缓慢，当处理器正在处理不重要的任务时，外设请求可能需要等待很长的时间。

2. 中断驱动模式

轮询模式另外一个缺点是能耗效率差，在不需要服务时也会浪费很多能量。为了解决这个问题，几乎所有的 STM32 微控制器都会提供某种休眠模式以降低功耗，在休眠模式下，外设在需要服务时将处理器唤醒，如图 7-5 所示。这通常被称作中断驱动模式的应用程序。

在中断驱动的应用中，不同外设的中断可以被指定为不同的中断优先级，例如：重要 / 关键的外设可以被指定为较高的优先级，这样，若中断产生时处理器正在处理更低优先级的中断，低优先级中断就会被暂停，而更高优先级的中断服务就会立即执行。这种设计的响应较快。

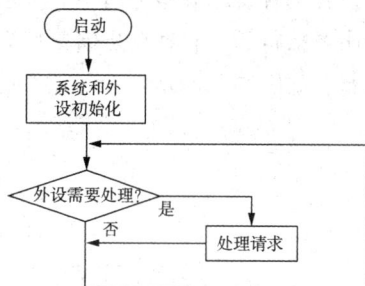

图 7-3　轮询模式简单应用

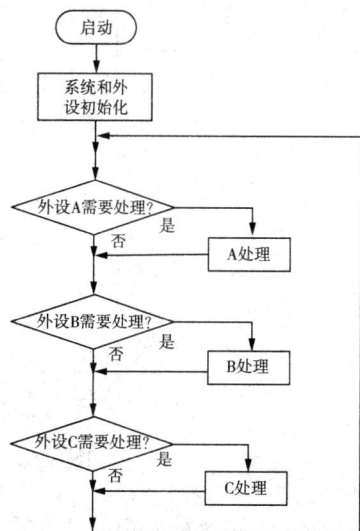

图 7-4　多处理设备的轮询方式应用

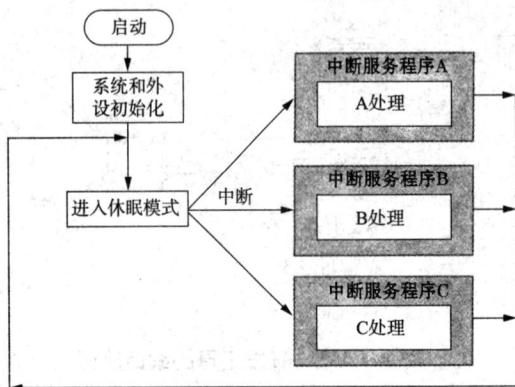

图7-5　简单的中断驱动模式应用

多数情况下,外设服务的数据处理可以分为两部分:第一部分需要快速处理,而另一部分则可以执行得稍微慢一些,这时,在编写程序时可以将中断驱动模式和轮询模式结合起来,在当外设需要服务时,它就会像中断驱动的应用一样触发一个中断请求,当第一部分中断服务执行后,它就会更新某些软件变量,以便第二部分可以在基于循环的应用程序代码中执行,如图7-6所示。

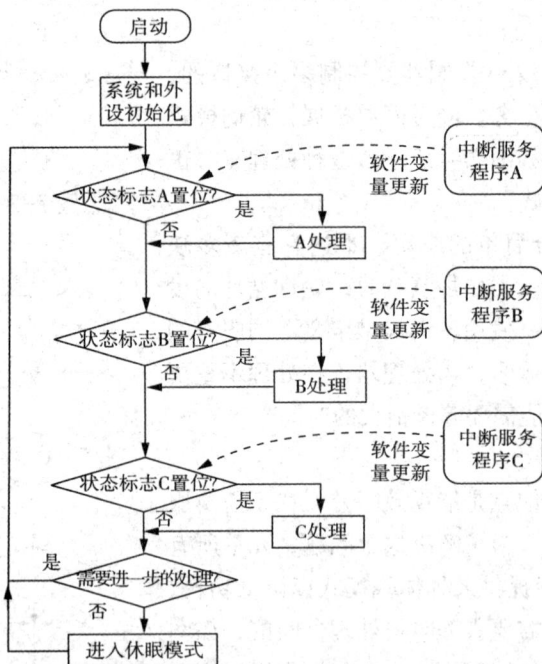

图7-6　使用轮询和中断驱动两种模式的应用

通过上述这种处理,可以减少高优先级中断处理的持续时间,更低优先级的中断服务也可以更快地执行,同时,在不需要处理时,处理器还可以进入休眠状态以降低功耗。

3. 多任务模式

当应用更加复杂时,基于轮询和中断驱动模式的程序架构未必能够满足处理需求。例如，有些执行时间长的任务可能会需要同步处理。要实现这一操作，可以将处理器时间划分为多个时间片并且将时间片分给这些任务。虽然技术上可通过手动分割任务且创建简单的调度器实现这种处理的需求，但实际项目中通常不切实际的，因为这样会非常耗时间且会使程序维护和调试非常困难。

在这些复杂应用中，实时操作系统（RTOS）可用于处理任务调度，如图 7-7 所示。

RTOS 可以将处理器时间分为多个时间片且将时间片分给所需的进程，以实现多个进程同时执行。需要一个定时器来记录 RTOS 的时间，而且在每个时间片的最后，定时器会产生定时中断，它会触发任务调度器且确定是否要执行上下文切换。若需要执行，当前正在执行的任务就会被暂停，处理器转而执行另外一个任务。

除了任务调度，RTOS 还具有其他许多特性，如信号量和消息传递等。许多 RTOS 都可用于 STM32 微控制器，而且不少是免费的。

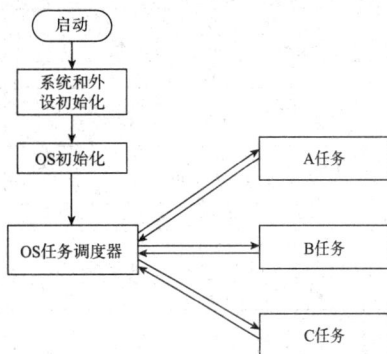

图 7-7 使用 RTOS 的多任务模式的应用

7.2 ARM C 语言编程

7.2.1 使用 C 简介

对于嵌入式编程的初学者，使用 C 语言开发 STM32 微控制器的软件是最佳的选择。多数微控制器供应商提供了 C 编写的设备驱动库来控制外设，可以将这些库文件添加到自己的工程中，使得用 C 编程开发 STM32 微控制器变得更加容易。现代 C 编译器可以生成高效的代码，用 C 编程比花费大量的时间用汇编语言开发复杂的程序要好得多，而且不容易出现错，代码的可移植性也更好。

同汇编语言相比，C 语言的优势在于可移植性高以及易于实现复杂操作。C 语言是通用的计算机语言。现代 C 编译器可以生成高效的代码，虽然不会指定处理器如何进行初始化，但是工具链会有相应的处理方法。

Keil MDK-ARM 开发套件中包含了许多 STM32 微控制器的程序实例，查看例程代码是入门的最佳途径。

7.2.2 C 程序中的数据类型

C 语言支持多种"标准"数据类型，不过，数据在硬件中的表示方式要取决于处理器架构和 C 编译器。对于不同的处理器架构，某种数据类型的大小可能是不一样的。例如，整数在 8 位或 16 位微控制器上一般是 16 位，而在 ARM 架构上则总是 32 位的。表 7.1 列出了 ARM 架构（其中包括所有的 Cortex-M 处理器）中的常见数据类型，所有的 C 编译器都支持这些数据类型。

表 7.1　ARM 架构支持的 C 语言数据类型大小和范围

C 和 C99（stdint.h）数据类型	位　数	范围（有符号）	范围（元符号）
char, int8_t, uint8_t	8	−128−127	0−255
Short int16_t, uint16_t	16	−32768−32767	0−65535
int, int32_t, uint32_t	32	−2147483648−2147483647	0−4294967295
long	32	−2147483648−2147483647	0−4294967295
Long long, int64_t, uint64_t	64	−（2^63）−（2^63−1）	0−（2^64−1）
float	32	−3.4028234 × 10^38−3.4028234 × 10^38	
double	64	−1.7976931348623157 × 10^308 −1.7976931348623157 × 10^308	
Long double	64	−1.7976931348623157 × 10^308 −1.7976931348623157 × 10^308	
指针	32	0x0−0xFFFFFFFF	
num	8/16/32	可用的最小数据类型，除非由编译器选项指定	
bool（只存在 C++），_Bool（只存在于 C）	8	True 或 False	
wchar_t	16	0−65535	

在 ARM 编程中，见表 7.2，还可以将数据大小称为字节、半字、字以及双字。这些叫法在 ARM 文档中非常普遍，其中包括指令集和硬件描述文档。

表 7.2　ARM 处理器的数据类型定义

类　型	大　小
byte（字节）	8 位
half word（半字）	16 位
word（字）	32 位
double word（双字）	64 位

7.2.3　C 程序实现 I/O 和外设访问

STM32 微控制器有多个 I/O 接口和定时器、实时时钟（RTC）等外设，这些 I/O 和外设的寄存器都经过了存储器映射，这也就意味着寄存器可以从系统存储器映射中访问，因此，用 C 程序可通过使用指针访问这些外设。

实际程序开发中，C 程序中对 I/O 和外设的寄存器访问一般使用以下 2 种方法：

第 1 种方法是将每个寄存器地址定义为指针，通过赋值语句访问，例如，以 SysTick 定时器中的寄存器为例，这种方法对外设寄存器的访问实现如图 7-8 所示。

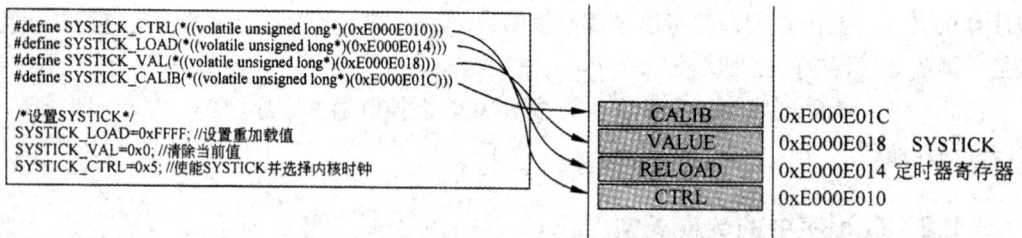

图 7-8　用指针访问外设寄存器

与第 1 种方法等同，可以定义一个宏，其功能是将地址值转换为 C 指针，如图 7-9 所示，这样的 C 代码读起来方便，但生成的代码和图 7-8 所示的方法完全一样。

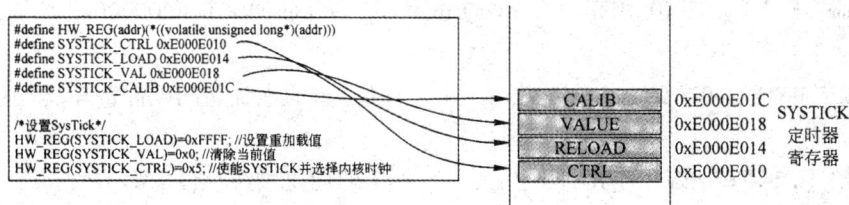

图 7-9　用宏定义方式的指针访问外设寄存器

这种方法对少量的外设寄存器非常有用，但当外设寄存器数量变大时，这种编码方法可能就会有以下问题：

（1）对于每个寄存器地址定义，程序需要存储 32 位地址常量，这样会增大代码体积。

（2）当同一类外设具有多个实例时，例如，STM32 微控制器有多个通用 I/O 接口，每次实例化时都需要重复相同的定义，这样扩展性不强而且不易维护。

（3）创建同一类外设的多个实例共用的函数也是非常困难的，例如，由于各通用 I/O 接口寄存器的地址不同，对于第 1 种方法可能需要为每个通用 I/O 接口创建相同的 GPIO 复位函数，这样会增加代码体积。

为此，提出了第 2 种方法，具体是将寄存器定义为一种数据结构，然后再定义一个指向这个结构体的指针，通过对此结构体的操作来实现对外设寄存器的访问。这种方法的 C 语言实现过程如图 7-10 所示。

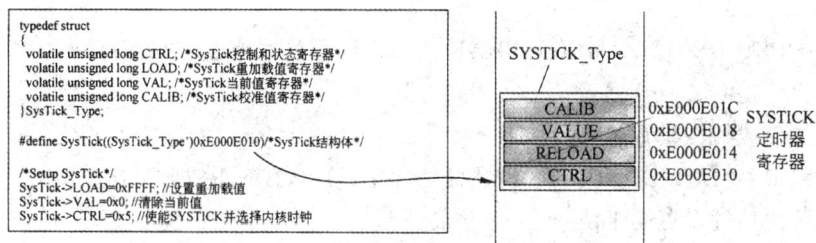

图 7-10　以数据结构体元素指针的方式访问外设寄存器

第 2 种方法（使用数据结构和 C 代码定义的指针）是最常用的方法，它允许外设中的多个寄存器共用一个常量作为基地址。访问每个寄存器时，我们可以用立即数偏移寻址模式。

7.2.4　C 程序实现位段操作

大多数 C 编译器是不支持位段操作，例如，在使用两个不同的地址时，C 编译器不会认为访问的是同一存储器区域，而且它们也不知道对位段别名的访问只会操作该存储器位置的最低位。在用 C 语言实现位段操作，最简单的方法是对某存储器位置的地址和位段别名单独定义，例如：

```
# define DEVICE_REG0    * ( ( volatile unsigned long * )( 0x40000000 ) )
# define DEVICE_REG0_BIT0  * ( ( volatile unsigned long * )( 0x42000000 ) )
```

```
# define DEVICE_REG0_BIT1  * ( ( volatile unsigned long * )( 0x42000004 ) )
……
DEVICE_REG0 = 0xAB;                    // 使用普通地址访问硬件寄存器
……
DEVICE_REG0 = DEVICE_REG0 | 0x2;       // 未使用位段特性设置第 1 位
……
DEVICE_REG0_BIT1 = 0x1;                // 利用位段特性通过位段别名设置第 1 位
```

也可以利用 C 语言的宏定义简化对位段别名的访问，例如，可以定义一个宏将位段地址和位编号转换为位段别名地址，并且用另外一个宏将地址作为一个指针来访问存储器地址。

```
// 将位段地址和位编号转换为位段别名地址
# define BITBAND ( addr, bitnum )(( addr & 0xF0000000 ) + 0x2000000
+ (( addr & 0xFFFFF ) << 5 ) + ( bitnum << 2 ) )
// 将地址转换为指针
# define MEM_ ADDR ( addr ) * ( volatile unsigned long * )( addr ) )
```

基于之前的例子，可以将代码重写如下：

```
# define DEVICE_REG0   0x40000000
# define BITBAND ( addr, bitnum )(( addr & 0xF0000000 ) + 0x2000000
+ (( addr & 0xFFFFF ) << 5 ) + ( bitnum << 2 ) )
# define MEM_ ADDR ( addr ) * ( volatile unsigned long * )( addr ) )
……
MEM ADDR ( DEVICE_REG0 )= 0xAB        // 利用普通地址访问寄存器
……
// 未使用位段特性设置第 1 位
MEM_ADDR ( DEVICE_REG0 )= MEM_ADDR ( DEVICE_REG0 )| 0x2;
// 利用位段特性设置第 1 位
MEM_ADDR ( BITBAND ( DEVICE_REG0 , 1 )) = 0x1;
```

注意：在使用位段特性时，可能需要将被访问的变量定义为 volatile。C 编译器不知道同一个数据会以两个不同的地址访问，因此需要利用 volatile 属性，以确保在每次访问变量时，操作的是存储器位置而不是处理器内的本地备份。

7.2.5　C 程序实现特殊寄存器访问

ARM C 编译器（Keil-MDK 开发套件）可以使用"已命名寄存器变量"特性来访问特殊寄存器，其语法如下：

```
register type var_name _arm ( reg );
```

其中，type 为已命名寄存器变量的数据类型；var_name 为已命名寄存器变量的名称；reg 为指明要使用哪个寄存器的字符串。例如，可以将寄存器名声明为

```
register unsigned int reg_apsr _asm ( "apsr" );
reg_apsr = reg_apsr & 0xF7FFFFFFUL; // 消除 APSR 中的 Q 标志
```

以使用已命名寄存器变量特性可访问的寄存器见表 7.3。

表 7.3　可利用"已命名寄存器变量"特性访问的特殊寄存器

寄存器	_asm 中的字符串
APSR	"apsr"
BASEPRI	"basepri"
BASEPRI_MAX	"basepri_max"
CONTROL	"control"
EAPSR（EPSR+APSR）	"eapsr"
EPSR	"epsr"
FAULTMASK	"faultmask"
IAPSR（IPSR+APSR）	"iapsr"
IEPSR（IPSR+EPSR）	"iepsr"
IPSR	"ipsr"
MSP	"msp"
PRIMASK	"primask"
PSP	"psp"
PSR	"psr"
r0–r12	"r0" – "r12"
r13	"r13" 或 "sp"
rl4	"r14" 或 "lr"
rl5	"r15" 或 "pc"
XPSR	"xpsr"

7.2.6　C 程序实现异常处理和 SVC

1. C 程序实现异常处理

对于 STM32 微控制器，可以将异常处理或中断服务程序（ISR）实现为普通的 C 程序 / 函数。异常机制在异常入口处自动保存 R0-R3、R12、LR 以及 PSR，并在异常退出时将它们恢复，这些都要由处理器硬件控制。这样，当返回到被中断的程序时，所有寄存器的数值都会和进入中断时相同。另外，与普通的 C 函数调用不同，返回地址（PC）的数值并没有存储在 LR 中（异常机制在进入异常时将 EXC_ RETURN 代码放入 LR 中，该数值将会在异常返回时用到），因此，异常流程也需要将返回地址保存。这样对于 Cortex-M3 处理器，需要在异常处理期间保存的寄存器共有 8 个。

使用 C 语言，中断处理可以写作：

```
void UART1_Handler（void）{
……                  // 处理外设中的任务
return;
}
```

2. C 程序实现 SVC

多数情况下，向 SVC 函数传递参数时，需要使用汇编实现异常处理代码，这是因为此参数由栈传递，而不是寄存器。若要用 C 开发 SVC 处理，则需要一个简单的汇编包装代码获取压栈的参数位置并且将其传给 SVC 处理，接下来 SVC 处理会根据栈指针信息提取出 SVC 编号和参数。对于 ARM 微控制器 Keil-MDK 开发套件，可以用如下嵌入汇编实现的包装：

// 提取栈帧起始地址的汇编包装

// 将栈帧起始地址放到 R0 中，然后跳转到实际的 SVC 处理

```
_asm void  svc_handler_wrapper（void）
{
TST LR，#4
ITE EQ
MRSEQ R0，MSP
MRSNE R0，PSP
B  _cpp（svc_handler）
```
}// 由于 svc_handler 会返回到调用处，因此无须在程序最后添加返回（BX LR）

SVC 处理的剩余部分可以用 C 实现，并且使用 R0 作为输入（栈帧的起始位置），它可用于提取 SVC 编号和传递参数（R0-R3）：

```
//C 实现的 SVC 处理，栈帧指针为输入参数，指向参数数组
//svc_args[0] =R0，svc_args[l] =R1
//svc_args[2] =R2，svc_args[3] =R3
//svc_args[4] =R12，svc_args[5] =LR
//svc_args[6] = 返回地址（压栈 PC）
//svc_args[7] = xPSR
void svc_handler（unsigned int*  svc_args）
{
unsigned int svc_number;
unsigned int svc_r0;
unsigned int svc_rl;
unsigned int svc_r2;
unsigned int svc_r3;
svc_number =（（char*）svc_args[6]）[-2];    // 存储器地址 [（压栈 PC）-2]
svc_r0=（（unsigned long）svc_args[0]）;
svc_r1=（（unsigned long）svc_args[1]）;
svc_r2=（（unsigned long）svc_args[2]）;
svc_r3=（（unsigned long）svc_args[3]）;
printf（"SVC number= %xn", svc_number）;
printf（"SVC parameter0= %x\n", svc_r0）;
printf（"SVC parameterl= %x\n", svc_rl）;
printf（"SVC parameter2= %x\n", svc_r2）;
printf（"SVC parameter3= %x\n", svc_r3）;
return;
}
```

注意：SVC 无法和普通 C 函数一样将结果返回给调用程序，普通 C 函数可以通过将函数定义为 unsigned int func（）之类的某种数据类型来返回数值，并且使用 return 传递返回值，实际上数值是放在 R0 中的。若 SVC 处理在退出时将返回值放在寄存器 R0-R3 中，数值会

被出栈过程覆盖，因此，若 SVC 要将结果返回给调用程序，需要直接修改栈帧，这样数值才能在出栈过程中被加载到寄存器中。

Keil-MDK 开发套件中调用 SVC 的 C 语言处理函数，可以使用 _svc 关键字，例如，若需要将 4 个参数传递给编号为 3 的处理函数，可以把名为 call_svc_3 的 SVC 声明为：

void　_svc（0x03）call_svc_3（unsigned long svc_r0, unsigned long svc_rl, unsigned long svc_r2, unsigned long svc_r3）；

C 程序代码可以如下调用 SVC 函数：

int main（void）

{

unsigned long p0，pl，p2，p3；　　　　// 传递给 svc 处理的参数

// 调用 3 号 SVC，且将参数 p0，p1，p2，p3 传给 svc

call_svc_3（p0，pl，p2，p3）；

return；

}

7.2.7　C 程序实现位数据处理

在 C 语言中，可以定义位域，该特性的合理使用有助于生成位数据和位域处理的更加高效的代码，例如，在处理 I/O 端口控制任务时，可以用 C 语言定义位的结构体和联合：

```
// 位数据处理的 C 结构体和联合定义
typedef struct{                      /* 定义 32 位的结构体 */
uint32_t bit0:1;
uint32_t bit1:1;
uint32_t bit2:1;
uint32_t bit3:1;
uint32_t bit4:1;
uint32_t bit5:1;
uint32_t bit6:1;
uint32_t bit7:1;
uint32_t bit8:1;
uint32_t bit9:1;
uint32_t bit10:1;
uint32_t bit11:1;
uint32_t bit12:1;
uint32_t bit13:1;
uint32_t bit14:1;
uint32_t bit15:1;
uint32_t bit16:1;
uint32_t bit17:1;
```

```
uint32_t bit18:1;
uint32_t bit19:1;
uint32_t bit20:1;
uint32_t bit21:1;
uint32_t bit22:1;
uint32_t bit23:1;
uint32_t bit24:1;
uint32_t bit25:1;
uint32_t bit26:1;
uint32_t bit27:1;
uint32_t bit28:1;
uint32_t bit29:1;
uint32_t bit30:1;
uint32_t bit31:1;
} ubit32_t;                        /* 用于位访问的结构体 */
typedef union
{
ubit32_t ub;                       /* 无符号位访问的类型 */
uint32_t uw;                       /* 符号字访问的类型 */
} bit32_Type;
```

下面可以利用新定义的数据类型来声明变量，例如：

```
bit 32_Type foo;
foo.uw = GPIOD-> IDR;              //. uw 字访问
if（ foo.ub.bit14 ）{              //.ub 位访问
GPIOD-> BSRRH =（ 1<< 14 ）；       // 清除第 14 位
} else {
GPIOD-> BSRRL =（ 1<< 14 ）；       // 设置第 14 位
}
```

在上面的例子中，编译器将生成一个 UBFX 指令用于所需位数据的提取，若位域被定义为有符号整数，则会使用 SBFX 指令。

注意：在这类代码中写一个位或位域可能会引起 C 编译器生成一个软件的读 – 修改 – 写流程，这对 I/O 控制来说是不允许的，因为若在修改另一个位的读和写操作之间产生中断，则在中断返回后由中断处理进行的位修改可能会被覆盖。

一个位域可以包含多个位，例如：

```
typedef struct {
uint32_t bit1to0:2;
uint32_t bit2:1;
uint32_t bit4to3:2;
```

uint32_t bit5:1;

uint32_t bit7to6:2;

} A_bitfields_t;

7.2.8 内在函数

C 语言用户一般可以加快应用程序开发过程，不过有些情况下，需要使用的一些指令却无法用普通 C 代码生成。有些 C 编译器提供了操作这些特殊指令的内在函数，这些函数可以和普通 C 函数一样使用。例如，ARM 编译器对经常使用的指令提供了见表 7.4 所列的内在函数。

表 7.4 ARM 编译器提供的内在函数

汇编指令	ARM 汇编器内在函数
CLZ	unsigned char _clz（unsigned int val）
CLREX	void _clrex（void）
CPSID I	void _disable_irq（void）
CPSIE I	void _enable_irq（void）
CPSID F	void _disable_fiq（void）
CPSIE F	void _enable_fiq（void）
LDREX/LDREXB/LDREXH	unsigned int _ldrex（volatile void *ptr）
LDRT/LDRBT/LDRSBT/LDRHT/LDRSHT	unsigned int _ldrt（const volatile void *ptr）
NOP	void _nop（void）
RBIT	unsigned int _rbit（unsigned int val）
REV	unsigned int _rev（unsigned int val）
ROR	unsigned int _ror（unsigned int val, unsigned int shift）
SSAT	int _ssat（int val, unsigned int sat）
SEV	void _sev（void）
STREX/STREXB/STREXH	int _strex（unsigned int val, volatile void *ptr）
STRT/STRBT/STRHT	void int _srrt（unsigned int val, const volatile void *ptr）
USAT	int _usat（unsigned int val, unsigned int sat）
WFE	void _wfe（void）
WFI	void _wfi（void）
BKPT	void_breakpoint（int val）

7.2.9 C 程序使用汇编

1. 简介

对于小的工程，可以使用汇编语言开发整个程序。不过，这对于初学者来说就有点困难。通过汇编，可以得到所需的最佳优化，但这样会增加开发时间而且容易出现错误，另外，在处理复杂的数据类型或者进行函数库管理时，使用汇编将会非常困难。实际工程中虽普遍使用 C 语言，但有些情况下部分程序还须使用汇编实现：

（1）无法用 C 实现的函数，如直接操作栈数据或无法使用普通 C 代码在编译器中产生的指令。

（2）时序关键程序。

（3）存储器空间紧张，使用汇编可以获得最小的代码体积。

C 程序使用汇编时，理解参数或返回值是如何在调用程序和被调用函数间传递非常重要，此交互机制由《ARM 架构过程调用标准》（ARM Architecture Procedure Call Standard，AAPCS）指定。

对于简单的情况，当调用程序需要将参数传递给子例程或函数时，它会使用寄存器 R0-R3，其中 R0 为第一个参数，Rl 为第 2 个，等等。类似地，R0 用于函数结束时的返回值，R0-R3 和 R12 可以被函数或子例程修改，而 R4-R11 的内容在进入函数时则需要恢复到之前的状态，它们可以由栈的 PUSH 和 POP 处理。

2.C 程序中调用汇编函数

C 代码中调用汇编实现的函数时，在汇编代码内应该确认：若修改被调用者保存寄存器（如 R4-R11），应该首先将它们保存到栈中，然后在退出函数前将它们恢复。

若这个函数还要调用另一个函数，则还需要保存 LR 的数值，因为在执行 BL 或 BLX 时 LR 的数值会有变化。

下面是 C 代码中调用 My_Add 汇编函数的示例程序：

```
;My_ Add 汇编函数
EXPORT My_Add
My_Add FUNCTION
ADDS R0, R0 , Rl
ADDS R0 , R0, R2
ADDS R0 , R0, R3
BX LR                          ;返回结果位于 R0 中
ENDFUNC
// 在 C 程序代码内，需要利用 extern 声明 My_Add 函数
extern int My_Add（int xl , int x2, int x3, int x4）;
int y;
y = My_Add（l, 2, 3, 4）;        // 调用 My_Add 函数
```

3.嵌入汇编

ARM 工具链中支持名为嵌入汇编的特性，若利用其在 C 文件中实现汇编函数 / 子程序，则需要在函数声明前增加 _asm 关键字，例如，将 4 个寄存器相加的函数可以通过如下实现：

```
_asm int My_Add（int xl , int x2, int x3, int x4）
{ ADDS R0, R0, Rl
ADDS R0, R0, R2
ADDS R0, R0, R3
BX LR                          ;返回结果位于 R0
}
```

在嵌入汇编代码中，可以利用 _cpp 关键字引入数据符号或地址值，例如：

```
_asm void function_A（void）
{
PUSH {R0–R2 , LR}
BL _cpp（LCD_clr_screen）       ;调用 C 函数
LDR R0, = _cpp（&pos_x）         ;得到 C 变量的地址
LDR R0 , [R0]
```

```
    LDR Rl , = _cpp（&pos_y）                    ; 得到 C 变量的地址
    LDR Rl, [Rl]
    LDR R2 , = _ cpp（LCD_pixel_set）            ; 引入函数的地址
    BLX R2                                       ; 调用 C 函数
    POP {RO- R2 , PC}
    }
```

4. 内联汇编

ARM C 编译器还支持内联汇编特性，可以在 C 程序代码中直接使用汇编指令，示例程序如下：

```
int qadd8（int i, int j）
{
int res;
_asm
{
QADD8 res, i, j
}
return res ;
}
```

7.3　软件接口标准 CMSIS

7.3.1　CMSIS 简介

Cortex-M3 处理器在嵌入式应用市场的势头越来越猛，基于 Cortex-M3 的产品和支持 Cortex-M3 处理器的软件也不断涌现。目前，C 编译器供应商超过 5 家，超过 30 种嵌入式操作系统（OS）支持 Cortex-M3 处理器，同时还有很多公司提供多种嵌入式软件解决方案，包括编码器、数据处理库以及各种软件和调试方案。CMSIS（Cortex 微控制器软件接口标准）由 ARM 开发，它使得微控制器和软件供应商可以使用一致的软件结构来开发 Cortex 微控制器的软件，可以帮助用户从这些软件方案中获取最大的益处，以及快速可靠的开发嵌入式应用程序。

CMSIS 开始于 2008 年，旨在改进 ARM 处理器的软件可用性和内部可操作性。许多芯片供应商都将其集成到驱动库中，CMSIS 为 Cortex-M3 处理器提供了标准的软件接口以及许多通用的系统和 I/O 函数，包括嵌入式 OS 供应商和编译器供应商在内的软件公司也已经支持了这个库。

CMSIS 的目标如下。

（1）提高软件重用性：在不同的 Cortex-M 工程间重用软件代码更加容易，减少了推向市场和测试验证的时间。

（2）提高软件兼容性：由于建立统一的软件架构（例如，处理器内核访问函数的 API、系统初始化方法以及定义外设的通用方式），不同来源的软件可以配合工作，降低了集成的风险。

（3）易于学习：CMSIS 允许使用 C 语言访问处理器内核特性，另外，要是了解一种 Cortex-M 微控制器产品，由于软件编写的一致性，使用另外一种 Cortex-M 产品也会非常容易。

（4）独立于工具链：符合 CMSIS 的设备驱动可用于多种编译工具，为开发提供了更大的自由度。

（5）开放性：任何人都可以下载和查看 CMSIS 核心文件的源代码，而且任何人都可以利用 CMSIS 开发软件产品。

7.3.2 CMSIS 的标准化

CMSIS 通过提供标准头文件以及标准 Cortex-M 处理器功能的 API，使得基于 Cortex-M 处理器的编程更加简单。从软件开发的角度来说，CMSIS 对以下几个方面进行了规范：

1. 处理器外设的标准化定义

其中包括嵌套向量中断控制器（NVIC）中的寄存器、系统节拍定时器（SysTick）、可选的存储器保护单元（MPU）、系统控制块（SCB）中的多个可编程寄存器以及一些和调试特性相关的可编程寄存器。

2. 访问处理器特性的标准化函数

其中包括使用 NVIC 进行中断控制的多个函数以及访问处理器中特殊寄存器的函数。若需要的话，也可以直接访问寄存器，而使用这些函数（有时也被称作应用编程接口，或者叫 API）进行编程有助于提高软件可移植性。

3. 操作特殊指令的标准化函数

Cortex-M 处理器支持几个用于特殊目的的指令（例如，等待中断 WFI，用于进入休眠模式），这些指令无法用标准 C 语言生成，CMSIS 实现了一组函数，C 程序代码可以利用这些函数实现特殊指令，若没有这些函数，用户必须得使用工具链相关的解决方案，如内在函数或内联汇编，才能将特殊指令插入应用程序中，这样会降低软件的可重用性，而且为了避免出现错误，还需要对工具链的深入了解。CMSIS 为这些特性提供了一种标准的 API，方便了应用程序的开发。

4. 系统异常处理的标准化命名

多个系统异常类型在 Cortex-M 处理器的架构中有所体现，通过赋予这些系统异常处理标准化的命名，开发适用于多种 Cortex-M 产品的软件也就更加容易，这对嵌入式 OS 开发尤其重要，因为嵌入式 OS 需要使用一些系统异常。

5. 系统初始化的标准函数

对于多数具有丰富特性的现代微控制器产品，在应用程序开始前都需要配置时钟电路和电源管理寄存器。在符合 CMSIS 的设备驱动库中，这些配置过程由 SystemInit（）实现，很显然，该函数的实际实现是设备相关的，而且可能需要适应多种工程需求。不过，由于定义标准的函数名、函数的标准使用方式以及函数的标准位置，设计者就能很容易地学习使用

Cortex- M 微控制器。

6. 描述时钟频率的标准化的变量

CMSIS 定义一个软件变量 System Core Clock 来表示系统当前运行的时钟频，为需要或者系统当前运行的时钟频率的应用程序提供了便利，例如，设置 UART 波特率分频器或初始化 OS 使用的 SysTick 定时器等程序。

另外，CMSIS 还提供了设备驱动库的通用平台，每个设备驱动库看起来都是一样的，这样初学者使用设备就更加容易，而且软件开发人员也可以很轻松地开发出用于多种 Cortex-M 微控制器产品的软件。

7.3.3　CMSIS 的组织结构

CMSIS 文件被集成在微控制器供应商提供的设备驱动库软件包中，设备驱动库中的有些文件是 ARM 准备的，对于不同微控制器供应商都是一样的，其他文件则取决于供应商 / 设备。CMSIS 的组织结构如图 7-11 所示。

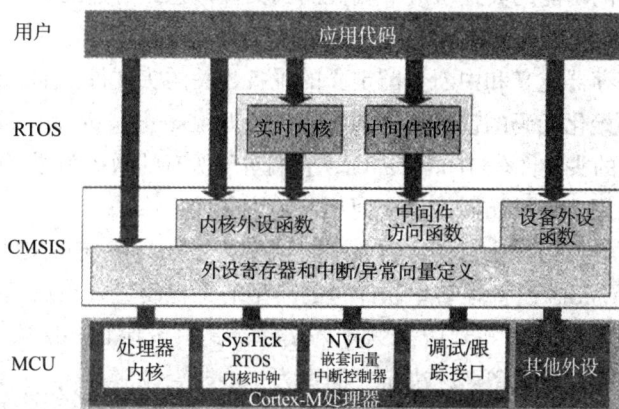

图 7-11　CMSIS 的组织结构

一般来说，可以将 CMSIS 定义为以下几层：

1. 内核外设访问层

名称定义、地址定义以及访问内核寄存器和内核外设的辅助函数，这与处理器相关，由 ARM 提供。

2. 设备外设访问层

名称定义、外设寄存器的地址定义以及包括中断分配、异常向量定义等的系统设计，这与设备相关（注意：同一家供应商的多个设备可能会使用同一组文件）。

3. 外设访问函数

访问外设的驱动代码，这是供应商相关的，而且是可选的。在开发应用程序时，可以选择使用微控制器供应商提供的外设驱动代码，或者有必要，也可以直接访问外设。

4. 中间件访问层

该层在当前的 CMSIS 版本中不存在，是为了方便外设访问而提出的，例如开发一组用于访问 UART、SPI 以及以太网等常见外设的 API，若该层存在，中间件开发人员可以基于该层开发自己的应用程序，这样软件在设备间移植也就更加容易。

注意：在有些情况下，设备驱动库中可能会包含用于微控制器供应商设计的 NVIC 的函数，它们是供应商定义的。CMSIS 的目标为提供一个共同的起点，微控制器供应商也可以根据自己的意愿添加其他的函数，不过若软件需要在另外一个微控制器产品上重用，就需要移植。

7.3.4　使用 CMSIS

CMSIS 文件位于微控制器供应商提供的设备驱动软件包中，因此，在使用微控制器供应商提供的设备驱动库时，就已经使用了 CMSIS。软件开发中，要使用 CMSIS，一般需要做到以下几点：

1. 将源文件添加到工程中

（1）设备相关，工具链相关的启动代码，C 或汇编。

（2）设备相关的设备初始化代码（如 system_< device>.c）。

（3）用于外设访问功能的其他供应商相关的源文件，这是可选的。

2. 将头文件添加到搜索路径中

（1）用于外设寄存器定义和中断分配定义的设备相关的头文件（如 <device>.h）。

（2）用于设备初始化代码的设备相关的头文件（如 system_< device>.h）。

（3）处理器相关的头文件（如 core_cm3.h，它们对于所有的微控制器供应商都是相同的）。

（4）其他可选的用于外设访问的供应商相关的头文件。

（5）有些情况下开发组件中可能会包含一些预安装的 CMSIS 支持文件。

图 7-12 为使用 CMSIS 设备驱动库软件包的典型的工程设置，在从微控制器供应商处获得的设备驱动库软件包中可以找到所需的各个文件，其中包括 CMSIS 文件，其中的一些文件由供应商的实际微控制器设备名称决定（图中为 < device>）。

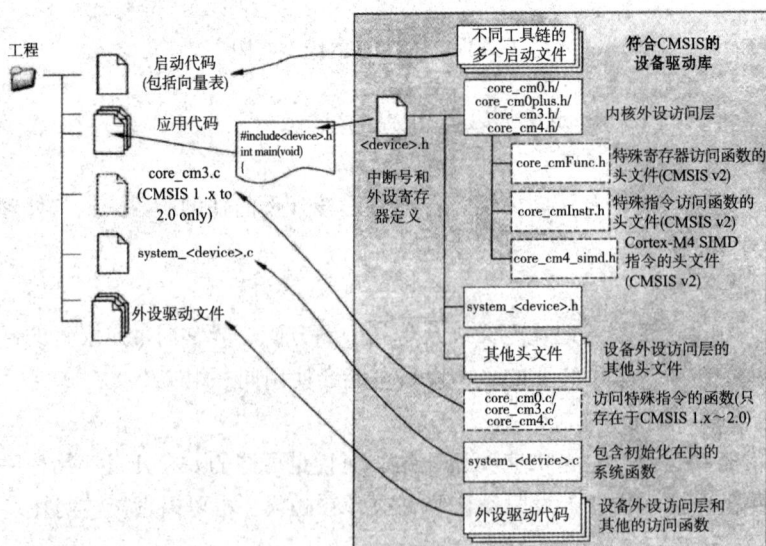

图 7-12　在工程中使用 CMSIS

当设备相关的头文件被包含在应用程序代码中时，它会自动包含其他所选的头文件，因此，为了工程能够正确编译，需要设置工程的头文件搜索路径。

有些情况下，在创建一个新的工程时，集成开发环境（IDE）会自动设置启动代码，如不满足要求，还需要手动将设备驱动库中的启动代码添加到工程中。处理器的启动流程需要启动代码，它包括中断处理所需的异常向量表定义等。

使用 CMSIS 版本的内在函数，嵌入式软件可以在不同的 C 编译器上访问所有的处理器内核特性。微控制器供应商的官方网站上一般会有 CMSIS 的使用实例，有些设备驱动库自身也会有类似的例子。另外，可以从 www.arm.com 网站下载 CMSIS 软件包，其中就包含了一些例子和文献，以及一些通用函数的介绍。

图 7-13 中列出应用程序开发中使用 CMSIS 的简单例子。

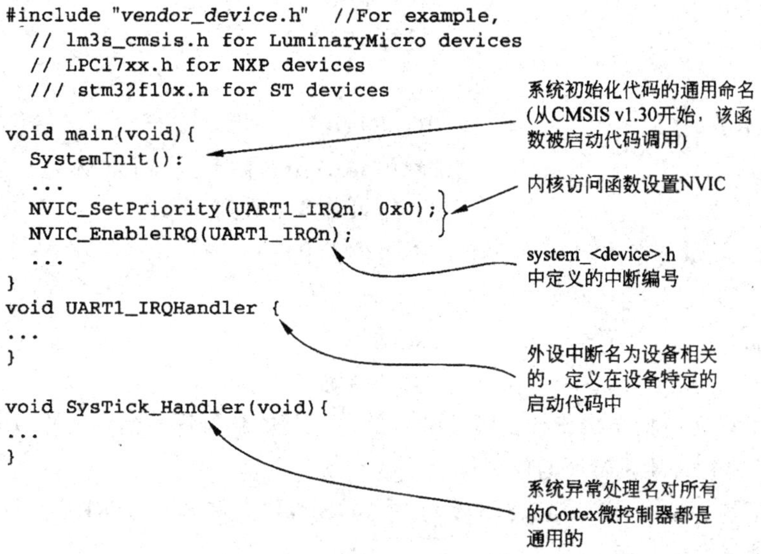

```
#include "vendor_device.h"  //For example,
  // lm3s_cmsis.h for LuminaryMicro devices
  // LPC17xx.h for NXP devices
  /// stm32f10x.h for ST devices

void main(void){
  SystemInit():
  ...
  NVIC_SetPriority(UART1_IRQn. 0x0);
  NVIC_EnableIRQ(UART1_IRQn);
  ...
}
void UART1_IRQHandler {
...
}

void SysTick_Handler(void){
...
}
```

系统初始化代码的通用命名（从 CMSIS v1.30 开始，该函数被启动代码调用）

内核访问函数设置 NVIC

system_<device>.h 中定义的中断编号

外设中断名为设备相关的，定义在设备特定的启动代码中

系统异常处理名对所有的 Cortex 微控制器都是通用的

图 7-13　使用 CMSIS 实例

上述示例中通过 CMSIS 设置中断和异常，因此，需要使用 system_<device>.h 中定义的异常 / 中断常量，这些常量和内核寄存器中使用的异常编号不同（例如，中断程序状态寄存器 [IPSR]）。对于 CMSIS 来说，系统异常使用负数，而外设中断则使用正数。

7.4　软件开发简单实例

7.4.1　汇编程序开发实例

汇编程序具有代码体积小、执行效率高的特点，但用汇编语言开发程序较复杂、难度大，对于需要复杂处理功能需求的软件开发不太适合，不过，对于小的程序，完全可以用汇编语言开发。

下面给出一个完整的简单汇编程序和编译过程，此程序实现将数值10，9，…，1相加，汇编代码如下：

```
STACK_TOP  EQU  0x20002000        ;SP 初始值常量
AREA | Header Code |, CODE
DCD STACK TOP                     ;栈顶
DCD Start                         ;复位向量
ENTRY                             ;表示主程序从这里开始
Start                             ;主程序开始
                                  ;初始化寄存器
MOV R0, #10                       ;初始循环计数值
MOV Rl, #0                        ;初始结果
                                  ;计算 10+9+8+ … +1

loop
ADD Rl, R0                        ;R1=R1+R0
SUBS R0, #1                       ;减小 R0，更新标志（"S" 后缀）
BNE loop                          ;若结果非零则跳到 loop
                                  ;结果位于 R1

deadloop
B deadloop                        ;死循环
END                               ;文件结尾
```

这个简单程序包括初始化栈指针（SP）的值、初始化程序计数器（PC）的值以及设置寄存器，之后在循环中进行所需的计算。

假定使用的是 Keil MDK-ARM 开发套件，汇编程序文件名为：test1.s，在命令行状态下，该程序如下进行汇编处理：

armasm --cpu cortex-m3 -o test1.o test1.s

-o 选项指定输出文件名：testl.o 为目标文件，然后通过链接工具创建可执行映像（ELF），实现命令如下：

armlink --rw_base 0x20000000 -- ro_base 0x0 --map -o testl.elf testl.o

这里，--ro-base 0x0 表示只读区域（程序 ROM）从地址 0x0 开始，--rw-base 则表示读 / 写区域（数据存储器）从地址 0x20000000 开始（在这个例子 testl.s 中，没有定义任何 RAM 数据）。--map 选项用于创建映像映射表，它有助于了解编译映像的存储器布局。

最后，使用如下命令创建二进制映像：

Fromelf --bin --output testl.bin testl.elf

为了检查映像是否同设想的一致，还可以使用如下命令生成反汇编列表文件：

fromelf -c -- output testl.list testl.elf

如果一切正确，下一步可以将 ELF 映像加载到硬件或指令集模拟器中进行测试。

7.4.2　C 程序开发实例

由于多数微控制器供应商提供 C 编写的设备驱动库来控制外设，用 C 编程 STM32 微控制器相对比较容易，可将这些库文件添加到自己的工程中。由于现代 C 编译器可以生成高效的代码，用 C 编程比花费大量的时间用汇编语言开发复杂的程序要好得多，同汇编语言相比，C 的优势在于可移植性高以及易于实现复杂操作。

STM32 微控制器的 C 语言程序一般至少包括"main"程序和向量表，下面给出一个完整的实例的 C 语言源码和编译过程，此程序通过指针实现 LED 反转显示，代码如下：

```
// 定义 LED 位段操作指针
# define LED * (( volatile unsigned int* ) ( 0xDFFF000C ))
int main ( void )
{
int i;                       /* 延时函数的循环变量 */
volatile int j ;             /*volatile 虚拟变量，防止 C 编译器将延时优化掉 */
while ( 1 ) {
LED = 0x00;                  /* 翻转 LED*/
for ( i=0; i<10; i++ ) {j=0;}   /* 延时 */
LED = 0x01;                  /* 翻转 LED*/
for ( i=0; i<10; i++ ) {j=0;}   /* 延时 */
}
return 0 ;
}
```

该文件的名为"testLED.c"，此外，需要为向量表创建了一个单独的 C 程序"vectors.c"。文件"vectors.c"中包含了向量表以及多个虚拟的异常处理（不同的目标应用程序会对它们进行处理），代码如下：

```
typedef  void ( *const ExecFuncPtr )( void ) _irq
extern  int _main ( void );
// 虚拟处理，异常处理
_irq void NMI_Handler ( void ) { while ( 1 ) ; }
_irq void HardFault_Handler ( void ) { while ( 1 ) ; }
_irq void SVC_Handler ( void ) { while ( 1 ) ; }
_irq void DebugMon_Handler ( void ) { while ( 1 ) ; }
_irq void PendSV_Handler ( void ) { while ( 1 ) ; }
_irq void SysTick_Handler ( void ) { while ( 1 ) ; }
_irq void ExtInt0_IRQHandler ( void ) { while ( 1 ) ; }
_irq void ExtInt1_IRQHandler ( void ) { while ( 1 ) ; }
_irq void ExtInt2_IRQHandler ( void ) { while ( 1 ) ; }
_irq void ExtInt3_IRQHandler ( void ) { while ( 1 ) ; }
```

```
# pragma arm section rodata = " exceptions_area"
ExecFuncPtr exception_table[ ]  =  {          /* 肉量表 */
（ ExecFuncPtr） 0x20002000,
（ ExecFuncPtr） _main,
NMI_Handler,                /* NMI */
HardFault_Handler,
0,                          /* Cortex-M3 中的 MemManage_Handler */
0,                          /* Cortex-M3 中的 BusFault_Handler */
0,                          /* Cortex-M3 中 WJ UsageFault_Handler */
0,                          /* 保留 */
0,                          /* 保留 */
0,                          /* 保留 */
SVC_Handler,
0,                          /* Cortex-M3 中的 DebugMon_Handler */
0,                          /* 保留 */
PendSV_Handler,
SysTick_Handler,
ExtInt0_IRQHandler,
ExtInt0_IRQHandler,
ExtInt0_IRQHandler,
ExtInt0_IRQHandler
};
# pragma arm section
```

假定使用的是 Keil MDK-ARM 开发套件，可以使用以下 DOS 批处理命令实现程序的编译和二进制映像的创建：

```
SET  PATH = C:\Keil-ARM\ARM\ARMCC\bin; %PATH%
SET RVCT40INC = C:\Keil-ARM\ARM\ARMCC\INCLDE
SET RVCT40LIB = C:\Keil-ARM\ARM\ARMCC\\LIB
SET CPU_TYPE = Cortex-M3
SET CPU_VENDOR = ARM
SET UV2_TARGET = Targetl
SET CPU_CLOCK = 0x00000000
armcc  -c -03 -w -g -Otime -device  DLM vectors.c
armcc  -c -03 -w -g -Otime -device  DLM testLED.c
armlink --device DLM "--keep = Startup.o（RESET）" "--first = Startup.o（RESET）"
-scatter led.scat --map vectors.o testLED.o -o testLED.elf
fromelf -bin testLED.elf -o testLED.bin
```

对于 C 语言程序，需编制分散加载文件，Keil MDK-ARM 链接器根据分散加载文件中的定义获得存储器布局并且将向量放到程序映像的开始处。此实例程序的分散加载文件"led.
scat"的内容如下：

```
# define  HEAP_BASE   0x20001000
# define  STACK_BASE  0x20002000
# define  HEAP_SIZE   （（STACK_BASE – HEAP_BASE）/2）
# define  STACK_SIZE  （（STACK_BASE – HEAP_BASE）/2）
LOAD_REGION  0x00000000  0x00200000
{
VECTORS 0x0 0xC0
{
;vectors.c 的用户提供
*（exceptions_area）
}
CODE 0xC0 FIXED
{
*（+RO）
}
DATA    0x20000000  0x00010000
{
*（+RW, +ZI）
}
;堆从 4KB 开始，并向上生长
Heap_Mem HEAP_BASE EMPTY HEAP_SIZE
{
}
;栈在 8KB RAM 的最后，且向下生长，最大 2KB
Stack_Mem STACK_BASE EMPTY –STACK_SIZE
{
}
}
```

实际项目中，一般不使用命令行，用 uVision IDE 集成开发环境来创建并编译工程会更
简单一些。

第 8 章　STM32 硬件基础

8.1　概述

8.1.1　STM32 开发硬件环境

STM32 嵌入式系统开发是一项实践性很强的工作，必须通过大量的实验才能很好地掌握其系统资源的使用，嵌入式系统由硬件和软件两部分组成，硬件是基础，软件是关键，两者联系十分紧密。对于项目早期开发和初学者的来说，STM32 嵌入式微控制器的开发通常在开发硬件环境下进行，开发硬件环境包括：开发板、仿真调试器，外部接口配件、供电电源和调试计算组成，开发板一般提供完整的功能和丰富资源和外部接口，调试计算安装集成软件开发环境，开发的程序通过集成软件工具编译后，通过仿真调试器下载到开发板，实现所需功能或进行测试、调试。

本书后续实验采用的硬件环境具体包括以下内容：

（1）正点原子精英 STM32F103 开发板，板载 1 片 STM32F103ZET6 微控制器。

（2）1 台 J–Link 仿真器，1 根 USB 电缆。

（3）1 块 800×480 点阵 TFT LCD 屏，DHT11 温 / 湿度传感器和 1 个 +5V 电源适配器。

（4）1 台调试计算。

8.1.2　开发板硬件组成

精英 STM32F103 开发包括 STM32F103 核心电路模块、电源电路与按键电路模块、LED 灯模块与蜂鸣器驱动电路模块、串口通信电路模块、Flash 与 EEPROM 电路模块、温 / 湿度传感器电路模块、LCD 屏接口电路模块、JTAG 仿真接口与复位电路模块等，其组成如图 8-1 所示。

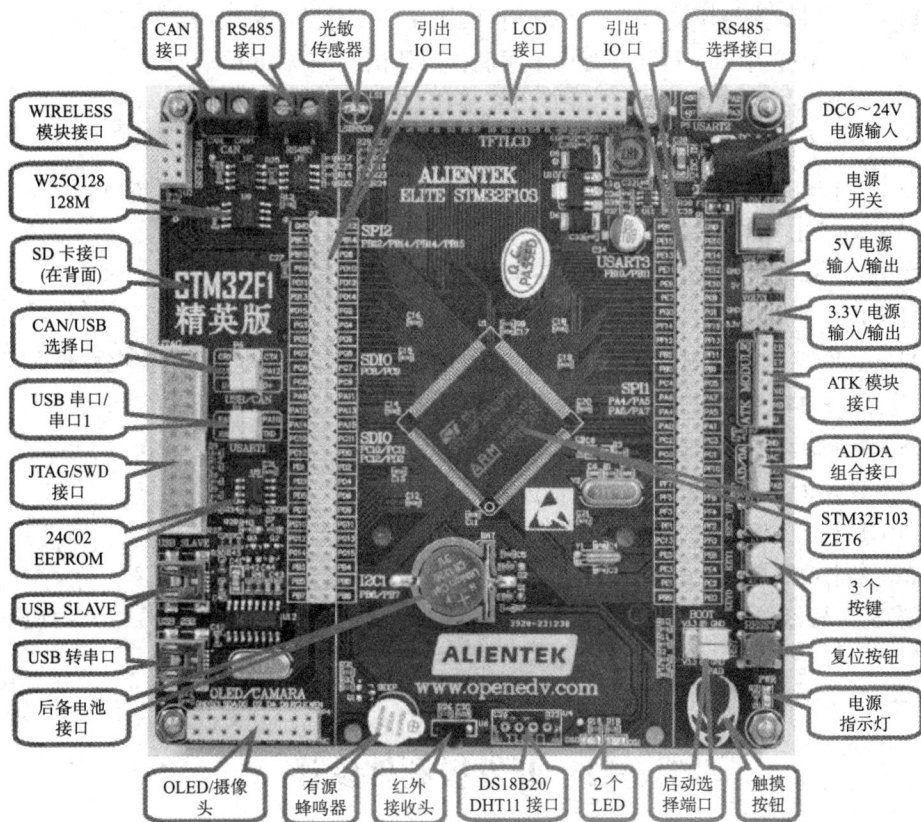

图 8-1　精英 STM32F103 开发板硬件组成

　　精英 STM32F103 开发板提供的资源丰富，它充分利用了 STM32F103 的内部资源，基本所有 STM32F103 的内部资源，都可以在此开发板上验证，同时扩充丰富的接口和功能模块，此开发板板载资源具体如下。

　　（1）微控制器：STM32F103ZET6，LQFP144，FLASH：512KB，SRAM：64KB。

　　（2）外扩 SPI FLASH：W25Q128，16MB。

　　（3）1 个电源指示灯（蓝色）。

　　（4）2 个状态指示灯（DS0：红色，DS1：绿色）。

　　（5）1 个红外接收头，并配备一款小巧的红外遥控器。

　　（6）1 个 EEPROM 芯片：24C02，容量 256B。

　　（7）1 个光敏传感器。

　　（8）1 个无线模块接口（可接 NRF24L01/RFID 模块等）。

　　（9）1 路 CAN 接口，采用 TJA1050 芯片。

　　（10）1 路 485 接口，采用 SP3485 芯片。

　　（11）1 路数字温湿度传感器接口，支持 DS18B20 /DHT11 等。

　　（12）1 个 ATK 模块接口，支持蓝牙、GPS 模块、MPU6050 模块等。

　　（13）1 个标准的 2.4/2.8/3.5/4.3/7 寸（1 寸 = 3.33 厘米）LCD 接口，支持触摸屏。

（14）1个摄像头模块接口，1个 OLED 模块接口（与摄像头接口共用）。

（15）1个 USB 串口，可用于程序下载和代码调试（USMART 调试）。

（16）1个 USB SLAVE 接口，用于 USB 通信。

（17）1个有源蜂鸣器。

（18）1个 RS485 选择接口、1个 CAN/USB 选择接口、1个串口选择接口。

（19）1个 SD 卡接口（在板子背面，SDIO 接口）。

（20）1个标准的 JTAG/SWD 调试下载口。

（21）1组 AD/DA 组合接口（DAC/ADC/ TPAD）。

（22）1组5V电源供应/接入口、1组3.3V电源供应/接入口、1个直流电源输入接口（输入电压范围：6-24V）、1个电源开关，控制整个板的电源。

（23）1个启动模式选择配置接口。

（24）1个 RTC 后备电池座，并带电池。

（25）1个复位按钮，可用于复位微控制器和 LCD。

（26）3个功能按钮，其中 KEY_UP 兼具唤醒功能，1个电容触摸按键。

开发板各资源的具体功能可参照技术文档《STM32F1 开发指南（精英版）- 库函数版本_V1.2》。

8.2　开发板硬件设计

8.2.1　最小应用系统硬件设计

1. 最小应用系统简介

STM32 应用系统的硬件设计包括最小硬件系统设计和扩展外围接口两部分。设计 STM32 应用系统时，首先需要根据数据手册了解 STM32 芯片的基本参数，接着根据相应的参数需求选择元器件设计最小应用系统，然后根据应用需求为其扩展必要的外围接口。STM32 最小应用系统是指用尽量少的外围电路构成的可以使 STM32 微控制器正常工作、实现基本功能的最简单系统，也称为最小硬件系统或最小系统。STM32 最小系统应当包括 STM32 芯片、电源电路、复位电路、时钟电路和 JTAG 接口。本节以精英 STM32F103 开发板（简称：开发板）为例，介绍 STM32 最小应用系统相关电路。

2. 微控制器电路设计

开发板选择的是 STM32F103ZETT6 作为微控制器，它拥有的资源包括：64KB SRAM、512KB FLASH、2个基本定时器、4个通用定时器、2个高级定时器、2个 DMA 控制器（共12个通道）、3个 SPI、2个 I2C、5个串口、1个 USB、1个 CAN、3个12位 ADC、1个12位 DAC、1个 SDIO 接口、1个 FSMC 接口以及 112个通用 I/O。该芯片的配置十分强悍，并且还带外部总线（FSMC）可以用来外扩 SRAM 和连接 LCD 等，通过 FSMC 驱动 LCD，可以显著提高 LCD 的刷屏速度，它是 STM32F1 微控制器家族常用型号里面最高配置的芯片。开发板中 STM32F103ZETT6 微控制器部分的原理图如图 8-2 所示。

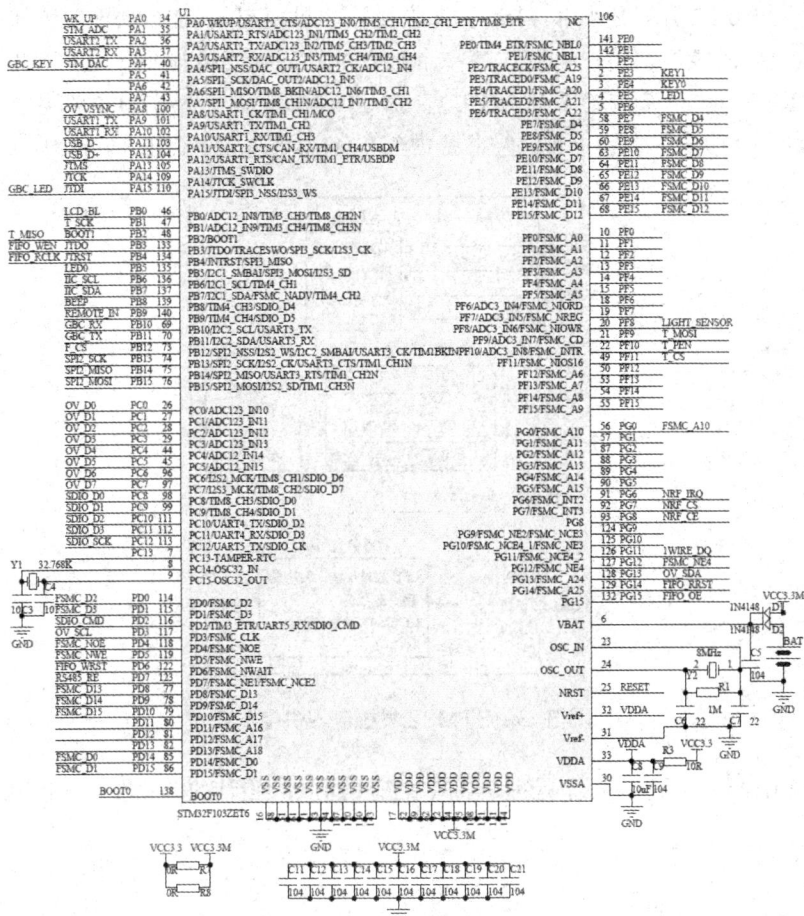

图 8-2　微控制器部分电路

　　图中后备区域供电脚 VBAT 脚的供电采用 CR1220 纽扣电池和外部电源（VCC3.3）混合供电的方式，在有外部电源时，CR1220 不给 VBAT 供电，而在外部电源断开时，则由 CR1220 给其供电。这样，VBAT 总是有电的，以保证 RTC 的走时以及后备寄存器内容的保持。

　　图中的 R7 和 R8 用于隔离微控制器部分和外部的电源，如果 3.3V 电源短路，可以断开这两个电阻，来确定是微控制器部分短路，还是外部短路，有助于生产和维修。实际应用系统中这两个电阻完全可以去掉。

3. 电源电路设计

　　电源是 STM32 微控制器不可缺少的重要组成部分。一个良好的电源设计是系统稳定工作运行的保障。在进行硬件系统设计之前需要估算整个系统的整体功率，然后进行电源芯片的选型工作，其性能的优劣直接关系到硬件系统的可靠性、稳定性及电磁兼容性。

　　如图 8-3 所示，STM32 微控制器使用单电源供电，工作电压范围为 2.0-3.6V。STM32 微控制器含有一个内置的电压调节器，提供 Cortex-M3 所需的 1.8V 电源。当主电源 VDD 掉电后，通过 VBAT 脚为实时时钟（RTC）和备份寄存器提供电源。但如果最小系统没有使用备份电池,则VBAT引脚必须和VDD引脚连接。如果要启用ADC功能,为了确保输入为低压时获得更好的精度,用户可以连接一个独立的外部参考电压到VREF+和VREF-引脚上,注意VREF的电压范围为2.4V-VDDA。对于64脚或更少的STM32芯片,其没有外部VREF+和VREF-引脚,事实上,它在芯片内部与ADC的电源(VDDA)和地(VSSA)相连。

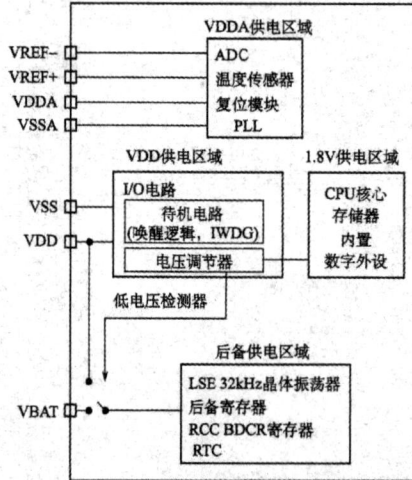

图8-3　STM32微控制器供电要求

因此,STM32最小系统实际上是一个3.3V的应用系统,设计的电源供电电路如图8-4所示。

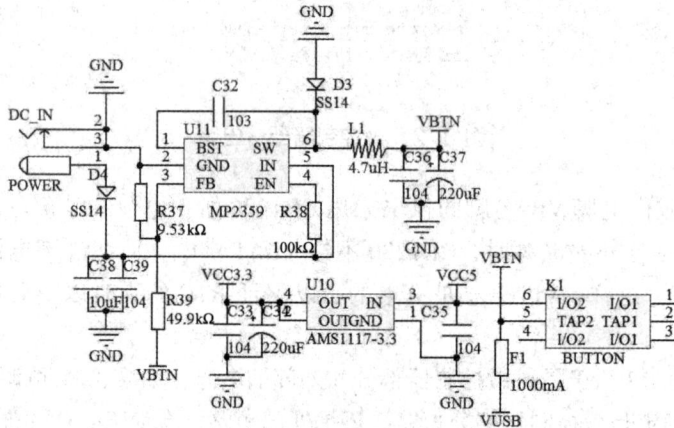

图8-4　开发板供电电路

首先由DC_IN电源接口输入直流电源,二极管D4在电路中的作用为防止电源反接,经过两电容滤波后,输入电压经过DC-DC芯片转换为5V电源输出。其次采用AMS1117-3.3将5V转换3.3V。AMS1117-3.3输出电流可达800mA,输出电压的精度在±1%以内,并具有电流限制和热保护等功能,广泛应用在手持式仪表和工业控制等领域。图中,U11为开关电源芯片,U10为3.3V稳压芯片,K1为开发板的总电源开关,F1为1000mA自恢复保险丝,用于保护USB,外部直流电源输入围是:DC6-24V。

4. 时钟电路设计

STM32 微控制器带有内部 RC 振荡器，可以为内部锁相环（PLL）提供时钟，这样，微控制器依靠内部振荡器就可以在 72MHz 的满速状态下运行。但是内部 RC 振荡器相比外部晶振来说不够准确、也不够稳定，而使用外部晶振或外部时钟源内部 PLL 电路可调整系统时钟，系统运行速度更快。开发板使用了外部 8MHz 晶振，如图 8-2 所示，用 1MΩ 电阻 R1 与晶振并联，使系统更容易起振。选用 8MHz 晶振的原因是串口波特率更精确，同时支持芯片内部的 PLL 功能和 ISP 功能。

5. 复位电路设计

由于 STM32 微控制器是低电平复位，为此设计的电路如图 8-5 所示，也是低电平复位，复位电路可以实现上电复位和按键复位，开发板刚接通电源时，R2 和 C10 构成 RC 充电电路，对系统进行上电复位，复位持续时间由 R2 电阻值和 C10 容值乘积决定，一般情况电阻取 10kΩ，电容取 10μF 可以满足复位要求。当需要复位时按下 RST 按钮，RSET 引脚直接接地，微控制器即进入复位状态。开发板把 TFT_LCD 的复位引脚也接在 RESET 上，复位按钮不仅可以用来复位微控制器，还可以复位 LCD。

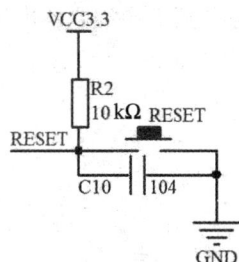

图 8-5　开发板复位电路

6. 启动设置电路设计

STM32 微控制器有三种启动模式，分别对应不同的内置存储介质，具体如下：

（1）用户闪存，即芯片内置的 Flash。

（2）SRAM，即芯片内置的 RAM 区，就是内存。

（3）系统存储器，即芯片内部一块特定的区域，芯片出厂时在这个区域预置了一段 Bootloader，就是通常说的 ISP 程序，这个区域的内容在芯片出厂后不能修改或擦除，即它是一个 ROM 区。

在每个 STM32 微控制器芯片上都有两个引脚 BOOT0 和 BOOT1，这两个引脚在芯片复位时的电平状态决定了芯片复位后从哪个区域开始执行程序，见表 8.1。

表 8.1　启动方式与引脚对应表

启动模式选择引脚		启动模式	说　明
BOOT1	BOOT0		
×	0	从用户闪存启动	正常工作模式
0	1	从系统存储器启动	启动程序功能由厂家设置
1	1	从内置 SRAM 启动	此模式可用于调试

开发板的启动模式设置电路如图 8-6 所示，可通过跳线帽来设置 BOOT0 引脚和 BOOT1 引脚的电平状态，进而进行启动方式选择。

一般情况下，如果用串口下载代码，必须配置 BOOT0 为 1，BOOT1 为 0，而如果想让微控制器一按复位键就开始执

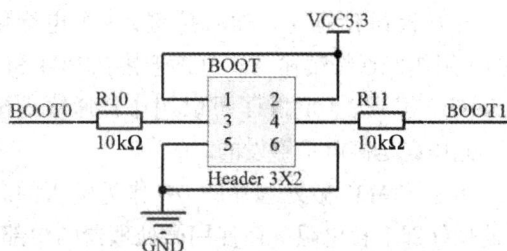

图 8-6　开发板启动设置电路

行代码，则需要配置BOOT0为0。为此，精英STM32F103开发板专门设计了一键下载电路，通过串口的DTR和RTS信号来自动配置BOOT0和RST信号，用户不需要手动切换它们的状态，而由串口下载软件自动控制，可非常方便地下载代码。

7. JTAG/SWD 接口电路设计

为了让STM32最小系统运行起来，还需要硬件调试端口。所有STM32微控制器都支持JTAG/SWD在线仿真调试，精英STM32F103开发板采用标准20针JTAG/SWD接口，电路如图8-7所示。JTAG接口上的信号NRST与复位电路RSET相连接，达到共同控制系统复位的目的，根据STM32微控制器的应用说明手册，需要在JTCK引脚上接一个下拉电阻，系统复位后，微控制器内部的JTAG口才可以使用。

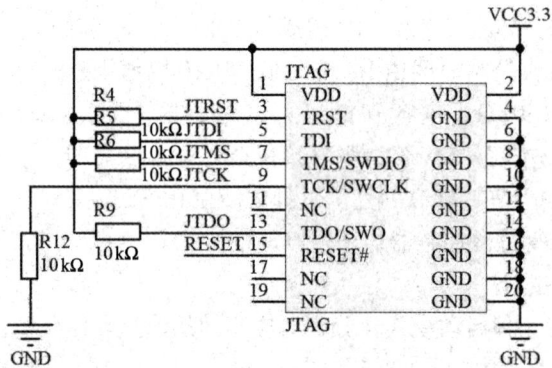

图8-7 开发板JTAG/SWD接口电路

STM32微控制器除了有标准的JTAG接口外，还有SWD接口，SWD只需要两根线（SWCLK和SWDIO）就可以下载并调试代码，这同使用串口下载代码差不多，而且速度非常快，能调试。所以建议在设计产品的时候，可以只保留SWD接口来下载调试代码，而摒弃JTAG接口。STM32微控制器的SWD接口与JTAG接口是共用的，只要接上支持SWD模式的JTAG/SWD在线仿真调试器，你就可以使用SWD。

特别提醒，JTAG有几个信号线可用来接其他外设，但是SWD完全没有接任何其他外设的，所以在使用的时候，推荐一律使用SWD模式！

8.2.2 主要I/O模块硬件设计

1. 输入按键电路设计

开发板设计有3个输入按键，1个电容触摸按键，其电路图如图8-8所示，KEY0和KEY1用作普通按键输入，分别连接在PE4和PE3上。KEY_UP按键连接到PA0（微处理器的WKUP引脚），它除了可以用作普通输入按键外，还可以用作微处理器的唤醒输入，注意：此按键是高电平触发的。

由于STM32微处理器的I/O作为输入的时候，可以设置上下拉电阻，所以在设计时没有使用外部上拉电阻，而使用微处理器的内部上下拉电阻来为按键提供驱动，实际应用系统中可视情况设计外部电阻、电容来去除抖动和干扰，提高按键输入的稳定性。

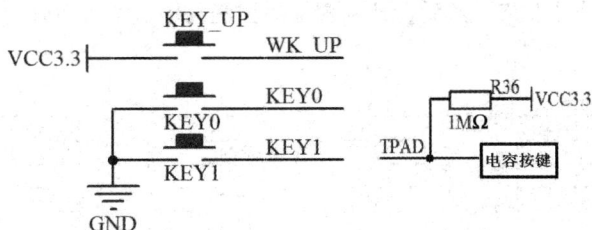

图 8-8　开发板按键输入电路

图中 R36 是电容充电电阻，阻值为 1MΩ 电阻，开发板的电容触摸按键 TPAD 端可通过跳线帽连接到 STM32 微控制器的 PA1 上。

2.LED、蜂鸣器电路设计

开发板设计有 3 个 LED 和 1 个有源蜂鸣器，其电路图如图 8-9 所示。

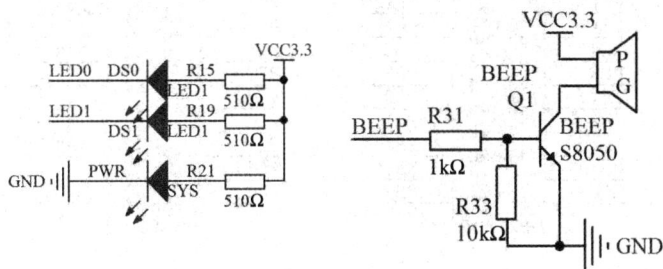

图 8-9　开发板 LED、蜂鸣器电路

LED 指示电路中，PWR 是系统电源指示灯，为蓝色。LED0（DS0）和 LED1（DS1）分别接在 PB5 和 PE5 上，为了便于辨别，设计 DS0 为红色的 LED、DS1 为绿色的 LED。

开发板使用的有源蜂鸣器是指自带了振荡电路的蜂鸣器，这种蜂鸣器一接上电就会自己震荡发声，而如果是无源蜂鸣器，则需要外加一定频率（2-5kHz）的驱动信号，才会发声。这里选择使用有源蜂鸣器以方便使用。

3. 光敏传感器电路设计

光敏传感器其实就是一个光敏二极管，周围环境越亮，电流越大，反之电流越小，即可等效为一个电阻，环境越亮阻值越小，反之越大。开发板设计有 1 个光敏传感器，其电路图如图 8-10 所示，图中的 LS1 是光敏传感器，LIGHT_SENSOR 连接微控制器的 ADC3_IN6（ADC3 通道 6），即 PF8 引脚。通过读取 LIGHT_SENSOR 的电压，即可感知周围环境光线强弱。

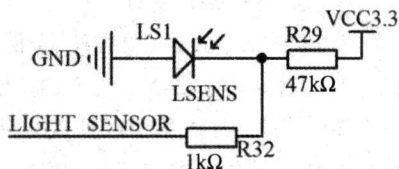

图 8-10　开发板光敏传感器电路

4.I/O 引脚外接电路设计

为了方便用户在外电路中使用 STM32 微控制器，开发板将微控制器的部分 I/O 引脚引出到开发板两边的排针上，如图 8-11 所示。如果用户需要使用开发板的控制功能，可使用杜邦线将 I/O 引脚信号引入外电路，然后在开发板编写控制程序，实现对外电路的控制。

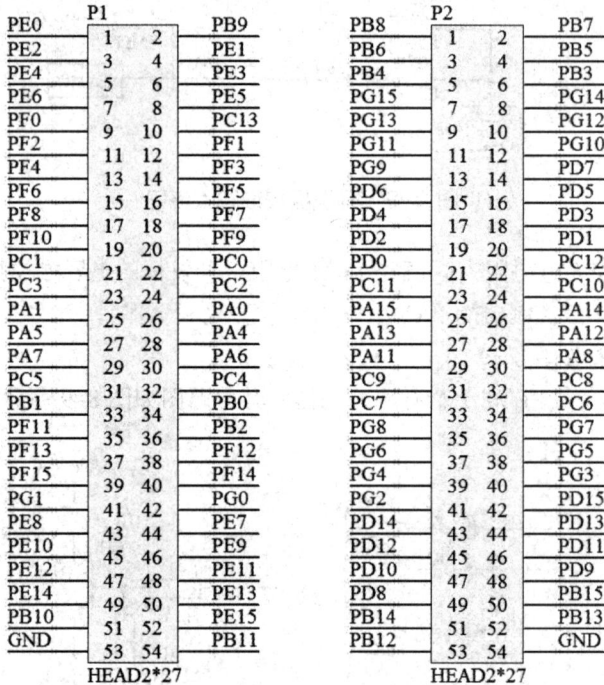

图 8-11　开发板 I/O 引脚外接电路

　　图中 P1 和 P2 为微控制器主 I/O 引出口，这两组排针共引出了 106 个 I/O 口，STM32F103ZET6 总共有 112 个 I/O，除去 RTC 晶振占用的 2 个，还剩 110 个，这两组主引出排针，总共引出了 106 个 I/O，剩下的 4 个 I/O 口分别通过：P3（PA9&PA10）和 P5（PA2&PA3）这 2 组排针引出。此外，开发板还提供带 TVS 管防护的 3.3V 和 5V 的电源输出接口，可给外接小功率部件供电，方便开发。

8.2.3　主要外设资源硬件设计

1.FLASH 电路设计

　　W25Q128 是 SPI FLASH 存储芯片，该芯片的容量为：128Mb，为支撑大容量数据存储，精英 STM32F103 开发板集成有 1 个此芯片，其电路图如图 8-12 所示，图中 F_CS 连接在微控制器的 PB12 引脚，SPI2_SCK、SPI2_MOSI、SPI2_MISO 分别连接在微控制器的 PB13、PB15、PB14 引脚。注

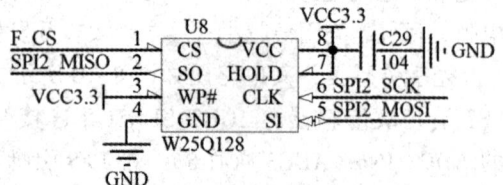

图 8-12　开发板 FLASH 芯片电路

意开发板上为节省成本，此芯片与无线通信接口共用一个 SPI（SPI2），通过片选来选择，在使用其中一个器件时，必须禁止另外一个器件的片选信号。

2.EEPROM 电路设计

EEPROM 是一种掉电后数据不丢失的存储器，与 FLASH 相比存储容量较小，常用来存储一些配置信息，常用器件是 I2C 接口的 24C02-24C512 系列芯片。开发板集成有 1 个 24C02 EEPOM 芯片，该芯片的容量为 2Kb，电路图如图 8-13 所示，图中 A0-A2 均接地，对 24C02 来说就是将地址位设

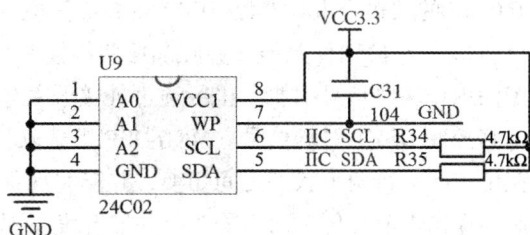

图 8-13　开发板 EEPROM 芯片电路

置为 0，读写程序的时候要注意这点。IIC_SCL 接在微控制器的 PB6 引脚，IIC_SDA 接在微控制器的 PB7 引脚。

3.USB 串口通信电路设计

CH340G 提供常用的 MODEM 联络信号，用于为计算机扩展异步串口，或者将普通的串口设备直接升级到 USB 总线。CH340G 芯片内置 USB 上拉电阻，其 UD+ 和 UD- 引脚可直接连接到 USB 总线上。开发板采用此芯片实现微控制器的串口通信和程序下载，电路图如图 8-14 所示。

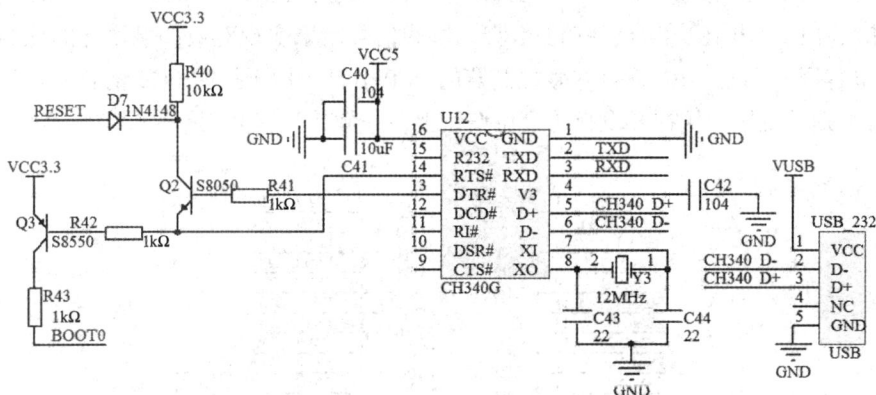

图 8-14　开发板 USB 串口通信电路

CH340G 芯片正常工作时需要外部向 X1 引脚提供 12MHz 的时钟信号。一般情况下，时钟信号由 CH340G 内置的反相器通过晶体稳频振荡产生。外围电路只需要在 XI 和 XO 引脚之间连接一个 12MHz 的晶体，并且分别为 XI 和 XO 引脚对地连接微调电容。

CH340G 芯片支持 5V 电源电压或者 3.3V 电源电压。当使用 5V 工作电压时，CH340G 芯片的 VCC 引脚输入外部 5V 电源，并且 V3 引脚应该外接容量为 4700pF 或者 0.01μF 的电源退耦电容。当使用 3.3V 工作电压时，CH340G 芯片的 V3 引脚应该与 VCC 引脚相连接，同时输入外部的 3.3V 电源，并且与 CH340G 芯片相连接的其他电路的工作电压不能超过 3.3V。

异步串口方式下 CH340 芯片的引脚包括：数据传输引脚、MODEM 联络信号引脚、辅助引脚。数据传输引脚包括：TXD 引脚和 RXD 引脚。ODEM 联络信号引脚包括：CTS# 引脚、DSR# 引脚、RI# 引脚、DCD# 引脚、DTR# 引脚、RTS# 引脚。所有这些 MODEM 联络信号都是由计算机应用程序控制并定义其用途。

如图 8-14 所示，电路中 CH340G 芯片采用的是 5V 电压供电，所以在芯片 V3 引脚接一个 0.01μF 的去耦合电容 C42。C40 和 C42 为电源滤波电容，使芯片供电更加平稳。XI 和 XO 两个引脚外接 12MHz 晶振，并在晶振两端接两个 22pF 的对地电容 C43 和 C44。RTS 和 DTR 为 MODEM 联络信号引脚，RTS 通过外接开关电路控制 BOOT0 引脚信号，DTR 通过外接开关电路控制 RSET 引脚信号。MCU-ISP 下载软件通过程序控制 BOOT0 和 RSET 电平，使芯片在编程和运行两个状态之间切换，并能实现程序下载完成自动复位进入主行状态，该方式使芯片操作十分方便，而不需要像一般开发板那样使用拨码开关实现芯片状态切换，并需要手动复位。

USB_232 是一个 MiniUSB 插座，提供 CH340G 和电脑通信的接口，同时可以给开发板供电，VUSB 就是来自电脑 USB 的电源。

4. LCD 显示接口电路设计

LCD 显示模块包括四部分，即 LCD 显示屏部分、LCD 屏驱动部分、LCD 屏控制部分和 LCD 屏显示存储器（简称显存）。此外，LCD 显示模块还集成触摸传感器。LCD 显示的接口包括三部分，即数据读 / 写端口、控制端口以及触摸屏数据与控制端口。开发板的显示接口是通过微控制器的 FSMC 总线实现，如图 8-15 所示，支持 2.4 寸、2.8 寸、3.5 寸、4.3 寸和 7 寸等尺寸的 TFTLCD 模块。图中的 T_MISO、T_MOSI、T_PEN、T_SCK、T_CS 连接在微控制器的 PB2、PF9、PF10、PB1、PF11 引脚，这些信号用来实现对液晶触摸屏的控制（支持电阻屏和电容屏）。LCD_BL 连接在微控制器的 PB0 引脚，用于控制 LCD 的背光。液晶复位信号 RESET 则是直接连接在开发板的复位按钮上，和微控制器共用一个复位电路。

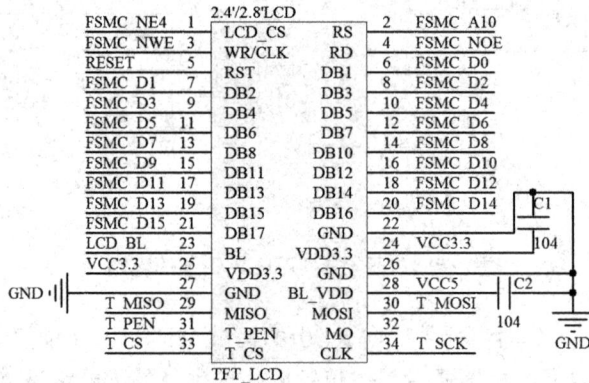

图 8-15 开发板 LCD 显示接口电路

8.3 开发板特点与使用要求

8.3.1 开发板特点

精英 STM32F103 开发板具有以下特点：

1. 小巧精致

板子尺寸为 11.5cm×11.7cm，接口丰富，布局紧凑。

2. 接口丰富

板子提供十多种标准接口，可以方便地进行各种外设的实验和开发。

3. 设计灵活

板上很多资源都可以灵活配置，以满足不同条件下的使用。除晶振占用的 I/O 口外引出了其他所有 I/O 口，可方便地进行扩展及使用；另外设置板载一键下载功能，可避免频繁设置启动模式，仅通过 1 根 USB 线可实现程序下载。

4. 资源充足

微控制器芯片采用自带 512KB FLASH 的 STM32F103ZET6，并外扩 16MB SPI FLASH，可满足大数据存储需求。

5. 人性化设计

各个接口都有丝印标注，且用方框框出，使用起来一目了然；部分常用外设用大丝印标出，方便查找；接口位置设计合理，方便顺手；资源搭配合理，物尽其用。

8.3.2　开发板使用要求

针对用户反馈，精英 STM32F103 开发在使用时应注意以下问题：

（1）如果开发板由 USB_232 端口供电，第一次上电时，由于 CH340G 芯片在和电脑建立连接的过程中 DTR/RTS 信号不稳定，就会引起 STM32 微控制器复位 2–3 次左右，这是正常现象，后续按复位键不会再出现这种问题。

（2）USB 供电电流最多为 500mA，且由于导线电阻存在，供到开发板的电压，一般都不会有 5V。如果使用了很多大负载外设，比如 4.3 寸屏 /7 寸屏、摄像头模块等，那么可能引起 USB 供电不足。所以，当使用 4.3 屏 /7 寸屏或者同时使用多个模块的时候，建议使用一个独立电源供电，如果没有独立电源，就同时插 2 个 USB 端口，并插上 JTAG 调试器，来保证开发板正常供电。

（3）JTAG 接口有几个信号（JTDI/JTDO/JTRST）被 GBC_LED（ATK MODULE）/ FIFO_WEN（摄像头模块）/ FIFO_RCLK（摄像头模块）占用了，所以在调试这些模块的时候，请选择 SWD 模式。

（4）将某个 I/O 口用作其他用处时，应先查看开发板的原理图，检查该 I/O 口是否已连接开发板的某个外设。如果有，就先确定这个外设对当前使用无干扰，再使用这个 I/O。例如，PB8 就不怎么适合用作其他输出，因为它已连接了蜂鸣器，如果输出高电平就会听到蜂鸣器的叫声。

（5）开发板上的跳线比较多，在使用某个功能的时候，要先查查这个功能是否需要设置跳线帽。

第9章 软件开发环境

9.1 MDK-ARM 开发套件简介与安装

9.1.1 概述

许多商业开发平台都可用于 Cortex-M 处理器，其中最常用的是 Keil 公司的 ARM 微控制器开发套件（MDK-ARM），在全球 MDK 被超过 10 万的嵌入式开发工程师使用。MDK-ARM 包括多个部件：

（1）ARM 编译工具，其中包括 C/ C ++ 编译器、汇编器、链接器和工具；

（2）uVision 集成开发环境（IDE）、调试器、模拟器；

（3）确定的 Keil RTX. 小封装实时操作系统（带源码）；

（4）TCP/IP 网络套件提供多种的协议和各种应用源码；

（5）提供带标准驱动类的 USB 设备和 USB 主机栈；

（6）为带图形用户接口的嵌入式系统提供完善的 GUI 库支持；

（7）执行分析工具和性能分析器可使程序得到最优化；

（8）Flash 编程组件；

（9）上千种微控制器的参考启动代码、示例程序源码。

要了解使用 MDK-ARM 进行 Cortex-M 微控制器编程方面的信息，没有必要使用实际的硬件。uVision 环境中存在一个指令集模拟器，方便简单程序在没有硬件情况下的测试。不过，很多开发套件都不超过 200 元，非常适合初学者或评估用。

MDK-ARM 可与多种不同的调试适配器配合使用，其中包括一些商业适配器，例如：

（1）Keil 公司的 ULINK2、ULINKPro 等。

（2）Signum Systems 公司的 JTAGjet。

（3）Segger 公司的 J-Link 和 J-Trace。

另外，还有些调试适配器是和开发板集成在一起的：

（1）CMSlS-DAP。

（2）ST-LINK 和 ST-LINK V2。

（3）Silicon Labs UDA 调试器。

（4）Stellaris ICDI（Texas 1nstrument）。

（5）NULink 调试器。

若存在第三方的调试器插件，也可以使用其他的调试适配器，这些硬件适配器的设计信息和体系结构是一般可以免费得到的，方便以 DIY 的方式构建专有的调试适配器。

可以从 Keil 公司网站（http://www.keil.com）下载 Keil MDK-ARM 的 Lite 版本。该版本将程序大小限制在 32 KB 以内（编译后的大小），但没有时间限制，因此入门时也不用花费太多的钱。许多微控制器供应商提供的多个 Corte x- M 评估套件中也包含 Keil MDK-ARM 的 Lite 版本。

9.1.2 MDK5 简介

MDK 源自德国的 KEIL 公司，是 RealView MDK 的简称。目前广泛使用是 MDK5，它使用 uVision5 IDE 集成开发环境，是目前针对 ARM 处理器，尤其是 Cortex-M 内核微控制器的最佳开发工具。

MDK5 向后兼容 MDK4 和 MDK3 等，以前的项目同样可以在 MDK5 上进行开发（但是头文件方面需全部自己添加），MDK5 同时加强了针对 Cortex-M 微控制器开发的支持，并且对传统的开发模式和界面进行升级，MDK5 由两个部分组成：MDK Core 和 Software Packs。其中，Software Packs 可以独立于工具链进行新芯片支持和中间库的升级，如图 9-1 所示。

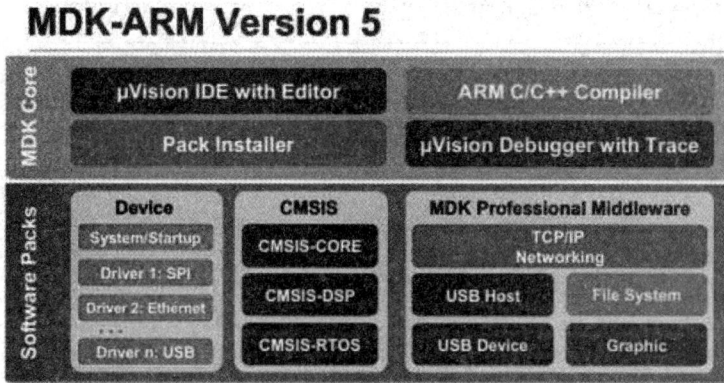

图 9-1　MDK5 组成

从上图可看出，MDK Core 又分成四个部分：uVision IDE with Editor（编辑器），ARMC/C++ Compiler（编译器），Pack Installer（包安装器），uVision Debugger with Trace（调试跟踪器）。uVision IDE 从 MDK4.7 版本开始就加入了代码提示功能和语法动态检测等实用功能，相对于以往的 IDE 改进很大。

Software Packs（包安装器）又分为：Device（芯片支持），CMSIS 和 Mdidleware（中间库）三个部分，通过包安装器，可以安装最新的组件，从而支持新的器件、提供新的设备驱动库以及最新例程等，加速产品开发进度。

同以往的 MDK 不同，以往的 MDK 把所有组件到包含到了一个安装包里面，显得十分"笨重"，MDK5 则不一样，MDK Core 是一个独立的安装包，它并不包含器件支持和设备驱动等组件，但是一般都会包括 CMSIS 组件，大小 350MB 左右，相对于 MDK4.70A 的 500 多 MB，瘦身不少，MDK5 安装包可以在：http://www.keil.com/demo/eval/arm.htm 下载到。而器件支持、设备驱动、CMSIS 等组件，则可以点击 MDK5 的 Build Toolbar 的最后一个图标调出 Pack Installer，来进行各种组件的安装，也可以在 http://www.keil.com/dd2/pack 这个地址下载，然后进行安装。

在 MDK5 安装完成后，要让 MDK5 支持 STM32F103 的开发，还需要安装 STM32F1 器件支持包：Keil.STM32F1xx_DFP.1.0.5.pack（STM32F1 的器件包）。

9.1.3 MDK5 安装

1．安装的最小系统要求

MDK-ARM 是 Windows 操作系统下的软件，安装 MDK-ARM 必须满足的最小系统要求如下：

（1）操作系统：Windows 7、Windows 8、Windows 10。

（2）硬盘空间：1GB 以上。

（3）内存：1GB 以上。

2．MDK-AM 的安装步骤

（1）购买 MDK-ARM 的安装程序，或下载 MDK 的评估版。

（2）双击安装文件，弹出如图 9-2 所示的对话框。建议在安装之前关闭所有其他应用程序，单击 Next 按钮，弹出如图 9-3 所示的对话框。

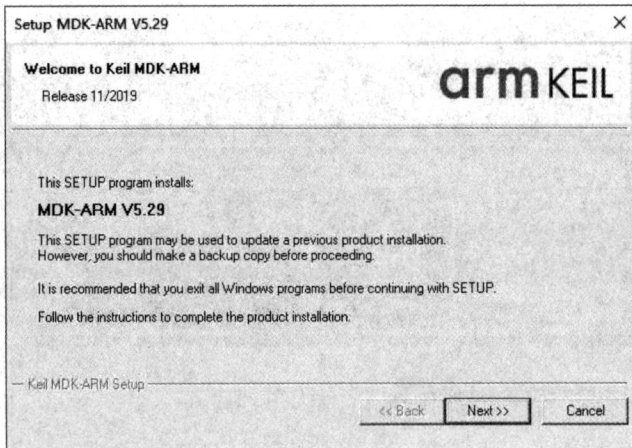

图 9-2　MDK5 安装界面 1

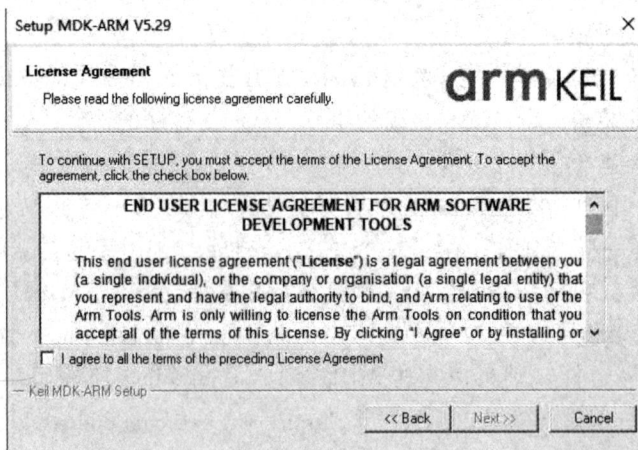

图 9-3　MDK5 安装界面 2- 接受许可协议

（3）仔细阅读许可协议各条款，选中 I agree to all the terms of the preceding License Agreement 选项，单击 Next 按钮，弹出如图 9-4 所示的对话框。

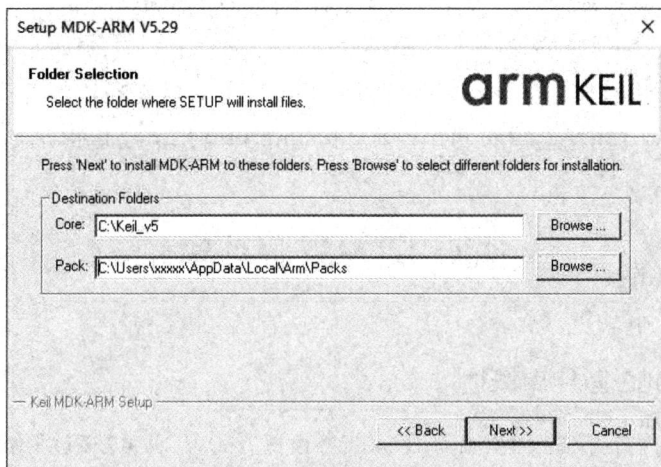

图 9-4　MDK5 安装界面 3- 选择安装路径

（4）单击 Browse 按钮选择安装路径，然后单击 Next 按钮，弹出如图 9-5 所示的对话框。

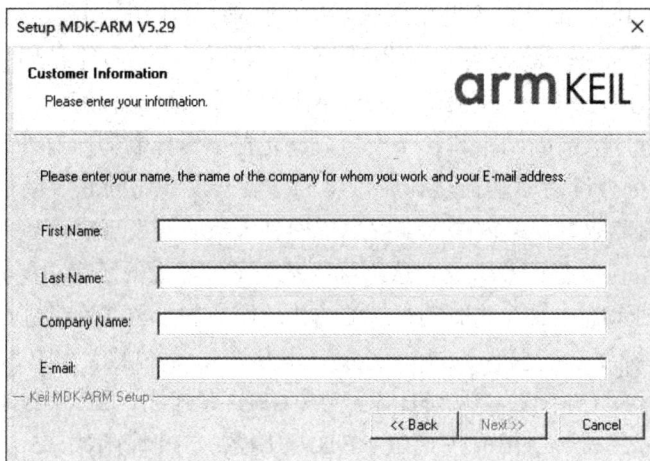

图 9-5　MDK5 安装界面 3- 输入开发者信息

（5）输入 First Name、Last Name、Company Name 以及 E-mail 后，单击 Next 按钮，安装程序将在计算机上安装 MDK。依据机器性能的不同，安装程序耗时几分钟到十多分钟不等，单击 Finish 按钮结束安装。至此，开发人员就可以在计算机上使用 MDK-ARM 软件来开发嵌入式应用程序。

3.J-LINK 驱动安装

MDK-ARM 支持的 JTAG 仿真器种类很多，本书采用 Segger 公司的 J-Link 仿真器。MDK-ARM 安装成功后可以进行代码的编写，而代码的下载与调试则需要 J-Link 仿真器，因此，需要先在计算机上安装 J-Link 仿真器的驱动程序，驱动程序可在网上下载，双击应用程序即可安装。

安装成功后，将 J-Link 插接到计算机的 USB 口，即可在"我的电脑"→"管理"→"设备管理器"→"通用串行总线控制器"中看到一个 J-Link driver。需要注意的是，在安装完 J-Link 驱动后一定要将 J-Link 插接到计算机的 USB 口，否则在计算机的设备管理器中无法查看到 J-Link driver，当把 J-Link 拔出计算机的 USB 口时，J-Link driver 就会消失。

9.2　STM32 固件库

9.2.1　STM32 固件库概述

意法半导体公司提供的 STM32F10x 标准外设库是基于 STM32F1 系列微控制器的固件库进行 STM32F103 开发的一把利器。可以像在标准 C 语言编程中调用 printf（）一样，在 STM32F10x 的开发中调用标准外设库的库函数，进行应用开发。相比传统的直接读写寄存器方式，STM32F10x 标准外设库不仅明显降低了开发门槛和难度，缩短了开发周期，进而降低开发成本，而且提高了程序的可读性和可维护性，给 STM32F103 开发带来了极大的便利。毫无疑问，STM32F10x 标准外设库是用户学习和开发 STM32F103 微控制器的第一选择。

STM32 固件库是根据 CMSIS 标准而设计的，STM32F10x 的固件库是一个或一个以上的完整的软件包（称为固件包），包括所有的标准外设的设备驱动程序，其本质是一个固件函数包（库），它由程序、数据结构和各种宏组成，包括了微控制器所有外设的性能特征。该函数库还包括每一个外设的驱动描述和应用实例，为开发者访问底层硬件提供了一个中间 API。通过使用固件函数库，无须深入掌握底层硬件细节，开发者就可以轻松应用每一个外设。每个外设驱动都由一组函数组成，这组函数覆盖了该外设的所有功能。每个器件的开友都由一个通用 API 驱动，API 对该驱动程序的结构、函数和参数名称都进行了标准化。

STM32 固件库按照功能模块类进行划分，分为 ADC 库函数、BKP 库函数、CAN 库函数、DMA 库函数、EXTI 库函数、FLASH 库函数、GPIO 库函数、I2C 库函数、IWDG 库函数、NVIC 库函数、PWR 库函数、RCC 库函数、RTC 库函数、SPI 库函数、SysTick 库函数、TIM 库函数、USART 库函数、WWDG 库函数等。库函数相关文件见表 9.1。

表 9.1　库函数相关的文件

序　号	库函数文件	库函数头文件	描　述
1	stm32f10x_adc.c	stm32f10x_adc.h	ADC 模块库函数（36 个）
2	stm32f10x_bkp.c	stm32f10x_bkp.h	备份寄存器 BKP 模块库函数（12 个）
3	stm32f10x_can.c	stm32f10x_can.h	CAN 模块库函数（24 个）
4	stm32f10x_crc.c	stm32f10x_crc.h	CRC 模块库函数（6 个）
5	stm32f10x_dac.c	stm32f10x_dac.h	DAC 模块库函数（12 个）
6	stm32f10x_dma.c	stm32f10x_dma.h	DMA 模块库函数（11 个）
7	stm32f10x_exti.c	stm32f10x_exti.h ·	外部中断模块库函数（8 个）
8	stm32f10x_flash.c	stm32f10x_flash.h	FLASH 模块库函数（28 个）

续　表

序　号	库函数文件	库函数头文件	描　述
9	stm32f10x_fsmc.c	stm32f10x_fsmc.h	FSMC 模块库函数（19 个）
10	stm32f10x_gpio.c	stm32f10x_gpio.h	GPIO 模块库函数（18 个）
11	stm32f10x_i2c.c	stm32f10x_i2c.h	I2C 模块库函数（33 个）
12	stm32f10x_iwdg.c	stm32f10x_iwdg.h	内部独立看门狗模块库函数（6 个）
13	stm32f10x_pwr.c	stm32f10x_pwr.h	功耗控制 PWR 模块库函数（9 个）
14	stm32f10x_rcc.c	stm32f10x_rcc.h	RCC 模块库函数（32 个）
15	stm32f10x_rtc.c	stm32f10x_rtc.h	RTC 模块库函数（14 个）
16	stm32f10x_sdio.c	stm32f10x_sdio.h	SDIO 模块库函数（30 个）
17	stm32f10x_spi.c	stm32f10x_spi.h	SPI 模块库函数（23 个）
18	stm32f10x_tim.c	stm32f10x_tim.h	TIM 模块库函数（87 个）
19	stm32f10x_usart.c	stm32f10x_usart.h	USART 模块库函数（29 个）
20	stm32f10x_wwdg.c	stm32f10x_wwdg.h	WWDG 模块库函数（8 个）
21	misc.c	misc.h	NVIC 和 SysTick 库函数（4 个 +1 个）
22		stm32f10x_conf.h	包括了序号 1–21 的全部库函数头文件

由上表可知，库函数全部的文件都是开源的 C 语言代码，常量定义和函数声明位于 .h
文件中，函数体位于 .c 文件中。项目开发时，只需引入相关文件并调用 API 函数即可。

9.2.2　STM32 固件库下载与安装

意法半导体公司 2007 年 10 月发布了 V1.0 版本的固件库，2008 年 6 月发布了 V2.0 版
的固件库。V3.0 以后的版本相对之前的版本改动较大，本书使用目前最为通用的 V3.5 版本，
该版本固件库支持所有的 STM32F10x 系列。具体下载方法如下：

（1）输入 www. st. com 网址，打开意法半导体官方网站，在首页搜索栏输入 stm32f10x，
其操作界面如图 9-6 所示。

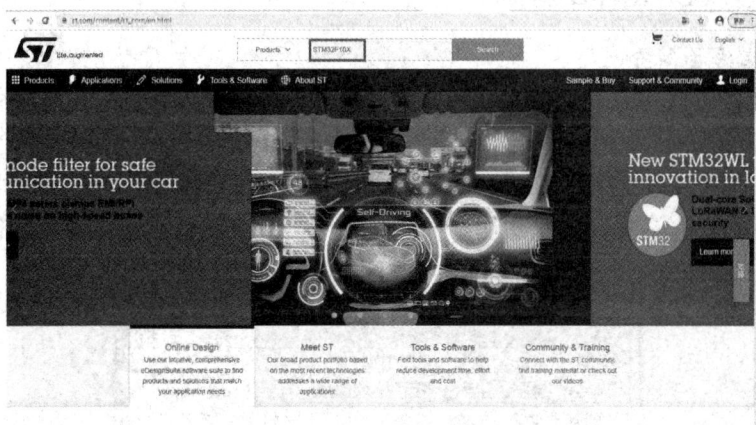

图 9-6　搜索资料操作界面

（2）在上图中，单击右侧搜索图标开始搜索，结果如图 9-7 所示，其中 STM32F10x
standard peripheral library 记录即为 STM32F1 的标准外设库。

图9-7　搜索结果页面

（3）打开链接即可进入固件库下载页面，操作结果如图9-8所示，同时也可以看到，该固件库版本为3.5.0，该版本最为成熟和通用。

Get Software

Part Number	General Description	Software Version	Supplier	Download
STSW-STM32054	STM32F10x standard peripheral library	3.5.0	ST	Get Software

图9-8　固件库下载页面

（4）单击上图右边的 Get Software 按钮，登录并确认著作权之后，即可将该固件库下载到本机。需要说明的是：意法半导体官网资料需要登录才可以下载，如果没有账号还需要注册，当然，开发板的配套光盘资料一般都提供固件库。

（5）STM32 固件库的安装教程简单，只需将下载的固件库压缩包解压到指定安装目录即可。

9.2.3　STM32 固件库结构

1. 固件库结构简介

STM32 固件库包含四个文件夹和两个文件，如图9-9所示。两个文件中的 stm32f10x_stdperiph_ lib_um. chm 为已经编译的帮助系统，也就是该固件库的使用手册和应用举例，该文件很重要；而另一个文件 Release_Notes. html 是固件库版本更新说明，可以将其忽略。四个文件夹中的 _htmresc 文件夹是意法半导体公司的 LOGO 图标等文件，可以忽略，重要的三个文件夹是 Libraries、Project 和 Utilities，下面对其进行分别介绍。

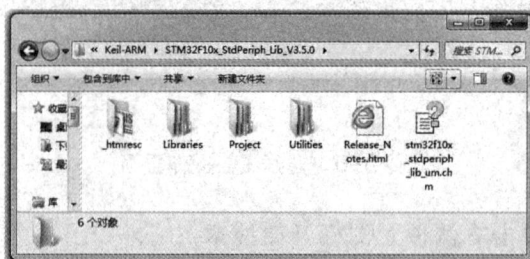

图9-9　STM32 固件库根目录

2.Libraries 文件夹

STM32 固件库的目录层次如图 9-10 所示。Libraries 文件夹用于存放 STM32F10x 开发要用到的各种库函数和启动文件，其下包括 CMSIS 和 STM32F10x_StdPeriph_Driver 两个子文件夹。

（1）CMSIS 子文件夹。CMSIS 子文件夹是 STM32F10x 的内核库文件夹，其核心是 CM3 子文件夹，其余可以忽略。在 CM3 子文件夹下有 CoreSupport 和 DeviceSupport 两个文件夹。

① CoreSupport 文件夹：该文件夹为 Cortex-M3 核内外设函数文件夹，Cortex-M3 内核通用源文件 core_cm3.c 和 Cortex-M3 内核通用头文件 core_cm3.h 即在此目录下，如图 9-11 所示。

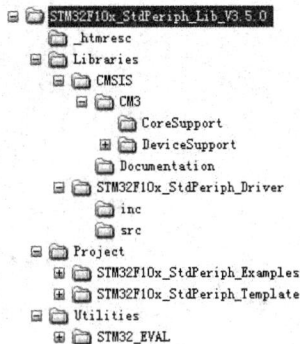

图 9-10　官方库目录列表

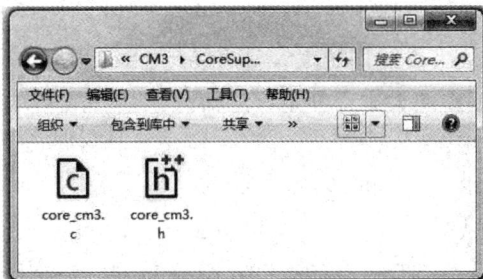

图 9-11　CMSIS\CM3\CoreSupport 目录

上述文件位于 CMSIS 核心层的核内外设访问层，由 ARM 公司提供，包含用于访问内核寄存器的名称、地址定义等内容。

② DeviceSupport 文件夹：该文件夹为设备外设支持函数文件夹，STM32F0x 头文件 stm32f10x.h 和系统初始化文件 system_stm32f10x.c 即位于此目录下的 ST\STM32F10x 文件夹中，如图 9-12 所示。

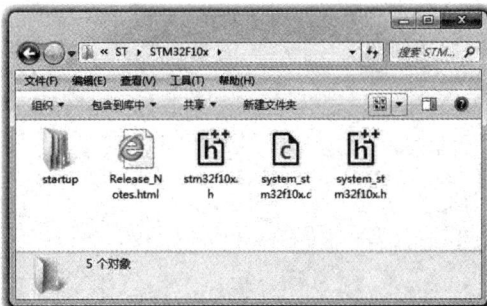

图 9-12　DeviceSupport\ST\STM32F10x 目录

除了头文件和初始化文件，STM32F10x 系列微控制器的启动代码文件，也位于此目录下的 ST\STM32F10x\ startup\arm 文件夹中，如图 9-13 所示。

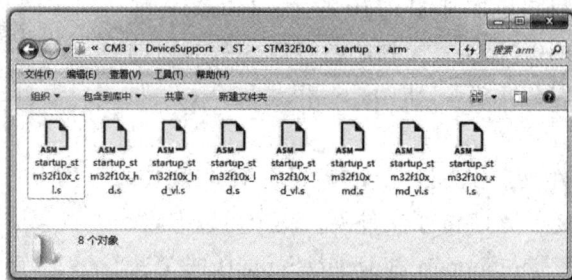

图 9-13　STM32F10x 启动代码文件目录

在此目录下有 8 个 startup 开头的 .s 文件，分别对应于不同容量的芯片。对于 STM32F103 系列微控制器，主要使用其中的 3 个启动文件：

startup_stm32f10x_ld.s：　　适用于小容量产品

startup_stm32f10x_md.s：　　适用于中等容量产品

startup_stm32f10x_hd.s：　　适用于大容量产品

这里的容量是指 FLASH 的大小，判定方法如下：

小容量：FLASH ≤ 32KB

中容量：64KB ≤ FLASH ≤ 128KB

大容量：256KB ≤ FLASH

本书使用的开发板采用 STM32F103ZET6 微控制器，它属于 STM32F103 的大容量产品，因此，它对应的启动代码文件为 startup_stm32f10x_hd.s。小容量芯片请选择 startup_stm32f10x_ld.s。

启动文件主要是进行堆栈之类的初始化，中断向量表以及中断函数定义，启动文件实现引导进入 main 函数。启动文件中 Reset_Handler 中断函数是唯一实现的中断处理函数，其他的中断函数基本都是死循环。Reset_handler 在系统启动的时候会调用，Reset_handler 的代码如下：

```
; Reset handler
Reset_Handler PROC
EXPORT Reset_Handler [WEAK]
IMPORT __main
IMPORT SystemInit
LDR R0, = SystemInit
BLX R0
LDR R0, =__main
BX R0
ENDP
```

这段代码在微控制器复位启动后引导进入 main 函数，可以看出在进入 main 函数之前，首先调用了 SystemInit 系统初始化函数。

（2）STM32F10x_StdPeriph_Driver 文件夹。STM32F10x_StdPeriph_Driver 子文件夹为 STM32F10x 标准外设驱动库函数目录，包括了所有 STM32F10x 微控制器的外设驱动，如 GPIO、TIMER、SysTick、ADC、DMA、USART、SPI 和 I2C 等。STM32F10x 的每个外设驱动对应一个源代码文件 stm32f10x_ppp.c 和一个头文件 stm32f10x_ppp.h。相应地，STM32Fl10x_StdPeriph_Driver 文件夹下也有两个子目录：src 和 inc，如图 9-10 所示。特别地，除了以上 STM32FlOx 片上外设的驱动以外，Cortex-M3 内核中 NVIC 的驱动（misc.c 和 misc.h）也在该文件夹中。

① src 子目录：src 是 source 的缩写，该子目录下存放意法半导体公司为 STM32FlOx 每个外设而编写的库函数源代码文件，如图 9-14 所示。

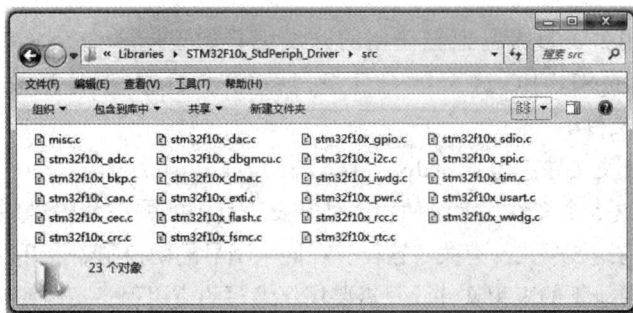

图 9-14　STM32F10x_StdPeriph_Driver\src 目录

② inc 子目录：inc 是 include 的缩写。该子目录下存放 STM32F10x 每个外设库函数的头文件，如图 9-15 所示。

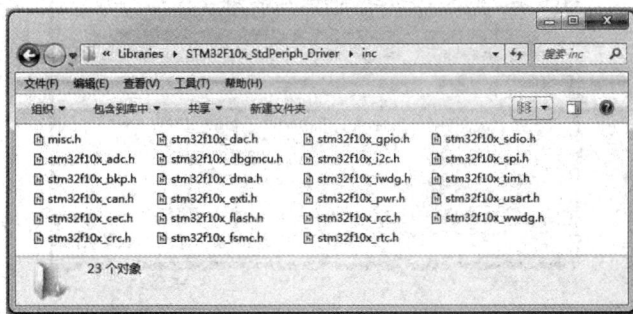

图 9-15　STM32F10x_StdPeriph_Driver\inc 目录

3.Project 文件夹

Project 文件夹对应 STM32F10x 标准外设库体系架构中的用户层，用来存放意法半导体公司官方提供的 STM32F10x 工程模板和外设驱动示例，包括 STM32F10x_StdPeriph_Template 和 STM32F10x_StdPeriph_Examples 两个子文件夹，如图 9-10 所示。

（1）STM32F10x_StdPeriph_Template 子文件夹。STM32F10x_StdPeriph_Template 子文件夹，是意法半导体公司提供的 STM32F10x 工程模板目录，包括了 5 个开发工具相关子目录和 5 个用户应用相关文件，其目录内容如图 9-16 所示。

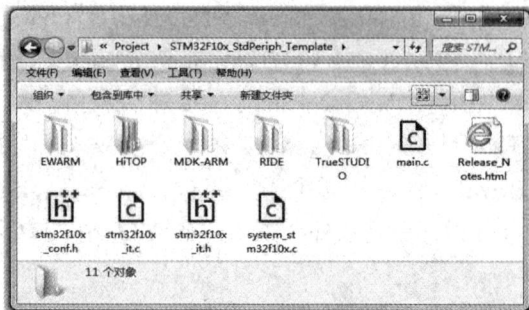

图 9-16　Project\STM32F10x_StdPeriph_Template 文件夹目录

　　① 开发工具相关子目录：根据使用的开发工具的不同，分为 MDK-ARM、EWARM、HiTOP、RIDE 和 TrueSTUDIO 这 5 个子目录，每个子目录分别存放对应开发工具下 STM32F10x 的工程文件。

　　② 用户应用相关文件：包括 maln.c、stm32f10x_it.c、stm32f10x_it.h、stm32f10x_conf.h 和 system_stm32f10x.c 这 5 个文件。无论使用 5 种开发工具中的哪一个构建 STM32F10x 工程，用户的具体应用都只与这 5 个文件有关。这样，在同一型号的微控制器上开发不同应用时，无须修改相关开发工具目录下的工程文件，只需要用新编写的应用程序文件替换这 5 个文件即可。

　　（2）STM32F10x_StdPeriph_Examples 子文件夹。STM32F10x_StdPeriph_Examples 子文件夹是意法半导体公司提供的 STM32F10x 外设驱动示例目录。该目录包含许多以 STM32F10x 外设命名的子目录，囊括了 STM32F10x 所有外设，其目录结构如图 9-17 所示。

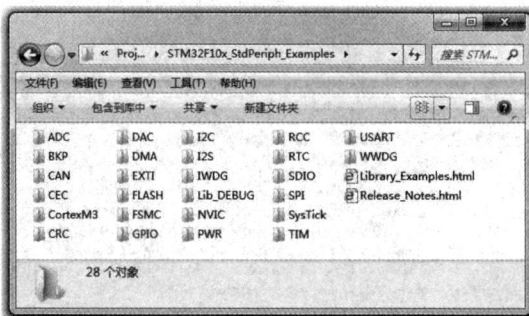

图 9-17　Project\STM32F10x_StdPeriph_Examples 目录

　　每个外设子目录下又包含多个具体驱动示例目录，而每个示例目录下又包含 5 个用户应用相关文件。意法半导体公司官方的外设驱动示例，不仅是了解和验证 STM32 外设功能的重要途径，而且给 STM32F10x 相关外设开发提供了有益的参考。

　　4.Utilities 文件夹

　　Utilities 文件夹用于存放意法半导体公司官方评估板的 BSP（Board Support Package，板级支持包）和额外的第三方固件。初始情况下，该文件夹下仅包含意法半导体公司各款官方评估板的板级驱动程序（即 STM32_EVAL 子文件夹），STM32_EVAL 子文件夹目录结构如图 9-18 所示。

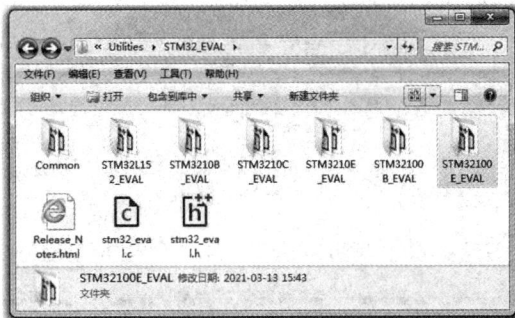

图 9-18　Utilities\STM32_EVAL 文件夹目录

　　用户在实际开发时，可以根据应用需求，在 Utilities 文件夹下增删内容，如删除仅支持意法半导体公司官方评估板的板驱动包，添加由意法半导体公司及其第三方合作伙伴提供的固件协议，包括各种嵌入式操作系统、文件系统、图形接口等，当然也可以不使用其参考模板，自行独立创建工程模板。

9.3　工程创建与下载调试

9.3.1　工程创建准备

　　创建工程是后续项目软件开发的基础，正确、合理的工程不仅使用起来得心应手，而且有利于程序设计。MDK-ARM 提供了丰富的工程管理工具，使的基于 STM32 微控制器的应用程序开发设计变得非常方便。MDK-ARM 安装目录中有多种常见微控制器开发板的工程实例，可以双击打开工程文件（后缀为 .uvproj）。不过通常需要从头开始创建新的工程，下面以精英 STM32F103 开发板为例详细介绍创建一个最小工程过程。

　　在软件开发前必须在开发调试计算机上先安装好集成开发环境，STM32F1 系列微控制器，还需获取 ST 公司提供的 STM32 固件库 STM32F10x_StdPeriph_Lib_V3.5.0，然后将其解压缩。在正式开始创建工程时，首先要做好以下准备工作：

　　（1）根据项目管理要求，在合适的地方建立一个空文件夹，假设将其命名为 Template。然后在 Template 里新建 6 个文件夹，分别命名为 CORE、HARDWARE、OBJ、FWLib、SYSTEM 和 USER。

　　（2）将解压缩后的固件库中的相关启动文件复制到目录 CORE。具体是：定位到固件库中的目录 STM32F10x_StdPeriph_Lib_V3.5.0\Libraries\CMSIS\ CM3\CoreSupport，将其下的文件 core_cm3.c 和文件 core_cm3.h 复制到 CORE 目录，然后定位到固件库中的目录 STM32F10x_StdPeriph_Lib_V3.5.0\Libraries\CMSIS\CM3\DeviceSupport\ST\STM32F10x\ startup \arm，将其下的文件 startup_stm32f10x_hd.s 复制到 CORE 目录，前面已介绍对不同容量的芯片应使用不同的启动文件，开发板使用微控制器 STM32F103ZET6 是大容量芯片，所以选择这个启动文件。这时，CORE 文件夹下的文件如图 9-19 所示。

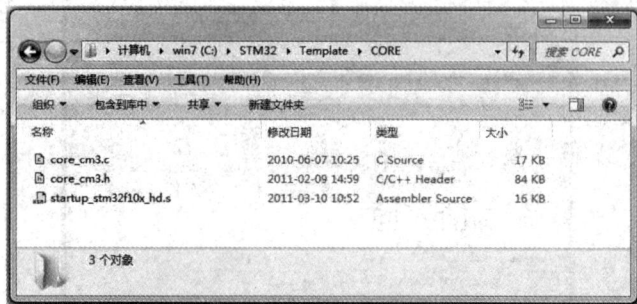

图 9-19　启动文件夹相关启动文件

（3）将解压缩后的固件库中的源码文件复制到 FWLib 文件夹。定位到固件库中的目录 STM32F10x_StdPeriph_Lib_V3.5.0\Libraries\ STM32F10x_StdPeriph_Driver，如图 9-10 所示，将其下的 src、inc 文件夹拷贝 FWLib 文件夹中。

（4）定位到固件库中的目录 STM32F10x_StdPeriph_Lib_V3.5.0\Libraries \CMSIS\CM3\ DeviceSupport\ST\STM32F10x，将其下的三个文件 stm32f10x.h，system_stm32f10x.c，system_ stm32f10x.h 复制到 USER 目录；然后定位到固件库中的目录 STM32F10x_StdPeriph_Lib_ V3.5.0\Project\ STM32F10x_StdPeriph_Template，将其下的三个文件 stm32f10x_conf.h， stm32f10x_it.c，stm32f10x_it.h 也复制到 USER 目录。

（5）最后新建一个命名为 main.c 的空文件，也将其放入 USER 文件夹中。这时，USER 文件夹下的文件如图 9-20 所示。

图 9-20　USER 文件夹文件浏览

至此，创建工程的准备工作已完成，可以将 Template 整个目录备份，以后新建任何一个工程时，只要直接复制 Template 整个目录就可以完成一个工程最基本的文件结构的建立，可以提高项目的开发效率。

9.3.2　工程创建过程

完成上述准备工作后，就可以运行 MDK-ARM 集成开发软件 Keil uVision5 正式创建工程，具体步骤如下：

（1）打开 Keil uVision5，选择 Project → New uVision Project 菜单项（如果当前工程正在打开，请先执行 Project → Close Project 命令将其关闭），在弹出的窗口中填写工程名和路径名（路径选择新建的 USER 文件夹，并将工程命名为 STM32_temper），然后单击"保存"按钮，如图 9-21 所示。

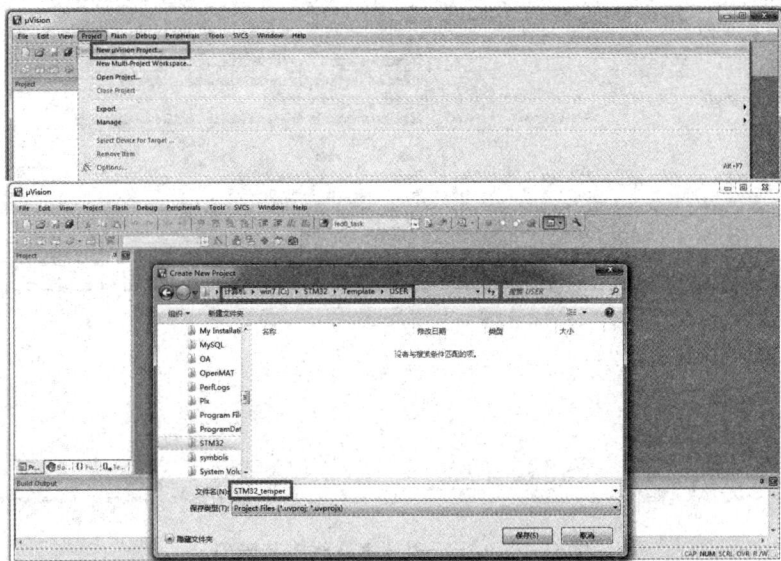

图 9-21　新建工程

（2）保存之后，弹出对话框选择器件类型。此处根据实际情况选取，本书选择 STM32F103ZE 系列。如图 9-22 所示，可以看到显示了该型号微控制器的一些主要特性。

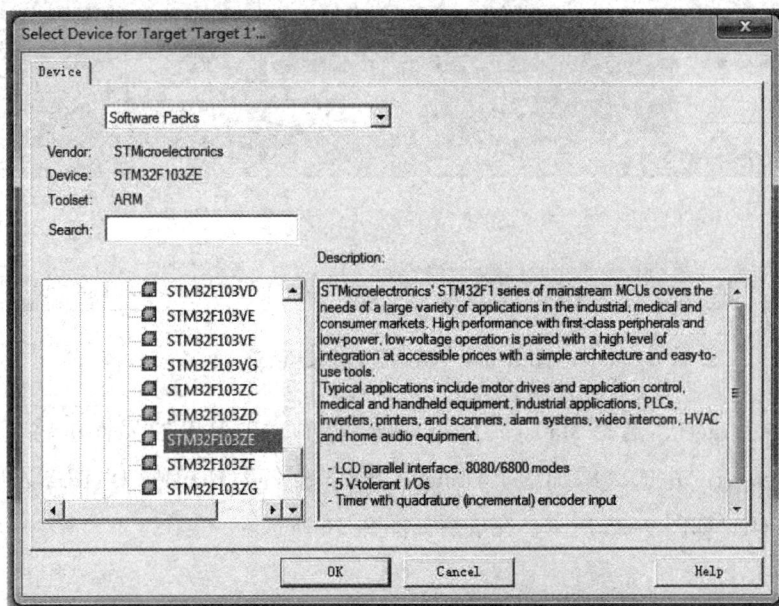

图 9-22　选择器件类型

（3）选择好器件类型，点击 OK 后，MDK5 会弹出 Manage Run-Time Environment 对话框，如图 9-23 所示。这是 MDK5 新增的一个功能，在这个界面，可以添加自己需要的组件，从而方便构建开发环境，不过本书直接使用固件库，所以在图 9-23 中直接点击 Cancel。

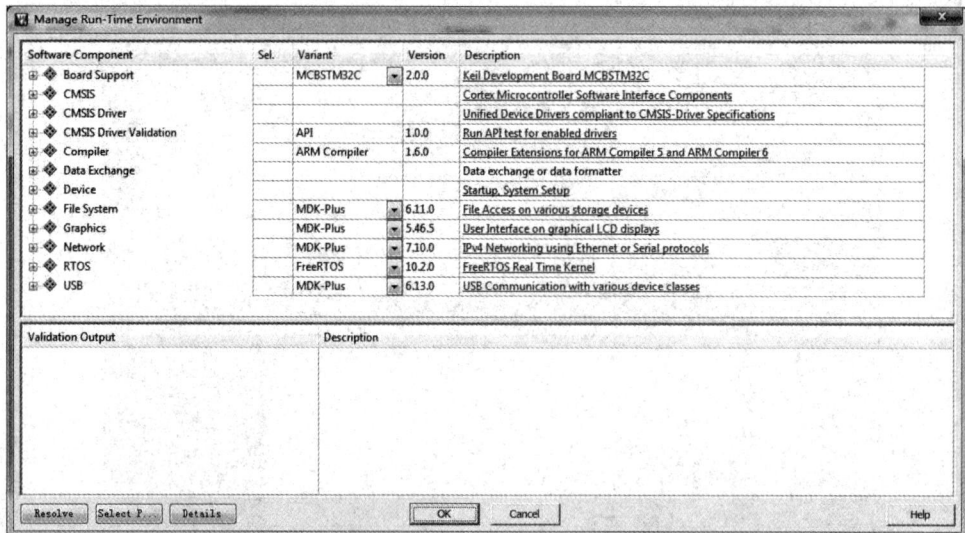

图 9-23　运行时环境在线安装窗口

（4）至此 STM32 的初始工程已经新建完毕，此时的 Keil uVision5 窗口如图 9-24 所示。

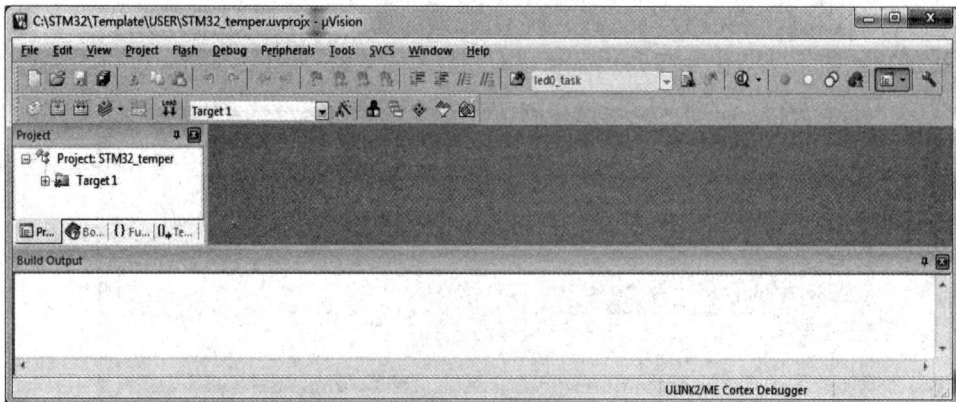

图 9-24　初始工程创建完成

（5）右击 Target1，选择 Manage Components 选项，在弹出的界面中将 Target 1 重命名为 stm32_temper，并依次添加 5 个 Groups，分别命名为 CORE、HARDWARE、FWLib、SYSTEM、USER，如图 9-25 所示，完成后如图 9-26 所示。

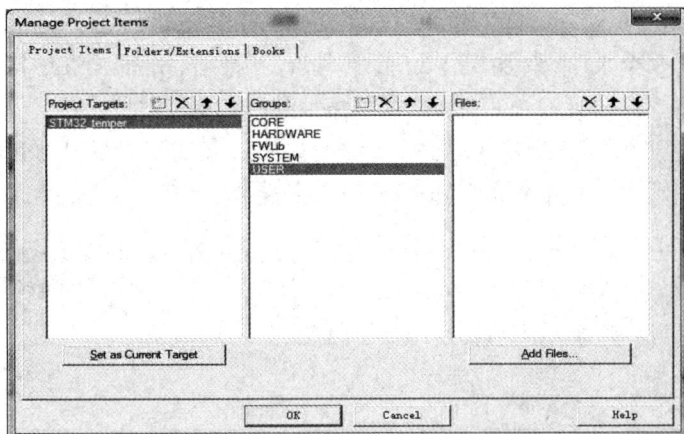

图 9-25 重命名和添加工作组

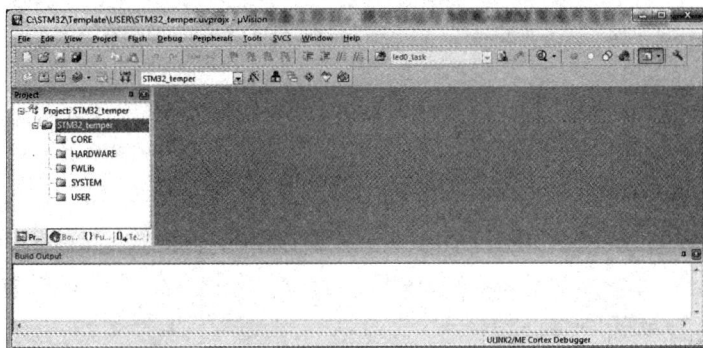

图 9-26 添加工作组完成后界面

（6）右击 CORE，在弹出菜单中选择 Add Existing Files to Group…，将 Template\CORE 目录中的文件 core_cm3.c、startup_stm32f10x_hd.s 添加进来，如图 9-27 所示。注意在图中需将文件类型选择为：All files（*.*）。

图 9-27 添加文件到 CORE 工作组

（7）采用类似的方法，将 Template\FWLib\src 目录下的 misc.c、stm32f10x_gpio.c 和 stm32f10x_rcc.c 这 3 个文件添加到 FWLib 工作组，将 Template\USER 目录下的 main.c、system_stm32f10x.c、stm3210x_it.c 这 3 个文件添加到 USER 工作组。

（8）完成上述步骤后，在 Keil uVision5 中的 project 子窗口中展开 USER 工作组，选择并双击 main.c 打开文件，在编辑窗口输入一个 main 函数并保存，如图 9-28 所示。

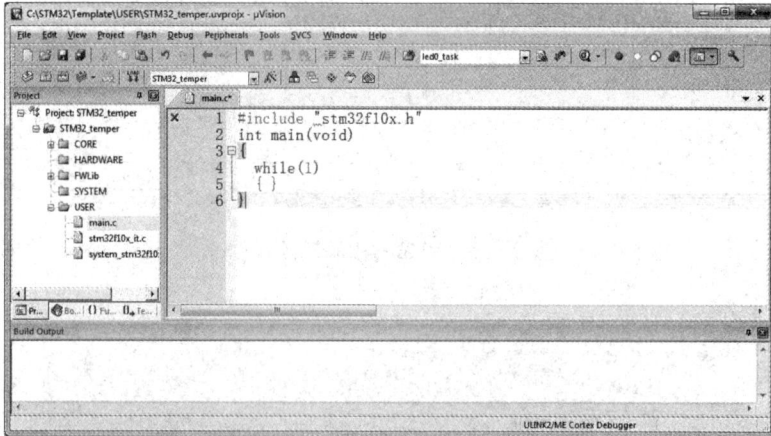

图 9-28　工作组文件添加完毕

（9）点击 Keil uVision5 主窗口上的魔术棒，或右击 Project 子窗口的 STM32_temper，在弹出的菜单中选择 Options for Target "stm32_temper" 选项，弹出选项配置对话框，如图 9-29 所示，设置外部主时钟为 8MHz。

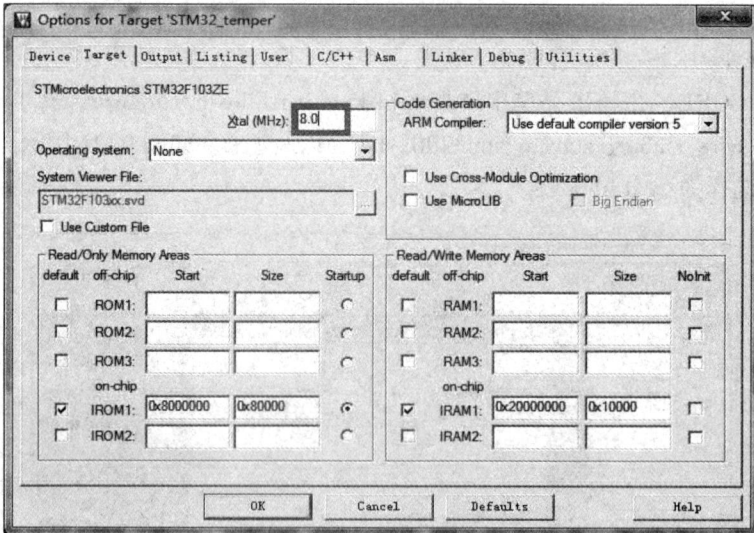

图 9-29　MDK 工程配置对话框

（10）在 Output 选项卡中勾选 Create HEX File，单击 Select Folder for Objects 按钮，在弹出的对话框中选择输出路径为 Template\OBJ，如图 9-30 所示。

（11）在 Listing 选项卡中单击 Select Folder for Listings 按钮，在弹出的对话框中选择输出路径为 Template\OBJ，如图 9-31 所示。

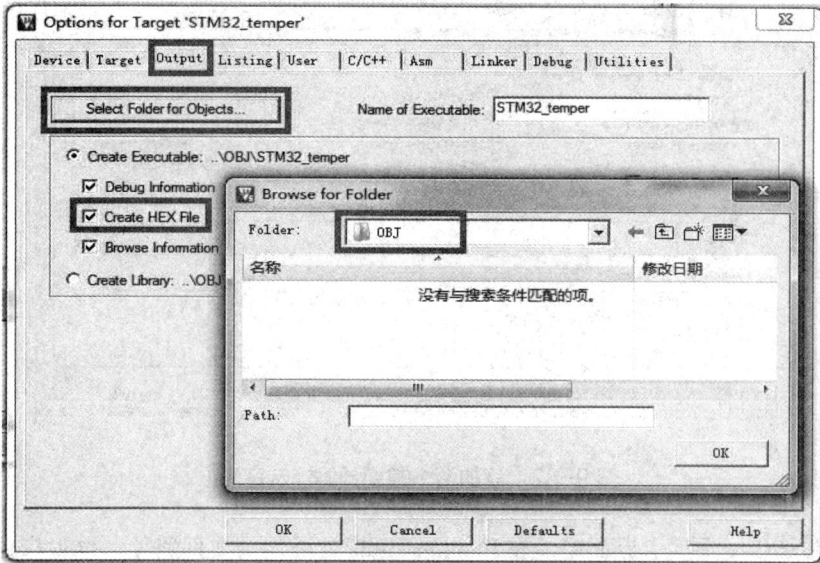

图 9-30 配置 Output 选项

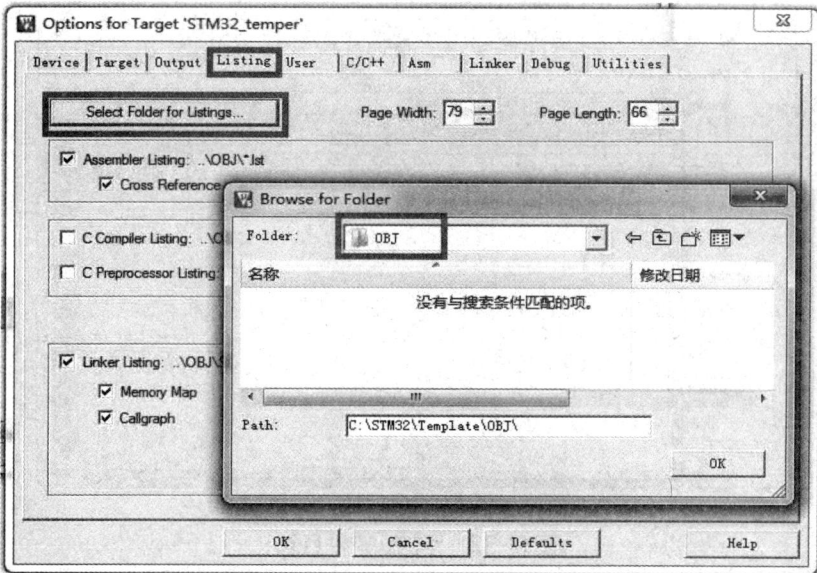

图 9-31 配置 Listing 输出文件目录

（12）在 C/C++ 选项卡中，在 Define 区域添加两个重要的预编译宏定义：STM32F10X_HD，USE_STDPERIPH_DRIVER，如图 9-32 所示。

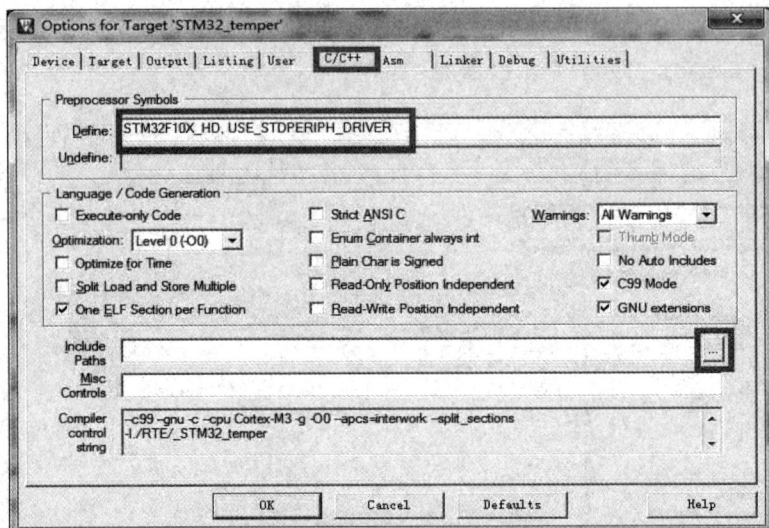

图 9-32　添加两个重要预编译宏定义

（13）在 C/C++ 选项卡界面中，在 Include Paths 处添加头文件路径，也可打开包含文件夹路径设置对话框。将工程中可能需要用到的头文件所在路径全部包含进来，操作结果如图 9-33 所示。

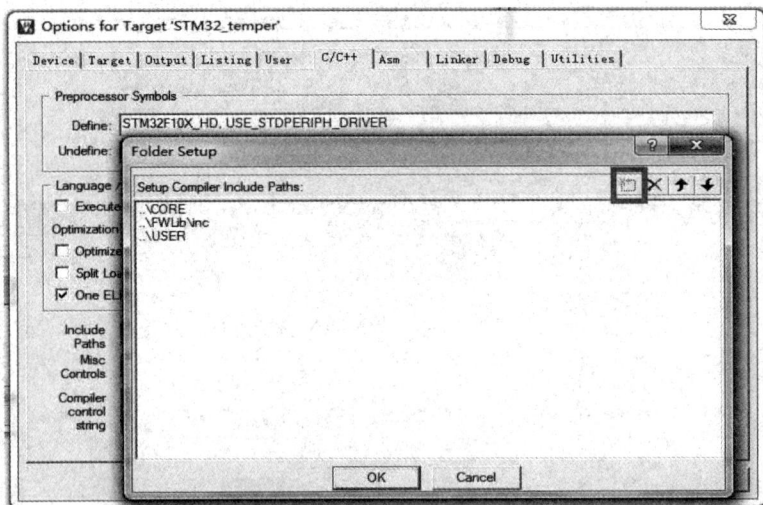

图 9-33　添加头文件目录

（14）在 Keil uVision5 主界面，选择 Project → Build Target 菜单项或按下 F7 快捷键编译工程，结果如图 9-34 所示。图中最下面的 Build Output 区是编译信息框，开发人员可以从中获取编译信息，如代码量、错误信息和警告信息等，可以发现此次编译结果为 0 Errors，0Warning（s），即 "0 个错误，0 个警告"。表示工程创建成功，如有错误需返回上述步骤，找出原因并更正，直到没有错误为止。

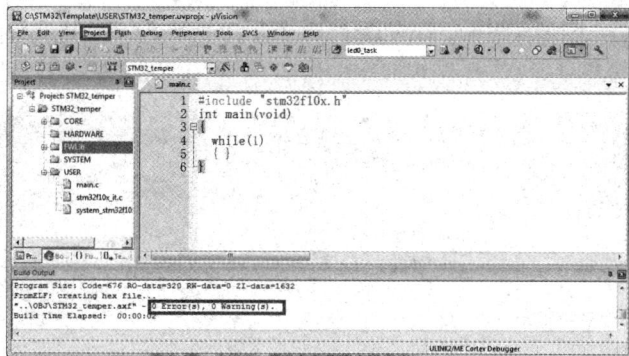

图 9-34　编译输出界面

9.3.3　软件模拟仿真

MDK-ARM 同样提供了强大的软件模拟仿真功能，通过仿真，可以方便、快捷地检查程序存在的问题。在仿真状态下，MDK 提供硬件寄存器查看和逻辑分析功能，通过观察这些寄存器值和分析逻辑时序，就可以对代码是不是真正有效进行简单判定，避免不必要的频繁刷机，从而延长了 STM32 微控制器的 FLASH 寿命。下面以一个具体实例说明软件模拟仿真步骤和方法。

1. 创建项目工程，并编译生成目标文件

在上一节创建的 STM32_temper 工程中，修改 main.c 文件的内容，输入如图 9-35 方框中的源程序，该程序用于在 PC0 端口输出方波信号。该程序只是用于讲解 MDK 软件仿真操作，其代码较为简单。对工程进行编译、生成目标文件，结果如图 9-35 所示。

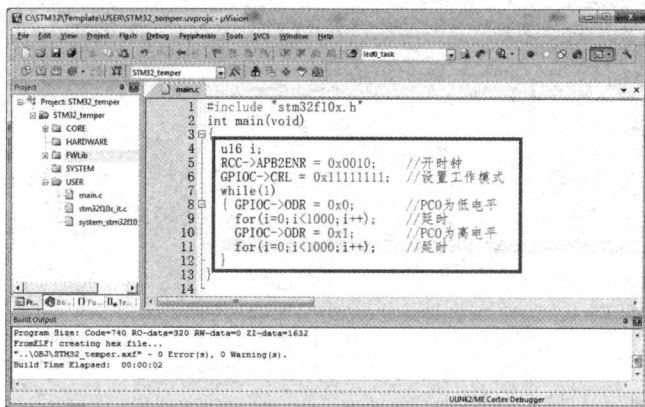

图 9-35　工程下编制代码并编译

2. 将调试方式设置为软件模拟仿真方式

点击 Keil uVision5 主窗口上的魔术棒，或右击 Project 子窗口的 STM32_temper，在弹出的菜单中选择 Options for Target 'stm32_temper' 选项，弹出选项配置对话框，在该对话框中，选择 Debug 选项卡，选中左侧的 Use Simulator 单选按钮，同时设置 Dialog DLL 分别为：

DARMSTM.DLL 和 TARMSTM.DLL，Parameter 均为：–pSTM32F103ZE，然后单击 OK 按钮确定，操作如图 9-36 所示。

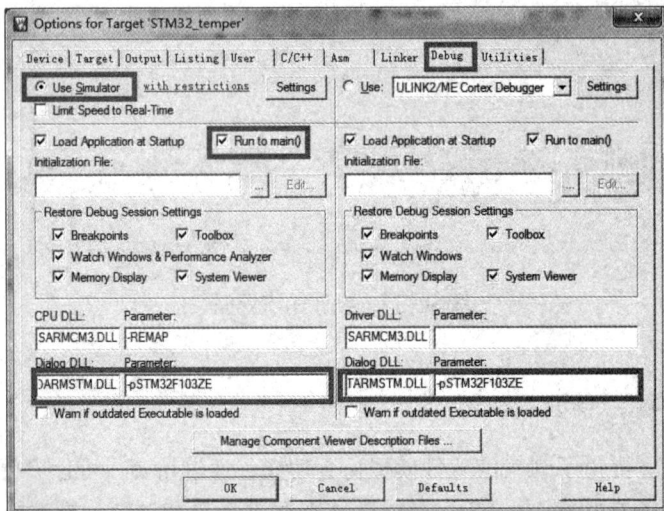

图 9-36　模拟仿真方式设置

3．进入软件模拟调试模式

点击 Keil uVision5 主窗口上的 Debug 按钮，或选择 Debug → start/stop Debug session 菜单项，开始仿真，出现如图 9-37 所示界面。

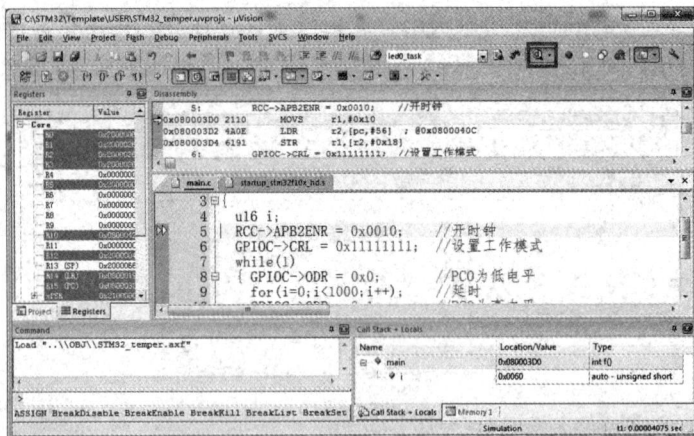

图 9-37　进入／退出模拟调试模式

可以发现，多出一个 Debug 工具条，Debug 工具条相关按钮的功能如图 9-38 所示。

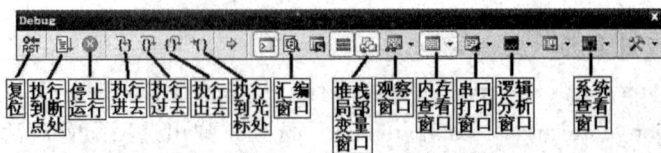

图 9-38　Debug 工具条功能

Debug 工具条主要按钮具体功能如下：

（1）复位：其功能等同于硬件上按复位按钮，按下该按钮之后，代码会重新从头开始执行。

（2）执行到断点处：该按钮用来快速执行到断点处，有时调试时并不需要查看每步是怎么执行的，而是想快速的执行到程序的某个地方查看结果，这时，在查看的地方设置断点，点击此按钮可实现这样的功能。

（3）挂起：此按钮在程序一直执行的时会变为有效，点击该按钮，可使运行程序停止，进入单步调试状态。

（4）执行进去：该按钮用来实现但不执行到某个函数内部的功能，在没有函数的情况下，等同于执行过去按钮。

（5）执行过去：在遇到函数调用时，点击该按钮就可以单步执行过整个函数，而不进入此函数内部单步执行。

（6）执行出去：该按钮是在进入了函数单步调试的时，有时不必再调试该函数的剩余部分，通过该按钮可一步执行完函数余下部分并跳出函数，回到函数被调用的位置。

（7）执行到光标处：该按钮可以迅速地使程序运行到光标处，类似于执行到断点处按钮功能，但断点可以有多个，而光标所在处只有一个。

（8）汇编窗口：通过该按钮，就可以查看汇编代码，便于深入分析程序。

（9）观看变量 / 堆栈窗口：点击该按钮，将弹出一个显示变量的窗口，可以查看各种变量值，是一个很常用的调试窗口。

（10）串口打印窗口：点击该按钮，将弹出一个类似"串口调试助手"主界面的窗口，用来显示从串口打印出来的内容。

（11）内存查看窗口：点击该按钮，将弹出一个内存查看窗口，可在里面输入要查看的内存地址，然后就可观察这一片内存的内容变化情况，也是一个很常用的调试窗口。

（12）性能分析窗口：点击该按钮，将弹出一个观看各个函数执行时间和占比的窗口，用于比较分析函数的性能。

（13）逻辑分析窗口：点击该按钮，将弹出一个逻辑分析窗口，通过该窗口 SETUP 按钮新建一些 I/O 口，就可观察这些 I/O 口的电平变化情况，可以多种形式显示，比较直观。

Debug 工具条上的其他几个按钮不太常用，其具体功能可查阅 MDK 帮助文档。

4. 调试查看寄存器和变量值

在模拟调试模式下，将光标放到 main.c 文件编辑子窗口的第 5 行的空白处，单击鼠标左键，可以看到在 5 行的左边出现了一个红框，即表示设置了一个断点（也可以通过鼠标右键弹出菜单来加入），再次单击则取消。再点击 Debug 工具条"执行到断点处"按钮，程序开始运行，执行到断点处暂停，如图 9-39 所示。此时，可在图中的 Registers 子窗口查看寄存器的值，在 Call Stack 子窗口查看变量的值，如程序中变量 i 的值为：16 进制的 64，相当于十进制的 100，与程序完全相符。

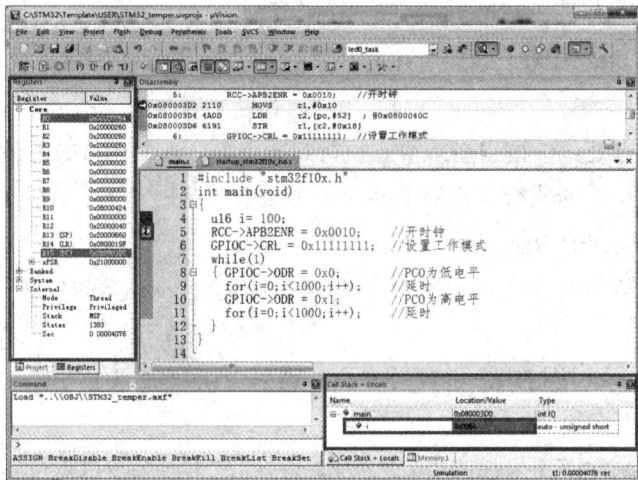

图 9-39　调试查看寄存器和变量值

5. 监视逻辑信号

在模拟调试模式下，点击主窗口上的"逻辑分析窗口"按钮，或选择 View → Analysis Windows → Logic Analyzer 菜单项，打开逻辑分析仪窗口，如图 9-40 所示。

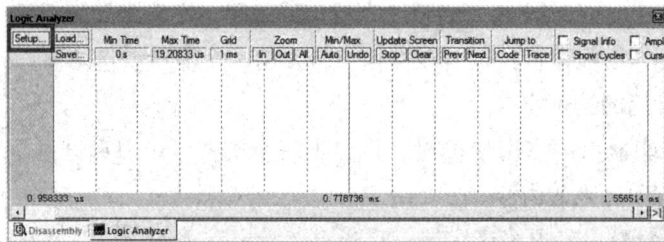

图 9-40　逻辑分析窗口

单击逻辑分析仪窗口的 Setup 按钮，打开 Setup Logic Analyzer 对话框，单击右上角的 New 按钮，在空白框中输入 portc.0 新增一个观测信号，并在 Display Type 下拉列表框中选择 Bit，单击 Close 按钮退出，如图 9-41 所示。这样，就在 Logic Analyzer 窗口中添加了一个观测信号 portc.0。在程序软件仿真运行过程中，可通过观察该信号的波形图可知 STM32F103 微控制器的引脚 PC0 上信号输入或输出的变化情况。

清除所有的断点，选择菜单 Debug → Run 命令或者单击工具栏中的 Run 按钮，开始仿真。让程序运行一段时间后，再选择菜单 Debug → Stop 命令或者单击工具栏中的 Stop 按钮，暂停仿真，然后，在 Logic Analyzer 窗口中可以看到程序仿真运行期间 PC0 的信

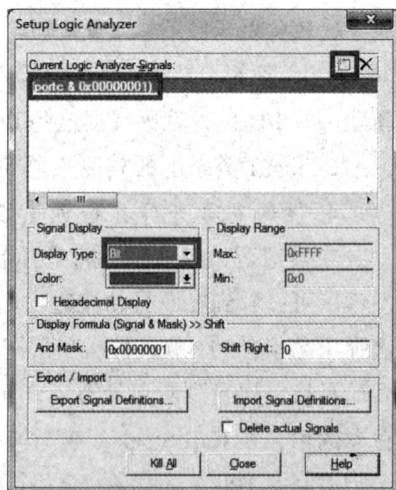

图 9-41　添加观测信号

号图，如图 9-42 所示。由图可以看出，PC0 端口输出信号为一方波，占空比为 50%，符合项目预期效果。如果看不清信号波形图，单击 Zoom 中的 All 按钮可以显示全部波形，还可以通过 In 按钮放大波形，Out 按钮缩小波形。

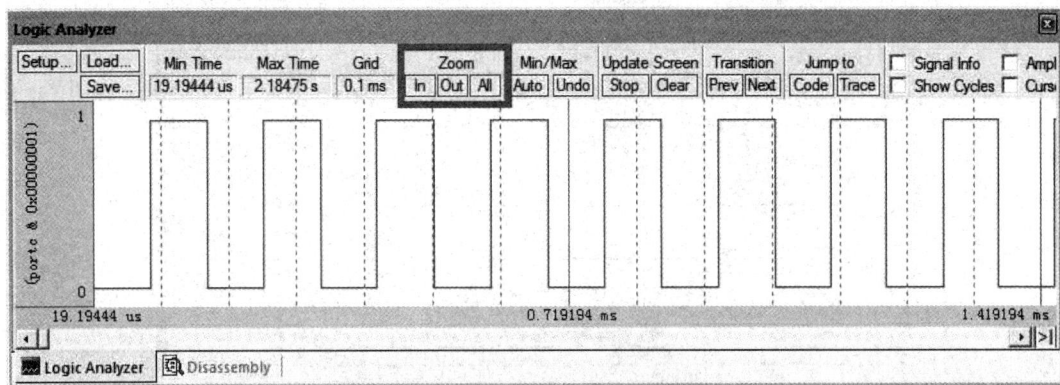

图 9-42　逻辑分析仪输出波形

6. 退出模拟仿真调试模式

选择菜单 Debug → Start/Stop Debug Session 命令或者单击工具栏中的 Debug 按钮，即可退出模拟仿真调试模式。

上述实例只是 MDK-ARM 模拟仿真最简单的应用，其观测信号范围十分广泛，包括 I/O 端口、逻辑数值、寄存器、存储器等，还可以设定外设的工作状态，包括 GPIO、ADC、DMA、TIMER 等，还经常被用于时序分析，调试输出等典型应用，功能十分强大。用好模拟仿真调试，可以提前发现错误，是硬件运行调试的有益补充。

9.3.4　软件下载与在线调试

为了在硬件平台上实现对代码的调试，就需要调试硬件工具，比如：ST-LINK，J-LINK 和 U-LINK 等都可以实时调试跟踪程序，从而找到程序中的 bug。下面以 J-LINK 调试器为例说明程序的下载和在线调试的步骤和方法。

1. 配置 J-LINK 调试器

点击 Keil uVision5 主窗口上的魔术棒，或右击 Projec 子窗口的 STM32_temper，在弹出的菜单中选择 Options for Target 'stm32_temper' 选项，弹出选项配置对话框，选择 Debug 标签，选择仿真工具为 J-LINK/J-Trace Cortex，如图 9-43 所示。

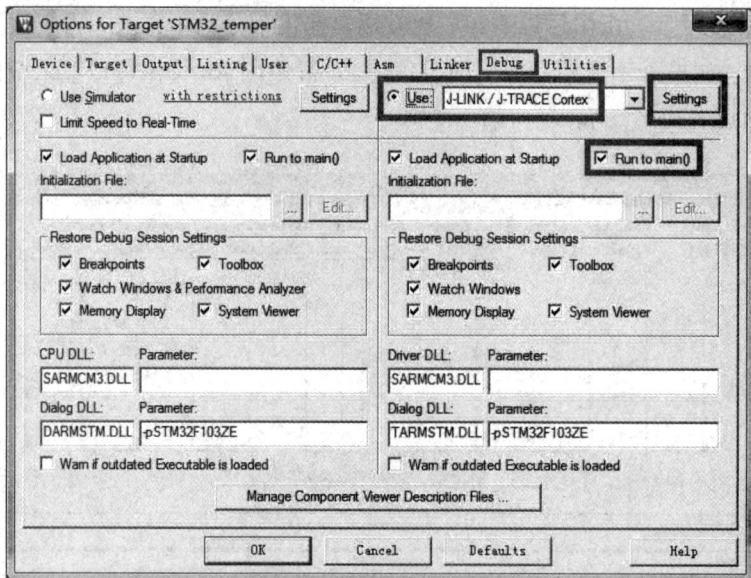

图 9-43 Debug 标签设置

上图中应勾选 Run to main（）选项，设置只要点击仿真就会直接运行到 main 函数，如果没选择这个选项，则会先执行 startup_stm32f10x_hd.s 文件的 Reset_Handler，再跳到 main 函数。然后点击 Settings，设置 J-LINK 的参数，如图 9-44 所示。这里使用 J-LINK 的 SW 模式调试，因为 JTAG 需要占用比 SW 模式多很多的 I/O 口，而在开发板上这些 I/O 口可能被其他外设用到，可能造成部分外设无法使用。Max Clock 根据 J-LINK 的性能与调试实验室环境来设置，本书实验中设置为 5MHz，如果出现问题，可通过降低这里的速率再试。

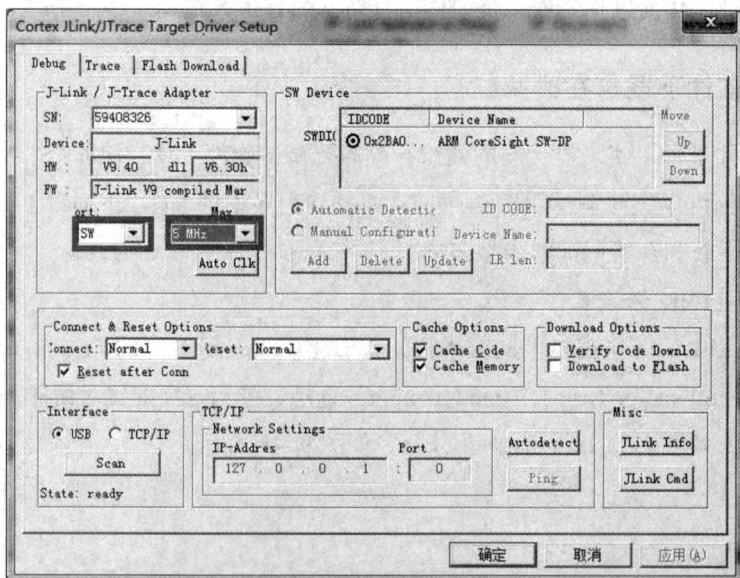

图 9-44 J-LINK 的参数设置

接下来还需要在 Utilities 选项卡中设置下载时的目标编程器，如图 9-45 所示。选择 Use Target Driver for Flash Programming 并勾选 Use Debug Driver，选择 J-LINK 来给目标器件的 FLASH 编程。

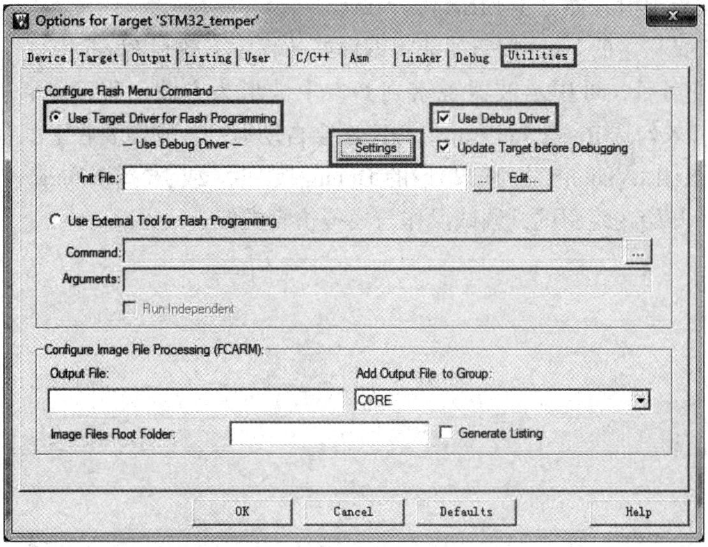

图 9-45　设置仿真调试工具

上图中点击 Settings 按钮，添加 FLASH 类型，如图 9-46 所示。MDK5 会根据工程时选择的目标器件，自动设置 flash 算法。开发板使用的微控制器是 STM32F103ZET6，FLASH 容量为 512KB，所以默认为 512KB，如果不相符，可单击 Settings 按钮，弹出 Add Flah Programming Algorithm 窗口，选择相应的 Flash 类型。

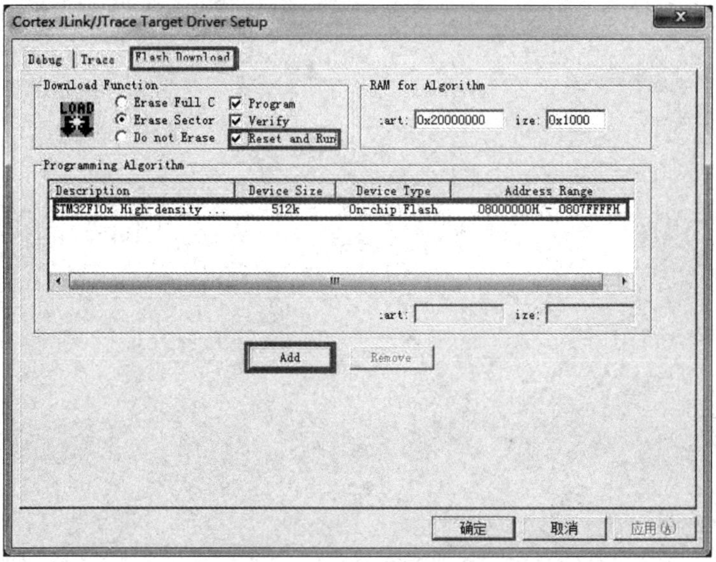

图 9-46　设置 Flash 类型

2.STM32 程序下载与调试

STM32 的程序下载有多种方法：USB、串口、JTAG、SWD 等，下面以 J-LINK 方式说明程序下载与调试的步骤和方法。

（1）给开发板上电，插上 J-LINK。

（2）单击工具栏中的 Load 按钮就能将编译好的程序下载到 Flash 中。

（3）下载成功后，可用示波器观察到 PC0 上波形为方波。程序是否自动运行可在图 9-46 中设置。若未勾选 Reset and Run，程序不会自动运行，则需要在下载程序后手动复位。

（4）点击 Keil uVision5 主窗口上的 Debug 按钮，或选择 Debug → start/stop Debug session 菜单项，开始在线调试，调试操作与模拟仿真类似。

第 10 章　STM32 基本模块原理与开发

10.1　时钟系统

10.1.1　内部结构与特性

众所周知，时钟系统是处理器的脉搏，就像人的心跳一样，时钟系统的重要性不言而喻。STM32 微控制器本身非常复杂，系统时钟频率较高，外设也非常多，但是并不是所有外设都需要这么高的时钟频率，比如看门狗以及 RTC 只需要几十 kHz 的时钟即可。同一个电路，时钟越快功耗越大，同时抗电磁干扰能力也会越弱，所以对于较为复杂的微控制器一般都是采取多时钟源的方法来解决这些问题。

不像 51 单片机只有一个系统时钟，STM32 微控制器的时钟系统比较复杂，STM32F1 微控制器的时钟系统如图 10-1 所示。

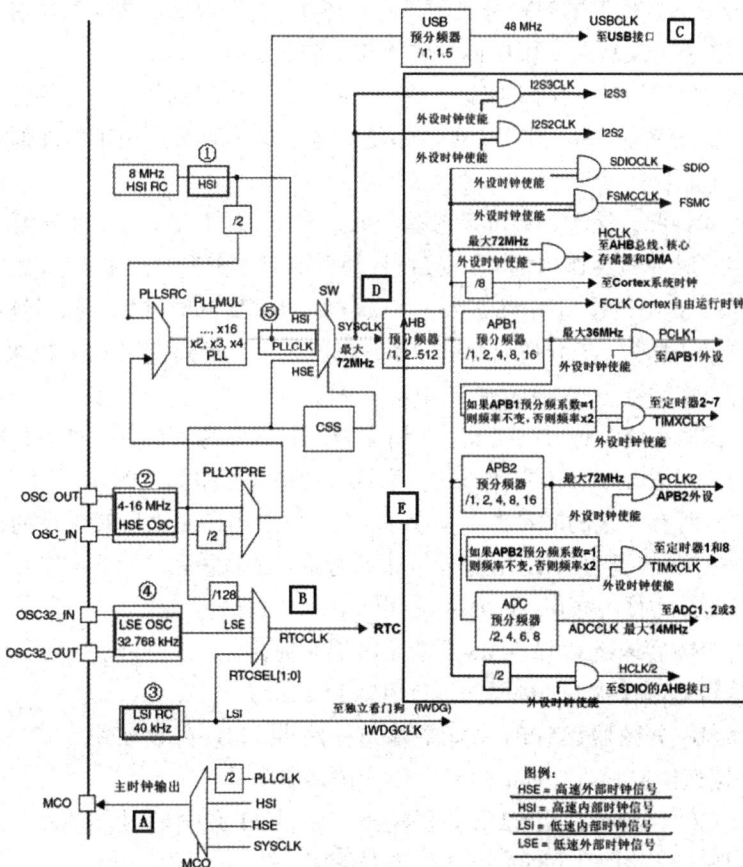

图 10-1　STM32F1 微控制器的时钟系统内部结构图

在 STM32F1 微控制器中，有五个时钟源：HSI、HSE、LSI、LSE、PLL。从时钟频率来分可以分为高速时钟源和低速时钟源，在这 5 个中 HIS、HSE 以及 PLL 是高速时钟，LSI 和 LSE 是低速时钟。从来源可分为外部时钟源和内部时钟源，外部时钟源就是从外部通过接晶振的方式获取时钟源，其中 HSE 和 LSE 是外部时钟源，其他的是内部时钟源。

图中 5 个时钟源的具体功能和用途如下：

（1）HSI 是高速内部时钟，为 RC 振荡器，频率为 8MHz。

（2）HSE 是高速外部时钟，可由外部石英 / 陶瓷谐振器或外部时钟源提供，频率范围为 4–16MHz，开发板采用 8MHz 的晶振。

（3）LSI 是低速内部时钟，为 RC 振荡器，频率为 40kHz。独立看门狗的时钟源只能是 LSI，同时 LSI 还可以作为 RTC 的时钟源。

（4）LSE 是低速外部时钟，由外部频率为 32.768kHz 的石英晶体提供，主要用作 RTC 的时钟源。

（5）PLL 为锁相环倍频输出，其时钟输入源可选择为 HSI/2、HSE 或者 HSE/2。倍频可选择为 2–16 倍，但是其输出频率最大不得超过 72MHz。

10.1.2 时钟分配原理

STM32 微控制器各模块的时钟可灵活设置，图 10-1 也给出了微控制器内部时钟的分配情况，时钟分配关键分支线路（图中标示的 A-E）的功能具体如下。

A：MCO 是微控制器的一个时钟输出 I/O（PA8），它可以选择一个时钟信号输出，可选择为 PLL 输出的 2 分频、HSI、HSE，或者系统时钟。这个时钟可用来给外部其他模块提供时钟源。

B：是 RTC 时钟源，该时钟源可以选择 LSI，LSE，以及 HSE 的 128 分频。

C：来自 PLL 时钟源用作内部 USB 接口模块的时钟。STM32F1 微控制器中有一个全速功能的 USB 模块，其串行接口引擎需要一个频率为 48MHz 的时钟源，该时钟源只能从 PLL 输出端获取，可以选择为 1.5 分频或者 1 分频，也就是，当需要使用 USB 模块时，PLL 必须使能，并且时钟频率配置为 48MHz 或 72MHz。

D：微控制器的系统时钟 SYSCLK，它用作微控制器中绝大部分部件工作的时钟源。系统时钟可选择为 PLL 输出、HSI 或者 HSE，系统时钟最大频率为 72MHz。

E：是指其他所有外设的时钟源。从图 10-1 可以看出，其他所有外设的时钟最终都来源于 SYSCLK。SYSCLK 通过 AHB 分频器分频后送给各模块使用，具体包括以下模块。

（1）AHB 总线、内核、内存和 DMA 使用的 HCLK 时钟。

（2）通过 8 分频后送给 Cortex-M3 系统定时器时钟，即：SysTick。

（3）直接送给 Cortex-M3 处理器的运行时钟 FCLK。

（4）送给 APB1 分频器，APB1 分频器输出一路供 APB1 外设使用（PCLK1，最大频率 36MHz），另一路送给定时器（Timer）2、3、4 倍频器使用。

（5）送给 APB2 分频器，APB2 分频器输出一路供 APB2 外设使用（PCLK2，最大频率 72MHz），另一路送给定时器（Timer）1 倍频器使用。

这里 APB1 和 APB2 的区别：APB1 上面连接的是低速外设，包括电源接口、备份接口、CAN、USB、I2C1、I2C2、UART2、UART3，等等，APB2 上面连接的是高速外设包括 UART1、SPI1、Timer1、ADC1、ADC2、所有普通 I/O 口（PA–PE）、第二功能 I/O 口等。APB2 下面所挂的外设的时钟要比 APB1 的高。

在以上的时钟输出给各功能模块时，许多都带使能控制，例如：AHB 总线时钟、内核时钟、各种 APB1 外设、APB2 外设等等。当需要使用某模块时，需先使能对应的时钟。

10.1.3　时钟配置寄存器组说明

STM32 微控制器中与时钟配置相关的寄存器有 10 个，下面分别介绍各寄存器的功能。

1. 时钟控制寄存器（RCC_CR）

偏移地址：0x00；复位值：0x000XX83，X 代表未定义

RCC_CR 寄存器各位定义如下，其中保留位读出为 0。

31	30	29	28	27	26	25	24	23	22	21	20	19	18	17	16
保留						PLL RDY	PLLON	保留				CSS ON	HSE BYP	HSE RDY	HSE ON
						r	rw					rw	rw	r	rw

15	14	13	12	11	10	9	8	7	6	5	4	3	2	1	0
HSICAL[7:0]								HSITRIM[4:0]					保留	HSI RDY	HSION
r	r	r	r	r	r	r	r	rw	rw	rw	rw	rw		r	rw

说明：

位 25	PLLRDY：PLL 时钟就绪标志，PLL 锁定后由硬件置 '1' 0：PLL 未锁定；1：PLL 锁定
位 24	PLLON：PLL 使能，由软件置 '1' 或清零以开启或关闭 PLL。当进入待机和停止模式时，该位由硬件清零。当 PLL 时钟被用作或被选择将要作为系统时钟时，该位不能被清零。在清除这个位之前，软件必须先关闭全速 USB OTG 的时钟 0：PLL 关闭；1：PLL 使能
位 19	CSSON：时钟安全系统使能，由软件置 '1' 或清零以使能时钟监测器 0：时钟监测器关闭；1：如果外部 3-25MHz 振荡器就绪，时钟监测器开启
位 18	HSEBYP：外部高速时钟旁路，在调试模式下由软件置 '1' 或清零来旁路外部晶体振荡器。只有在外部 3-25MHz 振荡器关闭的情况下，才能写入该位 0：外部 3-25MHz 振荡器没有旁路；1：外部 3-25MHz 外部晶体振荡器被旁路
位 17	HSERDY：外部高速时钟就绪标志，由硬件置 '1' 来指示外部 3-25MHz 振荡器已经稳定。在 HSEON 位清零后，该位需要 6 个外部 3-25MHz 时钟周期清零 0：外部 3-25MHz 时钟没有就绪；1：外部 3-25MHz 时钟就绪
位 16	HSEON：外部高速时钟使能，由软件置 '1' 或清零。当进入待机和停止模式时，该位由硬件清零，关闭外部 3-25MHz 振荡器。当外部 3-25MHz 振荡器被用作或被选择将要作为系统时钟时，该位不能被清零 0：HSE 振荡器关闭；1：HSE 振荡器开启
位 15:8	HSICAL[7:0]：内部高速时钟校准，在系统启动时，这些位会被自动初始化
位 7:3	HSITRIM[4:0]：内部高速时钟调整，由软件写入来调整内部高速时钟，它们被叠加在 HSICAL[5:0] 数值上。这些位在 HSICAL[7:0] 的基础上，让用户可以输入一个调整数值，根据电压和温度的变化调整内部 HSI RC 振荡器的频率默认数值为 16，可以把 HSI 调整到 8MHz±1%；每步 HSICAL 的变化调整约 40kHz
位 1	HSIRDY：内部高速时钟就绪标志，由硬件置 '1' 来指示内部 8MHz 振荡器已经稳定。在 HSION 位清零后，该位需要 6 个内部 8MHz 振荡器周期清零 0：内部 8MHz 振荡器没有就绪；1：内部 8MHz 振荡器就绪
位 0	HSION：内部高速时钟使能，由软件置 '1' 或清零。当从待机和停止模式返回或用作系统时钟的外部 3-25MHz 振荡器发生故障时，该位由硬件置 '1' 来启动内部 8MHz 的 RC 振荡器。当内部 8MHz 振荡器被直接或间接地用作或被选择将要作为系统时钟时，该位不能被清零 0：内部 8MHz 振荡器关闭；1：内部 8MHz 振荡器开启

2. 时钟配置寄存器（RCC_CFGR）

偏移地址：0x04；复位值：0x00000000

RCC_CFGR 寄存器各位定义如下，其中保留位读出为 0。

31	30	29	28	27	26	25	24	23	22	21	20	19	18	17	16
保留					MCO[2:0]			保留	USB PRE	PLLMUL[3:0]				PLL XTPRE	PLL SRC
					rw	rw	rw		rw	rw	rw	rw	rw	rw	rw

15	14	13	12	11	10	9	8	7	6	5	4	3	2	1	0
ADCPRE[1:0]		PPRE2[2:0]			PPRE1[2:0]			HPRE[3:0]				SWS[1:0]		SW[1:0]	
rw	rw	rw	rw	rw	rw	rw	rw	rw	rw	rw	rw	r	r	rw	rw

说明：

位 26:24	MCO：微控制器时钟输出，由软件置 '1' 或清零 0xx：没有时钟输出；100：系统时钟（SYSCLK）输出；101：内部 RC 振荡器时钟（HSI）输出；110：外部振荡器时钟（HSE）输出；111：PLL 时钟 2 分频后输出 注意：该时钟输出在启动和切换 MCO 时钟源时可能会被截断；在系统时钟作为输出至 MCO 引脚时，请保证输出时钟频率不超过 50MHz（I/O 口最高频率）
位 22	USBPRE：USB 预分频，由软件置 '1' 或清 '0' 来产生 48MHz 的 USB 时钟。在 RCC_APB1ENR 寄存器中使能 USB 时钟之前，必须保证该位已经有效。如果 USB 时钟被使能，该位不能被清零 0：PLL 时钟 1.5 倍分频作为 USB 时钟；1：PLL 时钟直接作为 USB 时钟
位 21:18	PLLMUL：PLL 倍频系数，由软件设置来确定 PLL 倍频系数。只有在 PLL 关闭的情况下才可被写入 000x：保留；10xx：保留；0010：PLL 4 倍频输出；1100：保留；0011：PLL 5 倍频输出；1101：PLL 6.5 倍频输出；0100：PLL 6 倍频输出；111x：保留；0101：PLL 7 倍频输出；0110：PLL 8 倍频输出；0111：PLL 9 倍频输出； 注意：PLL 的输出频率绝对不能超过 72MHz
位 17	PLLXTPRE：PREDIV1 分频因子的低位，由软件置 '1' 或清 '0' 来选择 PREDIV1 分频因子的最低位。这一位与 RCC_CFGR2 寄存器的位（0）是同一位，因此修改 RCC_CFGR 寄存器的位（0）同时会改变这一位。如果 RCC_CFGR2 寄存器的位 [3:1] 为 '000'，则该位控制 PREDIV1 对输入时钟进行 2 分频（PLLXPRE=1），或不对输入时钟分频（PLLXPRE=0）。只能在关闭 PLL 时才能写入此位
位 16	PLLSRC：PLL 输入时钟源，由软件置 '1' 或清 '0' 来选择 PLL 输入时钟源。只能在关闭 PLL 时才能写入此位。 0：HSI 振荡器时钟经 2 分频后作为 PLL 输入时钟；1：PREDIV1 输出作为 PLL 输入时钟 注：当改变主 PLL 的输入时钟源时，必须在选定了新的时钟源后才能关闭原来的时钟源
位 15:14	ADCPRE[1:0]：ADC 预分频，由软件置 '1' 或清 '0' 来确定 ADC 时钟频率 00：PCLK2 2 分频后作为 ADC 时钟；01：PCLK2 4 分频后作为 ADC 时钟；10：PCLK2 6 分频后作为 ADC 时钟；11：PCLK2 8 分频后作为 ADC 时钟
位 13:11	PPRE2[2:0]：高速 APB 预分频（APB2），由软件置 '1' 或清 '0' 来控制高速 APB2 时钟（PCLK2）的预分频系数。 0xx：HCLK 不分频；100：HCLK 2 分频；101：HCLK 4 分频；110：HCLK 8 分频；111：HCLK 16 分频
位 10:8	PPRE1[2:0]：低速 APB 预分频（APB1）（APB low-speed prescaler（APB1））由软件置 '1' 或清 '0' 来控制低速 APB1 时钟（PCLK1）的预分频系数 0xx：HCLK 不分频；100：HCLK 2 分频；101：HCLK 4 分频；110：HCLK 8 分频；111：HCLK 16 分频 注意：软件必须保证 APB1 时钟频率不超过 36MHz
位 7:4	HPRE[3:0]：AHB 预分频，由软件置 '1' 或清 '0' 来控制 AHB 时钟的预分频系数 0xxx：SYSCLK 不分频；1000：SYSCLK 2 分频；1100：SYSCLK 64 分频；1001：SYSCLK 4 分频；1101：SYSCLK 128 分频；1010：SYSCLK 8 分频；1110：SYSCLK 256 分频；1011：SYSCLK 16 分频；1111：SYSCLK 512 分频 注意：当 AHB 时钟的预分频系数大于 1 时，必须开启预取缓冲器；当使用以太网模块时，AHB 的时钟频率必须至少为 25MHz

位 3:2	SWS[1:0]：系统时钟切换状态，由硬件置'1'或清'0'来指示哪一个时钟源被作为系统时钟 00：HSI 作为系统时钟；01：HSE 作为系统时钟；10：PLL 输出作为系统时钟；11：不可用
位 1:0	SW：系统时钟切换，由软件置'1'或清'0'来选择系统时钟源（SYSCLK）。在从停止或待机模式中返回时或直接或间接作为系统时钟的 HSE 出现故障时，由硬件强制选择 HSI 作为系统时钟（如果时钟安全系统已经启动） 00：HSI 作为系统时钟；01：HSE 作为系统时钟；10：PLL 输出作为系统时钟；11：不可用

3. 时钟中断寄存器（RCC_CIR）

偏移地址：0x08；复位值：0x00000000

RCC_CIR 寄存器各位定义如下，其中保留位读出为 0。

31	30	29	28	27	26	25	24	23	22	21	20	19	18	17	16
保留								CSSC	保留		PLL RDYC	HSE RDYC	HIS RDYC	LSE RDYC	LSI RDYC
								w			w	w	w	w	w

15	14	13	12	11	10	9	8	7	6	5	4	3	2	1	0
保留			PLL RDYIE	HSE RDYIE	HSI RDYIE	LSE RDYIE	LSI RDYIE	CSSF	保留		PLL RDYF	HSE RDYF	HSI RDYF	LSE RDYF	LSI RDYF
			rw	rw	rw	rw	rw	r			r	r	r	r	r

说明：

位 23	CSSC：清除时钟安全系统中断，由软件置'1'来清除 CSSF 安全系统中断标志位 CSSF；置'0'无作用
位 19	HSERDYC：清除 HSE 就绪中断，由软件置'1'来清除 HSE 就绪中断标志位 HSERDYF；置'0'无作用
位 18	HSIRDYC：清除 HSI 就绪中断，由软件置'1'来清除 HSI 就绪中断标志位 HSIRDYF；置'0'无作用
位 17	LSERDYC：清除 LSE 就绪中断，由软件置'1'来清除 LSE 就绪中断标志位 LSERDYF；置'0'无作用
位 16	LSIRDYC：清除 LSI 就绪中断，由软件置'1'来清除 LSI 就绪中断标志位 LSIRDYF；置'0'无作用
位 12	PLLRDYIE：PLL 就绪中断使能，由软件置'1'或清'0'来使能或关闭 PLL 就绪中断 0：PLL 就绪中断关闭；1：PLL 就绪中断使能
位 11	HSERDYIE：HSE 就绪中断使能，由软件置'1'或清'0'来使能或关闭外部 4~16MHz 振荡器就绪中断 0：HSE 就绪中断关闭；1：HSE 就绪中断使能
位 10	HSIRDYIE：HSI 就绪中断使能，由软件置'1'或清'0'来使能或关闭内部 8MHz RC 振荡器就绪中断 0：HSI 就绪中断关闭；1：HSI 就绪中断使能
位 9	LSERDYIE：LSE 就绪中断使能，由软件置'1'或清'0'来使能或关闭外部 32kHz RC 振荡器就绪中断 0：LSE 就绪中断关闭；1：LSE 就绪中断使能
位 8	LSIRDYIE：LSI 就绪中断使能，由软件置'1'或清'0'来使能或关闭内部 40kHz RC 振荡器就绪中断 0：LSI 就绪中断关闭；1：LSI 就绪中断使能
位 7	CSSF：时钟安全系统中断标志，在外部 4~16MHz 振荡器时钟出现故障时，由硬件置'1'，由软件通过置'1' CSSC 位来清除 0：无 HSE 时钟失效产生的安全系统中断；1：HSE 时钟失效导致了时钟安全系统中断
位 4	PLLRDYF：PLL 就绪中断标志，在 PLL 就绪且 PLLRDYIE 位被置'1'时，由硬件置'1'，由软件通过置'1' PLLRDYC 位来清除 0：无 PLL 上锁产生的时钟就绪中断；1：PLL 上锁导致时钟就绪中断
位 3	HSERDYF：HSE 就绪中断标志，在外部低速时钟就绪且 HSERDYIE 位被置'1'时，由硬件置'1'，由软件通过置'1' HSERDYC 位来清除 0：无外部 4~16MHz 振荡器产生的时钟就绪中断；1：外部 4~16MHz 振荡器导致时钟就绪中断
位 2	HSIRDYF：HSI 就绪中断标志，在内部高速时钟就绪且 HSIRDYIE 位被置'1'时，由硬件置'1'，由软件通过置'1' HSIRDYC 位来清除 0：无内部 8MHz RC 振荡器产生的时钟就绪中断；1：内部 8MHz RC 振荡器导致时钟就绪中断
位 1	LSERDYF：LSE 就绪中断标志，在外部低速时钟就绪且 LSERDYIE 位被置'1'时，由硬件置'1'，由软件通过置'1' LSERDYC 位来清除 0：无外部 32kHz 振荡器产生的时钟就绪中断；1：外部 32kHz 振荡器导致时钟就绪中断
位 0	LSIRDYF：LSI 就绪中断标志，在内部低速时钟就绪且 LSIRDYIE 位被置'1'时，由硬件置'1'，由软件通过置'1' LSIRDYC 位来清除 0：无内部 40kHz RC 振荡器产生的时钟就绪中断；1：内部 40kHz RC 振荡器导致时钟就绪中断

4.APB2 外设复位寄存器（RCC_APB2RSTR）

偏移地址：0x0C；复位值：0x00000000

RCC_APB2RSTR 寄存器用于对微控制器内部挂接在 APB2 总线上的各模块进行复位，对有效位置'1'，复位相应内部模块，置'0'无作用。寄存器各位定义如下：其中保留位读出为 0。

31	30	29	28	27	26	25	24	23	22	21	20	19	18	17	16
保留															

15	14	13	12	11	10	9	8	7	6	5	4	3	2	1	0
ADC3 RST	USART1 RST	TIM8 RST	SPI1 RST	TIM1 RST	ADC2 RST	ADC1 RST	IOPG RST	IOPF RST	IOPE RST	IOPD RST	IOPC RST	IOPB RST	IOPA RST	保留	AFIO RST
rw	rw	rw	rw	rw	rw	rw	rw	rw	rw	rw	rw	rw	rw	res	rw

5.APB1 外设复位寄存器（RCC_APB1RSTR）

偏移地址：0x10；复位值：0x00000000

RCC_APB1RSTR 寄存器用于对微控制器内部挂接在 APB1 总线上的各模块进行复位，对有效位置'1'，复位相应内部模块，置'0'无作用。寄存器各位定义如下：其中保留位读出为 0。

31	30	29	28	27	26	25	24	23	22	21	20	19	18	17	16
保留		DACRST	PWR RST	BKP RST	保留	CAN RST	保留	USB RST	I2C2 RST	I2C1 RST	UART5R RST	UART4R RST	USART3 RST	USART2 RST	保留
		rw	rw	rw		rw		rw	rw	rw	rw	rw	rw	rw	

15	14	13	12	11	10	9	8	7	6	5	4	3	2	1	0
SPI3 RST	SPI2 RST	保留		WWDG RST	保留					TIM7 RST	TIM6 RST	TIM5 RST	TIM4 RST	TIM3 RST	TIM2 RST
rw	rw			rw						rw	rw	rw	rw	rw	rw

6.AHB 外设时钟使能寄存器（RCC_AHBENR）

偏移地址：0x14

复位值：0x00000014

RCC_AHBENR 寄存器各位定义如下，其中保留位读出为 0。

31	30	29	28	27	26	25	24	23	22	21	20	19	18	17	16
保留															

15	14	13	12	11	10	9	8	7	6	5	4	3	2	1	0
保留					SDIOEN	保留	FSMCEM	保留	CRCEN	保留	FLITE EN	保留	SRAM EN	DMA2 EN	DMA1 EN
					rw		rw		rw		rw		rw	rw	rw

说明：

位 10	SDIOEN：SDIO 时钟使能，由软件置'1'或清'0' 0：SDIO 时钟关闭；1：SDIO 时钟开启
位 8	FSMCEN：FSMC 时钟使能，由软件置'1'或清'0' 0：FSMC 时钟关闭；1：FSMC 时钟开启
位 6	CRCEN：CRC 时钟使能，由软件置'1'或清'0' 0：CRC 时钟关闭；1：CRC 时钟开启
位 4	FLITFEN：闪存接口电路时钟使能，由软件置'1'或清'0'来开启或关闭睡眠模式时闪存接口电路时钟 0：睡眠模式时闪存接口电路时钟关闭；1：睡眠模式时闪存接口电路时钟开启

续 表

位 2	SRAMEN：SRAM 时钟使能，由软件置 '1' 或清 '0' 来开启或关闭睡眠模式时 SRAM 时钟 0：睡眠模式时 SRAM 时钟关闭；1：睡眠模式时 SRAM 时钟开启
位 1	DMA2EN：DMA2 时钟使能，由软件置 '1' 或清 '0' 0：DMA2 时钟关闭；1：DMA2 时钟开启
位 0	DMA1EN：DMA1 时钟使能，由软件置 '1' 或清 '0' 0：DMA1 时钟关闭；1：DMA1 时钟开启
位 1	LSERDYF：LSE 就绪中断标志，在外部低速时钟就绪且 LSERDYIE 位被置 '1' 时，由硬件置 '1'，由软件通过置 '1' LSERDYC 位来清除 0：无外部 32kHz 振荡器产生的时钟就绪中断；1：外部 32kHz 振荡器导致时钟就绪中断
位 0	LSIRDYF：LSI 就绪中断标志，在内部低速时钟就绪且 LSIRDYIE 位被置 '1' 时，由硬件置 '1'，由软件通过置 '1' LSIRDYC 位来清除 0：无内部 40kHz RC 振荡器产生的时钟就绪中断；1：内部 40kHz RC 振荡器导致时钟就绪中断

7.APB2 外设时钟使能寄存器（RCC_APB2ENR）

偏移地址：0x18；复位值：0x00000000

RCC_APB2ENR 寄存器用于开启或关闭微控制器内部挂接在 APB2 总线上的各模块时钟。对有效位置 '1'，开启相应内部模块的时钟，置 '0' 将关闭相应内部模块的时钟。寄存器各位定义如下：其中保留位读出为 0。

31	30	29	28	27	26	25	24	23	22	21	20	19	18	17	16
保留															

15	14	13	12	11	10	9	8	7	6	5	4	3	2	1	0
ADC3 EN	USART1 EN	TIM8 EN	SPI1 EN	TIM1 EN	ADC2 EN	ADC1 EN	IOPG EN	IOPF EN	IOPE EN	IOPD EN	IOPC EN	IOPB EN	IOPA EN	保留	AFIO EN
rw	rw	rw	rw	rw	rw	rw	rw	rw	rw	rw	rw	rw	rw		rw

8.APB1 外设时钟使能寄存器（RCC_APB1ENR）

偏移地址：0x1C；复位值：0x00000000

RCC_APB1ENR 寄存器用于开启或关闭微控制器内部挂接在 APB1 总线上的各模块时钟。对有效位置 '1'，开启相应内部模块的时钟，置 '0' 将关闭相应内部模块的时钟。寄存器各位定义如下：其中保留位读出为 0。

31	30	29	28	27	26	25	24	23	22	21	20	19	18	17	16
保留		DACEN	PWR EN	BKP EN	保留	CAN EN	保留	USB EN	I2C2 EN	I2C1 EN	UART5 EN	UART4 EN	USART3 EN	USART2 EN	保留
		rw	rw	rw		rw		rw	rw	rw	rw	rw	rw	rw	

15	14	13	12	11	10	9	8	7	6	5	4	3	2	1	0
SPI3 EN	SPI2 EN	保留		WWDG EN	保留					TIM7 EN	TIM6 EN	TIM5 EN	TIM4 EN	TIM3 EN	TIM2 EN
rw	rw			rw						rw	rw	rw	rw	rw	rw

9.备份域控制寄存器（RCC_BDCR）

偏移地址：0x20；复位值：0x00000000，只能由备份域复位有效复位

RCC_BDCR 寄存器各位定义如下，其中保留位读出为 0。

31	30	29	28	27	26	25	24	23	22	21	20	19	18	17	16
保留															BDRST
															rw

15	14	13	12	11	10	9	8	7	6	5	4	3	2	1	0
RTC EN	保留					RTCSEL[1:0]		保留					LSE BYP	LSE RDY	LSEON
rw						rw	rw						rw	r	rw

说明：

位 16	BDRST：备份域软件复位，由软件置'1'或清'0' 0：复位未激活；1：复位整个备份域
位 15	RTCEN：RTC 时钟使能，由软件置'1'或清'0' 0：RTC 时钟关闭；1：RTC 时钟开启
位 9:8	RTCSEL[1:0]：RTC 时钟源选择，由软件设置来选择 RTC 时钟源。一旦 RTC 时钟源被选定，直到下次后备域被复位，它不能再被改变。可通过设置 BDRST 位来清除 00：无时钟；01：LSE 振荡器作为 RTC 时钟；10：LSI 振荡器作为 RTC 时钟；11：HSE 振荡器在 128 分频后作为 RTC 时钟
位 2	LSEBYP：外部低速时钟振荡器旁路，在调试模式下由软件置'1'或清'0'来旁路 LSE。只有在外部 32kHz 振荡器关闭时，才能写入该位 0：LSE 时钟未被旁路；1：LSE 时钟被旁路
位 1	LSERDY：外部低速 LSE 就绪，由硬件置'1'或清'0'来指示是否外部 32kHz 振荡器就绪。在 LSEON 被清零后，该位需要 6 个外部低速振荡器的周期才被清零 0：外部 32kHz 振荡器未就绪；1：外部 32kHz 振荡器就绪
位 0	LSEON：外部低速振荡器使能，由软件置'1'或清'0' 0：外部 32kHz 振荡器关闭；1：外部 32kHz 振荡器开启

10. 控制 / 状态寄存器（RCC_CSR）

偏移地址：0x24；复位值：0x0C000000，除复位标志外由系统复位清除，复位标志只能由电源复位清除

RCC_CSR 寄存器各位定义如下，其中保留位读出为 0。

31	30	29	28	27	26	25	24	23	22	21	20	19	18	17	16
LPWR RSTF	WWDG RSTF	IWDG RSTF	SFT RSTF	POR RSTF	PIN RSTF	保留	RMVF	保留							
rw	rw	rw	rw	rw	rw		rw								

15	14	13	12	11	10	9	8	7	6	5	4	3	2	1	0
保留														LSI RDY	LSION
														r	rw

说明：

位 31	LPWRRSTF：低功耗复位标志，在低功耗管理复位发生时由硬件置'1'；由软件通过写 RMVF 位清除 0：无低功耗管理复位发生；1：发生低功耗管理复位
位 30	WWDGRSTF：窗口看门狗复位标志，在窗口看门狗复位发生时由硬件置'1'；由软件通过写 RMVF 位清除 0：无窗口看门狗复位发生；1：发生窗口看门狗复位
位 29	IWDGRSTF：独立看门狗复位标志，在独立看门狗复位发生在 VDD 区域时由硬件置'1'；由软件通过写 RMVF 位清除 0：无独立看门狗复位发生；1：发生独立看门狗复位
位 28	SFTRSTF：软件复位标志，在软件复位发生时由硬件置'1'；由软件通过写 RMVF 位清除 0：无软件复位发生；1：发生软件复位
位 27	PORRSTF：上电 / 掉电复位标志，在上电 / 掉电复位发生时由硬件置'1'；由软件通过写 RMVF 位清除 0：无上电 / 掉电复位发生；1：发生上电 / 掉电复位

位 26	PINRSTF：NRST 引脚复位标志，在 NRST 引脚复位发生时由硬件置 '1'；由软件通过写 RMVF 位清除 0：无 NRST 引脚复位发生；1：发生 NRST 引脚复位
位 24	RMVF：清除复位标志，由软件置 '1' 来清除复位标志 0：无作用；1：清除复位标志
位 1	LSIRDY：内部低速振荡器就绪，由硬件置 '1' 或清 '0' 来指示内部 40kHz RC 振荡器是否就绪。在 LSION 清零后，3 个内部 40kHz RC 振荡器的周期后 LSIRDY 被清零 0：内部 40kHz RC 振荡器时钟未就绪；1：内部 40kHz RC 振荡器时钟就绪
位 0	LSION：内部低速振荡器使能，由软件置 '1' 或清 '0' 0：内部 40kHz RC 振荡器关闭；1：内部 40kHz RC 振荡器开启

10.1.4　时钟配置软件开发

固件库中，微控制器时钟系统的配置由 system_stm32f10x.c 中的 SystemInit（）函数和 stm32f10x_rcc.c 文件中许多函数提供，SystemInit（）函数仅用于系统初始化，程序运行中可使用 stm32f10x_rcc.c 中提供的函数更改时钟配置。进行时钟配置时，建议先打开 stm32f10x_rcc.c 文件，粗略浏览主要函数，并通过函数名称粗略定位函数作用，另外，要认真仔细参考 STM32 微控制器手册的时钟图和时钟配置相关的 RCC 寄存器各位域的定义，做到心中有数。

对于微控制器系统时钟配置，固件库中，默认是在 SystemInit 函数调用的 SetSysClock（）函数中设置，SetSysClock（）函数体如下：

```
static void SetSysClock（void）
{
#ifdef SYSCLK_FREQ_HSE
SetSysClockToHSE（）;
#elif defined SYSCLK_FREQ_24MHz
SetSysClockTo24（）;
#elif defined SYSCLK_FREQ_36MHz
SetSysClockTo36（）;
#elif defined SYSCLK_FREQ_48MHz
SetSysClockTo48（）;
#elif defined SYSCLK_FREQ_56MHz
SetSysClockTo56（）;
#elif defined SYSCLK_FREQ_72MHz
SetSysClockTo72（）;
#endif
}
```

SetSysClock（）函数的功能是宏定义的时钟，设置相应值的系统时钟工作频率，对于 STM32 微控制器默认设置系统时钟频率为 72MHz，宏定义如下：

```
#define SYSCLK_FREQ_72MHz 72000000
```

如果要设置系统时钟频率为 36MHz，只需注释掉上面宏定义，然后添加下面代码即可：

#define SYSCLK_FREQ_36MHz 36000000

固件库中，当设置好系统时钟后，可通过全局变量 SystemCoreClock 获取系统时钟值，例如：若系统是 72MHz 时钟，那么 SystemCoreClock=72000000。

此外，SystemInit（）函数还调用其他函数，默认设置了以下时钟：

（1）AHB 总线时钟（使用 SYSCLK）=72MHz。

（2）APB1 总线时钟（PCLK1）=36MHz。

（3）APB2 总线时钟（PCLK2）=72MHz。

（4）PLL 时钟 =72MHz。

开发者可根据需要，设计独立的时钟配置函数，如对于精英 STM32F103 开发板，厂商提供的寄存器版的 Stm32_Clock_Init 时钟配置函数，其主要功能就是初始化微控制器的时钟，另外还包括对向量表的配置，以及相关外设的复位及配置。其代码如下：

```
// 系统时钟初始化函数
//pll: 选择的倍频数，从 2 开始，最大值为 16
void Stm32_Clock_Init（u8 PLL）
{
unsigned char temp=0;
MYRCC_DeInit（）;                      // 复位并配置向量表
RCC->CR|=0x00010000;                   // 外部高速时钟使能 HSEON
while (!（RCC->CR>>17));                // 等待外部时钟就绪
RCC->CFGR=0X00000400;                  //APB1=DIV2;APB2=DIV1;AHB=DIV1;
PLL-=2;                                // 抵消 2 个单位
RCC->CFGR|=PLL<<18;                    // 设置 PLL 值 2-16
RCC->CFGR|=1<<16;                      //PLLSRC ON
FLASH->ACR|=0x32;                      //FLASH 2 个延时周期
RCC->CR|=0x01000000;                   //PLL ON
while (!（RCC->CR>>25));                // 等待 PLL 锁定
RCC->CFGR|=0x00000002;                 //PLL 作为系统时钟
while（temp!=0x02）                      // 等待 PLL 作为系统时钟设置成功
{
temp=RCC->CFGR>>2;
temp&=0x03;
}
}
```

Stm32_Clock_Init 函数设置 APB1 为 2 分频，APB2 为 1 分频，AHB 为 1 分频，同时选择 PLLCLK 作为系统时钟。该函数只有一个参数 PLL，就是用来配置时钟的倍频数，比如当前所用的晶振为 8MHz，PLL 的值设为 9，则微控制器将运行在 72M 的时钟下。

此函数调用的 MYRCC_DeInit 函数实现外设的复位，并关断所有中断，根据设置调用向量表配置函数 MY_NVIC_SetVectorTable、配置中断向量表。MYRCC_DeInit 函数代码如下：

```
// 把所有时钟寄存器复位
void MYRCC_DeInit（void）
{
RCC->APB1RSTR = 0x00000000;              // 复位结束
RCC->APB2RSTR = 0x00000000;
RCC->AHBENR = 0x00000014;                // 睡眠模式闪存和 SRAM 时钟使能、其他关闭
RCC->APB2ENR = 0x00000000;               // 外设时钟关闭.
RCC->APB1ENR = 0x00000000;
RCC->CR |= 0x00000001;                   // 使能内部高速时钟 HSION
// 复位 SW[1:0],HPRE[3:0],PPRE1[2:0],PPRE2[2:0],ADCPRE[1:0],MCO[2:0]
RCC->CFGR &= 0xF8FF0000;
RCC->CR &= 0xFEF6FFFF;                    // 复位 HSEON,CSSON,PLLON
RCC->CR &= 0xFFFBFFFF;           // 复位 HSEBYP
// 复位 PLLSRC, PLLXTPRE, PLLMUL[3:0] and USBPRE
RCC->CFGR &= 0xFF80FFFF;
RCC->CIR = 0x00000000;           // 关闭所有中断
                                 // 配置向量表
#ifdef VECT_TAB_RAM
MY_NVIC_SetVectorTable（0x20000000, 0x0）;
#else
MY_NVIC_SetVectorTable（0x08000000,0x0）;
#endif
}
```

10.2　通用数字输入 / 输出模块

10.2.1　GPIO 模块结构

STM32 微控制器的大部分引脚都可以作为 GPIO 引脚。GPIO 作为 STM32 微控制器与外部世界联系的基本接口，可以实现最基本的控制与数据传输任务。由于芯片上的引脚资源十分有限，GPIO 引脚一般与某些片内外设的外部引脚复用。

开发板使用的 STM32F103ZET6 的 GPIO 接口共有 112 个通用 I/O 口，分为 A（16 个）、B（16 个）、C（16 个）、D（16 个）、E（16 个）、F（16 个）、G（16 个）。GPIO 引脚的内部结构示意图如图 10-2 所示。STM32 微控制器 GPIO 的内部主要由保护二极管、输入驱动器、输出驱动器、输入数据寄存器、输出数据寄存器等组成，其中输入驱动器和输出驱动器是每一个 GPIO 引脚内部结构的核心部分。

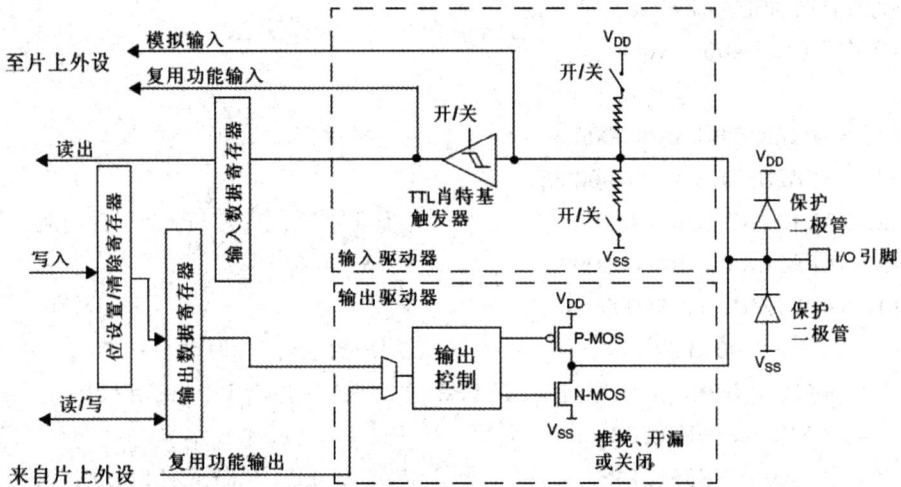

图 10-2　GPIO 引脚内部结构图

1. 输入驱动器

GPIO 的输入驱动器主要由 TTL 肖特基触发器、带开关的上拉电阻和带开关的下拉电阻电路组成。

根据 TTL 肖特基触发器、上拉电阻和下拉电阻开关状态，GPIO 的输入方式可以分为以下 4 种：

（1）模拟输入：TTL 肖特基触发器关闭，模拟信号被提前送到片上外设，即 AD 转换器。

（2）上拉输入：GPIO 内置上拉电阻，即上拉电阻开关闭合，下拉电阻开关打开，引脚默认情况下输入为高电平。

（3）下拉输入：GPIO 内置下拉电阻，即下拉电阻开关闭合，上拉电阻开关打开，引脚默认情况下输入为低电平。

（4）浮空输入：GPIO 内部既无上拉电阻也无下拉电阻，处于浮空状态，上拉电阻开关和下拉电阻开关均打开。该模式下，引脚在默认情况下为高阻态（悬空），其电平状态完全由外部电路决定。

2. 输出驱动器

GPIO 输出驱动器主要由多路选择器、输出控制和一对互补的 MOS 管组成。

多路选择器根据用户设置决定该引脚是用于普通 GPIO 输出还是用于复用功能输出。

（1）普通输出：该引脚的输出信号来自 GPIO 输出数据寄存器。

（2）复用功能输出：该引脚输出信号来自片上外设，并且一个 STM32 微控制器引脚输出可能来自多个不同外设，但同一时刻，一个引脚只能使用这些复用功能中的一个，其他复用功能都处于禁止状态。

输出控制根据用户设置，控制一对互补的 MOS 管的导通或关闭状态，决定 GPIO 输出模式。

（1）推挽输出：就是一对互补的 MOS 管，N-OMS 和 P-MOS 只有一个导通，另一个关闭，推挽式输出可以输出高电平和低电平。当内部输出"1"时，P-MOS 导通，N-MOS 截止，引脚相当于接 VDD，输出高电平，当内部输出"0"时，N-MOS 导通，P-MOS 截止，引脚相当于接 Vss，输出低电平。相比于普通输出模式，推挽输出既提高了负载能力，又提高了开关速度，适用于输出 0V 和 VDD 的场合。

（2）开漏输出：开漏输出模式中，与 VDD 相连的 P-MOS 始终处于截止状态，对于与 Vss 相连的 N-MOS 来说，其漏极是开路的。在开漏输出模式下，当内部输出"0"时，N-MOS 管导通，引脚相当于接地，外部输出低电平；当内部输出"1"时，N-MOS 管截止，由于此时 P-MOS 管也截止，外部输出既不是高电平，也不是低电平，而是高阻态（悬空）。如果想要外部输出高电平，必须在 I/O 引脚上外接一个上拉电阻。开漏输出可以匹配电平，一般适用于电平不匹配的场合，而且，开漏输出吸收电流的能力相对较强，适合做电流型的驱动，比方说驱动继电器的线圈等。

10.2.2　GPIO 工作原理

由 GPIO 内部结构和上述分析可知，STM32 芯片 I/O 引脚共有 8 种工作模式，包括 4 种输入模式和 4 种输出模式。

1. 输入模式

输入模式包括：输入浮空、输入上拉、输入下拉和模拟输入四种模式。

输入浮空：浮空就是逻辑器件与引脚既不接高电平，也不接低电平。通俗讲浮空就是浮在空中，相当于此端口在默认情况下什么都不接，呈高阻态，这种设置在数据传输时用得比较多。浮空最大的特点就是电压的不确定性，它可能是 0V，也可能是 V_{DD}，还可能是介于两者之间的某个值（最有可能）。

输入上拉：上拉就是把电位拉高，比如拉到 V_{DD}。上拉就是将不确定的信号通过一个电阻钳位在高电平，电阻同时起到限流的作用，弱强只是上拉电阻的阻值不同，没有什么严格区分。

输入下拉：就是把电位拉低，拉到 GND，与上拉原理相似。

模拟输入：用于将芯片引脚模拟信号输入内部的模数转换器，此时上拉电阻开关和下拉电阻开关均关闭，并且肖特基触发器也关闭。

2. 输出模式

输出模式开漏输出、开漏复用输出、推挽式输出和推挽式复用输出四种模式。

开漏输出：输出端相当于三极管的集电极，要得到高电平状态需要上拉电阻才行，适合于做电流型的驱动，其吸收电流的能力相对强（一般 20mA 以内）。

开漏复用输出：可以理解为 GPIO 口被用作第二功能时的配置情况（即并非作为通用 I/O 口使用），端口必须配置成复用功能输出模式（推挽或开漏）。

推挽式输出：可以输出高、低电平，连接数字器件；推挽结构一般是指两个 MOS 管分别受到互补信号的控制，总是在一个 MOS 管导通的时候另一个截止。推挽电路是两个参数相同的三极管或 MOSFET，以推挽方式存在于电路中，各负责正负半周的波形。电路工作时，两只对称的功率开关管每次只有一个导通，所以导通损耗小，效率高。推挽式输出既提高电路的负载能力，又提高开关速度。

推挽式复用输出：可以理解为 GPIO 口被用作第二功能时的配置情况（并非作为通用 I/

O 口使用）。

3. 工作模式选择

STM32 微控制器 GPIO 引脚的工作模式选择原则如下：

（1）如果需要将引脚信号读入微控制器，则应选择输入工作模式；如果需要将微控制器内部信号更新到引脚端口，则应选择输出工作模式。

（2）作为普通 GPIO 输入：根据需要配置该引脚为浮空输入、带弱上拉输入或带弱下拉输入，同时不要使能该引脚对应的所有复用功能模块。

（3）作为内置外设的输入：根据需要配置该引脚为浮空输入、带弱上拉输入或带弱下拉输入，同时使能该引脚对应的某个复用功能模块。

（4）作为普通模拟输入：配置该引脚为模拟输入模式，同时不要使能该引脚对应的所有复用功能模块。

（5）作为普通 GPIO 输出：根据需要配置该引脚为推挽输出或开漏输出，同时不要使能该引脚对应的所有复用功能模块。

（6）作为内置外设的输出：根据需要配置该引脚为复用推挽输出或复用开漏输出，同时使能该引脚对应的某个复用功能模块。

（7）GPIO 工作在输出模式时，如果既要输出高电平（VDD）和又要输出低电平（Vss）且输出速度快（如 OLED 显示屏），则应选择推挽输出。

（8）GPIO 工作在输出模式时，如果要求输出电流大，或是外部电平不匹配（5V），则应选择开漏输出。

4. 输出速度配置

如果 STM32 微控制器的 GPIO 引脚工作于某个输出模式下，通常还需设置其输出速良。这个输出速度指的是 I/O 口驱动电路的响应速度，而不是输出信号的速度，输出信号的速度取决于软件程序。

STM32 微控制器 I/O 引脚内部有多个响应速度不同的驱动电路，用户可以根据自己的需要选择合适的驱动电路。众所周知，高频驱动电路其输出频率高、噪声大、功耗高、电磁干扰强；低频驱动电路其输出频率低、噪声小、功耗低、电磁干扰弱。通过选择速度来选择不同的输出驱动模块，达到最佳的噪声控制和降低功耗的目的。当不需要高输出频率时，尽量选用低频响应速度的驱动电路，这样非常有利于提高系统 EMI（电磁干扰）性能；当然如果需要输出较高频率信号，但是却选择了低频驱动模块，很有可能会得到失真的输出信号。所以 GPIO 的引脚速度应与应用匹配，一般推荐 I/O 引脚的输出速度是其输出信号速度的5–10 倍。

STM32F1 微控制器 I/O 口输出模式下有三种输出速度可选（2MHz、10MHz、50MHz），下面是一些常见应用的配置参考：

（1）对于连接 LED、数码管和蜂鸣器等外部设备的普通输出引脚，一般设置为 2MHz。

（2）对于串口来说，假设最大波特率为 115200b/s，则用 2MHz 的 GPIO 的引脚速度就可以，省电噪声又小。

（3）对于 I2C 接口，假如使用 400000b/s 波特率，若想把余量留大一些，2MHz 的 GPIO引脚速度或许还是不够，这时可以选用 10MHz 的 GPIO 引脚速度。

（4）对于 SPI 接口，假如使用 18Mb/s 或 9Mb/s 的波特率，用 10MHz 的 GPIO 口也不够用，需要选择 50MHz 的 GPIO 引脚速度。

（5）对于用作 FSMC 复用功能连接存储器的输出引脚，一般设置为 50MHz 的 I/O 引脚速度。

5. 复用功能重映射

用户根据实际需要可以把某些外设的"复用功能"从"默认引脚"转移到"备用引脚"上，这就是外设复用功能的 I/O 引脚重映射。

从片上外设的角度看：例如，对于 STM32F1 微控制器的片上外设 USART1 来说，它的发送端 Tx 和接收端 Rx 默认映射到引脚 PA9 和 PA10，但如果此时引脚 PA9 已被另一复用功能 TIMI 的通道 2（TIM1_CH2）占用，就需要对 USART1 进行重映射，将 Tx 和 Rx 重新映射到引脚 PB6 和 PB7。STM32F1 微控制器 I/O 引脚重映射关系可参见表 2.1。

10.2.3　GPIO 模块寄存器说明

STM32 微控制器的每个 I/O 端口都有 7 个寄存器来控制，下面分别介绍各寄存器的功能。

1. 端口配置低寄存器（GPIOx_CRL）（x=A···E）

偏移地址：0x00；复位值：0x44444444

GPIOx_CRL 寄存器各位定义如下：

31	30	29	28	27	26	25	24	23	22	21	20	19	18	17	16
CNF7[1:0]		MODE7[1:0]		CNF6[1:0]		MODE6[1:0]		CNF5[1:0]		MODE5[1:0]		CNF4[1:0]		MODE4[1:0]	
rw	rw	rw	rw	rw	rw	rw	rw	rw	rw	rw	rw	rw	rw	rw	rw
15	14	13	12	11	10	9	8	7	6	5	4	3	2	1	0
CNF3[1:0]		MODE3[1:0]		CNF2[1:0]		MODE2[1:0]		CNF1[1:0]		MODE1[1:0]		CNF0[1:0]		MODE0[1:0]	
rw	rw	rw	rw	rw	rw	rw	rw	rw	rw	rw	rw	rw	rw	rw	rw

说明：

位 31:30 27:26 23:22 19:18 15:14 11:10 7:6 3:2	CNFy[1:0]：端口 x 配置位（y = 0···7），软件通过这些位配置相应的 I/O 端口 在输入模式（MODE[1:0]=00）： 00：模拟输入模式；01：浮空输入模式（复位后的状态）；10：上拉 / 下拉输入模式；11：保留 在输出模式（MODE[1:0]>00）： 00：通用推挽输出模式；01：通用开漏输出模式；10：复用功能推挽输出模式；11：复用功能开漏输出模式
位 29:28 25:24 21:20 17:16 13:12 9:8,5:4 1:0	MODEy[1:0]：端口 x 的模式位（y = 0···7）（Port x mode bits），软件通过这些位配置相应的 I/O 端口 00：输入模式（复位后的状态）； 01：输出模式，最大速度 10MHz； 10：输出模式，最大速度 2MHz； 11：输出模式，最大速度 50MHz

GPIOx_CRL 寄存器控制着每组 I/O 端口（A–G）的低 8 位的模式，每个 I/O 端口的位占用该寄存器的 4 个位，其中高两位为 CNF，低两位为 MODE。该寄存器的复位值为 0x44444444，即配置端口为浮空输入模式。常用的配置有：0x0 表示模拟输入模式（ADC 用）、0x3 表示推挽输出模式（做输出口用，50MHz 速率）、0x8 表示上 / 下拉输入模式（做输入口用）、0xB 表示复用输出（使用 I/O 口的第二功能，50MHz 速率）。

2. 端口配置高寄存器（GPIOx_CRH）（x=A···E）

偏移地址：0x04；复位值：0x44444444

GPIOx_CRH 寄存器各位定义如下：

31	30	29	28	27	26	25	24	23	22	21	20	19	18	17	16
CNF15[1:0]		MODE15[1:0]		CNF14[1:0]		MODE14[1:0]		CNF13[1:0]		MODE13[1:0]		CNF12[1:0]		MODE12[1:0]	
rw	rw	rw	rw	rw	rw	rw	rw	rw	rw	rw	rw	rw	rw	rw	rw
15	14	13	12	11	10	9	8	7	6	5	4	3	2	1	0
CNF11[1:0]		MODE11[1:0]		CNF10[1:0]		MODE10[1:0]		CNF9[1:0]		MODE9[1:0]		CNF8[1:0]		MODE8[1:0]	
rw	rw	rw	rw	rw	rw	rw	rw	rw	rw	rw	rw	rw	rw	rw	rw

GPIOx_CRH 的作用和 GPIOx_CRL 完全一样，只是 GPIOx_CRL 控制的是低 8 位端口，而 GPIOx_CRH 控制的是高 8 位端口的工作模式。

如果要设置 PORTC 的 11 位为上拉输入，12 位为推挽输出，代码如下：

GPIOC->CRH&=0xFFF00FFF;　　　　　// 清掉这 2 个位原来的设置，同时也不影响其他位的设置

GPIOC->CRH|=0x00038000;　　　　　// 设置 PC11 输入，PC12 输出

GPIOC->ODR=1<<11;　　　　　// 设置 PC11 上拉

3. 端口输入数据寄存器（GPIOx_IDR）（x=A···E）

地址偏移：0x08；复位值：0x0000XXXX

GPIOx_IDR 寄存器各位定义如下：

31	30	29	28	27	26	25	24	23	22	21	20	19	18	17	16
保留															
15	14	13	12	11	10	9	8	7	6	5	4	3	2	1	0
IDR15	IDR14	IDR13	IDR12	IDR11	IDR10	IDR9	IDR8	IDR7	IDR6	IDR5	IDR4	IDR3	IDR2	IDR1	IDR0
r	r	r	r	r	r	r	r	r	r	r	r	r	r	r	r

GPIOx_IDR 寄存器是只读的，它的高 16 位保留，读出始终为零。低 16 位 IDRy[15:0] 有效，这些位只能以字（16 位）的形式读出位。读出的值为对应 I/O 口的状态。

4. 端口输出数据寄存器（GPIOx_ODR）（x=A···E）

地址偏移：0Ch

复位值：0x00000000

GPIOx_ODR 寄存器各位定义如下：

31	30	29	28	27	26	25	24	23	22	21	20	19	18	17	16
保留															
15	14	13	12	11	10	9	8	7	6	5	4	3	2	1	0
ODR15	ODR14	ODR13	ODR12	ODR11	ODR10	ODR9	ODR8	ODR7	ODR6	ODR5	ODR4	ODR3	ODR2	ODR1	ODR0
rw	rw	rw	rw	rw	rw	rw	rw	rw	rw	rw	rw	rw	rw	rw	rw

GPIOx_ODR 的高 16 位保留，读出始终为零。它的低 16 位 ODRy[15:0] 有效可读可写并只能以字（16 位）的形式操作，用于设置 I/O 口的输出状态。

5. 端口位设置 / 清除寄存器（GPIOx_BSRR）（x=A···E）

地址偏移: 0x10; 复位值: 0x00000000

GPIOx_BSRR 寄存器各位定义如下:

31	30	29	28	27	26	25	24	23	22	21	20	19	18	17	16
BR15	BR14	BR13	BR12	BR11	BR10	BR9	BR8	BR7	BR6	BR5	BR4	BR3	BR2	BR1	BR0
w	w	w	w	w	w	w	w	w	w	w	w	w	w	w	w

15	14	13	12	11	10	9	8	7	6	5	4	3	2	1	0
BS15	BS14	BS13	BS12	BS11	BS10	BS9	BS8	BS7	BS6	BS5	BS4	BS3	BS2	BS1	BS0
w	w	w	w	w	w	w	w	w	w	w	w	w	w	w	w

说明:

位 31:16	BRy: 清除端口 x 的位 y（y = 0···15）（Port x Reset bit y）这些位只能写入并只能以字（16 位）的形式操作 0: 对对应的 ODRy 位不产生影响; 1: 清除对应的 ODRy 位为 0 注: 如果同时设置了 BSy 和 BRy 的对应位, BSy 位起作用
位 15:0	BSy: 设置端口 x 的位 y（y = 0···15）（Port x Set bit y）这些位只能写入并只能以字（16 位）的形式操作 0: 对对应的 ODRy 位不产生影响; 1: 设置对应的 ODRy 位为 1

6. 端口位清除寄存器（GPIOx_BRR）（x=A···E）

地址偏移: 0x14; 复位值: 0x00000000

GPIOx_BRR 寄存器各位定义如下:

31	30	29	28	27	26	25	24	23	22	21	20	19	18	17	16
保留															

15	14	13	12	11	10	9	8	7	6	5	4	3	2	1	0
BR15	BR14	BR13	BR12	BR11	BR10	BR9	BR8	BR7	BR6	BR5	BR4	BR3	BR2	BR1	BR0
w	w	w	w	w	w	w	w	w	w	w	w	w	w	w	w

GPIOx_BRR 寄存器作用与端口位设置 / 清除寄存器类似, 只不过它仅可以设置 I/O 口的输出状态为 0。写 0, 对对应的 ODRy 位不产生影响; 写 1: 清除对应的 ODRy 位为 0。

7. 端口配置锁定寄存器（GPIOx_LCKR）（x=A···E）

地址偏移: 0x18; 复位值: 0x00000000

当执行正确的写序列设置位 16（LCKK）时, 该寄存器用来锁定端口位的配置。位 [15:0] 用于锁定 GPIO 的配置。在规定的写入操作期间, 不能改变 LCKP[15:0]。当对相应的端口位执行 LOCK 序列后, 在下次系统复位之前不能再更改端口位的配置。每个锁定位锁定控制寄存器（CRL, CRH）中相应的 4 个位。GPIOx_LCKR 寄存器各位定义如下:

31	30	29	28	27	26	25	24	23	22	21	20	19	18	17	16
保留															LCKK
															rw

15	14	13	12	11	10	9	8	7	6	5	4	3	2	1	0
LCK15	LCK14	LCK13	LCK12	LCK11	LCK10	LCK9	LCK8	LCK7	LCK6	LCK5	LCK4	LCK3	LCK2	LCK1	LCK0
rw	rw	rw	rw	rw	rw	rw	rw	rw	rw	rw	rw	rw	rw	rw	rw

说明：

位 16	LCKK：锁键，该位可随时读出，它只可通过锁键写入序列修改 0：端口配置锁键位激活；1：端口配置锁键位被激活，下次系统复位前 GPIOx_LCKR 寄存器被锁住 锁键的写入序列：写 1 -> 写 0 -> 写 1 -> 读 0 -> 读 1。最后一个读可省略，但可以用来确认锁键已被激活 注：在操作锁键的写入序列时，不能改变 LCK[15:0] 的值。操作锁键写入序列中的任何错误将不能激活锁键
位 15:0	LCKy：端口 x 的锁位 y（y = 0···15）（Port x Lock bit y）这些位可读可写但只能在 LCKK 位为 0 时写入 0：不锁定端口的配置；1：锁定端口的配置

10.2.4 GPIO 应用实例软件开发

下面以控制开发板上的两个 LED 实现一个类似跑马灯效果的实例和利用开发板上的 3 个按键控制两个 LED 亮灭和蜂鸣器鸣响的实例来说明 GPIO 的开发。

1. 寄存器版 LED 灯闪烁实例开发

精英 STM32F103 开发板上 DS0 和 DS1 是两个 LED 灯，DS0 接 PB5，DS1 接 PE5，电路图参见 8.2 小节，其软件开发过程如下：

（1）按 9.3 小节步骤创建项目名称为 LEDReg 的模板工程。

（2）将开发板配套光盘提供的任何一个实例的工程目录下的 SYSTEM 下的 SYS 子目录拷贝到创建工程的 SYSTEM 目录下，并将 \SYSTEM\SYS 添加到项目包含路径中。

（3）在 HARDWARE 文件夹下新建一个 LED 文件夹，在此目录下新建 led.c 和 led.h 两个文件，将 \HARDWARE\LED 添加到项目包含路径中，将 led.c 文件添加到 HARDWARE 工作组中，编辑 led.c 文件，编写如下代码：

```
#include "led.h"
// 初始化 PB5 和 PE5 为输出口，并使能这两个口的时钟
//LED I/O 初始化
void LED_Init（void）
{ RCC->APB2ENR|=1<<3;              // 使能 PORTB 时钟
RCC->APB2ENR|=1<<6;                // 使能 PORTE 时钟
GPIOB->CRL&=0XFF0FFFFF;
GPIOB->CRL|=0X00300000;            // 设置 PB.5 推挽输出
GPIOB->ODR|=1<<5;                  // 设置 PB.5 输出高
GPIOE->CRL&=0XFF0FFFFF;
GPIOE->CRL|=0X00300000;            // 设置 PE.5 推挽输出
GPIOE->ODR|=1<<5;                  // 设置 PE.5 输出高
}
```

led.c 文件只包含一个函数 void LED_Init（void），用来配置 PB5 和 PE5 为推挽输出模式

并设置初始输出状态。

编辑 led.h 头文件，编写如下代码：

#ifndef __LED_H

#define __LED_H

#include "sys.h"

                              //LED 端口定义

#define LED0　PBout（5）　　　　// 宏定义 DS0

#define LED1　PEout（5）　　　　// 宏定义 DS1

void LED_Init（void）；　　　　// 初始化

#endif

（4）在 Keil uVision5 中打开 main.c 文件，编辑 main.c 文件并输入代码，如图 10-3 所示。

图 10-3　寄存器版 LED 灯闪烁实例工程界面

main.c 文件中包含 #include "led.h" 这句代码，使得 LED0、LED1、LED_Init 能在 main 函数里被调用。main 函数先调用 Stm32_Clock_Init 函数，配置系统时钟为 9 倍频，也就是 8*9=72MHz（外部晶振是 8MHz），然后调用 LED_Init 初始化 PE5 和 PB5 为输出，最后在死循环里面实现 LED0 和 LED1 交替闪烁，间隔为 500ms。

（5）编译工程，如有错误，找出原因并更正，直到没有编译错误为止，最终编译器会在 OBJ 文件夹中生成 "LEDReg.hex" 文件。

（6）对软件在 MDK 环境下进行模拟仿真，修正设计错误和缺陷，最后将生成的目标文件通过 J-LINK 下载到开发板，调试、运行软件，根据实际效果检查、测试软件代码。

2. 库函数版 LED 灯闪烁实例开发

用固件库函数实现上述 LED 灯闪烁功能同采用的寄存器操作的开发过程类似，下面先介绍固件库中 GPIO 相关函数的定义和使用方法。

GPIO 相关函数和定义分布在固件库 stm32f10x_gpio.c 和 stm32f10x_gpio.h 文件中。固件库中操作寄存器 CRH 和 CRL 来配置 I/O 端口的工作模式和速度是通过 GPIO_Init（）函数完成，其声明如下：

void GPIO_Init（GPIO_TypeDef* GPIOx, GPIO_InitTypeDef* GPIO_InitStruct）;

函数有两个参数，第一个参数用来指定 GPIO 端口，取值范围为 GPIOA~GPIOG。第二个参数为设置参数结构体指针，结构体类型为 GPIO_InitTypeDef。在创建好的工程中找到 FWLib 工作组下面的 stm32f10x_gpio.c 文件，打卡文件并定位到 GPIO_Init 函数体处，双击选择入口参数类型 GPIO_InitTypeDef 后单击右键，在弹出菜单中选择"Go todefinition of …"选项可查看结构体的定义如下：

```
typedef struct
{
uint16_t    GPIO_Pin;
GPIOMode_TypeDef    GPIO_Mode;
GPIOSpeed_TypeDef    GPIO_Speed;
}GPIO_InitTypeDef;
```

GPIO_InitTypeDef 结构体的第一个成员变量 GPIO_Pin 用来指定是要设置的哪个或者哪些 I/O 端口；第二个成员变量 GPIO_Mode 用来指定对应 I/O 端口的工作模式，工作模式有 8 种，固件库中通过如下一个枚举类型定义：

```
typedef enum
{ GPIO_Mode_AIN = 0x0,                          // 模拟输入
GPIO_Mode_IN_FLOATING = 0x04,                   // 浮空输入
GPIO_Mode_IPD = 0x28,                           // 下拉输入
GPIO_Mode_IPU = 0x48,                           // 上拉输入
GPIO_Mode_Out_OD = 0x14,                        // 开漏输出
GPIO_Mode_Out_PP = 0x10,                        // 通用推挽输出
GPIO_Mode_AF_OD = 0x1C,                         // 复用开漏输出
GPIO_Mode_AF_PP = 0x18                          // 复用推挽
}GPIOMode_TypeDef;
```

第三个成员变量 GPIO_Speed 用来指定 I/O 端口的工作速度，有三个可选值，固件库中同样是通过如下枚举类型定义：

```
typedef enum
{ GPIO_Speed_10MHz = 1,                         // 工作速度 10MHz
GPIO_Speed_2MHz,                                // 工作速度 2MHz
GPIO_Speed_50MHz                                // 工作速度 50MHz
}GPIOSpeed_TypeDef;
```

通过 GPIO_Init（）函数配置 I/O 端口的示例代码如下：

GPIO_InitTypeDef GPIO_InitStructure;

GPIO_InitStructure.GPIO_Pin = GPIO_Pin_5;　　　　　　// 指定 LED0 对应 PB.5 端口

GPIO_InitStructure.GPIO_Mode = GPIO_Mode_Out_PP;　　// 指定推挽输出模式

GPIO_InitStructure.GPIO_Speed = GPIO_Speed_50MHz;　　// 指定速度为 50MHz

GPIO_Init（GPIOB, &GPIO_InitStructure）;　　　　　　//根据结构体参数配置 GPIO

在固件库中操作 ID 寄存器来读取 I/O 端口的数据是通过 GPIO_ReadInputDataBit（）函数来实现，其声明如下：

uint8_t GPIO_ReadInputDataBit（GPIO_TypeDef* GPIOx, uint16_t GPIO_Pin）

该函数的返回值是 1（Bit_SET）或者 0（Bit_RESET），下述代码利用此函数实现读取 GPIOA.5 的电平状态：

GPIO_ReadInputDataBit（GPIOA, GPIO_Pin_5）;

固件库中设置 ODR 寄存器的值来控制 I/O 端口的输出状态是通过函数 GPIO_Write（）来实现，其声明如下：

void GPIO_Write（GPIO_TypeDef* GPIOx, uint16_t PortVal）;

该函数可用来一次性给一个 GPIO 的一个或多个端口设置输出值。

固件库中，设置 BSRR 和 BRR 寄存器的值来控制 I/O 端口的输出状态是通过 GPIO_SetBits（）函数和 GPIO_ResetBits（）函数来完成，其声明如下：

void GPIO_SetBits（GPIO_TypeDef* GPIOx, uint16_t GPIO_Pin）;

void GPIO_ResetBits（GPIO_TypeDef* GPIOx, uint16_t GPIO_Pin）

在多数情况下，采用这两个函数来设置 GPIO 端口的输入和输出状态。例如，下述代码可设置 GPIOB.5 输出为 1，高电平：

GPIO_SetBits（GPIOB, GPIO_Pin_5）;

反之如果要设置 GPIOB.5 输出为 0，低电平，代码为：

GPIO_ResetBits（GPIOB, GPIO_Pin_5）;

用固件库函数实现 LED 灯闪烁的软件设计过程与（1）中寄存器版的实现完全相同，只不过 led.c 文件和 main.c 文件的实现代码不同，下面就这部分做说明。库函数版的 led.c 文件代码如下：

#include "led.h"

// 初始化 PB5 和 PE5 为输出口，并使能这两个口的时钟

void LED_Init（void）　　　　　　　　　　　　//LED 对应的 I/O 端口设置函数

{ GPIO_InitTypeDef GPIO_InitStructure;

RCC_APB2PeriphClockCmd（RCC_APB2Periph_GPIOB|RCC_APB2Periph_GPIOE, ENABLE）;　　　　　　　　　　　　// 使能 PB,PE 端口时钟

GPIO_InitStructure.GPIO_Pin = GPIO_Pin_5;　　　　// 指定 LED0 引脚 PB.5

GPIO_InitStructure.GPIO_Mode = GPIO_Mode_Out_PP;　// 指定推挽输出模式

GPIO_InitStructure.GPIO_Speed = GPIO_Speed_50MHz;　// 指定速度为 50 MHz

GPIO_Init（GPIOB, &GPIO_InitStructure）;　　　　　// 设置 LED0 对应的 I/O 端口

```
    GPIO_SetBits（GPIOB,GPIO_Pin_5）;                    // 设置 PB.5 输出高电平，LED0 灭
    GPIO_InitStructure.GPIO_Pin = GPIO_Pin_5;          // 指定 LED1 引脚 PE.5
    GPIO_Init（GPIOE, &GPIO_InitStructure）;            // 设置 LED1 对应的 I/O 端口
    GPIO_SetBits（GPIOE,GPIO_Pin_5）;                    // 设置 PE.5 输出高电平，LED1 灭
}
```

注意：STM32 微控制器的 GPIO 挂载在 APB2 总线上，固件库中对挂载在 APB2 总线上的外设时钟使能是通过函数 RCC_APB2PeriphClockCmd（）来实现。

库函数版的main.c 文件与寄存器版的main.c 文件的主要区别是main( ) 函数的实现不同。库函数版的 main（）函数实现代码如下：

```
    int main（void）
    {
        LED_Init（）;                                   // 初始化 LED 端口
        while（1）{
    //LED0 对应引脚 GPIOB.5 置低，点亮，等同 LED0=0
    GPIO_ResetBits（GPIOB,GPIO_Pin_5）;
    //LED1 对应引脚 GPIOE.5 置高，熄灭，等同 LED1=1
    GPIO_SetBits（GPIOE,GPIO_Pin_5）;
    Delay（500）;                        // 延时 500ms
    //LED0 对应引脚 GPIOB.5 置高，熄灭，等同 LED0=1
    GPIO_SetBits（GPIOB,GPIO_Pin_5）;
    //LED1 对应引脚 GPIOE.5 拉低，点亮 等同 LED1=0
    GPIO_ResetBits（GPIOE,GPIO_Pin_5）;
    Delay（500）;                        // 延时 500ms
        }
    }
```

此外，在固件库 V3.5 中，系统在启动的时候会调用 system_stm32f10x.c 文件中的 SystemInit（）函数对系统时钟进行初始化，在时钟初始化完毕之后再调用 main（）函数。所以在库函数版的 LED 灯闪烁实例实现时，不需要在 main（）函数中调用其他时钟配置函数。

3. 按键控制蜂鸣器和 LED 实例开发

精英 STM32F103 开发板有 3 个按钮：KEY_UP、KEY0 和 KEY1，按键 KEY0 连接在 PE4 上、KEY1 连接在 PE3 上、KEY_UP 连接在 PA0 上。注意：KEY0 和 KEY1 是低电平有效的，而 KEY_UP 是高电平有效的，并且外部都没有上下拉电阻，所以，需要在微控制器内部设置上下拉。开发板上蜂鸣器的驱动信号 BEEP 连接在 PB8 上，BEEP 控制一个 NPN 三极管来驱动蜂鸣器，当 PB.8 输出高电平的时候，蜂鸣器将发声，当 PB.8 输出低电平的时候，蜂鸣器停止发声。按键和蜂鸣器的电路图参见 8.2 小节。

本实例通过 KEY_UP、KEY0 和 KEY1 三个按钮来控制开发板上的 2 个 LED（DS0 和 DS1）和蜂鸣器，其中，KEY_UP 控制蜂鸣器，按一次鸣响，再按一次停；KEY1 控制 DS1，

按一次亮，再按一次灭；KEY0 同时控制 DS0 和 DS1，按一次，两个 LED 灯的状态就翻转一次。本实例软件开发过程如下：

（1）复制上述（2）实例－库函数版 LED 灯闪烁的工程，用 MDK 打开工程，将项目名称修改为 BEEPReg 并保存。

（2）打开开发板配套光盘提供的任何一个实例的工程目录，将其下的 SYSTEM 目录下的 DELAY 子目录拷贝到 BEEPReg 工程的 SYSTEM 目录下，并将 delay.c 文件添加到 SYSTEM 工作组中，将 \SYSTEM\DELAY 添加到项目包含路径中。

（3）在本工程的 HARDWARE 目录下新建一个 KEY 文件夹，在 KEY 目录下新建 key.c 和 key.h 两个文件，将 \HARDWARE\KEY 添加到项目包含路径中，将 key.c 文件添加到 HARDWARE 工作组中，编辑 led.c 文件，编写如下代码：

```
#include "key.h"
#include "sys.h"
#include "delay.h"
void KEY_Init（void）              // 按键对应的 I/O 端口设置函数
{GPIO_InitTypeDef GPIO_InitStructure;
RCC_APB2PeriphClockCmd（RCC_APB2Periph_GPIOA|RCC_APB2Periph_GPIOE,
ENABLE）;                          // 使能 PORTA,PORTE 时钟
// 指定 KEY0 和 KEY1 按键端口
GPIO_InitStructure.GPIO_Pin = GPIO_Pin_3|GPIO_Pin_4;
// 指定按键端口为上拉输入模式
GPIO_InitStructure.GPIO_Mode = GPIO_Mode_IPU;
GPIO_Init（GPIOE, &GPIO_InitStructure）;        // 设置按键端口工作模式
GPIO_InitStructure.GPIO_Pin = GPIO_Pin_0;      // 指定 WK_UP 按键端口
// 指定按键端口为下拉输入模式
GPIO_InitStructure.GPIO_Mode = GPIO_Mode_IPD;
// 设置 WK_UP 按键端口工作模式
GPIO_Init（GPIOA, &GPIO_InitStructure）;
}
/* 按键扫描函数用于返回按键值, 0：没有任何按键按下; 1：KEY0 按下; 2：KEY1 按下; 3：KEY3（WK_UP）按下。注意, mode 为 0, 不支持连续按; 为 1, 支持连续按。此函数对按键的响应优先级为：KEY0>KEY1>KEY_UP */
u8 KEY_Scan（u8 mode）                    // 按键扫描函数
{ tatic u8 key_up=1;                     // 按键松开标志
if（mode）key_up=1;                       // 支持连按
if（key_up&&（KEY0==0||KEY1==0||WK_UP==1））{
// 调用 delay.c 文件中的延时函数, 延时 10ms, 用于去抖动
delay_ms（10）;
key_up=0;
```

```
            if（KEY0==0）return KEY0_PRES;
            else if（KEY1==0）return KEY1_PRES;
            else if（WK_UP==1）return WKUP_PRES;
        }else if（KEY0==1&&KEY1==1&&WK_UP==0）key_up=1;
        return 0;                                    // 无按键按下
    }
```

key.c 文件包含 2 个函数：void KEY_Init（void）和 u8 KEY_Scan（u8 mode），KEY_Init（）用来设置按键输入的 I/O 端口的工作模式，它先使能 GPIOA 和 GPIOE 的时钟，然后再设置 PA0、PE3 和 PE4 三个 I/O 端口的工作模式。

KEY_Scan（）函数用来扫描这 3 个按键 I/O 端口，检测否有按键按下。KEY_Scan（）函数支持两种扫描方式，由 mode 参数来指定，当 mode 为 0 时，KEY_Scan（）函数不支持连续按，扫描某个按键按下后必须要松开，才能第二次触发，否则不会再响应这个按键。当 mode 为 1 的时候，KEY_Scan（）函数将支持连续按，如果某个按键一直按下，则会一直返回这个按键的键值，这样可以方便地实现长按检测。该函数的按键扫描有优先级，最优先 KEY0，其次优先 KEY1，最后是 WK_UP 按键。该函数有返回值，如果有按键按下，则返回非 0 值，如果没有或者按键不正确，则返回 0。

编辑 led.h 头文件，编写如下代码：

```
#ifndef __KEY_H
#define __KEY_H
#include "sys.h"
// 定义读取按键 KEY0
#define KEY0  GPIO_ReadInputDataBit（GPIOE,GPIO_Pin_4）
// 定义读取按键 KEY1
#define KEY1  GPIO_ReadInputDataBit（GPIOE,GPIO_Pin_3）
// 定义读取按键 WK_UP
#define WK_UP  GPIO_ReadInputDataBit（GPIOA,GPIO_Pin_0）
#define KEY0_PRES   1            // 定义 KEY0 按下常量
#define KEY1_PRES   2            // 定义 KEY1 按下常量
#define WKUP_PRES  3            // 定义 WK_UP 按下常量
void KEY_Init（void）;           // 按键 I/O 端口设置函数声明
u8 KEY_Scan（u8）;               // 按键扫描函数声明
#endif
```

（4）在 HARDWARE 目录下新建一个 BEEP 文件夹，在 BEEP 目录下新建 beep.c 和 beep.h 两个文件，将 \HARDWARE\BEEP 添加到项目包含路径中，将 beep.c 文件添加到 HARDWARE 工作组中，编辑 beep.c 文件，编写如下代码：

```
#include "beep.h"
// 初始化 PB8 为输出口, 并使能这个口的时钟
void BEEP_Init（void）                                // 蜂鸣器对应 I/O 设置函数
```

```
{ GPIO_InitTypeDef  GPIO_InitStructure;
// 使能 GPIOB 端口时钟
RCC_APB2PeriphClockCmd（RCC_APB2Periph_GPIOB, ENABLE）;
GPIO_InitStructure.GPIO_Pin = GPIO_Pin_8;              // 指定 BEEP 对应 PB.8 端口
GPIO_InitStructure.GPIO_Mode = GPIO_Mode_Out_PP;       // 指定推挽输出模式
GPIO_InitStructure.GPIO_Speed = GPIO_Speed_50MHz;      // 指定速度为 50MHz
GPIO_Init（GPIOB, &GPIO_InitStructure）;               // 设置 BEEP 对应 PB.8 端口
GPIO_ResetBits（GPIOB,GPIO_Pin_8）;                    // 置 PB.8 输出 0，关闭蜂鸣器
}
```

编辑 beep.h 文件，编写如下代码：

```
#ifndef __BEEP_H
#define __BEEP_H
#include "sys.h"
#define BEEP PBout（8）                     // 定义 BEEP 为蜂鸣器端口
void BEEP_Init（void）;                     // 蜂鸣器对应 I/O 设置函数声明
#endif
```

（5）在 Keil uVision5 中打开 main.c 文件，编写如下代码：

```
#include "led.h"
#include "delay.h"
#include "key.h"
#include "sys.h"
#include "beep.h"
int main（void）
{ u8 key;
delay_init（）;           // 延时函数初始化
LED_Init（）;            //LED 端口配置
KEY_Init（）;            // 配置按键连接的 I/O 端口
BEEP_Init（）;           // 配置蜂鸣器控制 I/O 端口
LED0=0;                 // 先点亮 LED0
while（1）
{ key =KEY_Scan（0）;    // 获取键值
if（key）
{ switch（key）
{ case WKUP_PRES:
BEEP=!BEEP; break;      // 控制蜂鸣器
case KEY1_PRES:
```

```
LED1=!LED1; break;        // 控制 LED1 翻转
case KEY0_PRES:           // 同时控制 LED0,LED1 翻转
LED0=!LED0;
LED1=!LED1;break;
}
}else delay_ms（10）;      // 延时 10ms
}
}
```

主函数代码比较简单，先进行一系列 GPIO 端口的设置操作，然后在死循环中调用按键扫描函数 KEY_Scan（）扫描按键值，最后根据按键值控制 LED 和蜂鸣器的翻转。

（6）编译工程，如有错误，找出原因并更正，最终生成二进制文件。模拟仿真、下载、调试、运行软件，根据实际效果检查、测试软件代码。

10.3　中断系统

10.3.1　中断系统概述

STM32 微控制器的中断系统涉及中断控制器、中断优先级、中断向量表和中断服务程序 4 个方面。微控制器内部的 NVIC 共支持 256 个中断，其中 16 个内部中断，240 个外部中断和可编程的 256 级中断优先级的设置。

STM32 微控制器目前支持的中断共 84 个（16 个内部 +68 个外部），还有 16 级可编程的中断优先级。支持的 68 个中断通道已经固定分配给相应的外部设备，每个中断通道都具备自己的中断优先级控制字节（8 位，但是 STM32 中只使用 4 位，高 4 位有效），每 4 个通道的 8 位中断优先级控制字构成一个 32 位的优先级寄存器。68 个通道的优先级控制字至少构成 17 个 32 位的优先级寄存器。

STM32 微控制器的中断系统具有以下特点：
（1）支持 68 个可屏蔽中断通道（不包含 16 个 Cortex™–M3 的中断线）。
（2）支持 16 个可编程的优先等级（使用了 4 位中断优先级）。
（3）低延迟的异常和中断处理。
（4）支持电源管理控制。
（5）集成了系统控制寄存器。

10.3.2　中断优先级

中断优先级决定了一个中断是否能被屏蔽，以及在未屏蔽的情况下何时可以响应。优先级的数值越小，则优先级越高。

STM32F103 微控制器中有两个优先级的概念：抢占式优先级和响应优先级，也把响应优先级称作"亚优先级"或"副优先级"，每个中断源都需要被指定这两种优先级。

1. 抢占式优先级

高抢占式优先级的中断事件会打断当前的主程序 / 中断程序运行，俗称中断嵌套。

2. 响应优先级

在抢占式优先级相同的情况下，高响应优先级的中断优先被响应。

在抢占式优先级相同的情况下，如果有低响应优先级中断正在执行，高响应优先级的中断要等待已被响应的低响应优先级中断执行结束后才能得到响应（不能嵌套）。

3. 中断响应的原则

首先是抢占式优先级，其次是响应优先级。抢占式优先级决定是否会有中断嵌套。

4. 优先级冲突处理

具有高抢占式优先级的中断可以在具有低抢占式优先级的中断处理过程中被响应，即中断的嵌套，或者说高抢占式优先级的中断可以嵌套低抢占式优先级的中断。

当两个中断源的抢占式优先级相同时，这两个中断将没有嵌套关系，当一个中断到来后，如果正在处理另一个中断，这个后到来的中断就要等到前一个中断处理完之后才能被处理。如果这两个中断同时到达，则中断控制器根据它们的响应优先级高低来决定先处理哪一个；如果它们的抢占式优先级和响应优先级都相等，则根据它们在中断表中的排位顺序决定先处理哪一个。

5. 中断优先级定义

STM32F103 微控制器中指定中断优先级的寄存器位有 4 位，这 4 个寄存器位的分组方式如下：

（1）第 0 组：所有 4 位用于指定响应优先级。

（2）第 1 组：最高 1 位用于指定抢占式优先级，最低 3 位用于指定响应优先级。

（3）第 2 组：最高 2 位用于指定抢占式优先级，最低 2 位用于指定响应优先级。

（4）第 3 组：最高 3 位用于指定抢占式优先级，最低 1 位用于指定响应优先级。

（5）第 4 组：所有 4 位用于指定抢占式优先级。

优先级分组方式所对应的抢占式优先级和响应优先级寄存器位数和所表示的优先级级数如图 10-4 所示。

优先级组别	抢占式优先级		响应式优先级	
	位数	级数	位数	级数
4组	4	16	0	0
3组	3	8	1	2
2组	2	4	2	4
1组	1	2	3	8
0组	0	0	4	16

图 10-4　STM32F103 优先级位数和级数分配图

10.3.3　中断向量表

中断向量表是中断系统中非常重要的概念。它是一块存储区域，通常位于存储器的零地址处，在这块区域上按中断号从小到大依次存放着所有中断处理程序的入口址。当某个中断产生且经判断其未被屏蔽，微控制器会根据识别到的中断号到中断向量表中找到该中断号的所在表项，取出该中断对应的中断服务程序的入口地址，然后跳转到该地址执行。STM32F103 产品的中断向量表见表 10.1。

表 10.1 STM32F103 中断向量表

位置	优先级	优先级类型	名　称	说　明	地　址
–	–	–		保留	0x0000_0000
	–3	固定	Reset	复位	0x0000_0004
	–2	固定	NMI	不可屏蔽中断 RCC 时钟安全系统（CSS）连接到 NMI 向量	0x0000_0008
	–1	固定	硬件失效（HardFault）	所有类型的失效	0x0000_000C
	0	可设置	存储管理（MemManage）	存储器管理	0x0000_0010
	1	可设置	总线错误（BusFault）	预取指失败，存储器访问失败	0x0000_0014
	2	可设置	错误应用（UsageFault）	未定义的指令或非法状态	0x0000_0018
–	–	–	–	保留	0x0000_001C –0x0000_002B
	3	可设置	SVCall	通过 SWI 指令的系统服务调用	0x0000_002C
	4	可设置	调试监控（DebugMonitor）	调试监控器	0x0000_0030
–	–	–		保留	0x0000_0034
	5	可设置	PendSV	可挂起的系统服务	0x0000_0038
	6	可设置	SysTick	系统嘀嗒定时器	0x0000_003C
0	7	可设置	WWDG	窗口定时器中断	0x0000_0040
1	8	可设置	PVD	连到 EXTI 的电源电压检测（PVD）中断 ○□	0x0000_0044
2	9	可设置	TAMPER	侵入检测中断	0x0000_0048
3	10	可设置	RTC	实时时钟（RTC）全局中断	0x0000_004C
4	11	可设置	FLASH	闪存全局中断	0x0000_0050
5	12	可设置	RCC	复位和时钟控制（RCC）中断	0x0000_0054
6	13	可设置	EXTI0	EXTI 线 0 中断	0x0000_0058
7	14	可设置	EXTI1	EXTI 线 1 中断	0x0000_005C
8	15	可设置	EXTI2	EXTI 线 2 中断	0x0000_0060
9	16	可设置	EXTI3	EXTI 线 3 中断	0x0000_0064
10	17	可设置	EXTI4	EXTI 线 4 中断	0x0000_0068
11	18	可设置	DMA1 通道 1	DMA1 通道 1 全局中断	0x0000_006C
12	19	可设置	DMA1 通道 2	DMA1 通道 2 全局中断	0x0000_0070
13	20	可设置	DMA1 通道 3	DMA1 通道 3 全局中断	0x0000_0074
14	21	可设置	DMA1 通道 4	DMA1 通道 4 全局中断	0x0000_0078
15	22	可设置	DMA1 通道 5	DMA1 通道 5 全局中断	0x0000_007C
16	23	可设置	DMA1 通道 6	DMA1 通道 6 全局中断	0x0000_0080
17	24	可设置	DMA1 通道 7	DMA1 通道 7 全局中断	0x0000_0084
18	25	可设置	ADC1_2	ADC1 和 ADC2 的全局中断	0x0000_0088
19	26	可设置	USB_HP_CAN_TX	USB 高优先级或 CAN 发送中断	0x0000_008C
20	27	可设置	USB_LP_CAN_RX0	USB 低优先级或 CAN 接收 0 中断 ○□	0x0000_0090
21	28	可设置	CAN_RX1	CAN 接收 1 中断	0x0000_0094
22	29	可设置	CAN_SCE	CANSCE 中断	0x0000_0098
23	30	可设置	EXTI9_5	EXTI 线 [9:5] 中断	0x0000_009C
24	31	可设置	TIM1_BRK	TIM1 刹车中断	0x0000_00A0
25	32	可设置	TIM1_UP	TIM1 更新中断	0x0000_00A4
26	33	可设置	TIM1_TRG_COM	TIM1 触发和通信中断 ○□	0x0000_00A8
27	34	可设置	TIM1_CC	TIM1 捕获比较中断	0x0000_00AC
28	35	可设置	TIM2	TIM2 全局中断	0x0000_00B0
29	36	可设置	TIM3	TIM3 全局中断	0x0000_00B4
30	37	可设置	TIM4	TIM4 全局中断	0x0000_00B8
31	38	可设置	I2C1_EV	I²C1 事件中断 ○□	0x0000_00BC
32	39	可设置	I2C1_ER	I²C1 错误中断 ○□	0x0000_00C0
33	40	可设置	I2C2_EV	I²C2 事件中断 ○□	0x0000_00C4
34	41	可设置	I2C2_ER	I²C2 错误中断 ○□	0x0000_00C8
35	42	可设置	SPI1	SPI1 全局中断	0x0000_00CC

位置	优先级	优先级类型	名　称	说　明	地　址
36	43	可设置	SPI2	SPI2 全局中断	0x0000_00D0
37	44	可设置	USART1	USART1 全局中断	0x0000_00D4
38	45	可设置	USART2	USART2 全局中断	0x0000_00D8
39	46	可设置	USART3	USART3 全局中断	0x0000_00DC
40	47	可设置	EXTI15_10	EXTI 线 [15:10] 中断	0x0000_00E0
41	48	可设置	RTCAlarm	连到 EXTI 的 RTC 闹钟中断 ○□	0x0000_00E4
42	49	可设置	USB 唤醒	连到 EXTI 的从 USB 待机唤醒中断	0x0000_00E8
43	50	可设置	TIM8_BRK	TIM8 刹车中断	0x0000_00EC
44	51	可设置	TIM8_UP	TIM8 更新中断	0x0000_00F0
45	52	可设置	TIM8_TRG_COM	TIM8 触发和通信中断 ○□	0x0000_00F4
46	53	可设置	TIM8_CC	TIM8 捕获比较中断	0x0000_00F8
47	54	可设置	ADC3	ADC3 全局中断	0x0000_00FC
48	55	可设置	FSMC	FSMC 全局中断	0x0000_0100
49	56	可设置	SDIO	SDIO 全局中断	0x0000_0104
50	57	可设置	TIM5	TIM5 全局中断	0x0000_0108
51	58	可设置	SPI3	SPI3 全局中断	0x0000_010C
52	59	可设置	UART4	UART4 全局中断	0x0000_0110
53	60	可设置	UART5	UART5 全局中断	0x0000_0114
54	61	可设置	TIM6	TIM6 全局中断	0x0000_0118
55	62	可设置	TIM7	TIM7 全局中断	0x0000_011C
56	63	可设置	DMA2 通道 1	DMA2 通道 1 全局中断	0x0000_0120
57	64	可设置	DMA2 通道 2	DMA2 通道 2 全局中断	0x0000_0124
58	65	可设置	DMA2 通道 3	DMA2 通道 3 全局中断	0x0000_0128
59	66	可设置	DMA2 通道 4_5	DMA2 通道 4 和 DMA2 通道 5 全局中断	0x0000_012C

　　STM32F1 系列微控制器的不同产品支持可屏蔽中断的数量略有不同，互联型的 STM32F105 系列和 STM32F107 系列共支持 68 个可屏蔽中断通道，而其他非互联型的产品 （包括 STM32F103 系列）支持 60 个可屏蔽中断通道。上述通道均不包括 Cortex-M3 内核中 断源，即表 10.1 中加灰色底纹的前 16 行。

10.3.4　中断服务函数

　　中断服务程序，在结构上与函数非常相似。但是不同的是，函数一般有参数和返回值， 并在应用程序中被人为显式地调用执行，而中断服务程序一般没有参数也没有返回值，并只 有中断发生时才会被自动隐式地调用执行。每个中断都有自己的中断服务程序，用来记录中 断发生后要执行的真正意义上的处理操作。

　　STM32F103 所有的中断服务函数在该微控制器所属产品系列的启动代码文件 startup_ stm32f10x_xx.s 中都有预定义，通常以 PPP_IRQHandler 命名，其中 PPP 是对应的外设名。 用户开发自己的 STM32F103 应用时可在文件 stm32f10x_it.c 中使用 C 语言编写函数重新定义 之。程序在编译、链接生成可执行程序阶段，会使用用户自定义的同名中断服务程序替代启 动代码中原来默认的中断服务程序。例如，要更新外部中断 1 的中断服务程序（其他的中断 服务程序可由此类推而得），可直接在 STM32F103 中断服务程序文件 stm32f10x_it.c 中新增 或修改外部中断 1 的中断服务程序。

　　需要注意的是：在更新 STM32F103 中断服务程序时，必须确保 STM32F103 中断服务程序 文件（stm32f10x_it.c）中的中断服务程序名（如 EXTI1_IRQHandler）和启动代码 STM32F103 文件（ startup_stm32f10x_xx.s）中的中断服务程序名（EXTI1_IRQHandler）相同，否则在链接 生成可执行文件时无法使用用户自定义的中断服务程序替换原来默认的中断服务程序。

10.4 EXIT 模块

10.4.1 EXIT 模块结构与特性

STM32F103 微控制器的外部中断 / 事件控制器（EXTI 模块）由 19 个产生事件 / 中断请求的边沿检测器组成，每个输入线可以独立地配置输入类型（脉冲或挂起）和对应的触发事件（上升沿或下降沿或者双边沿都触发）。每个输入线都可以独立地被屏蔽。挂起寄存器保持着状态线的中断请求。

STM32F103 微控制器的 EXTI 模块内部由 19 根外部输入线、19 个产生中断 / 事件请求的边沿检测器和 APB 外设接口等部分组成，内部结构如图 10-5 所示。

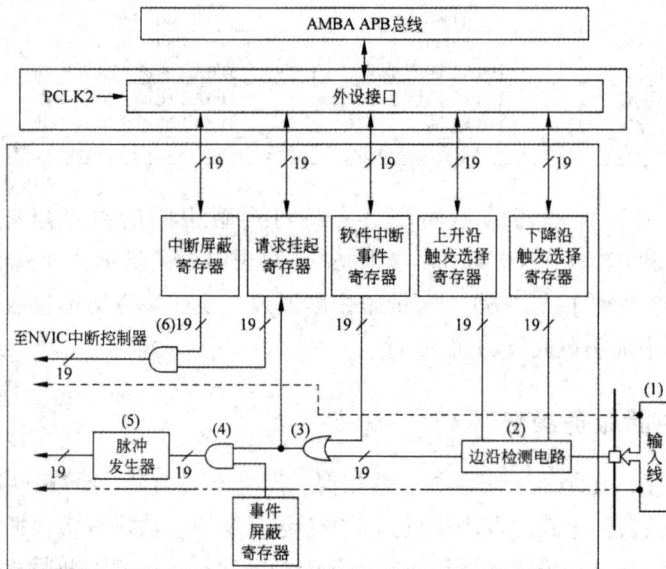

图 10-5 STM32FI03 外部中断 / 事件控制器内部结构图

STM32F103 微控制器的外部中断 / 事件控制器 EXTI，具有以下主要特性：

（1）每个外部中断 / 事件输入线都可以独立地配置它的触发事件（上升沿、下降沿或双边沿），并能够单独地被屏蔽。

（2）每个外部中断都有专用的标志位（请求挂起寄存器），保持着它的中断请求。

（3）可以将多达 112 个通用 I/O 引脚映射到 16 个外部中断 / 事件输入线上。

（4）可以检测脉冲宽度低于 APB2 时钟宽度的外部信号。

10.4.2 EXTI 工作原理

1. 外部中断 / 事件请求的产生和传输

图 10-5 中虚线标出了外部中断信号的传输路径，具体传输过程如下：

（1）外部信号从编号 1 的 STM32F103 微控制器引脚输入。

（2）经过边沿检测电路，这个边沿检测电路受到上升沿触发选择寄存器和下降沿触发选择寄存器控制，用户可以配置这两个寄存器选择在哪一个边沿产生中断 / 事件，由于选择上升或下降沿分别受两个平行的寄存器控制，所以用户还可以在双边沿（即同时选择上升沿和下降沿）都产生中断 / 事件。

（3）经过编号 3 的或门，这个或门的另一个输入是中断 / 事件寄存器，由此可见，软件可以优先于外部信号产生一个中断 / 事件请求，即当软件中断 / 事件寄存器对应位为 1 时，不管外部信号如何，编号 3 的或门都会输出有效的信号。到此为止，无论是中断或事件，外部请求信号的传输路径都是一致的。

（4）外部请求信号进入编号 4 的与门，这个与门的另一个输入是事件屏蔽寄存器。如果事件屏蔽寄存器的对应位为 0，则该外部请求信号不能传输到与门的另一端，从而实现对某个外部事件的屏蔽；如果事件屏蔽寄存器的对应位为 1，则与门产生有效的输出并送至编号 5 的脉冲发生器。脉冲发生器把一个跳变的信号转变为一个单脉冲，输出到微控制器的其他功能模块。以上是外部事件请求信号传输路径，如图 10-5 中双点线箭头所示。

（5）外部请求信号进入挂起请求寄存器，挂起请求寄存器记录了外部信号的电平变化。外部请求信号经过挂起请求寄存器后，最后进入编号 6 的与门。这个与门的功能和编号 4 的与门类似，用于引入中断屏蔽寄存器的控制。只有当中断屏蔽寄存器的对应位为 1 时，该外部请求信号才被送至 Cortex-M3 内核的 NVIC 中断控制器，从而发出一个中断请求，否则被屏蔽。以上是外部中断请求信号的传输路径，如图 10-5 中虚线箭头所示。

由上述分析可知，从外部激励信号看，中断和事件的请求信号没有区别，只是在芯片内部将它们分开。一路信号（中断）会被送至 NVIC 向 CPU 产生中断请求，另一路信号（事件）会向其他功能模块（如定时器、USART、DMA 等）发送脉冲触发信号。

2. 外部中断 / 事件的选择

在 STM32F103 微控制器中，系统能够处理外部事件或者内部事件以唤醒内核 WFE，通过配置外部线路，任意的 I/O 端口、RTC 闹钟及 USB 唤醒等事件都可以用来唤醒休眠状态的 CPU，即从 WFE 退出。

为了产生中断，应对中断线进行参数配置并且使能对应的中断标志位，即将两个触发寄存器设置为相应的边沿检测，并且将中断屏蔽寄存器对应的标志位设置为 '1' 以使能外部中断请求。当被选择的边沿触发在外部中断线上产生中断时，将向系统产生一个中断请求。该中断线对应的挂起标志位也将被置位，即设置为 '1'。用户也可以通过向该挂起寄存器写 1 操作将该中断请求复位。

为了产生事件，应该对事件线进行参数配置并且使能对应的事件标志位，即将两个触发寄存器设置为相应的边沿检测，并且将中断屏蔽寄存器对应的标志位设置为 '1' 以使能事件请求。当被选择的边沿在事件线上发生时，将产生一个事件脉冲，同时事件线对应的挂起标志位不会被置位。

用户可以通过下面几个步骤来实现对外部中断 / 事件的选择，具体如下：

（1）硬件中断的选择。

① 配置外部中断线的屏蔽位 EXTI_IMR。

② 配置外部中断线的触发选择位 EXTI_RTSR 和 EXTI_FTSR。

③ 配置控制 NVIC_IRQ 通道映射到外部中断控制器 EXTI 的使能标志位及屏蔽位，使得来自外部中断线上的中断能够被正确响应。

（2）硬件事件的选择。

① 配置外部事件线的屏蔽位 EXTI_ EMR。

② 配置外部事件线的触发选择位 EXTI RTSR 和 EXTI_ FTSR。

（3）软件中断／事件的选择。

① 配置 19 根中断线的屏蔽位 EXTI_EMR 和 EXTI IMR。

② 设置软件中断寄存器的请求标志位为 1，即 EXTI_SWIER。

图 10-6 列出了外部中断／事件与 GPIO 端口之间的映射。从 GPIO 端口与外部中断事件的映射关系来看，每一组相同编号的 GPIO 端口都被映射到同一个外部中断／事件寄存器中，例如：任一端口的 0 号引脚（如 PA0、PB0-PG0）映射到 EXTI 的外部中断／事件输入线 EXTI0 上。

除此之外，与 GPIO 端口映射的外部中断事件只有 16 个，而系统提供了 19 个外部中断事件。其中有 3 个外部中断事件线是以下 3 种方式连接的，具体如下：

（1）EXTI 线 16 连接到 PVD 输出。

（2）EXTI 线 17 连接到 RTC 闹钟事件。

（3）EXTI 线 18 连接到 USB 唤醒事件。

10.4.3　EXTI 模块寄存器说明

STM32F103 微控制器的每个中断／事件都有 6 个寄存器来控制，下面分别介绍各寄存器的功能。

1. 中断屏蔽寄存器（EXTI_IMR）

偏移地址：0x00；复位值：0x00000000

EXTI_IMR 寄存器各位定义如下，其保留位必须始终保持为 0。

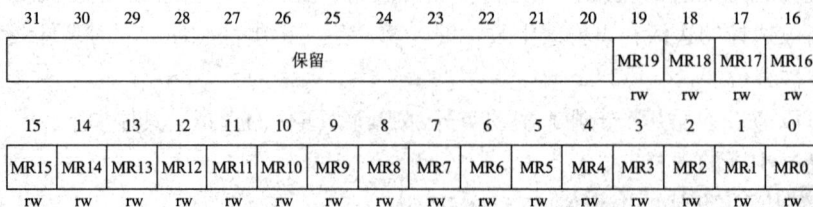

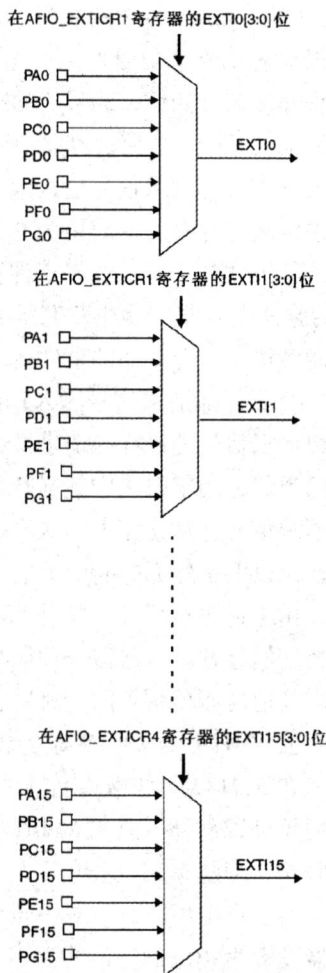

图 10-6　STM32F103 外部中断／时间输入线应像

31	30	29	28	27	26	25	24	23	22	21	20	19	18	17	16
保留												MR19	MR18	MR17	MR16
												rw	rw	rw	rw

15	14	13	12	11	10	9	8	7	6	5	4	3	2	1	0
MR15	MR14	MR13	MR12	MR11	MR10	MR9	MR8	MR7	MR6	MR5	MR4	MR3	MR2	MR1	MR0
rw	rw	rw	rw	rw	rw	rw	rw	rw	rw	rw	rw	rw	rw	rw	rw

EXTI_IMR 寄存器的位 [31:20] 为保留，位 [19:0] 为有效，用于屏蔽线 x 上的中断请求，将各位置 '0' 将屏蔽来自线 x 上的中断请求，置 '1' 将开放来自线 x 上的中断请求。

2. 事件屏蔽寄存器（EXTI_EMR）

偏移地址：0x04；复位值：0x00000000

EXTI_EMR 寄存器各位定义如下，其保留位必须始终保持为 0。

31	30	29	28	27	26	25	24	23	22	21	20	19	18	17	16
保留												MR19	MR18	MR17	MR16
												rw	rw	rw	rw

15	14	13	12	11	10	9	8	7	6	5	4	3	2	1	0
MR15	MR14	MR13	MR12	MR11	MR10	MR9	MR8	MR7	MR6	MR5	MR4	MR3	MR2	MR1	MR0
rw	rw	rw	rw	rw	rw	rw	rw	rw	rw	rw	rw	rw	rw	rw	rw

EXTI_EMR 寄存器的位 [31:20] 为保留，位 [19:0] 为有效，用于屏蔽线 x 上的中事件请求，将各位置 '0' 将屏蔽来自线 x 上的事件请求，置 '1' 将开放来自线 x 上的实践请求。

3. 上升沿触发选择寄存器（EXTI_RTSR）

偏移地址：0x08；复位值：0x00000000

EXTI_RTSR 寄存器各位定义如下，其保留位必须始终保持为 0。

31	30	29	28	27	26	25	24	23	22	21	20	19	18	17	16
保留												TR19	TR18	TR17	TR16
												rw	rw	rw	rw

15	14	13	12	11	10	9	8	7	6	5	4	3	2	1	0
TR15	TR14	TR13	TR12	TR11	TR10	TR9	TR8	TR7	TR6	TR5	TR4	TR3	TR2	TR1	TR0
rw	rw	rw	rw	rw	rw	rw	rw	rw	rw	rw	rw	rw	rw	rw	rw

EXTI_RTSR 寄存器的位 [31:20] 为保留，位 [19:0] 为有效，用于配置线 x 上的上升沿触发事件，将各位置 '0' 将禁止输入线 x 上的上升沿触发（中断和事件），置 '1' 将允许输入线 x 上的上升沿触发（中断和事件）。

4. 下降沿触发选择寄存器（EXTI_FTSR）

偏移地址：0x0C；复位值：0x00000000

EXTI_FTSR 寄存器各位定义如下，其保留位必须始终保持为 0。

31	30	29	28	27	26	25	24	23	22	21	20	19	18	17	16
保留												TR19	TR18	TR17	TR16
												rw	rw	rw	rw

15	14	13	12	11	10	9	8	7	6	5	4	3	2	1	0
TR15	TR14	TR13	TR12	TR11	TR10	TR9	TR8	TR7	TR6	TR5	TR4	TR3	TR2	TR1	TR0
rw	rw	rw	rw	rw	rw	rw	rw	rw	rw	rw	rw	rw	rw	rw	rw

EXTI_FTSR 寄存器的位 [31:20] 为保留，位 [19:0] 为有效，用于配置线 x 上的下升沿触发事件，将各位置 '0' 将禁止输入线 x 上的下升沿触发（中断和事件），置 '1' 将允许输入线 x 上的下升沿触发（中断和事件）。

5. 软件中断事件寄存器（EXTI_SWIER）

偏移地址：0x10；复位值：0x00000000

EXTI_SWIER 寄存器各位定义如下，其保留位必须始终保持为 0。

31	30	29	28	27	26	25	24	23	22	21	20	19	18	17	16
保留												SWIER19	SWIER18	SWIER17	SWIER16
												rw	rw	rw	rw

15	14	13	12	11	10	9	8	7	6	5	4	3	2	1	0
SWIER15	SWIER14	SWIER13	SWIER12	SWIER11	SWIER10	SWIER9	SWIER8	SWIER7	SWIER6	SWIER5	SWIER4	SWIER3	SWIER2	SWIER1	SWIER0
rw	rw	rw	rw	rw	rw	rw	rw	rw	rw	rw	rw	rw	rw	rw	rw

EXTI_SWIER 寄存器的位 [31:20] 为保留，位 [19:0] 为有效，用于通过软件触发线 x 上的中断，当各位为'0'时，写'1'将设置 EXTI_PR 中相应的挂起位。如果在 EXTI_IMR 和 EXTI_EMR 中允许产生该中断，则此时将产生一个中断。注：通过清除 EXTI_PR 的对应位（写入'1'），可以清除该位为'0'。

6. 挂起寄存器（EXTI_PR）

偏移地址：0x14；复位值：0x00000000

EXTI_PR 寄存器各位定义如下，其保留位必须始终保持为 0。

31	30	29	28	27	26	25	24	23	22	21	20	19	18	17	16
保留												PR19	PR18	PR17	PR16
												rc w1	rc w1	rc w1	rc w1

15	14	13	12	11	10	9	8	7	6	5	4	3	2	1	0
PR15	PR14	PR13	PR12	PR11	PR10	PR9	PR8	PR7	PR6	PR5	PR4	PR3	PR2	PR1	PR0
rc w1	rc w1	rc w1	rc w1	rc w1	rc w1	rc w1	rc w1	rc w1	rc w1	rc w1	rc w1	rc w1	rc w1	rc w1	rc w1

EXTI_PR 寄存器的位 [31:20] 为保留，位 [19:0] 为有效，用于指示中断/事件挂起。0：没有发生触发请求；1：发生了触发请求。当在外部中断线上发生了选择的边沿事件，该位被置'1'。在该位中写入'1'可以清除它，也可以通过改变边沿检测的极性清除。

10.4.4 EXTI 应用实例软件开发

下面以按键通过中断方式控制 LED 的点亮和熄灭为实例介绍 EXTI 模块的软件开发。

1.EXTI 模块配置过程及相关库函数说明

固件库中，EXTI 模块相关库函数分布在 stm32f10x_exit.c 和 stm32f10x_exit.h 文件中，EXTI 模块的配置是通过设置 10.4.3 所述寄存器中的相应位域的值来实现。下面介绍库函数下 EXTI 模块的配置步骤。

（1）建立映射关系。在库函数中，配置微控制器引脚与中断线的映射关系是通过的函数 GPIO_EXTILineConfig（）来实现，该函数声明如下：

void GPIO_EXTILineConfig（uint8_t GPIO_PortSource, uint8_t GPIO_PinSource）

下面的代码实现 GPIOE.2 引脚与 EXTI2 中断线连接。

GPIO_EXTILineConfig（GPIO_PortSourceGPIOE,GPIO_PinSource2）；

（2）初始化 EXTI 寄存器。设置好中断线映射后，接下来要设置 I/O 端口的中断的触发方式等初始化参数，在库函数中，可通过函数 EXTI_Init（）实现，该函数声明如下：

void EXTI_Init（EXTI_InitTypeDef* EXTI_InitStruct）；

该函数只有一个参数是一个结构体指针，与其他外设一样，同样也是通过赋值结构体成员变量值来指定各配置参数，该结构体 EXTI_InitTypeDef 的定义如下：

typedef struct

{

uint32_t EXTI_Line;

EXTIMode_TypeDef EXTI_Mode;

EXTITrigger_TypeDef EXTI_Trigger;

FunctionalState EXTI_LineCmd;

}EXTI_InitTypeDef;

结构体第一个参数是中断线的标号，取值范围为 EXTI_Line0- EXTI_Line15。

第二个参数是中断模式，可选值为中断 EXTI_Mode_Interrupt 和事件 EXTI_Mode_Event。

第三个参数是触发方式，可以是下降沿触发 EXTI_Trigger_Falling，上升沿触发 EXTI_Trigger_Rising，或者任意电平（上升沿和下降沿）触发 EXTI_Trigger_Rising_Falling。

最后一个参数就是使能中断线。

（3）设置 NVIC 中断优先级。设置了中断线和引脚映射关系，然后又设置了中断的触发模式等初始化参数。由于是外部中断，涉及中断当然还要设置 NVIC 中断优先级。库函数中，NVIC 中断优先级的设置可通过函数 NVIC_Init（&NVIC_InitStructure）实现，该函数也只有一个结构体指针型的参数。下面的代码实现对中断线 2 的中断优先级的设置：

NVIC_InitTypeDef NVIC_InitStructure;

// 使能按键外部中断通道

NVIC_InitStructure.NVIC_IRQChannel = EXTI2_IRQn;

// 指定抢占优先级为 2

NVIC_InitStructure.NVIC_IRQChannelPreemptionPriority = 0x02;

// 指定子优先级为 2

NVIC_InitStructure.NVIC_IRQChannelSubPriority = 0x02;

// 使能外部中断通道

NVIC_InitStructure.NVIC_IRQChannelCmd = ENABLE;

NVIC_Init（&NVIC_InitStructure）;　　　　// 设置中断优先级分组初始化

（4）覆盖中断服务函数。为了便于移植和保证软件开发的通用性，中断服务函数的名字在固件库中事先有定义。配置完中断优先级后，需要编写和覆盖中断服务函数。固件库中外部中断函数只有 6 个，分别为：

EXPORT EXTI0_IRQHandler

EXPORT EXTI1_IRQHandler

EXPORT EXTI2_IRQHandler

EXPORT EXTI3_IRQHandler

EXPORT EXTI4_IRQHandler

EXPORT EXTI9_5_IRQHandler

EXPORT EXTI15_10_IRQHandler

其中，中断线 0-4 每个中断线对应一个中断函数，中断线 5-9 共用中断函数 EXTI9_5_IRQHandler，中断线 10-15 共用中断函数 EXTI15_10_IRQHandler。

编写中断服务函数的时会经常使用到两个函数，第一个函数用于判断某个中断线上的中断是否发生（标志位是否置位），其函数声明如下：

ITStatus EXTI_GetITStatus（uint32_t EXTI_Line）；

该函数一般在中断服务函数的开头判断中断是否发生。另一个函数用于清除某个中断线上的中断标志位，其函数声明如下：

void EXTI_ClearITPendingBit（uint32_t EXTI_Line）；

此函数一般在中断服务函数结束之前清除中断标志位。

常用的中断服务函数格式为：

void EXTI3_IRQHandler（void）{

if（EXTI_GetITStatus（EXTI_Line3）!=RESET）//判断某个线上的中断是否发生

{

中断逻辑……

EXTI_ClearITPendingBit（EXTI_Line3）;   // 清除 LINE 上的中断标志位

}

}

此外，固件库还提供了两个函数 EXTI_GetFlagStatus（）和 EXTI_ClearFlag（）用来判断外部中断状态以及清除外部状态标志位的函数。不过 EXTI_GetITStatus（）函数会先判断某中断是否使能，使能了才去判断中断标志位，而 EXTI_GetFlagStatus（）函数直接判断状态标志位。

2. 实例软件开发

本实例在开发板上实现功能是：KEY1 按键以中断方式控制控制 DS1，按一次 LED 点亮，再按一次熄灭；KEY0 以中断方式同时控制 DS0 和 DS1，按一次，两个 LED 灯的状态就翻转一次。

对于 I/O 端口外部中断的一般软件开发步骤如下：

（1）初始化 I/O 端口为输入。

（2）开启 AFIO 时钟。

（3）设置 I/O 端口与中断线的映射关系。

（4）初始化线上中断，设置触发条件等。

（5）配置 NVIC 中断分组，并使能中断。

（6）编写中断服务函数。

项目的工程工作组见表 10.2。

表 10.2 EXTI 工程工作组文件组成

工作组	包含源文件	功能说明
CORE 工作组	core cm3.c	CM3 内核接口
	startup_stm32f10x_hd.s	微控制器的启动文件

工作组	包含源文件	功能说明
FWLIB 工作组	stm32f10x_gpio.c	GPIO 的底层配置函数
	stm32f10x rcc.c	RCC 的底层配置函数
	stm32f10x exti.c	EXTI 的底层配置函数
	misc. c	外设对内核中 NVIC 的访问函数
HARDWARE 工作组	led.c	LED 灯驱动函数
	key.c	按键驱动函数
	exti.c	EXTI 外部中断初始化配置函数
SYSTEM 工作组	sys.c	厂商提供中断分组函数
	delay.c	厂商提供延时函数
USER 工作组	main.c	实例应用代码
	stm32f10x it.c	微控制器的中断服务子程序
	svstem stm32f10x.c	设置系统时钟和总线时钟函数

实例软件开发中需编写 exti.c、exti.h、led.c、led.h、key.c、key.h 和 main.c 七个文件，其中 led.c、led.h、key.c、key.h 文件与 10.2.4 小节第（3）部分相同，下面着重说明 exti.c、exti.h、和 main.c 这三个文件代码功能。

exti.c 文件代码功能如下：

```
#include "exti.h"
#include "led.h"
#include "key.h"
#include "delay.h"
//外部中断 0 服务程序
void EXTIX_Init（void）
{ EXTI_InitTypeDef EXTI_InitStructure;
NVIC_InitTypeDef NVIC_InitStructure;
KEY_Init（）;                          // 按键端口初始化
// 使能复用功能时钟
RCC_APB2PeriphClockCmd（RCC_APB2Periph_AFIO,ENABLE）;
//GPIOE.3（KEY1）中断线以及中断初始化配置，下降沿触发
GPIO_EXTILineConfig（GPIO_PortSourceGPIOE,GPIO_PinSource3）;
EXTI_InitStructure.EXTI_Line=EXTI_Line3;            // 指定中断线 3
// 指定中断方式
EXTI_InitStructure.EXTI_Mode = EXTI_Mode_Interrupt;
// 指定下降沿触发
EXTI_InitStructure.EXTI_Trigger = EXTI_Trigger_Falling;
// 根据 EXTI_InitStruct 中指定的参数初始化外设 EXTI 寄存器
    EXTI_Init（&EXTI_InitStructure）;
//GPIOE.4（KEY0）中断线以及中断初始化配置，下降沿触发
```

```
        GPIO_EXTILineConfig（GPIO_PortSourceGPIOE,GPIO_PinSource4）;
        EXTI_InitStructure.EXTI_Line=EXTI_Line4;                    // 指定中断线 4
        // 根据 EXTI_InitStruct 中指定的参数初始化外设 EXTI 寄存器
        EXTI_Init（&EXTI_InitStructure）;
        // 使能按键 KEY1 所在的外部中断通道
        NVIC_InitStructure.NVIC_IRQChannel = EXTI3_IRQn;
        // 指定抢占优先级为 2
        NVIC_InitStructure.NVIC_IRQChannelPreemptionPriority = 0x02;
        NVIC_InitStructure.NVIC_IRQChannelSubPriority = 0x01;        // 指定子优先级为 1
        NVIC_InitStructure.NVIC_IRQChannelCmd = ENABLE;             // 使能外部中断通道
        // 根据 NVIC_InitStruct 中指定的参数初始化外设 NVIC 寄存器
        NVIC_Init（&NVIC_InitStructure）;
        // 使能按键 KEY0 所在的外部中断通道
        NVIC_InitStructure.NVIC_IRQChannel = EXTI4_IRQn;
        // 指定抢占优先级为 2
        NVIC_InitStructure.NVIC_IRQChannelPreemptionPriority = 0x02;
        NVIC_InitStructure.NVIC_IRQChannelSubPriority = 0x00;        // 指定子优先级为 0
        NVIC_InitStructure.NVIC_IRQChannelCmd = ENABLE;             // 使能外部中断通道
        // 根据 NVIC_InitStruct 中指定的参数初始化外设 NVIC 寄存器
            NVIC_Init（&NVIC_InitStructure）;
        }
        // 外部中断 3 服务程序
        void EXTI3_IRQHandler（void）
        {   delay_ms（10）;                                          // 按键消抖
            if（KEY1==0）                                            // 检测按键 KEY1 按下
            {  LED1=!LED1;                                           // 翻转 DS1（LED1）
            }
            EXTI_ClearITPendingBit（EXTI_Line3）;                    // 清除 LINE3 上的中断标志位
        }
        // 外部中断 4 服务程序
        void EXTI4_IRQHandler（void）
        {  delay_ms（10）;                                           // 按键消抖
            if（KEY0==0）                                            // 检测按键 KEY0 按下
            {  LED0=!LED0;                                           // 翻转 DS0（LED0）
                LED1=!LED1;                                          // 翻转 DS1（LED1）
```

```
        }
    EXTI_ClearITPendingBit（EXTI_Line4）;                       // 清除 LINE4 上的中断标志位
    }
```

其中，KEY_Init（）函数是 10.2.4 第（3）部分 key.c 文件中的函数，用于初始化外部中断输入的 I/O 端口。注意：这里把所有中断都分配到第二组，把抢占优先级设置成一样，而子优先级不同，对于这两个按键，KEY0 的优先级高。

exti.h 文件仅仅对 EXTIX_Init（）函数进行声明，实现代码如下：

```
#ifndef __EXTI_H
#define __EXIT_H
#include "sys.h"
void EXTIX_Init（void）;                                        // 声明外部中断初始化配置
函数
#endif
```

main.c 文件代码及功能说明如下：

```
#include "led.h"
#include "delay.h"
#include "key.h"
#include "sys.h"
#include "exti.h"
int main（void）{
    delay_init（）;                                          // 延时函数初始化
// 设置 NVIC 中断分组 2:2 位抢占优先级，2 位响应优先级
    NVIC_PriorityGroupConfig（NVIC_PriorityGroup_2）;
    LED_Init（）;                                            // 初始化与 LED 连接的硬件接口
    EXTIX_Init（）;                                          // 初始化外部中断输入
    LED0=0;                                                  // 先点亮红灯
    while（1）{
delay_ms（1000）;                                             // 延时 1 秒
    }
}
```

主程序的代码很简单，在初始化完中断后，点亮 LED0，就进入死循环延时等待。但当中断发生后，STM32 微控制器就自动执行中断服务函数做出相应的处理，从而实现 LED 等控制的功能。

完成上述编码后，就可编译工程，如有错误，找出原因并更正，最终生成二进制文件。

模拟仿真、下载、调试、运行软件，可看出虽主程序为执行任何控制功能，但按键仍可控制LED灯点亮和熄灭。

10.5　定时器模块

10.5.1　定时器模块简介

STM32F103 微控制器定时器相比于传统的 51 单片机要完善和复杂得多，它是专为工业控制应用量身定做，具有延时、频率测量、PWM 输出、电机控制及编码接口等功能。

STM32F103 微控制器内部集成了多个可编程定时器，可以分为基本定时器（TIM6 和 TIM7）、通用定时器（TIM2-5）和高级定时器（TIM1、TIM8）3 种类型。从功能上看，基本定时器的功能是通用定时器的子集，而通用定时器的功能又是高级定时器的一个子集。

1. 基本定时器

基本定时器 TIM6 和 TIM7 各包含一个 16 位自动装载计数器，由各自的可编程预分频器驱动。它们可以作为通用定时器提供时间基准，可以为数模转换器（DAC）提供时钟。实际上，它们在芯片内部直接连接到 DAC 并通过触发输出直接驱动 DAC。这 2 个定时器是互相独立的，不共享任何资源。

2. 通用定时器

通用定时器是一个通过可编程预分频器驱动的 16 位自动装载计数器构成。它适用于多种场合，包括测量输入信号的脉冲长度（输入捕获）或者产生输出波形（输出比较和PWM）。使用定时器预分频器和 RCC 时钟控制器预分频器，脉冲长度和波形周期可以在几个微秒到几个毫秒间调整。每个定时器都是完全独立的，没有互相共享任何资源。它们可以一起同步操作。

3. 高级定时器

高级控制定时器（TIM1 和 TIM8）由一个 16 位的自动装载计数器组成，它由一个可编程的预分频器驱动。它适合多种用途，包含测量输入信号的脉冲宽度（输入捕获），或者产生输出波形（输出比较、PWM、嵌入死区时间的互补 PWM 等）。使用定时器预分频器和RCC 时钟控制预分频器，可以实现脉冲宽度和波形周期从几个微秒到几个毫秒的调节。高级控制定时器（TIM1 和 TIM8）和通用定时器（TIMx）是完全独立的，它们不共享任何资源。它们可以同步操作。

由于篇幅限制，下面仅以通用定时器为例介绍 STM32F103 微控制器定时器模块的工作原理和软件开发。

10.5.2　通用定时器模块内部结构与特性

STM32F103 微控制器内置 3 个可同步运行的标准定时器 TIMx（TIM2、TIM3 和 TIM4）。每一个通用定时器都集成一个 16 位的自动加载递增 / 递减计数器、一个 16 位预分频器和 4 个独立的通道，每个通道都可以用于输入捕获、输出比较、PWM 和单脉冲模式输出，在最大的封装配置中可以提供最多 12 个输入捕获、输出比较或 PWM 通道。

通用定时器 TIMx 可以通过定时器链接功能与高级控制定时器共同工作，提供同步或事件链接功能。在调试模式下，计数器还可以被冻结。任何一个标准定时器都能用于产生 PWM 方波输出，且每个定时器都具有独立的 DMA 请求机制，同时通用定时器还可以处理增量编码器的信号，也能处理 1–3 个霍尔传感器的数字输出。

通用定时器 TIMx 的结构框图如图 10-7 所示，包括三个部分：上面部分（时钟选择）、中间部分（时基单元）、下面部分（捕获 / 比较通道）。

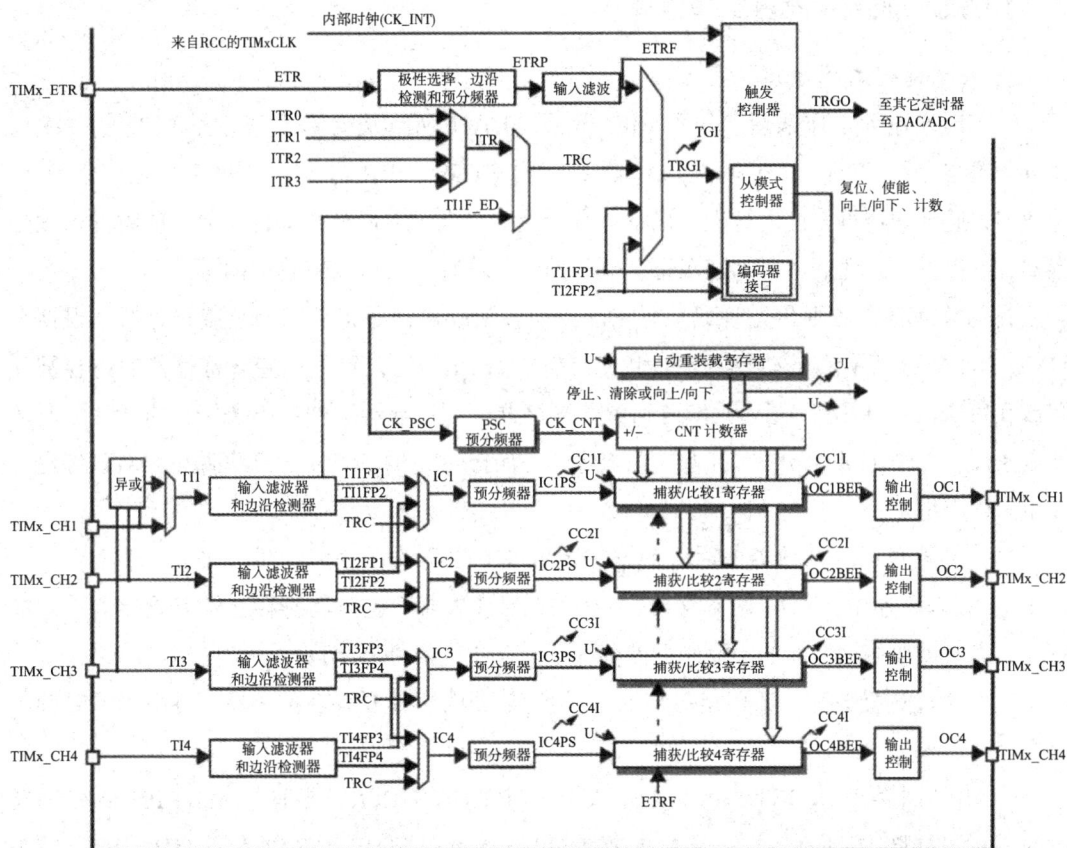

图 10-7　通用定时器内部结构图

通用定时器 TIMx 的主要功能特性如下。

（1）16 位向上、向下、向上 / 向下自动装载计数器（TIMx_CNT）。

（2）16位可编程（可以实时修改）预分频器（TIMx_PSC），计数器时钟频率的分频系数为 1-65535 之间的任意数值。

（3）4个独立通道（TIMx_CH1-4），这些通道可用作：输入捕获、输出比较、PWM 生成（边缘或中间对齐模式）和单脉冲模式输出。

（4）可使用外部信号（TIMx_ETR）控制定时器和定时器互连（可以用 1 个定时器控制另外一个定时器）的同步电路。

（5）如下事件发生时产生中断 /DMA。

① 更新：计数器向上溢出 / 向下溢出，计数器初始化（通过软件或者内部 / 外部触发）。

② 触发事件（计数器启动、停止、初始化或者由内部 / 外部触发计数）。

③ 输入捕获。

④ 输出比。

⑤ 支持针对定位的增量（正交）编码器和霍尔传感器电路。

⑥ 触发输入作为外部时钟或者按周期的电流管理。

10.5.3　通用定时器工作原理

1. 组成模块工作原理

（1）时基单元工作原理。如图 10-7 所示，时基单元包含计数器寄存器（TIMx_CNT）、预分频器寄存器（TIMx_PSC）、自动装载寄存器（TIMx_ARR）。计数器寄存器是一个 16 位计数器，此计数器可以向上计数、向下计数或者向上向下双向计数。此计数器的时钟由预分频器分频提供。计数器、自动装载寄存器和预分频器寄存器可以由软件读写。

自动装载寄存器可预先装载，写或读自动重装载寄存器将访问预装载寄存器。根据在TIMx_CR1 寄存器中的自动装载预装载使能位（ARPE）的设置，预装载寄存器的内容被立即或在每次的更新事件 UEV 时传送到影子寄存器。当计数器达到溢出条件（向下计数时的下溢条件）并当 TIMx_CR1 寄存器中的 UDIS 位等于 '0' 时，产生更新事件。更新事件也可以由软件产生。

预分频器可以将计数器的时钟频率按 1-65536 之间的任意值分频，它是基于一个（在TIMx_PSC 寄存器中的）16 位寄存器控制的 16 位计数器。此控制寄存器带有缓冲器，它能够在工作时被改变，但新的预分频器参数在下一次更新事件到来后才会被使用。

（2）时钟选择原理。通用定时器的 16 位计数器的时钟源有多种选择，可由以下时钟源提供。

① 内部时钟（CK_INT）。CK_INT 来自 RCC 的 TIMxCLK，根据 STM32F103 微控制器的时钟树，如图 10-1 所示，通用定时器 TIM2-5 内部时钟 CK_INT 的来源 TIM_CLK，它来自 APB1 预分频器的输出，通常情况下，其时钟频率是 72MHz。

② 外部输入捕获引脚 TIx（外部时钟模式 1）。外部输入捕获引脚 TIx（外部时钟模式 1）来自外部输入捕获引脚上的边沿信号。计数器可以在选定的输入端（引脚 1：TI1FP1 或

TI1F_ED，引脚 2 : TI2FP2）的每个上升沿或下降沿计数。

③ 外部触发输入引脚 ETR（外部时钟模式 2）。外部触发输入引脚 ETR（外部时钟模式 2）来自外部引脚 ETR。计数器能在外部触发输入 ETR 的每个上升沿或下降沿计数。

④ 内部触发器输入 ITRx。内部触发输入 ITRx 来自芯片内部其他定时器的触发输入，使用一个定时器作为另一个定时器的预分频器，例如，可以配置 TIM1 作为 TIM2 的预分频器。

（3）捕获 / 比较通道原理。每一个捕获 / 比较通道都是围绕一个捕获 / 比较寄存器（包含影子寄存器），包括捕获的输入部分（数字滤波、多路复用和预分频器）和输出部分（比较器和输出控制）。

输入部分对相应的 TIx 输入信号采样，并产生一个滤波后的信号 TIxF。然后，一个带极性选择的边缘检测器产生一个信号（TIxFPx），它可以作为从模式控制器的输入触发或者作为捕获控制。该信号通过预分频进入捕获寄存器（ICxPS）。输入部分的功能框图如图 10-8 所示。

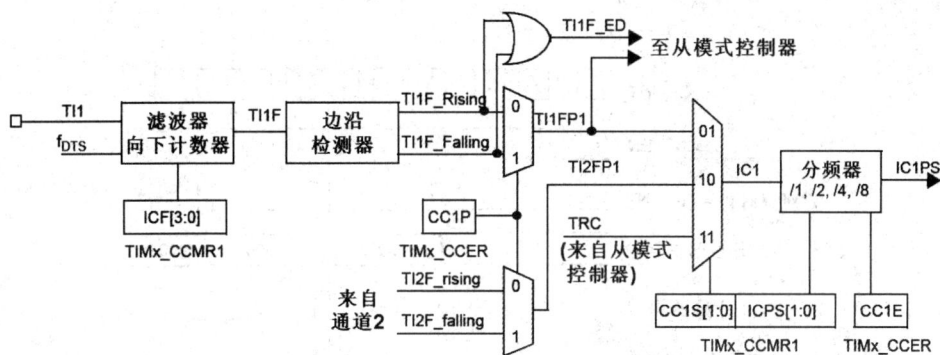

图 10-8　输入部分的功能框图

输出部分产生一个中间波形 OCxRef（高有效）作为基准，链的末端决定最终输出信号的极性。输出部分的功能框图如图 10-9 所示。

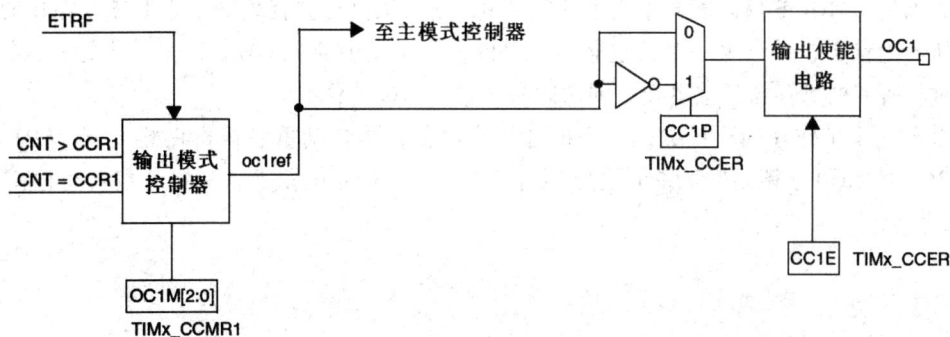

图 10-9　输出部分的功能框图

捕获/比较模块由一个预装载寄存器和一个影子寄存器组成。读写过程仅操作预装载寄存器。在捕获模式下,捕获发生在影子寄存器上,然后再复制到预装载寄存器中。在比较模式下,预装载寄存器的内容被复制到影子寄存器中,然后影子寄存器的内容和计数器进行比较。

2. 主要工作模式

(1)计数模式

① 向上计数模式。在向上计数模式中,计数器在时钟 CK_CNT 的驱动下从 0 计数到自动重装载寄存器 TIMx_ARR 的预设值,然后重新从 0 开始计数,并产生一个计数器溢出事件,可触发中断或 DMA 请求。当发生一个更新事件时,所有的寄存器都被更新,硬件同时设置更新标志位。

对于一个工作在向上计数模式下的通用定时器,当自动重装载寄存器 TIMx_ARR 的值为 0x36,内部预分频系数为 4(预分频寄存器 TIMx_PSC 的值为 3)的计数器时序图如图 10-10 所示。

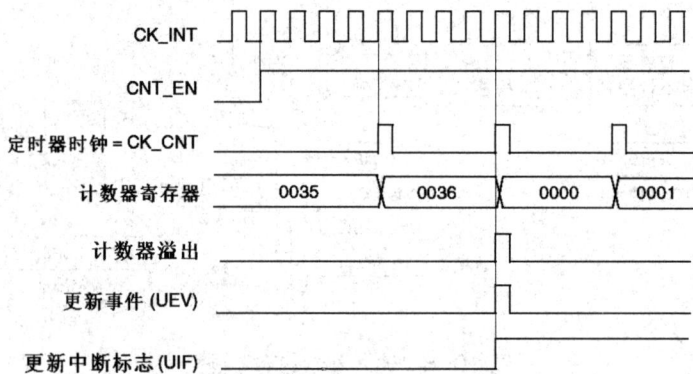

图 10-10 向上计数时序图(内部时钟分频因子为 4)

② 向下计数模式。在向下计数模式中,计数器在时钟 CK_CNT 的驱动下从自动重装载寄存器 TIMx_ARR 的预设值开始向下计数到 0,然后从自动重装载寄存器 TIMx_ARR 的预设值重新开始计数,并产生一个计数器溢出事件,可触发中断或 DMA 请求。当发生一个更新事件时,所有的寄存器都被更新,硬件同时设置更新标志位。

对于一个工作在向下计数模式下的通用定时器,当自动重装载寄存器 TIMx_ARR 的值为 0x36,内部预分频系数为 2(预分频寄存器 TIMx_PSC 的值为 1)的计数器时序图如图 10-11 所示。

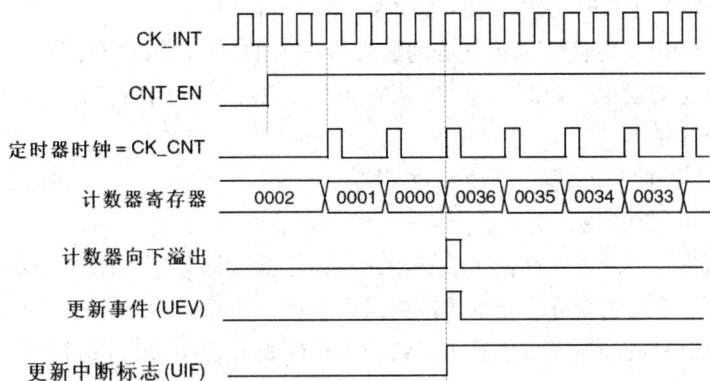

图 10-11　向下计数时序图（内部时钟分频因子为 2）

③向上 / 向下计数模式。向上 / 向下计数模式又称为中央对齐模式或双向计数模式，计数器从 0 开始计数到自动加载的值（TIMx_ARR 寄存器）-1，产生一个计数器溢出事件，然后向下计数到 1 并且产生一个计数器下溢事件；然后再从 0 开始重新计数。在这个模式，不能写入 TIMx_CR1 中的 DIR 方向位。它由硬件更新并指示当前的计数方向。可以在每次计数上溢和每次计数下溢时产生更新事件，触发中断或 DMA 请求。

对于一个工作在向上 / 向下计数模式下的通用定时器，当自动重装载寄存器 TIMx_ARR 的值为 0x06，内部预分频系数为 1（预分频寄存器 TIMx PSC 的值为 0）的计数器时序图如图 10-12 所示。

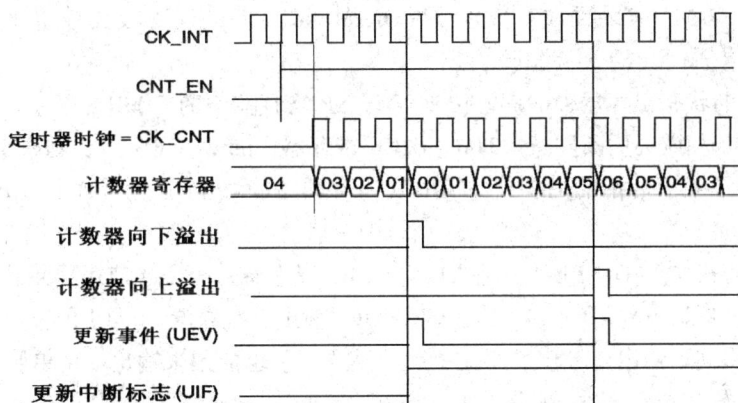

图 10-12　双向计数时序图（内部时钟分频因子为 1）

（2）输入捕获模式。在输入捕获模式下，当检测到 ICx 信号上相应的边沿后，计数器的当前值被锁存到捕获 / 比较寄存器（TIMx_CCRx）中。当捕获事件发生时，相应的 CCxIF 标志（TIMx_SR 寄存器）被置 1，如果使能了中断或者 DMA 操作，则将产生中断或者 DMA 操作。如果捕获事件发生时 CCxIF 标志已经为高，那么重复捕获标志 CCxOF(TIMx_SR 寄存器）被置 1。写 CCxIF=0 可清除 CCxIF，或读取存储在 TIMx_CCRx 寄存器中的捕获数据也可清除 CCxIF。写 CCxOF=0 可清除 CCxOF。

当发生一个输入捕获时将进行如下操作：

① 产生有效的电平转换时，计数器的值被传送到 TIMx_CCR1 寄存器。

② CC1IF 标志被设置（中断标志），当发生至少 2 个连续的捕获时，而 CC1IF 未曾被清除，CC1OF 也被置 1。

③ 如设置了 CC1IE 位，则会产生一个中断。

④ 如设置了 CC1DE 位，则还会产生一个 DMA 请求。

为了处理捕获溢出，建议在读出捕获溢出标志之前读取数据，以避免丢失在读出捕获溢出标志之后和读取数据之前可能产生的捕获溢出信息。

（3）强置输出模式。在输出模式（TIMx_CCMRx 寄存器中 CCxS=00）下，输出比较信号（OCxREF 和相应的 OCx）能够直接由软件强置为有效或无效状态，而不依赖于输出比较寄存器和计数器间的比较结果。置 TIMx_CCMRx 寄存器中相应的 OCxM=101，即可强置输出比较信号（OCxREF/OCx）为有效状态。这样 OCxREF 被强置为高电平（OCxREF 始终为高电平有效），同时 OCx 得到 CCxP 极性位相反的值。

例如：CCxP=0（OCx 高电平有效），则 OCx 被强置为高电平。置 TIMx_CCMRx 寄存器中的 OCxM=100，可强置 OCxREF 信号为低。

（4）输出比较模式。输出比较模式此项功能是用来控制一个输出波形，或者指示一段给定的的时间已经到时。当计数器与捕获/比较寄存器的内容相同时，输出比较功能做如下操作：

① 将输出比较模式（TIMx_CCMRx 寄存器中的 OCxM 位）和输出极性（TIMx_CCER 寄存器中的 CCxP 位）定义的值输出到对应的引脚上。在比较匹配时，输出引脚可以保持它的电平（OCxM=000）、被设置成有效电平（OCxM=001）、被设置成无效电平（OCxM=010）或进行翻转（OCxM=011）。

② 设置中断状态寄存器中的标志位（TIMx_SR 寄存器中的 CCxIF 位）。

③ 若设置了相应的中断屏蔽（TIMx_DIER 寄存器中的 CCxIE 位），则产生一个中断。

④ 若设置了相应的使能位（TIMx_DIER 寄存器中的 CCxDE 位，TIMx_CR2 寄存器中的 CCDS 位选择 DMA 请求功能），则产生一个 DMA 请求。

TIMx_CCMRx 中的 OCxPE 位选择 TIMx_CCRx 寄存器是否需要使用预装载寄存器。在输出比较模式下，更新事件 UEV 对 OCxREF 和 OCx 输出没有影响。同步的精度可以达到计数器的一个计数周期。输出比较模式（在单脉冲模式下）也能用来输出一个单脉冲。

（5）PWM 输出模式。PWM 是 Pulse Width Modulation 的缩写，中文意思就是脉冲宽度调制，简称脉宽调制。它是利用微处理器的数字输出来对模拟电路进行控制的一种非常有效的技术，其控制简单、灵活和动态响应好等优点而成为电力、电子技术最广泛应用的控制方式，其应用领域包括测量、通信、功率控制与变换，电动机控制、伺服控制、调光、开关电源，甚至某些音频放大器。

STM32F103 就是这样一款具有 PWM 输出功能的微控制器，除了基本定时器 TIM6 和 TIM7 外，其他的定时器都可以用来产生 PWM 输出。其中高级定时器 TIMI 和 TIM8 可以同时产生多达 7 路的 PWM 输出。而通用定时器也能同时产生多达 4 路的 PWM 输出。

PWM 输出模式是一种特殊的定时器工作模式，PWM 输出模式可以产生一个由 TIMx_ARR

寄存器确定频率、由 TIMx_CCRx 寄存器确定占空比的信号，其产生原理如图 10-13 所示。

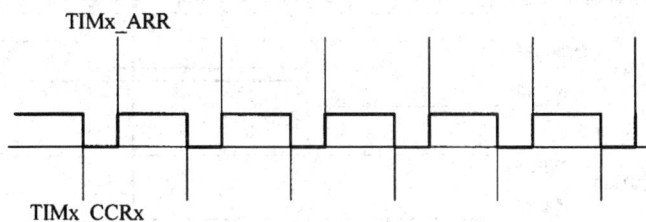

图 10-13　PWM 输出信号产生原理

通用定时器 PWM 输出模式的工作过程如下：

①若配置脉冲计数器 TIMx_CNT 为向上计数模式，自动重装载寄存器 TIMx ARR 的预设为 N，则脉冲计数器 TIMx_CNT 的当前计数值 X 在时钟 CK_CNT（通常由 TIMxCLK 经 TIMx_PSC 分频而得）的驱动下从 0 开始不断累加计数。

②在脉冲计数器 TIMx_CNT 随着时钟 CK_CNT 触发进行累加计数的同时，脉冲计数器 TIMx CNT 的当前计数值 X 与捕获 / 比较寄存器 TIMx_CCR 的预设值 A 进行比较；如果 X<A，输出高电平（成低电平）；如果 X ≥ A，输出低电平（或高电平）。

③当脉冲计数器 TIMx_CNT 的计数值 X 大于自动重装载寄存器 TIMx_ARR 的预设值 N 时，脉冲计数器 TIMx_CNT 的计数值清零并重新开始计数。如此循环往复，得到的 PWM 的输出信号周期为（N+1）× TCK_CNT，其中，N 为自动重装载寄存器 TIMx_ARR 的预设值，TCK_CNT 为时钟 CK_CNT 的周期。PWM 输出信号脉冲宽度为 A × TCK_CNT，其中，A 为捕获 / 比较寄存器 TIMx_CCR 的预设值，TCK_CNT 为时钟 CK_CNT 的周期。PWM 输出信号的占空比为 A/（N+1）。

下面举例具体说明，当通用定时器被设置为向上计数，自动重装载寄存器 TIMx_ARR 的预设值为 8，4 个捕获 / 比较寄存器 TIMx_CCRx 分别设为 0、4、8 和大于 8 时，通过用定时器的 4 个 PWM 通道的输出时序 OCxREF 和触发中断时序 CCxIF，如图 10-14 所示。例如：在 TIMx CCR=4 情况下，当 TIMx_CNT<4 时，OCxREF 输出高电平；当 TIMx_CNT ≥ 4 时，OCxREF 输出低电平，并在比较结果改变时触发 CCxIF 中断标志。此 PWM 的占空比为 4/（8+1）。

需要注意的是，在 PWM 输出模式下，脉冲计数器 TIMx CNT 的计数模式有向上计数、向下计数和向上 / 向下计数（中央对齐）3 种。以上仅介绍其中的向上计数方式，但掌握了通用定时器向上计数模式的 PWM 输出原理后，由此及彼，通用定时器的其他两种计数模式的 PWM 输出也就容易理解，进一步了解 请参见芯片参考手册。

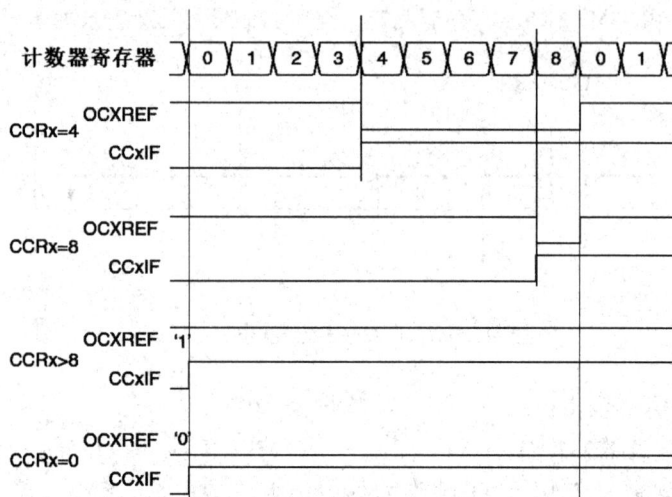

图 10-14 向上计数模式 PWM 输出时序图

10.5.4 通用定时器寄存器说明

STM32 微控制器中与通用定时器相关的寄存器有 18 个，可以用半字（16 位）或字（32 位）的方式操作这些外设寄存器。下面分别介绍主要的常用寄存器的功能。

1. 控制寄存器 1（TIMx_CR1）

偏移地址：0x00；复位值：0x00000000

TIMx_CR1 寄存器各位定义如下，其保留位始终读为 0。

15	14	13	12	11	10	9	8	7	6	5	4	3	2	1	0
保留						CKD[1:0]		ARPE	CMS[1:0]		DIR	OPM	URS	UDIS	CEN
						rw	rw	rw	rw	rw	rw	rw	rw	rw	rw

说明：

位 9:8	CKD[1:0]: 时钟分频因子，定义在定时器时钟（CK_INT）频率与数字滤波器（ETR，TIx）使用的采样频率之间的分频比例 00: tDTS = tCK_INT；01: tDTS = 2 x tCK_INT；10: tDTS = 4 x tCK_INT；11: 保留
位 7	ARPE: 自动重装载预装载允许位（Auto-reload preload enable）0: TIMx_ARR 寄存器没有缓冲；1: TIMx_ARR 寄存器被装入缓冲器
位 6:5	CMS[1:0]: 选择中央对齐模式 00: 边沿对齐模式，计数器依方向位（DIR）向上或向下计数；01: 中央对齐模式 1，计数器交替地向上和向下计数，配置为输出的通道（TIMx_CCMRx 寄存器中 CCxS=00）的输出比较中断标志位，只在计数器向下计数时被设置；10: 中央对齐模式 2，计数器交替地向上和向下计数，配置为输出的通道（TIMx_CCMRx 寄存器中 CCxS=00）的输出比较中断标志位，只在计数器向上计数时被设置；11: 中央对齐模式 3，计数器交替地向上和向下计数，配置为输出的通道（TIMx_CCMRx 寄存器中 CCxS=00）的输出比较中断标志位，在计数器向上和向下计数时均被设置 注：在计数器开启时（CEN=1），不允许从边沿对齐模式转换到中央对齐模式
位 4	DIR: 方向 0: 计数器向上计数；1: 计数器向下计数 注：当计数器配置为中央对齐模式或编码器模式时，该位为只读

位 3	OPM：单脉冲模式 0：在发生更新事件时，计数器不停止；1：在发生下一次更新事件（清除 CEN 位）时，计数器停止
位 2	URS：更新请求源，软件通过该位选择 UEV 事件的源 0：如果使能了更新中断或 DMA 请求，则下述任一事件产生更新中断或 DMA 请求：①计数器溢出 / 下溢，②设置 UG 位，③从模式控制器产生的更新；1：如果使能了更新中断或 DMA 请求，则只有计数器溢出 /下溢才产生更新中断或 DMA 请求
位 1	UDIS：禁止更新，软件通过该位允许 / 禁止 UEV 事件的产生 0：允许 UEV。更新（UEV）事件由下述任一事件产生：①计数器溢出 / 下溢，②设置 UG 位，③从模式控制器产生的更新，具有缓存的寄存器被装入它们的预装载值（更新影子寄存器）；1：禁止 UEV，不产生更新事件，影子寄存器（ARR、PSC、CCRx）保持它们的值，如果设置了 UG 位或从模式控制器发出了一个硬件复位，则计数器和预分频器被重新初始化
位 0	CEN：使能计数器 0：禁止计数器；1：使能计数器 注：在软件设置了 CEN 位后，外部时钟、门控模式和编码器模式才能工作。触发模式可以自动地通过硬件设置 CEN 位；在单脉冲模式下，当发生更新事件时，CEN 被自动清除

2. 控制寄存器 2（TIMx_CR2）

偏移地址：0x04；复位值：0x00000000

TIMx_CR2 寄存器各位定义如下，其保留位始终读为 0。

15	14	13	12	11	10	9	8	7	6	5	4	3	2	1	0
保留								TI1S	MMS[2:0]			CCDS	保留		
								rw	rw	rw	rw	rw			

说明：

位 7	TI1S：TI1 选择 0：TIMx_CH1 引脚连到 TI1 输入；1：TIMx_CH1、TIMx_CH2 和 TIMx_CH3 引脚经异或后连到 TI1 输入
位 6:4	MMS[2:0]：主模式选择，这 3 位用于选择在主模式下送到从定时器的同步信息（TRGO） 可能的组合如下：000：复位，TIMx_EGR 寄存器的 UG 位被用于作为触发输出（TRGO），如果是触发输入产生的复位（从模式控制器处于复位模式），则 TRGO 上的信号相对实际的复位会有一个延迟；001：使能，计数器使能信号 CNT_EN 被用于作为触发输出（TRGO），有时需要在同一时间启动多个定时器或控制在一段时间内使能从定时器，计数器使能信号是通过 CEN 控制位和门控模式下的触发输入信号的逻辑或产生，当计数器使能信号受控于触发输入时，TRGO 上会有一个延迟，除非选择了主 / 从模式。010：更新，更新事件被选为触发输入（TRGO），例如，一个主定时器的时钟可以被用作一个从定时器的预分频器；011：比较脉冲，在发生一次捕获或一次比较成功时，当要设置 CC1IF 标志时（即使它已经为高），触发输出送出一个正脉冲（TRGO）；100：比较，OC1REF 信号被用于作为触发输出（TRGO）；101：比较，OC2REF 信号被用于作为触发输出（TRGO）；110：比较，OC3REF 信号被用于作为触发输出（TRGO）；111：比较，OC4REF 信号被用于作为触发输出（TRGO）
位 6:5	CMS[1:0]：选择中央对齐模式 00：边沿对齐模式，计数器依据方向位（DIR）向上或向下计数；01：中央对齐模式 1，计数器交替地向上和向下计数，配置为输出的通道（TIMx_CCMRx 寄存器中 CCxS=00）的输出比较中断标志位，只在计数器向下计数时被设置；10：中央对齐模式 2，计数器交替地向上和向下计数，配置为输出的通道（TIMx_CCMRx 寄存器中 CCxS=00）的输出比较中断标志位，只在计数器向上计数时被设置；11：中央对齐模式 3，计数器交替地向上和向下计数，配置为输出的通道（TIMx_CCMRx 寄存器中 CCxS=00）的输出比较中断标志位，在计数器向上和向下计数时均被设置 注：在计数器开启时（CEN=1），不允许从边沿对齐模式转换到中央对齐模式
位 3	CCDS：捕获 / 比较的 DMA 选择 0：当发生 CCx 事件时，送出 CCx 的 DMA 请求；1：当发生更新事件时，送出 CCx 的 DMA 请求

3.DMA/中断使能寄存器（TIMx_DIER）

偏移地址：0x0C；复位值：0x00000000

TIMx_DIER 寄存器各位定义如下，其保留位始终读为 0。

15	14	13	12	11	10	9	8	7	6	5	4	3	2	1	0
保留	TDE	保留	CC4DE	CC3DE	CC2DE	CC1DE	UDE	保留	TIE	保留	CC4IE	CC3IE	CC2IE	CC1IE	UIE
	rw		rw	rw	rw	rw	rw		rw		rw	rw	rw	rw	rw

说明：

位 14	TDE：允许触发 DMA 请求 0：禁止触发 DMA 请求；1：允许触发 DMA 请求
位 12:9	CCxDE：允许捕获 / 比较 4-1 的 DMA 请求 0：禁止捕获 / 比较的 DMA 请求；1：允许捕获 / 比较的 DMA 请求
位 8	UDE：允许更新的 DMA 请求 0：禁止更新的 DMA 请求；1：允许更新的 DMA 请求
位 6	TIE：触发中断使能 0：禁止触发中断；1：使能触发中断
位 4:1	CCxIE：允许捕获 / 比较 4-1 中断 0：禁止捕获 / 比较中断；1：允许捕获 / 比较中断
位 0	UIE：允许更新中断 0：禁止更新中断；1：允许更新中断

4.状态寄存器（TIMx_SR）

偏移地址：0x10；复位值：0x00000000

TIMx_SR 寄存器各位定义如下，其保留位始终读为 0。

15	14	13	12	11	10	9	8	7	6	5	4	3	2	1	0
保留			CC4OF	CC3OF	CC2OF	CC1OF	保留		TIF	保留	CC4IF	CC3IF	CC2IF	CC1IF	UIF
			rc w0	rc w0	rc w0	rc w0			rc w0		rc w0	rc w0	rc w0	rc w0	rc w0

说明：

位 12:9	CCxOF：捕获 / 比较 4-1 重复捕获标记，仅当相应的通道被配置为输入捕获时，该标记可由硬件置 '1'。写 '0' 可清除该位 0：无重复捕获产生；1：当计数器的值被捕获到 TIMx_CCR1 寄存器时，CCxIF 的状态已经为 '1'
位 6	TIF：触发器中断标记，当发生触发事件（当从模式控制器处于除门控模式外的其他模式时，在 TRGI 输入端检测到有效边沿，或门控模式下的任一边沿）时由硬件对该位置 '1'。它由软件清 '0' 0：无触发器事件产生；1：触发器中断等待响应
位 4:1	CCxIF：捕获 / 比较 4-1 中断标记，如果通道 CCx 配置为输出模式：当计数器值与比较值匹配时该位由硬件置 '1'，但在中心对称模式下除外（参考 TIMx_CR1 寄存器的 CMS 位）。它由软件清 '0' 0：无匹配发生；1：TIMx_CNT 的值与 TIMx_CCR1 的值匹配 如果通道 CC1 配置为输入模式：当捕获事件发生时该位由硬件置 '1'，它由软件清 '0' 或通过读 TIMx_CCR1 清 '0' 0：无输入捕获产生；1：计数器值已被捕获（拷贝）至 TIMx_CCR1（在 IC1 上检测到与所选极性相同的边沿）
位 0	UIF：更新中断标记，当产生更新事件时该位由硬件置 '1'。它由软件清 '0' 0：无更新事件产生；1：更新中断等待响应 当寄存器被更新时该位由硬件置 '1'：①若 TIMx_CR1 寄存器的 UDIS=0、URS=0，当 TIMx_EGR 寄存器的 UG=1 时产生更新事件（软件对计数器 CNT 重新初始化）；②若 TIMx_CR1 寄存器的 UDIS=0、URS=0，当计数器 CNT 被触发事件重初始化时产生更新事件

5.预分频器（TIMx_PSC）

偏移地址：0x10；复位值：0x00000000

TIMx_PSC 寄存器是一个 16 位的寄存器，用于指定预分频器的值，计数器的时钟频率 CK_CNT 等于 f_{CK_PSC}/（TIMx_PSC+1）。PSC 也是更新事件产生时装入当前预分频器寄存器的值。

6. 自动重装载寄存器（TIMx_ARR）

偏移地址：0x2C；复位值：0x00000000

TIMx_ARR 寄存器是一个 16 位的寄存器，用于自动重装载的值。ARR 包含将要传送至实际的自动重装载寄存器的数值，当自动重装载的值为空时，计数器不工作。

7. 捕获 / 比较模式寄存器（TIMx_CCMR）

偏移地址：0x18；复位值：0x00000000

TIMx_CCMR 寄存器是与 PWM 功能相关的寄存器，该寄存器其他位的作用在输入和输出模式下不同。微控制器内部有两个，分别是：TIMx_CCMR1 控制 CH1 和 CH2，TIMx_CCMR2 控制 CH3 和 CH4。通道可用于输入（捕获模式）或输出（比较模式），通道的方向由相应的 CCxS 定义。该寄存器其他位的作用在输入和输出模式下不同。下面以 TIMx_CCMR1 为例介绍，寄存器各位定义如下，OCxx 描述了通道在输出模式下的功能，ICxx 描述了通道在输入模式下的功能。

15	14	13	12	11	10	9	8	7	6	5	4	3	2	1	0
OC2CE	OC2M[2:0]			OC2PE	OC2FE	CC2S[1:0]		OC1CE	OC1M[2:0]			OC1PE	OC1FE	CC1S[1:0]	
IC2F[3:0]				IC2PSC[1:0]				IC1F[3:0]				IC1PSC[1:0]			
rw	rw	rw	rw	rw	rw	rw	rw	rw	rw	rw	rw	rw	rw	rw	rw

输出模式下说明：

位 15	OC2CE：输出比较 2 清 0 使能
位 14:12	OC2M[2:0]：输出比较 2 模式
位 11	OC2PE：输出比较 2 预装载使能
位 10	OC2FE：输出比较 2 快速使能
位 9:8	CC2S[1:0]：捕获 / 比较 2 选择，该位定义通道的方向（输入 / 输出），及输入脚的选择 00：CC2 通道被配置为输出；01：CC2 通道被配置为输入，IC2 映射在 TI2 上；10：CC2 通道被配置为输入，IC2 映射在 TI1 上；11：CC2 通道被配置为输入，IC2 映射在 TRC 上，此模式仅工作在内部触发器输入被选中时（由 TIMx_SMCR 寄存器的 TS 位选择） 注：CC2S 仅在通道关闭时（TIMx_CCER 寄存器的 CC2E='0'）才是可写的
位 7	OC1CE：输出比较 1 清 0 使能。 0：OC1REF 不受 ETRF 输入的影响；1：一旦检测到 ETRF 输入高电平，清除 OC1REF=0
位 6:4	OC1M[2:0]：输出比较 1 模式，该 3 位定义了输出参考信号 OC1REF 的动作，而 OC1REF 决定了 OC1 的值。OC1REF 是高电平有效，而 OC1 的有效电平取决于 CC1P 位 000：冻结，输出比较寄存器 TIMx_CCR1 与计数器 TIMx_CNT 间的比较对 OC1REF 不起作用；001：匹配时设置通道 1 为有效电平，当计数器 TIMx_CNT 的值与捕获 / 比较寄存器 1（TIMx_CCR1）相同时，强制 OC1REF 为高；010：匹配时设置通道 1 为无效电平，当计数器 TIMx_CNT 的值与捕获 / 比较寄存器 1（TIMx_CCR1）相同时，强制 OC1REF 为低；011：翻转，当 TIMx_CCR1=TIMx_CNT 时，翻转 OC1REF 的电平；100：强制为无效电平，强制 OC1REF 为低；101：强制为有效电平，强制 OC1REF 为高；110：PWM 模式 1，在向上计数时，一旦 TIMx_CNT<TIMx_CCR1 时通道 1 为有效电平，否则为无效电平，在向下计数时，一旦 TIMx_CNT>TIMx_CCR1 时通道 1 为无效电平（OC1REF=0），否则为有效电平（OC1REF=1）；111：PWM 模式 2，在向上计数时，一旦 TIMx_CNT<TIMx_CCR1 时通道 1 为无效电平，否则为有效电平，在向下计数时，一旦 TIMx_CNT>TIMx_CCR1 时通道 1 为有效电平，否则为无效电平 注 1：一旦 LOCK 级别设为 3（TIMx_BDTR 寄存器中的 LOCK 位）并且 CC1S='00'（该通道配置成输出）则该位不能被修改。注 2：在 PWM 模式 1 或 PWM 模式 2 中，只有当比较结果改变了或在输出比较模式中从冻结模式切换到 PWM 模式时，OC1REF 电平才改变

位 3	OC1PE: 输出比较 1 预装载使能 0: 禁止 TIMx_CCR1 寄存器的预装载功能, 可随时写入 TIMx_CCR1 寄存器, 并且新写入的数值立即起作用; 1: 开启 TIMx_CCR1 寄存器的预装载功能, 读写操作仅对预装载寄存器操作, TIMx_CCR1 的预装载值在更新事件到来时被传送至当前寄存器中 注 1: 一旦 LOCK 级别设为 3 (TIMx_BDTR 寄存器中的 LOCK 位) 并且 CC1S='00' (该通道配置成输出)则该位不能被修改。注 2: 仅在单脉冲模式下 (TIMx_CR1 寄存器的 OPM='1'), 可以在未确认预装载寄存器情况下使用 PWM 模式, 否则其动作不确定
位 2	OC1FE: 输出比较 1 快速使能, 该位用于加快 CC 输出对触发器输入事件的响应 0: 根据计数器与 CCR1 的值, CC1 正常操作, 即使触发器是打开的。当触发器的输入出现一个有效沿时, 激活 CC1 输出的最小延时为 5 个时钟周期; 1: 输入触发器的有效沿的作用就像发生了一次比较匹配。因此, OC 被设置为比较电平而与比较结果无关。采样触发器的有效沿和 CC1 输出间的延时被缩短为 3 个时钟周期。该位只在通道被配置成 PWM1 或 PWM2 模式时起作用
位 1:0	CC1S[1:0]: 捕获 / 比较 1 选择, 这 2 位定义通道的方向 (输入 / 输出), 及输入脚的选择 00: CC1 通道被配置为输出; 01: CC1 通道被配置为输入, IC1 映射在 TI1 上; 10: CC1 通道被配置为输入, IC1 映射在 TI2 上; 11: CC1 通道被配置为输入, IC1 映射在 TRC 上, 此模式仅工作在内部触发器输入被选中时 (由 TIMx_SMCR 寄存器的 TS 位选择) 注: CC1S 仅在通道关闭时 (TIMx_CCER 寄存器的 CC1E='0') 才是可写的

输入模式下说明:

位 15:12	IC2F[3:0]: 输入捕获 2 滤波器
位 11:10	IC2PSC[1:0]: 输入 / 捕获 2 预分频器
位 9:8	CC2S[1:0]: 捕获 / 比较 2 选择, 用于指定通道的方向 (输入 / 输出), 及输入脚的选择 00: CC2 通道被配置为输出; 01: CC2 通道被配置为输入, IC2 映射在 TI2 上; 10: CC2 通道被配置为输入, IC2 映射在 TI1 上; 11: CC2 通道被配置为输入, IC2 映射在 TRC 上。此模式仅工作在内部触发器输入被选中时 (由 TIMx_SMCR 寄存器的 TS 位选择) 注: CC2S 仅在通道关闭时 (TIMx_CCER 寄存器的 CC2E='0') 才是可写的
位 7:4	IC1F[3:0]: 输入捕获 1 滤波器, 用于指定 TI1 输入的采样频率及数字滤波器长度, 数字滤波器由一个事件计数器组成, 它记录到 N 个事件后会产生一个输出的跳变 0000: 无滤波器, 以 fDTS 采样; 0001: 采样频率 fSAMPLING=fCK_INT, N=2; 0010: 采样频率 fSAMPLING =fCK_INT, N=4; 0011: 采样频率 fSAMPLING=fCK_INT, N=8; 0100: 采样频率 fSAMPLING=fDTS/2, N=6; 0101: 采样频率 fSAMPLING=fDTS/2, N=8; 0110: 采样频率 fSAMPLING=fDTS/4, N=6; 0111: 采样频率 fSAMPLING=fDTS/4, N=8; 1000: 采样频率 fSAMPLING=fDTS/8, N=6; 1001: 采样频率 fSAMPLING=fDTS/8, N=8; 1010: 采样频率 fSAMPLING=fDTS/16, N=5; 1011: 采样频率 fSAMPLING=fDTS/16, N=6; 1100: 采样频率 fSAMPLING=fDTS/16, N=8; 1101: 采样频率 fSAMPLING=fDTS/32, N=5; 1110: 采样频率 fSAMPLING=fDTS/32, N=6; 1111: 采样频率 fSAMPLING=fDTS/32, N=8 注: 当 ICxF[3:0]=1、2 或 3 时, 公式中的 fDTS 由 CK_INT 替代
位 3:2	IC1PSC[1:0]: 输入 / 捕获 1 预分频器, 这 2 位定义了 CC1 输入 (IC1) 的预分频系数。一旦 CC1E='0' (TIMx_CCER 寄存器中), 则预分频器复位 00: 无预分频器, 捕获输入口上检测到的每一个边沿都触发一次捕获; 01: 每 2 个事件触发一次捕获; 10: 每 4 个事件触发一次捕获; 11: 每 8 个事件触发一次捕获
位 1:0	CC1S[1:0]: 捕获 / 比较 1 选择, 用于定义通道的方向 (输入 / 输出), 及输入脚的选择 00: CC1 通道被配置为输出; 01: CC1 通道被配置为输入, IC1 映射在 TI1 上; 10: CC1 通道被配置为输入, IC1 映射在 TI2 上; 11: CC1 通道被配置为输入, IC1 映射在 TRC 上, 此模式仅工作在内部触发器输入被选中时 (由 TIMx_SMCR 寄存器的 TS 位选择) 注: CC1S 仅在通道关闭时 (TIMx_CCER 寄存器的 CC1E='0') 才是可写的
位 1:0	CC1S[1:0]: 捕获 / 比较 1 选择, 用于定义通道的方向 (输入 / 输出), 及输入脚的选择 00: CC1 通道被配置为输出; 01: CC1 通道被配置为输入, IC1 映射在 TI1 上; 10: CC1 通道被配置为输入, IC1 映射在 TI2 上; 11: CC1 通道被配置为输入, IC1 映射在 TRC 上, 此模式仅工作在内部触发器输入被选中时 (由 TIMx_SMCR 寄存器的 TS 位选择) 注: CC1S 仅在通道关闭时 (TIMx_CCER 寄存器的 CC1E='0') 才是可写的

8. 捕获 / 比较使能寄存器（TIMx_CCER）

偏移地址：0x20；复位值：0x00000000

TIMx_CCER 寄存器各位定义如下，其保留位始终读为 0。

15	14	13	12	11	10	9	8	7	6	5	4	3	2	1	0
保留		CC4P	CC4E	保留		CC3P	CC3E	保留		CC2P	CC2E	保留		CC1P	CC1E
		rw	rw			rw	rw			rw	rw			rw	rw

说明：

位 13、9、5、1	CCxP：输入 / 捕获 4~1 输出极性 CCx 通道配置为输出时，0：OCx 高电平有效；1：OCx 低电平有效 CCx 通道配置为输入时，该位选择是 ICx 还是 ICx 的反相信号作为触发或捕获信号，0：不反相（捕获发生在 ICx 的上升沿；当用作外部触发器时，ICx 不反相）；1：反相（捕获发生在 ICx 的下降沿；当用作外部触发器时，ICx 反相）
位 12、8、4、0	CCxE：输入 / 捕获 4~1 输出使能 CCx 通道配置为输出时，0：关闭（OCx 禁止输出）；1：开启（OCx 信号输出到对应的输出引脚）。 CCx 通道配置为输入时，该位决定了计数器的值是否能捕获入 TIMx_CCR1 寄存器，0：捕获禁止； 0：捕获使能

9. 捕获 / 比较寄存器 1（TIMx_CCR1）

偏移地址：0x34；复位值：0x00000000

TIMx_CCR1 寄存器是一个 16 位的寄存器，用于存放捕获 / 比较的值。若 CC1 通道配置为输出时，CCR1 包含了装入当前捕获 / 比较 1 寄存器的值（预装载值）。 如果在 TIMx_CCMR1 寄存器（OC1PE 位）中未选择预装载特性，写入的数值会被立即传输至当前寄存器中；否则只有当更新事件发生时，此预装载值才传输至当前捕获 / 比较 1 寄存器中。当前捕获 / 比较寄存器参与同计数器 TIMx_CNT 的比较，并在 OC1 端口上产生输出信号。若 CC1 通道配置为输入时，CCR1 包含了由上一次输入捕获 1 事件（IC1）传输的计数器值。

10.5.5　通用定时器应用实例—软件开发

下面以使用定时器产生中断，然后在中断服务函数里面翻转 LED 灯为实例介绍通用定时器的定时功能的软件开发。

1. 通用定时器配置过程及相关库函数说明

固件库中，通用定时器相关库函数分布在 stm32f10x_tim.c 和 stm32f10x_tim.h 文件中，通用定时器的配置是主要通过设置 10.5.4 所述寄存器中的相应位域的值来实现。下面介绍库函数下使用定时功能的通用定时器的配置步骤：

（1）使能时钟。通用定时器是挂载在 APB1 内部总线下，固件库中，可用 APB1 总线外设时钟能函数来使能，例如，以下代码实现使能 TIM3 的时钟：

RCC_APB1PeriphClockCmd（RCC_APB1Periph_TIM3, ENABLE）；

（2）初始化定时器参数。初始化定时器参数包括：设置自动重装值、分频系数、计数方式等。库函数中，定时器的初始化参数可通过 TIM_TimeBaseInit（）函数来实现，其声明如下：

void TIM_TimeBaseInit（TIM_TypeDef*TIMx, TIM_TimeBaseInitTypeDef* TIM_

TimeBaseInitStruct）;

函数第一个参数指定哪个定时器。第二个参数是定时器初始化参数结构体 TIM_TimeBaseInitTypeDef 的指针，此结构体一共有 5 个成员变量，但对于通用定时器只有前面四个参数有用，最后一个参数 TIM_RepetitionCounter 对高级定时器才有用。该结构体的定义和说明如下：

typedef struct

{ uint16_t TIM_Prescaler;   // 用来指定分频系数

/* TIM_CounterMode 用来设置计数方式，可以设置为向上计数、向下计数方式、中央对齐计数方式，较常用的是向上计数模式: TIM_CounterMode_Up 和向下计数模式: TIM_CounterMode_Down。*/

uint16_t TIM_CounterMode;

uint16_t TIM_Period;   // 用来指定自动重载计数周期值

uint16_t TIM_ClockDivision;   // 用来指定时钟分频因子

uint8_t TIM_RepetitionCounter;

} TIM_TimeBaseInitTypeDef;

（3）设置允许更新中断。要使用通用定时器的更新中断，需设置 TIMx_DIER 寄存器的相应位来使能更新中断。库函数中，定时器中断使能是可通过 TIM_ITConfig（）函数来实现，其声明如下：

void TIM_ITConfig（TIM_TypeDef* TIMx, uint16_t TIM_IT, FunctionalState NewState）;

此函数的第一个参数用来选择定时器号，取值为 TIM1-7 ；第二个参数非常关键，用来指明使能的定时器中断的类型，定时器中断的类型有很多种，包括更新中断 TIM_IT_Update，触发中断 TIM_IT_Trigger，以及输入捕获中断，等等；第三个参数指定禁止还是使能。

例如：以下代码实现使能定时器 TIM3 的更新中断：

TIM_ITConfig（TIM3,TIM_IT_Update,ENABLE ）;

（4）设置中断优先级。定时器中断使能后，必不可少地要设置 NVIC 相关寄存器，设置中断优先级，可通过库函数中的 NVIC_Init（）函数来实现。

（5）使能定时器，启动定时。配置好定时器，没有开启定时器，照样不能工作。开启定时器需设置 TIMx_CR1 寄存器的 CEN 位。固件库中，定时器可通过 TIM_Cmd（）函数来启动，例如，以下代码实现启动定时器 TIM3 的工作：

TIM_Cmd（TIM3, ENABLE ）;

（6）覆盖中断服务函数。定时器工作时，通常会触发相关中断，因此需要编写和覆盖中断服务函数。通常通用定时器中断服务函数的处理流程是：中断产生后，先通过状态寄存器的值来判断此次中断的类型，然后，根据不同类型分别处理，最后清除此次中断相关的标志位，中断返回。执行相关的操作，固件库中相关函数如下：

TIM_GetITStatus（）函数用来读取中断状态寄存器的值判断中断类型，其函数声明如下：

ITStatus TIM_GetITStatus（TIM_TypeDef* TIMx, uint16_t ）

函数的作用是判断定时器 TIMx 的中断类型 TIM_IT 是否发生中断，如下代码判断定时器 TIM3 是否发生更新（溢出）中断：

if（TIM_GetITStatus（TIM3, TIM_IT_Update）!= RESET）{}

固件库中，TIM_ClearITPendingBit（）函数用于清除中断标志位，其函数声明如下：

void TIM_ClearITPendingBit（TIM_TypeDef* TIMx, uint16_t TIM_IT）

该函数的作用是清除定时器 TIMx 的 TIM_IT 中断标志位，定时器 TIM3 的溢出中断发生后，可用如下代码清除中断标志位：

TIM_ClearITPendingBit（TIM3, TIM_IT_Update ）；

另外，固件库还提供 TIM_GetFlagStatus（）和 TIM_ClearFlag（）两个函数来判断定时器状态以及清除定时器状态标志位，它们的作用和前面的函数类似，只是在 TIM_GetITStatus（）函数中会先判断中断是否使能，使能了才去判断中断标志位，而 TIM_GetFlagStatus（）函数直接判断状态标志位。

2. 实例软件开发

本实例在开发板上实现功能是：通过微控制器内部通用定时器 TIM3 的中断来控制 DS1 的亮灭。项目的工程工作组见表 10.3。

表 10.3　TIM3 工程工作组文件组成

工作组	包含源文件	功能说明
CORE 工作组	core cm3.c	CM3 内核接口
	startup_stm32f10x_hd.s	微控制器的启动文件
FWLIB 工作组	stm32f10x_gpio.c	GPIO 的底层配置函数
	stm32f10x rcc.c	RCC 的底层配置函数
	stm32f10x tim.c	通用定时器的底层配置函数
	misc. c	外设对内核中 NVIC 的访问函数
HARDWARE 工作组	led.c	LED 灯驱动函数
	time.c	TIM3 定时器初始化配置函数
SYSTEM 工作组	sys.c	厂商提供中断分组函数
	delay.c	厂商提供延时函数
USER 工作组	main.c	实例应用代码
	stm32f10x it.c	微控制器的中断服务子程序
	svstem stm32f10x.c	设置系统时钟和总线时钟函数

实例软件开发中需编写 time.c、time.h、led.c、led.h 和 main.c 五个文件，其中 led.c、led.h、文件与 10.2.4 小节部分相同，下面着重说明 time.c、time.h、和 main.c 这三个文件代码功能。

time.c 文件代码功能如下：

#include "timer.h"

#include "led.h"

/* 通用定时器 TIM3 中断初始化，时钟选择为 APB1 的 2 倍，即：72 MHz。

参数 arr：自动重装值；psc：时钟预分频数。*/

void TIM3_Int_Init（u16 arr,u16 psc）

{ TIM_TimeBaseInitTypeDef TIM_TimeBaseStructure;

NVIC_InitTypeDef NVIC_InitStructure;

// 使能 TIM3 的时钟

RCC_APB1PeriphClockCmd（RCC_APB1Periph_TIM3, ENABLE）；

// 初始化设置定时器 TIM3

```
TIM_TimeBaseStructure.TIM_Period = arr;              // 指定自动重装载寄存器周期的值
TIM_TimeBaseStructure.TIM_Prescaler =psc;            // 指定时钟频率除数的预分频值
TIM_TimeBaseStructure.TIM_ClockDivision = TIM_CKD_DIV1; // 指定时钟分频
// 指定向上计数模式
TIM_TimeBaseStructure.TIM_CounterMode = TIM_CounterMode_Up;
TIM_TimeBaseInit（TIM3, &TIM_TimeBaseStructure）;     // 设置 TIM3 初始化参数
TIM_ITConfig（TIM3,TIM_IT_Update,ENABLE ）;          // 使能 TIM3 更新中断
// 设置 NVIC 中断优先级
NVIC_InitStructure.NVIC_IRQChannel = TIM3_IRQn;      // 指定 TIM3 中断通道
// 指定抢占优先级为 0 级
NVIC_InitStructure.NVIC_IRQChannelPreemptionPriority = 0;
NVIC_InitStructure.NVIC_IRQChannelSubPriority = 3;   // 指定子优先级为 3 级
NVIC_InitStructure.NVIC_IRQChannelCmd = ENABLE;      // 使能中断通道
NVIC_Init（&NVIC_InitStructure）;                     // 初始化设置 NVIC
TIM_Cmd（TIM3, ENABLE）;                              // 启动定时器 TIM3
}
/* 定时器 TIM3 中断服务程序 */
void TIM3_IRQHandler（void）{
// 检查 TIM3 更新中断发生与否
if（TIM_GetITStatus（TIM3, TIM_IT_Update）!= RESET）{
TIM_ClearITPendingBit（TIM3, TIM_IT_Update ）;        // 清除 TIM3 更新中断标志
LED1=!LED1;                                          // 反转 LED1（DS1）灯
}
}
```

其中，TIM3_Int_Init（）函数的 2 个参数用来设置定时器 TIM3 的溢出时间，前面 10.1 时钟系统中介绍过，系统初始化时，在默认的系统初始化函数 SystemIni（）中已初始化 APB1 的时钟为 2 分频，即：APB1 的时钟为 36M，由图 10-1 可知，当 APB1 的时钟分频数为 1 时，TIM2-7 的时钟为 APB1 时钟，如果 APB1 的时钟分频数不为 1，那么 TIM2-7 的时钟频率将为 APB1 时钟的两倍。因此，TIM3 的时钟为 72MHz。

溢出中断时间的计算公式如下：

$Tout = ((arr+1)*(psc+1))/Tclk;$

其中，Tclk：TIM3 的输入时钟频率，这里为 72MHz；Tout：TIM3 溢出时间（单位为 us）。

time.h 文件的代码非常简单，仅仅对 TIM3_Int_Init（）函数进行声明。

项目工程中 main.c 文件中主要代码和说明如下：

```
int main（void）
{ delay_init（）;                      // 延时初始化函数
NVIC_PriorityGroupConfig（NVIC_PriorityGroup_2）; // 设置 NVIC 中断分组为 2
```

```
LED_Init（）;                          //LED 端口初始化
// 设置为 10kHz 的计数频率，计数到 5000 为 500ms
TIM3_Int_Init（4999,7199）;
while（1）
{ LED0=!LED0;                          //LED0（DS0）灯闪烁
delay_ms（200）;                        // 延迟 200ms
}
}
```

此段代码对定时器 TIM3 进行初始化设置后，进入死循环等待 TIM3 溢出中断，当 TIM3_CNT 的值等于 TIM3_ARR 的值时，就会产生 TIM3 更新中断，在中断服务程序中反转 LED1（DS1），而 TIM3_CNT 再从 0 开始计数，依此往复，根据上面的公式，可计算出：

Tout=（（4999+1）*（7199+1））/72=500000us=500ms。

即：中断溢出时间为 500ms

编译工程，如有错误，找出原因并更正，最终生成二进制文件。下载、调试、运行软件。代码下载到开发板后，可以看到 DS0 不停闪烁（每 400ms 闪烁一次），而 DS1 也是不停地闪烁，但是闪烁时间较 DS0 慢（1s 一次）。

10.5.6　通用定时器应用实例二软件开发

下面以使用定时器产生 PWM 输出来控制 LED 灯的亮度为实例介绍通用定时器的 PWM 输出功能的软件开发。

1. 通用定时器配置过程及相关库函数说明

固件库中，通用定时器的 PWM 输出功能的相关库函数也分布在 stm32f10x_tim.c 和 stm32f10x_tim.h 文件中，通用定时器 PWM 输出功能的配置也是主要通过设置 10.5.4 所述寄存器中的相应位域的值来实现。下面介绍库函数应用 PWM 输出功能的通用定时器配置步骤：

（1）开启定时器时钟和复用功能时钟，映射复用输出。如 10.5.5 节所述，开启定时器时钟可用 RCC_APB1PeriphClockCmd（）函数来实现。

由于定时器产生的 PWM 信号需输出，且 STM32 微控制器为节省引脚资源，普遍使用引脚复用技术，所以，需通过映射复用输出将定时器的 PWM 输出映射到指定引脚。实现映射复用功能，首先要使能复用时钟；然后设置复用引脚的工作模式，例如，对 PWM 输出，引脚工作模式应设置为推挽输出；最后要将定时器的输出通道映射到该引脚。在固件库中，以下代码完成使能复用时钟操作：

RCC_APB2PeriphClockCmd（RCC_APB2Periph_AFIO, ENABLE）; // 复用时钟使能

以下代码完成引脚工作模式的设置：

GPIO_InitStructure.GPIO_Mode = GPIO_Mode_AF_PP;   // 指定推挽输出模式

映射控制可通过设置 AFIO_MAPR 寄存器中的相关位域来实现，固件库中，设置重映射的函数是：

void GPIO_PinRemapConfig（uint32_t GPIO_Remap, FunctionalState NewState）;

STM32 微控制器重映射只能重映射到特定的端口。此函数的第一个入口参数指定重映射

的类型，比如若是定时器 TIM3 部分的重映射，则参数应指定为 GPIO_PartialRemap_TIM3，第二个参数指定禁止还是使能。

（2）初始化定时器，设置 ARR 和 PSC 寄存器。开启定时器的时钟之后，要设置 ARR 和 PSC 两个寄存器的值来控制输出 PWM 的周期。在固件库中是通过 TIM_TimeBaseInit（）函数来实现，具体代码如下：

```
TIM_TimeBaseStructure.TIM_Period = arr;               // 指定自动重装载值
TIM_TimeBaseStructure.TIM_Prescaler =psc;             // 指定预分频值
// 指定时钟分频 :TDTS = Tck_tim
TIM_TimeBaseStructure.TIM_ClockDivision = 0;
// 指定向上计数模式
TIM_TimeBaseStructure.TIM_CounterMode = TIM_CounterMode_Up;
// 根据指定的参数初始化定时器 TIMx
TIM_TimeBaseInit（TIM3, &TIM_TimeBaseStructure）;
```

（4）设置定时器 PWM 工作模式，使能定时器的通道输出。定时器各通道的工作模式可通过配置 TIMx_CCMR1 的相关位来控制，在固件库中，PWM 通道设置是通过函数 TIM_OC1Init（）–TIM_OC4Init（）来设置，不同通道的设置函数不一样，例如，对于通道 2，所以使用的函数是 TIM_OC2Init（），其声明如下：

```
void TIM_OC2Init（TIM_TypeDef* TIMx, TIM_OCInitTypeDef* TIM_OCInitStruct）;
```

函数有两个参数，第一个参数用来指定定时器外设，取值范围为 TIM1-4。第二个参数为设置参数结构体指针，结构体类型为 TIM_OCInitTypeDef。此结构体的定义和说明如下：

```
typedef struct
{uint16_t TIM_OCMode;                  // 设置模式，如：PWM、输出比较等
uint16_t TIM_OutputState;              // 设置比较输出使能
uint16_t TIM_OutputNState;             // 设置极性是高电平还是低电平
uint16_t TIM_Pulse;
uint16_t TIM_OCPolarity;
uint16_t TIM_OCNPolarity;
uint16_t TIM_OCIdleState;
uint16_t TIM_OCNIdleState;
} TIM_OCInitTypeDef;
```

此结构体的 TIM_OutputNState、TIM_OCNPolarity、TIM_OCIdleState 和 TIM_OCNIdleState 参数用于设置高级定时器 TIM1 和 TIM8。

（5）使能定时器。完成以上设置后，需要使能定时器。例如，使能定时器 TIM3 的代码如下：

```
TIM_Cmd（TIM3, ENABLE）;
```

（6）修改 TIMx_CCR2 控制占空比。经过以上（5）设置后，定时器就开始输出 PWM 信号，只不过其占空比和频率都固定，通过修改 TIMx_CCR2 可控制通道的输出的占空比，继而控制 LED 等的亮度。固件库中，修改 TIMx_CCR2 占空比的函数是：

void TIM_SetCompare2（TIM_TypeDef* TIMx, uint16_t Compare2）;

注意：对于不同通道，分别有各自的函数名字，函数格式为 TIM_SetComparex（x=1,2,3,4）。

2. 实例软件开发

本实例在开发板上实现功能是：由于 PB5 直接驱动 DS0，先将 TIM3 的通道 2 重映射到引脚 PB5，通过微控制器内部通用定时器 TIM3 产生 PWM 输出控制 DS0 的亮度。项目的工程工作组与 10.5.5 中的表 10.3 相同，实例软件开发中也需要编写 time.c、time.h、led.c、led.h 和 main.c 五个文件，其中 led.c、led.h、文件与 10.2.4 小节部分相同，下面着重说明 time.c、time.h、和 main.c 这三个文件代码功能。

由于要使 TIM3 产生 PWM 输出，也需要对其进行基本配置，所以，本实例的 time.c 文件需在 10.5.5 小节基础上增加功能，增加的代码和功能说明如下：

```
/* 通用定时器 TIM3 的 PWM 输出初始化，参数 arr：自动重装值；psc：时钟预分频数。*/
void TIM3_PWM_Init（u16 arr,u16 psc）
{GPIO_InitTypeDef GPIO_InitStructure;
TIM_TimeBaseInitTypeDef TIM_TimeBaseStructure;
TIM_OCInitTypeDef TIM_OCInitStructure;
// 使能定时器 TIM3 的时钟
RCC_APB1PeriphClockCmd（RCC_APB1Periph_TIM3, ENABLE）;
RCC_APB2PeriphClockCmd（RCC_APB2Periph_GPIOB|RCC_APB2Periph_AFIO, ENABLE）;                                            // 使能 GPIO 和 AFIO 复用功能时钟
// 重映射 TIM3_CH2->PB5
GPIO_PinRemapConfig（GPIO_PartialRemap_TIM3, ENABLE）;
// 设置 PB5 引脚为复用输出模式，用于输出 TIM3 的 CH2 产生的 PWM 信号
GPIO_InitStructure.GPIO_Pin = GPIO_Pin_5;                    // 指定 TIM_CH2
GPIO_InitStructure.GPIO_Mode = GPIO_Mode_AF_PP;             // 指定复用推挽输出
GPIO_InitStructure.GPIO_Speed = GPIO_Speed_50MHz;          // 指定引脚速度
GPIO_Init（GPIOB, &GPIO_InitStructure）;                     // 初始化设置 PB5 引脚
// 初始化设置定时器 TIM3
TIM_TimeBaseStructure.TIM_Period = arr;                     // 指定自动重装载周期值
TIM_TimeBaseStructure.TIM_Prescaler =psc;                   // 指定预分频值
// 设置时钟分频为：TDTS = Tck_tim
TIM_TimeBaseStructure.TIM_ClockDivision = 0;
// 指定 TIM 为向上计数工作模式
TIM_TimeBaseStructure.TIM_CounterMode = TIM_CounterMode_Up;
TIM_TimeBaseInit（TIM3, &TIM_TimeBaseStructure）;            // 初始化设置 TIM3
// 初始化设置 TIM3 通道 2 的 PWM 工作模式
// 指定 PWM 工作模式
```

```
TIM_OCInitStructure.TIM_OCMode = TIM_OCMode_PWM2;
// 指定比较输出使能
TIM_OCInitStructure.TIM_OutputState = TIM_OutputState_Enable;
// 输出极性为高电平
TIM_OCInitStructure.TIM_OCPolarity = TIM_OCPolarity_High;
TIM_OC2Init（TIM3, &TIM_OCInitStructure）;          // 初始化设置外设 TIM3 的
OC2
TIM_OC2PreloadConfig（TIM3, TIM_OCPreload_Enable）;  // 使能预装载寄存器
TIM_Cmd（TIM3, ENABLE）;                             // 使能定时器 TIM3
}
```

注意：在配置 AFIO 相关寄存器的时候，必须先开启辅助功能时钟。

time.h 文件的代码非常简单，仅在 10.5.5 基础上增加了 TIM3_PWM_Init（ ）函数声明。

项目工程中 main.c 文件中主要代码和说明如下：

```
int main（void）
{ u16 led0pwmval=0;
u8 dir=1;
delay_init（）;                                       // 延时初始化函数
NVIC_PriorityGroupConfig（NVIC_PriorityGroup_2）;     // 设置 NVIC 中断分组为 2
LED_Init（）;                                          //LED 端口初始化
// 设置为不分频，PWM 频率 =72000/900=80kHz
TIM3_PWM_Init（899,0）;
while（1）
{ delay_ms（10）;                                      // 延时 10ms
if（dir）led0pwmval++;
else  led0pwmval--;
if（led0pwmval>300）dir=0;
if（led0pwmval==0）dir=1;
TIM_SetCompare2（TIM3,led0pwmval）;                   // 设置 PWM 占空比
}
}
```

此段代码对定时器 TIM3 进行初始化设置后，进入主循环，主循环中不断地将 led0pwmval 的值设置为 PWM 比较值，也就是通过 led0pwmval 来控制 PWM 的占空比，然后控制 led0pwmval 的值从 0 变到 300，然后又从 300 变到 0，如此循环，因此 DS0 的亮度也会跟着从暗变到亮，然后又从亮变到暗。

编译工程，如有错误，找出原因并更正，最终生成二进制文件。下载、调试、运行软件。代码下载到开发板后，可以看到 DS0 不停地由暗变到亮，然后又从亮变到暗，每个过程持续时间大概为 3 秒钟左右。

第 11 章　STM32 通信模块原理与开发

STM32 微控制器的通信模块有 USART、SPI、I2C、CAN 等很多种。USART（通用同步异步收发器，常被称为串口）提供了一种灵活的方法与使用工业标准 NRZ 异步串行数据格式的外部设备之间进行全双工数据交换。USART 主要用于 STM32 微控制器和 PC 的 RS232 串口传输数据。SPI 模块是一种三线同步通信接口，主要用于系统扩展显示驱动器、ADC 以及日历时钟芯片等，也可以利用 SPI 接口与其他处理器通信。

I2C 是一种新型的特殊同步通信形式，具有接口线少、控制方式简单、通信速率高的优点，STM32 微控制器至少集成一个 I2C 设备接口，它提供了多主机功能，可以实现所有 I2C 总线特定的时序、协议、仲裁和定时功能，支持标准传输和快速传输两种模。微控制器内部同时集成了 CAN 总线控制器，CAN 总线是国际上应用最广泛的总线之一，被广泛应用于汽车计算机控制系统与环境恶劣、电磁辐射强和振动大的工业环境。

总之，STM32 微控制器配备的通信模块非常丰富，只有与外部芯片之间的通信才能充分发挥其性能。

11.1　USART 通信模块

11.1.1　USART 模块结构与特性

USART 在任何微控制器中的地位都是极其重要的，作为重要的外部接口的同时，USART 也是软件开发的重要调试手段，其重要性不言而喻。现在基本上所有的微控制器都会带有 USART，STM32 微控制器自然也不会例外。

STM32 微控制器的 USART 资源相当丰富，功能也非常强劲。STM32F103 芯片最多可以提供 5 路 USART。由于分数波特率发生器提供宽范围的波特率选择，它支持同步单向通信和半双工单线通信，也支持 LIN、智能卡协议和 IrDA SIR ENDEC 规范，以及调制解调器操作。它可使用多缓冲器配置的 DMA 方式，以实现高速数据通信。

USART 模块的结构框图如图 11-1 所示，包括三个部分：分别是波特率的控制部分、收发控制部分及数据存储转移部分。

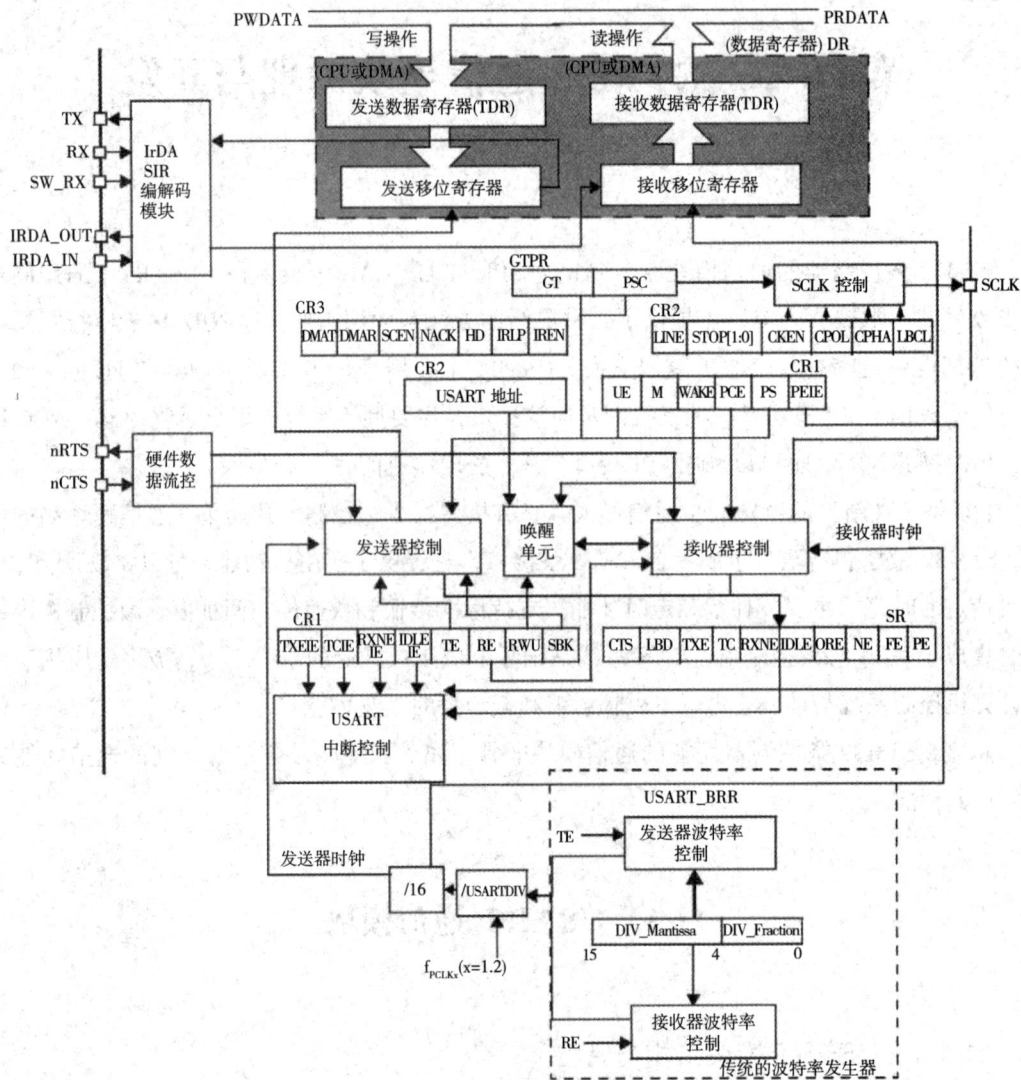

图 11-1　USART 模块内部结构图

STM32 微控制器的 USART 模块主要特性如下：

（1）支持全双工，异步通信。

（2）采用 NRZ 标准格式。

（3）内置分数波特率发生器系统：发送和接收共用的可编程波特率，最高达 4.5Mb/s。

（4）可编程数据字长度（8 位或 9 位）。

（5）可配置的停止位：支持 1 或 2 个停止位。

（6）LIN 主发送同步断开符的能力以及 LIN 从检测断开符的能力：USART 硬件配置成 LIN 时，生成 13 位断开符并检测 10/11 位断开符。

（7）发送方为同步传输提供时钟。

（8）提供 IRDA SIR 编码器解码器：在正常模式下支持 3/16 位持续时间。

（9）具有智能卡模拟功能：智能卡接口支持 ISO7816-3 标准定义的异步智能卡协议，智能卡通信要求 0.5 和 1.5 个停止位。

（10）支持单线半双工通信。

（11）可配置的使用 DMA 的多缓冲器通信：可通过 DMA 在 SRAM 中缓冲接收 / 发送字节。

（12）具有单独的发送器和接收器使能位。

（13）具有检测标志：接收缓冲器满、发送缓冲器空、传输结束标志。

（14）具有校验控制功能：对接收数据进行校验、提供发送校验位。

（15）提供四个错误检测标志：溢出错误、噪声错误、帧错误、校验错误。

（16）支持 10 个带标志的中断源：CTS 改变、LIN 断开符检测、发送数据寄存器空、发送完成、接收数据寄存器满；检测到总线为空闲、溢出错误、帧错误、噪声错误、校验错误。

（17）支持多处理器通信，如果地址不匹配，则进入静默模式。

（18）静默模式中唤醒功能：通过空闲总线检测或地址标志检测唤醒通信。

（19）采用两种唤醒接收器的方式：地址位（MSB，第 9 位）、总线空闲位。

11.1.2　USART 模块工作原理

1. 引脚设置

STM32F103 微控制器 USART 接口通过三个引脚与其他设备连接在一起，任何 USART 双向通信至少需要两个引脚。

（1）RX：接收数据串行输，通过过采样技术获取数据。

（2）TX：发送数据输出，当发送器被禁止时，输出引脚恢复到它的 I/O 端口配置；当发送器被激活，并且不发送数据时，TX 引脚处于高电平。

在正常 USART 模式下，用户通过上述 2 个收发引脚，实现对串行数据以帧的形式进行接收和发送。

在单线和智能卡模式，此 I/O 口被同时用于数据的发送和接收。

在同步模式，需要使用 CK 引脚：用来输出同步传输的时钟信号，该信号用于控制带移位寄存器的外设，如 LCD 驱动器等。此外，时钟的相位和极性都可以通过软件的方式进行设置。在智能卡模式下，CK 信号还可以为智能卡提供时钟。

2. 通信时序

STM32F103 微控制器的 USART 通信时序如图 11-2 所示，可通过设置 USART CRI 寄存器中的 M 标志位来选择是选择成 8 或 9 位。在 USART 数据通信的过程中，TX 引脚在起始位期间一直保持低电平，而在停止位期间则保持高电平。

在数据帧中，空闲帧被认为是一个全 '1' 的帧，其后紧跟着包含数据的下一个帧的起始位。断开帧被视为在一个帧周期内全部收到 '0'。在断开帧结束时，发送器再插入 1 或 2 个停止位来应答起始位。发送和接收由一共用的波特率发生器驱动，当发送器和接收器的使能位分别置位时，分别为其产生时钟。

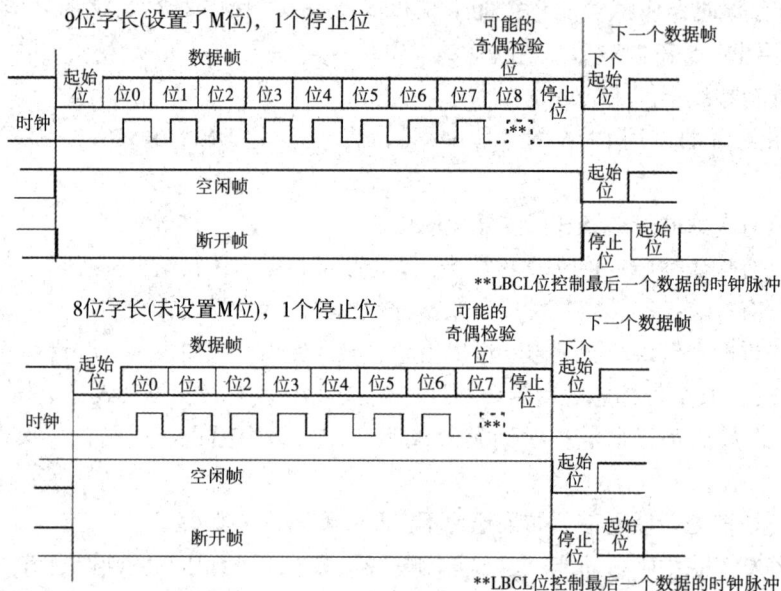

图 11-2　USART 通信时序

3.USART 发送器工作原理

USART 发送器可以发送 8 位或者 9 位的数据字，这取决于 M 标志位的状态。当发送使能位 TE 被设置为 1 时，发送移位寄存器中的数据在 TX 引脚输出，相关的时钟脉冲在 SCLK 引脚输出。

（1）字符发送。在 USART 发送数据的过程中，TX 引脚先出现最低有效位。在这种模式下，USART_DR 寄存器包含一个内部总线和发送移位寄存器之间的缓冲区，即 TDR。在字符发送过程中，每个字符之前都有一个逻辑低电平的起始位，用来设置字符数目停止位的个数。

USART 发送字符的过程中，需要注意以下几点：

① 在数据传输期间不能复位 TE 位，否则将破坏 TX 脚上的数据，因为波特率计数器停止计数。

② 在 TE 标志位使能之后，USART 将发送一个空闲帧。

（2）停止位配置。USART 通信的过程中，每个字符所带的停止位的数据可以通过控制寄存器 2 的第 12 位、13 位进行配置，具体配置的内容如下。

① 1 个停止位：系统默认停止位数目为 1 个停止位。

② 2 个停止位：通常情况下，在单线和调制解调器模式下支持 2 个停止位。

③ 0.5 个停止位：在智能卡模式下接收数据时支持 0.5 个停止位。

④ 1.5 个停止位：在智能卡模式下发送和接收数据时支持 1.5 个停止位。

注意：空闲帧包括了停止位。断开帧是 10 位低电平，后跟停止位；或者 11 位低电平，后跟停止位。不可能传输更长的断开帧（长度大于 10 或者 11 位）。

（3）单字节通信。USART 通信的过程中，清零 TXE 位总是通过对数据寄存器的写操作来完成。TXE 位由硬件来设置，它用来表明：

① 数据从 TDR 移送到移位寄存器，数据发送已经开始。

② TDR 寄存器被清空。

③ 下一个数据可写入 USART_DR 寄存器且不会覆盖先前的数据。

如果 TXEIE 位被设置，此标志置位将产生一个中断。USART 数据发送的过程中，对 USART_DR 寄存器的写操作把将数据保存到 TDR 寄存器中，在数据传输完成后，TDR 寄存器中的数据将被重新复制到移位寄存器中。USART 没有进行数据发送时，向 USART_DR 寄存器写入数据，该数据将直接被放入移位寄存器中。在发送开始时，TXE 标志位将被设置为 1。

当一个数据帧发送完成，即在结束位之后，TC 标志位将被设置为 1，如果 USART_CR1 寄存器中的 TCIE 标志位被设置为 1，将产生一个中断。

可以通过下述方法来清除 TC 标志位：

① 读一次 USART_SR 寄存器。

② 写一次 USART_DR 寄存器。

（4）间隔字符发送。USART 通信过程中，可以通过设置 SBK 标志位来发送一个间隙字符，间隙帧的长度与标志位 M 有关。如果 SBK 标志位被设置为 1，在完成当前的数据发送后将在 TX 上发送一个间隙字符。间隙字符发送完成时，SBK 将由硬件进行复位。USART 在最后一个断开帧的结束处插入一逻辑 1，以保证下一个帧的起始位能够被识别。

注意：如果软件在间隙符发送之前复位 SBK 标志位，则间隙符不会被发送。如果要发送两个连续的断开帧，SBK 位应该在前一个间隙符的停止位之后置位。

置位 TE 将使得 USART 在第一个数据帧前发送一空闲帧。

4.USART 接收器工作原理

USART 接收器可以接收 8 位或者 9 位的数据字。同样，数据字的长度取决于 USART_CR1 寄存器中的 M 标志位。

（1）字符接收。在 USART 接收数据期间，RX 引脚最先接收到最低有效位。在这种模式下，USART_DR 寄存器由一个内部总线和接收位移寄存器之间的缓冲区 RDR 构成。在 USART 接收器接收到一个字符时，系统将执行如下操作：

① RXNE 标志位被设置为 1，表明移位寄存器中的内容被转移到 RDR，即数据已经接收到且可供读取。

② 如果 RXNEIE 标志位被设置为 1，系统将产生一个中断。

③ 在数据接收期间如果发现帧错误、噪声或者溢出错误，则错误标志将会被设置为 1。

④ 在多缓冲接收过程中，RXNE 在每接收到一个字节之后都会被设置为 1，并通过 DMA 对数据寄存器的读操作来清除该标志位。

⑤ 在单缓冲模式下，对 RXNE 标志位的清除是由软件读取 USART_DR 寄存器来完成。RXNE 标志位也可以通过直接对其写 0 进行清除，注意：RXNE 标志位必须在下一个字符接收完成前被清除，否则将产生溢出错误。

RE 标志位不能在接收数据的时候被复位，如果在接收数据期间 RE 标志位被强行清零，则正在接收的数据字节也将被取消。接收器接收到空闲帧时，如果 IDLEIE 位被设置将产生一个中断。

（2）溢出错误。USART 接收到一个字符，只有当 RXNE 位被清零后才能从移位寄存器转移到 RDR 寄存器，RXNE 标记是接收到每个字节后被置位的。如果下一个数据已被收到或先前 DMA 请求还没被服务而且 RXNE 标志仍是置位的，系统将产生溢出错误。在发生溢出的状态下会出现以下情况：

① ORE 标志位被设置为 1。

② RDR 中的内容不会丢失，用户在读取 USART_DR 寄存器的时候，前一个数据仍然保持有效。

③ 移位寄存器将被覆盖，在此后所有溢出期间接收到的数据都将丢失。

④ 如果 RXNEIE 标志位被设置为 1 或者 EIE 的 DMAR 标志位被设置为 1，则系统将产生一个中断。

⑤可以通过对 USART_SR 寄存器进行读数据操作后再继续读 USART_DR 寄存器，实现对 ORE 标志位的复位操作。

注意：在 ORE 标志位被设置为 1 的时，表明至少有一个数据已经丢失。发生这种情况有以下两种可能：

① 如果 RXNE 标志位为 1，表示上一个有效数据存放在接收寄存器 RDR 中，并且可读。

② 如果 RXNE 标志位为 0，则表示上一个有效数据已经被读出，因此 RDR 中已经没有数据可读。在上一个有效数据被读取到 RDR 的同时恰好又接收到新的数据（新数据丢失）时可能发生这种情况。在读数据的操作过程中，即在读取 USART_SR 寄存器和 USART_DR 寄存器之间，如果又接收到新的数据则也可能发生这种情况。

（3）噪声错误。STM32 微控制器的 USART 使用过采样技术来区分有效输入数据和噪声，进而进行数据恢复。当 USART 在数据帧中检测到噪声时，将产生以下动作：

① NE 标志位在 RXNE 位的上升沿被设置为 1。

② 无效的数据将从移位寄存器转移到 USART_DR 寄存器。

③ 如果是单字节通信，将不会产生中断，但该标志位将和 RXNE 标志位同时被置位。

④ 在多缓冲通信中，如果 USART_CR3 寄存器中的 EIE 标志位被设置为 1，将产生一个系统中断。

用户可以通过依次读取 USART_SR 寄存器和 USART_DR 寄存器的方法对 NE 标志位进行复位。

（4）数据帧错误。USART 通信过程中，由于没有同步成功或者外部环境存在大量噪声干扰等原因，停止位没有在预期的时间段内被接收和识别出来，就会检测到数据帧错误。系统将执行以下操作：

① FE 标志位被硬件设置为 1。

② 无效的数据从移位寄存器中转移到 USART_DR 寄存器。

③ 如果是单字节通信，将不会产生中断。但该标志位将和 RXNE 标志位同时被置位。

④ 在多缓冲通信中，如果 USART_CR3 寄存器中的 EIE 标志位被设置为 1，将产生一个系统中断。

用户可以通过依次读取 USART_SR 寄存器和 USART_DR 寄存器的方法对 FE 标志位进行复位。

5.USART 中断

在 USART 数据通信过程中，对于不同的操作会产生不同的中断请求，但 USART 的各种中断事件被连接到同一个中断向量，USART 中断映射到逻辑连接如图 11-3 所示。开发者可通过查看 USART 中断请求标志位来确定具体中断类型，并采取不同的中断响应操作。

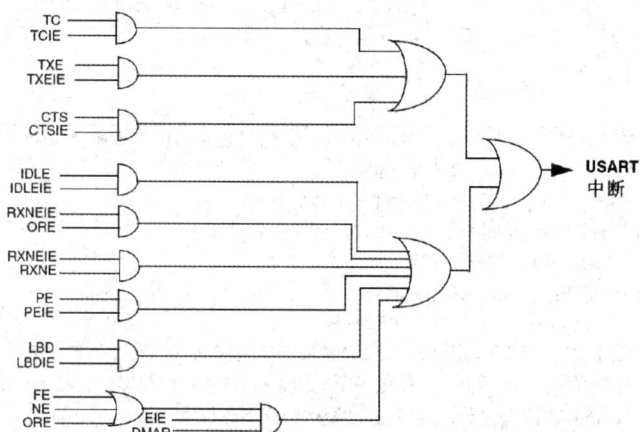

图 11-3　USART 中断映射到逻辑连接图

USART 主要有以下各种中断事件：

（1）发送期间的中断事件包括发送完成（TC）、清除发送（CTS）、发送数据寄存器空（TXE）。

（2）接收期间：空闲总线检测（IDLE）、溢出错误（ORE）、接收数据寄存器非空（RXNE）、校验错误（PE）、LIN 断开检测（LBD）、噪声错误（NE，仅在多缓冲器通信）和帧错误（FE，仅在多缓冲器通信）。

如果设置了对应的使能控制位，这些事件就可以产生各自的中断，见表 11.1。

表 11.1　USART 中断事件及其使能标志位

中断事件	中断标志	使能位
发送数据寄存器空	TXE	TXEIE
CTS 标志	CTS	CTSIE
发送完成	TC	TCIE
接收数据就绪可读	TXNE	TXNEIE
检测到数据溢出	ORE	
检测到空闲线路	IDLE	IDLEIE
奇偶检验错	PE	PEIE
断开标志	LBD	LBDIE
噪声标志，多缓冲通信中的溢出错误和帧错误	NE 或 ORT 或 FE	EIE

11.1.3　USART 寄存器说明

STM32 微控制器的 USART 模块由 7 个寄存器来控制，下面分别介绍各寄存器的功能，注意对于 UART4 和 UART5 由于不同芯片设计差异，有些标志位不存在。

1.状态寄存器（USART_SR）

偏移地址：0x00；复位值：0x00C0

USART_SR 寄存器各位定义如下，其保留位硬件强制为 0。

31	30	29	28	27	26	25	24	23	22	21	20	19	18	17	16
								保留							

15	14	13	12	11	10	9	8	7	6	5	4	3	2	1	0
		保留				CTS	LBD	TXE	TC	RXNE	IDLE	ORE	NE	FE	PE
						rc w0	rc w0	r	rc w0	rc w0	r	r	r	r	r

说明：

位 9	CTS: CTS 标志，如果设置了 CTSE 位，当 nCTS 输入变化状态时，该位被硬件置高。由软件将其清零。如果 USART_CR3 中的 CTSIE 为 '1'，则产生中断 0: nCTS 状态线上没有变化；1: nCTS 状态线上发生变化
位 8	LBD: LIN 断开检测标志，当探测到 LIN 断开时，该位由硬件置 '1'，由软件清 '0'（向该位写 0）。如果 USART_CR3 中的 LBDIE = 1，则产生中断 0: 没有检测到 LIN 断开；1: 检测到 LIN 断开 注意：若 LBDIE=1，当 LBD 为 '1' 时要产生中断
位 7	TXE: 发送数据寄存器空，当 TDR 寄存器中的数据被硬件转移到移位寄存器的时候，该位被硬件置位。如果 USART_CR1 寄存器中的 TXEIE 为 1，则产生中断。对 USART_DR 的写操作，将该位清零 0: 数据还没有被转移到移位寄存器；1: 数据已经被转移到移位寄存器 注意：单缓冲器传输中使用该位
位 6	TC: 发送完成，当包含有数据的一帧发送完成后，并且 TXE=1 时，由硬件将该位置 '1'。如果 USART_CR1 中的 TCIE 为 '1'，则产生中断。由软件序列清除该位（先读 USART_SR，然后写入 USART_DR）。TC 位也可以通过写入 '0' 来清除，只有在多缓存通讯中才推荐这种清除程序 0: 发送还未完成；1: 发送完成
位 5	RXNE: 读数据寄存器非空，当 RDR 移位寄存器中的数据被转移到 USART_DR 寄存器中，该位被硬件置位。如果 USART_CR1 寄存器中的 RXNEIE 为 1，则产生中断。对 USART_DR 的读操作可以将该位清零。RXNE 位也可以通过写入 0 清除，只有在多缓存通讯中才推荐这种清除程序 0: 数据没有收到；1: 收到数据，可以读出
位 4	IDLE: 监测到总线空闲，当检测到总线空闲时，该位被硬件置位。如果 USART_CR1 中的 IDLEIE 为 '1'，则产生中断。由软件序列清除该位（先读 USART_SR，然后读 USART_DR） 0: 没有检测到空闲总线；1: 检测到空闲总线 注意：IDLE 位不会再次被置高直到 RXNE 位被置起（即又检测到一次空闲总线）
位 3	ORE: 过载错误，当 RXNE 仍然是 '1' 的时候，当前被接收在移位寄存器中的数据，需要传送至 RDR 寄存器时，硬件将该位置位。如果 USART_CR1 中的 RXNEIE 为 '1' 的话，则产生中断。由软件序列将其清零（先读 USART_SR，然后读 USART_CR） 0: 没有过载错误；1: 检测到过载错误 注意：该位被置位时，RDR 寄存器中的值不会丢失，但是移位寄存器中的数据会被覆盖。如果设置了 EIE 位，在多缓冲器通信模式下，ORE 标志置位会产生中断的
位 2	NE: 噪声错误标志，在接收到的帧检测到噪声时，由硬件对该位置位。由软件序列对其清零（先读 USART_SR，再读 USART_DR） 0: 没有检测到噪声；1: 检测到噪声 注意：该位不会产生中断，因为它和 RXNE 一起出现，硬件会在设置 RXNE 标志时产生中断。在多缓冲区通信模式下，如果设置了 EIE 位，则设置 NE 标志时会产生中断
位 1	FE: 帧错误，当检测到同步错误，过多的噪声或者检测到断开符，该位被硬件置位。由软件序列将其清零（先读 USART_SR，再读 USART_DR） 0: 没有检测到帧错误；1: 检测到帧错误或者 break 符 注意：该位不会产生中断，因为它和 RXNE 一起出现，硬件会在设置 RXNE 标志时产生中断。如果当前传输的数据既产生了帧错误，又产生了过载错误，硬件还是会继续该数据的传输，并且只设置 ORE 标志位 在多缓冲区通信模式下，如果设置了 EIE 位，则设置 FE 标志时会产生中断

续　表

位 0	PE: 校验错误，在接收模式下，如果出现奇偶校验错误，硬件对该位置位。由软件序列对其清零（依次读 USART_SR 和 USART_DR）。在清除 PE 位前，软件必须等待 RXNE 标志位被置 '1'。如果 USART_CR1 中的 PEIE 为 '1'，则产生中断 0: 没有奇偶校验错误；1: 奇偶校验错误

2. 数据寄存器（USART_DR）

偏移地址：0x04；复位值：不确定

STM32 微控制器的串口数据发送与接收是通过数据寄存器 USART_DR 来实现的，这是一个双寄存器，包含 TDR 和 RDR。当向该寄存器写数据时，串口就会自动发送，当收到数据时，也存到该寄存器内。USART_DR 虽然是一个 32 位寄存器，但是只用了低 9 位（DR[8:0]），其他都是保留的。DR[8:0] 为串口数据，包含发送或者接收的数据。由于它是由两个寄存器组成的，一个发送用（TDR），一个接收用（RDR），该寄存器兼具读和写的功能。TDR 寄存器提供了内部总线和输出移位寄存器之间的并行接口。RDR 寄存器提供了输入移位寄存器和内部总线之间的并行接口。当校验使能位（USART_CR1 中 PCE 位被置位）进行发送时，写到 MSB 的值（根据数据的长度不同，MSB 是数据的第 7 位或者第 8 位）会被后来的校验位取代。当校验使能位进行接收时，读到的 MSB 位是接收到的校验位。

3. 波特比率寄存器（USART_BRR）

偏移地址：0x08；复位值：0x0000

USART_BRR 寄存器各位定义如下，其保留位硬件强制为 0。

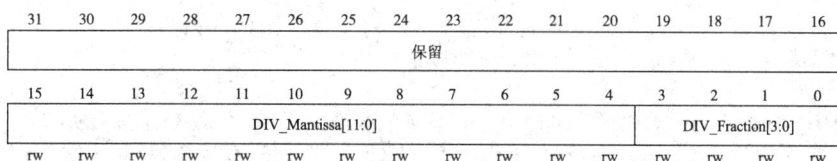

31	30	29	28	27	26	25	24	23	22	21	20	19	18	17	16
保留															

15	14	13	12	11	10	9	8	7	6	5	4	3	2	1	0
DIV_Mantissa[11:0]												DIV_Fraction[3:0]			
rw	rw	rw	rw	rw	rw	rw	rw	rw	rw	rw	rw	rw	rw	rw	rw

波特率，即每秒传输的二进制位数，用 bit/s 表示，通过对时钟的控制可以改变波特率。USART_BRR 寄存器用于设置串口通信的波特率时，它包括两部分：分别是 DIV_Mantissa（整数部分）和 DIV_Fraction（小数部分）。串口通信的波特率由如下公式确定：

USARTDIV = DIV_Mantissa+DIV_Fraction/16。

其中：USARTDIV 是串口外设的时钟源的分频，对于 USART1，由于它是挂载在 APB2 总线上的，所以它的时钟源为 FPCLK2；而 USART2、USART3 挂载在 APB1 上，时钟源则为 FPCLK1，串口的时钟源经过 USARTDIV 分频后分别输出，作为发送器时钟及接收器时钟，控制发送和接收的时序。

4. 控制寄存器 1（USART_CR1）

偏移地址：0x0C；复位值：0x0000

USART_CR1 寄存器各位定义如下，其保留位硬件强制为 0。

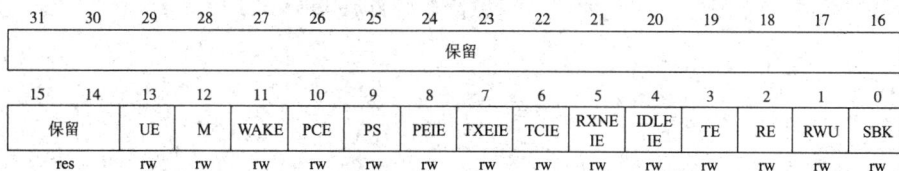

31	30	29	28	27	26	25	24	23	22	21	20	19	18	17	16
保留															

15	14	13	12	11	10	9	8	7	6	5	4	3	2	1	0
保留		UE	M	WAKE	PCE	PS	PEIE	TXEIE	TCIE	RXNEIE	IDLEIE	TE	RE	RWU	SBK
res		rw	rw	rw	rw	rw	rw	rw	rw	rw	rw	rw	rw	rw	rw

说明：

位 13	UE：USART 使能，当该位被清零，在当前字节传输完成后 USART 的分频器和输出停止工作，以减少功耗。该位由软件设置和清零
	0：USART 分频器和输出被禁止；1：USART 模块使能
位 12	M：字长，该位定义数据字的长度，由软件对其设置和清零
	0：一个起始位，8 个数据位，n 个停止位；1：一个起始位，9 个数据位，n 个停止位
	注意：在数据传输过程中（发送或者接收时），不能修改这个位
位 11	WAKE：唤醒的方法，这位决定 USART 唤醒的方法，由软件对该位设置和清零
	0：被空闲总线唤醒；1：被地址标记唤醒
位 10	PCE：检验控制使能，用该位选择是否进行硬件校验控制（对于发送来说就是校验位的产生；对于接收来说就是校验位的检测）。当使能了该位，在发送数据的最高位（如果 M=1，最高位就是第 9 位；如果 M=0，最高位就是第 8 位）插入校验位；对接收到的数据检查其校验位。软件对它置'1'或清'0'。一旦设置了该位，当前字节传输完成后，校验控制才生效
	0：禁止校验控制；1：使能校验控制
位 9	PS：校验选择，当校验控制使能后，该位用来选择是采用偶校验还是奇校验。软件对它置'1'或清'0'。当前字节传输完成后，该选择生效
	0：偶校验；1：奇校验
位 8	PEIE：PE 中断使能，该位由软件设置或清除
	0：禁止产生中断；1：当 USART_SR 中的 PE 为'1'时，产生 USART 中断
位 7	TXEIE：发送缓冲区空中断使能，该位由软件设置或清除
	0：禁止产生中断；1：当 USART_SR 中的 TXE 为'1'时，产生 USART 中断
位 6	TCIE：发送完成中断使能，该位由软件设置或清除
	0：禁止产生中断；1：当 USART_SR 中的 TC 为'1'时，产生 USART 中断
位 5	RXNEIE：接收缓冲区非空中断使能，该位由软件设置或清除
	0：禁止产生中断；1：当 USART_SR 中的 ORE 或者 RXNE 为'1'时，产生 USART 中断
位 4	IDLEIE：IDLE 中断使能，该位由软件设置或清除
	0：禁止产生中断；1：当 USART_SR 中的 IDLE 为'1'时，产生 USART 中断
位 3	TE：发送使能，该位使能发送器。该位由软件设置或清除
	0：禁止发送；1：使能发送
	注意：1. 在数据传输过程中，除了在智能卡模式下，如果 TE 位上有个 0 脉冲（即设置为'0'之后再设置为'1'），会在当前数据字传输完成后，发送一个"前导符"（空闲总线）。2. 当 TE 被设置后，在真正发送开始之前，有一个比特时间的延迟
位 2	RE：接收使能，该位由软件设置或清除
	0：禁止接收；1：使能接收，并开始搜寻 RX 引脚上的起始位
位 1	RWU：接收唤醒，该位用来决定是否把 USART 置于静默模式。该位由软件设置或清除。当唤醒序列到来时，硬件也会将其清零
	0：接收器处于正常工作模式；1：接收器处于静默模式
	注意：1. 在把 USART 置于静默模式（设置 RWU 位）之前，USART 要已经先接收了一个数据字节。否则在静默模式下，不能被空闲总线检测唤醒。2. 当配置成地址标记检测唤醒（WAKE 位 =1），在 RXNE 位被置位时，不能用软件修改 RWU 位
位 0	SBK：发送断帧，使用该位来发送断开字符。该位可以由软件设置或清除。操作过程应该是软件设置位它，然后在断开帧的停止位时，由硬件将该位复位
	0：没有发送断开字符；1：将要发送断开字符

5. 控制寄存器 2（USART_CR2）

偏移地址：0x10；复位值：0x0000

USART_CR2 寄存器各位定义如下，其保留位硬件强制为 0。

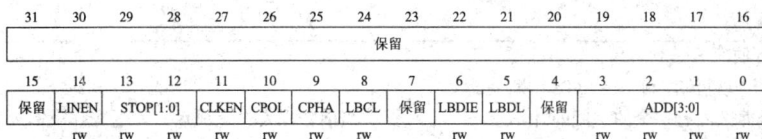

31	30	29	28	27	26	25	24	23	22	21	20	19	18	17	16
保留															

15	14	13	12	11	10	9	8	7	6	5	4	3	2	1	0
保留	LINEN	STOP[1:0]		CLKEN	CPOL	CPHA	LBCL	保留	LBDIE	LBDL	保留	ADD[3:0]			
	rw	rw	rw	rw	rw	rw	rw		rw	rw		rw	rw	rw	rw

说明：

位 14	LINEN：LIN 模式使能，该位由软件设置或清除 0：禁止 LIN 模式；1：使能 LIN 模式 在 LIN 模式下，可以用 USART_CR1 寄存器中的 SBK 位发送 LIN 同步断开符（低 13 位），以及检测 LIN 同步断开符
位 13:12	STOP：停止位，这 2 位用来设置停止位的位数 00：1 个停止位；01：0.5 个停止位；10：2 个停止位；11：1.5 个停止位
位 11	CLKEN：时钟使能，该位用来使能 CK 引脚 0：禁止 CK 引脚；1：使能 CK 引脚
位 10	CPOL：时钟极性，在同步模式下，可以用该位选择 SLCK 引脚上时钟输出的极性。和 CPHA 位一起配合来产生需要的时钟 / 数据的采样关系 0：总线空闲时 CK 引脚上保持低电平；1：总线空闲时 CK 引脚上保持高电平
位 9	CPHA：时钟相位，在同步模式下，可以用该位选择 SLCK 引脚上时钟输出的相位 0：在时钟的第一个边沿进行数据捕获；1：在时钟的第二个边沿进行数据捕获
位 8	LBCL：最后一位时钟脉冲，在同步模式下，使用该位来控制是否在 CK 引脚上输出最后发送的那个数据字节（MSB）对应的时钟脉冲 0：最后一位数据的时钟脉冲不从 CK 输出；1：最后一位数据的时钟脉冲会从 CK 输出 注意：最后一个数据位就是第 8 或者第 9 个发送的位（根据 USART_CR1 寄存器中的 M 位所定义的 8 或者 9 位数据帧格式）
位 6	LBDIE：LIN 断开符检测中断使能，断开符中断屏蔽（使用断开分隔符来检测断开符） 0：禁止中断；1：只要 USART_SR 寄存器中的 LBD 为 '1' 就产生中断
位 5	LBDL：LIN 断开符检测长度，该位用来选择是 11 位还是 10 位的断开符检测 0：10 位的断开符检测；1：11 位的断开符检测
位 3:0	ADD[3:0]：本设备的 USART 节点地址，该位域给出本设备 USART 节点的地址。这是在多处理器通信下的静默模式中使用的，使用地址标记来唤醒某个 USART 设备

6. 控制寄存器 3（USART_CR3）

偏移地址：0x10；复位值：0x0000

USART_CR3 寄存器各位定义如下，其保留位硬件强制为 0。

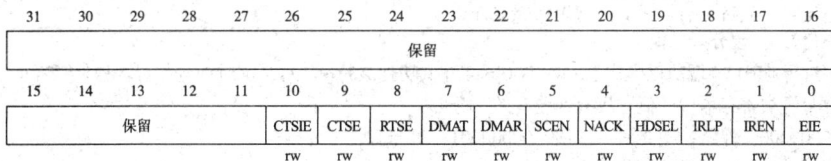

31	30	29	28	27	26	25	24	23	22	21	20	19	18	17	16
保留															

15	14	13	12	11	10	9	8	7	6	5	4	3	2	1	0
保留					CTSIE	CTSE	RTSE	DMAT	DMAR	SCEN	NACK	HDSEL	IRLP	IREN	EIE
					rw	rw	rw	rw	rw	rw	rw	rw	rw	rw	rw

说明：

位 10	CTSIE：CTS 中断使能 0：禁止中断；1：USART_SR 寄存器中的 CTS 为 '1' 时产生中断
位 9	CTSE：CTS 使能 0：禁止 CTS 硬件流控制；1：CTS 模式使能 只有 nCTS 输入信号有效（拉成低电平）时才能发送数据。如果在数据传输的过程中，nCTS 信号变成无效，那么发完这个数据后，传输就会停止下来。如果当 nCTS 为无效时，往数据寄存器里写数据，则要等到 nCTS 有效时才会发送这个数据

位 8	RTSE：RTS 使能 0：禁止 RTS 硬件流控制；1：RTS 中断使能 只有接收缓冲区内有空余的空间时才请求下一个数据。当前数据发送完成后，发送操作就需要暂停下来。如果可以接收数据了，将 nRTS 输出置为有效（拉至低电平）
位 7	DMAT：DMA 使能发送，该位由软件设置或清除 0：禁止发送时的 DMA 模式；1：使能发送时的 DMA 模式
位 6	DMAR：DMA 使能接收，该位由软件设置或清除 0：禁止接收时的 DMA 模式；1：使能接收时的 DMA 模式
位 5	SCEN：智能卡模式使能，该位用来使能智能卡模式 0：禁止智能卡模式；1：使能智能卡模式
位 4	NACK：智能卡 NACK 使能 0：校验错误出现时，不发送 NACK；1：校验错误出现时，发送 NACK
位 3	HDSEL：半双工选择，选择单线半双工模式 0：不选择半双工模式；1：选择半双工模式
位 2	IRLP：红外低功耗，该位用来选择普通模式还是低功耗红外模式 0：通常模式；1：低功耗模式
位 1	IREN：红外模式使能，该位由软件设置或清除 0：不使能红外模式；1：使能红外模式
位 0	EIE：错误中断使能，在多缓冲区通信模式下，当有帧错误、过载或者噪声错误时（USART_SR 中的 FE=1，或者 ORE=1，或者 NE=1）产生中断 0：禁止中断；1：只要 USART_CR3 中的 DMAR=1，并且 USART_SR 中的 FE=1，或者 ORE=1，或者 NE=1，则产生中断

7. 保护时间和预分频寄存器（USART_GTPR）

偏移地址：0x18；复位值：0x0000

USART_GTPR 寄存器各位定义如下，其保留位硬件强制为 0。

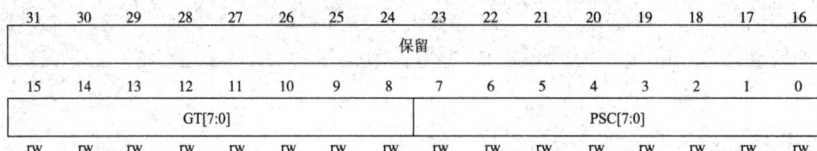

31	30	29	28	27	26	25	24	23	22	21	20	19	18	17	16
							保留								

15	14	13	12	11	10	9	8	7	6	5	4	3	2	1	0
			GT[7:0]								PSC[7:0]				
rw	rw	rw	rw	rw	rw	rw	rw	rw	rw	rw	rw	rw	rw	rw	rw

说明：

位 15:8	GT[7:0]：保护时间值，该位域规定了以波特时钟为单位的保护时间。在智能卡模式下，需要这个功能。当保护时间过去后，才会设置发送完成标志
位 7:0	PSC[7:0]：预分频器值 在红外（IrDA）低功耗模式下，PSC[7:0]=红外低功耗波特率，对系统时钟分频以获得低功耗模式下的频率。源时钟被寄存器中的值（仅有 8 位有效）分频： 00000000：保留，不要写入该值；00000001：对源时钟 1 分频； 00000010：对源时钟 2 分频； …… 在红外（IrDA）的正常模式下：PSC 只能设置为 00000001 在智能卡模式下，PSC[4:0]：预分频值，对系统时钟进行分频，给智能卡提供时钟。寄存器中给出的值（低 5 位有效）乘以 2 后，作为对源时钟的分频因子： 00000：保留，不要写入该值；00001：对源时钟进行 2 分频； 00010：对源时钟进行 4 分频；00011：对源时钟进行 6 分频； …… 注意：位 [7:5] 在智能卡模式下没有意义

11.1.4　USART 应用实例软件开发

下面以使用微控制器通过 USART 同外部电脑发送和接收数据为实例介绍 USART 通信模块的软件开发。

1.USART 配置过程及相关库函数说明

固件库中，USART 通信相关库函数分布在 stm32f10x_usart.c 和 stm32f10x_usart.h 文件中，USART 的配置是主要通过设置 11.1.3 所述寄存器中的相应位域的值来实现。下面介绍库函数下 USART 模块的配置步骤。

（1）使能串口时钟。串口是挂载在 APB2 内部总线下，固件库中，可用 APB2 总线外设时钟能函数来使能，例如，以下代码实现使能 USART 的时钟：

RCC_APB2PeriphClockCmd（RCC_APB2Periph_USART1）；

（2）串口复位。当外设出现异常时可以通过复位设置来复位该外设，然后再重新配置这个外设可让其重新工作。一般在初次配置外设时，都会先执行复位该外设的操作。固件库中，USART 的复位可通过 USART_DeInit（）函数来实现，其声明如下：

void USART_DeInit（USART_TypeDef* USARTx）；

此函数只有一个参数 USARTx，用来指定那个串口，取值为：USART1-USART5。

（3）串口参数初始化设置。固件库中，USART 初始化可通过 USART_Init()函数来实现，其声明如下：

void USART_Init（USART_TypeDef* USARTx, USART_InitTypeDef* USART_InitStruct）；

此函数的第一个入口参数指定初始化的串口标号，第二个入口参数是一个 USART_InitTypeDef 类型的结构体指针，结构体的成员变量用来指定串口的重要参数。此结构体的定义和说明如下：

```
typedef struct
{ uint32_t USART_BaudRate;              // 波特率
uint16_t USART_WordLcngth;             // 字长
uint16_t USART_StopBits;               // 停止位
uint16_t USART_Parity;                 // 校验位
uint16_t USART_Mode;                   //USART 模式
uint16_t USART_HardwareFlowControl;    // 硬件流控制
} USART_InitTypeDef;
```

（4）数据发送与接收。微控制器通过 USART 发送与接收数据是通过数据寄存器 USART_DR 来实现，这是一个双寄存器，包含 TDR 和 RDR。当向该寄存器写数据时，串口就会自动发送，当收到数据时，数据就存储在该寄存器。固件库中，操作 USART_DR 寄存器发送数据可通过 USART_SendData（）函数来实现，其声明如下：

void USART_SendData（USART_TypeDef* USARTx, uint16_t Data）；

该函数作用是向 USART_DR 寄存器写入一个数据。

固件库中，操作 USART_DR 寄存器读取串口接收数据可通过 USART_ReceiveData（）函数来实现，其声明如下：

uint16_t USART_ReceiveData（USART_TypeDef* USARTx）;

（5）获取串口状态。初始化设置 USART 模块参数后，或进行数据发送和接收时，通常需要查看串口状态，固件库中，此操作可通过 USART_GetFlagStatus（）函数来实现，其声明如下：

FlagStatus USART_GetFlagStatus（USART_TypeDef* USARTx, uint16_t USART_FLAG）;

此函数的第二个入口参数非常关键，它标示要查看串口的哪种状态，例如，要判断 USART1 串口读寄存器是否非空（RXNE），实现代码如下：

USART_GetFlagStatus（USART1, USART_FLAG_RXNE）;

要判断 USART1 串口发送是否完成（TC），实现代码如下：

USART_GetFlagStatus（USART1, USART_FLAG_TC）;

这些标识号在固件库中有宏定义，常用的定义如下：

```
#define USART_IT_PE      （（uint16_t）0x0028）
#define USART_IT_TXE     （（uint16_t）0x0727）
#define USART_IT_TC      （（uint16_t）0x0626）
#define USART_IT_RXNE    （（uint16_t）0x0525）
#define USART_IT_IDLE    （（uint16_t）0x0424）
#define USART_IT_LBD     （（uint16_t）0x0846）
#define USART_IT_CTS     （（uint16_t）0x096A）
#define USART_IT_ERR     （（uint16_t）0x0060）
#define USART_IT_ORE     （（uint16_t）0x0360）
#define USART_IT_NE      （（uint16_t）0x0260）
#define USART_IT_FE      （（uint16_t）0x0160）
```

（6）串口使能。固件库中，串口使能可通过函数 USART_Cmd（）来实现的，例如，下面代码实现 USART1 串口使能：

USART_Cmd（USART1, ENABLE）;   // 使能串口

（7）开启串口响应中断。有些场景需要采用中断方式进行串口通行，这时就需开启串口中断，固件库中，此操作可通过 USART_ITConfig（）函数来实现，其声明如下：

void USART_ITConfig（USART_TypeDef* USARTx, uint16_t USART_IT, FunctionalState NewState）

此函数的第二个入口参数是标示使能串口中断的类型，也就是使能哪种中断，因为串口的中断类型有很多种。比如 USART1 串口在接收到数据的时候（RXNE 读数据寄存器非空），若需产生中断，那么开启此中断的代码实现如下：

USART_ITConfig（USART1, USART_IT_RXNE, ENABLE）;

若 USART1 串口在发送数据结束的时候（TC，发送完成）时需产生中断，那么开启此中断的代码实现如下：

USART_ITConfig（USART1, USART_IT_TC, ENABLE）;

（8）获取相应中断状态。若使能某种中断，该中断发生就会设置状态寄存器中的某个标志位。通常在中断处理函数中，要先判断该中断是哪种中断，固件库中，此操作可通过

USART_GetITStatus（）函数来实现，其声明如下：

ITStatus USART_GetITStatus（USART_TypeDef* USARTx, uint16_t USART_IT）

该函数只有两个返回值：RESET = 0，SET = 1。若返回值是 SET，说明是指定类型的中断发生。

若使能了 USART1 串口的发送完成中断，当该中断发生，可在中断处理函数中调用这个函数来判断到底是不是串口发送完成中断，实现代码如下：

USART_GetITStatus（USART1, USART_IT_TC）

2. 实例软件开发

本实例在开发板上实现功能是：利用串口 1 与 USB 串口，微控制器同外部电脑互相发送和接收数据。开发板上串口 1 与 USB 串口没有在 PCB 上连接在一起，因此需要通过跳线帽来连接，具体是将开发板 P6 插针的 RXD 和 TXD 用跳线帽与 PA9 和 PA10 短接。项目的工程工作组见表 11.2。

表 11.2　USART1 工程工作组文件组成

工作组	包含源文件	功能说明
CORE 工作组	core cm3.c	CM3 内核接口
	startup_stm32f10x_hd.s	微控制器的启动文件
FWLIB 工作组	stm32f10x_gpio.c	GPIO 的底层配置函数
	stm32f10x rcc.c	RCC 的底层配置函数
	stm32f10x usart.c	USART 的底层配置函数
	misc. c	外设对内核中 NVIC 的访问函数
HARDWARE 工作组	led.c	LED 灯驱动函数
SYSTEM 工作组	sys.c	厂商提供中断分组函数
	usart.c	串口初始化配置函数
	delay.c	厂商提供延时函数
USER 工作组	main.c	实例应用代码
	stm32f10x it.c	微控制器的中断服务子程序
	svstem stm32f10x.c	设置系统时钟和总线时钟函数

实例软件开发中需编写 usart.c、usart.h、led.c、led.h 和 main.c 五个文件，其中 led.c、led.h、文件与 10.2.4 小节部分相同，下面着重说明 usart.c、usart.h、和 main.c 这三个文件代码功能。

usart.c 文件主要代码与功能说明如下：

```
#include "sys.h"
#include "usart.h"
// 以下代码用于支持标准 C 语言库函数 printf（）。
#if 1
#pragma import（__use_no_semihosting）
struct __FILE             // 定义文件句柄
{ int handle;
};
FILE __stdout;            // 定义标准输出文件
// 重定义 _sys_exit（）函数以避免使用半主机模式
```

```
void _sys_exit（int x）
{ x = x;
}
// 重定义 fputc 函数
int fputc（int ch, FILE *f）
{ while（（USART1->SR&0X40）==0）;
USART1->DR =（u8）ch;
    return ch;
}
#endif
```

// 定义接收缓冲，最大 USART_REC_LEN 个字节．

`u8 USART_RX_BUF[USART_REC_LEN];`

/* 定义接收状态标记，bit15：接收完成标志；bit14：接收到 0x0D 标志；bit13-0：接收到的有效字节数。*/

`u16 USART_RX_STA=0;`

/* 初始化 I/O 串口 1,bound：波特率 */

```
void uart_init（u32 bound）{
GPIO_InitTypeDef GPIO_InitStructure;
    USART_InitTypeDef USART_InitStructure;
    NVIC_InitTypeDef NVIC_InitStructure;
// ①串口时钟使能，GPIO 时钟使能，复用时钟使能
RCC_APB2PeriphClockCmd（RCC_APB2Periph_USART1|RCC_APB2Periph_GPIOA,
ENABLE）;                                    // 使能 USART1,GPIOA 时钟
// ②串口复位
USART_DeInit（USART1）;                       // 复位串口 1
// ③ GPIO 端口模式设置
//USART1_TX GPIOA.9 引脚初始化设置
GPIO_InitStructure.GPIO_Pin = GPIO_Pin_9;            // 指定引脚 PA.9
GPIO_InitStructure.GPIO_Speed = GPIO_Speed_50MHz;    // 指定速度 50MHz
GPIO_InitStructure.GPIO_Mode = GPIO_Mode_AF_PP;      // 指定复用推挽输出
GPIO_Init（GPIOA, &GPIO_InitStructure）;              // 初始化设置 PA.9
//USART1_RX        GPIOA.10 引脚初始化设置
GPIO_InitStructure.GPIO_Pin = GPIO_Pin_10;           // 指定引脚 PA10
// 指定浮空输入模式
GPIO_InitStructure.GPIO_Mode = GPIO_Mode_IN_FLOATING;
GPIO_Init（GPIOA, &GPIO_InitStructure）;              // 初始化设置 PA10
// ④串口参数初始化
USART_InitStructure.USART_BaudRate = bound;          // 指定波特率
```

```
// 指定字长为 8 位
USART_InitStructure.USART_WordLength = USART_WordLength_8b;
USART_InitStructure.USART_StopBits = USART_StopBits_1;    // 指定一个停止位
USART_InitStructure.USART_Parity = USART_Parity_No;       // 指定无奇偶校验位
USART_InitStructure.USART_HardwareFlowControl
= USART_HardwareFlowControl_None;                         // 指定无硬件数据流控制
// 指定为收发模式
USART_InitStructure.USART_Mode = USART_Mode_Rx | USART_Mode_Tx;
USART_Init（USART1, &USART_InitStructure）;                // 初始化串口 1
#if EN_USART1_RX                                          // 如果使能了接收
// ⑤初始化 NVIC
// 指定配置的中断通道为串口 1
NVIC_InitStructure.NVIC_IRQChannel = USART1_IRQn;
NVIC_InitStructure.NVIC_IRQChannelPreemptionPriority=3；   // 抢占优先级为 3
NVIC_InitStructure.NVIC_IRQChannelSubPriority = 3;        // 子优先级为 3
NVIC_InitStructure.NVIC_IRQChannelCmd = ENABLE;          // 通道使能
NVIC_Init（&NVIC_InitStructure）;                          // 中断优先级初始化
// ⑤开启中断
USART_ITConfig（USART1, USART_IT_RXNE, ENABLE）; // 开启串口 1 中断
#endif
// ⑥使能串口
USART_Cmd（USART1, ENABLE）;                               // 使能串口 1
}
/* 串口 1 中断服务程序 */
void USART1_IRQHandler（void）
   {u8 Res;
// 判断接收中断（接收到的数据必须是 0x0d 0x0a 结尾）
if（USART_GetITStatus（USART1, USART_IT_RXNE）!= RESET）
   { Res =USART_ReceiveData（USART1）;                     // 读取接收到的数据
    if（（USART_RX_STA&0x8000）==0）                        // 等等接收完成
       { if（USART_RX_STA&0x4000）                         // 判断接收到 0x0d
        { if（Res!=0x0a）USART_RX_STA=0;                   // 接收错误，重新开始
// 保存接收状态标记为接收完成
        else USART_RX_STA|=0x8000;
       }else                                             // 还没收到 0x0d
       {     if（Res==0x0d）USART_RX_STA|=0x4000;
             else{
// 保存接收数据
```

```
                    USART_RX_BUF[USART_RX_STA&0x3FFF]=Res ;
                    USART_RX_STA++;
// 接收数据错误，重新开始接收
                    if（USART_RX_STA>（USART_REC_LEN–1））USART_RX_STA=0;
                    }
                }
            }
        }
    }
    #endif
```

软件开发中，设计了一个小小的接收协议：通过中断服务函数，配合一个数组 USART_RX_BUF[]、一个接收状态变量 USART_RX_STA 实现对串口数据的接收管理。USART_RX_BUF 的大小由 USART_REC_LEN 定义，也就是一次接收的数据最大不能超过 USART_REC_LEN 个字节。USART_RX_STA 是一个 16 位的变量，各位的定义为：bit15：接收完成标志；bit14：接收到 0x0D 标志；bit13–0：接收到的有效字节数。协议的数据接收过程如下：

当接收到从电脑发过来的数据，把接收到的数据保存在 USART_RX_BUF 中，同时在接收状态变量（USART_RX_STA）中计数接收到的有效数据个数，当收到回车（回车的表示由 2 个字节组成：0x0D 和 0x0A）的第一个字节 0x0D 时，计数器将不再增加，等待 0x0A 的到来，而如果 0x0A 没有来到，则认为这次接收失败，重新开始下一次接收。如果顺利接收到 0x0A，则标记 USART_RX_STA 的第 15 位，这样完成一次接收，并等待该位被其他程序清除，从而开始下一次的接收，而如果迟迟没有收到 0x0D，那么在接收数据超过 USART_REC_LEN 的时候，则会丢弃前面的数据，重新接收。

代码中的 EN_USART1_RX 和 USART_REC_LEN 都在 usart.h 文件中有定义的，当需要使用串口接收的时候，须在 usart.h 文件中设置 EN_USART1_RX 为 1，不使用时，设置 EN_USART1_RX 为 0 即可，这样可以省出占用 SRAM 和 flash 的空间，默认设置 EN_USART1_RX 为 1，即：开启串口接收。

usart.h 文件比较简单，仅仅是一些宏定义、常量定义和函数说明，其代码与说明如下：

```
#ifndef __USART_H
#define __USART_H
#include "stdio.h"
#include "sys.h"
#define USART_REC_LEN   200                 // 定义最大接收字节数 200
// 配置使能（1）/ 禁止（0）串口 1 接收
#define EN_USART1_RX                1
// 声明接收缓冲，最大 USART_REC_LEN 个字节，末字节为换行符。
extern u8 USART_RX_BUF[USART_REC_LEN];
extern u16 USART_RX_STA;                    // 声明接收状态标记变量
void uart_init（u32 bound）;                 // 声明串口 1 的初始化设置函数
```

```
#endif
```

项目工程中 main.c 文件中主要代码和说明如下：

```
int main（void）
{ u8 t,len;
u16 times=0;
delay_init（）;                              // 延时函数初始化
// 设置 NVIC 中断分组为 2
NVIC_PriorityGroupConfig（NVIC_PriorityGroup_2）;
uart_init（115200）;                         // 串口 1 初始化波特率为 115200
LED_Init（）;                                //LED 端口初始化
while（1）
{ if（USART_RX_STA&0x8000）
{ len=USART_RX_STA&0x3f;                     // 获取此次接收到的数据长度
printf（"\r\n 您发送的消息为 :\r\n\r\n"）;
for（t=0;t<len;t++）
{ USART_SendData（USART1, USART_RX_BUF[t]）;   // 向串口 1 发送数据
// 等待发送结束
while（USART_GetFlagStatus（USART1,USART_FLAG_TC）!=SET）;
}
printf（"\r\n\r\n"）;                         // 发送换行
USART_RX_STA=0;                              // 清零标志变量
}else
{ times++;
if（times%5000==0）
{ printf（"\r\n 精英 STM32 开发板 串口实验 \r\n"）;
printf（" 正点原子 @ALIENTEK\r\n\r\n"）;
}
if（times%200==0）printf（" 请输入数据 , 以回车键结束 \n"）;
if（times%30==0）LED0=!LED0;                  // 闪烁 LED0，提示系统正
在运行
delay_ms（10）;                              // 延时 10ms
}
}
}
```

主程序中通过 NVIC_PriorityGroupConfig（NVIC_PriorityGroup_2）代码设置中断分组号

为 2，也就是 2 位抢占优先级和 2 位子优先级。USART_SendData（USART1, USART_RX_BUF[t]）实现发送一个字节到串口。while（USART_GetFlagStatus（USART1,USART_FLAG_TC）!=SET）来确定串口发送完成中断发生。

完成上述代码编写后，编译工程，如有错误，找出原因并更正，最终生成二进制文件。下载、调试、运行软件。

检查开发板的 P3 口上的 RXD 和 TXD 是否和 PA9 和 PA10 引脚连接，如果没有，请先通过跳线帽连接，同时需用 USB 电缆将 P3 口与调试电脑连接。下载代码到开发板，可以看到开发板上的 DS0 开始闪烁，在电脑上打开串口调试助手软件 XCOM V2.0，设置串口为开发板的 USB 转串口，设置波特率为：115200，打开此串口后，就可以进行数据通信，显示信息如图 11-4 所示。

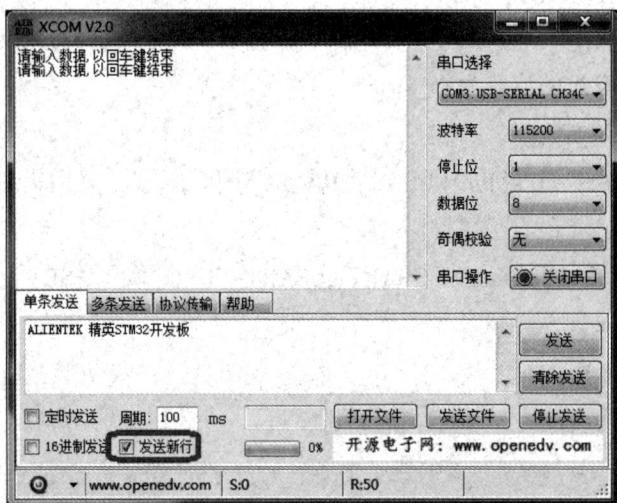

图 11-4　串口调试助手收发的信息

11.2　SPI 通信模块

11.2.1　SPI 模块结构与特性

1.SPI 通信概述

SPI 是由摩托罗拉（Motorola）公司开发的一种高速、全双工同步串行总线，是微控制器和外围设备之间进行通信的同步串行端口。与 USART 相比，SPI 的数据传输速度要快得多，SPI 具有硬件简单、成本低廉、易于使用、传输数据速度快等优点，SPI 主要应用在 EEPROM、Flash、实时时钟、ADC 以及数字信号处理器和数字信号解码器之间。SPI 在芯片的引脚上只占用 4 根线，节约芯片引脚资源，同时为 PCB 的布局节省了空间，提供了方便。

正是由于这种简单的物理层，现在越来越多的芯片集成了这种通信模块，STM32 微控制器也有 SPI。

SPI 是同步全双工串行通信接口，由于同步，SPI 有一条公共的时钟线；由于全双工，SPI 至少有两条数据线来实现数据的双向同时传输；由于串行，SPI 收发数据只能一位一位地在各自的数据线上传输，因此最多只有两条数据线：一条发送数据线和一条接收数据线。由此可见，SPI 在物理层体现为 4 条信号线，分别是 SCK、MOSI、MISO 和 SS。

（1）SCK（Serial Clock），即时钟线，由主设备产生。不同的设备支持的时钟频率不同。但每个时钟周期可以传输一位数据，经过 8 个时钟周期，一个完整的字节数据就传输完成。

（2）MOSI（Master Output Slave Input），即主设备数据输出 / 从设备数据输入线。这条信号线上的方向是从主设备到从设备，即主设备从这条信号线发送数据，从设备从这条信号线上接收数据。

（3）MISO（Master Input Slave Output），即主设备数据输入 / 从设备数据输出线。这条信号线上的方向是由从设备到主设备，即从设备从这条信号线发送数据，主设备从这条信号线上接收数据。

（4）SS（Slave Select），有时候也叫 CS（Chip Select），SPI 从设备选择信号线，当有多个 SPI 从设备与 SPI 主设备相连（即"一主多从"）时，SS 用来选择激活指定的从设备，由 SPI 主设备（通常是微控制器）驱动，低电平有效。当只有一个 SPI 从设备与 SPI 主设备相连（即"一主一从"）时，SS 并不是必需的。因此，SPI 也被称为三线同步通信接口。

除了 SCK、MOSI、MISO 和 SS 这 4 条信号线外，SPI 接口还包含一个串行移位寄存器，如图 11-5 所示。

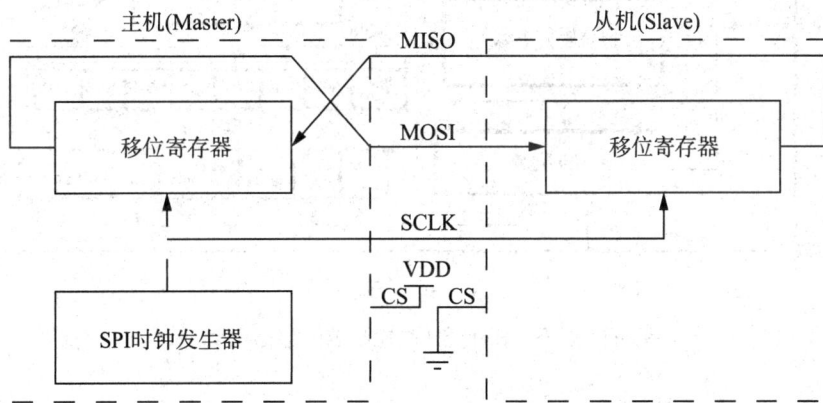

图 11-5　SPI 接口组成

SPI 主设备向它的 SPI 串行移位数据寄存器写入一个字节发起一次传输，该寄存器通过数据线 MOSI 一位一位地将字节传送给 SPI 从设备；与此同时，SPI 从设备也将将自己的 SPI 串行移位数据寄存器中的内容通过数据线 MISO 返回给主设备。这样，SPI 主设备和 SPI 从设备的两个数据寄存器中的内容相互交换。需要注意的是，对从设备的写操作和读操作是同步完成的。

如果只进行 SPI 从设备写操作（即 SPI 主设备向 SPI 从设备发送一个字节数据），只需忽略收到字节即可。反之，如果要进行 SPI 从设备读操作（即 SPI 主设备要读取 SPI 从设备发送的一个字节数据），则 SPI 主设备发送一个空字节触发从设备的数据传输。

2.SPI 模块内部结构

STM32F103 微控制器的小容量芯片有 1 个 SPI 接口，中等容量芯片有 2 个 SPI，大容量芯片则有 3 个 SPI。STM32 微控制器 SPI 允许芯片与外部设备以半 / 全双工、同步、串行方式通信。此接口可以被配置成主模式，并为外部从设备提供通信时钟（SCK），接口还能以"多主"的配置方式工作。它可用于多种用途，包括使用一条双向数据线的双线单工同步传输，还可使用 CRC 校验的可靠通信。

STM32 微控制器 SPI 主要由波特率发生器、收发控制和数据存储转移三部分组成，内部结构如图 11-6 所示。波特率发生器用来产生 SPI 的 SCK 时钟信号，收发控制主要由控制寄存器组成，数据存储转移（图的左上部分）主要由移位寄存器、接收缓冲区和发送缓冲区等构成。

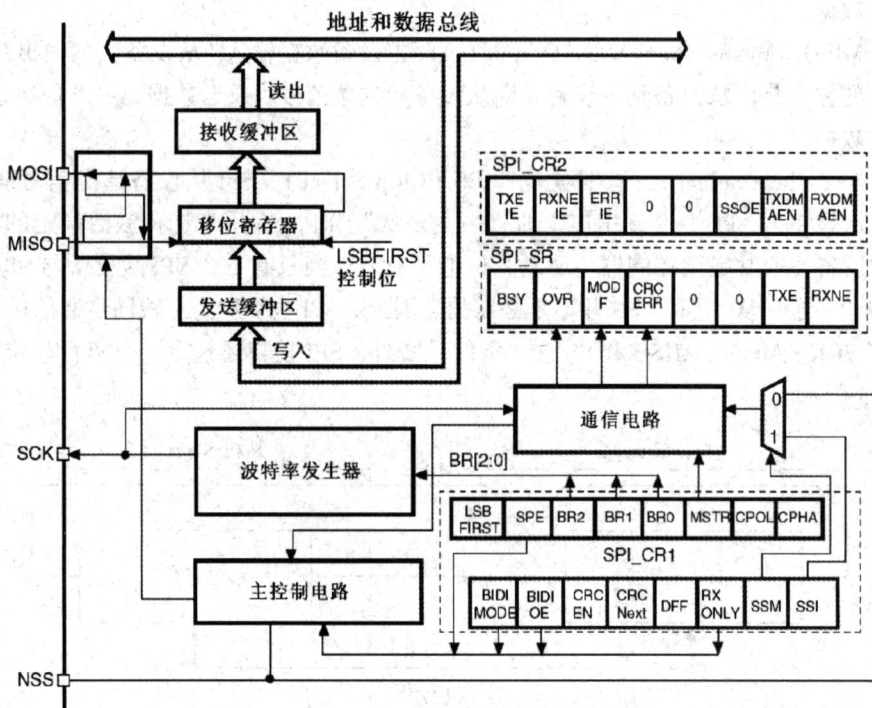

图 11-6　STM32 微控制器内部结构图

3.SPI 模块主要特性

STM32 微控制器的 SPI 功能很强大，时钟最高可以达到 18MHz，支持 DMA。其接口特性如下：

（1）可实现三线全双工同步传输；

（2）可实现双线单工同步传输；

（3）8 位或 16 位传输帧格式选择；

（4）支持主机 / 从机传输；

（5）支持多主模式；

（6）8 个波特率预分频系数可选；

（7）主模式和从模式可实现快速通信；

（8）主从模式下均可以由软件或硬件进行 NSS 管理，可实现主从操作模式的动态改变；

（9）可编程的时钟极性和相位；

（10）可编程的数据顺序，MSB 在前或 LSB 在前；

（11）可触发中断的专用发送 / 接收标志；

（12）拥有 SPI 总线忙状态标志；

（13）拥有硬件 CRC，保障可靠通信：在发送模式下，CRC 可以作为最后一个字节发送，在全双工模式中对接收到的最后一个字节自动进行 CRC 校验；

（14）可触发中断的主模式故障、过载及 CRC 错误标志；

（15）支持 DMA 功能的一字节发送和接收缓冲器，可产生发送和接收请求。

11.2.2 SPI 工作原理

1. 时钟信号的相位和极性

SPI_CR 寄存器的 CPOL 和 CPHA 位，能够组合成四种可能的时序关系。CPOL（时钟极性）位控制在没有数据传输时时钟的空闲状态电平，此位对主模式和从模式下的设备都有效。如果 CPOL 被清 0，SCK 引脚在空闲状态保持低电平；如果 CPOL 被置 1，SCK 引脚在空闲状态保持高电平。

如图 11-7 所示，如果 CPHA（时钟相位）位被清 0，数据在 SCK 时钟的奇数（第 1，3，5…个）跳变沿（CPOL 位为 0 时就是上升沿，CPOL 位为 1 时就是下降沿）进行数据位的存取，数据在 SCK 时钟偶数（第 2，4，6…个）跳变沿（CPOL 位为 0 时就是下降沿，CPOL 位为 1 时就是上升沿）准备就绪。

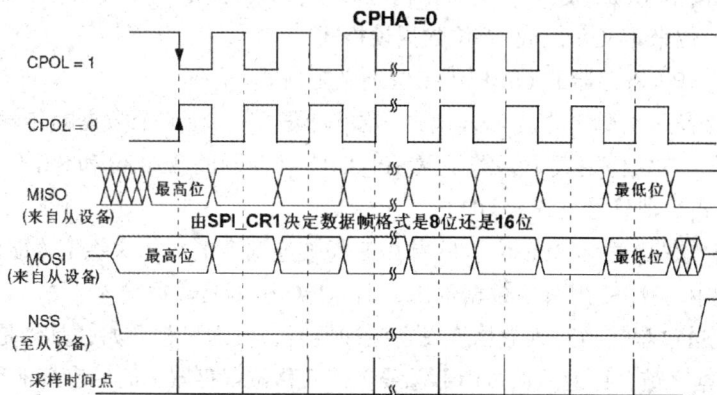

图 11-7 CPHA=0 时 SPI 时序图

如图 11-8 所示，如果 CPHA（时钟相位）位被置 1，数据在 SCK 时钟的偶数（第 2，4，6…个）跳变沿（CPOL 位为 0 时就是下降沿，CPOL 位为 1 时就是上升沿）进行数据位的存取，数据在 SCK 时钟奇数（第 1，3，5…个）跳变沿（CPOL 位为 0 时就是上升沿，CPOL 位为 1 时就是下降沿）准备就绪。

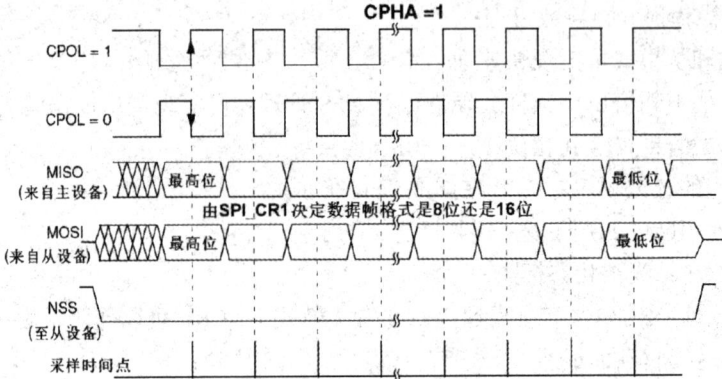

图 11-8　CPHA=1 时 SPI 时序图

CPOL 时钟极性和 CPHA 时钟相位的组合选择数据捕捉的时钟边沿。图 11-7 和图 11-8 显示了 SPI 传输的 4 种 CPHA 和 CPOL 位组合。此图可以解释为主设备和从设备的 SCK、MISO、MOSI 引脚直接连接的主或从时序图。

2. 数据帧格式

根据 SPI_CR1 寄存器中的 LSBFIRST 位，输出数据位时可以 MSB 在先也可以 LSB 在先。

根据 SPI_CR1 寄存器的 DFF 位，每个数据帧可以是 8 位或是 16 位。所选择的数据帧格式决定发送/接收的数据长度。

3. SPI 为主模式配置与通信

（1）配置步骤。若芯片的 SPI 模块工作在主模式，这时它在 SCK 引脚产生串行时钟，应按照以下步骤配置：

① 通过 SPI_CR1 寄存器的 BR[2：0] 位定义串行时钟波特率。

② 选择 CPOL 和 CPHA 位，定义数据传输和串行时钟间的相位关系。

③ 设置 DFF 位来定义 8 位或 16 位数据帧格式。

④ 配置 SPI_CR1 寄存器的 LSBFIRST 位定义帧格式。

⑤ 如果需要 NSS 引脚工作在输入模式，硬件模式下，在整个数据帧传输期间应把 NSS 脚连接到高电平；在软件模式下，需设置 SPI_CR1 寄存器的 SSM 位和 SSI 位。如果 NSS 引脚工作在输出模式，则只需设置 SSOE 位。

⑥ 必须设置 MSTR 值和 SPE 位（只当 NSS 脚被连到高电平，这些位才能保持置位）。

在这个配置中，MOSI 引脚是数据输出，而 MISO 引脚是数据输入。

（2）数据发送过程。当写入数据至发送缓冲器时，发送过程开始，具体是：在发送第一个数据位时，数据字被并行地（通过内部总线）传入移位寄存器，而后串行地移出到 MOSI 脚上；"MSB 在先"还是"LSB 在先"，取决于 SPI_CR1 寄存器中的 LSBFIRST 位的设置。数据从发送缓冲器传输到移位寄存器时 TXE 标志将被置位，如果设置了 SPI_CR1 寄存器中的 TXEIE 位，将产生中断。

（3）数据接收过程。对于接收器，当数据传输完成时，将执行以下操作：

① 传送移位寄存器里的数据到接收缓冲器，并且 RXNE 标志被置位。

② 如果设置了 SPI CR2 寄存器中的 RXNEIE 位，则产生中断。

③ 在最后采样时钟沿，RXNE 位被设置，在移位寄存器中接收到的数据字被传送到接收缓冲器。读 SPI DR 寄存器时，SPI 设备返回接收缓冲器中的数据。读 SPI_DR 寄存器将清除 RXNE 位。

一旦传输开始，如果下一个将发送的数据被放进了发送缓冲器，就可以维持一个连续的传输流。在试图写发送缓冲器之前，需确认 TXE 标志，应该为 1。

4.SPI 为从模式配置与通信

（1）配置步骤。若芯片的 SPI 模块工作在从模式，这时它在 SCK 引脚用于接收从主设备来的串行时钟，应按照以下步骤配置：

① 设置 DFF 值以定义数据帧格式为 8 位或 16 位。

② 选择 CPOL 和 CPHA 位来定义数据传输和串行时钟之间的相位关系。为保证正确的数据传输，从设备和主设备的 CPOL 和 CPHA 位必须配置成相同的方式。

③ 帧格式（SPI_CR1 寄存器中的 LSBFIRST 位定义的"MSB 在前"还是"LSB 在前"）必须与主设备相同。

④ 硬件模式下（参考从选择（NSS）引脚管理部分），在完整的数据帧（8 位或 16 位）传输过程中，NSS 引脚必须为低电平。在 NSS 软件模式下，设置 SPI CRI 寄存器中的 SSM 位并清除 SSI 位。

⑤ 清除 MSTR 位、设置 SPE 位（SPI_CR1 寄存器），使相应引脚工作于 SPI 模式下。

在这个配置中，MOSI 引脚是数据输入，MISO 引脚是数据输出。

（2）数据发送过程。通过写操作，现将数据字并行地写入发送缓冲器；当从设备收到时钟信号，并且在 MOSI 引脚上出现第一个数据位时，发送过程开始，第一个位被发送出去，余下的位（对于 8 位数据帧格式，还有 7 位；对于 16 位数据帧格式，还有 15 位）被装进移位寄存器。当发送缓冲器中的数据传输到移位寄存器时，SPI_SP 寄存器的 TXE 标志被设置，如果设置了 SPI_CR2 寄存器的 TXEIE 值，将会产生中断。

（3）数据接收过程。对于接收器，当数据传输完成时，将执行以下操作：

① 移位寄存器中的数据传送到接收缓冲器，SPI SR 寄存器中的 RXNE 标志被设置；

② 如果设置了 SPI_CR2 寄存器中的 RXNEIE 位，则产生中断；

③ 在最后一个采样时钟边沿后，RXNE 位被置为 1，移位寄存器中接收到的数据字节被传送到接收缓冲器。当读 SPI–DR 寄存器时，SPI 设备返回这个接收缓冲器的数值。读 SPI_DR 寄存器时，RXNE 位被清除。

4.通信错误

（1）主模式失效错误（MODF）。主模式失效仅发生在：NSS 引脚硬件模式管理下，主设备的 NSS 脚被拉低；或者在 NSS 引脚软件模式管理下，SSI 位被置为 0 时；MODF 位被自动置位。主模式失效对 SPI 设备有以下影响：

① MODF 位被置为 1，如果设置了 ERRIE 位，则产生 SPI 中断；

② SPE 位被清为 0，这将停止一切输出，并且关闭 SPI 接口；

③ MSTR 位被清为 0，强迫此设备进入从模式。

下面的步骤用于清除 MODF 位：

① 当 MODF 位被置为 1 时，执行一次对 SPI_SR 寄存器的读或写操作；

② 写 SPI_CR1 寄存器。

在有多个微控制器的系统中，为了避免出现多个从设备的冲突，必须先拉高该主设备的 NSS 脚，再对 MODF 位进行清零。在完成清零之后，SPE 和 MSTR 位可以恢复到它们的原始状态。出于安全的考虑，当 MODF 位为 1 时，硬件不允许设置 SPE 和 MSTR 位。

通常配置下，从设备的 MODF 位不能被置为 1。然而，在多主配置里，一个设备可以在设置 MODF 位的情况下，处于从设备模式；此时，MODF 位表示可能出现多主冲突。中断程序可以执行一个复位或返回到默认状态来从错误状态中恢复。

（2）溢出错误。当主设备已经发送了数据字节，而从设备还没有清除前一个数据字节产生的 RXNE 时，即为溢出错误。当产生溢出错误时，OVR 位被置为 1，当设置了 ERRIE 位时，则产生中断。

此时，接收器缓冲器的数据不是主设备发送的新数据，读 SPI_DR 寄存器返回的是之前未读的数据，所有随后传送的数据都被丢弃。

依次读出 SPI_DR 寄存器和 SPI_SR 寄存器可将 OVR 清除。

（3）CRC 错误。当设置 SPI_CR 寄存器上的 CRCEN 位，CRC 错误标志用来核对接收数据的有效性。如果移位寄存器中接收到的值（发送方发送的 SPI_TXCRCR 数值）与接收方 SPI_RXCRCR 寄存器中的数值不匹配，则 SPI_SR 寄存器上的 CRCERR 标志被置位为 1。

5.SPI 中断

在 SPI 数据通信过程中，会产生多种的中断请求，但 SPI 的各种中断事件被连接到同一个中断通道，开发者可通过查看 SPI 中断请求标志位来确定具体中断类型，并采取不同的中断响应操作。

SPI 中断事件及其使能标志位见表 11.3，如果设置了对应的使能控制位，这些事件就可以产生各自的中断。

表 11.3 SPI 中断事件及其使能标志位

中断事件	中断标志	使能位
发送缓冲器空标志	TXE	TXEIE
接收缓冲器非空标志	RXNE	RXNEIE
主模式失效事件	MODF	
溢出错误	OVR	ERRIE
CRC 错误标志	CRCERR	

11.2.3 SPI 寄存器说明

STM32 微控制器的 SPI 模块由 9 个寄存器来控制，下面介绍 SPI 通信寄存器的功能。

1.SPI 控制寄存器 1（SPI_CR1）

偏移地址：0x00；复位值：0x0000

SPI_CR1 寄存器各位定义如下：

15	14	13	12	11	10	9	8	7	6	5	4	3	2	1	0
BIDI MODE	BIDI OE	CRCEN	CRC NEXT	DFF	RX ONLY	SSM	SSI	LSB FIRST	SPE	BR[2:0]			MSTR	CPOL	CPHA
rw	rw	rw	rw	rw	rw	rw	rw	rw	rw	rw	rw	rw	rw	rw	rw

说明：

位 15	BIDIMODE：双向数据模式使能 0：选择"双线双向"模式；1：选择"单线双向"模式
位 14	BIDIOE：双向模式下的输出使能，和 BIDIMODE 位一起决定在"单线双向"模式下数据的输出方向 0：输出禁止（只收模式）；1：输出使能（只发模式） 这个"单线"数据线在主设备端为 MOSI 引脚，在从设备端为 MISO 引脚
位 13	CRCEN：硬件 CRC 校验使能 0：禁止 CRC 计算；1：启动 CRC 计算 注：只有在禁止 SPI 时（SPE=0），才能写该位，否则出错，该位只能在全双工模式下使用
位 12	CRCNEXT：下一个发送 CRC 0：下一个发送的值来自发送缓冲区；1：下一个发送的值来自发送 CRC 寄存器 注：在 SPI_DR 寄存器写入最后一个数据后应马上设置该位
位 11	DFF：数据帧格式 0：使用 8 位数据帧格式进行发送 / 接收；1：使用 16 位数据帧格式进行发送 / 接收 注：只有当 SPI 禁止（SPE=0）时，才能写该位，否则出错
位 10	RXONLY：只接收，该位和 BIDIMODE 位一起决定在"双线双向"模式下的传输方向。在多个从设备的配置中，在未被访问的从设备上该位被置 1，使得只有被访问的从设备有输出，从而不会造成数据线上数据冲突 0：全双工（发送和接收）；1：禁止输出（只接收模式）
位 9	SSM：软件从设备管理，当 SSM 被置位时，NSS 引脚上的电平由 SSI 位的值决定 0：禁止软件从设备管理；1：启用软件从设备管理
位 8	SSI：内部从设备选择，该位只在 SSM 位为'1'时有意义。它决定了 NSS 上的电平，在 NSS 引脚上的 I/O 操作无效
位 7	LSBFIRST：帧格式 0：先发送 MSB；1：先发送 LSB 注：当通信在进行时不能改变该位的值
位 6	SPE：SPI 使能 0：禁止 SPI 设备；1：开启 SPI 设备
位 5:3	BR[2:0]：波特率控制 000：fPCLK/2；001：fPCLK/4；010：fPCLK/8；011：fPCLK/16 100：fPCLK/32；101：fPCLK/64；110：fPCLK/128；111：fPCLK/256 注：当通信正在进行的时候，不能修改这些位
位 2	MSTR：主设备选择 0：配置为从设备；1：配置为主设备 注：当通信正在进行的时候，不能修改该位
位 1	CPOL：时钟极性 0：空闲状态时，SCK 保持低电平；1：空闲状态时，SCK 保持高电平 注：当通信正在进行的时候，不能修改该位
位 0	CPHA：时钟相位 0：数据采样从第一个时钟边沿开始；1：数据采样从第二个时钟边沿开始 注：当通信正在进行的时候，不能修改该位

2.SPI 控制寄存器 2（SPI_CR2）

偏移地址：0x04；复位值：0x0000

SPI_CR2 寄存器各位定义如下，其保留位硬件强制为 0。

15	14	13	12	11	10	9	8	7	6	5	4	3	2	1	0
保留								TXEIE	RXNEIE	ERRIE	保留		SSOE	TXDMAEN	RXDMAEN
res								rw	rw	rw	res		rw	rw	rw

说明：

位 7	TXEIE：发送缓冲区空中断使能
	0：禁止 TXE 中断；1：允许 TXE 中断，当 TXE 标志置位为 '1' 时产生中断请求
位 6	RXNEIE：接收缓冲区非空中断使能
	0：禁止 RXNE 中断；1：允许 RXNE 中断，当 RXNE 标志置位时产生中断请求
位 5	ERRIR：错误中断使能，当错误（CRCERR、OVR、MODF）产生时，该位控制是否产生中断
	0：禁止错误中断；1：允许错误中断
位 2	SSOE：SS 输出使能
	0：禁止在主模式下 SS 输出，该设备可以工作在多主设备模式；1：设备开启时，开启主模式下 SS 输出，该设备不能工作在多主设备模式
位 1	TXDMAEN：发送缓冲区 DMA 使能，当该位被设置时，TXE 标志一旦被置位就发出 DMA 请求
	0：禁止发送缓冲区 DMA；1：启动发送缓冲区 DMA
位 10	RXONLY：只接收，该位和 BIDIMODE 位一起决定在"双线双向"模式下的传输方向。在多个从设备的配置中，在未被访问的从设备上该位置1，使得只有被访问的从设备有输出，从而不会造成数据线上数据冲突
	0：全双工（发送和接收）；1：禁止输出（只接收模式）
位 0	RXDMAEN：接收缓冲区 DMA 使能，当该位被设置时，RXNE 标志一旦置位就发出 DMA 请求
	0：禁止接收缓冲区 DMA；1：启动接收缓冲区 DMA

3.SPI 状态寄存器（SPI_SR）

偏移地址：0x08；复位值：0x0002

SPI_SR 寄存器各位定义如下，其保留位硬件强制为 0。

15	14	13	12	11	10	9	8	7	6	5	4	3	2	1	0
			保留					BSY	OVR	MODF	CRC ERR	UDR	CHSIDE	TXE	RXNE
			res					r	r	r	rc w0	r	r	r	r

说明：

位 7	BSY：忙标志，该位由硬件置位或者复位
	0：SPI 不忙；1：SPI 正忙于通信，或者发送缓冲非空
位 6	OVR：溢出标志，该位由硬件置位，由软件序列复位
	0：没有出现溢出错误；1：出现溢出错误
位 5	MODF：模式错误，该位由硬件置位，由软件序列复位
	0：没有出现模式错误；1：出现模式错误
位 4	CRCERR：CRC 错误标志，该位由硬件置位，由软件写 '0' 而复位
	0：收到的 CRC 值和 SPI_RXCRCR 寄存器中的值匹配；1：收到的 CRC 值和 SPI_RXCRCR 寄存器中的值不匹配
位 3	UDR：下溢标志位，该标志位由硬件置 '1'，由一个软件序列清 '0'
	0：未发生下溢；1：发生下溢
位 2	CHSIDE：声道
	0：需要传输或者接收左声道；1：需要传输或者接收右声道
	注：在 SPI 模式下不使用，在 PCM 模式下无意义
位 1	TXE：发送缓冲为空
	0：发送缓冲非空；1：发送缓冲为空
位 0	RXNE：接收缓冲非空
	0：接收缓冲为空；1：接收缓冲非空

4.SPI 数据寄存器（SPI_DR）

偏移地址：0x0C；复位值：0x0000

SPI_DR 寄存器是一个 16 位的寄存器，用于存放待发送或者已经收到的数据。该寄存器对应两个缓冲区：一个用于写（发送缓冲）；另外一个用于读（接收缓冲）。写操作将数据写到发送缓冲区；读操作将返回接收缓冲区里的数据。

根据 SPI_CR1 的 DFF 位对数据帧格式的选择，数据的发送和接收可以是 8 位或者 16 位的。为保证正确的操作，需要在启用 SPI 之前就确定好数据帧格式。对于 8 位的数据，缓冲器是 8 位的，发送和接收时只会用到 SPI_DR[7:0]。在接收时，SPI_DR[15:8] 被强制为 0。

对于 16 位的数据，缓冲器是 16 位的，发送和接收时会用到整个数据寄存器，即 SPI_DR[15:0]。

5.SPI CRC 多项式寄存器（SPI_CRCPR）

偏移地址：0x10；复位值：0x0007

SPI_CRCPR 寄存器也是一个 16 位的寄存器，该寄存器包含 CRC 计算时用到的多项式，其复位值为 0x0007，根据应用可以设置其他数值。

6.SPI Rx CRC 寄存器（SPI_RXCRCR）

偏移地址：0x14；复位值：0x0000

SPI_RXCRCR 寄存器也是一个 16 位的寄存器，用于存放接收数据的 CRC，在启用 CRC 计算时，该寄存器中包含依据收到的字节计算的 CRC 数值。当在 SPI_CR1 的 CRCEN 位写入 1 时，该寄存器被复位。CRC 计算使用 SPI_CRCPR 中的多项式。

注意：当数据帧格式被设置为 8 位时，仅低 8 位参与计算，并且按照 CRC8 的标准进行。

注：当 BSY 标志为 1 时读该寄存器，将可能读到不正确的数值。

7.SPI Tx CRC 寄存器（SPI_TXCRCR）

偏移地址：0x18；复位值：0x0007

SPI_TXCRCR 寄存器也是一个 16 位的寄存器，用于存放发送数据的 CRC，在启用 CRC 计算时，该寄存器中包含依据将要发送的字节计算的 CRC 数值。当在 SPI_CR1 中的 CRCEN 位写入 1 时，该寄存器被复位。CRC 计算使用 SPI_CRCPR 中的多项式。

注意：当数据帧格式被设置为 8 位时，仅低 8 位参与计算，并且按照 CRC8 的标准进行。

11.2.4　SPI 应用实例软件开发

下面以使用微控制器通过 SPI 来读写外部 SPI FLASH 存储器为实例介绍 SPI 通信模块的软件开发。

1.SPI 配置过程及相关库函数说明

固件库中，SPI 通信相关库函数分布在 stm32f10x_spi.c 和 stm32f10x_spi.h 文件中，SPI 的配置是主要通过设置 11.2.3 所述寄存器中的相应位域的值来实现。下面介绍库函数下 SPI 模块的配置步骤：

（1）配置相关引脚的复用功能，使能 SPI 时钟。要使用 SPI，第一步就要使能 SPI 的时钟。其次要设置 SPI 的相关引脚为复用输出，这样才会连接到 SPI，否则这些 I/O 口还是默认的状态，也就是标准输入输出口。对于 STM32F103 微控制器的 SPI2 总线使用的 I/O 口是 PB13、14、15，所以设置这三个引脚为复用 I/O，代码实现参见 10.2.4 小节。

（2）初始化 SPI，设置 SPI 的工作模式。对于访问外部 SPI FLASH，需设置 SPI 为主机模式，此外还需设置数据长度为 8 位，设置 SCK 时钟极性及采样方式，设置 SPI 的时钟频率（最大 18MHz）以及设置数据格式（MSB 在前还是 LSB 在前）。固件库中，SPI 的初始化设置可通过 SPI_Init（）函数来实现，其声明如下：

    void SPI_Init（SPI_TypeDef* SPIx, SPI_InitTypeDef* SPI_InitStruct）；

与其他外设初始化设置一样，此函数的第一个参数是 SPI 标号，第二个参数是结构体类型 SPI_InitTypeDef 的指针，该结构体的成员变量和说明如下：

    typedef struct{

    uint16_t SPI_Direction;   /* 用来指定 SPI 的通信方式，可以选择为半双工、全双工、以及串行发和串行收方式，若选择全双工模式，应赋值为 SPI_Direction_2Lines_FullDuplex。*/

    uint16_t SPI_Mode;   /* 用来指定 SPI 的工作模式，可以选择为主模式、从模式，SPI_Mode_Master 表示主模式。*/

    uint16_t SPI_DataSize;   /* 用来指定帧格式为 8 位还是 16 位，SPI_DataSize_8b 表示选择 8 位传输。*/

    uint16_t SPI_CPOL;   /* 用来指定时钟极性，若串行同步时钟的空闲状态为高电平，应赋值为 SPI_CPOL_High。*/

    uint16_t SPI_CPHA;   /* 用来指定时钟相位，也就是选择在串行同步时钟的第几个跳变沿（上升或下降）数据被采样，可以为第一个或者第二个条边沿采集，若选择第二个跳变沿，应赋值为 SPI_CPHA_2Edge。*/

    uint16_t SPI_NSS;   /* 用来指定 NSS 信号由硬件（NSS 管脚）还是软件控制，若通过软件控制 NSS，而不是硬件自动控制，应赋值为 SPI_NSS_Soft。*/

    uint16_t SPI_BaudRatePrescaler;   /* 用来指定 SPI 波特率预分频值也就是决定 SPI 的时钟参数，可以选择为：不分频 –256 分频 8 个可选值，若选择 256 分频，应赋值为 SPI_BaudRatePrescaler_256，此时，传输速度为 36M/256=140.625kHz。*/

    uint16_t SPI_FirstBit;   /* 用来指定数据传输顺序是 MSB 位在前还是 LSB 位在前，若选择高位在前，应赋值为 SPI_FirstBit_MSB。*/

    uint16_t SPI_CRCPolynomial;   /* 用来指定 CRC 校验多项式，提高通信可靠性，大于 1 即可。*/

    }SPI_InitTypeDef;

（3）使能 SPI。初始化完成后接下来是要使能 SPI 才可以开始 SPI 通信。固件库中，使能 SPI 外设可通过 SPI_Cmd（）函数来实现，以下代码实现使能 SPI2 外设：

    SPI_Cmd（SPI2, ENABLE）；

（4）SPI 传输数据。固件库中，通过 SPI 总线发送数据可通过 SPI_I2S_SendData（）函数来实现，此函数声明如下：

    void SPI_I2S_SendData（SPI_TypeDef* SPIx, uint16_t Data）；

此函数第一个参数指定那个 SPI 总线，第二参数为往 SPIx 数据寄存器写入数据 Data，从而实现发送。

固件库中，通过 SPI 总线接收数据可通过 SPI_I2S_ReceiveData（）函数来实现，此函数声明如下：

uint16_t SPI_I2S_ReceiveData（SPI_TypeDef* SPIx）;

（5）查看 SPI 传输状态。在 SPI 传输过程中，需要判断数据是否传输完成，发送区是否为空等等状态，固件库中，可通过 SPI_I2S_GetFlagStatus（ ）函数来实现，对于判断 SPI2 发送是否完成的代码如下：

SPI_I2S_GetFlagStatus（SPI2, SPI_I2S_FLAG_RXNE）;

2. 实例软件开发

本实例在开发板上实现功能是：开机时先检测 SPI FLASH 存储器，W25Q128 是否存在，然后在主循环里面检测两个按键，其中 1 个按键（KEY1）用来执行写入 W25Q128 的操作，另外一个按键（KEY0）用来执行读出操作，同时在串口 1 打印输出的相关操作信息，并用 DS0 提示程序正在运行。下面首先对 W25Q128 存储器作简单介绍。

W25Q128 是华邦公司推出的大容量 SPI FLASH 芯片，它的容量为 128Mb，也就是 16MB。W25Q128 支持标准的 SPI，还支持双输出 / 四输出的 SPI，最大 SPI 时钟可以到 80MHz（双输出时相当于 160MHz，四输出时相当于 320MHz）。W25Q128 的擦写周期多达 10 万次，具有 20 年的数据保存期限，支持电压为 2.7–3.6V。

W25Q128 将 16MB 的容量分为 256 个块（Block），每个块大小为 64KB，每个块又分为 16 个扇区（Sector），每个扇区 4KB。W25Q128 的最小擦除单位为一个扇区，也就是每次必须擦除 4KB。因此，对其操作时，需要开辟一个至少 4KB 的缓存区，这对微控制器要求比较高，要求微控制器芯片必须有 4KB 以上 SRAM。

开发板上 W25Q128 直接连在 STM32F103 微控制器的 SPI2 上，注意：W25Q128 和 NRF24L01 共用 SPI2，所以这两个器件在使用的时候，必须分时复用（通过片选控制）。项目的工程工作组见表 11.4。

表 11.4　SPI 工程工作组文件组成

工作组	包含源文件	功能说明
CORE 工作组	core cm3.c	CM3 内核接口
	startup_stm32f10x_hd.s	微控制器的启动文件
FWLIB 工作组	stm32f10x_gpio.c	GPIO 的底层配置函数
	stm32f10x rcc.c	RCC 的底层配置函数
	stm32f10x usart.c	USART 的底层配置函数
	stm32f10x spi.c	SPI 的底层配置函数
	misc.c	外设对内核中 NVIC 的访问函数
HARDWARE 工作组	led.c	LED 灯驱动函数
	key.c	按键驱动函数
	Spi.c	SPI 总线初始化配置函数
	w25qxx.c	FLASH 操作函数
SYSTEM 工作组	sys.c	厂商提供中断分组函数
	usart.c	串口初始化配置函数
	delay.c	厂商提供延时函数
USER 工作组	main.c	实例应用代码
	stm32f10x it.c	微控制器的中断服务子程序
	svstem stm32f10x.c	设置系统时钟和总线时钟函数

实例软件开发中主要要编写 spi.c、spi.h、w25qxx.c、w25qxx.h 和 main.c 五个文件，工程中的其他文件与 10.2.4 小节、11.1.4 小节部分相同，下面着重说明这五个文件代码功能。

spi.c 文件主要代码与功能说明如下：

```
#include "spi.h"
```

/* 以下是 SPI 模块的初始化代码，配置成主模式，可访问 SD Card/W25Q128 / NRF24L01。*/

```
void SPI2_Init（void）                              // SPI2 的初始化设置
{ GPIO_InitTypeDef GPIO_InitStructure;
SPI_InitTypeDef SPI_InitStructure;
//PORTB 时钟使能
RCC_APB2PeriphClockCmd（RCC_APB2Periph_GPIOB, ENABLE）;
// ① SPI2 时钟使能
RCC_APB1PeriphClockCmd（RCC_APB1Periph_SPI2, ENABLE）;
GPIO_InitStructure.GPIO_Pin = GPIO_Pin_13 | GPIO_Pin_14 | GPIO_Pin_15;
// 指定 PB13/14/15 引脚为复用推挽输出
GPIO_InitStructure.GPIO_Mode = GPIO_Mode_AF_PP;
GPIO_InitStructure.GPIO_Speed = GPIO_Speed_50MHz; // 指定速度为 50MHz
GPIO_Init（GPIOB, &GPIO_InitStructure）;            // 初始化 GPIOB
// 指定 PB13/14/15 上拉
GPIO_SetBits（GPIOB,GPIO_Pin_13|GPIO_Pin_14|GPIO_Pin_15）;
// 指定 SPI 全双工
SPI_InitStructure.SPI_Direction = SPI_Direction_2Lines_FullDuplex;
// 指定 SPI 工作模式为主机模式
SPI_InitStructure.SPI_Mode = SPI_Mode_Master;
SPI_InitStructure.SPI_DataSize = SPI_DataSize_8b;          // 指定数据帧结构为 8 位
// 指定串行时钟的稳态：时钟悬空为高电平
SPI_InitStructure.SPI_CPOL = SPI_CPOL_High;
// 指定第二个时钟沿捕获数据
SPI_InitStructure.SPI_CPHA = SPI_CPHA_2Edge;
SPI_InitStructure.SPI_NSS = SPI_NSS_Soft;                  // 指定 NSS 信号由硬件管理
// 指定预分频为 256
SPI_InitStructure.SPI_BaudRatePrescaler = SPI_BaudRatePrescaler_256;
// 指定数据传输从 MSB 位开始
SPI_InitStructure.SPI_FirstBit = SPI_FirstBit_MSB;
SPI_InitStructure.SPI_CRCPolynomial = 7;                   // 指定 CRC 值计算的多项式
// ②根据指定的参数初始化外设 SPIx 寄存器
SPI_Init（SPI2, &SPI_InitStructure）;
SPI_Cmd（SPI2, ENABLE）;                                    // ③使能 SPI 外设
SPI2_ReadWriteByte（0xff）;                                 // ④启动数据传输
}
```

/* SPI 速度设置函数，SPI_BaudRatePrescaler_2：2 分频；SPI_BaudRatePrescaler_8：8 分频；SPI_BaudRatePrescaler_16：16 分频；SPI_BaudRatePrescaler_256：256 分频。*/

```
void SPI2_SetSpeed（u8 SPI_BaudRatePrescaler）
{ assert_param（IS_SPI_BAUDRATE_PRESCALER（SPI_BaudRatePrescaler））;
SPI2->CR1&=0XFFC7;
SPI2->CR1|=SPI_BaudRatePrescaler;                          // 设置 SPI2 速度
SPI_Cmd（SPI2,ENABLE）;                                     // 使能 SPI2 外设
}
/*SPIx 读写一个字节，TxData：要写入的字节；返回值：读取到的字节。*/
u8 SPI2_ReadWriteByte（u8 TxData）
{ u8 retry=0;
// 等待发送区空
while（SPI_I2S_GetFlagStatus（SPI2, SPI_I2S_FLAG_TXE）== RESET）
{ retry++;
if（retry>200）return 0;
}
SPI_I2S_SendData（SPI2, TxData）;                           // 通过外设 SPIx 发送一个数据
retry=0;
// 等待接收完一个字节数据
while（SPI_I2S_GetFlagStatus（SPI2, SPI_I2S_FLAG_RXNE）== RESET）
{ retry++;
if（retry>200）return 0;
}
return SPI_I2S_ReceiveData（SPI2）;                         // 返回通过 SPIx 最近接收的数据
}
```

此部分代码主要初始化设置 SPI，实例选择的是 SPI2，所以在 SPI2_Init 函数里面，其相关的操作都是针对 SPI2 的，其初始化步骤和上面（1）介绍的步骤：1）–5）一样，在代码中使用① – ⑤标注。在初始化后，就可以开始使用 SPI2，在 SPI2_Init 函数里面，把 SPI2 的波特率设置成了最低（36MHz，256 分频为 140.625kHz）。SPI2_SetSpeed（）函数用来设置 SPI2 的速度，由于固件库并没有提供单独的设置分频系数，所以，这里通过寄存器设置方式来实现。SPI2_ReadWriteByte（）函数用来实现数据发送和接收。

spi.h 文件比较简单，仅仅是对 SPI2_Init（）函数、SPI2_SetSpeed（）函数、SPI2_ReadWriteByte（）函数的原型进行了声明。

w25qxx.c 文件包含与 W25Q128 存储器操作相关的代码，由于篇幅所限，详细代码这里就不贴出了。下面仅介绍几个重要的函数，首先是 W25QXX_Read（）函数，该函数用于从 W25Q128 的指定地址读出指定长度的数据，其代码与说明如下：

```
/* 在指定地址开始读取 SPI FLASH 指定长度的数据，其参数为：pBuffer：数据存储区；
ReadAddr：开始读取的地址（24bit）；NumByteToRead：读取的字节数（最大 65535）。*/
void W25QXX_Read（u8* pBuffer,u32 ReadAddr,u16 NumByteToRead）
{ u16 i;
```

```
SPI_FLASH_CS=0;                                    // 使能器件
SPI2_ReadWriteByte（W25X_ReadData）;               // 发送读取命令
SPI2_ReadWriteByte（（u8）（（ReadAddr）>>16））; // 发送 24bit 地址
SPI2_ReadWriteByte（（u8）（（ReadAddr）>>8））;
SPI2_ReadWriteByte（（u8）ReadAddr）;
for（i=0;i<NumByteToRead;i++）
{ pBuffer[i]=SPI2_ReadWriteByte（0XFF）;            // 循环读数
}
SPI_FLASH_CS=1;
}
```

W25Q128 支持任意地址（但是不能超过 W25Q128 的地址范围）开始读取数据，此代码作用是：先发送 24 位地址，然后循环读数据。注意：读 W25Q128，其地址会自动增加，另外，读的数据不能超过 W25Q128 的地址范围。

下面介绍 W25QXX_Write（）函数，该函数的作用与 W25QXX_Flash_Read（）的作用类似，不过是向 W25Q128 写数据的，其代码与说明如下。

```
/* 在指定地址开始向 SPI FLASH 写入指定长度的数据，该函数带擦除操作，其参数为：
pBuffer：数据存储区；WriteAddr：开始读取的地址（24bit）；NumByteToWrite：写入的字节
数（最大 65535）。*/
u8 W25QXX_BUFFER[4096];
void W25QXX_Write（u8* pBuffer,u32 WriteAddr,u16 NumByteToWrite）
{ u32 secpos;
u16 secoff;
u16 secremain;
u16 i;
u8 * W25QXX_BUF;
W25QXX_BUF=W25QXX_BUFFER;
secpos=WriteAddr/4096;                              // 指定扇区地址
secoff=WriteAddr%4096;                              // 指定在扇区内的偏移
secremain=4096-secoff;                             // 指定扇区剩余空间大小
// 保证一次写操作不大于 4096 个字节
if（NumByteToWrite<=secremain）secremain=NumByteToWrite;
while（1）{
W25QXX_Read（W25QXX_BUF,secpos*4096,4096）;      // 读出整个扇区的内容
for（i=0;i<secremain;i++）{                        // 校验数据
// 新地址数据不是 0XFF，需要擦除
if（W25QXX_BUF[secoff+i]!=0XFF）break;
}
if（i<secremain）                                  // 写入已写过的地址需要擦除
```

```
{ W25QXX_Erase_Sector（secpos）;                                // 擦除这个扇区
for（i=0;i<secremain;i++）                                      // 将写入数据存放在缓冲区
{ W25QXX_BUF[i+secoff]=pBuffer[i];
}
// 将扇区缓冲区数据写入芯片扇区
W25QXX_Write_NoCheck（W25QXX_BUF,secpos*4096,4096）;
// 无须擦除，直接写入芯片扇区剩余区间
}else  W25QXX_Write_NoCheck（pBuffer,WriteAddr,secremain）;
if（NumByteToWrite==secremain）break;     // 写入完成，退出
else                                       // 当前扇区写满，剩余数据写入下一扇区
{ secpos++;                                // 扇区地址增 1
secoff=0;                                  // 偏移位置为 0
pBuffer+=secremain;                        // 重新指定指针偏移
WriteAddr+=secremain;                      // 重新指定写地址偏移
NumByteToWrite-=secremain;                 // 计算剩余字节数
if（NumByteToWrite>4096）secremain=4096;   // 下一个扇区还不能写不完
else secremain=NumByteToWrite;             // 下一个扇区可以写完
}
};
}
```

该函数可以在 W25Q128 的任意地址开始写入任意长度（必须不超过 W25Q128 的容量）的数据，其操作流程为：先获得首地址（WriteAddr）所在的扇区，并计算在扇区内的偏移，然后判断要写入的数据长度是否超过本扇区所剩下的长度，如果不超过，再先检查是否要擦除，不需要，则直接写入数据，如果需要，则读出整个扇区，在偏移处开始写入指定长度的数据到缓冲区，然后擦除这个扇区，再一次性写入。当所需要写入的数据长度超过一个扇区的长度的时，先按照前面的步骤把扇区剩余部分写完，再在新扇区内执行同样的操作，如此循环，直到写入结束。

w25qxx.h 文件比较简单，仅仅是一些宏定义和函数的原型的声明，具体可参见开发板光盘文件。

本实例与开发板光盘提供的案例有些差异，需要对光盘中 SPI 案例项目中的 main.c 文件重写，其代码和说明如下：

```
#include "led.h"
#include "key.h"
#include "sys.h"
#include "usart.h"
#include "w25qxx.h"
// 定义写入 SPI FLASH 存储器的字符串数组
const u8 TEXT_Buffer[]={"ELITE STM32 SPI TEST"};
```

```
#define SIZE sizeof（TEXT_Buffer）
int main（void）
{ u8 key;                                              // 存放输入按键标识
u16 i=0;
u8 datatemp[SIZE];
u32 FLASH_SIZE;
u16 id = 0;
delay_init（）;                                         // 延时函数初始化
// 设置中断优先级分组为组 2：2 位抢占优先级，2 位响应优先级
NVIC_PriorityGroupConfig（NVIC_PriorityGroup_2）;
uart_init（115200）;                                    // 串口初始化为 115200
LED_Init（）;                                           // 初始化与 LED 连接的硬件接口
KEY_Init（）;                                           // 按键初始化设置
W25QXX_Init（）;                                        //W25QXX 初始化设置
printf（"\r\n ELITE STM32\r\n\r\n"）;                  // 串口输出提示信息
printf（"SPI TEST \r\n\r\n"）;
printf（"KEY1:Write  KEY0:Read\r\n\r\n"）;             // 串口输出操作提示信息
while（1）{
// 读 SPI FLASH 存储器的标识，判断芯片是否为 W25Q128
id = W25QXX_ReadID（）;
    if（id == W25Q128 || id == NM25Q128）break;
// 串口输出提示芯片型号检查失败
printf（"W25Q128 Check Failed!\r\n\r\n"）;
delay_ms（500）;                                        // 延时 500ms
    LED0=!LED0;                                         //DS0 慢速闪烁，指示进行芯片型号
检查
    }
// 串口输出提示芯片型号检查成功，并已配置完成
printf（"W25Q128 Ready!\r\n\r\n"）;
FLASH_SIZE=128*1024*1024;                              // 指定 FLASH 大小为 16MB
    while（1）
    { key=KEY_Scan（0）;                                // 进行按键扫描
//KEY1 按下，数据写入 SPI FLASH 存储器
    if（key==KEY1_PRES）{
printf（"Start Write W25Q128....\r\n\r\n"）;            // 串口输出正在写入提示信息
// 从倒数第 100 个地址处开始，写入 SIZE 长度的数据
    W25QXX_Write（（u8*）TEXT_Buffer,FLASH_SIZE-100,SIZE）;
printf（"W25Q128 Write Finished!\r\n\r\n"）;            // 串口输出写入完成提示信息
    }
```

```
//KEY0 按下，从 SPI FLASH 存储器读取字符串并显示
    if（key==KEY0_PRES）{
printf（"Start Read W25Q128.... \r\n\r\n"）;        // 串口输出正在读出提示信息
// 从倒数第 100 个地址处开始，读出 SIZE 个字节
W25QXX_Read（datatemp,FLASH_SIZE-100,SIZE）;
printf（"The Data Readed Is: "）;                  // 串口输出读出完成提示信息
printf（"%s\r\n ", datatemp）;                     // 串口输出读出的数据
    }
i++;
    delay_ms（10）;
    if（i==20）{
      LED0=!LED0;                                   //DS0快速闪烁，提示主循环正在运行
      i=0;
    }
}
}
```

完成上述代码编写后，编译工程，如有错误，找出原因并更正，最终生成二进制文件。下载、调试、运行软件。

检查开发板的 P3 口上的 RXD 和 TXD 是否和 PA9 和 PA10 引脚连接，如果没有，请先通过跳线帽连接，同时需用 USB 电缆将 P3 口与调试电脑连接。在电脑上打开串口调试助手软件 XCOM V2.0，设置串口为开发板的 USB 转串口，设置波特率为：115200，并打开此串口。下载代码到开发板，通过先按 KEY1 按键写入数据，然后按 KEY0 读取数据，得到如图 11-9 所示。同时可以看 DS0 的不停快速闪烁，提示程序在运行。程序在开机的时候会检测 W25Q128 是否存在，如果不存在，会在显示错误信息，同时 DS0 慢闪。

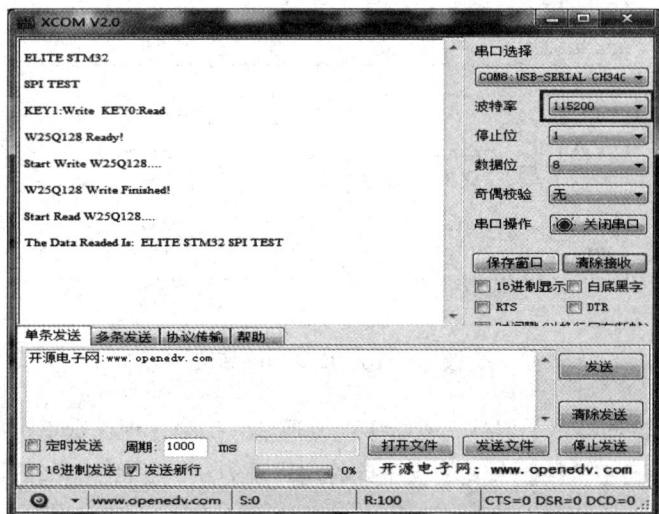

图 11-9　串口调试助手接收到操作提示信息

293

11.3 I2C 通信模块

11.3.1 I2C 模块结构与特性

1. I2C 通信概述

I2C（Inter-lntegrated Circuit，集成电路总线），又称为 IIC 或 I2C，是由原飞利浦公司（现为恩智浦公司）在 20 世纪 80 年代初设计出来的一种简单、双向、二线制、同步串行总线，主要是用来在微控制器与被控芯片之间、芯片与芯片之间进行双向传送，高速 I2C 总线一般可达 400Kbps 以上，I2C 是一种多向控制总线，也就是说多个芯片可以连接到同一总线结构下，同时每个芯片都可以作为实时数据传输的控制源。这种方式简化了信号传输总线接口。

I2C 总线通过 2 条信号线（SDA，串行数据线；SCL，串行时钟线）在连接到总线上的器件之间传送数据，所有连接在总线的 I2C 器件都可以工作于发送方式或接收方式。I2C 总线结构如图 11-10 所示，I2C 总线的 SDA 和 SCL 是双向 I/O 线，必须通过上拉电阻接到正电源，当总线空闲时，2 线都是"高"。所有连接在 I2C 总线上的器件引脚必须是开漏或集电极开路输出，即具有"线与"功能。所有挂在总线上器件的 I2C 引脚接口也应该是双向的；SDA 输出电路用于总线上发数据，而 SDA 输入电路用于接收总线上的数据；主机通过 SCL 输出电路发送时钟信号，同时其本身的接收电路需检测总线上 SCL 电平，以决定下一步的动作，从机的 SCL 输入电路接收总线时钟，并在 SCL 控制下向 SDA 发出或从 SDA 上接收数据，另外也可以通过拉低 SCL（输出）来延长总线周期。

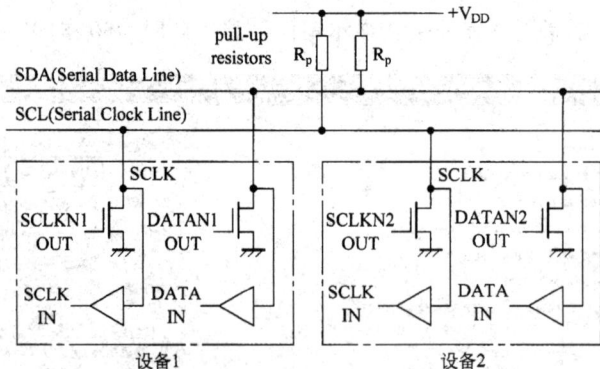

图 11-10 I2C 总线结构

I2C 总线上允许连接多个器件，支持多主机通信。但为了保证数据可靠的传输，任一个时刻总线只能由一台主机控制，其他设备此时均表现为从机。I2C 总线的运行（指数据传输过程）由主机控制。所谓主机控制，就是由主机发出启动信号和时钟信号，控制传输过程结束时发出停止信号等。每一个接到 I2C 总线上的设备或器件都有一个唯一独立的地址，以便于主机寻访。主机与从机之间的数据传输，可以是主机发送数据到从机，也可以是从机发送数据到主机。因此，在 I2C 协议中，除了使用主机、从机的定义外，还使用了发送器、接收器的定义。发送器表示发送数据方，可以是主机，也可以是从机，接收器表示接收数据方，同样也可以代表主机或代表从机。在 I2C 总线上一次完整的通信过程中，主机和从机的角色是固定的，SCL 时钟由主机发出，但发送器和接收器是不固定的，经常变化。

2. I2C 模块内部结构

STM32 微控制器至少集成了一个 I2C 设备接口。它提供多主机功能，可以实现所有 I2C 总线特定的时序、协议、仲裁和定时功能，支持标准传输和快速传输两种模式，同时与 SMBus2.0 兼容。I2C 模块有多种用途，包括 CRC 码的生成和校验、支持 SMbus 协议和 PMBus 协议。根据特定的需要，还可以使用 DMA 以减轻 CPU 的负担。

STM32 微控制器的 I2C 结构，由 SDA 线和 SCL 线展开，主要分为时钟控制、数据控制和控制逻辑等部分，负责实现 I2C 的时钟产生、数据收发、总线仲裁和中断、DMA 等功能，其内部结构如图 11-11 所示。

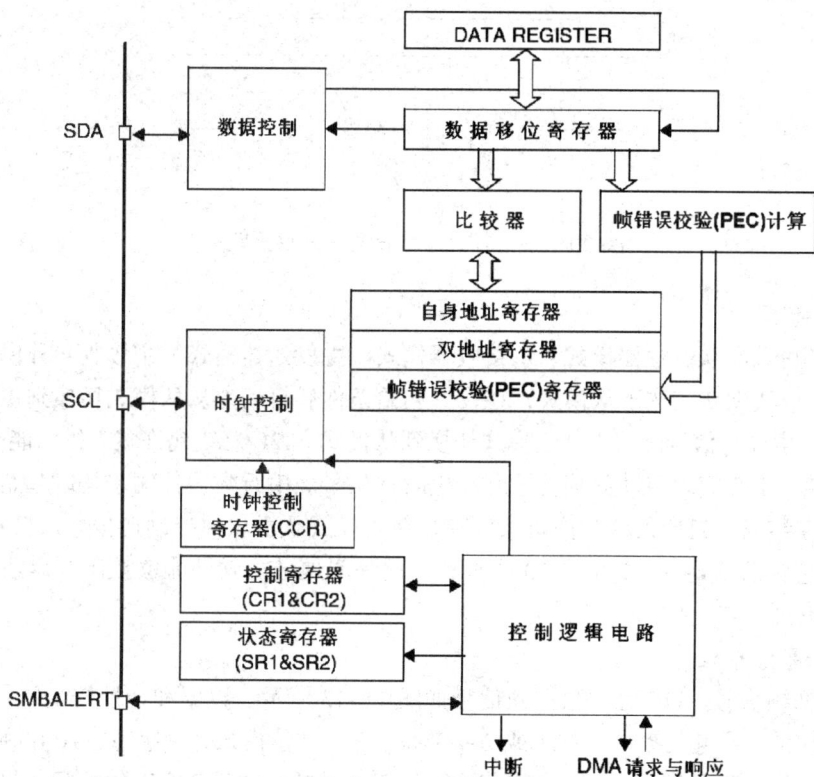

图 11-11　I2C 模块内部结构图

3. I2C 模块主要特性

STM32F103 微控制器的小容量产品有 1 个 I2C 模块，中等容量和大容量产品有 2 个 I2C 模块。其 I2C 模块主要具有以下特性：

（1）所有的 I2C 模块都位于 APB1 总线。

（2）支持标准（200Kb/s）和快速（400Kb/s）两种传输速率。

（3）所有的 I2C 可工作于主模式或从模式，可以作为主发送器、主接收器、从发送器或者从接收器。

（4）支持 7 位或 10 位寻址和广播呼叫。

（5）具有 3 个状态标志：发送器 / 接收器模式标志、字节发送结束标志、总线忙标志。

（6）具有 2 个中断向量：1 个中断用于地址 / 数据通信成功，1 个中断用于错误。

（7）具有单字节缓冲器的 DMA。

（8）兼容系统管理总线 SMBus2.0。

11.3.2　I2C 工作原理

1. 数据位的有效性规定

如图 11-12 所示，I2C 总线进行数据传送时，时钟信号为高电平期间，数据线上的数据必须保持稳定，只有在时钟线上的信号为低电平期间，数据线上的信号才允许变化。

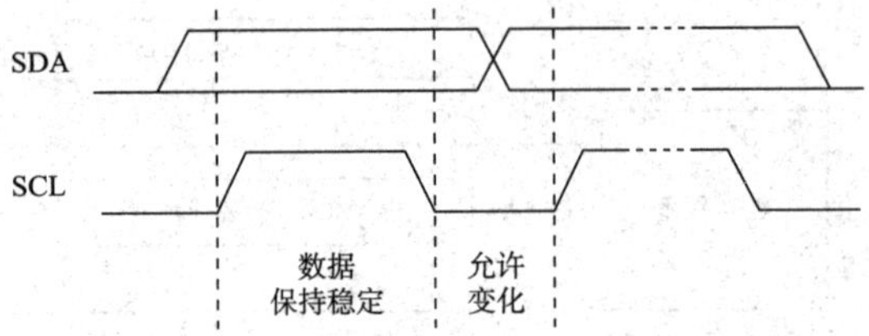

图 11-12　I2C 总线信号有效性规定

2. 模式选择

I2C 模块可以在从发送器模式、从接收器模式、主发送器模式、主接收 4 种模式中的一种运行。I2C 模块默认工作于从模式，在设置起始条件后自动地从从模式切换到主模式；当仲裁丢失或产生停止信号时，则从主模式切换到从模式。I2C 总线允许多主机功能。

主模式时，I2C 模块启动数据传输并产生时钟信号。串行数据传输总是以起始条件开始并以停止条件结束。起始条件和停止条件都是在主模式下由软件控制产生。从模式时，I2C接口能识别它自己的地址（7 位或 10 位）和广播呼叫地址。软件能够控制开启或禁止广播呼叫地址的识别。

3. 总线通信原理

（1）数据帧信号。I2C 总线数据帧信号如图 11-13 所示，数据和地址按 8 位 / 字节进行传输，高位在前。在起始条件后的 1 或 2 字节是地址（7 位模式为 1 字节，10 位模式为 2 字节），地址只在主模式发送。在一个字节传输的 8 个时钟后的第 9 个时钟期间，接收器必须回送一个应答位（ACK）给发送器。软件可以开启或禁止应答（ACK），并可以设置 I2C 接口的地址（7 位、10 位地址或广播呼叫地址）。

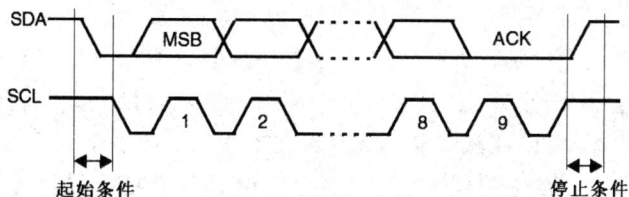

图 11-13　I2C 总线数据帧信号波形

（2）从模式工作原理。I2C 模块默认总是工作在从模式，此模式下为了产生正确的时序，必须在 I2C_CR2 寄存器中设定该模块的输入时钟，输入时钟的频率必须至少是标准模式下为：2MHz 或快速模式下为：4MHz。

一旦检测到起始条件，在 SDA 线上接收到的地址被送到移位寄存器，然后与芯片自己的地址 OAR1 和 OAR2（当 ENDUAL=1）或者广播呼叫地址（如果 ENGC=1）相比较。如果头段或地址不匹配，I2C 接口将其忽略并等待另一个起始条件；若头段匹配（仅 10 位模式），如果 ACK 位被置 1，I2C 模块产生一个应答脉冲并等待 8 位从地址。如果地址匹配，I2C 模块产生以下时序：

① 如果 ACK 被置 1，则产生一个应答脉冲。

② 硬件设置 ADDR 位；如果设置了 ITEVFEN 位，则产生一个中断。

③ 如果 ENDUAL=1，软件必须读 DUALF 位，以确定响应了哪个从地址。

在 10 位模式，接收到地址序列后，从设备总是处于接收器模式。在收到与地址匹配的头序列并且最低位为 1（即 11110xx1）后，当接收到重复的起始条件时，将进入发送器模式。在从模式下 TRA 位指示当前是处于接收器模式还是发送器模式。

若为发送器模式，在接收到地址和清除 ADDR 位后，从发送器将字节从 DR 寄存器经由内部移位寄存器发送到 SDA 线上，同时，从设备保持 SCL 为低电平，直到 ADDR 位被清除并且待发送数据已写入 DR 寄存器，数据发送序列如图 11-14 所示。

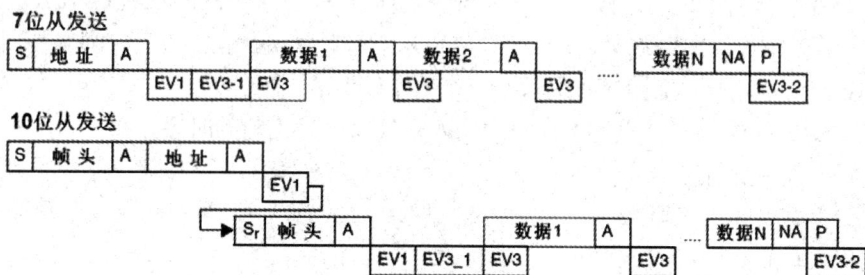

图 11-14　从发送器的发送序列图

图 11-14 中，S：起始条件；Sr：重复的起始条件；P：停止条件；A：响应；NA：非响应；EVx：事件（ITEVFEN=1 时产生中断）；EV1：ADDR=1，读 SR1 然后读 SR2 将清除该事件；EV3-1：TxE=1，移位寄存器空，数据寄存器空，写 DR；EV3：TxE=1，移位寄存器非空，数据寄存器空，写 DR 将清除该事件；EV3-2：AF=1，在 SR1 寄存器的 AF 位写 0 可清除 AF 位。

在发送器模式，当收到应答脉冲时，TxE 位被硬件置位，如果设置了 ITEVFEN 和 ITBUFEN 位，则产生一个中断。如果 TxE 位被置位，但在下一个数据发送结束之前没有新数据写入 I2C_DR 寄存器，则 BTF 位被置位，在清除 BTF 之前 I2C 接口将保持 SCL 为低电平，读出 I2C_SR1 之后再写入 I2C_DR 寄存器将清除 BTF 位，关闭通信。

若为从接收器模式，在接收到地址并清除 ADDR 后，从接收器将通过内部移位寄存器从 SDA 线接收到的字节存进 DR 寄存器。I2C 模块在接收到每个字节后，如果设置了 ACK 位，则产生一个应答脉冲，硬件设置 RxNE=1。如果设置了 ITEVFEN 和 ITBUFEN 位，则产生一个中断。如果 RxNE 被置位，并且在接收新的数据结束之前 DR 寄存器未被读出，BTF 位被置位，在清除 BTF 之前 I2C 接口将保持 SCL 为低电平；读出 I2C_SR1 之后再写入 I2C_DR 寄存器将清除 BTF 位。数据接收序列如图 11-15 所示。

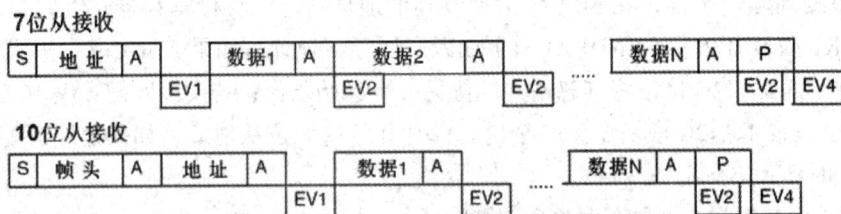

图 11-15　从接收器的接收序列图

图 11-15 中，EV2：RxNE=1，读 DR 将清除该事件，EV4：STOPF=1，读 SR1 然后写 CR1 寄存器将清除该事件，其他符号含义与图 11-14 相同。

在传输完最后一个数据字节后，主设备产生一个停止条件，I2C 模块检测到这一条件时，设置 STOPF=1，如果设置了 ITEVFEN 位，则产生一个中断。最后 I2C 模块等待读 SR1 寄存器，再写 CR1 寄存器，关闭通信。

（3）主模式工作原理。在主模式时，I2C 接口启动数据传输并产生时钟信号。串行数据传输总是以起始条件开始并以停止条件结束。当通过 START 位在总线上产生了起始条件，设备就进入了主模式。主模式下，I2C 模块的输入时钟频率必须至少是标准模式下为：2MHz 或快速模式下为：4MHz。主模式所要求的操作顺序如下：

① 在 I2C_CR2 寄存器中设定该模块的输入时钟以产生正确的时序。

② 配置时钟控制寄存器。

③ 配置上升时间寄存器。

④ 编程 I2C_CR1 寄存器启动外设。

⑤ 置 I2C_CR1 寄存器中的 START 位为 1，产生起始条件。

当 BUSY=0 时，设置 START=1，I2C 接口将产生一个开始条件并切换至主模式（M/SL 位置位）。一旦发出开始条件，SB 位被硬件置位，如果设置了 ITEVFEN 位，则会产生一个中断，然后主设备等待读 SR1 寄存器，紧跟着将从地址写入 DR 寄存器（图 11-16 和图 11-17 中的 EV5），从地址通过内部移位寄存器被送到 SDA 线上，根据送出从地址的最低位，主设备决定进入发送器模式还是进入接收器模式。

若为发送器模式，在发送了地址和清除了 ADDR 位后，主设备通过内部移位寄存器将字节从 DR 寄存器发送到 SDA 线上，主发送器的发送序列如图 11-16 所示。然后，主设备等待，直到 TxE 被清除（图 11-16 中的 EV8）。

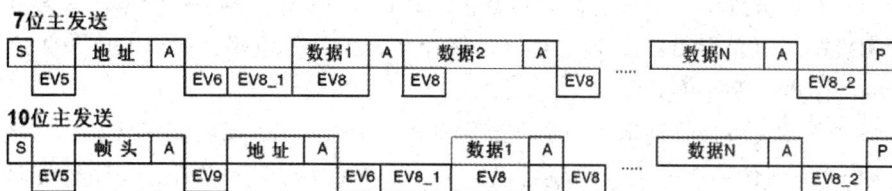

图 11-16　主发送器的发送序列图

图 11-16 中，EV5：SB=1，读 SR1 然后将地址写入 DR 寄存器将清除该事件；EV6：ADDR=1，读 SR1 然后读 SR2 将清除该事件；EV8_1：TxE=1，移位寄存器空，数据寄存器空，写 DR 寄存器；EV8：TxE=1，移位寄存器非空，数据寄存器空，写入 DR 寄存器将清除该事件；EV8_2：TxE=1，BTF=1，请求设置停止位。TxE 和 BTF 位由硬件在产生停止条件时清除；EV9：ADDR10=1，读 SR1 然后写入 DR 寄存器将清除该事件。其他符号含义与图 11-14 相同。

在发送器模式，当收到应答脉冲时，TxE 位被硬件置位，如果设置了 INEVFEN 和 ITBUFEN 位，则产生一个中断。如果 TxE 被置位并且在上一次数据发送结束之前没有写新的数据字节到 DR 寄存器，则 BTF 被硬件置位，在清除 BTF 之前 I2C 接口将保持 SCL 为低电平；读出 I2C_SR1 之后再写入 I2C_DR 寄存器将清除 BTF 位。

在 DR 寄存器中写入最后一个字节后，通过设置 STOP 位产生一个停止条件（图 11-16 中的 EV8_2），然后 I2C 接口将自动回到从模式（M/S 位清除），关闭通信。

若为接收器模式，在发送地址和清除 ADDR 之后，I2C 接口从 SDA 线接收数据字节，并通过内部移位寄存器送至 DR 寄存器，主接收器的接收序列如图 11-17 所示。在每个字节后，I2C 接口依次执行以下操作：

① 如果 ACK 位被置位，发出一个应答脉冲。

② 硬件设置 RxNE=1，如果设置了 INEVFEN 和 ITBUFEN 位，则会产生一个中断（图 11-17 中的 EV7）。

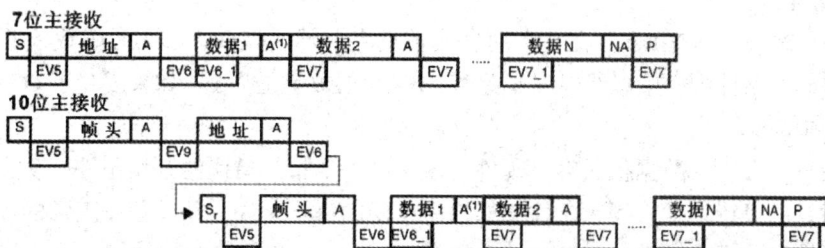

图 11-17　主接收器的接收序列图

图 11-17 中，EV6_1：没有对应的事件标志，只适于接收 1 个字节的情况，恰好在 EV6 之后（即清除了 ADDR 之后），要清除响应和停止条件的产生位。EV7：RxNE=1，读

DR 寄存器清除该事件；EV7_1：RxNE=1，读 DR 寄存器清除该事件，设置 ACK=0 和 STOP 请求，其他符号含义与图 11–16 相同。

如果 RxNE 位被置位，并且在接收新数据结束前，DR 寄存器中的数据没有被读走，硬件将设置 BTF=1，在清除 BTF 之前 I2C 接口将保持 SCL 为低电平；读出 I2C_SR1 之后再读出 I2C_DR 寄存器将清除 BTF 位。

主设备在从从设备接收到最后一个字节后发送一个 NACK，接收到 NACK 后，从设备释放对 SCL 和 SDA 线的控制；主设备就可以发送一个停止 / 重起始条件，关闭通信时，此模式下要进行以下操作：

① 为了在收到最后一个字节后产生一个 NACK 脉冲，在读倒数第二个数据字节之后（在倒数第二个 RxNE 事件之后）必须清除 ACK 位。

② 为了产生一个停止 / 重起始条件，软件必须在读倒数第二个数据字节之后（在倒数第二个 RxNE 事件之后）设置 STOP/START 位。

③ 只接收一个字节时，刚好在 EV6 之后（EV6_1 时，清除 ADDR 之后）要关闭应答和停止条件的产生位。

在产生了停止条件后，I2C 接口自动回到从模式（M/SL 位被清除）。

4. 内部组件功能

STM32 微控制器的 I2C 模块主要包括时钟控制、数据控制和控制逻辑三个组件，各组件的功能如下：

时钟控制组件：根据控制寄存器 CCR、CRI 和 CR2 中的配置产生 I2C 协议的时钟信号，即 SCL 线上的信号。为了产生正确的时序，必须在 I2C_CR2 寄存器中设定 I2C 的输入时钟。当 I2C 工作在标准传输速率时，输入时钟的频率必须大于等于 2MHz；当 I2C 工作在快速传输速率时，输入时钟的频率必须大于等于 4MHz。

数据控制组件：通过移位寄存器和一系列时序控制，将要发送数据按照 I2C 的数据格式加上起始信号、地址信号、应答信号和停止信号，再一位一位从 SDA 线上发送出去。读取数据时，则从 SDA 线上的信号中提取出接收到的数据值。发送和接收的数据都被保存在数据寄存器中。

控制逻辑组件：用于产生 I2C 中断和 DMA 请求。

5. 通信错误

（1）总线错误（BERR）。在一个地址或数据字节传输期间，当 I2C 模块检测到一个外部的停止或起始条件则产生总线错误。此时，BERR 位被置位为 1；如果设置了 ITERREN 位，则产生一个中断。

在从模式情况下，数据被丢弃，硬件释放总线。如果是错误的开始条件，从设备认为是一个重启动，并等待地址或停止条件；如果是错误的停止条件，从设备按正常的停止条件操作，同时硬件释放总线。

在主模式情况下，硬件不释放总线，同时不影响当前的传输状态。此时由软件决定是否要中止当前的传输。

（2）应答错误（AF）。当模块检测到一个无应答位时，产生应答错误。此时，AF 位被置位；如果设置了 ITERREN 位，则产生一个中断，当发送器接收到一个 NACK 时，必须复位通信。

如果是处于从模式，硬件释放总线。如果是处于主模式，软件必须生成一个停止条件。

（3）仲裁丢失（ARLO）。当 I2C 模块检测到仲裁丢失时产生仲裁丢失错误。此时，ARLO 位被硬件置位，如果设置了 ITERREN 位，则产生一个中断；模块自动回到从模式。当模块丢失了仲裁，则它无法在同一个传输中响应它的从地址，但它可以在赢得总线的主设备发送重起始条件之后响应，同时硬件将释放总线。

（4）过载 / 欠载错误（OVR）。在从模式下，如果禁止时钟延长，模块正在接收数据时，当它已经接收到一个字节（RxNE=1），但在 DR 寄存器中前一个字节数据还没有被读出，则发生过载错误。此时，最后接收的数据被丢弃；在过载错误时，软件应清除 RxNE 位，发送器应该重新发送最后一次发送的字节。

在从模式下，如果禁止时钟延长，模块正在发送数据时，在下一个字节的时钟到达之前，新的数据还未写入 DR 寄存器（TxE=1），则发生欠载错误。此时，在 DR 寄存器中的前一个字节将被重复发出；用户应该确定在发生欠载错时，接收端应丢弃重复接收到的数据，发送端应按 I2C 总线标准在规定的时间更新 DR 寄存器。

6. I2C 中断

在 I2C 数据通信过程中，会产生多种中断请求，I2C 的各种中断事件被连接到同两个中断通道，开发者可通过查看 I2C 中断请求标志位来确定具体中断类型，并采取不同的中断响应操作。

I2C 中断事件及其使能标志位见表 11.5，如果设置了对应的使能控制位，这些事件就可以产生各自的中断。

表 11.5　I2C 中断事件及其使能标志位

中断事件	中断标志	使能位
起始位已发送（主）	SB	ITEVFEN
地址已发送（主）或地址匹配（从）	ADDR	
10 位头段已发送（主）	ADD10	
已收到停止（从）	STOPF	
数据字节传输完成	BTF	
接收缓冲区非空	RxNE	ITEVFEN 和 ITBUFEN
发送缓冲区空	TxE	
总线错误	BERR	ITERREN
仲裁丢失（主）	ARLO	
响应失败	AF	
过载 / 欠载	OVR	
PEC 错误	PECERR	
超时 /Tlow 错误	TIMEOUT	
SMBus 提醒	SMBALERT	

注意：SB、ADDR、ADD10、STOPF、BTF、RxNE 和 TxE 通过逻辑或汇到同一个中断通道；BERR、ARLO、AF、OVR、PECERR、TIMEOUT 和 SMBALERT 通过逻辑或汇到另一个中断通道。

11.3.3　I2C 寄存器说明

STM32 微控制器的 I2C 模块也由 9 个寄存器来控制，下面介绍 I2C 通信寄存器的功能。

1. 控制寄存器 1（I2C_CR1）

偏移地址：0x00；复位值：0x0000

I2C_CR1 寄存器各位定义如下，其保留位硬件强制为 0。

15	14	13	12	11	10	9	8	7	6	5	4	3	2	1	0
SWRST	保留	ALERT	PEC	POS	ACK	STOP	START	NO STRETCH	ENGC	ENPEC	ENARP	SMB TYPE	保留	SMBUS	PE
rw	res	rw	rw	rw	rw	rw	rw	rw	rw	rw	rw	rw	res	rw	rw

说明：

位 15	SWRST：软件复位，当被置位时，I2C 处于复位状态。在复位该位前确信 I2C 的引脚被释放，总线是空的 0：I2C 模块不处于复位状态；1：I2C 模块处于复位状态 注：该位可以用于 BUSY 位为'1'，在总线上又没有检测到停止条件时
位 13	ALERT：SMBus 提醒，软件可以设置或清除该位；当 PE=0 时，由硬件清除 0：释放 SMBAlert 引脚使其变高。提醒响应地址头紧跟在 NACK 信号后面；1：驱动 SMBAlert 引脚使其变低。提醒响应地址头紧跟在 ACK 信号后面
位 12	PEC：数据包出错检测，软件可以设置或清除该位；当传送 PEC 后，或起始或停止条件时，或当 PE=0 时硬件将其清除 0：无 PEC 传输；1：PEC 传输（在发送或接收模式） 注：仲裁丢失时，PEC 的计算失效
位 11	POS：应答/PEC 位置（用于接收），软件可以设置或清除该位，或当 PE=0 时，由硬件清除 0：ACK 位控制当前移位寄存器内正在接收的字节的（N）ACK，PEC 位表明当前移位寄存器内的字节是 PEC；1：ACK 位控制在移位寄存器里接收的下一个字节的（N）ACK，PEC 位表明在移位寄存器里接收的下一个字节是 PEC 注：POS 位只能用在 2 字节的接收配置中，必须在接收数据之前配置 为了 NACK 第 2 个字节，必须在清除 ADDR 为之后清除 ACK 位 为了检测第 2 个字节的 PEC，必须在配置了 POS 位之后，拉伸 ADDR 事件时设置 PEC 位
位 10	ACK：应答使能，软件可以设置或清除该位，或当 PE=0 时，由硬件清除 0：无应答返回；1：在接收到一个字节后返回一个应答（匹配的地址或数据）
位 9	STOP：停止条件产生，软件可以设置或清除该位；当检测到停止条件时，由硬件清除；当检测到超时错误时，硬件将其置位 在主模式下：0：无停止条件产生；1：在当前字节传输或在当前起始条件发出后产生停止条件 在从模式下：0：无停止条件产生；1：在当前字节传输或释放 SCL 和 SDA 线 注：当设置了 STOP、START 或 PEC 位，在硬件清除这个位之前，软件不要执行任何对 I2C_CR1 的写操作，否则有可能会第 2 次设置 STOP、START 或 PEC 位
位 8	START：起始条件产生，软件可以设置或清除该位，或当起始条件发出后或 PE=0 时，由硬件清除 在主模式下：0：无起始条件产生；1：重复产生起始条件 在从模式下：0：无起始条件产生；1：当总线空闲时，产生起始条件
位 7	NOSTRETCH：禁止时钟延长（从模式），该位用于当 ADDR 或 BTF 标志被置位，在从模式下禁止时钟延长，直到它被软件复位 0：允许时钟延长；1：禁止时钟延长
位 6	ENGC：广播呼叫使能 0：禁止广播呼叫。以非应答响应地址 00h；1：允许广播呼叫.以应答响应地址 00h
位 5	ENPEC：PEC 使能 0：禁止 PEC 计算；1：开启 PEC 计算
位 4	ENARP：ARP 使能 0：禁止 ARP；1：使能 ARP 如果 SMBTYPE=0，使用 SMBus 设备的默认地址；如果 SMBTYPE=1，使用 SMBus 的主地址
位 3	SMBTYPE：SMBus 类型 0：SMBus 设备；1：SMBus 主机
位 1	SMBUS：SMBus 模式 0：I2C 模式；1：SMBus 模式
位 0	PE：I2C 模块使能 0：禁用 I2C 模块；1：启用 I2C 模块。根据 SMBus 位设置，相应的 I/O 口需配置为复用功能 注：如果清除该位时通讯正在进行，在当前通讯结束后，I2C 模块被禁用并返回空闲状态；由于在通讯结束后发生 PE = 0，所有的位被清除 在主模式下，通讯结束之前，绝不能清除该位

2. 控制寄存器 2（I2C_CR2）

偏移地址：0x04；复位值：0x0000

I2C_CR2 寄存器各位定义如下，其保留位硬件强制为 0。

说明：

位 12	LAST: DMA 最后一次传输 0: 下一次 DMA 的 EOT 不是最后的传输；1: 下一次 DMA 的 EOT 是最后的传输 注: 该位在主接收模式使用，使得在最后一次接收数据时可以产生一个 NACK
位 11	DMAEN: DMA 请求使能 0: 禁止 DMA 请求；1: 当 TxE=1 或 RxNE =1 时，允许 DMA 请求
位 10	ITBUFEN: 缓冲器中断使能 0: 当 TxE=1 或 RxNE=1 时，不产生任何中断；1: 当 TxE=1 或 RxNE=1 时，产生事件中断（不管 DMAEN 是何种状态）
位 9	ITEVTEN: 事件中断使能 0: 禁止事件中断；1: 允许事件中断 在下列条件下，将产生该中断：① SB = 1（主模式）；② ADDR = 1（主 / 从模式）；③ ADD10= 1（主模式）；④ STOPF = 1（从模式）；⑤ BTF = 1，但是没有 TxE 或 RxNE 事件；⑥如果 ITBUFEN = 1，TxE 事件为 1；⑦如果 ITBUFEN = 1，RxNE 事件为 1
位 8	ITERREN: 出错中断使能 0: 禁止出错中断；1: 允许出错中断 在下列条件下，将产生该中断：① BERR = 1；② ARLO = 1；③ AF = 1；④ OVR = 1；⑤ PECERR = 1；⑥ TIMEOUT = 1；⑦ SMBAlert = 1
位 5:0	FREQ[5:0]: I2C 模块时钟频率，必须设置正确的输入时钟频率以产生正确的时序，允许的范围在 2~36MHz 之间，000000: 禁用；000001: 禁用；000010: 2MHz；…；100100: 36MHz；大于 100100: 禁用

3. 自身地址寄存器 1（I2C_OAR1）

偏移地址：0x08；复位值：0x0000

I2C_OAR1 寄存器各位定义如下，其保留位硬件强制为 0。

15	14	13	12	11	10	9	8	7	6	5	4	3	2	1	0
ADD MODE	保留		保留			ADD[9:8]		ADD[7:1]							ADD0
rw	res		res			rw	rw	rw	rw	rw	rw	rw	rw	rw	rw

该寄存器用来指定模块通信地址。15 位 ADDMODE 用来指定寻址模式（从模式），0：7 位从地址（不响应 10 位地址）；1：10 位从地址（不响应 7 位地址）；ADD[9:0] 是模块地址。注意：该寄存器的 14 位必须始终由软件保持为 1。

4. 自身地址寄存器 2（I2C_OAR2）

偏移地址：0x0C；复位值：0x0000

I2C_OAR2 寄存器各位定义如下，其保留位硬件强制为 0。

15	14	13	12	11	10	9	8	7	6	5	4	3	2	1	0
保留								ADD2[7:1]							ENDUAL
res								rw	rw	rw	rw	rw	rw	rw	rw

该寄存器用来指定模块第二个通信地址。第 0 位 ENDUAL 是双地址模式使能位，0：在 7 位地址模式下，只有 OAR1 被识别；1：在 7 位地址模式下，OAR1 和 OAR2 都被识别。ADD2[7:1] 指定模块第二个地址。

5. 数据寄存器（I2C_DR）

偏移地址：0x10；复位值：0x0000

I2C_DR 寄存器的高 8 位保留，被硬件强制为 0。其低 8 位用于存放接收到的数据或放置用于发送到总线的数据。发送器模式：当写一个字节至 DR 寄存器时，自动启动数据传输。一旦传输开始（TxE=1），如果能及时把下一个需传输的数据写入 DR 寄存器，I2C 模块将保持连续的数据流。接收器模式：接收到的字节被拷贝到 DR 寄存器（RxNE=1）。在接收到下一个字节（RxNE=1）之前读出数据寄存器，即可实现连续的数据传送。

6. 状态寄存器 1（I2C_SR1）

偏移地址：0x14；复位值：0x0000

I2C_SR1 寄存器各位定义如下，其保留位硬件强制为 0。

15	14	13	12	11	10	9	8	7	6	5	4	3	2	1	0
SMB ALERT	TIME OUT	保留	PEC ERR	OVR	AF	ARLO	BERR	TxE	RxNE	保留	STOPF	ADD10	BTF	ADDR	SB
rc w0	rc w0	res	rc w0	rc w0	rc w0	rc w0	rc w0	r	r	res	r	r	r	r	r

说明：

位 15	SMBALERT：SMBus 提醒 在 SMBus 主机模式下：0：无 SMBus 提醒；1：在引脚上产生 SMBAlert 提醒事件 在 SMBus 从机模式下 0：没有 SMBAlert 响应地址头序列；1：收到 SMBAlert 响应地址头序列至 SMBAlert 变低 注：该位由软件写'0'清除，或在 PE=0 时由硬件清除；该位可以用于 BUSY 位为 1，在总线上又没有检测到停止条件时
位 14	TIMEOUT：超时或 Tlow 错误，当在从模式下设置该位：从设备复位通讯，硬件释放总线；当在主模式下设置该位：硬件发出停止条件； 0：无超时错误；1：SCL 处于低已达到 25ms（超时）；或者主机低电平累积时钟扩展时间超过 10ms；或从设备低电平累积时钟扩展时间超过 25ms 注：该位由软件写'0'清除，或在 PE=0 时由硬件清除
位 12	PECERR：在接收时发生 PEC 错误 0：无 PEC 错误：接收到 PEC 后接收器返回 ACK（如果 ACK=1）；1：有 PEC 错误：接收到 PEC 后接收器返回 NACK（不管 ACK 是什么值） 注：该位由软件写'0'清除，或在 PE=0 时由硬件清除
位 11	OVR：过载 / 欠载。当 NOSTRETCH=1 时，在从模式下该位被硬件置位，同时，在接收模式中当收到一个新的字节时（包括 ACK 应答脉冲），数据寄存器里的内容还未被读出，则新接收的字节将丢失；在发送模式中当要发送一个新的字节时，却没有新的数据写入数据寄存器，同样的字节将发送两次；该位由软件写'0'清除，或在 PE=0 时由硬件清除 0：无过载 / 欠载；1：出现过载 / 欠载 注：如果数据寄存器的写操作发生时间非常接近 SCL 的上升沿，发送的数据是不确定的，并发生保持时间错误
位 10	AF：应答失败，当没有返回应答时，硬件将该位为'1'；该位由软件写'0'清除，或在 PE=0 时由硬件清除 0：没有应答失败；1：应答失败
位 9	ARLO：仲裁丢失（主模式） 0：没有检测到仲裁丢失；1：检测到仲裁丢失 当接口失去对总线的控制给另一个主机时，硬件将置该位为'1'；该位由软件写'0'清除，或在 PE=0 时由硬件清除；在 ARLO 事件之后，I2C 接口自动切换回从模式（M/SL=0）

位 8	BERR：总线出错，当模块检测到错误的起始或停止条件，硬件将该位置'1'；该位由软件写'0'清除，或在 PE=0 时由硬件清除；在主模式下：0：无起始条件产生；1：重复产生起始条件；在从模式下：0：无起始条件产生；1：当总线空闲时，产生起始条件 0：无起始或停止条件出错；1：起始或停止条件出错
位 7	TxE：数据寄存器为空（发送时），在发送数据时，数据寄存器为空时该位被置'1'，在发送地址阶段不设置该位；软件写数据到 DR 寄存器可清除该位；或在发生一个起始或停止条件后，或当 PE=0 时由硬件自动清除； 如果收到一个 NACK，或下一个要发送的字节是 PEC（PEC=1），该位不被置位 0：数据寄存器非空；1：数据寄存器空 注：在写入第 1 个要发送的数据后，或设置了 BTF 时写入数据，都不能清除 TxE 位，这是因为数据寄存器仍然为空
位 6	RxNE：数据寄存器非空（接收时），在接收时，当数据寄存器不为空，该位被置'1'。在接收地址阶段，该位不被置位；软件对数据寄存器的读写操作清除该位，或当 PE=0 时由硬件清除；在发生 ARLO 事件时，RxNE 不被置位 0：数据寄存器为空；1：数据寄存器非空 注：当设置了 BTF 时，读取数据不能清除 RxNE 位，因为数据寄存器仍然为满
位 4	STOPF：停止条件检测位（从模式），在一个应答之后（如果 ACK=1），当从设备在总线上检测到停止条件时，硬件将该位置'1'；软件读取 SR1 寄存器后，对 CR1 寄存器的写操作将清除该位，或当 PE=0 时，硬件清除该位 0：没有检测到停止条件；1：检测到停止条件 注：在收到 NACK 后，STOPF 位不被置位
位 3	ADD10：10 位头序列已发送（主模式），在 10 位地址模式下，当主设备已经将第一个字节发送出去时，硬件将该位置'1'；软件读取 SR1 寄存器后，对 CR1 寄存器的写操作将清除该位，或当 PE=0 时，硬件清除该位 0：没有 ADD10 事件发生；1：主设备已经将第一个地址字节发送出去 注：收到一个 NACK 后，ADD10 位不被置位
位 2	BTF：字节发送结束，当 NOSTRETCH=0 时，在下列情况下硬件将该位置'1'：在接收时，当收到一个新字节（包括 ACK 脉冲）且数据寄存器还未被读取（RxNE=1）；在发送时，当一个新数据将被发送且数据寄存器还未被写入新的数据（TxE=1）；在软件读取 SR1 寄存器后，对数据寄存器的读或写操作将清除该位，或在传输中发送一个起始或停止条件后，或当 PE=0 时，由硬件清除该位 0：字节发送未完成；1：字节发送结束 注：在收到一个 NACK 后，BTF 位不会被置位；如果下一个要传输的字节是 PEC（I2C_SR2 寄存器中 TRA 为'1'，同时 I2C_CR1 寄存器中 PEC 为'1'），BTF 位不会被置位
位 1	ADDR：地址已被发送（主模式）/地址匹配（从模式），在软件读取 SR1 寄存器后，对 SR2 寄存器的读操作清除该位，或当 PE=0 时，由硬件清除该位 地址匹配（从模式），0：地址不匹配或没有收到地址；1：收到的地址匹配 当收到的从地址与 OAR 寄存器中的内容相匹配、或发生广播呼叫、或 SMBus 设备默认地址或 SMBus 主机识别出 SMBus 提醒时，硬件就将该位置'1'（当对应的设置被使能时） 地址已被发送（主模式）。0：地址发送没有结束；1：地址发送结束 10 位地址模式时，当收到地址的第二个字节的 ACK 后该位被置'1'；7 位地址模式时，当收到地址的 ACK 后该位被置'1' 注：在收到 NACK 后，ADDR 位不会被置位
位 0	SB：起始位（主模式），当发送出起始条件时该位被置'1'；软件读取 SR1 寄存器后，写数据寄存器的操作将清除该位，或当 PE=0 时，硬件清除该位 0：未发送起始条件；1：起始条件已发送

7. 状态寄存器 2（I2C_SR2）

偏移地址：0x18；复位值：0x0000

I2C_SR2 寄存器各位定义如下，其保留位硬件强制为 0。

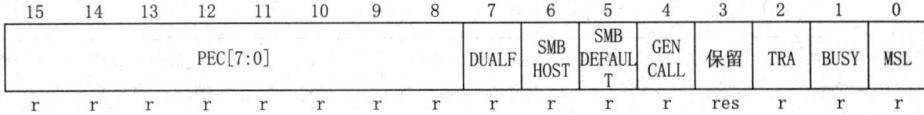

15	14	13	12	11	10	9	8	7	6	5	4	3	2	1	0
			PEC[7:0]					DUALF	SMB HOST	SMB DEFAUL T	GEN CALL	保留	TRA	BUSY	MSL
r	r	r	r	r	r	r	r	r	r	r	r	res	r	r	r

说明：

位 15:8	PEC[7:0]：数据包出错检测，当 ENPEC=1 时，PEC[7:0] 存放内部的 PEC 的值
位 7	DUALF：双标志（从模式），在产生一个停止条件或一个重复的起始条件时，或 PE=0 时，硬件将该位清除 0：接收到的地址与 OAR1 内的内容相匹配；1：接收到的地址与 OAR2 内的内容相匹配
位 6	SMBHOST: SMBus 主机头系列（从模式），在产生一个停止条件或一个重复的起始条件时，或 PE=0 时，硬件将该位清除 0：未收到 SMBus 主机地址；1：当 SMBTYPE=1 且 ENARP=1 时，收到 SMBus 主机地址
位 5	SMBDEFAULT: SMBus 设备默认地址（从模式），在产生一个停止条件或一个重复的起始条件时，或 PE=0 时，硬件将该位清除 0：未收到 SMBus 设备的默认地址；1：当 ENARP=1 时，收到 SMBus 设备的默认地址
位 4	GENCALL：广播呼叫地址（从模式），在产生一个停止条件或一个重复的起始条件时，或 PE=0 时，硬件将该位清除 0：未收到广播呼叫地址；1：当 ENGC=1 时，收到广播呼叫的地址
位 2	TRA：发送 / 接收，在整个地址传输阶段的结尾，该位根据地址字节的 R/W 位来设定；在检测到停止条件（STOPF=1）、重复的起始条件或总线仲裁丢失（ARLO=1）后，或当 PE=0 时，硬件将其清除 0：接收到数据；1：数据已发送
位 5:0	FREQ[5:0]：I2C 模块时钟频率，必须设置正确的输入时钟频率以产生正确的时序，允许的范围在 2~36MHz 之间，000000：禁用；000001：禁用；000010：2MHz；…；100100：36MHz；大于 100100：禁用
位 1	BUSY：总线忙，用来指示当前正在进行的总线通信，当接口被禁用（PE=0）时该信息仍然被更新。在检测到 SDA 或 SCl 为低电平时，硬件将该位置 '1'；当检测到一个停止条件时，硬件将该位清除 0：在总线上无数据通信；1：在总线上正在进行数据通信
位 0	MSL：主从模式，当接口处于主模式（SB=1）时，硬件将该位置位；当总线上检测到一个停止条件、仲裁丢失（ARLO=1 时）、或当 PE=0 时，硬件清除该位 0：从模式；1：主模式

8. 时钟控制寄存器（I2C_CCR）

偏移地址：0x1C；复位值：0x0000

I2C_CCR 寄存器只有在关闭 I2C 时（PE=0）才能设置，且要求 FPCLK1 应当是 10 MHz 的整数倍，这样可以正确地产生 400kHz 的快速时钟，其各位定义如下，其保留位硬件强制为 0。

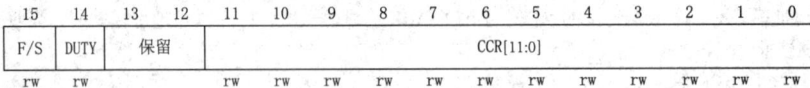

15	14	13	12	11	10	9	8	7	6	5	4	3	2	1	0
F/S	DUTY	保留		CCR[11:0]											
rw	rw			rw	rw	rw	rw	rw	rw	rw	rw	rw	rw	rw	rw

说明：

位 15	F/S：I2C 主模式选项 0：标准模式的 I2C；1：快速模式的 I2C
位 14	DUTY：快速模式时的占空比 0：快速模式下：Tlow/Thigh = 2；1：快速模式下：Tlow/Thigh = 16/9

位 11:0	CCR[11:0]：快速 / 标准模式下的时钟控制分频系数（主模式），用于设置主模式下的 SCL 时钟 在 I2C 标准模式或 SMBus 模式下，Thigh = CCR × TPCLK1；Tlow = CCR × TPCLK1 在 I2C 快速模式下，如果 DUTY = 0：Thigh = CCR × TPCLK1；Tlow = 2 × CCR × TPCLK1 如果 DUTY = 1：（速度达到 400kHz），Thigh = 9 × CCR × TPCLK1；Tlow = 16 × CCR × TPCLK1 例如：在标准模式下，产生 100kHz 的 SCL 的频率：如果 FREQR = 08，TPCLK1 = 125ns，则 CCR 必须写入 0x28（40 × 125ns = 5000 ns） 注：①允许设定的最小值为 0x04，在快速 DUTY 模式下允许的最小值为 0x01；②Thigh=tr（SCL）+tw（SCLH），详见数据手册中对这些参数的定义；③Tlow=tf（SCL）+tw（SCLL），详见数据手册中对这些参数的定义；④这些延时没有过滤器；⑤只有在关闭 I2C 时（PE = 0）才能设置 CCR 寄存器；⑥fCK 应当是 10MHz 的整数倍，这样可以正确产生 400kHz 的快速时钟

9.TRISE 寄存器（I2C_TRISE）

偏移地址：0x20；复位值：0x0002

I2C_TRISE 寄存器的位 15:6 保留，被硬件强制为 0。位 5:0 用来指定在快速 / 标准模式下的最大上升时间（主模式），这些位必须设置为 I2C 总线规范里给出的最大的 SCL 上升时间，增长步幅为 1。

例如：标准模式中最大允许 SCL 上升时间为 1000ns。如果在 I2C_CR2 寄存器中 FREQ[5:0] 中的值等于 0x08 且 TPCLK1=125ns，故 TRISE[5:0] 中必须写入 09h（1000ns/125 ns = 8+1）。滤波器的值也可以加到 TRISE[5:0] 内。如果结果不是一个整数，则将整数部分写入 TRISE[5:0] 以确保 tHIGH 参数。

注：只有当 I2C 被禁用（PE=0）时，才能设置 TRISE[5:0]。

11.3.4　I2C 应用实例软件开发

下面以使用微控制器通过 I2C 来读写 EEPROM 芯片型号为 AT24C02 为实例介绍 I2C 通信模块的软件开发。

1.AT24C02 简介

AT24C02 是美国 ATMEL 公司的低功耗 CMOS 串行 EEPROM，它是内含 256×8 位存储空间，具有工作电压宽（2.5–5.5V）、自定时擦写周期、擦写次数多（大于 10000 次）、写入速度快（小于 10ms）等特点。

AT24C02 的 1、2、3 脚是三条地址线，用于确定芯片的硬件地址；第 5 脚 SDA 为串行数据输入 / 输出，数据通过这条双向 I2C 总线串行传送，SDA 和 SCL 都需要和正电源间各接一个上拉电阻。

AT24C02 中带有片内地址寄存器。每写入或读出一个数据字节后，该地址寄存器自动加 1，以实现对下一个存储单元的读写，所有字节均以单一操作方式读取。AT24C02 有一个 16B 的页写缓冲器和一个写保护功能。

AT24C02 单字节写时序如图 11–18 所示，主要分 5 个步骤：①开始；②写设备地址；③写数据地址；④写一字节数据；⑤停止。对 AT24C02 进行连续多字节写操作可通过单字节写操作实现，但速度较慢，通过页写的方式速度能提升，不过一次页写操作最多能写 8 个字节，感兴趣，可参见 AT24C02 数据手册。

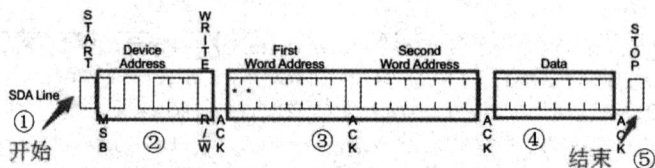

图 11-18　AT24C02 单字节数据写时序图

AT24C02 可一次读取单字节或多个字节的数据，其读时序如图 11-19 所示，主要分 7 个步骤：①开始；②写设备地址；③写数据地址；④重新开始；⑤读设备地址；⑥读一字节数据；⑦停止。只不过在多字节读到最后一位数据之前，必须产生应答位，而最后一位产生非应答位。

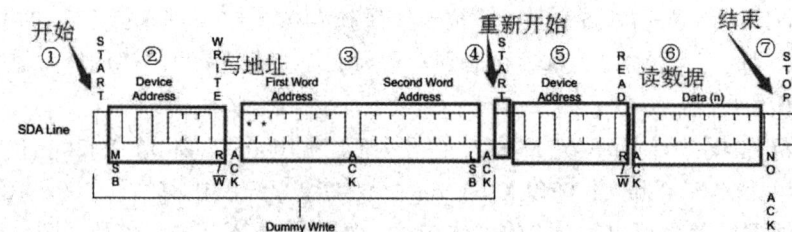

图 11-19　AT24C02 数据读时序图

2.I2C 配置过程及相关库函数说明

固件库中，I2C 通信相关库函数分布在 stm32f10x_i2c.c 和 stm32f10x_i2c.h 文件中，I2C 的配置是主要通过设置 11.3.3 所述寄存器中的相应位域的值来实现。下面介绍库函数下 I2C 模块的配置步骤：

（1）配置相关引脚的复用功能，使能 I2C 时钟。要使用 I2C，第一步就要使能 I2C 的时钟。其次要设置 I2C 的相关引脚为开漏输出，这样才会连接到 I2C，否则这些 I/O 口还是默认的状态，也就是标准输入输出口。STM32F103 微控制器的 I2C 总线模块连接在内部 APB1 总线上，固件库中，可用 RCC_APB1PeriphClockCmd（）函数来实现。

对于 STM32F103 微控制器的 I2C 总线 1 使用的 I/O 口是 PB6、PB7，设置这两个引脚为开漏输出模式，可通过调用固件库中的 GPIO_Init（）函数来实现，使能 GPIOB 端口的时钟可用 RCC_APB2PeriphClockCmd（）函数来实现。

（2）初始化 I2C，设置 I2C 的工作参数。对于访问外部 I2C EEPROM，需设置 I2C 模块为主机模式，此外还需设置地址、速率等参数。固件库中，I2C 的初始化设置可通过 I2C_Init（）函数来实现，其声明如下：

void I2C_Init（I2C_TypeDef* I2Cx, I2C_InitTypeDef* I2C_InitStruct）；

与其他外设初始化设置一样，此函数的第一个参数是 I2C 标号，第二个参数是结构体类型 I2C_InitTypeDef 的指针，该结构体的成员变量和说明如下：

typedef struct {

uint32_t I2C_ClockSpeed;　　　　　　　/* 用来设置 SCL 传输速率，将配置时钟控制寄存器

CCR，参数值不得高于 400000。*/

　　uint16_t I2C_Mode;　　　　　　　　/* 用来指定工作模式，可选 I2C 模式或 SMBus 模式，SMBus 模式又分主、从两种模式。*/

　　uint16_t I2C_DutyCycle;　　　　　　/* 用来指定时钟占空比，可选 low/high = 2:1 及 16:9 模式，实际使用中一般要求都不会如此严格，随便选就可以。*/

　　uint16_t I2C_OwnAddress1;　　　　　/* 用来指定自身的 I2C 设备地址，可 设 置 为 7 位或 10 位。*/

　　uint16_t I2C_Ack;　　　　　　　　　/* 指定使能或关闭响应（一般都要使能）。*/

　　uint16_t I2C_AcknowledgedAddress; /* 指定地址的长度，可为 7 位及 10 位。*/

　　} I2C_InitTypeDef;

　　（3）使能 I2C 外设。初始化完成后接下来是要使能 I2C 才可以开始 I2C 通信。固件库中，使能 I2C 外设可通过 I2C_Cmd（）函数来实现，以下代码实现使能 I2C1 外设：

　　I2C_Cmd（I2C1, ENABLE）;

　　（4）I2C 传输数据。固件库中，通过 I2C 总线发送数据可通过 I2C_SendData（）函数来实现，此函数声明如下：

　　void I2C_SendData（I2C_TypeDef* I2Cx, uint8_t Data）;

　　此函数第一个参数指定那个 I2C 总线，第二参数为往 I2Cx 数据寄存器写入数据 Data，从而实现发送。

　　固件库中，通过 I2C 总线接收数据可通过 I2C_ReceiveData（）函数来实现，此函数声明如下：

　　uint8_t I2C_ReceiveData（I2C_TypeDef* I2Cx）;

　　I2C 总线进行传输数据时，要产生开始和停止信号，固件库中，通过 I2C_GenerateSTART（）和 I2C_GenerateSTOP（）函数来实现，其函数声明如下：

　　void I2C_GenerateSTART（I2C_TypeDef* I2Cx, FunctionalState NewState）;

　　void I2C_GenerateSTOP（I2C_TypeDef* I2Cx, FunctionalState NewState）;

　　函数第一个参数指定那个 I2C 总线，第二参数为 ENABLE 或 DISABLE。

　　（5）监控 I2C 传输状态。在 I2C 总线传输过程中，需要判断总线时序状态，固件库中，可通过 I2C_CheckEvent（）函数来实现，对于判断 SPI2 发送是否完成的代码如下：

　　ErrorStatus I2C_CheckEvent（I2C_TypeDef* I2Cx, uint32_t I2C_EVENT）;

　　函数第一个参数指定那个 I2C 总线，第二参数指定监测那个时序状态。

　　3. 实例软件开发

　　本实例在开发板上实现功能是：开机的时候先检测 AT24C02 是否存在，然后在主循环里面检测两个按键，其中 1 个按键（KEY0）用来执行写入 AT24C02 的操作，另外一个按键（WK_UP）用来执行读出操作，同时在串口 1 打印输出相关操作信息，并用 DS0 提示程序正在运行。

　　开发板上 AT24C02 直接连在 STM32F103 微控制器的 I2C 总线 1 上，开发板上 AT24C02 的 SCL 和 SDA 分别连在微控制器的 PB6 和 PB7 引脚。项目的工程工作组见表 11.6。

表 11.6　IIC 工程工作组文件组成

工作组	包含源文件	功能说明
CORE 工作组	core cm3.c	CM3 内核接口
	startup_stm32f10x_hd.s	微控制器的启动文件
FWLIB 工作组	stm32f10x_gpio.c	GPIO 的底层配置函数
	stm32f10x rcc.c	RCC 的底层配置函数
	stm32f10x usart.c	USART 的底层配置函数
	stm32f10x i2c.c	I2C 的底层配置函数
	misc.c	外设对内核中 NVIC 的访问函数
HARDWARE 工作组	led.c	LED 灯驱动函数
	key.c	按键驱动函数
	24cxx.c	AT24XX 驱动函数
SYSTEM 工作组	sys.c	厂商提供中断分组函数
	usart.c	串口初始化配置函数
	delay.c	厂商提供延时函数
USER 工作组	main.c	实例应用代码
	stm32f10x it.c	微控制器的中断服务子程序
	svstem stm32f10x.c	设置系统时钟和总线时钟函数

　　实例软件开发中主要要编写 24cxx.c、24cxx.h、和 main.c 三个文件，工程中的其他文件与 10.2.4 小节、11.1.4 小节部分相同，本实例与开发板光盘提供的案例有些差异，需要对这三个文件重写，下面着重说明这三个文件代码功能。

　　24cxx.c 文件的代码与功能说明如下：

```
#include "sys.h"
#include "24cxx.h"
#include <stm32f10x_gpio.h>
#include <stm32f10x_i2c.h>
/*IC2 总线 1 引脚配置函数。*/
void I2C_GPIO_Config（）{
GPIO_InitTypeDef  GPIO_InitStructure;
// 使能 GPIOB 端口时钟
RCC_APB2PeriphClockCmd（RCC_APB2Periph_GPIOB, ENABLE）;
// 指定 PB6、PB7 引脚
GPIO_InitStructure.GPIO_Pin = GPIO_Pin_6 | GPIO_Pin_7;
GPIO_InitStructure.GPIO_Speed = GPIO_Speed_50MHz;        // 指定速度为 50M
GPIO_InitStructure.GPIO_Mode = GPIO_Mode_AF_OD;          // 指定开漏输出
GPIO_Init（GPIOB, &GPIO_InitStructure）;                  // 设置引脚工作模式
}
/*IC2 总线 1 初始化配置函数。*/
void I2C1_Init（）{
I2C_InitTypeDef  I2C_InitStructure;
// 使能 I2C1 模块时钟
RCC_APB1PeriphClockCmd（RCC_APB1Periph_I2C1, ENABLE）;
```

```
I2C_DeInit（I2C1）；                                      // 清除 I2C1 总线
I2C_InitStructure.I2C_Mode = I2C_Mode_I2C;              // 指定 I2C 模式
I2C_InitStructure.I2C_DutyCycle = I2C_DutyCycle_2;     // 指定 I2C 快速模式
I2C_InitStructure.I2C_OwnAddress1 = I2C_ADDR;          // 指定微控制器的地址
I2C_InitStructure.I2C_Ack = I2C_Ack_Enable;           // 指定允许应答
// 指定地址为 7 位方式
I2C_InitStructure.I2C_AcknowledgedAddress = I2C_AcknowledgedAddress_7bit;
I2C_InitStructure.I2C_ClockSpeed = 400000;            // 指定总线时钟
I2C_Init（I2C1, &I2C_InitStructure）；                  // 初始化设置
I2C_Cmd（I2C1, ENABLE）；                               // 使能 I2C1 模块
}
/*IC2 总线写单字节数据函数。*/
void I2C_WriteByte（u8 addr, u8 data）{
I2C_AcknowledgeConfig（I2C1,ENABLE）；                  // 使能应答
I2C_GenerateSTART（I2C1,ENABLE）；                      // 发送开始位
// 等待事件 EV5：起始信号已发送并清除该事件
while（!I2C_CheckEvent（I2C1,I2C_EVENT_MASTER_MODE_SELECT））；
// 发送 EEPROM 的地址并设置传输方向
I2C_Send7bitAddress（I2C1, EEPROM_ADDR,I2C_Direction_Transmitter）；
// 等待事件 EV6：地址发送结束
while（!I2C_CheckEvent（I2C1,I2C_EVENT_MASTER_TRANSMITTER_MODE_
SELECTED））；
I2C_SendData（I2C1,addr）；                             // 发送要写入数据的地址
// 等待事件 EV8：移位寄存器空
while（!I2C_CheckEvent（I2C1,I2C_EVENT_MASTER_BYTE_TRANSMITTED））；
I2C_SendData（I2C1,data）；                             // 发送要写入的数据
// 等待事件 EV8：移位寄存器空
while（!I2C_CheckEvent（I2C1,I2C_EVENT_MASTER_BYTE_TRANSMITTED））；
I2C_GenerateSTOP（I2C1,ENABLE）；                        // 发送停止位
}
/* 将缓冲区中的数据写到 I2C EEPROM 中，采用单字节写入的方式，参数：param
pBuffer：缓冲区指针；参数 param WriteAddr：写地址；参数 NumByteToWrite：写的字节
数；返回值：无。*/
void I2C_ByetsWrite（uint8_t addr,uint8_t *data,uint8_t numByteToWrite）{
I2C_AcknowledgeConfig（I2C1,ENABLE）；                  // 使能应答
I2C_GenerateSTART（I2C1,ENABLE）；          // 发送开始位
    // 等待事件 EV5：起始信号已发送并清除该事件
while（!I2C_CheckEvent（I2C1,I2C_EVENT_MASTER_MODE_SELECT））；
```

```
// 发送 EEPROM 的地址并设置传输方向
I2C_Send7bitAddress（I2C1, EEPROM_ADDR,I2C_Direction_Transmitter）;
// 等待事件 EV6：地址发送结束
while（!I2C_CheckEvent（I2C1,I2C_EVENT_MASTER_TRANSMITTER_MODE_
SELECTED））{;}
I2C_SendData（I2C1,addr）;              // 发送要写入数据的地址
// 等待事件 EV8：移位寄存器空
while（!I2C_CheckEvent（I2C1,I2C_EVENT_MASTER_BYTE_TRANSMITTED））;
while（numByteToWrite）{
I2C_SendData（I2C1,*data）;
// 等待事件 EV8：移位寄存器空
while（!I2C_CheckEvent（I2C1,I2C_EVENT_MASTER_BYTE_TRANSMITTED））;
data++;
numByteToWrite--;
}
    I2C_GenerateSTOP（I2C1, ENABLE）;   // 发送停止信号
}
/* 从 EEPROM 里面读取一块数据函数。参数 pBuffer：存放从 EEPROM 读取的数据的
缓冲区指针；参数 ReadAddr：接收数据的 EEPROM 的地址；参数 NumByteToRead：要从
EEPROM 读取的字节数；返回值：无。*/
void I2C_BytesRead（uint8_t ReadAddr,uint8_t* pBuffer, u16 NumByteToRead）
{ I2C_GenerateSTART（I2C1,ENABLE）;    // 发送开始位
    // 等待事件 EV5：起始信号已发送并清除该事件
while（!I2C_CheckEvent（I2C1,I2C_EVENT_MASTER_MODE_SELECT））;
// 发送 EEPROM 的地址并设置传输方向
I2C_Send7bitAddress（I2C1, EEPROM_ADDR,I2C_Direction_Transmitter）;
// 等待事件 EV6：地址发送结束
while（!I2C_CheckEvent（I2C1,I2C_EVENT_MASTER_TRANSMITTER_MODE_
SELECTED））;
I2C_SendData（I2C1,addr）;              // 发送要写入数据的地址
// 等待事件 EV8：移位寄存器空
while（!I2C_CheckEvent（I2C1,I2C_EVENT_MASTER_BYTE_TRANSMITTED））;
I2C_GenerateSTART（I2C1,ENABLE）;      // 发送开始位
    // 等待事件 EV5：起始信号已发送并清除该事件
while（!I2C_CheckEvent（I2C1,I2C_EVENT_MASTER_MODE_SELECT））{;}
// 发送 EEPROM 的地址并设置传输方向
I2C_Send7bitAddress（I2C1, EEPROM_ADDR,I2C_Direction_Transmitter）;
// 等待事件 EV6：地址发送结束
```

```
while（!I2C_CheckEvent（I2C1,I2C_EVENT_MASTER_TRANSMITTER_MODE_
SELECTED））;
    while（numByteToRead）{
    if（numByteToRead==1）{
            // 最后一个字节，发送非应答信号
            I2C_AcknowledgeConfig（I2C1,DISABLE）;
            }
// 等待事件 EV7：数据寄存器有新的有效数据
while（!I2C_CheckEvent（I2C1, I2C_EVENT_MASTER_BYTE_RECEIVED））;
            *data = I2C_ReceiveData（I2C1）;           // 读取一个字节数据
            data++;
            numByteToRead--;
        }
I2C_GenerateSTOP（I2C1, ENABLE）;                  // 发送停止信号
I2C_AcknowledgeConfig（I2C1,ENABLE）;              // 使能应答
    }
```

/* 监测 AT2402 的函数。这里用 24XX 的最后一个地址（255）来存储标志字，如果用
其他 24C 系列，这个地址要修改。返回 1：检测失败；返回 0：检测成功。*/

```
u8 AT24CXX_Check（void）{
u8 temp;
I2C_BytesRead（255, &temp,1）;                      // 读取 EEPROM 地址（255）的数据
if（temp==0x55）return 0;
else // 排除第一次初始化的情况
{ I2C_WriteByte（255,0x55））;
I2C_BytesRead（255, &temp,1）;
if（temp==0x55）return 0;
}
return 1;
}
```

24cxx.h 文件比较简单，仅仅是对 24cxx.c 文件中的函数原型进行了声明，其代码和说明
如下：

```
#ifndef _24CXX_H_
#define _24CXX_H_
#include "sys.h"
#include <stm32f10x_gpio.h>
#include <stm32f10x_i2c.h>
// 定义 EEPROM 设备地址
#define EEPROM_ADDR      0xA0
```

```
// 定义微控制器 I2C 模块的地址
#define I2C_ADDR              0x5E
void I2C_GPIO_Config（）;
void I2C1_Init（）;
void I2C_WriteByte（u8 addr, u8 data）;
void I2C_ByetsWrite（uint8_t addr,uint8_t *data,uint8_t numByteToWrite）;
void I2C_BytesRead（uint8_t ReadAddr,uint8_t* pBuffer, u16 NumByteToRead）;
u8 AT24CXX_Check（void）;
```

案例项目中的 main.c 文件的代码和说明如下:

```
#include "led.h"
#include "delay.h"
#include "key.h"
#include "sys.h"
#include "usart.h"
#include "24cxx.h"
// 要写入 24c02 的字符串数组
const u8 TEXT_Buffer[]={"Elite STM32 IIC TEST"};
#define SIZE sizeof（TEXT_Buffer）
    int main（void）{
    u8 key;
u16 i=0;
    u8 datatemp[SIZE];
delay_init（）;                              // 延时函数初始化
// 设置中断优先级分组为组 2:2 位抢占优先级,2 位响应优先级
NVIC_PriorityGroupConfig（NVIC_PriorityGroup_2）;
uart_init（115200）;                         // 串口 1 初始化为 115200
LED_Init（）;                                // 初始化与 LED 连接的硬件接口
KEY_Init（）;                                // 按键初始化
I2C_GPIO_Config（）;                         // I2C 总线 1 引脚设置
I2C1_Init（）;                               // I2C 总线 1 初始化设置
printf（"\r\n ELITE STM32\r\n\r\n"）;        // 串口输出提示信息
printf（"I2C TEST \r\n\r\n"）;
printf（"KEY1:Write  KEY0:Read\r\n\r\n"）;   // 串口输出操作提示信息
while（AT24CXX_Check（））                    // 检测不到 24c02
                                            {// 串口输出提示芯片型号检查失败
printf（"24C02 Check Failed!\r\n\r\n"）;
delay_ms（500）;                                      // 延时 500ms
    LED0=!LED0;                                       //DS0 慢速闪烁,指示进行
```

芯片型号检查

```
    }
// 串口输出提示芯片型号检查成功
printf（"24C02 Ready!\r\n\r\n"）;
while（1）{
        key=KEY_Scan（0）;                              // 按键扫描
        if（key==KEY1_PRES）                            //KEY_UP 按下，写入 24C02
        { printf（"Start Write Write 24C02....\r\n\r\n"）;   // 串口输出正在写入提示信息
        I2C_ByetsWrite（0,（u8*）TEXT_Buffer,SIZE）;  // 写数据到 EEPROM
         printf（"24C02 Write Finished!\r\n\r\n"）;        // 串口输出写入完成提示信息
        }
        if（key==KEY0_PRES）                            //KEY0 按下，读取字符串并
显示
        { printf（"Start Read 24C02.... \r\n\r\n"）;        // 串口输出正在读出提示信息
    I2C_ByetsRead（0,datatemp,SIZE）;              // 读取 EEPROM 中数据
printf（"The Data Readed Is: "）;                    // 串口输出读出完成提示信息
printf（"%s\r\n ", datatemp）;                       // 串口输出读出的数据
        }
        i++;
        delay_ms（10）;
        if（i==20）{
    LED0=!LED0;                                     //DS0快速闪烁，提示主循环
正在运行
            i=0;
        }
    }
}
```

完成上述代码编写后，编译工程，如有错误，找出原因并更正，最终生成二进制文件。下载、调试、运行软件。

检查开发板的 P3 口上的 RXD 和 TXD 是否和 PA9 和 PA10 引脚连接，如果没有，请先通过跳线帽连接，同时需用 USB 电缆将 P3 口与调试电脑连接。在电脑上打开串口调试助手软件 XCOM V2.0，设置串口为开发板的 USB 转串口，设置波特率为：115200，并打开此串口。下载代码到开发板，通过先按 KEY1 按键写入数据，然后按 KEY0 读取数据，得到如图 11-10 类似的界面。同时可以看 DS0 的不停快速闪烁，提示程序在运行。程序在开机的时候会检测 AT24C02 是否存在，如果不存在，会在显示错误信息，同时 DS0 慢闪。

第 12 章　STM32 其他外设模块原理与开发

12.1　FMSC 接口模块

12.1.1　FMSC 接口模块结构与特性

1.FSMC 接口概述

STM32 微控制器新片内含有数量不等的 SRAM（16~512KB RAM），对一般应用来说已经足够，不过在某些情况下仍需要对内存进行扩展，为此，对于大容量的 STM32 微控制器采用了一种新型的存储器扩展技术：FSMC（Flexible Static Memory Controller，可变静态存储控制器）。

FSMC 是 STM32 系列中内部集成 256 KB 以上 Flash，后缀为 xC、xD 和 xE 的高存储密度微控制器特有的存储控制机制。之所以称为"可变"，是由于通过对特殊功能寄存器的设置，FSMC 能够根据不同的外部存储器类型，发出相应的数据 / 地址 / 控制信号类型以匹配信号的速度，从而使得 STM32 微控制器不仅能够应用各种不同类型、不同速度的外部静态存储器，而且能够在不增加外部器件的情况下同时扩展多种不同类型的静态存储器，满足系统设计对存储容量、产品体积以及成本的综合要求。

FSMC 接口能够与同步或异步存储器和 16 位存储器卡连接，它支持包括 SRAM、NAND FLASH、NOR FLASH 和 PSRAM 等存储器。由于所有的外部存储器共享控制器输出的地址、数据和控制信号，每个外部设备可以通过一个唯一的片选信号加以区分，FSMC 在任一时刻只访问一个外部设备。

2.FSMC 接口模块内部结构

STM32 微控制器的 FSMC 接口模块一端通过内部高速总线 AHB 连接到内核 Cortex-M3，另一端则是面向扩展存储器的外部总线。内核对外部存储器的访问信号发送到 AHB 总线后，经过 FSMC 转换为符合外部存储器通信规范的信号，送到外部存储器的相应引脚，实现内核与外部存储器之间的数据交互。FSMC 起到桥梁作用，既能够进行信号类型的转换，又能够进行信号宽度和时序的调整。在屏蔽了不同存储类型的差异后，使之对内核而言没有区别。

FSMC 接口模块内部结构如图 12-1 所示，FSMC 包含四个主要模块：AHB 接口（包含FSMC 配置寄存器）；NOR 闪存和 PSRAM 控制器（驱动 LCD 时，LCD 就像一个 PSRAM 里面的两个 16 位的存储空间，一个是 DATA RAM，一个是 CMD RAM）；NAND Flash/PC 卡控制器；外部设备接口。

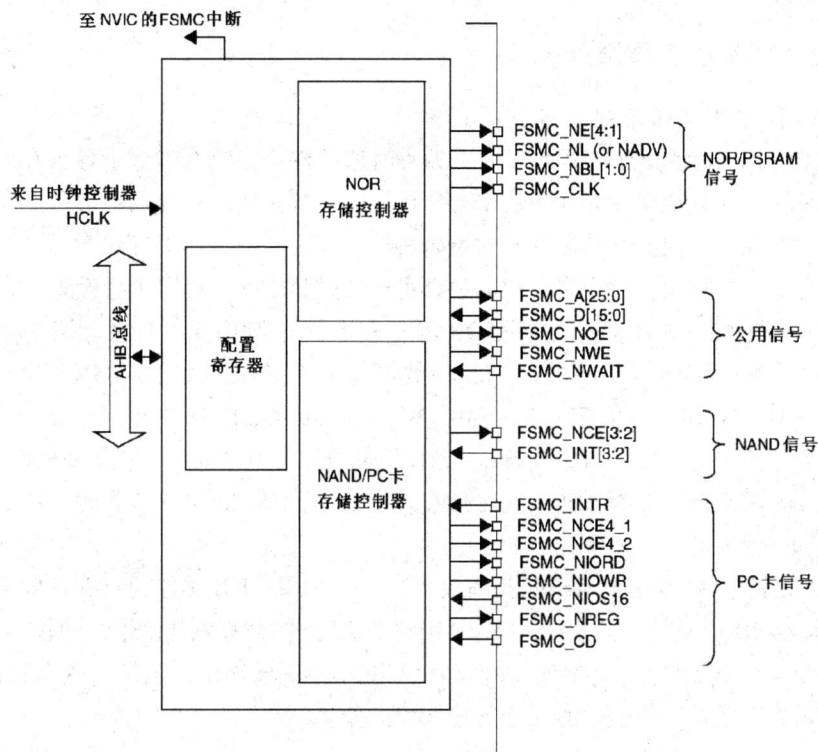

图 12-1 FSMC 接口模块内部结构图

3.FSMC 接口模块主要特性

大容量的 STM32 微控制器内部才集成一个 FSMC 接口模块,其具有以下特性:

(1)支持具有静态存储器接口的器件包括:静态随机存储器(SRAM);只读存储器(ROM);NOR 闪存;PSRAM(4 个存储器块)。

(2)具有两个 NAND 闪存块,支持硬件 ECC 并可检测多达 8 KB 数据。

(3)支持 16 位的 PC 卡兼容设备。

(4)支持对同步器件的成组(Burst)访问模式,如 NOR 闪存和 PSRAM。

(5)支持 8 或 16 位数据总线。

(6)每一个存储器块都有独立的片选控制。

(7)每一个存储器块都可以独立配置。

(8)时序可编程以支持各种不同的器件:等待周期可编程(多达 15 个周期);总线恢复周期可编程(多达 15 个周期);输出使能和写使能延迟可编程(多达 15 个周期);独立的读 / 写时序和协议,可支持宽范围的存储器和时序。

(9)支持 PSRAM 和 SRAM 器件使用的写使能和字节选择输出。

(10)将 32 位的 AHB 访问请求,转换到连续的 16 位或 8 位的,对外部 16 位或 8 位器件的访问。

(11)具有 16 个字,每个字 32 位宽的写入 FIFO,允许在写入较慢存储器时释放 AHB 进行其他操作;在开始一次新的 FSMC 操作前,FIFO 要先被清空。

12.1.2 FSMC工作原理

1.FSMC控制器工作原理

FSMC实质上是一种微控制器内嵌的可编程时序部件。它综合考虑了各种存储芯片的特点，硬件上FSMC对外提供了地址/数据/控制三总线对应连接存储器；软件上FSMC内置若干时序模型以匹配不同的存储芯片，对于每种时序模型又有一组时序参数配合，拓宽了可选用的外部存储器的范围，时序模型和参数都可以通过相应的寄存器进行设置。

如图12-1所示，FSMC内部包括NOR闪存和NAND闪存/PC卡两个控制器，分别支持两种截然不同的存储器访问方式。当存储数据设为8位时，通过对FSMC进行配置，将FSMC_MemoryDataWidth参数指定为FSMC_MemoryDataWidth_8b，此时，地址各位对应FSMC_A[25:0]，数据位对应FSMC_D[7:0]。当存储数据设为16位时，通过对FSMC进行配置，将FSMC_MemoryDataWidth参数指定为FSMC_MemoryDataWidth_16b，此时，地址各位对应FSMC_A[24:0]，数据位对应FSMC_D[15:0]。

FSMC可以请求AHB进行有关数据宽度的操作。如果AHB操作的数据宽度大于外部设备（NOR或NAND或LCD）的宽度，FSMC则将AHB操作分割成几个连续的较小数据宽度，以适应外部设备的数据宽度。所有的外部存储器共享控制器输出的地址、数据和控制信号，每介外部设备可以通过一个唯一的片选信号加以区分。

2.外部设备地址映像

FSMC总共管理1GB空间，它把外部存储器划分为固定大小为256MB的四个存储块，如图12-2所示。存储块1用于访问最多4个NOR闪存或PSRAM存储设备，这个存储区被划分为4个NOR/PSRAM区并有4个专用的片选，每个区管理64M字节空间；存储块2和3用于访问NAND闪存设备，每个存储块连接一个NAND闪存；存储块4用于访问PC卡设备。每一个存储块上的存储器类型是由用户在配置寄存器中定义。

每个存储块的256M字节空间由28根地址线（HADDR[27:0]）寻址，HADDR是微控制器内部的AHB地址总线，其中HADDR[25:0]来自外部存储器地址FSMC_A[25:0]，而

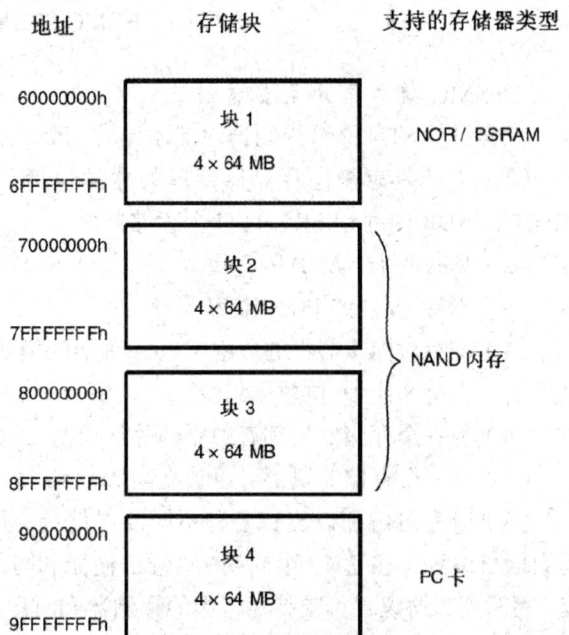

图12-2 STM32 FSMC外部设备地址映像

HADDR[26:27]对4个区域进行寻址，例如存储块1存储区域选择见表12.1。

表 12.1　Bank1 块的存储区域分配

Hank1	片选信号	地址范围	HADDR	
			[27:26]	[25:0]
第 1 区	FSMC_NE1	0x60000000–0x63FFFFFF	0	FSMC_A[25:0]
第 2 区	FSMC_NE2	0x64000000–0x67FFFFFF	01	
第 3 区	FSMC_NE3	0x68000000–0x6BFFFFFF	10	
第 4 区	FSMC_NE4	0x6C000000–0x6FFFFFFF	11	

　　HADDR[25:0] 包含外部存储器地址。HADDR 是字节地址，而存储器访问不都是按字节访问，因此接到存储器的地址线依存储器的数据宽度有所不同。对于 16 位宽度的外部存储器，FSMC 将在内部使用 HADDR[25:1] 产生外部存储器的地址 FSMC_A[24:0]。不论外部存储器的宽度是多少（16 位或 8 位），FSMC_A[0] 始终应该连到外部存储器的地址线 A[0]。

　　FSMC 由一组寄存器进行配置，存储块 1 的 4 个区域拥有独立的片选线和控制寄存器，可分别扩展一个独立的存储设备，而存储块 2-4 各自 6 字节的一组控制寄存器。由于两个控制器管理的存储器类型不同，扩展时应根据选用的存储设备类型确定其映射位置。FSMC 各存储块的配置寄存器见表 12.2。

表 12.2　各存储块配置寄存器

内部控制器	存储块	管理的地址范围	支持的设备类型	配置寄存器
NOR FLASH 控制器	Bankl	0x60000000–0x6FFFFFFF	SRAM/ROM NOR FLASH PSRAM	FSMC_PCRl/2/3/4 FSMC_BTRl/2/3/4 FSMC_BWTRl/2/3/4
NAND FLASH/PC CARD 控制器	Bank2	0x70000000–0x7FFFFFFF	NAND FLASH	FSMC_PCR2/3/4 FSMC_SR2/3/4 FSMC_PMEM2/3/4 FSMC_PATT2/3/4 FSMC_P104
	Bank3	0x80000000–0x8FFFFFFF		
	Bank4	0x90000000–0x9FFFFFFF	PC CARD	

　　对于 NOR FLASH 控制器，主要是通过 FSMC_BCRx、FSMC_BTRx 和 FSMC_BWTRx 寄存器设置（其中 x=1-4，对应 4 个区域）。通过这 3 个寄存器，可以设置 FSMC 访问外部存储器的时序参数，以支持多种不同速度的外部存储器。FSMC 的 NOR FLASH 控制器支持同步和异步突发两种访问方式。选用同步突发访问方式时，FSMC 将 HCLK（系统时钟）分频后，发送给外部存储器作为同步时钟信号 FSMC_CLK，此时需要的设置的时间参数有 2 个：

　　（1）HCLK 与 FSMC_CLK 的分频系数（CLKDIV），可以为 2-16 分频。

　　（2）同步突发访问中获得第 1 个数据所需要的等待延迟（DATLAT）。

　　对于异步突发访问方式，FSMC 主要设置 3 个时间参数：地址建立时间（ADDSET）、数据建立时间（DATAST）和地址保持时间（ADDHLD）。

　　3. 时序规则

　　FSMC 的所有控制器输出信号在内部时钟（HCLK）的上升沿变化，在同步写模式（PSRAM）下，输出的数据在存储器时钟（CLK）的下降沿变化。FSMC 综合了 SRAM/ROM、PSRAM 和 NOR Flash 产品的信号特点，定义 4 种不同的异步时序模型，见表 12.3。

表 12.3　NOR FLASH 控制器支持的时序模型

时序模型		简单描述	时间参数
异步	Model	SRAM/CRAM 时序	DATAST、ADDSET
	ModeA	SRAM/CRAM OE 选通型时序	DATAST、ADDSET
	Mode2/B	NOR FLASH 时序	DATAST、ADDSET
	ModeC	NOR FLASH OE 选通型时序	DATAST、ADDSET
	ModeD	延长地址保持时间的异步时序	DATAST、ADDSET、ADDHLK
同步突发		根据同步时钟 FSMC_CK 读取多个顺序单元的数据	CLKDIV、DAILAT

　　实际应用时，要根据选用存储器的特征确定时序模型，从而确定各时间参数与存储器读 / 写周期参数指标之间的计算关系，利用该计算关系和存储芯片数据手册中给定的参数指标，可计算出 FSMC 所需要的各时间参数，从而对时间参数寄存器进行合理的配置。下面以常用于 SRAM 和 TFTLCD 液晶屏的异步模式 A（ModeA）方式说明时序关系，其他时序模型与此类似，由于篇幅限制，这里不一一介绍。

　　模式 A 时序模型支持独立的读写时序控制，这个对于读写速度不同的外设来说非常有用，因为若读的时候比较慢，而在写的时候可以比较快，如果读写用一样的时序，那么只能以读的时序为基准，从而导致写的速度变慢，或者在读数据时，重新配置 FSM 的延时，在读操作完成时，再配置回写的时序，这样虽然也不会降低写的速度，但是频繁配置，比较麻烦，而如果有独立的读写时序控制，那么只要初始化的时候配置好，之后就不用再配置，既可以满足速度要求，又不需要频繁改配置。

　　模式 A 的读操作时序如图 12-3 所示。

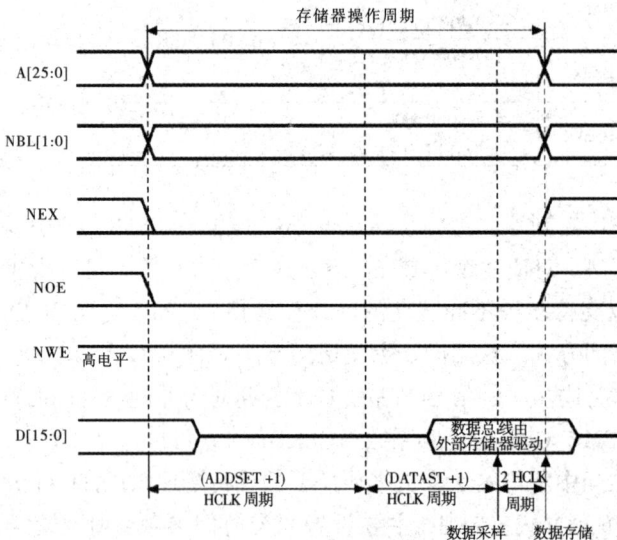

图 12-3　模式 A 读操作时序图

　　模式 A 的读操作时序中，FSMC 扩展 SRAM 基本时间单位为 HCLK；地址建立时间为 ADDSET+1，其中 ADDSET 的取值范围是 0-15；数据设置为 DATSET+1，其中 DATSET 的取值范围是 1-15；在数据就绪后，还要两个 HCLK 周期用于读取数据。

模式 A 的写操作时序如图 12-4 所示。

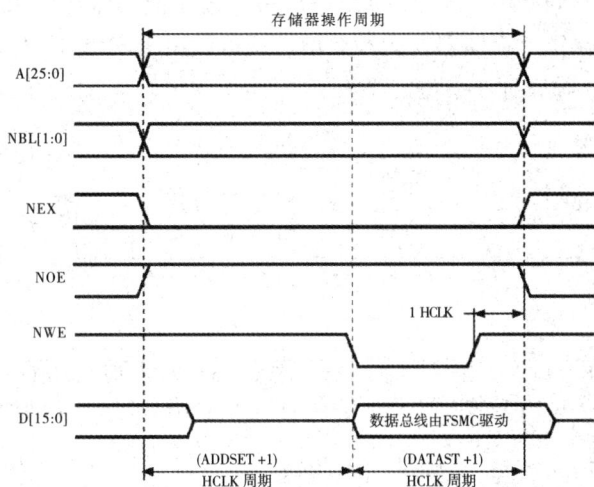

图 12-4　模式 A 写操作时序图

模式 A 的写操作时序中，地址建立时间为 ADDSET+1，其中 ADDSET 的取值范围是 0~15；数据设置为 DATSET+1，其中 DATSET 的取值范围是 1~15。

4. 接口信号

FSMC 支持的外部存储器种类较多，接口信号可分为四类：NOR Flash/PSRAM 信号、公用信号、NAND Flash 信号、PC 卡信号。由于篇幅限制，这里只介绍与 SRAM 扩展有关的 NOR Flash/PSRAM 信号和公用信号。FSMC 的 NOR Flash/PSRAM 接口信号见表 12.4 所示。存储器按 16 位字长寻址，最大容量达 64 MB（26 根地址线）。具有前缀 "N" 的信号表示低有效信号。可以看出，FSMC 提供了与外部存储器引脚兼容的地址 / 数据 / 控制三总线，外部存储器的扩展非常方便。

表 12.4　FSMC 的 NOR Flash/PSRAM 接口信号

信号	信号方向	功能	备注
FSMC_CLK	输出	时钟（同步器件突发模式访问使用）	
FSMC_A[25:0]	输出	地址总线	
FSMC_D[15:0]	输入 / 输出	双向数据总线	
FSMC_NE[4:1]	输出	片选	
FSMC_NOE	输出	输出使能	
FSMC_NWE	输出	写使能	
FSMC_NL	输出	地址锁存使能，地址有效	对应存储器信号名 NADV
FSMC_NWA1T	输入	PSRAM 要求 FSMC 等待的信号	
FSMC_NBL[1]	输出	高字节使能	对应存储器信号名 NUB
FSMC_NBL[0]	输出	低字节使能	对应存储器信号名 NLB

12.1.3　FSMC 寄存器说明

FSMC 接口模块可管理 4 个存储块，每个存储块都由相对应的独立寄存器来控制，鉴于篇幅限制，下面仅介绍常用的 NOR 闪存和 PSRAM 控制相关的寄存器功能，注意这些寄存器必须以字（32 位）的方式访问。

1.SRAM/NOR 闪存片选控制寄存器 1…4（FSMC_BCR1…4）

偏移地址：$0xA0000000 + 8 * (x-1)$，x=1…4；复位值：0x000030DX

FSMC_BCRx 包含每个存储器块的控制信息，可以用于 SRAM、ROM、异步或成组传输的 NOR 闪存存储器，该寄存器各位定义如下：

31 30 29 28 27 26 25 24 23 22 21 20	19	18 17 16	15	14	13	12	11	10	9	8	7	6	5 4	3 2	1	0
保留	CBURSTRW	保留		EXTMOD	WAITEN	WREN	WAITCFG	WRAPMOD	WAITPOL	BURSTEN	保留	FACCEN	MWID	MTYP	MUXEN	MBKEN
res	rw	res		rw	rw	rw	rw	rw	rw	rw	res	rw	rw	rw	rw	rw

说明：

位 19	CBURSTRW：成组写使能位，对于 Cellular RAM，该位使能写操作的同步成组传输协议。对于处于成组传输模式的闪存存储器，这一位允许/禁止通过 NWAIT 信号插入等待状态。读操作的同步成组传输协议使能位是 FSMC_BCRx 寄存器的 BURSTEN 位 0：写操作始终处于异步模式；1：写操作为同步模式
位 14	EXTMOD：扩展模式使能，该位允许 FSMC 使用 FSMC_BWTR 寄存器，即允许读和写使用不同的时序 0：不使用 FSMC_BWTR 寄存器，这是复位后的默认状态；1：FSMC 使用 FSMC_BWTR 寄存器
位 13	WAITEN：等待使能位，当闪存存储器处于成组传输模式时，这一位允许/禁止通过 NWAIT 信号插入等待状态 0：禁用 NWAIT 信号，在设置的闪存保持周期之后不会检测 NWAIT 信号插入等待状态；1：使用 NWAIT 信号，在设置的闪存保持周期之后根据 NWAIT 信号插入等待状态，这是复位后的默认状态
位 12	WREN：写使能位，该位指示 FSMC 是否允许/禁止对存储器的写操作 0：禁止 FSMC 对存储器的写操作，否则产生一个 AHB 错误；1：允许 FSMC 对存储器的写操作，这是复位后的默认状态
位 11	WAITCFG：配置等待时序，当闪存存储器处于成组传输模式时，NWAIT 信号指示从闪存存储器出来的数据是否有效或是否需要插入等待周期。该位决定存储器是在等待状态之前的一个时钟周期产生 NWAIT 信号，还是在等待状态期间产生 NWAIT 信号 0：NWAIT 信号在等待状态前的一个数据周期有效，这是复位后的默认状态；1：NWAIT 信号在等待状态期间有效（不适用于 Cellular RAM）
位 10	WRAPMOD：支持非对齐的成组模式，该位决定控制器是否支持把非对齐的 AHB 成组操作分割成 2 次线性操作；该位仅在存储器的成组模式下有效 0：不允许直接的非对齐成组操作，这是复位后的默认状态；1：允许直接的非对齐成组操作
位 9	WAITPOL：等待信号极性，设置存储器产生的等待信号的极性；该位仅在存储器的成组模式下有效 0：NWAIT 信号为低时有效，这是复位后的默认状态；1：NWAIT 信号为高时有效
位 8	BURSTEN：成组模式使能，允许对闪存存储器进行成组模式访问；该位仅在闪存存储器的同步成组模式下有效 0：禁用成组访问模式，这是复位后的默认状态；1：使用成组访问模式
位 6	FACCEN：闪存访问使能，允许对 NOR 闪存存储器的访问操作 0：禁止对 NOR 闪存存储器的访问操作；1：允许对 NOR 闪存存储器的访问操作
位 5:4	MWID：存储器数据总线宽度，定义外部存储器总线的宽度，适用于所有类型的存储器 00：8 位；01：16 位（复位后的默认状态）；10：保留，不能用；11：保留，不能用
位 3:2	MTYP：存储器类型，定义外部存储器的类型 00：SRAM、ROM（存储器块 2…4 在复位后的默认值）；01：PSRAM（Cellular RAM：CRAM）；10：NOR 闪存（存储器块 1 在复位后的默认值）；11：保留
位 1	MUXEN：地址/数据复用使能位，当设置了该位后，地址的低 16 位和数据将共用数据总线，该位仅对 NOR 和 PSRM 存储器有效 0：地址/数据不复用；1：地址/数据复用数据总线，这是复位后的默认状态
位 0	MBKEN：存储器块使能位，开启对应的存储器块。复位后存储器块 1 是开启的，其他所有存储器块为禁用。访问一个禁用的存储器块将在 AHB 总线上产生一个错误 0：禁用对应的存储器块。1：启用对应的存储器块

2.SRAM/NOR 闪存片选时序寄存器 1…4（FSMC_BTR1…4）

偏移地址：0xA0000000 + 0x04 + 8 *（x−1），x=1…4；复位值：0x0FFFFFFF

FSMC_BTRx 包含每个存储器块的控制信息，可以用于 SRAM、ROM、异步或成组传输的 NOR 闪存存储器，如果 FSMC_BCRx 寄存器中设置了 EXTMOD 位，则有两个时序寄存器分别对应读（本寄存器）和写操作（FSMC_BWTRx 寄存器），该寄存器各位定义如下：

31 30	29 28	27 26 25 24	23 22 21 20	19 18 17 16	15 14 13 12 11 10 9 8	7 6 5 4	3 2 1 0
保留	ACCMOD	DATLAT	DLKDIV	BUSTURN	DATAST	ADDHLD	ADDSET
res	rw	rw	rw	rw	rw	rw	rw

说明：

位 29:28	ACCMOD：访问模式，定义异步访问模式，这 2 位只在 FSMC_BCRx 寄存器的 EXTMOD 位为 1 时起作用 00：访问模式 A；01：访问模式 B；10：访问模式 C；11：访问模式 D
位 27:24	DATLAT：（同步成组式 NOR 闪存的）数据保持时间，处于同步成组模式的 NOR 闪存，需要定义在读取第一个数据之前等待的存储器周期数目，这个时间参数不是以 HCLK 表示，而是以闪存时钟（CLK）表示，在访问异步 NOR 闪存、SRAM 或 ROM 时，这个参数不起作用。操作 CRAM 时，这个参数必须为 0 0000：第一个数据的保持时间为 2 个 CLK 时钟周期；……；1111：第一个数据的保持时间为 17 个 CLK 时钟周期（这是复位后的默认数值） 注：因为内部的刷新，PSRAM（CRAM）具有可变的保持延迟，因此这样的存储器会在数据保持期间输出 NWAIT 信号以延长数据的保持时间；使用 PSRAM（CRAM）时 DATLAT 域置为 0，这样 FSMC 可以及时地退出自己的保持阶段并开始对存储器发出的 NWAIT 信号进行采样，然后在存储器准备好时开始读或写操作；这个操作方式还可以用于操作最新的能够输出 NWAIT 信号的同步闪存存储器，详细信息请参考相应的闪存存储器手册
位 23:20	CLKDIV：时钟分频比（CLK 信号），定义 CLK 时钟输出信号的周期，以 HCLK 周期数表示 0000：保留；0001：1 个 CLK 周期 =2 个 HCLK 周期；0010：1 个 CLK 周期 =3 个 HCLK 周期；……；1111：1 个 CLK 周期 =16 个 HCLK 周期（这是复位后的默认数值） 注：在访问异步 NOR 闪存、SRAM 或 ROM 时，这个参数不起作用
位 19:16	BUSTURN：总线恢复时间，这些位用于定义一次读操作之后在总线上的延迟（仅适用于总线复用模式的 NOR 闪存操作），一次读操作之后控制器需要在数据总线上为下次操作送出地址，这个延迟就是为了防止总线冲突；如果扩展的存储器系统不包含总线复用模式的存储器，或最慢的存储器可以在 6 个 HCLK 时钟周期内将数据总线恢复到高阻状态，可以设置这个参数为其最小值 0000：总线恢复时间 =1 个 HCLK 时钟周期；……；1111：总线恢复时间 =16 个 HCLK 时钟周期（这是复位后的默认数值）
位 15:8	DATAST：数据保持时间，这些位定义数据的保持时间，适用于 SRAM、ROM 和异步总线复用模式的 NOR 闪存操作。 00000000：保留；00000001：DATAST 保持时间 =2 个 HCLK 时钟周期；0000 0010：DATAST 保持时间 =3 个 HCLK 时钟周期；……；1111 1111：DATAST 保持时间 =256 个 HCLK 时钟周期（这是复位后的默认数值） 注：对于每一种存储器类型和访问方式的数据保持时间，请参考对应的图表，例如：模式 1、读操作、DATAST=1：数据保持时间 =DATAST+3=4 个 HCLK 时钟周期
位 7:4	ADDHLD：地址保持时间，这些位定义地址的保持时间，适用于 SRAM、ROM 和异步总线复用模式的 NOR 闪存操作。 0000：ADDHLD 保持时间 =1 个 HCLK 时钟周期；……；1111：ADDHLD 保持时间 =16 个 HCLK 时钟周期（这是复位后的默认数值） 注：在同步操作中，这个参数不起作用，地址保持时间始终是 1 个存储器时钟周期

位 3:0	ADDSET：地址建立时间，这些位定义地址的建立时间，适用于 SRAM、ROM 和异步总线复用模式的 NOR 闪存操作。 0000：ADDSET 建立时间 =1 个 HCLK 时钟周期；……；1111：ADDSET 建立时间 =16 个 HCLK 时钟周期（这是复位后的默认数值） 注：对于每一种存储器类型和访问方式的地址建立时间，请参考对应的图表，例如：模式 2、读操作、ADDSET=1：地址建立时间 =ADDSET+1=2 个 HCLK 时钟周期；在同步操作中，这个参数不起作用，地址建立时间始终是 1 个存储器时钟周期

3.SRAM/NOR 闪存写时序寄存器 1…4（FSMC_BWTR1…4）

偏移地址：0xA0000000+0x104 + 8 *（x-1），x=1…4；复位值：0x0FFFFFFF

FSMC_BWTR x 的作用与 FSMC_BTRx 寄存器类似，只不过用于写操作时序控制，该寄存器各位定义和说明可参考 FSMC_BTRx 寄存器，注意这里是写操作。

12.1.4　FSMC 应用实例软件开发

下面以使用微控制器通过 FSMC 来控制点亮 TFTLCD 液晶屏，并实现 ASCII 字符和彩色的显示等功能为实例介绍 FSMC 接口模块的软件开发。

1.TFTLCD 简介

TFT-LCD 即薄膜晶体管液晶显示器。其英文全称为：Thin Film Transistor-Liquid CrystalDisplay。TFT-LCD 与无源 TN-LCD、STN-LCD 的简单矩阵不同，它在液晶显示屏的每一个像素上都设置有一个薄膜晶体管（TFT），可有效地克服非选通时的串扰，使显示液晶屏的静态特性与扫描线数无关，因此大大提高了图像质量，TFT-LCD 也被叫做真彩液晶显示器。

下面以 2.8 寸的 ALIENTEK TFTLCD 液晶屏为例介绍 TFTLCD 的接口与驱动原理。

（1）TFTLCD 的电路图与接口。2.8 寸的 ALIENTEK TFTLCD 支持 65K 色显示，显示分辨率为 320dpi×240dpi，自带触摸屏。其电路原理图如图 12-5 所示。

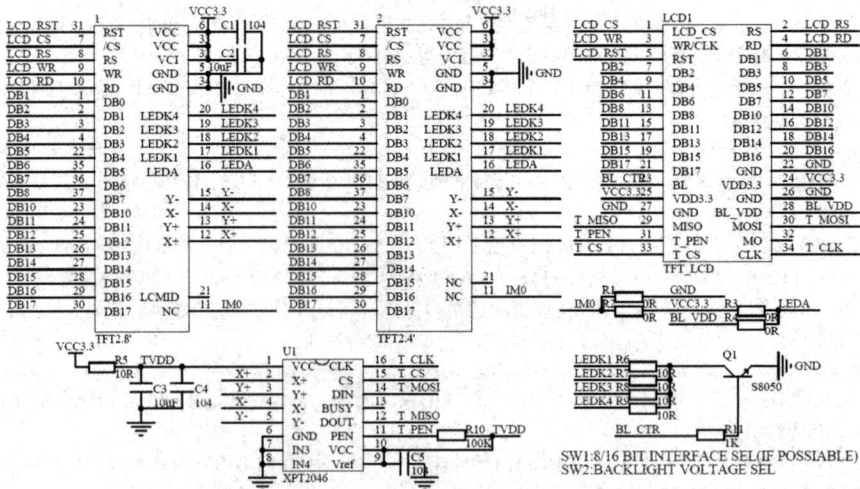

图 12-5　2.8 寸 TFTLCD 电路原理图

该 TFTLCD 采用 16 位的 8080 并行接口方式，通过 2×17 的 2.54 公排针与外部连接，接口定义如图 12-6 所示。该 TFTLCD 外部有如下一些信号线，CS：片选信号；WR：向 TFTLCD 写入数据；RD：从 TFTLCD 读取数据；D[15：0]：16 位双向数据线；RST：硬复位 TFTLCD；RS：命令 / 数据标志（0，读写命令；1，读写数据）。注意：TFTLCD 的 RST 信号线是直接接到开发板的复位脚上，并不由软件控制，这样可以省下来一个 I/O 口，另外，还需要一个控制线来控制 TFTLCD 的背光，所以，总共需要的 I/O 口数目为 21 个。

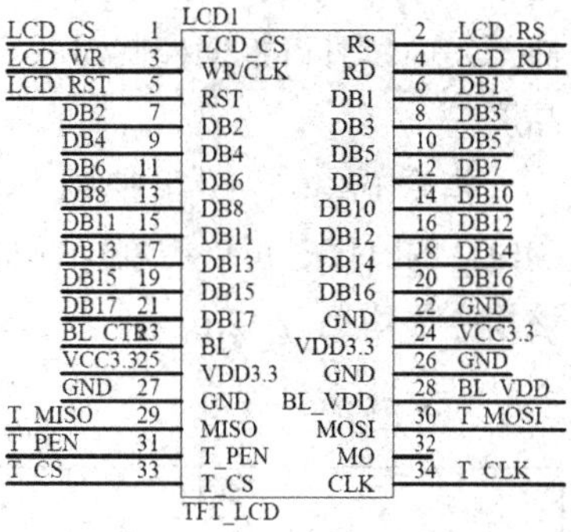

图 12-6　2.8 寸 TFTLCD 接口图

（2）TFTLCD 的驱动原理。TFTLCD 液晶屏的驱动芯片有很多种类型，比如：ILI9341/ILI9325 /M68042/RM68021/ILI9320/ILI9328/LGDP4531/LGDP4535/SPFD5408/SSD1289/1505/B505/C505/NT35310/NT35510 等，这里仅以 ILI9341 控制器为例进行介绍，其他的控制基本都类似。

ILI9341 液晶控制器自带显存，其显存总大小为 172800（240×320×18/8），即 18 位模式（26 万色）下的显存量，在 16 位模式下，ILI9341 采用 RGB565 格式存储颜色数据，此时 ILI9341 的 18 位数据线与微控制器的 16 位数据线以及 LCD GRAM 的对应关系如图 12-7 所示。

9341总线	D17	D16	D15	D14	D13	D12	D11	D10	D9	D8	D7	D6	D5	D4	D3	D2	D1	D0
MCU数据（16位）	D15	D14	D13	D12	D11	NC	D10	D9	D8	D7	D6	D5	D4	D3	D2	D1	D0	NC
LCD GRAM（16位）	R[4]	R[3]	R[2]	R[1]	R[0]	NC	G[5]	G[4]	G[3]	G[2]	G[1]	G[0]	B[4]	B[3]	B[2]	B[1]	B[0]	NC

图 12-7　ILI9341 的 16 位数据与显存对应关系图

从图中可以看出，ILI9341 在 16 位模式下，有用的数据线是：D17–D13 和 D11–D1，D0 和 D12 没有用到，实际上此 TFTLCD 里面 ILI9341 的 D0 和 D12 压根就没有引出来，ILI9341 的 D17–D13 和 D11–D1 对应外部的 D15–D0。因此，16 位数据中最低 5 位代表蓝色、中间 6 位为绿色、最高 5 位为红色，数值越大，表示该颜色越深。另外，特别注意 ILI9341 所有的指令都是 8 位的（高 8 位无效），且参数除了读写 GRAM 时是 16 位，其他操作参数，都是 8 位，这和 ILI9320 等驱动器不一样。

下面介绍 ILI9341 的 0XD3，0X36，0X2A，0X2B，0X2C，0X2E 等 6 条指令，其他的命令，有兴趣的可参见 ILI9341 的数据手册。

指令 0XD3：用于读取 TFTLCD 控制器的 ID，该指令描述见表 12.5。

表 12.5　0XD3 指令描述

顺序	控制			各位描述									HEX
	RS	RD	WR	D15–D18	D7	D6	D5	D4	D3	D2	D1	D0	
指令	0	1	↑	XX	1	1	0	1	0	0	1	1	D3H
参数 1	1	↑	1	XX	X	X	X	X	X	X	X	X	X
参数 2	1	↑	1	XX	0	0	0	0	0	0	0	0	00H
参数 3	1	↑	1	XX	1	0	0	1	0	0	1	1	93H
参数 4	1	↑	1	XX	0	1	0	0	0	0	0	1	41H

0XD3 指令后面跟 4 个参数，最后 2 个参数，读出来是 0X93 和 0X41，刚好是控制器 ILI9341 的数字部分，通过该指令，即可判别所用的 TFTLCD 控制器驱动器是什么型号，软件开发中，可以根据控制器的型号编制对应的驱动与初始化代码，以兼容不同驱动芯片的液晶屏。

指令 0X36：用于控制 ILI9341 内部存储器的读写方向，简单地说，就是在连续写 GRAM 的时候，可以控制 GRAM 指针的增长方向，从而控制显示方式（读 GRAM 也是一样）。该指令描述见表 12.6。

表 12.6　0X36 指令描述

顺序	控制			各位描述									HEX
	RS	RD	WR	D15–D18	D7	D6	D5	D4	D3	D2	D1	D0	
指令	0	1	↑	XX	0	0	1	1	0	1	1	0	36H
参数	1	1	1	XX	MY	MX	MV	ML	BGR	MH	0	0	0

0X36 指令后面紧跟一个参数，重要的是 MY、MX、MV 这三个位，通过这三个位的设置，可以控制整个 ILI9341 的全部扫描方向，设置值与扫描方向见表 12.7。

表 12.7　MY、MX、MV 设置与扫描方向关系表

控制位			效果
MY	MX	MV	LCD 扫描方向（GRAM 自增方式）
0	0	0	从左到右，从上到下
1	0	0	从左到右，从下到上
0	1	0	从右到左，从上到下
1	1	0	从右到左，从下到上
0	0	1	从上到下，从左到右
0	1	1	从上到下，从右到左
1	0	1	从下到上，从左到右
1	1	1	从下到上，从右到左

指令 0X2A：用于设置列地址，在从左到右，从上到下的扫描方式（默认）下，该指令用于设置横坐标（x 坐标），该指令描述见表 12.8。

表 12.8　0X2A 指令描述

顺序	控制			各位描述									HEX
	RS	RD	WR	D15–D18	D7	D6	D5	D4	D3	D2	D1	D0	
指令	0	1	↑	XX	0	0	1	0	1	0	0	1	2AH
参数 1	1	1	↑	XX	SC15	SC14	SC13	SC12	SC11	SC10	SC19	SC18	SC
参数 2	1	1	↑	XX	SC7	SC6	SC5	SC4	SC3	SC2	SC1	SC0	
参数 3	1	1	↑	XX	EC15	EC14	EC13	EC12	EC11	EC10	EC19	EC18	EC
参数 4	1	1	↑	XX	EC7	EC6	EC5	EC4	EC3	EC2	EC1	EC0	

在默认扫描方式时，0X2A 指令用于设置 x 坐标，该指令带有 4 个参数，实际上是 2 个坐标值：SC 和 EC，即列地址的起始值和结束值，SC 必须小于等于 EC，且 $0 \leqslant SC/EC \leqslant 239$。一般在设置 x 坐标的时候，只需要带 2 个参数即可，也就是设置 SC 即可，因为如果 EC 没有变化，只要设置一次即可（在初始化 ILI9341 的时候设置），从而提高速度。

指令 0X2B：用于设置页地址，在从左到右，从上到下的扫描方式（默认）下，该指令用于设置纵坐标（y 坐标），该指令描述见表 12.9。

表 12.9　0X2B 指令描述

顺序	控制			各位描述									HEX
	RS	RD	WR	D15–D18	D7	D6	D5	D4	D3	D2	D1	D0	
指令	0	1	↑	XX	0	0	1	0	1	0	1	0	2AH
参数 1	1	1	↑	XX	SP15	SP14	SP13	SP12	SP11	SP10	SP19	SP18	SP
参数 2	1	1	↑	XX	SP7	SP6	SP5	SP4	SP3	SP2	SP1	SP0	
参数 3	1	1	↑	XX	EP15	EP14	EP13	EP12	EP11	EP10	EP19	EP18	EP
参数 4	1	1	↑	XX	EP7	EP6	EP5	EP4	EP3	EP2	EP1	EP0	

在默认扫描方式时，0X2B 指令用于设置 y 坐标，该指令带有 4 个参数，实际上是 2 个坐标值：SP 和 EP，即页地址的起始值和结束值，SP 必须小于等于 EP，且 $0 \leq SP/EP \leq 319$。一般在设置 y 坐标的时候，只需要带 2 个参数即可，也就是设置 SP 即可，因为如果 EP 没有变化，只需要设置一次即可（在初始化 ILI9341 的时候设置），从而提高速度。

指令 0X2C：用于写 GRAM，在发送该指令之后，就可以往 TFTLCD 的 GRAM 里面写入颜色数据，该指令支持连续写，该指令描述见表 12.10。

表 12.10　0X2C 指令描述

顺序	控制			各位描述									HEX
	RS	RD	WR	D15–D18	D7	D6	D5	D4	D3	D2	D1	D0	
指令	0	1	↑	XX	0	0	1	0	1	1	0	0	2CH
参数 1	1	1	↑	D1[15:0]									XX
-	1	1	↑	D2[15:0]									XX
参数 n	1	1	↑	Dn[15:0]									XX

从上表可知，在收到指令 0X2C 之后，数据有效位宽变为 16 位，就可以连续将数据写入 TFTLCD 的 GRAM，同时 GRAM 的地址将根据 MY/MX/MV 设置的扫描方向进行自增。例如：假设设置的是从左到右，从上到下的扫描方式，那么设置好起始坐标（通过 SC，SP 设置）后，每写入一个颜色值，GRAM 地址将会自动自增 1（SC++），如果碰到 EC，则回到 SC，同时 SP++，一直到坐标：EC，EP 结束，其间无须再次设置的坐标。

最后一个指令 0X2E：用于读取 ILI9341 的显存（GRAM）的数据，该指令在 ILI9341 的数据手册中的描述有误，实际的输出情况见表 12.11。

表 12.11　0X2E 指令描述

顺序	控制			各位描述											HEX
	RS	RD	WR	D15–D11	D10	D9	D8	D7	D6	D5	D4	D3	D2	D1	D0	
指令	0	1	↑	XX				0	0	1	0	1	1	1	0	2EH
参数 1	1	↑	1	XX												dummy
参数 2	1	↑	1	R1[4:0]	XX			G1[5:0]					XX			R1G1
参数 3	1	↑	1	B1[4:0]	XX			R2[4:0]				XX				B1R2
参数 4	1	↑	1	G2[5:0]		XX		B2[4:0]				XX				G2B2
参数 5	1	↑	1	R3[4:0]	XX			G3[5:0]					XX			R3G3
参数 n	1	↑	1	按以上规律输出												

ILI9341 在收到该指令后，第一次输出的是 dummy 数据，也就是无效的数据，第二次开始，读取到的才是有效的 GRAM 数据（从坐标：SC，SP 开始），输出规律为：每个颜色分量占 8 个位，一次输出 2 个颜色分量。比如：第一次输出是 R1G1，随后的规律为：B1R2→G2B2→R3G3→B3R4→G4B4→R5G5…以此类推。如果只需要读取一个点的颜色值，那么只需要接收到参数 3 即可，如果要连续读取，可利用地址自增，按照上述规律去接收颜

色数据。

（3）TFTLCD 使用流程。一般 TFTLCD 的使用流程如图 12-8 所示。

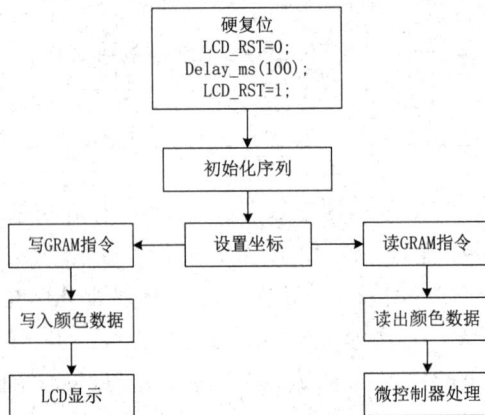

图 12-8　TFTLCD 使用流程图

任何 TFTLCD 的使用流程都可以简单地用以上流程图表示，中硬复位和初始化序列，只需要执行一次即可。而画点操作流程就是：设置坐标→写 GRAM 指令→写入颜色数据，然后在 TFTLCD 上面就可以看到对应的点显示写入的颜色。读点流程为：设置坐标→读 GRAM 指令→读取颜色数据，这样就可以获取到对应点的颜色数据。

2.FSMC 配置过程及相关库函数说明

固件库中，FSMC 接口相关库函数分布在 stm32f10x_fsmc.c 和 stm32f10x_fsmc.h 文件中，FSMC 接口的配置是主要通过设置 12.1.3 所述寄存器中的相应位域的值来实现。固件库中，并没有定义 FSMC_BCRx、FSMC_BTRx、FSMC_BWTRx 等单独的寄存器，而是将它们进行了一些组合。FSMC_BCRx 和 FSMC_BTRx 组合成 BTCR[8] 寄存器组，对应关系如下：

BTCR[0] 对应 FSMC_BCR1，BTCR[1] 对应 FSMC_BTR1，

BTCR[2] 对应 FSMC_BCR2，BTCR[3] 对应 FSMC_BTR2，

BTCR[4] 对应 FSMC_BCR3，BTCR[5] 对应 FSMC_BTR3，

BTCR[6] 对应 FSMC_BCR4，BTCR[7] 对应 FSMC_BTR4。

FSMC_BWTRx 则组合成 BWTR[7]，对应关系如下：

BWTR[0] 对应 FSMC_BWTR1，BWTR[2] 对应 FSMC_BWTR2，

BWTR[4] 对应 FSMC_BWTR3，BWTR[6] 对应 FSMC_BWTR4，

BWTR[1]、BWTR[3] 和 BWTR[5] 保留。

下面介绍 FSMC 接口配置的相关库函数：

（1）FSMC 初始化函数。初始化 FSMC 主要是初始化三个寄存器 FSMC_BCRx，FSMC_BTRx，FSMC_BWTRx，在固件库中提供了 3 个 FSMC 初始化函数分别为：FSMC_NORSRAMInit（）、FSMC_NANDInit（）、FSMC_PCCARDInit（）；这些函数分别用来初始化 4 种类型存储器。用来初始化 NOR 和 SRAM 使用同一个函数 FSMC_NORSRAMInit（），其声明如下：

Void FSMC_NORSRAMInit（FSMC_NORSRAMInitTypeDef* SMC_NORSRAMInitStruct）；

此函数只有一个入口参数，也就是 FSMC_NORSRAMInitTypeDef 类型指针变量，该结构体的成员变量非常多，因为 FSMC 相关的配置项非常多，该结构体的声明如下：

typedef struct{

uint32_t FSMC_Bank;

uint32_t FSMC_DataAddressMux;

uint32_t FSMC_MemoryType;

uint32_t FSMC_MemoryDataWidth;

uint32_t FSMC_BurstAccessMode;

uint32_t FSMC_AsynchronousWait;

uint32_t FSMC_WaitSignalPolarity;

uint32_t FSMC_WrapMode;

uint32_t FSMC_WaitSignalActive;

uint32_t FSMC_WriteOperation;

uint32_t FSMC_WaitSignal;

uint32_t FSMC_ExtendedMode;

uint32_t FSMC_WriteBurst;

FSMC_NORSRAMTimingInitTypeDef* FSMC_ReadWriteTimingStruct;

FSMC_NORSRAMTimingInitTypeDef* FSMC_WriteTimingStruct;

}FSMC_NORSRAMInitTypeDef;

该结构体的前面有 13 个成员变量用来配置片选控制寄存器 FSMC_BCRx。最后面还有两个 SMC_NORSRAMTimingInitTypeDef 指针类型的成员变量用来设置读时序和写时序的参数，即用来配置寄存器 FSMC_BTRx 和 FSMC_BWTRx。下面主要介绍模式 A 下的相关配置参数：

① 参数 FSMC_Bank 用来设置使用到的存储块标号和区号，若使用的是存储块 1 区域 4，应赋值为 FSMC_Bank1_NORSRAM4

② 参数 FSMC_McmoryTypc 用来设置存储器类型，若是 SRAM，应赋值为 FSMC_MemoryType_SRAM

③ 参数 FSMC_MemoryDataWidth 用来设置数据宽度，可选 8 位还是 16 位，若是 16 位数据宽度，应赋值为 FSMC_MemoryDataWidth_16b

④ 参数 FSMC_WriteOperation 用来设置写使能，若写使能，应赋值为 FSMC_WriteOperation_Enable

⑤ 参数 FSMC_ExtendedMode 是设置扩展模式使能位，也就是是否允许读写不同的时序，若采取的读写不同时序，应赋值为 FSMC_ExtendedMode_Enable。

与模式 A 无关的其他几个参数的作用如下：参数 FSMC_DataAddressMux 用来设置地址 / 数据复用使能，若设置为使能，那么地址的低 16 位和数据将共用数据总线，此参数仅对 NOR 和 PSRAM 有效，若设置为默认值不复用，应赋值为 FSMC_DataAddressMux_Disable；参数 FSMC_BurstAccessMode、FSMC_AsynchronousWait、FSMC_WaitSignalPolarity、FSMC_WaitSignalActive、FSMC_WrapMode、FSMC_WaitSignal FSMC_WriteBurst 和 FSMC_WaitSignal 在成组模式同步模式才需要设置。

设置读写时序参数的两个变量 FSMC_ReadWriteTimingStruct 和 FSMC_WriteTimingStruct 都是 FSMC_NORSRAMTimingInitTypeDef 结构体指针类型，这两个参数在初始化时，分别用来初始化片选控制寄存器 FSMC_BTRx 和写操作时序控制寄存器 FSMC_BWTRx。该结构体的声明如下：

```
typedef struct{
uint32_t FSMC_AddressSetupTime;
uint32_t FSMC_AddressHoldTime;
uint32_t FSMC_DataSetupTime;
uint32_t FSMC_BusTurnAroundDuration;
uint32_t FSMC_CLKDivision;
uint32_t FSMC_DataLatency;
uint32_t FSMC_AccessMode;
} FSMC_NORSRAMTimingInitTypeDef;
```

该结构体有 7 个参数用来设置 FSMC 读写时序，这些参数主要是设置地址建立保持时间、数据建立时间等等配置，若读写时序不一样、读写速度要求不一样，应对参数 FSMC_DataSetupTime 设置不同的值。

（2）FSMC 使能函数。FSMC 对不同的存储器类型同样提供了不同的使能函数，其声明如下：

void FSMC_NORSRAMCmd（uint32_t FSMC_Bank, FunctionalState NewState）；
void FSMC_NANDCmd（uint32_t FSMC_Bank, FunctionalState NewState）；
void FSMC_PCCARDCmd（FunctionalState NewState）；

若 FSMC 接口用于 SRAM，应使用的第一个函数。

3. 实例软件开发

本实例在开发板上实现功能是利用开发板上的 LCD 接口点亮 2.8 寸的 ALIENTEK TFTLCD 液晶显示屏，并在显示屏上显示彩色 ASCII 提示字符和液晶显示屏控制器的 ID。测试时，先要将液晶显示屏直接插到开发板的 TFTLCD 模块的接口上，在硬件上，液晶显示屏与 STM32F103 微控制器的 I/O 端口对应关系如下：LCD_BL（背光控制）对应 PB0；LCD_CS 对应 PG12 即 FSMC_NE4；LCD _RS 对应 PG0 即 FSMC_A10；LCD _WR 对应 PD5 即 FSMC_NEW；LCD _RD 对应 PD4 即 FSMC_NOE；LCD _D[15:0] 则直接连接在 FSMC_D15–FSMC_D0。项目的工程工作组见表 12.12。

表 12.12 LCD 工程工作组文件组成

工作组	包含源文件	功能说明
CORE 工作组	core cm3.c	CM3 内核接口
	startup_stm32f10x_hd.s	微控制器的启动文件
FWLIB 工作组	stm32f10x_gpio.c	GPIO 的底层配置函数
	stm32f10x rcc.c	RCC 的底层配置函数
	stm32f10x fsmc.c	FSMC 的底层配置函数
	misc.c	外设对内核中 NVIC 的访问函数
HARDWARE 工作组	led.c	LED 灯驱动函数
	lcd.c	液晶屏驱动函数

工作组	包含源文件	功能说明
SYSTEM 工作组	sys.c	厂商提供中断分组函数
	delay.c	厂商提供延时函数
USER 工作组	main.c	实例应用代码
	stm32f10x it.c	微控制器的中断服务子程序
	svstem stm32f10x.c	设置系统时钟和总线时钟函数

实例软件开发中主要要编写 lcd.c、lcd.h 和 main.c 三个文件，工程中的其他文件与 10.2.4 小节部分相同，下面着重说明这三个文件代码功能。

lcd.c、lcd.h 文件中代码比较多，这里只针对几个重要的函数进行说明，完整代码参见开发板配套光盘。

本实例通过 FSMC 接口驱动 TFTLCD，由于 TFTLCD 的 RS 接在开发板上 FSMC 接口的 A10 上、CS 接在 FSMC_NE4 上，并且使用 16 位数据总线，即使用 FSMC 存储器块 1 的第 4 区域，因此，在 lcd.h 文件中定义如下 LCD 操作结构体和常量：

//LCD 操作结构体
typedef struct{
vu16 LCD_REG;
vu16 LCD_RAM;
} LCD_TypeDef;
/* 使用 NOR/SRAM 的 Bank1.sector4，地址位 HADDR[27,26]=11，A10 作为数据命令区分线，注意：16 位数据总线时，STM32 微控制器内部地址会右移一位对齐 !*/
#define LCD_BASE （（u32）（0x6C000000 | 0x000007FE））
#define LCD （（LCD_TypeDef *）LCD_BASE）

其中，LCD_BASE 必须根据外部电路的连接来确定，由于使用 Bank1.sector4，地址从 0x6C000000 开始，而 0x000007FE 则是 A10 的偏移量。将这个地址强制转换为 LCD_TypeDef 结构体地址，那么可以得到 LCD->LCD_REG 的地址就是 0x6C0007FE，对应 A10 的状态为 0（即 RS=0），而 LCD-> LCD_RAM 的地址就是 0x6C000800（结构体地址自增），对应 A10 的状态为 1（即 RS=1）。

基于这个常量指针定义，向 LCD 写命令 / 数据、读取操作的实现代码如下：

LCD->LCD_REG=CMD;　　　　　// 写命令
LCD->LCD_RAM=DATA;　　　　　// 写数据
CMD= LCD->LCD_REG;　　　　　// 读 LCD 寄存器
DATA = LCD->LCD_RAM;　　　　// 读 LCD 数据

lcd.h 文件中还定义另一个重要结构体 lcd_dev，该结构体成员变量和说明如下：

typedef struct{
u16　width;　　　　　　　　　//LCD 宽度
u16　height;　　　　　　　　 //LCD 高度
u16　id;　　　　　　　　　　 //LCD 的 ID

```
u8   dir;                          // 横屏还是竖屏控制: 0, 竖屏; 1, 横屏。
u16  wramcmd;                      // 开始写 gram 指令
u16  setxcmd;                      // 设置 x 坐标指令
u16  setycmd;                      // 设置 y 坐标指令
}_lcd_dev;
extern _lcd_dev lcddev;           // 声明结构体全局变量
```

该结构体用于保存一些 LCD 重要参数信息，比如 LCD 的长宽、LCD 的 ID（驱动芯片型号）、LCD 横竖屏状态等，这个结构体虽然占用 10 个字节的内存，但是却可以让驱动函数支持不同尺寸的 LCD，同时可以实现 LCD 横竖屏切换等重要功能。

下面先介绍 lcd.c 文件中的 7 个简单函数，代码实现和说明如下：

```
/* 写 LCD 寄存器函数，参数 regval: 寄存器值。*/
void LCD_WR_REG（u16 regval）{
LCD->LCD_REG=regval;              // 写入要写的寄存器序号
}
/* 写 LCD 数据函数，参数 data:: 要写入的值。*/
void LCD_WR_DATA（u16 data）{
LCD->LCD_RAM=data;
}
/* 读 LCD 数据函数，返回值: 读到的值。*/
u16 LCD_RD_DATA（void）{
vu16 ram;                         // 防止被优化
ram=LCD->LCD_RAM;
return ram;
}
/* 地址方式写 LCD 寄存器函数，参数 LCD_Reg: 寄存器地址，LCD_RegValue: 要写入的数据。*/
void LCD_WriteReg（u16 LCD_Reg, u16 LCD_RegValue）{
LCD->LCD_REG = LCD_Reg;           // 要写的寄存器地址
LCD->LCD_RAM = LCD_RegValue;      // 写入的数据
}
/* 地址方式读 LCD 寄存器函数，参数 LCD_Reg: 寄存器地址，返回值: 读到的值。*/
u16 LCD_ReadReg（u16 LCD_Reg）{
LCD_WR_REG（LCD_Reg）;             // 要读的寄存器地址
delay_us（5）;
return LCD_RD_DATA（）;            // 返回读到的值
}
/* 开始写 GRAM。*/
void LCD_WriteRAM_Prepare（void）{
```

```
LCD->LCD_REG=lcddev.wramcmd;
}
/* 写 GRAM，在液晶屏上显示点，参数 RGB_Code：颜色值。*/
void LCD_WriteRAM（u16 RGB_Code）{
LCD->LCD_RAM = RGB_Code;              // 写入 GRAM 的十六位颜色值。
}
```

因为 FSMC 接口自动控制 WR/RD/CS 等这些信号，所以这 7 个函数实现起来都比较简单，通过这几个简单函数的组合，就可以对 LCD 进行各种操作。

lcd.c 文件中的第 8 个函数是坐标设置函数，代码实现和说明如下：

```
/* 设置光标位置函数，参数 Xpos：横坐标，参数 Ypos：纵坐标。*/
void LCD_SetCursor（u16 Xpos, u16 Ypos）{
if（lcddev.id==0X9341||lcddev.id==0X5310）
{LCD_WR_REG（lcddev.setxcmd）;
LCD_WR_DATA（Xpos>>8）;
LCD_WR_DATA（Xpos&0XFF）;
LCD_WR_REG（lcddev.setycmd）;
LCD_WR_DATA（Ypos>>8）;
LCD_WR_DATA（Ypos&0XFF）;
}
--- ---;                              // 其他驱动芯片设置光标位置
}
```

该函数实现将 LCD 的当前操作点设置到指定坐标（x,y），在此函数基础上就可以在液晶上任意作图。这里的 lcddev.setxcmd、lcddev.setycmd、lcddev.width、lcddev.height 等指令 / 参数都是在 LCD_Display_Dir 函数里面初始化，该函数根据 lcddev.id 的不同，执行不同的设置。

lcd.c 文件中的第 9 个函数是画点函数，代码实现和说明如下：

```
/* 画点函数，参数 x，y：坐标，POINT_COLOR：此点的颜色。*/
void LCD_DrawPoint（u16 x,u16 y）{
LCD_SetCursor（x,y）;                  // 设置光标位置
LCD_WriteRAM_Prepare（）;             // 开始写入 GRAM
LCD->LCD_RAM=POINT_COLOR;             // 写入 GRAM 颜色
}
```

该函数实现比较简单，就是先设置坐标，然后往坐标写颜色，其中 POINT_COLOR 是定义的一个全局变量，用于存放画笔颜色，顺带介绍一下另外一个全局变量：BACK_COLOR，该变量代表 LCD 的背景色。LCD_DrawPoint 函数虽然简单，但是至关重要，其他几乎所有上层函数，都是通过调用这个函数实现。

lcd.c 文件中的第 10 个函数是读点函数，用于读取 LCD 的 GRAM 中的值，代码实现和说明如下：

/* 读点函数，参数 x，y：坐标，返回值：此点的颜色。*/

```c
u16 LCD_ReadPoint（u16 x,u16 y）{
vu16 r=0,g=0,b=0;
if（x>=lcddev.width||y>=lcddev.height）return 0;          // 超过了范围，直接返回
LCD_SetCursor（x,y）;                                      // 设置光标位置
if（lcddev.id==0X9341|||lcddev.id==0X6804|||lcddev.id==0X5310|||lcddev.id==0X1963）
LCD_WR_REG（0X2E）;                                        // 发送读 GRAM 指令
// 对于 5510 驱动芯片发送读 GRAM 指令
else if（lcddev.id==0X5510）LCD_WR_REG（0X2E00）;
// 对于其他驱动芯片发送读 GRAM 指令
else LCD_WR_REG（0X22）;
if（lcddev.id==0X9320）opt_delay（2）;                      // 对于 9320 驱动芯片，延时 2μs
r=LCD_RD_DATA（）;                                         //dummy Read
if（lcddev.id==0X1963）return r;                           // 对于 1963 驱动芯片，直接读
opt_delay（2）;
r=LCD_RD_DATA（）;                                         // 实际坐标颜色
// 下面型号的驱动芯片需要分 2 次读出
if（lcddev.id==0X9341|||lcddev.id==0X5310|||lcddev.id==0X5510）
{ opt_delay（2）;
b=LCD_RD_DATA（）;
/* 对于 9341/5310/5510 驱动芯片，第一次读取的是 RG 值,R 在前,G 在后,各占 8 位.*/
g=r&0XFF;
g<<=8;
}
// 下面型号的驱动芯片，直接返回颜色值
if（lcddev.id==0X9325|||lcddev.id==0X4535|||lcddev.id==0X4531|||lcddev.id==0XB505|||lcddev.id==0XC505）return r;
// 对于 ILI9341/NT35310/NT35510 驱动芯片，需要公式转换颜色值
else if（lcddev.id==0X9341|||lcddev.id==0X5310|||lcddev.id==0X5510）
return（（（r>>11）<<11）|（（g>>10）<<5）|（b>>11））;
else return LCD_BGR2RGB（r）;                              // 其他驱动芯片
}
```

为了支持多种 LCD，代码中根据 LCD 驱动芯片的（（lcddev.id）型号，执行不同的操作，以实现兼容，提高了通用性。

lcd.c 文件中的第 11 个函数是字符显示函数，用于可以以叠加方式或非叠加方式显示字符，叠加方式显示多用于在显示的图片上再显示字符，非叠加方式一般用于普通的显示，代码实现和说明如下：

/* 字符显示函数：在指定位置显示一个字符，参数 x,y：起始坐标，参数 num: 要显示的

字符："　"--->"-"，参数 size：字体大小（12/16/24），参数 mode：叠加方式（1）还是非叠加方式（0）。*/

```
void LCD_ShowChar（u16 x,u16 y,u8 num,u8 size,u8 mode）{
u8 temp,t1,t;
u16 y0=y;
// 得到字体一个字符对应点阵集所占的字节数
u8 csize=（size/8+（（size%8）?1:0））*（size/2）;
//ASCII 字库从空格开始取模，所以 -' '即可得到对应字符的字库（点阵）
num=num-' ';
for（t=0;t<csize;t++）{
if（size==12）temp=asc2_1206[num][t];        // 调用 1206 字体
else if（size==16）temp=asc2_1608[num][t];    // 调用 1608 字体
else if（size==24）temp=asc2_2412[num][t];    // 调用 2412 字体
else return;                                  // 没有的字库
for（t1=0;t1<8;t1++）{
if（temp&0x80）LCD_Fast_DrawPoint（x,y,POINT_COLOR）;
else if（mode==0）LCD_Fast_DrawPoint（x,y,BACK_COLOR）;
temp<<=1;
y++;
if（y>=lcddev.height）return;                 // 超区域
if（（y-y0）==size）{
y=y0; x++;
if（x>=lcddev.width）return;                  // 超区域
break;
}
}
}
}
```

此函数中采用快速画点函数 LCD_Fast_DrawPoint（）来画点显示字符，他同 LCD_DrawPoint（）函数一样，只是带了颜色参数，且减少了函数调用的时间。该代码中用到了三个字符集点阵数据数组 asc2_2412、asc2_1206 和 asc2_1608，这几个字符集的点阵数据的提取方法如下：

要显示字符，先要有字符的点阵数据，ASCII 常用的字符集总共有 95 个，从空格符开始，分别为：!"#$%&'（）*+,-0123456789:;<=>?@ ABCDEFGHIJKLMNOPQRSTUVWXYZ[\]ˆ_`abcdefghijklmnopqrstuvwxyz{|}-。要得到该字符集的点阵数据，需要字符提取软件，如开发板光盘提供的 PCtoLCD2002 完美版，该软件可以提供各种字符，包括汉字（字体和大小都可以自己设置）阵提取，且取模方式可以设置好几种，常用的取模方式该软件都支持，该软件还支持图形模式，也就是用户可以自己定义图片的大小，然后画图，根据所画的图形再生

成点阵数据，此功能在制作图标或图片的时候很有用，该软件的界面如图12-9所示。

点击软件界面中方框指示的快捷按钮，打开字体选项弹出窗口如图12-10所示，该界面设置的取模方式在右上角的取模说明里有介绍，即：从第一列开始向下每取8个点作为一个字节，如果最后不足8个点就补满8位。取模顺序是从高到低，即第一个点作为最高位。如 *------- 取为10000000，其实就是按如图12-11所示的方式：从上到下，从左到右，高位在前。按这样的取模方式，然后把ASCII字符集按12×6大小和16×8大小取模出来（对应汉字大小为12×12和16×16，字符的只有汉字的一半大！），保存在font.h里面，每个12×6的字符占用12个字节，每个16×8的字符占用16个字节。具体参见开发板配套光盘中的font.h文件。

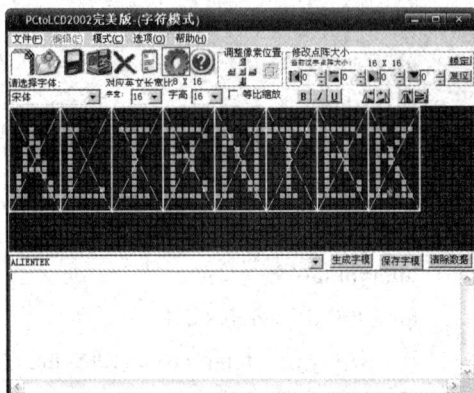

图12-9 PCtoLCD2002软件界面图

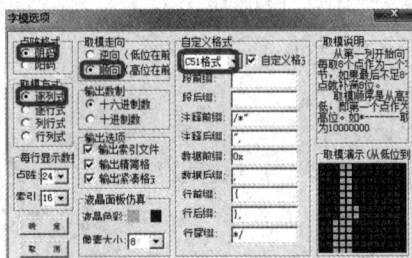

图12-10 设置取模方式　　图12-11 取模方式图解

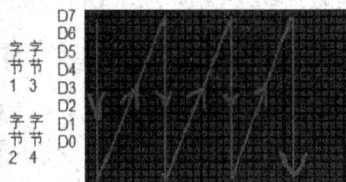

最后，介绍一下TFTLCD的初始化函数LCD_Init（），该函数先初始化STM32微控制器与TFTLCD连接的I/O引脚，并配置FSMC接口控制器，然后读取LCD控制芯片的型号，根据控制芯片的型号执行不同的初始化操作，其简化代码如下：

```
/* 该初始化函数可以初始化各种ILI93XX液晶。*/
void LCD_Init（void）{
GPIO_InitTypeDef  GPIO_InitStructure;
FSMC_NORSRAMInitTypeDef  FSMC_NSInitStructure;
FSMC_NORSRAMTimingInitTypeDef  readWriteTiming;
FSMC_NORSRAMTimingInitTypeDef  writeTiming;
// 使能FSMC接口模块时钟
RCC_AHBPeriphClockCmd（RCC_AHBPeriph_FSMC,ENABLE）;
RCC_APB2PeriphClockCmd（RCC_APB2Periph_GPIOB|RCC_APB2Periph_GPIOD|RCC_
APB2Periph_GPIOE|RCC_APB2Periph_GPIOG|RCC_APB2Periph_AFIO,ENABLE）;
// ①使能GPIO以及AFIO复用功能时钟
```

```
GPIO_InitStructure.GPIO_Pin = GPIO_Pin_0;        //PB0 推挽输出用于控制背光
GPIO_InitStructure.GPIO_Mode = GPIO_Mode_Out_PP;       // 指定推挽输出
GPIO_InitStructure.GPIO_Speed = GPIO_Speed_50MHz;      // 指定速度为 50MHz
// ②初始化 PB0、PORTD 复用推挽输出
GPIO_Init（GPIOB, &GPIO_InitStructure）;
GPIO_InitStructure.GPIO_Pin= GPIO_Pin_0|GPIO_Pin_1|GPIO_Pin_4|
GPIO_Pin_5|GPIO_Pin_8|GPIO_Pin_9|GPIO_Pin_10|GPIO_Pin_14|GPIO_Pin_15;
GPIO_InitStructure.GPIO_Mode = GPIO_Mode_AF_PP;       // 指定复用推挽输出
GPIO_InitStructure.GPIO_Speed = GPIO_Speed_50MHz;     // 指定速度为 50MHz
GPIO_Init（GPIOD, &GPIO_InitStructure）;              // ②初始化 PORTD
//PORTE 复用推挽输出
GPIO_InitStructure.GPIO_Pin=GPIO_Pin_7|GPIO_Pin_8|GPIO_Pin_9|PIO_Pin_10|
GPIO_Pin_11|GPIO_Pin_12|GPIO_Pin_13|GPIO_Pin_14|GPIO_Pin_15;
GPIO_InitStructure.GPIO_Mode = GPIO_Mode_AF_PP;       // 指定复用推挽输出
GPIO_InitStructure.GPIO_Speed = GPIO_Speed_50MHz;     // 指定速度为 50MHz
GPIO_Init（GPIOE, &GPIO_InitStructure）;              // ②初始化 PORTE
//PORTG12 复用推挽输出 A0
GPIO_InitStructure.GPIO_Pin = GPIO_Pin_0|GPIO_Pin_12;
GPIO_InitStructure.GPIO_Mode = GPIO_Mode_AF_PP;       // 指定复用推挽输出
GPIO_InitStructure.GPIO_Speed = GPIO_Speed_50MHz;     // 指定速度为 50MHz
GPIO_Init（GPIOG, &GPIO_InitStructure）;              // ②初始化 PORTG
// 指定地址建立时间（ADDSET）为 2 个 HCLK 1/36M=27ns
readWriteTiming.FSMC_AddressSetupTime = 0x01;
// 指定地址保持时间，模式 A 未用到
readWriteTiming.FSMC_AddressHoldTime = 0x00;
// 指定数据保存时间为 16 个 HCLK
readWriteTiming.FSMC_DataSetupTime = 0x0f;
readWriteTiming.FSMC_BusTurnAroundDuration = 0x00;
readWriteTiming.FSMC_CLKDivision = 0x00;
readWriteTiming.FSMC_DataLatency = 0x00;
// 指定为模式 A
readWriteTiming.FSMC_AccessMode = FSMC_AccessMode_A;
// 指定地址建立时间为 1 个 HCLK
writeTiming.FSMC_AddressSetupTime = 0x00;
// 指定地址保持时间，模式 A 未用到
writeTiming.FSMC_AddressHoldTime = 0x00;
// 指定数据保存时间为 4 个 HCLK
writeTiming.FSMC_DataSetupTime = 0x03;
```

```
writeTiming.FSMC_BusTurnAroundDuration = 0x00;
writeTiming.FSMC_CLKDivision = 0x00;
writeTiming.FSMC_DataLatency = 0x00;
// 指定为模式 A
writeTiming.FSMC_AccessMode = FSMC_AccessMode_A;
// 指定使用 NE4，也就对应 BTCR[6]，[7]。
FSMC_NSInitStructure.FSMC_Bank = FSMC_Bank1_NORSRAM4;
// 指定不复用数据地址
FSMC_NSInitStructure.FSMC_DataAddressMux =FSMC_DataAddressMux_Disable;
// 指定存储器类型为 SRAM
FSMC_NSInitStructure.FSMC_MemoryType=FSMC_MemoryType_SRAM;
// 指定存储器数据宽度为 16bit
FSMC_NSInitStructure.FSMC_MemoryDataWidth= FSMC_MemoryDataWidth_16b;
// 指定禁止突发访问模式
FSMC_NSInitStructure.FSMC_BurstAccessMode=FSMC_BurstAccessMode_Disable;
FSMC_NSInitStructure.FSMC_WaitSignalPolarity = FSMC_WaitSignalPolarity_Low;
FSMC_NSInitStructure.FSMC_AsynchronousWait=FSMC_AsynchronousWait_Disable;
FSMC_NSInitStructure.FSMC_WrapMode = FSMC_WrapMode_Disable;
FSMC_NSInitStructure.FSMC_WaitSignalActive=FSMC_WaitSignalActive_BeforeWaitState;
FSMC_NSInitStructure.FSMC_WriteOperation = FSMC_WriteOperation_Enable;
// 指定存储器写使能
FSMC_NSInitStructure.FSMC_WaitSignal = FSMC_WaitSignal_Disable;
FSMC_NSInitStructure.FSMC_ExtendedMode = FSMC_ExtendedMode_Enable;
// 指定读写使用不同的时序
FSMC_NSInitStructure.FSMC_WriteBurst = FSMC_WriteBurst_Disable;
FSMC_NSInitStructure.FSMC_ReadWriteTimingStruct = &readWriteTiming;
FSMC_NSInitStructure.FSMC_WriteTimingStruct = &writeTiming;        // 指定写时序
FSMC_NORSRAMInit（&FSMC_NSInitStructure）;            // ③初始化 FSMC 配置
FSMC_NORSRAMCmd（FSMC_Bank1_NORSRAM4, ENABLE）;       // ④使能 BANK1
delay_ms（50）;                                        // 延时 50 ms
// 读 ID（9320/9325/9328/4531/4535 等驱动芯片）
lcddev.id=LCD_ReadReg（0x0000）;
if（lcddev.id<0XFF|||lcddev.id==0XFFFF|||lcddev.id==0X9300）
//ID 不正确，新增 0X9300 判断，因为 9341 在未被复位的情况下会被读成 9300
{ LCD_WR_REG（0XD3）;                                  // 尝试 9341 ID 的读取
lcddev.id=LCD_RD_DATA（）;                             //dummy read
lcddev.id=LCD_RD_DATA（）;                             // 读到 0X00
lcddev.id=LCD_RD_DATA（）;                             // 读取 93
```

```
lcddev.id<<=8;
lcddev.id|=LCD_RD_DATA（）;                      // 读取 41
--- ---;                                         // 非 9341，尝试是不是其他驱动芯片
}
if（lcddev.id==0X9341）                           //9341 初始化
{
--- ---;                                         //9341 初始化代码
}else if（lcddev.id==0xXXXX）                     // 其他 LCD 初始化代码
{
--- ---;                                         // 其他 LCD 驱动芯片初始化代码
}
LCD_Display_Dir（0）;                             // 设置默认为竖屏显示
LCD_LED=1;                                        // 点亮背光
LCD_Clear（WHITE）;                               // 清除屏幕
}
```

该函数先对 FSMC 接口的相关 I/O 进行初始化，然后是 FSMC 的初始化，最后根据读到的 LCD 驱动芯片的 ID，对不同的驱动器执行不同的初始化代码，从初始化代码可以看出，LCD 初始化步骤为①－⑤在代码中标注：① GPIO、FSMC、AFIO 时钟使能；② GPIO 初始化：GPIO_Init（）函数；③ FSMC 接口初始化：FSMC_NORSRAMInit（）函数；④ FSMC 接使能：FSMC_NORSRAMCmd（）函数；⑤ LCD 驱动器的初始化代码。

本实例与开发板光盘提供的案例有些差异，需要对光盘中 LCD 案例项目中的 main.c 文件重写，其代码和说明如下：

```
#include "led.h"
#include "delay.h"
#include "sys.h"
#include "lcd.h"
int main（void）
{ u8 x=0;
u8 lcd_id[12];                                   // 存放 LCD ID 字符串
delay_init（）;                                   // 延时函数初始化
LED_Init（）;                                     //LED 端口初始化
LCD_Init（）;                                     // 液晶屏初始化
POINT_COLOR=RED;                                 // 指定显示点颜色为红色
while（1）{                                       // 主循环
        switch（x）                               // 变换背景颜色
        {       case 0:LCD_Clear（WHITE）;break;
                case 1:LCD_Clear（BLACK）;break;
                case 2:LCD_Clear（BLUE）;break;
```

```
                    case 3:LCD_Clear（RED）;brcak;
                    case 4:LCD_Clear（MAGENTA）;break;
                    case 5:LCD_Clear（GREEN）;break;
                    case 6:LCD_Clear（CYAN）;break;
                    case 7:LCD_Clear（YELLOW）;break;
                    case 8:LCD_Clear（BRRED）;break;
                    case 9:LCD_Clear（GRAY）;break;
                    case 10:LCD_Clear（LGRAY）;break;
                    case 11:LCD_Clear（BROWN）;break;
            }
        POINT_COLOR=RED;                              // 指定显示点颜色为红色
        LCD_ShowString（30,40,210,24,24,"Elite STM32F1 ^_^"）;
            LCD_ShowString（30,90,200,16,16,"TFTLCD TEST"）;
            LCD_ShowString（30,120,200,16,16,"ATOM@ALIENTEK"）;
        LCD_ShowString（30,150,200,24,24,lcd_id）;     // 显示 LCD 驱动芯片 ID
    LCD_ShowString（30,180,200,12,12,"2021/3/15"）;
        x++;
            if（x==12）x=0;
            LED0=!LED0;                               //DS0 灯闪烁指示程序运行
            delay_ms（1000）;                          // 延时 1 秒
        }
    }
```

该部分代码将显示一些固定的字符,字体大小包括 24×12、16×8 和 12×6 等三种,同时显示 LCD 驱动芯片的型号,然后不停地切换背景颜色,每 1s 切换一次。

完成上述代码编写后,编译工程,如有错误,找出原因并更正,最终生成二进制文件。下载、调试、运行软件。

下载代码到开发板,可以看到 DS0 停的闪烁,提示程序已经在运行,同时可以看到 TFTLCD 液晶屏的显示如图 12-12 所示。

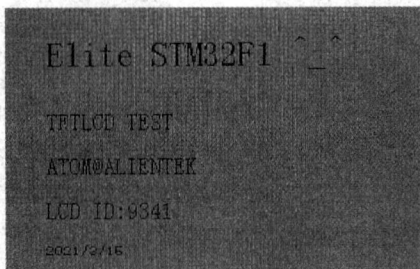

图 12-12　TFTLCD 显示效果图

可以看到屏幕的背景不停切换，同时 DS0 不停地闪烁，证明代码被正确的执行，达到了预期的目的：实现了 TFTLCD 的驱动，以及字符的显示。

12.2　RTC 实时时钟模块

12.2.1　RTC 模块结构与特性

STM32 微控制器的实时时钟（RTC）是一个独立的定时器。RTC 模块拥有一组连续计数的计数器，在软件配置下，可提供时钟日历的功能。修改计数器的值可以重新设置系统当前的时间和日期。

RTC 模块和时钟配置系统（RCC_BDCR 寄存器）是在后备区域，可由外部电池供电，在微控制器断电、复位或从待机模式唤醒后 RTC 的设置和时间维持不变。RTC 模块内部结构，如图 12-13 所示。

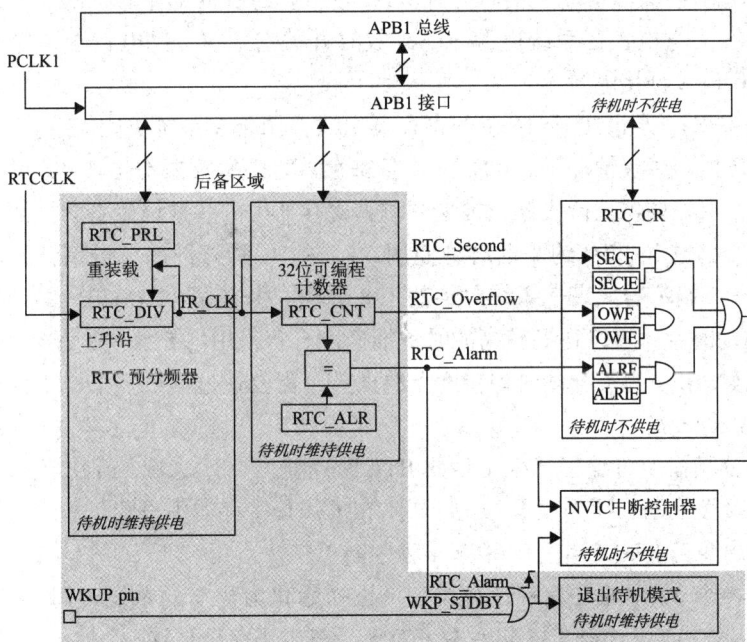

图 12-13　RTC 模块内部结构图

RTC 主要单元由 APB1 接口和 RTC 内组成，其中 APB1 接口用于提供自身与 APB1 总线之间的接口，该单元中还包括一套可以从 APB1 总线以 "读" 或 "写" 方式访问的 16 位寄存器。RTC 内核由一系列可编程的计数器组成，而这些计数器也分别由 2 个模块构成：RTC 预分频模块和 32 位的可编程计数器。

RTC 主要有以下特性：

（1）可编程的预分频系数，分频系数最高为220。

（2）支持32位的可编程计数器，用于较长时间段的测量。

（3）支持2个分离的时钟，用于APBI接口的PCLK1和RTC时钟。但RTC时钟的频率必须小于PCLK1时钟频率的1/4以上。

（4）支持以下三种时钟源：① HSE时钟信号的128分频；② LSE振荡器时钟；③ LSI振荡器时钟。

（5）支持2个独立的复位类型，具体如下：

① APBI接口由系统复位。

② RTC核心（预分频器、闹钟、计数器和分频器等）只能由后备域复位。

（6）支持3个专用可屏蔽的中断，具体如下：

① 闹钟中断，用于产生一个软件可编程的闹钟中断。

② 秒中断，用于产生一个可编程的周期性中断信号，最长可达1s。

③ 溢出中断，指示内部可编程计数器溢出状态并重新设置为0状态。

12.2.2 RTC工作原理

STM32微控制器内部集成了实时时钟RTC和相应的后备寄存器，RTC和后备寄存器通过同一个电源开关供电，在系统电源V_{DD}有效时开关选通V_{DD}供电，否则电源开关会选通V_{BAT}引脚进行供电（外接电池）。

RTC的后备寄存器由10个16位的寄存器组成，用于在系统关闭V_{DD}供电时保存20字节的用户应用数据。一般情况下，RTC和后备寄存器之中的数据不会被系统复位或电源复位而清除。同样，当处理器从待机模式被唤醒时，寄存器中的数据仍然不会被清除。

通常情况下，建议RTC的驱动时钟使用32.768kHz的外部晶体振荡器，此外，还可以使用芯片内部RC振荡器或高速系统时钟的128分频。但采用32.768kHz的外部晶体振荡器作为RTC的驱动时钟，可以得到较高的时钟准确度。若采用内部RC振荡器，由于此振荡器的典型频率为40kHz，为了补偿时钟精度上的误差，需要通过输出一个512Hz的时钟信号对RTC实时时钟进行校准。

RTC的预分频模块可编程产生1秒的RTC时间基准TR_CLK。预分频模块包含一个20位的可编程分频器（RTC预分频器），如果在RTC_CR寄存器中设置了相应的允许位，则在每个TR_CLK周期后RTC产生一个中断（秒中断）。

RTC具有一个32位的可编程计数器，可被初始化为当前的系统时间，若按秒钟计时，可以记录4294967296s，约合136年左右，对于一般应用完全足够。

RTC还有一个闹钟寄存器RTC_ALR，用于产生闹钟。系统时间按TR_CLK周期累加并与存储在RTC_ALR寄存器中的可编程时间相比较，如果RTC_CR控制寄存器中设置了相应允许位，比较匹配时将产生一个闹钟中断。

RTC内核完全独立于APB1接口，但可通过APB1接口访问RTC的预分频值、计数器值和闹钟值的，而且相关可读寄存器只在APB1时钟进行重新同步的RTC时钟的上升沿被更新，RTC标志也是如此，即：如果APB接口刚刚被开启之后，在第一次的内部寄存器更新之前，从APB1上读取的RTC寄存器值可能被破坏（通常读到0）。因此，若在读取RTC

寄存器曾经被禁止的 APB1 接口，必须先等待 RTC_CRL 寄存器的 RSF 位（寄存器同步标志位，bit3）被硬件置 1。

　　在系统发生复位操作后，系统对实时时钟 RTC 的后备寄存器和 RTC 的访问将被禁止。以防止用户对后各区域（BKP）数据的意外写操作。用户需要通过以下操作实现对后备寄存器和 RTC 时钟的访问。

　　（1）设置寄存器 RCC APBIENR 的 PWREN 标志位和 BKPEN 标志位，使能系统电源和 RTC 后备接口时钟。

　　（2）设置寄存器 PWR CR 的 DBP 标志位，使能对 RTC 后备寄存器和 RTC 的访问。

12.2.3　RTC 模块相关寄存器说明

STM32F103 微控制器的 RTC 模块通过 6 个寄存器来控制。下面分别介绍各寄存器的功能。

1.RTC 控制寄存器高位（RTC_CRH）

偏移地址：0x00

复位值：0x00000000

RTC_CRH 寄存器各位定义如下，其保留位被硬件强制为 0。

15	14	13	12	11	10	9	8	7	6	5	4	3	2	1	0
保留													PRL[19:16]		
												w	w	w	w

说明：

位 2	OWIE：允许溢出中断。0：屏蔽（不允许）溢出中断；1：允许溢出中断
位 1	ALRIE：允许闹钟中断。0：屏蔽（不允许）闹钟中断；1：允许闹钟中断
位 0	SECIE：允许秒中断。0：屏蔽（不允许）秒中断；1：允许秒中断

2.RTC 控制寄存器低位（RTC_CRL）

偏移地址：0x04

复位值：0x00000000

RTC_CRL 寄存器各位定义如下，其保留位被硬件强制为 0。

15	14	13	12	11	10	9	8	7	6	5	4	3	2	1	0
保留										RTOFF	CNF	RSF	OWF	ALRF	SECF
										r	rw	rc w0	rc w0	rc w0	rc w0

说明：

位 5	RTOFF: RTC 操作关闭,RTC 模块利用这位来指示对其寄存器进行的最后一次操作的状态,指示操作是否完成. 若此位为‘0’,则表示无法对任何的 RTC 寄存器进行写操作。此位为只读位 0：上次对 RTC 寄存器的写操作仍在进行；1：上次对 RTC 寄存器的写操作已经完成
位 4	CNF: 配置标志,此位必须由软件置‘1’以进入配置模式,从而允许向 RTC_CNT、RTC_ALR 或 RTC_PRL 寄存器写入数据。只有当此位在被置‘1’并重新由软件清‘0’后,才会执行写操作 0：退出配置模式（开始更新 RTC 寄存器）；1：进入配置模式
位 3	RSF: 寄存器同步标志,每当 RTC_CNT 寄存器和 RTC_DIV 寄存器由软件更新或清‘0’时,此位由硬件置‘1’在 APB1 复位后,或 APB1 时钟停止后,此位必须由软件清‘0’。要进行任何的读操作之前,用户程序必须等待这位被硬件置‘1’,以确保 RTC_CNT、RTC_ALR 或 RTC_PRL 已经被同步 0：寄存器尚未被同步；1：寄存器已经被同步

位 2	OWF：溢出标志，当 32 位可编程计数器溢出时，此位由硬件置'1'。如果 RTC_CRH 寄存器中 OWIE=1，则产生中断。此位只能由软件清'0'。对此位写'1'是无效的 0：无溢出；1：32 位可编程计数器溢出
位 1	ALRF：闹钟标志，当 32 位可编程计数器达到 RTC_ALR 寄存器所设置的预定值，此位由硬件置'1'。如果 RTC_CRH 寄存器中 ALRIE=1，则产生中断。此位只能由软件清'0'。对此位写'1'是无效的 0：无闹钟；1：有闹钟
位 0	SECF：秒标志，当 32 位可编程预分频器溢出时，此位由硬件置'1'同时 RTC 计数器加 1。因此，此标志为分辨率可编程的 RTC 计数器提供一个周期性的信号（通常为 1 秒）。如果 RTC_CRH 寄存器中 SECIE=1，则产生中断。此位只能由软件清除。对此位写'1'是无效的 0：秒标志条件不成立；1：秒标志条件成立

3.RTC 预分频装载寄存器（RTC_PRLH/RTC_PRLL）

偏移地址：0x08

复位值：0x00000000

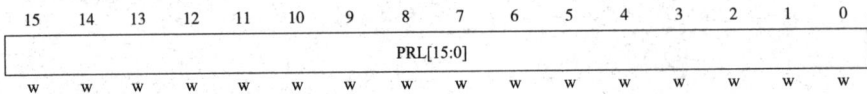

RTC 预分频装载寄存器由 2 个寄存器组成，RTC_PRLH 和 RTC_PRLL。用来配置 RTC 时钟的分频数，若使用外部 32.768kHz 的晶振作为时钟的输入频率，并设置这两个寄存器的值为 32767，则得到一秒钟的计数频率。RTC_PRLH 寄存器各位定义如下，其保留位被硬件强制为 0。

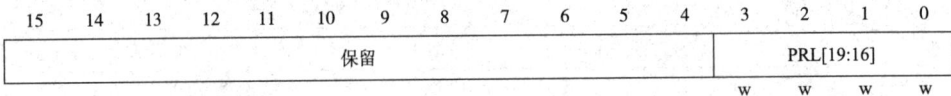

15	14	13	12	11	10	9	8	7	6	5	4	3	2	1	0
保留												PRL[19:16]			
												w	w	w	w

RTC_PRLL 寄存器各位定义如下：

偏移地址：0x0C

复位值：0x00000000

15	14	13	12	11	10	9	8	7	6	5	4	3	2	1	0
PRL[15:0]															
w	w	w	w	w	w	w	w	w	w	w	w	w	w	w	w

计数器的时钟频率根据以下公式定义：

$fTR\_CLK = fRTCCLK/(PRL[19:0]+1)$

注：不推荐使用 0 值，否则无法正确地产生 RTC 中断和标志位。

4.RTC 预分频器余数寄存器（RTC_DIVH/RTC_DIVL）

RTC 预分频器余数寄存器也由 2 个寄存器组成 RTC_DIVH 和 RTC_DIVL，这两个寄存器的作用就是用来获得比秒钟更为准确的时钟，比如可以得到 0.1 秒，或者 0.01 秒等。该寄存器的值自减的，用于保存还需要多少时钟周期获得一个秒信号。在一次秒钟更新后，由硬件重新装载。这两个寄存器和 RTC 预分频装载寄存器的各位是一样的，不过偏移地址分别为：0x10 和 0x14。

5.RTC 计数器寄存器（RTC_CNTH/RTC_CNTL）

RTC 计数器寄存器也由 2 个 16 位的寄存器 RTC_CNTH 和 RTC_CNTL 组成，总共 32 位，用来存放计数器的计数值。计数器以预分频器产生的 TR_CLK 时间基准为参考进行计数。RTC_CNT 寄存器受 RTC_CR 的位 RTOFF 写保护，仅当 RTOFF 值为'1'时，允许写操作。

在高或低寄存器（RTC_CNTH 或 RTC_CNTL）上的写操作，能够直接装载到相应的可编程计数器，并且重新装载 RTC 预分频器。当进行读操作时，直接返回计数器内的计数值（系统时间）。RTC_CNTH 和 RTC_CNTL 寄存器的移地址分别为：0x18 和 0x1C。注：要对此寄存器进行写操作前，必须先进入配置模式。

6.RTC 闹钟寄存器（RTC_ALRH/RTC_ALRL）

RTC 闹钟寄存器也是由 2 个 16 位的寄存器 RTC_ALRH 和 RTC_ALRL 组成。总共也是32位，用来标记闹钟产生的时间（以秒为单位），如果 RTC_CNT 的值与 RTC_ALR 的值相等，并使能了中断的话，会产生一个闹钟中断。此寄存器受 RTC_CR 寄存器里的 RTOFF 位写保护，仅当 RTOFF 值为'1'时，允许写操作。RTC_ALRH 和 RTC_ALRL 寄存器的移地址分别为：0x20 和 0x24。注：要对此寄存器进行写操作前，必须先进入配置模式。

因为使用到备份寄存器来存储 RTC 的相关信息，因此顺便介绍一下备份寄存器。STM32F103ZET6 微控制器的备份寄存器是 42 个 16 位的寄存器，可用来存储 84 个字节的数据，它们处在备份域里，当 V_{DD} 电源被切断，由 V_{BAT} 维持供电。即使系统在待机模式下被唤醒，或系统复位或电源复位时，它们也不会被复位。此外，BKP 控制寄存器用来管理侵入检测和 RTC 校准功能。

复位后，对备份寄存器和 RTC 的访问被禁止，并且备份域被保护以防止可能存在的意外的写操作。执行以下操作可以使能对备份寄存器和 RTC 的访问：

（1）通过设置寄存器 RCC_APB1ENR 的 PWREN 和 BKPEN 位来打开电源和后备接口的时钟；

（2）电源控制寄存器（PWR_CR）的 DBP 位来使能对后备寄存器和 RTC 的访问。

另外，RTC 的时钟源选择及使能设置都是通过备份区域控制寄存器 RCC_BDCR 来实现，该寄存器的介绍参见 10.1.3 节。在 RTC 操作之前先要通过这个寄存器选择 RTC 的时钟源，然后才能开始其他的操作。

12.2.4　RTC 应用实例软件开发

下面以显示屏显示日期和时间，实现一个简单的时钟为实例介绍 RTC 的软件开发，这里主要介绍 RTC 模块的软件开发，有关屏幕显示的原理在 13.1 节详细说明。

1.RTC 模块配置过程及相关库函数说明

固件库中，RTC 模块相关库函数分布在 stm32f10x_rtc.c 和 stm32f10x_rtc.h 文件中，RTC模块的配置是主要通过设置 11.1.3 所述寄存器中的相应位域的值来实现。下面介绍库函数下RTC 模块的配置步骤：

（1）使能电源时钟和备份区域时钟。要访问 RTC 和备份区域就必须先使能电源时钟和备份区域时钟，代码实现如下：

RCC_APB1PeriphClockCmd（RCC_APB1Periph_PWR|RCC_APB1Periph_BKP, NABLE）；

（2）取消备份区写保护。要向备份区域写入数据，需先取消备份区域写保护（写保护在每次硬复位之后被使能），否则是无法向备份区域写入数据的。需要向备份区域写入一个字节，来标记时钟已经配置过，这样避免每次复位之后重新配置时钟。取消备份区域写保护的库函数实现方法是：

PWR_BackupAccessCmd（ENABLE）；　　　　　　　　　// 使能 RTC 和后备寄存器访问

（3）复位备份区域，开启外部低速振荡器。在取消备份区域写保护后，可先对这个区域复位来清除前面的设置，这个操作无须每次都执行，因为备份区域的复位将导致之前存在的数据丢失，所以要不要复位，要看情况而定。然后使能外部低速振荡器，注意：这里一般要先判断 RCC_BDCR 的 LSERDY 位来确定低速振荡器已经就绪，才可开始操作。备份区域复位的函数是：

BKP_DeInit（）；   // 复位备份区域

开启外部低速振荡器的函数是：

RCC_LSEConfig（RCC_LSE_ON）；   // 开启外部低速振荡器

（4）选择 RTC 时钟。可通过 RCC_BDCR 的 RTCSEL 来选择选择外部 LSI 作为 RTC 的时钟，后通过 RTCEN 位使能 RTC 时钟。库函数中，选择 RTC 时钟的函数是：

RCC_RTCCLKConfig（RCC_RTCCLKSource_LSE）；   // 选择 LSE 作为 RTC 时钟

对于 RTC 时钟的选择，可选 RCC_RTCCLKSource_LSI 和 RCC_RTCCLKSource_HSE_Div128 这两个参数，前者选择时钟为 LSI，后者选择时钟为 HSE 的 128 分频。

使能 RTC 时钟的函数是：

RCC_RTCCLKCmd（ENABLE）；   // 使能 RTC 时钟

（5）设置 RTC 的分频，配置 RTC 时钟。在开启 RTC 时钟后，要做的就是通过 RTC_PRLH 和 RTC_PRLL 来设置 RTC 时钟的分频数，等待 RTC 寄存器操作完成并同步之后，设置秒钟中断，然后设置 RTC 的允许配置位（RTC_CRH 的 CNF 位）。下面介绍用到的库函数：

在进行 RTC 配置之前先要打开允许配置位（CNF），库函数是：

RTC_EnterConfigMode（）；   // 允许配置

在配置完成之后，要更新配置并退出配置模式，库函数是：

RTC_ExitConfigMode（）；   // 退出配置模式，更新配置

设置 RTC 时钟分频数的库函数是：

void RTC_SetPrescaler（uint32_t PrescalerValue）；

这个函数只有一个入口参数，就是 RTC 时钟的分频数。

设置秒中断允许，RTC 使能中断的函数是：

void RTC_ITConfig（uint16_t RTC_IT, FunctionalState NewState）；

这个函数的第一个参数是设置秒中断类型，一般用宏定义。使能秒中断的库函数实现是：

RTC_ITConfig（RTC_IT_SEC, ENABLE）；   // 使能 RTC 秒中断

下一步是设置时间，设置时间实际上就是设置 RTC 的计数值，时间与计数值之间需要换算，库函数中设置 RTC 计数值的函数是：

void RTC_SetCounter（uint32_t CounterValue）

（6）更新配置，设置 RTC 中断分组。设置完时之后，应将配置更新同时退出配置模式，可通过设置 RTC_CRH 寄存器的 CNF 位来实现。库函数是：

RTC_ExitConfigMode（）；   // 退出配置模式，更新配置

退出配置模式更新配置后，还需在备份区域 BKP_DR1 寄存器中写入 0x5050 代表已经初始化过时钟，下次开机（或复位）的时候，先读取 BKP_DR1 的值，然后判断是否是 0X5050 来决定是不是要配置。

往备份区域写用户数据的函数是：

void BKP_WriteBackupRegister（uint16_t BKP_DR, uint16_t Data）；

此函数的第一个参数是寄存器的标号，一般用宏定义。比如要往 BKP_DR1 寄存器 写入 0x5050，代码实现是：

BKP_WriteBackupRegister（BKP_DR1, 0X5050）；

有写便有读，读取备份区域指定寄存器的数据的库函数是：

uint16_t BKP_ReadBackupRegister（uint16_t BKP_DR）；

更新配置后，RTC 就可以工作，为响应 RTC 中断就需配置 RTC 的秒钟中断并进行分组，设置中断分组的方法之前已经详细介绍过，可通过调用 NVIC_Init（）函数实现。

（7）编写中断服务函数。最后，要编写中断服务函数，在秒钟中断产生的时候，读取当前的时间值，并显示到显示屏上。

通过以上几个步骤，就完成对 RTC 的配置，并通过秒钟中断来更新时间。

2. 实例软件开发

本实例利用微控制器的 RTC 模块，实现在开发板配套的显示屏上显示时钟的功能。由于 RTC 不能断电，否则数据会丢失，如果想让时间在断电后还可以继续走，必须确保开发板的电池有电。本实例的项目工程必需的工作组见表 12.13。

表 12.13　RTC 工程工作组文件组成

工作组	包含源文件	功能说明
CORE 工作组	core cm3.c	CM3 内核接口
	startup_stm32f10x_hd.s	微控制器的启动文件
FWLIB 工作组	stm32f10x_gpio.c	GPIO 的底层配置函数
	stm32f10x rcc.c	RCC 的底层配置函数
	stm32f10x rtc.c	EXTI 的底层配置函数
	misc.c	外设对内核中 NVIC 的访问函数
HARDWARE 工作组	lcd.c	显示屏初始化与驱动函数
	led.c	LED 驱动函数
	rtc.c	RTC 模块初始化配置函数
SYSTEM 工作组	sys.c	厂商提供中断分组函数
	delay.c	厂商提供延时函数
USER 工作组	main.c	实例应用代码
	stm32f10x it.c	微控制器的中断服务子程序
	svstem stm32f10x.c	设置系统时钟和总线时钟函数

实例工程中最重要的文件是 rtc.c 和 main.c，由于篇幅所限，下面仅对这两个文件中重要代码的功能做介绍，其他代码可参见开发板配套光盘提供的项目源文件。

下面对 rtc.c 文件中的几个重要函数进行说明，首先是 RTC_Init（），其代码如下：

/* 命名：实时时钟配置函数

功能说明：初始化 RTC 时钟，同时检测时钟是否工作正常，注：BKP->DR1 用于保存是否第一次配置的设置。

返回值 0：正常；其他：错误代码。*/

u8 RTC_Init（void）

```
{ u8 temp=0;
// 检查是不是第一次配置时钟
RCC_APB1PeriphClockCmd（RCC_APB1Periph_PWR|RCC_APB1Periph_BKP,
ENABLE）;                            // 使能 PWR 和 BKP 外设时钟
PWR_BackupAccessCmd（ENABLE）;        // 使能后备寄存器访问
// 从指定的后备寄存器中读出数据，判读是否与先前写入的相同
if( BKP_ReadBackupRegister（BKP_DR1）!= 0x5050）
{ BKP_DeInit（）;                      // 复位备份区域
RCC_LSEConfig（RCC_LSE_ON）;           // 设置外部低速晶振（LSE）
// 检查指定的 RCC 标志位设置与否，等待低速晶振就绪
while（RCC_GetFlagStatus（RCC_FLAG_LSERDY）== RESET &&temp<250 ）
{ temp++;
delay_ms（10）;
}
if（temp>=250）return 1;               // 初始化时钟失败，晶振有问题
// 设置 RTC 时钟（RTCCLK），选择 LSE 作为 RTC 时钟
RCC_RTCCLKConfig（RCC_RTCCLKSource_LSE）;
RCC_RTCCLKCmd（ENABLE）;               // 使能 RTC 时钟
RTC_WaitForLastTask（）;               // 等待最近一次对 RTC 寄存器的写操作完成
RTC_WaitForSynchro（）;                // 等待 RTC 寄存器同步
RTC_ITConfig（RTC_IT_SEC, ENABLE）;    // 使能 RTC 秒中断
RTC_WaitForLastTask（）;               // 等待最近一次对 RTC 寄存器的写操作完成
RTC_EnterConfigMode（）;               // 允许配置
RTC_SetPrescaler（32767）;             // 设置 RTC 预分频的值
RTC_WaitForLastTask（）;               // 等待最近一次对 RTC 寄存器的写操作完成
RTC_Set（2015,1,14,17,42,55）;         // 设置时间
RTC_ExitConfigMode（）;                // 退出配置模式
// 向指定的后备寄存器中写入用户程序数据 0x5050
BKP_WriteBackupRegister（BKP_DR1, 0X5050）;
}else// 系统继续计时
{ RTC_WaitForSynchro（）;               // 等待最近一次对 RTC 寄存器的写操作完成
RTC_ITConfig（RTC_IT_SEC, ENABLE）;    // 使能 RTC 秒中断
RTC_WaitForLastTask（）;               // 等待最近一次对 RTC 寄存器的写操作完成
}
RTC_NVIC_Config（）;                   //RCT 中断分组设置
RTC_Get（）;                           // 更新时间
return 0;                             // 设置成功
}
```

该函数用来初始化 RTC 时钟，但只在第一次设置时间，以后如果重新上电/复位都不会再进行设置（前提是备份电池有电），第一次配置时，设置时间是通过时间设置函数 RTC_Set（）来实现。这里默认将时间设置为 2021 年 1 月 1 日,9 点 0 分 0 秒。在设置好时间之后，通过 BKP_WriteBackupRegister（）函数向 BKP->DR1 寄存器写入标志字 0x5050，用于标记时间已被设置过。这样，再次发生复位时，通过 BKP_ReadBackupRegister（）读取 BKP->DR1 的值，就可判断是不是需要重新设置，如果不需要，则跳过时间设置，仅使能秒钟中断，再进行中断分组设置，然后返回。这样不会重复设置。该函数有返回值，返回值表示此次操作的成功与否，如果返回 0，则代表成功，如果返回值非零则代表错误代码。

下面介绍 RTC_Set（）函数，该函数代码如下：

```
/* 命名：设置时钟函数
功能说明：把输入的时钟转换为秒钟，以 1970 年 1 月 1 日为基准，注：1970—2099 年
为合法年份。
返回值：0，成功；其他：错误代码。*/
u8 const table_week[12]={0,3,3,6,1,4,6,2,5,0,3,5};        // 月修正数据表
// 平年的月份日期表
const u8 mon_table[12]={31,28,31,30,31,30,31,31,30,31,30,31};
u8 RTC_Set（u16 syear,u8 smon,u8 sday,u8 hour,u8 min,u8 sec）
{ u16 t;
u32 seccount = 0;
if（syear<1970||syear>2099）return 1;
for（t=1970;t<syear;t++）                           // 把所有年份的秒钟相加
{ if（Is_Leap_Year（t））seccount+=31622400;       // 闰年的秒钟数
else seccount+=31536000;                            // 平年的秒钟数
}
smon-=1;
for（t=0;t<smon;t++）                               // 把前面月份的秒钟数相加
{ seccount+=（u32）mon_table[t]*86400;             // 月份秒钟数相加
// 闰年 2 月份增加一天的秒钟数
if（Is_Leap_Year（syear）&&t==1）seccount+=86400;
}
seccount+=（u32）（sday-1）*86400;                 // 把前面日期的秒钟数相加
seccount+=（u32）hour*3600;                        // 小时秒钟数
seccount+=（u32）min*60;                           // 分钟秒钟数
seccount+=sec;                                      // 最后的秒钟加上
RCC_APB1PeriphClockCmd（RCC_APB1Periph_PWR|RCC_APB1Periph_BKP,
ENABLE）;                                           // 使能 PWR 和 BKP 外设时钟
PWR_BackupAccessCmd（ENABLE）;                     // 使能 RTC 和后备寄存器访问
RTC_SetCounter（seccount）;                        // 设置 RTC 计数器的值
```

```
// 等待最近一次对 RTC 寄存器的写操作完成
RTC_WaitForLastTask（ ）；
return 0；
}
```

该函数用于设置时间，把输入的时间转换为以 1970 年 1 月 1 日 0 时 0 分 0 秒当作起始时间的秒钟，后续的计算都以这个时间为基准，由于秒钟计数器最多可保存 136 年的秒钟数据，所以可计时到 2106 年。

下面介绍另一个函数 RTC_Get（ ）函数，该函数用于获取时间和日期等数据，其代码如下：

```
/* 功能说明：获取当前的时间，将结果保存到 calendar 结构体。
返回值 0：正常；其他：错误代码。*/
u8 RTC_Get（void）
{ static u16 daycnt=0；
u32 timecount=0；
u32 temp=0；
u16 temp1=0；
timecount=RTC->CNTH；                              // 获取计数器中的值（秒钟数）
timecount<<=16；
timecount+=RTC->CNTL；
temp=timecount/86400；                             // 获取天数（秒钟数对应的）
if（daycnt!=temp）                                 // 判断是否超过一天
{ daycnt=temp；
temp1=1970；                                        // 从 1970 年开始
while（temp>=365）
{ if（Is_Leap_Year（temp1））                       // 判断是否是闰年
{
if（temp>=366）temp-=366；                          // 闰年的天数
else break；
}
else temp-=365；                                   // 平年的天数
temp1++；
}
calendar.w_year=temp1；                            // 得到年份
temp1=0；
while（temp>=28）                                  // 判断是否超过一个月
{
// 判断是不是闰年的 2 月份
if（Is_Leap_Year（calendar.w_year）&&temp1==1）
{ if（temp>=29）temp-=29；                          // 闰月的天数
```

```
      else break;
      }
      else
      { if（temp>=mon_table[temp1]）temp-=mon_table[temp1];      // 平年
      else break;
      }
      temp1++;
      }
      calendar.w_month=temp1+1;                                // 得到月份
      calendar.w_date=temp+1;                                  // 得到日期
      }
      temp=timecount%86400;                                    // 得到秒钟数
      calendar.hour=temp/3600;                                 // 保存小时
      calendar.min=（temp%3600）/60;                            // 保存分钟
      calendar.sec=（temp%3600）%60;                            // 保存秒钟
      // 获取星期
      calendar.week=RTC_Get_Week（calendar.w_year,calendar.w_month,calendar.w_date）;
      return 0;
      }
```

该函数其实是将存储在秒钟寄存器 RTC->CNTH 和 RTC->CNTL 中的秒钟数据转换为真正的时间和日期。代码中用到一个 calendar 的结构体，calendar 是在 rtc.h 文件中定义的一个时间结构体，用来存放时钟的年月日时分秒等信息，此结构体成员变量较简单，具体参见光盘文件。

最后，介绍秒钟中断服务函数，该函数代码如下：

```
/* RTC 时钟中断服务函数，每秒触发一次。*/
void RTC_IRQHandler（void）{
if（RTC_GetITStatus（RTC_IT_SEC）!= RESET）            // 判断是不是秒钟中断
{ RTC_Get（）;                                        // 获取新时间
}
if（RTC_GetITStatus（RTC_IT_ALR）!= RESET）            // 判断是不是闹钟中断
{ RTC_ClearITPendingBit（RTC_IT_ALR）;                // 清闹钟中断
RTC_Get（）;                                          // 获取新时间
--- ---;
}
RTC_ClearITPendingBit（RTC_IT_SEC|RTC_IT_OW）;        // 清闹钟中断
```

RTC_WaitForLastTask（）；

}

由于 RTC 模块的多种中断共享一个中断，因此，上述中断服务函数先通过 RTC_ GetITStatus（）函数来判断发生的是何种中断，如果是秒钟中断，则执行一次时间计算，获得最新时间并将结果保存到 calendar 结构体，此后，可在 calendar 中读到最新的时间、日期等信息。如果是闹钟中断，也获取时间，此后根据项目要求，进行诸如打印输出闹铃时间、鸣响蜂鸣器等操作。

项目工程中 main.c 文件中主要代码和说明如下：

```
int main（void）
{ u8 t=0;
delay_init（）；                                   // 延时函数初始化
// 设置 NVIC 中断分组为 2
NVIC_PriorityGroupConfig（NVIC_PriorityGroup_2）;
LED_Init（）；                                     //LED 端口初始化
LCD_Init（）；                                     //LCD 显示屏初始化
POINT_COLOR=RED;                                 // 设置字体为红色
LCD_ShowString（30,50,200,16,16,"ELITE STM32F103 ^_^"）;
LCD_ShowString（30,70,200,16,16,"RTC TEST"）;
LCD_ShowString（30,110,200,16,16,"2021/1/1"）;
while（RTC_Init（））                              //RTC 初始化，一定要初始
化成功
{ LCD_ShowString（60,130,200,16,16,"RTC ERROR! "）;
delay_ms（800）;
LCD_ShowString（60,130,200,16,16,"RTC Trying..."）;
}
// 显示时间
POINT_COLOR=BLUE;                                // 设置字体为蓝色
LCD_ShowString（60,130,200,16,16," – – "）;
LCD_ShowString（60,162,200,16,16," : : "）;
while（1）
{ if（t!=calendar.sec）                           // 判断是否有秒更新
{ t=calendar.sec;
// 显示年、月、日
LCD_ShowNum（60,130,calendar.w_year,4,16）;
```

LCD_ShowNum（100,130,calendar.w_month,2,16）;

LCD_ShowNum（124,130,calendar.w_date,2,16）;

switch（calendar.week）{

// 显示星期

case 0: LCD_ShowString（60,148,200,16,16,"Sunday "）; break;

case 1: LCD_ShowString（60,148,200,16,16,"Monday "）; break;

case 2: LCD_ShowString（60,148,200,16,16,"Tuesday "）; break;

case 3: LCD_ShowString（60,148,200,16,16,"Wednesday"）; break;

case 4: LCD_ShowString（60,148,200,16,16,"Thursday "）; break;

case 5: LCD_ShowString（60,148,200,16,16,"Friday "）; break;

case 6: LCD_ShowString（60,148,200,16,16,"Saturday "）; break;

}

LCD_ShowNum（60,162,calendar.hour,2,16）;　　　　// 显示时、分、秒

LCD_ShowNum（84,162,calendar.min,2,16）;

LCD_ShowNum（108,162,calendar.sec,2,16）;

LED0=!LED0;　　　　　　　　　　　　//DS0 等秒闪烁

}

delay_ms（10）;

};

}

这部分代码通过判断全局结构体中的变量 calendar.sec 是否改变来更新时间显示，同时控制 LED 等 DS0 每 2 秒钟闪烁一次，用来提示程序运行。

编译工程，如有错误，找出原因并更正，最终生成二进制文件。下载、调试、运行软件。代码下载到开发板后，可以看到 DS0 不停地闪烁，提示程序已经在运行，同时可以看到 TFTLCD 显示屏显示时间，实际显示效果如图 12-14 所示。

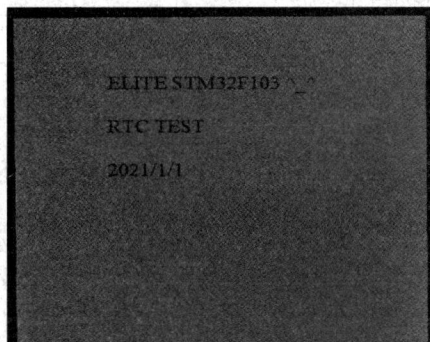

图 12-14　RTC 实例运行效果图

12.3 ADC 模块

12.3.1 ADC 模块结构与特性

STM32 微控制器拥有 1–3 个 12 位逐次逼近型模拟数字转换器（ADC），这些 ADC 可独立使用，也可以使用双重模式（提高采样率）。它多达 18 个通道，可测量 16 个外部和 2 个内部信号源。各通道的 A/D 转换可以以单次、连续、扫描或间断模式执行。ADC 的结果可以左对齐或右对齐方式存储在 16 位数据寄存器中。

STM32F103 微控制器的 ADC 模块内部结构如图 12-15 所示，其核心为模拟至数字转换器，它由软件或硬件触发，在 ADC 时钟 ADCLK 的驱动下对规则通道或注入通道中的模拟信号进行采样、量化和编码。

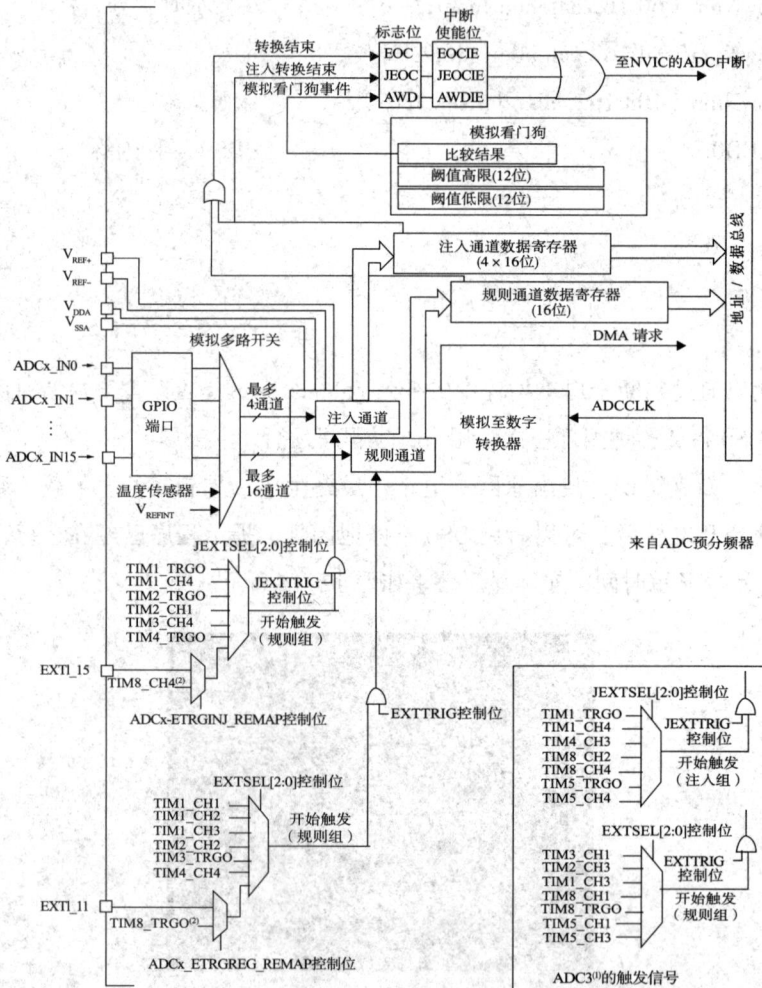

图 12-15 ADC 模块内部结构图

根据转换通道不同，数据寄存器可以分为规则通道数据寄存器和注入通道数据寄存器。由于 STM32F103 微控制 ADC 只有 1 个规则通道数据寄存器，因此如果需要对多个规则通道的模拟信号进行转换时，经常使用 DMA 方式将转换结果自动传输到内存变量中。

STM32F103 微控制器的 ADC 主要特性如下：12 位的分辨率；转换结束、注入转换结束和发生模拟看门狗事件时产生中断；单次和连续转换模式；从通道 0 到通道 n 的自动扫描模式；带内嵌数据一致性的数据对齐；采样间隔可以按通道分别编程；规则转换和注入转换均有外部触发选项；供电要求为 2.4–3.6V；输入范围为 VREF− ≤ VIN ≤ VREF+；规则通道转换期间有 DMA 请求产生。

12.3.2　ADC 工作原理

1. 通道及分组

STM32F103 微控制器的 ADC 根据优先级把所有通道分为两个组：规则通道组和注入通道组。在任意多个通道上以任意顺序进行的一系列转换构成成组转换。例如，可以按如下顺序完成转换：通道 9、通道 5、通道 2、通道 7、通道 3、通道 8。

（1）规则通道组。划分到规则通道组（group of regular channel）中的通道称为规则通道。一般情况下，如果仅是一般模拟输入信号的转换，那么将该模拟输入信号的通道设置为规则通道即可。

规则通道组最多可以有 16 个规则通道，当每个规则通道转换完成后，将转换结果保存到同一个规则通道数据寄存器，同时产生 ADC 转换结束事件，可以产生对应的中断和 DMA 请求。

（2）注入通道组。划分到注入通道组中的通道称为注入通道。如果需要转换的模拟输入信号的优先级较其他的模拟输入信号要高，那么可以将该模拟输入信号的通道归入注入通道组中。

注入通道组最多可以有 4 个注入通道，对应地，也有 4 个注入通道数据寄存器来保存注入通道的转换结果。当每个注入通道转换完成后，产生 ADC 注入转换结束事件，可以产生对应的中断，但不具备 DMA 传输能力。

（3）通道组划分。规则通道相当于正常运行的程序，而注入通道就相当于中断。在程序正常执行的时候，中断是可以打断执行的。同这个类似，注入通道的转换可以打断规则通道的转换，在注入通道被转换完成之后，规则通道才得以继续转换。

下面以实例说明通道组划分的应用：假如在家里的院子内放了 5 个温度探头，室内放了 2 个温度探头；需要时刻监视室外温度，偶尔想看看室内的温度，可以使用规则通道组循环扫描室外的 5 个探头并显示 A/D 转换结果，通过一个按钮启动注入转换组（2 个室内探头）并暂时显示室内温度，当放开这个按钮后，系统又会回到规则通道组继续检测室外温度。从系统设计上，测量并显示室内温度的过程中断了测量并显示室外温度的过程，但程序设计上可以在初始化阶段分别设置好不同的转换组，系统运行中不必再变更循环转换的配置，从而达到两个任务互不干扰和快速切换的结果。可以设想一下，如果没有规则通道组和注入通道组的划分，当按下按钮后，需要重新配置 A/D 循环扫描的通道，然后在释放按钮后需再次配置 A/D 循环扫描的通道。在工业应用领域中有很多检测和监视探头需要较快地处理，这样对 A/D 转换的分组将简化事件处理的程序并提高事件处理的速度。

2. 工作时序

ADC 在开始精确转换前需要一个稳定时间，在开始 ADC 转换和 14 个时钟周期后，EOC 标志被设置，16 位 ADC 数据寄存器包含转换的结果。ADC 转换时序如图 12-16 所示。

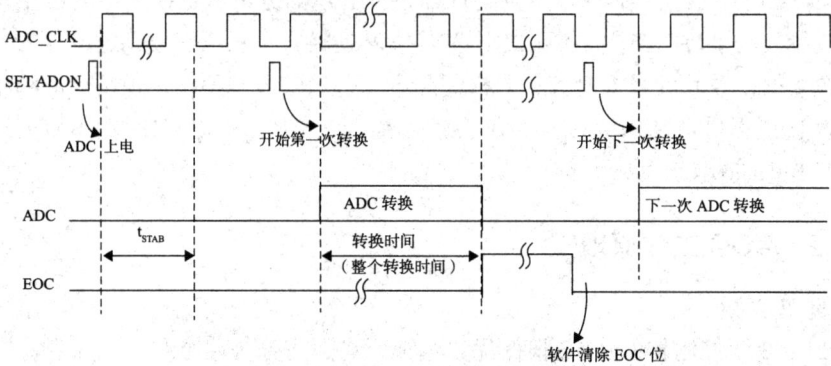

图 12-16　ADC 转换时序图

3. 数据对齐

ADC_CR2 寄存器中的 ALIGN 位选择转换后数据储存的对齐方式。数据可以左对齐或右对齐，如图 12-17 所示。注入通道组通道转换的数据值将减去在 ADC_JOFRx 寄存器中定义的偏移量，因此结果可以是一个负值。SEXT 位是扩展的符号值。对于规则组通道，不减去偏移值，因此只有 12 个位有效。

4. 校准

ADC 具有自校准模式，可大幅度减小因内部电容器组的变化而造成的准确度误差。在校准期间，在每个电容器上都会计算出一个误差修正码（数字值），这个码用于消除在随后的转换中每个电容器上产生的误差。

通过设置 ADC_CR2 寄存器的 CAL 位启动校准。一旦校准结束，CAL 位被硬件复位，可以开始正常转换。建议在上电时执行一次 ADC 校准。校准阶段结束后，校准码储存在 ADC_DR 中。

图 12-17　转换结果数据对齐方式

5. 转换模式

ADC 转换模式用于指定 ADC 以什么方式组织通道转换，主要有单次转换模式、连续转换模式、扫描模式和间断模式等。

（1）单次转换模式。单次转换模式下，ADC 只执行一次转换。该模式既可通过设置 ADC_CR2 寄存器的 ADON 位（只适用于规则通道）启动也可通过外部触发启动（适用于规则通道或注入通道），这时 CONT 位为 0。一旦选择通道的 A/D 转换完成，对于规则通道：转换数据被储存在 16 位 ADC_DR 寄存器中，EOC 标志被设置，如果设置了 EOCIE，则产生中断；对于注入通道：转换数据被储存在 16 位 ADC_DRJI 寄存器中，JEOC 标志被设置，如果设置了 JEOCIE 位，则产生中断。然后 ADC 停止。

（2）连续转换模式。连续转换模式下，当前面 ADC 转换一结束马上就启动另一次转换。此模式可通过外部触发启动或通过设置 ADC_CR2 寄存器上的 ADON 位启动，此时 CONT 位是 1。每个转换后，数据的存储与中断产生与单次转换模式相同。

（3）扫描模式。此模式用来扫描一组模拟通道。扫描模式可通过设置 ADC_CR1 寄存器的 SCAN 位来选择。一旦这个位被设置，ADC 扫描所有被 ADC_SQRX 寄存器（对规则通道）或 ADC_JSQR（对注入通道）选中的通道。在每个组的每个通道上执行单次转换。在每个转换结束时，同一组的下一个通道被自动转换。如果设置了 CONT 位，转换不会在选择组的最后一个通道上停止，而是再次从选择组的第一个通道继续转换。如果设置了 DMA 位，在每次 EOC 后，DMA 控制器把规则组通道的转换数据传输到 SRAM 中。而注入通道转换的数据总是存储在 ADC_JDRx 寄存器中。

（4）间断模式。

① 规则通道组。此模式通过设置 ADC_CR1 寄存器上的 DISCEN 位激活。它可以用来执行一个短序列的 n 次转换（n ≤ 8），此转换是 ADC_SQRx 寄存器所选择的转换序列的一部分。数值 n 由 ADC_CR1 寄存器的 DISCNUM[2：0] 位给出。

外部触发信号可以启动 ADC_SQRx 寄存器中描述的下一轮 n 次转换，直到此序列所有的转换完成为止。总的序列长度由 ADC_SQR1 寄存器的 L[3：0] 定义，例如：

n=3，被转换的通道 =0、1、2、3、6、7、9、10

第一次触发：转换的序列为 0、1、2

第二次触发：转换的序列为 3、6、7

第三次触发：转换的序列为 9、10，并产生 EOC 事件

第四次触发：重新转换序列 0、1、2

② 注入通道组。此模式通过设置 ADC_CR1 寄存器的 JDISCEN 位激活。外部事件触发后，该模式按通道顺序逐个转换 ADC_JSQR 寄存器中选择的序列。外部触发信号可以启动 ADC_JSQR 寄存器选择的下一个通道序列的转换，直到序列中所有的转换完成为止。总的序列长度由 ADC_JSQR 寄存器的 JL[1：0] 位定义，例如：

n=l，被转换的通道 =1、2、3

第一次触发：通道 1 被转换

第二次触发：通道 2 被转换

第三次触发：通道 3 被转换，并且产生 EOC 和 JEOC 事件

第四次触发：重新转换通道 1

注意：不能同时使用自动注入和间断模式；必须避免同时为规则和注入组设置间断模

式，间断模式只能作用于一组转换。

6.外部触发转换

ADC 转换可以由外部事件触发（例如，定时器捕获，EXTI 线）。如果设置 EXTTRIG 控制位，则外部事件就能够触发转换。EXTSEL[2：0] 和 JEXTSEL[2：0] 控制位允许应用程序选择 8 个可能的事件中的某一个，可以触发规则和注入组的采样。表 12.14、表 12.15 列出了最常用的 ADC1 和 ADC2 外部触发事件。

表 12.14　ADC1 和 ADC2 用于规则通道的外部触发

触发源	类型	EXTSEL[2:0]
TIM1_CC1 事件		000
TIM1_CC2 事件		001
TIM1_CC3 事件	来自片上定时器的内部信号	010
TIM2_CC2 事件		011
TIM3_TRGO 事件		100
TIM4_CC4 事件		101
EXTI 线 11/TIM8_TRGO 事件	外部引脚 / 来自片上定时器的内部信号	110
SWSTART	软件控制位	111

表 12.15　ADC1 和 ADC2 用于注入通道的外部触发

触发源	连接类型	JEXTSEL[2:0]
TIM1_TRGO 事件		000
TIM1_CC4 事件		001
TIM2_TRGO 事件	来自片上定时器的内部信号	010
TIM2_CC1 事件		011
TIM3_CC4 事件		100
TIM4_TRGO 事件		101
EXTI 线 15/TIM8_CC4 事件	外部引脚 / 来自片上定时器的内部信号	110
JSWSTART	软件控制位	111

7.中断和 DMA 请求

规则通道组和注入通道组转换结束时能产生中断，当模拟看门狗状态位被设置时也能产生中断。它们都有独立的中断使能位。ADC1 和 ADC2 的中断映射在同一个中断向量上，而 ADC3 的中断有自己的中断向量。

因为规则通道转换的值储存在一个仅有的数据寄存器中，所以当转换多个规则通道时需要使用 DMA，这可以避免丢失已经存储在 ADC_DR 寄存器中的数据。只有在规则通道的转换结束时才产生 DMA 请求，并将转换的数据从 ADC_DR 寄存器传输到用户指定的目的地址。而 4 个注入通道有 4 个数据寄存器，用来存储每个注入通道的转换结果，因此注入通道无须DMA。只有 ADC1 和 ADC3 拥有 DMA 功能。由 ADC2 转化的数据可以利用 ADC1 的 DMA 功能传输。

12.3.3　ADC 模块寄存器说明

STM32 微控制器中与 ADC 模块相关的寄存器有 14 个。下面分别介绍主要的常用寄存器的功能。

1.ADC 状态寄存器（ADC_SR）

偏移地址：0x00

复位值：0x00000000

ADC_SR 寄存器各位定义如下，其保留位必须保持为 0。

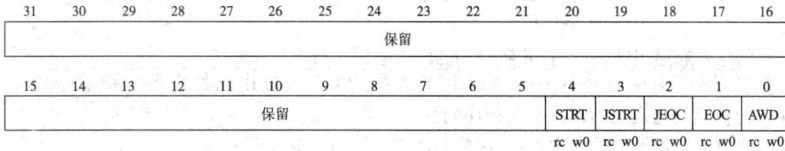

31	30	29	28	27	26	25	24	23	22	21	20	19	18	17	16
保留															

15	14	13	12	11	10	9	8	7	6	5	4	3	2	1	0
保留											STRT	JSTRT	JEOC	EOC	AWD
											rc w0	rc w0	rc w0	rc w0	rc w0

说明：

位 4	STRT：规则通道开始位，该位由硬件在规则通道转换开始时设置，由软件清除 0：规则通道转换未开始；1：规则通道转换已开始
位 3	JSTRT：注入通道开始位，该位由硬件在注入通道组转换开始时设置，由软件清除 0：注入通道组转换未开始；1：注入通道组转换已开始
位 2	JEOC：注入通道转换结束位，该位由硬件在所有注入通道组转换结束时设置，由软件清除 0：转换未完成；1：转换完成
位 1	EOC：转换结束位，该位由硬件在（规则或注入）通道组转换结束时设置，由软件清除或由读取 ADC_DR 时清除 0：转换未完成；1：转换完成
位 0	AWD：模拟看门狗标志位，该位由硬件在转换电压值超出 ADC_LTR 和 ADC_HTR 寄存器定义范围时设置，由软件清除 0：没有发生模拟看门狗事件；1：发生模拟看门狗事件

2.ADC 控制寄存器 1（ADC_CR1）

偏移地址：0x04

复位值：0x00000000

ADC_CR1 寄存器各位定义如下，其保留位必须保持为 0。

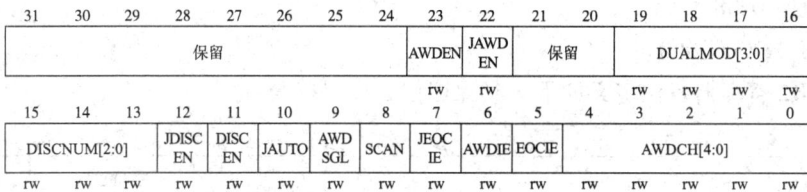

31	30	29	28	27	26	25	24	23	22	21	20	19	18	17	16
保留								AWDEN	JAWDEN	保留		DUALMOD[3:0]			
								rw	rw			rw	rw	rw	rw

15	14	13	12	11	10	9	8	7	6	5	4	3	2	1	0
DISCNUM[2:0]			JDISCEN	DISCEN	JAUTO	AWDSGL	SCAN	JEOCIE	AWDIE	EOCIE	AWDCH[4:0]				
rw	rw	rw	rw	rw	rw	rw	rw	rw	rw	rw	rw	rw	rw	rw	rw

说明：

位 23	AWDEN：在规则通道上开启模拟看门狗，该位由软件设置和清除 0：在规则通道上禁用模拟看门狗；1：在规则通道上使用模拟看门狗
位 22	JAWDEN：在注入通道上开启模拟看门狗，该位由软件设置和清除 0：在注入通道上禁用模拟看门狗；1：在注入通道上使用模拟看门狗
位 19:16	DUALMOD[3:0]：双模式选择，软件使用这些位选择操作模式（0000：独立模式；0001：混合的同步规则＋注入同步模式；0010：混合的同步规则＋交替触发模式；0011：混合同步注入＋快速交叉模式；0100：混合同步注入＋慢速交叉模式；0101：注入同步模式；0110：规则同步模式；0111：快速交叉模式；1000：慢速交叉模式；1001：交替触发模式） 注：在 ADC2 和 ADC3 中这些位为保留位 在双模式中，改变通道的配置会产生一个重新开始的条件，这将导致同步丢失。建议在进行任何配置改变前关闭双模式
位 15:13	DISCNUM[2:0]：间断模式通道计数，软件通过这些位定义在间断模式下，收到外部触发后转换规则通道的数目（000：1 个通道；001：2 个通道；……；111：8 个通道）
位 12	JDISCEN：在注入通道上的间断模式，该位由软件设置和清除，用于开启或关闭注入通道组上的间断模式（0：注入通道组上禁用间断模式；1：注入通道组上使用间断模式）
位 11	DISCEN：在规则通道上的间断模式，该位由软件设置和清除，用于开启或关闭规则通道组上的间断模式（0：规则通道组上禁用间断模式；1：规则通道组上使用间断模式）

位 10	JAUTO：自动的注入通道组转换，该位由软件设置和清除，用于开启或关闭规则通道组转换结束后自动的注入通道组转换 0：关闭自动的注入通道组转换；1：开启自动的注入通道组转换
位 9	AWDSGL：扫描模式中在一个单一的通道上使用看门狗，该位由软件设置和清除，用于开启或关闭由AWDCH[4:0]位指定的通道上的模拟看门狗功能 0：在所有的通道上使用模拟看门狗；1：在单一通道上使用模拟看门狗
位 8	SCAN：扫描模式，该位由软件设置和清除，用于开启或关闭扫描模式。在扫描模式中，转换由 ADC_SQRx 或 ADC_JSQRx 寄存器选中的通道。0：关闭扫描模式；1：使用扫描模式 注：如果分别设置了 EOCIE 或 JEOCIE 位，只在最后一个通道转换完毕才会产生 EOC 或 JEOC 中断
位 7	JEOCIE：允许产生注入通道转换结束中断，该位由软件设置和清除，用于禁止或允许所有注入通道转换结束后产生中断。当硬件设置 JEOC 位时产生中断 0：禁止 JEOC 中断；1：允许 JEOC 中断
位 6	AWDIE：允许产生模拟看门狗中断，该位由软件设置和清除，用于禁止或允许模拟看门狗产生中断。在扫描模式下，如果看门狗检测到超范围的数值时，只有在设置了该位时扫描才会中止 0：禁止模拟看门狗中断；1：允许模拟看门狗中断
位 5	EOCIE：允许产生 EOC 中断，该位由软件设置和清除，用于禁止或允许转换结束后产生中断。当硬件设置 EOC 位时产生中断 0：禁止 EOC 中断；1：允许 EOC 中断
位 4:0	AWDCH[4:0]：模拟看门狗通道选择位，这些位由软件设置和清除，用于选择模拟看门狗保护的输入通道（00000：ADC 模拟输入通道 0；00001：ADC 模拟输入通道 1；……；01111：ADC 模拟输入通道 15；10000：ADC 模拟输入通道 16；10001：ADC 模拟输入通道 17；保留所有其他数值） 注：ADC1 的模拟输入通道 16 和通道 17 在芯片内部分别连到了温度传感器和 VREFINT。ADC2 的模拟输入通道 16 和通道 17 在芯片内部连到了 VSS。ADC3 模拟输入通道 9、14、15、16、17 与 Vss 相连

3.ADC 控制寄存器 2（ADC_CR2）

偏移地址：0x08

复位值：0x00000000

ADC_CR2 寄存器各位定义如下，其保留位必须保持为 0。

31	30	29	28	27	26	25	24	23	22	21	20	19	18	17	16
保留								TS VREFE	SW START	JSW START	EXT TRIG	EXTSEL[2:0]			保留
								rw	rw	rw	rw	rw	rw	rw	

15	14	13	12	11	10	9	8	7	6	5	4	3	2	1	0
JEXT TRIG	JEXTSEL[2:0]			ALIGN	保留		DNA	保留				RST CAL	CAL	CONT	ADON
rw	rw	rw	rw	rw			rw				rw	rw	rw	rw

说明：

位 23	TSVREFE：温度传感器和 VREFINT 使能，该位由软件设置和清除，用于开启或禁止温度传感器和VREFINT 通道。在多于 1 个 ADC 的器件中，该位仅出现在 ADC1 中 0：禁止温度传感器和 VREFINT；1：启用温度传感器和 VREFINT
位 22	SWSTART：开始转换规则通道，由软件设置该位以启动转换，转换开始后硬件马上清除此位。如果在EXTSEL[2:0] 位中选择了 SWSTART 为触发事件，该位用于启动一组规则通道的转换 0：复位状态；1：开始转换规则通道
位 21	JSWSTART：开始转换注入通道，由软件设置该位以启动转换，软件可清除此位或在转换开始后硬件马上清除此位。如果在 JEXTSEL[2:0] 位中选择了 JSWSTART 为触发事件，该位用于启动一组注入通道的转换 0：复位状态；1：开始转换注入通道
位 20	EXTTRIG：规则通道的外部触发转换模式，该位由软件设置和清除，用于开启或禁止可以启动规则通道组转换的外部触发事件 0：不用外部事件启动转换；1：使用外部事件启动转换

位 19:17	EXTSEL[2:0]：选择启动规则通道组转换的外部事件，这些位选择用于启动规则通道组转换的外部事件 ADC1 和 ADC2 的触发配置（000：定时器 1 的 CC1 事件；001：定时器 1 的 CC2 事件；010：定时器 1 的 CC3 事件；011：定时器 2 的 CC2 事件；100：定时器 3 的 TRGO 事件；101：定时器 4 的 CC4 事件；110：EXTI 线 11/TIM8_TRGO 事件，仅大容量产品具有 TIM8_TRGO 功能；111：软件启动）。ADC3 的触发配置如下：000：定时器 3 的 CC1 事件；001：定时器 2 的 CC3 事件；010：定时器 1 的 CC3 事件；011：定时器 8 的 CC1 事件；100：定时器 8 的 TRGO 事件；101：定时器 5 的 CC1 事件；110：定时器 5 的 CC3 事件；111：软件启动
位 15	JEXTTRIG：注入通道的外部触发转换模式，该位由软件设置和清除，用于开启或禁止可以启动注入通道组转换的外部触发事件 0：不用外部事件启动转换；1：使用外部事件启动转换
位 14:12	JEXTSEL[2:0]：选择启动注入通道组转换的外部事件，这些位选择用于启动注入通道组转换的外部事件。ADC1 和 ADC2 的触发配置如下，000：定时器 1 的 TRGO 事件；001：定时器 1 的 CC4 事件；010：定时器 2 的 TRGO 事件；011：定时器 2 的 CC1 事件；100：定时器 3 的 CC4 事件；101：定时器 4 的 TRGO 事件；110：EXTI 线 15/TIM8_CC4 事件（仅大容量产品具有 TIM8_CC4）；111：软件启动。ADC3 的触发配置如下，000：定时器 1 的 TRGO 事件；001：定时器 1 的 CC4 事件；010：定时器 4 的 CC3 事件；011：定时器 8 的 CC2 事件；100：定时器 8 的 CC4 事件；101：定时器 5 的 TRGO 事件；110：定时器 5 的 CC4 事件；111：软件启动
位 11	ALIGN：数据对齐，该位由软件设置和清除 0：右对齐；1：左对齐
位 8	DMA：直接存储器访问模式，该位由软件设置和清除 0：不使用 DMA 模式；1：使用 DMA 模式 注：只有 ADC1 和 ADC3 能产生 DMA 请求
位 3	RSTCAL：复位校准，该位由软件设置并由硬件清除。在校准寄存器被初始化后该位将被清除 0：校准寄存器已初始化；1：初始化校准寄存器 注：如果正在进行转换时设置 RSTCAL，清除校准寄存器需要额外的周期
位 2	CAL：A/D 校准，该位由软件设置以开始校准，并在校准结束时由硬件清除 0：校准完成；1：开始校准
位 1	CONT：连续转换，位由软件设置和清除。如果设置了此位，则转换将连续进行直到该位被清除 0：单次转换模式；1：连续转换模式
位 0	ADON：开 / 关 A/D 转换器，该位由软件设置和清除。当该位为 '0' 时，写入 '1' 将把 ADC 从断电模式下唤醒。当该位为 '1' 时，写入 '1' 将启动转换。应用程序需注意，在转换器上电至转换开始有一个延迟 tSTAB 0：关闭 ADC 转换 / 校准，并进入断电模式；1：开启 ADC 并启动转换。注：如果在这个寄存器中与 ADON 一起还有其他位被改变，则转换不被触发。这是为了防止触发错误的转换

4. ADC 采样时间寄存器 1（ADC_SMPR1）

偏移地址：0x0C

复位值：0x00000000

ADC_SMPR1 寄存器各位定义如下，其保留位必须保持为 0。

31	30	29	28	27	26	25	24	23	22	21	20	19	18	17	16
保留								SMP17[2:0]			SMP16[2:0]			SMP15[2:1]	
								rw	rw	rw	rw	rw	rw	rw	rw

15	14	13	12	11	10	9	8	7	6	5	4	3	2	1	0
SMP 15_0	SMP14[2:0]			SMP13[2:0]			SMP12[2:0]			SMP11[2:0]			SMP10[2:0]		
rw	rw	rw	rw	rw	rw	rw	rw	rw	rw	rw	rw	rw	rw	rw	rw

　　ADC_SMPR1 寄存器用于独立地选择每个通道的采样时间，位 23:0 这些位在采样周期中通道选择位必须保持不变。其中，SMPx[2:0]：选择通道 x 的采样时间（000：1.5 周期；001：7.5 周期；010：13.5 周期；011：28.5 周期；100：41.5 周期；101：55.5 周期；110：71.5 周期；111：239.5 周期。

5.ADC 采样时间寄存器2（ADC_SMPR2）

偏移地址：0x10

复位值：0x00000000

ADC_SMPR2 寄存器各位定义如下，其保留位必须保持为 0。

31	30	29	28	27	26	25	24	23	22	21	20	19	18	17	16
保留		SMP9[2:0]			SMP8[2:0]			SMP7[2:0]			SMP6[2:0]			SMP5[2:1]	
		rw	rw	rw	rw	rw	rw	rw	rw	rw	rw	rw	rw	rw	rw

15	14	13	12	11	10	9	8	7	6	5	4	3	2	1	0
SMP5_0	SMP4[2:0]			SMP3[2:0]			SMP2[2:0]			SMP1[2:0]			SMP0[2:0]		
rw	rw	rw	rw	rw	rw	rw	rw	rw	rw	rw	rw	rw	rw	rw	rw

ADC_SMPR2 寄存器与 ADC_SMPR1 寄存器相同也用于独立地选择每个通道的采样时间，不过此寄存器设置 0-9 通道，各位域的定义与 ADC_SMPR1 寄存器相同。注意：ADC3 模拟输入通道 9 与 Vss 相连。

6.ADC 规则序列寄存器1（ADC_SQR1）

偏移地址：0x2C

复位值：0x00000000

ADC_SQR1 寄存器各位定义如下，其保留位必须保持为 0。

31	30	29	28	27	26	25	24	23	22	21	20	19	18	17	16
保留								L[3:0]				SQ16[4:1]			
								rw	rw	rw	rw	rw	rw	rw	rw

15	14	13	12	11	10	9	8	7	6	5	4	3	2	1	0
SQ16_0	SQ15[4:0]					SQ14[4:0]					SQ13[4:0]				
rw	rw	rw	rw	rw	rw	rw	rw	rw	rw	rw	rw	rw	rw	rw	rw

说明：

位 23:20	L[3:0]：规则通道序列长度，这些位由软件定义在规则通道转换序列中的通道数目（0000：1 个转换；0001：2 个转换；……；1111：16 个转换）
位 19:15	SQ16[4:0]：规则序列中的第 16 个转换，这些位由软件定义转换序列中的第 16 个转换通道的编号（0-17）
位 14:10	SQ15[4:0]：规则序列中的第 15 个转换
位 9:5	SQ14[4:0]：规则序列中的第 14 个转换
位 4:0	SQ13[4:0]：规则序列中的第 13 个转换

ADC 规则序列寄存器 2（ADC_SQR2）和 ADC 规则序列寄存器 3（ADC_SQR3）仅用于规则序列中的第 0-12 个转换。定义与 ADC_SQR1 的这部分相同。

7.ADC 注入序列寄存器（ADC_JSQR）

偏移地址：0x38

复位值：0x00000000

ADC_JSQR 寄存器各位定义如下，其保留位必须保持为 0。

31	30	29	28	27	26	25	24	23	22	21	20	19	18	17	16
保留										JL[3:0]		JSQ4[4:1]			
										rw	rw	rw	rw	rw	rw

15	14	13	12	11	10	9	8	7	6	5	4	3	2	1	0
JSQ4_0	JSQ3[4:0]					JSQ2[4:0]					JSQ1[4:0]				
rw	rw	rw	rw	rw	rw	rw	rw	rw	rw	rw	rw	rw	rw	rw	rw

说明：

位 21:20	JL[1:0]：注入通道序列长度，这些位由软件定义在规则通道转换序列中的通道数目（00：1 个转换；01：2 个转换；10：3 个转换；11：4 个转换）
位 19:15	JSQ4[4:0]：注入序列中的第 4 个转换，这些位由软件定义转换序列中的第 4 个转换通道的编号（0-17） 注：不同于规则转换序列，如果 JL[1:0] 的长度小于 4，则转换的序列顺序是从（4-JL）开始。例如： ADC_JSQR[21:0] = 10 00011 00011 00111 00010，意味着扫描转换将按下列通道顺序转换：7、3、3，而不是 2、7、3
位 14:10	JSQ3[4:0]：注入序列中的第 3 个转换
位 9:5	JSQ2[4:0]：注入序列中的第 2 个转换
位 4:0	JSQ1[4:0]：注入序列中的第 1 个转换

12.3.4　ADC 应用实例软件开发

ADC 属于 STM32 微控制器的内部资源，只需要软件设置就可以正常工作。下面以通过 ADC1 的通道 1（PA1）来读取外部电压值并在屏幕上显示为实例介绍 ADC 的软件开发，这里主要介绍 A/D 采集的工作原理，有关屏幕显示的原理在 13.1 节已详细说明。

1. 单次 A/D 采集工作过程与相关库函数说明

STM32 微控制器的 ADC 在单次转换模式下，只执行一次转换，该模式可以通过 ADC_CR2 寄存器的 ADON 位（只适用于规则通道）启动，也可以通过外部触发启动（适用于规则通道和注入通道），这时 CONT 位为 0。

对于规则通道，一旦所选择的通道转换完成，转换结果将被存在 ADC_DR 寄存器中，EOC（转换结束）标志将被置位，如果设置了 EOCIE，则会产生中断。然后 ADC 将停止，直到下次启动。

固件库中，ADC 相关库函数分布在 stm32f10x_adc.c 和 stm32f10x_adc.h 文件中，ADC 的控制是通过设置寄存器中的相应位域的值来实现，下面介绍使用库函数的函数来设定使用 ADC1 的通道 1 进行 A/D 转换的工作过程。

（1）开启 PA 端口时钟和 ADC1 时钟，设置 PA1 为模拟输入。STM32F1 微控制器的 ADC 通道 1 在 PA1 上，所以，先要使能 PORTA 的时钟和 ADC1 的时钟，然后设置 PA1 为模拟输入方式。使能 GPIOA 和 ADC 时钟用 RCC_APB2PeriphClockCmd（）函数，设置 PA1 的输入方式，使用 GPIO_Init（）函数即可。这里列出 STM32F1 微控制器的 ADC 通道与引脚对应关系见表 12.16。

表 12.16　ADC 通道与引脚对应表

	ADC1	ADC2	ADC3
通道 0	PA0	PA0	PA0
通道 1	PA1	PA1	PA1
通道 2	PA2	PA2	PA2
通道 3	PA3	PA3	PA3
通道 4	PA4	PA4	PF6
通道 5	PA5	PA5	PF7
通道 6	PA6	PA6	PF8
通道 7	PA7	PA7	PF9
通道 8	PB0	PB0	PF10
通道 9	PB1	PB1	
通道 10	PC0	PC0	PC0
通道 11	PC1	PC1	PC1

续 表

	ADC1	ADC2	ADC3
通道 12	PC2	PC2	PC2
通道 13	PC3	PC3	PC3
通道 14	PC4	PC4	
通道 15	PC5	PC5	
通道 16	温度传感器		
通道 17	内部参考电压		

（2）复位 ADC1，设置 ADC1 分频因子。开启 ADC1 时钟后，需复位 ADC1，将 ADC1 相关的寄存器重设为缺省值。然后，通过 RCC_CFGR 设置 ADC1 的分频因子。假设设置分频因子为 6，则 ADC 的采集时钟为 72/6=12MHz，库函数的实现是：

RCC_ADCCLKConfig（RCC_PCLK2_Div6）；

ADC 时钟复位的库函数的实现是：

ADC_DeInit（ADC1）；

（3）指定 ADC1 参数，设置 ADC1 的工作模式及规则序列相关信息。设置分频因子后，就可以开始配置 ADC1 的模式，设置单次转换模式、触发方式选择、数据对齐方式等都在这一步实现。此外，还要设置 ADC1 规则序列的相关信息，实例中只用到一个通道，并且是单次转换的，所以设置规则序列中通道数为 1。库函数中上述设置可通过 ADC_Init（）函数实现，此函数定义如下：

void ADC_Init（ADC_TypeDef* ADCx, ADC_InitTypeDef* ADC_InitStruct）；

函数第一个参数用于指定 ADC 设备号，第二个参数是结构体指针，与其他外设的设置一样，通过结构体成员变量的值来指定参数，结构体的定义如下：

```
typedef struct{
uint32_t  ADC_Mode;                          // ADC 的工作模式
FunctionalState  ADC_ScanConvMode;           // 是否开启扫描模式
FunctionalState  ADC_ContinuousConvMode;     // 是否开启连续转换模式
uint32_t  ADC_ExternalTrigConv;              // 启动规则转换组转换的外部事件
uint32_t  ADC_DataAlign;                     // ADC 数据对齐方式
uint8_t   ADC_NbrOfChannel;                  // 规则序列的长度
}ADC_InitTypeDef;
```

本实例中，此结构体各成员变量设置范例如下：

ADC_InitTypeDef ADC_InitStructure;

// 指定 ADC 工作模式为独立模式

ADC_InitStructure.ADC_Mode = ADC_Mode_Independent;

ADC_InitStructure.ADC_ScanConvMode = DISABLE; // 指定 ADC 单通道模式

// 指定 ADC 单次转换模式

ADC_InitStructure.ADC_ContinuousConvMode = DISABLE;

// 指定转换由软件而不是外部触发启动

ADC_InitStructure.ADC_ExternalTrigConv = ADC_ExternalTrigConv_None;

// 指定 ADC 数据右对齐

ADC_InitStructure.ADC_DataAlign = ADC_DataAlign_Right;
// 指定顺序进行规则转换的 ADC 通道的数目为 1
ADC_InitStructure.ADC_NbrOfChannel = 1;
// 根据指定的参数设置外设 ADCx
ADC_Init（ADC1, &ADC_InitStructure）;

（4）使能 ADC 并校准。设置上述工作模式和相关信息后，需使能 A/D 转换器、执行复位校准和 A/D 校准操作，操作范例如下：

ADC_Cmd（ADC1, ENABLE）;　　　　　　　　　　　// 使能指定的 ADC1
ADC_ResetCalibration（ADC1）;　　　　　　　　　// 执行复位校准
ADC_StartCalibration（ADC1）;　　　　　　　　　// 执行 A/D 校准

注意：复位校准和 A/D 校准是必须的，不校准将导致结果很不准确；另外，每次执行校准后要等待校准结束。

校准是否结束可通过获取校准状态来判断，固件库中可用如下函数获取 ADC1 的校准执行状态，函数返回 0，表示校准结束。

ADC_GetResetCalibrationStatus（ADC1）;　　　　　// 获取复位校准执行状态
while（ADC_GetCalibrationStatus（ADC1））;　　　　// 获取校 A/D 校准执行状态

（5）采集信号，读取 ADC 值。完成上面的校准后，ADC 就准备好了，接下来需设置规则序列 1 里面的通道、采样顺序、以及通道的采样周期，然后，启动 ADC 转换，最后等待转换结束，读取 ADC 转换结果值。

可用如下固件库中的函数设置规则序列中的第 1 个转换，同时设置采样周期为 239.5：
ADC_RegularChannelConfig（ADC1, ch, 1, ADC_SampleTime_239Cycles5）;
固件库中，软件开启 ADC 转换的方法如下：
// 使能指定的 ADC1 的软件转换启动功能
ADC_SoftwareStartConvCmd（ADC1, ENABLE）;
转换完成，可以获取转换 ADC 转换结果数据，方法如下：
ADC_GetConversionValue（ADC1）;

在 A/D 转换中，有时需要根据状态寄存器的标志位来获取 A/D 转换的状态信息，相应的库函数是：
FlagStatus ADC_GetFlagStatus（ADC_TypeDef* ADCx, uint8_t ADC_FLAG）
例如，要判断 ADC1 的转换是否结束，可用以下方法：
while（!ADC_GetFlagStatus（ADC1, ADC_FLAG_EOC））;　// 等待转换结束

2. 实例软件开发

开发板默认将微控制器的 ADC 参考电压的 Vref– 连接到 GND，Vref+ 连接到 V_{DD}（3.3V），若采用外部参考电压，需将其连接到开发板的 P7 端口，注意外接参考电压范围为：2.4V–V_{DD}。

本实例通过 ADC1 的通道 1 来监测开发板上的 3.3V 电压，测试时，需用 1 根杜邦线、或者自备的连接线将一头插在 AD/DA 组合接口 P7 的 ADC 插针上，另外一头接在要测试的电压点。项目的工程工作组见表 12.17。

表 12.17　ADC 工程工作组文件组成

工作组	包含源文件	功能说明
CORE 工作组	core cm3.c	CM3 内核接口
	startup_stm32f10x_hd.s	微控制器的启动文件
FWLIB 工作组	stm32f10x_gpio.c	GPIO 的底层配置函数
	stm32f10x rcc.c	RCC 的底层配置函数
	stm32f10x adc.c	ADC 的底层配置函数
	misc.c	外设对内核中 NVIC 的访问函数
HARDWARE 工作组	lcd.c	显示屏初始化与驱动函数
	adc.c	ADC 初始化函数
SYSTEM 工作组	sys.c	厂商提供中断分组函数
	delay.c	厂商提供延时函数
USER 工作组	main.c	实例应用代码
	stm32f10x it.c	微控制器的中断服务子程序
	svstem stm32f10x.c	设置系统时钟和总线时钟函数

实例软件开发中需编写 adc.c、adc.h 和 main.c 三个文件，下面说明这三个文件代码功能。

adc.c 文件代码功能如下：

```
/* Adc_Init（）用于初始化设置 ADC1 的通道 1 的相关工作模式、参数等 */
void Adc_Init（void）
{ ADC_InitTypeDef  ADC_InitStructure;
GPIO_InitTypeDef  GPIO_InitStructure;
RCC_APB2PeriphClockCmd（RCC_APB2Periph_GPIOA |RCC_APB2Periph_ADC1，
ENABLE）；                                  // 使能 ADC1 通道时钟
// 设置 ADC 分频因子为 6，即：72M/6=12MHz，ADC 最大采集时钟不能超过 14M。
RCC_ADCCLKConfig（RCC_PCLK2_Div6）；
GPIO_InitStructure.GPIO_Pin =GPIO_Pin_1;            //PA1 作为模拟通道输入引脚
GPIO_InitStructure.GPIO_Mode = GPIO_Mode_AIN；      // 指定 PA 为模拟输入
GPIO_Init（GPIOA, &GPIO_InitStructure）；            // 设置 GPIOA.1 端口
// 复位 ADC1，将外设 ADC1 的全部寄存器重设为缺省值。
ADC_DeInit（ADC1）；
// 指定 ADC 独立模式
ADC_InitStructure.ADC_Mode = ADC_Mode_Independent;
ADC_InitStructure.ADC_ScanConvMode = DISABLE；          // 单通道模式
ADC_InitStructure.ADC_ContinuousConvMode = DISABLE;    // 单次转换模式
// 指定转换由软件而不是外部触发启动
ADC_InitStructure.ADC_ExternalTrigConv = ADC_ExternalTrigConv_None;
// 指定采集数据右对齐
ADC_InitStructure.ADC_DataAlign = ADC_DataAlign_Right;
// 指定顺序进行规则转换的 ADC 通道的数目
ADC_InitStructure.ADC_NbrOfChannel = 1;
ADC_Init（ADC1, &ADC_InitStructure）；           // 根据指定的参数设置外设 ADC1
ADC_Cmd（ADC1, ENABLE）；                         // 使能外设 ADC1
ADC_ResetCalibration（ADC1）；                    // 开启复位校准
```

```
while（ADC_GetResetCalibrationStatus（ADC1））;      // 等待复位校准结束
ADC_StartCalibration（ADC1）;                        // 开启 A/D 校准
while（ADC_GetCalibrationStatus（ADC1））;            // 等待校准结束
}
/* Get_Adc（）函数用于采集外部信号，获得 ADC 采样值，参数 ch 为：通道值 0-3。*/
u16 Get_Adc（u8 ch）
{
// 设置指定 ADC 的规则组通道，设置它们的转化顺序和采样时间
ADC_RegularChannelConfig（ADC1, ch, 1, ADC_SampleTime_239Cycles5）;
// 通道 1，规则采样顺序值为 1，采样时间为 239.5 周期
ADC_SoftwareStartConvCmd（ADC1, ENABLE）;            // 软件触发转换
while（!ADC_GetFlagStatus（ADC1, ADC_FLAG_EOC））;   // 等待转换结束
// 返回最近一次 ADC1 规则组的转换结果值
return ADC_GetConversionValue（ADC1）;
}
/* Get_Adc_Average（）函数用于对多次 ADC 采样值取平均，提高准确度。*/
u16 Get_Adc_Average（u8 ch,u8 times）
{ u32 temp_val=0;
u8 t;
for（t=0;t<times;t++）
{ temp_val+=Get_Adc（ch）;
delay_ms（5）;
}
return temp_val/times;
}
```

adc.h 文件仅仅对上述 3 个函数进行声明，实现代码如下：

```
#ifndef __ADC_H
#define __ADC_H
#include "sys.h"
void Adc_Init（void）;                    // 声明 ADC 初始化设置函数
u16  Get_Adc（u8 ch）;                    // 声明 ADC 数据采集设置函数
u16 Get_Adc_Average（u8 ch,u8 times）;    // 声明平均值计算函数
#endif
```

main.c 文件代码功能如下：

```
#include "led.h"
#include "delay.h"
#include "sys.h"
#include "lcd.h"
```

```
#include "adc.h"
int main（void）
{ u16 adcx;
    float temp;
    delay_init（）;                              // 延时函数初始化
    LCD_Init（）;                                //LCD 显示屏初始化
    Adc_Init（）;                                //ADC 初始化
// 显示 ADC TEST 提示信息
    POINT_COLOR=RED;                            // 设置字体为红色
    LCD_ShowString（60,70,200,16,16,"ADC TEST:"）;
    POINT_COLOR=BLUE;                           // 设置字体为蓝色
// 显示固定格式信息
    LCD_ShowString（60,130,200,16,16,"ADC_CH0_VAL:"）;
    LCD_ShowString（60,150,200,16,16,"ADC_CH0_VOL:0.000V"）;
    while（1）{
// 采集外部电压 10 次，并计算平均值显示固定格式信息
            adcx=Get_Adc_Average（ADC_Channel_1,10）;
            LCD_ShowxNum（156,130,adcx,4,16,0）;      // 显示 ADC 的采样值
            temp=（float）adcx*（3.3/4096）;
            adcx=temp;
            LCD_ShowxNum（156,150,adcx,1,16,0）;      // 显示电压值整数部分
            temp-=adcx;
            temp*=1000;
            LCD_ShowxNum（172,150,temp,3,16,0X80）;   // 显示电压值小数部分
            LED0=!LED0;
            delay_ms（250）;                         // 延时 250ms
    }
}
```

main（）函数代码先在 TFTLCD 模块上显示一些提示信息，然后，每隔 250ms 采集 ADC 通道 1 上的输入信号 10 次、计算平均值、在屏幕上显示平均值，最后将采集平均值转换成模拟量电压值并显示。

完成上述代码编写后，编译工程，如有错误，找出原因并更正，最终生成二进制文件。下载、调试、运行软件，根据实际效果检查、测试软件代码。

12.4　DMA 模块

12.4.1　DMA 模块结构与特性

DMA（Direct Memory Access，即直接存储器访问）是一种完全由硬件执行数据交换的工作方式。它由 DMA 控制器控制而不是 CPU 控制在存储器和存储器、存储器和外设之间的批量数据传输。典型的应用如：移动一个外部内存的区块到芯片内部更快的内存区。DMA 传输不占用 CPU 工作，传输期间，CPU 可被重新安排去处理其他的工作。DMA 传输对于实时嵌入式系统和网络通信非常重要。DMA 传输不需要 CPU 直接控制，也不像中断处理那样需保留现场和恢复现场的过程，而是通过硬件为存储器和存储器、存储器和外设之间开辟一条直接传送数据的通路，使 CPU 的效率大大提高。

STM32 微控制器最多有 2 个 DMA 控制器，DMA1 有 7 个通道，DMA2 有 5 个通道。每个通道专门用来管理来自一个或多个外设对存储器访问的请求。还有一个仲裁起来协调各个 DMA 请求的优先权。

STM32F103 微控制器 DMA 的功能框图如图 12-18 所示，DMA 控制器和 Cortex-M3 核心共享系统数据总线，执行直接存储器数据传输。当 CPU 和 DMA 同时访问相同的目标（RAM 或外设）时，DMA 请求会暂停 CPU 访问系统总线若干个周期，总线仲裁器执行循环调度，以保证 CPU 至少可以得到一半的系统总线（存储器或外设）带宽。

STM32F103 微控制器的 DMA 有以下主要特性：

（1）12 个独立的可配置的通道。

（2）每个通道都直接连接专用的硬件 DMA 请求，每个通道都也支持软件触发。

（3）在同一个 DMA 模块上，多个请求间的优先权可以通过软件编程设置（共有四级：很高、高、中等和低），优先权设置相等时由硬件决定（请求 0 优先于请求 1，以此类推）。

（4）独立数据源和目标数据区的传输宽度可为：字节、半字、全字；自动模拟打包和拆包的过程；源和目标地址采用数据传输宽度对齐。

（5）支持循环的缓冲器管理。

（6）每个通道都有 3 个事件标志（DMA 半传输、DMA 传输完成和 DMA 传输出错），这 3 个事件标志逻辑或成为一个单独的中断请求。

（7）支持存储器和存储器、外设和存储器、存储器和外设之间的传输。

（8）闪存、SRAM、外设的 SRAM、APB1、APB2 和 AHB 外设均可作为访问的源和目标。

（9）可编程的最大数据传输数目为：65535。

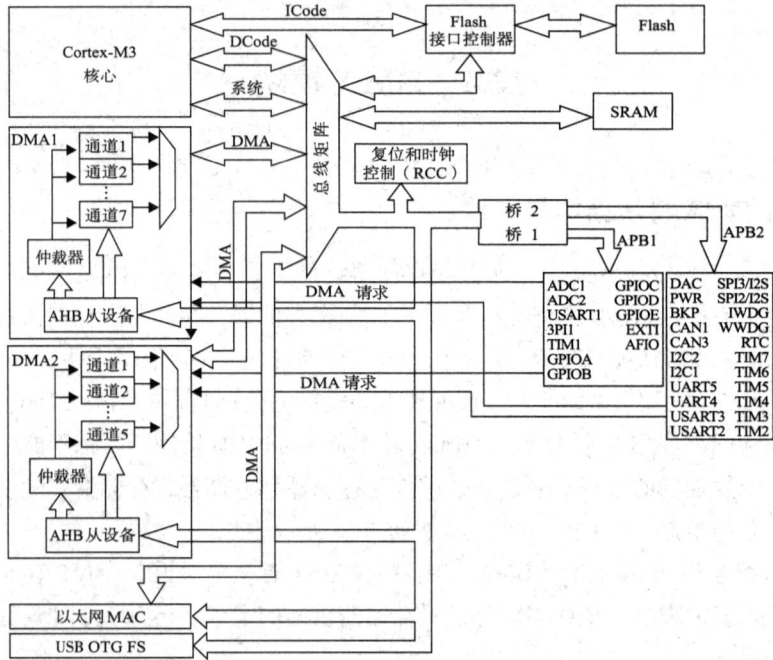

图 12-18　DMA 模块内部结构图

12.4.2　DMA 工作原理

1.DMA 工作过程

STM32 微控制器的一个 DMA 数据传输完整过程如下：

（1）DMA 请求。CPU 对 DMA 控制器初始化，并向外设发出操作命令，外设提出 DMA 请求。

（2）DMA 响应。DMA 控制器对 DMA 请求判别优先级及屏蔽，向总线裁决逻辑提出总线请求。当 CPU 执行完当前总线周期即可释放总线控制权。此时，总线裁决逻辑输出总线应答，表示 DMA 已经响应，通过 DMA 控制器通知外设开始 DMA 传输。

（3）DMA 传输。DMA 控制器获得总线控制权后，CPU 即刻挂起或只执行内部操作。由 DMA 控制器输出读写命令，直接控制存储器与外设进行 DMA 传输，每次 DMA 传送由 3 个操作组成：

① 从外设数据寄存器或者从当前外设 / 存储器地址寄存器指示的存储器地址取数据，第一次传输时的开始地址是 DMA_CPARx 或 DMA_CMARx 寄存器指定的外设基地址或存储器单元。

② 存数据到外设数据寄存器或者当前外设 / 存储器地址寄存器指示的存储器地址，第一次传输时的开始地址是 DMA_CPARx 或 DMA_CMARx 寄存器指定的外设基地址或存储器单元。

③ 执行一次 DMA_CNDTRx 寄存器的递减操作，该寄存器包含未完成的操作数目。

（4）DMA 结束。当完成规定的成批数据传送后，DMA 控制器即释放总线控制权，并向外设发出结束信号。

2. DMA 请求映像

STM32F103 微控制器有两个以上 DMA，每个 DMA 有不同数量的触发通道，分别对应于不同的外设对存储器的访问请求。

微控制器的 DMA1 有 7 个触发通道，可以分别从外设 TIMx[x=1，2，3，4]、ADC1、SPI1、SPI/I2S2、I2Cx[x=l、2] 和 USARTx[x=l、2、3] 产生 7 个访问请求，通过逻辑或输入 DMA1 控制器，保证同时只有一个请求有效。外设的 DMA 请求，可以通过设置相应外设寄存器中的控制位，被独立地开启或关闭。DMA1 的通道映射关系见表 12.18。

表 12.18　DMA1 的通道映射表

外设	通道 1	通道 2	通道 3	通道 4	通道 5	通道 6	通道 7
ADC1	ADC1						
SPI/I²S		SPI1_RX	SPI1_TX	SPI/I2S2_RX	SPI/I2S2_TX		
USART		USART3_TX	USART3_RX	USART1_TX	USART1_RX	USART2_RX	USART2_TX
I²C				I2C2_TX	I2C2_RX	I2C1_TX	I2C1_RX
TIM1		TIM1_CH1	TIM1_CH2	TIM1_TX4 TIM1_TRIGTIM1_COM	TIM1_UP	TIM1_CH3	
TIM2	TIM2_CH3	TIM2_UP			TIM2_CH1		TIM2_CH2 TIM2_CH4
TIM3	TIM3	TIM3_CH3	TIM3_CH4 TIM3_UP			TIM3_CH1 TIM3_TRIG	
TIM4	TIM4_CH1			TIM4_CH2	TIM4_CH3		TIM4_UP

STM32 微控制器的 DMA2 控制器存在于大容量和互连型的芯片中，它有 5 个触发通道，可以分别从外设 TIMx[5、6、7、8]、ADC3、SPI/I2S3、UART4、DAC 通道 1、2 和 SDIO 产生 5 个请求，通过逻辑或输入 DMA2 控制器，保证同时只有一个请求有效。外设的 DMA 请求，可以通过设置相应外设寄存器中的 DMA 控制位，被独立地开启或关闭。DMA2 的通道映射关系见表 12.19。

表 12.19　DMA2 的通道映射表

外设	通道 1	通道 2	通道 3	通道 4	通道 5
ADC3					ADC3
SPI/I2S3	SPI/I2S3_RX	SPI/I2S3_TX			
UART4			UART4_RX		UART4_TX
SDIO				SDIO	
TIM5	TIM5_CH4 TIM5_TRIG	TIM5_CH3 TIM5_UP		TIM5_CH2	TIM5_CH1
TIM6/ DAC 通道 1			TIM6_UP/ DAC 通道 1		
TIM7/ DAC 通道 2				TIM7_UP/ DAC 通道 2	
TIM8（1）	TIM8_CH3 TIM8_UP	TIM8_CH4 TIM8_TRIG TIM8_COM	TIM8_CH1	TIM4_CH2	TIM8_CH2

3. 仲裁优先级

STM32 微控制器的 DMA 控制器都伴随一个仲裁器，仲裁器可根据通道请求的优先级来

启动外设 / 存储器的访问。优先权管理分 2 个阶段。

（1）软件优先级。每个通道的优先权可以在 DMA_CCRx 寄存器中设置，有 4 个等级：最高优先级、高优先级、中等优先级、低优先级。

（2）硬件优先级。如果 2 个请求有相同的软件优先级，则较低编号的通道比较高编号的通道有较高的优先权。例如，通道 2 优先于通道 4。

4.传输模式

STM32 微控制器支持以下 3 中 DMA 传输模式。

（1）普通模式。普通模式是指在 DMA 传输结束时，DMA 通道被自动关闭，进一步的 DMA 请求将不被响应。

（2）循环模式。循环模式用于处理一个环形的缓冲区，每轮传输结束时数据传输的配置会自动地更新为初始状态，DMA 传输会连续不断地进行。

（3）存储器到存储器模式。DMA 的操作可以在没有外设请求的情况下进行，这种操作就是存储器到存储器模式。当 DMA_CCRx 寄存器中的 MEM2MEM 位置位后，若软件再将 DMA_CCRx 寄存器中的 EN 位置位，DMA 传输将马上开始。当 DMA_CNDTRx 寄存器变为 0 时，DMA 传输结束。注意：存储器到存储器模式不能与循环模式同时使用。

5.中断请求

每个 DMA 通道都可以在 DMA 传输过半、传输完成和传输错误时产生中断。为应用的灵活性考虑，通过设置寄存器的不同位来打开这些中断。DMA 中断事件的标志位和控制位见表 12.20。

表 12.20　DMA 中断请求

中断事件	事件标志位	使能控制位
传输过半	HTIF	HTIE
传输完成	TCIF	TCIE
传输错误	TEIF	TEIE

12.4.3　DMA 模块寄存器说明

STM32 微控制器中与 DMA 模块相关的寄存器有 6 组。下面分别介绍主要的常用寄存器的功能。

1.DMA 中断状态寄存器（DMA_ISR）

偏移地址：0x00

复位值：0x00000000

DMA_ISR 寄存器各位定义如下，其保留位读为 0。

31	30	29	28	27	26	25	24	23	22	21	20	19	18	17	16
保留				TEIF7	HTIF7	TCIF7	GIF7	TEIF6	HTIF6	TCIF6	GIF6	TEIF5	HTIF5	TCIF5	GIF5
				r	r	r	r	r	r	r	r	r	r	r	r

15	14	13	12	11	10	9	8	7	6	5	4	3	2	1	0
TEIF4	HTIF4	TCIF4	GIF4	TEIF3	HTIF3	TCIF3	GIF3	TEIF2	HTIF2	TCIF2	GIF2	TEIF1	HTIF1	TCIF1	GIF1
r	r	r	r	r	r	r	r	r	r	r	r	r	r	r	r

说明：

位 27，23，19，15，11，7，3	TEIFx：通道 x 的传输错误标志（x = 1 … 7），硬件设置这些位。在 DMA_IFCR 寄存器的相应位写入 '1' 可以清除这里对应的标志位 0：在通道 x 没有传输错误（TE）；1：在通道 x 发生了传输错误（TE）
位 26，22，18，14，10，6，2	HTIFx：通道 x 的半传输标志（x = 1 … 7），硬件设置这些位。在 DMA_IFCR 寄存器的相应位写入 '1' 可以清除这里对应的标志位 0：在通道 x 没有半传输事件（HT）；1：在通道 x 产生了半传输事件（HT）
位 25，21，17，13，9，5，1	TCIFx：通道 x 的传输完成标志（x = 1 … 7），硬件设置这些位。在 DMA_IFCR 寄存器的相应位写入 '1' 可以清除这里对应的标志位 0：在通道 x 没有传输完成事件（TC）；1：在通道 x 产生了传输完成事件（TC）
位 24，20，16，12，8，4，0	GIFx：通道 x 的全局中断标志（x = 1 … 7），硬件设置这些位。在 DMA_IFCR 寄存器的相应位写入 '1' 可以清除这里对应的标志位。0：在通道 x 没有 TE、HT 或 TC 事件；1：在通道 x 产生了 TE、HT 或 TC 事件

2.DMA 中断标志清除寄存器（DMA_IFCR）

偏移地址：0x04

复位值：0x00000000

DMA_IFCR 寄存器各位定义如下，其保留位读为 0。

31	30	29	28	27	26	25	24	23	22	21	20	19	18	17	16
保留				CTEIF7	CHTIF7	CTCIF7	CGIF7	CTEIF6	CHTIF6	CTCIF6	CGIF6	CTEIF5	CHTIF5	CTCIF5	CGIF5
				rw	rw	rw	rw	rw	rw	rw	rw	rw	rw	rw	rw

15	14	13	12	11	10	9	8	7	6	5	4	3	2	1	0
CTEIF4	CHTIF4	CTCIF4	CGIF4	CTEIF3	CHTIF3	CTCIF3	CGIF3	CTEIF2	CHTIF2	CTCIF2	CGIF2	CTEIF1	CHTIF1	CTCIF1	CGIF1
rw	rw	rw	rw	rw	rw	rw	rw	rw	rw	rw	rw	rw	rw	rw	rw

DMA_IFCR 寄存器各位域的作用与中断状态寄存器对应，将各位置 '1' 将清除中断状态寄存器对应位，置 '0' 无作用。

3.DMA 通道 x 配置寄存器（DMA_CCRx）（x = 1 … 7）

偏移地址：0x08 + 20 × （通道编号 − 1）

复位值：0x00000000

DMA_CCRx 寄存器各位定义如下，其保留位读为 0。

31	30	29	28	27	26	25	24	23	22	21	20	19	18	17	16
保留															

15	14	13	12	11	10	9	8	7	6	5	4	3	2	1	0
保留	MEM2MEM	PL[1:0]		MSIZE[1:0]		PSIZE[1:0]		MINC	PINC	CIRC	DIR	TEIE	HTIE	TCIE	EN
	rw	rw	rw	rw	rw	rw	rw	rw	rw	rw	rw	rw	rw	rw	rw

说明：

位 14	MEM2MEM：存储器到存储器模式（Memory to Memory Mode）该位由软件设置和清除。0：非存储器到存储器模式；1：启动存储器到存储器模式
位 13:12	PL[1:0]：通道优先级，这些位由软件设置和清除 00：低；01：中；10：高；11：最高
位 11:10	MSIZE[1:0]：存储器数据宽度，这些位由软件设置和清除 00：8 位；01：16 位；10：32 位；11：保留

位 9:8	PSIZE[1:0]: 外设数据宽度,这些位由软件设置和清除 00: 8 位; 01: 16 位; 10: 32 位; 11: 保留
位 7	MINC: 存储器地址增量模式,该位由软件设置和清除 0: 不执行存储器地址增量操作; 1: 执行存储器地址增量操作
位 6	PINC: 外设地址增量模式,该位由软件设置和清除 0: 不执行外设地址增量操作; 1: 执行外设地址增量操作
位 5	CIRC: 循环模式,该位由软件设置和清除 0: 不执行循环操作; 1: 执行循环操作
位 4	DIR: 数据传输方向,该位由软件设置和清除 0: 从外设读; 1: 从存储器读
位 3	TEIE: 允许传输错误中断,该位由软件设置和清除 0: 禁止 TE 中断; 1: 允许 TE 中断
位 2	HTIE: 允许半传输中断,该位由软件设置和清除 0: 禁止 HT 中断; 1: 允许 HT 中断
位 1	TCIE: 允许传输完成中断,该位由软件设置和清除 0: 禁止 TC 中断; 1: 允许 TC 中断
位 0	EN: 通道开启,该位由软件设置和清除 0: 通道不工作; 1: 通道开启

4. DMA 通道 x 传输数量寄存器(DMA_CNDTRx)(x = 1…7)

偏移地址:0x0C + 20 × (通道编号 − 1)

复位值:0x00000000

DMA_CNDTRx 寄存器的位 [31:16] 为保留,读出始终为 0,位 [15:0] 为有效,用于控制 DMA 通道 x 的每次传输所要传输的数据量,其设置范围为 0~65535。该寄存器只能在通道不工作(DMA_CCRx 的 EN=0)时写入,通道开启后该寄存器变为只读,指示剩余的待传输字节数目,寄存器内容在每次 DMA 传输后递减。传输结束后,寄存器的内容或者变为 0;若将该通道配置为自动重加载模式,寄存器的内容将被自动重新加载为之前配置时的数值。当寄存器的内容为 0 时,无论通道是否开启,都不会发生任何数据传输。

5. DMA 通道 x 外设地址寄存器(DMA_CPARx)(x = 1…7)

偏移地址:0x20 + 20 × (通道编号 − 1)

复位值:0x00000000

DMA_CPARx 寄存器在开启通道(DMA_CCRx 的 EN=1)时,不能写入。该寄存器用来存储外设的地址。

6. DMA 通道 x 存储器地址寄存器(DMA_CMARx)(x = 1…7)

偏移地址:0x14+ 20 × (通道编号 − 1)

复位值:0x00000000

DMA_CMARx 寄存器在开启通道(DMA_CCRx 的 EN=1)时,不能写入。该寄存器用来存储存储器地址作为数据传输的源或目标。

12.4.4 DMA 应用实例软件开发

DMA 属于 STM32 微控制器的内部资源,只需要软件设置就可以正常工作。下面以通过 DMA 将内存中的数据传送到串口(USART1)为实例介绍 DMA 的软件开发。

1.DMA 配置过程与相关库函数说明

固件库中，DMA 相关库函数分布在 stm32f10x_dma.c 和 stm32f10x_dma.h 文件中，DMA 的配置是通过设置寄存器中的相应位域的值来实现，本实例用到 USART1 的发送，它属于 DMA1 的通道 4。下面介绍库函数下 DMA1 通道 4 的配置步骤：

（1）使能 DMA 控制器时钟。DMA 控制器时钟的使能可通过固件库中的 AHB 总线外设时钟控制函数 RCC_AHBPeriphClockCmd（ ）来实现，此函数第二个参数为 ENABLE 指示使能时钟，DMA1 控制器时钟使能代码如下：

RCC_AHBPeriphClockCmd（RCC_AHBPeriph_DMA1, ENABLE）;

（2）初始化 DMA 通道 4 的参数。DMA 通道配置参数种类比较多，包括内存地址、外设地址、传输数据长度、数据宽度、通道优先级等等。这些参数的配置在库函数中都是在函数 DMA_Init 中完成，此函数定义为：

void DMA_Init（DMA_Channel_TypeDef* DMAy_Channelx, DMA_InitTypeDef* DMA_InitStruct）

函数的第一个参数指定配置的 DMA 通道号，第二个参数是一个结构体指针，与其他外设一样，同样也是通过赋值结构体成员变量值来指定各配置参数，该结构体 DMA_InitTypeDef 的定义如下：

```
typedef struct{
uint32_t  DMA_PeripheralBaseAddr;
uint32_t  DMA_MemoryBaseAddr;
uint32_t  DMA_DIR;
uint32_t  DMA_BufferSize;
uint32_t  DMA_PeripheralInc;
uint32_t  DMA_MemoryInc;
uint32_t  DMA_PeripheralDataSize;
uint32_t  DMA_MemoryDataSize;
uint32_t  DMA_Mode;
uint32_t  DMA_Priority;
uint32_t  DMA_M2M;
} DMA_InitTypeDef;
```

这个结构体的成员比较多，下面介绍每个成员变量的作用：

第一个参数 DMA_PeripheralBaseAddr 用来指定 DMA 传输的外设基地址，如要进行串口 1 的 DMA 传输，则外设基地址为串口接受发送数据存储器的地址，可赋值为：&USART1–>DR。

第二个参数 DMA_MemoryBaseAddr 用来指定 DMA 传输的内存数据的存放地址。

第三个参数 DMA_DIR 用来指定数据传输方向，即决定是从外设读数据到内存还送从内存读数据发送到外设，也就是外设是源地还是目的地。如要从内存读取数据发送到串口 1，可赋值为：DMA_DIR_PeripheralDST，即：外设是目的地。

第四个参数 DMA_BufferSize 用来指定一次传输数据量的大小。

第五个参数 DMA_PeripheralInc 用来指定传输数据时外设地址固定还是递增，如果设置为递增，下一次传输时地址加1。如要一直向固定外设地址 &USART1->DR 发送数据，可赋值为：DMA_PeripheralInc_Disable，即：地址不递增。

第六个参数 DMA_MemoryInc 用来指定传输数据时候内存地址是否递增。此参数同 DMA_PeripheralInc 的作用接近，只不过针对的是内存。如要将内存中连续存储单元的数据发送到串口1，毫无疑问内存地址需要递增，可赋值为：DMA_MemoryInc_Enable。

第七个参数 DMA_PeripheralDataSize 用来设置外设的数据长度是为字节传输、半字传输、还是字传输，如要是8位字节传输，可赋值为：DMA_PeripheralDataSize_Byte。

第八个参数 DMA_MemoryDataSize 用来设置内存的数据长度，此参数同 DMA_PeripheralDataSize 的作用接近，只不过针对的是内存数据。

第九个参数 DMA_Mode 用来指定 DMA 模式是否循环模式，如要一次连续传输完成之后不循环，可赋值为：DMA_Mode_Normal。

第十个参数 DMA_Priority 用来指定 DMA 通道的优先级，有低、中、高、最高三种模式。如果开启多个通道，这个值就非常就非常重要。若优先级别为中级，可赋值为：DMA_Priority_Medium。

第十一个参数 DMA_M2M 用来指定是否是存储器到存储器模式传输，若不是，可赋值为：DMA_M2M_Disable。

（3）使能串口 DMA 请求。完成 DMA 配置后，需开启串口的 DMA 发送功能，可通过固件库中的 USART_DMACmd（ ）函数来实现，此函数有3个参数，如果要使能串口 DMA 请求，那么第二个参数应赋值为 USART_DMAReq_Rx。使能串口1的 DMA 请求的代码如下：

USART_DMACmd（USART1,USART_DMAReq_Tx,ENABLE）；

（4）使能 DMA1 通道4，启动传输。使能串口 DMA 请求后，接着使能 DMA 传输通道，就启动一次 DMA 传输。固件库中函数是：DMA_Cmd（DMA_CHx, ENABLE），此函数有2个参数，第一个参数用于指定 DMA 通道。

（5）查询 DMA 传输状态，确定 DMA 传输完成。在 DMA 传输过程中，要查询 DMA 传输通道的状态，可使用固件库中的函数是：DMA_GetFlagStatus（uint32_t DMAy_FLAG）。例如：要查询 DMA 通道4传输是否完成的代码如下：

DMA_GetFlagStatus（DMA2_FLAG_TC4）；

此外，固件库中还有一个比较重要的函数用于获取当前剩余数据量大小，该函数声明如下：

uint16_t DMA_GetCurrDataCounter（DMA_Channel_TypeDef* DMAy_Channelx）

若要获取 DMA 通道4还有多少个数据没有传输，可使用如下代码：

DMA_GetCurrDataCounter（DMA1_Channel4）；

2. 实例软件开发

本实例利用按键 KEY0 来控制 DMA 的传送，每按一次 KEY0，DMA 就传送一次数据到 USART1，同时在显示屏上显示传输进度等信息。这里主要介绍 DMA 传输的软件实现，有关串口通信的原理在11.1节已详细说明，有关屏幕显示的原理在12.1节已详细说明。测试时，注意开发板的 P3 口上的 RXD 和 TXD 是否和微控制器的 PA9 和 PA10 引脚连接，如果没有，请先通过跳线帽连接，同时需用 USB 电缆将 P3 口与调试电脑连接。

项目的工程工作组见表 12.21。

表 12.21　DMA 工程工作组文件组成

工作组	包含源文件	功能说明
CORE 工作组	core cm3.c	CM3 内核接口
	startup_stm32f10x_hd.s	微控制器的启动文件
FWLIB 工作组	stm32f10x_gpio.c	GPIO 的底层配置函数
	stm32f10x rcc.c	RCC 的底层配置函数
	stm32f10x dma.c	ADC 的底层配置函数
	stm32f10x usart.c	USART 的底层配置函数
	misc.c	外设对内核中 NVIC 的访问函数
HARDWARE 工作组	lcd.c	显示屏初始化与驱动函数
	key.c	按键驱动函数
	dma.c	DMA 初始化配置函数
SYSTEM 工作组	sys.c	厂商提供中断分组函数
	usart.c	厂商提供串口驱动函数
	delay.c	厂商提供延时函数
USER 工作组	main.c	实例应用代码
	stm32f10x it.c	微控制器的中断服务子程序
	svstem stm32f10x.c	设置系统时钟和总线时钟函数

实例软件开发中需编写 dma.c、dma.h 和 main.c 三个文件，下面说明这三个文件代码功能。

dma.c 文件代码功能如下：

```
#include "dma.h"
DMA_InitTypeDef DMA_InitStructure;
u16 DMA1_MEM_LEN;                    // 保存 DMA 每次数据传送的长度
```

/* MYDMA_Config（ ）函数用于将 DMA1 的通道配置为：从存储器 –> 外设模式；8 位数据宽度；存储器增量模式。输入参数分别是 DMA_CHx：DMA 通道 CHx；cpar：外设地址；cmar：存储器地址；cndtr：数据传输量。*/

```
void MYDMA_Config（DMA_Channel_TypeDef* DMA_CHx,u32 cpar,u32 cmar,u16 cndtr）{
// 使能 DMA1 时钟
RCC_AHBPeriphClockCmd（RCC_AHBPeriph_DMA1, ENABLE）;
DMA_DeInit（DMA_CHx）;            // 将 DMA 的通道 x 寄存器重设为缺省值
DMA1_MEM_LEN=cndtr;
// 指定 DMA 外设的基地址
DMA_InitStructure.DMA_PeripheralBaseAddr = cpar;
// 指定 DMA 内存数据基地址
DMA_InitStructure.DMA_MemoryBaseAddr = cmar;
// 指定数据传输方向内存到外设
DMA_InitStructure.DMA_DIR = DMA_DIR_PeripheralDST;
// 指定 DMA 通道的 DMA 缓存的大小
```

```
DMA_InitStructure.DMA_BufferSize = cndtr;
// 指定为外设地址不变方式
DMA_InitStructure.DMA_PeripheralInc = DMA_PeripheralInc_Disable;
// 指定为内存地址寄存器递增方式
DMA_InitStructure.DMA_MemoryInc = DMA_MemoryInc_Enable;
// 指定外设数据宽度为 8 位
DMA_InitStructure.DMA_PeripheralDataSize = DMA_PeripheralDataSize_Byte;
// 指定内存数据宽度为 8 位
DMA_InitStructure.DMA_MemoryDataSize = DMA_MemoryDataSize_Byte;
// 指定为正常缓存工作模式
DMA_InitStructure.DMA_Mode = DMA_Mode_Normal;
// 指定 DMA 通道拥有中优先级
DMA_InitStructure.DMA_Priority = DMA_Priority_Medium;
// 指定非内存到内存传输
DMA_InitStructure.DMA_M2M = DMA_M2M_Disable;
DMA_Init（DMA_CHx, &DMA_InitStructure）;   // 初始化 DMA 的通道
}
/* MYDMA_Enable（）函数用于启动一次 DMA 传输 */
void MYDMA_Enable（DMA_Channel_TypeDef*DMA_CHx）{
// 关闭 USART1 TX DMA1 所指示的通道
DMA_Cmd（DMA_CHx, DISABLE）;
// 设置 DMA 缓存的大小
DMA_SetCurrDataCounter（DMA1_Channel4,DMA1_MEM_LEN）;
// 使能 USART1 TX DMA1 所指示的通道
DMA_Cmd（DMA_CHx, ENABLE）;
}
```

该部分代码仅有 2 个函数，MYDMA_Config（）函数基本上就是按照（1）介绍的步骤来初始化配置 DMA，该函数在外部只能修改通道、源地址、目标地址和传输数据量等几个参数，更多的其他设置只能在该函数内部修改。MYDMA_Enable（）函数用于设置 DMA 缓存大小并且使能 DMA 通道。

dma.h 文件仅仅对上述 2 个函数进行声明，实现代码如下：

```
#ifndef __ADC_H
#define __ADC_H
#include "sys.h"
// 声明 DMA1_CHx 通道配置函数
void MYDMA_Config（DMA_Channel_TypeDef*DMA_CHx,u32 cpar,u32 cmar,u16 cndtr）;
// 声明 DMA1_CHx 通道 DMA 传输使能函数
void MYDMA_Enable（DMA_Channel_TypeDef*DMA_CHx）;// 使能 DMA1_CHx
```

```
#endif
```
main.c 文件代码及功能说明如下：
```
#include "led.h"
#include "delay.h"
#include "key.h"
#include "sys.h"
#include "lcd.h"
#include "usart.h"
#include "dma.h"
```
// 定义发送数据长度，最好等于 sizeof（TEXT_TO_SEND）+2 的整数倍。
```
#define SEND_BUF_SIZE  8200
u8 SendBuff[SEND_BUF_SIZE];              // 申请发送数据缓冲区
const u8 TEXT_TO_SEND[]={"ALIENTEK Elite STM32F1 DMA 串口实验 "};
int main（void）{
    u16 i; u8 t=0;
    u8 j, mask=0;
    float pro=0;                        // 进度变量
    delay_init（）;                      // 延时函数初始化
```
// 设置中断优先级分组为组 2：2 位抢占优先级，2 位响应优先级
```
NVIC_PriorityGroupConfig（NVIC_PriorityGroup_2）;
    uart_init（115200）;                 // 串口初始化为 115200
    LCD_Init（）;                        //LCD 显示屏初始化
    KEY_Init（）;                        // 按键初始化
```
/* 设置 DMA1 通道为 4，外设为串口 1，内存地址为 SendBuff，数据长度为 SEND_BUF_SIZE。*/
```
    MYDMA_Config（DMA1_Channel4,（u32）&USART1->DR,（u32）SendBuff, SEND_BUF_SIZE）;
    POINT_COLOR=RED;                    // 设置字体为红色
```
// 屏幕显示提示信息
```
    LCD_ShowString（30,70,200,16,16," STM32 DMA TEST"）;
    LCD_ShowString（30,130,200,16,16,"KEY0:Start"）;
```
// 填充数据到 SendBuff
```
    j= sizeof（TEXT_TO_SEND）;
    for（i=0;i<SEND_BUF_SIZE;i++）
{ if（t>=j）                         // 加入换行符
    {       if（mask）
            { SendBuff[i]=0x0a;
             t=0;
```

```
            }else{
                  SendBuff[i]=0x0d;
                  mask++;
                  }
            }else {                              // 复制 TEXT_TO_SEND 中的字符串
                mask=0;
                  SendBuff[i]=TEXT_TO_SEND[t];
                  t++;
                }
   }
     POINT_COLOR=BLUE;                           // 设置字体为蓝色
     while（1）
     { t=KEY_Scan（0）;                           // 扫描按键
      if（t==KEY0_PRES）                          // 判断开发板 KEY0 按下
       { LCD_ShowString（30,150,200,16,16,"Start Transimit...."）;
         LCD_ShowString（30,170,200,16,16," %"）; // 显示百分号
         printf（"\r\nDMA DATA:\r\n"）;            // 串口 1 输出提示
// 使能串口 1 的 DMA 发送
USART_DMACmd（USART1,USART_DMAReq_Tx,ENABLE）;
// 开始一次 DMA 传输!
         MYDMA_Enable（DMA1_Channel4）;
// 等待 DMA 传输完成，此期间可以执行另外的任务
         while（1）
// 判断 DMA 通道 4 传输完成
            { if（DMA_GetFlagStatus（DMA1_FLAG_TC4）!=RESET）
// 清除通道 4 传输完成标志
          { DMA_ClearFlag（DMA1_FLAG_TC4）;
             break;
             }
// 得到当前还剩余的数据个数
         pro=DMA_GetCurrDataCounter（DMA1_Channel4）;
         pro=1-pro/SEND_BUF_SIZE;                // 计算百分比
         pro*=100;                               // 扩大 100 倍
         LCD_ShowNum（30,170,pro,3,16）;          // 显示百分比
             }
         LCD_ShowNum（30,170,100,3,16）;          // 显示 100%
// 提示 DMA 传输已完成
         LCD_ShowString（30,150,200,16,16,"Transimit Finished!"）;
```

```
        }
delay_ms（200）；                          // 延时 200ms
        }
    }
```

文件中 main 函数的流程大致是：先初始化内存地址 SendBuff 的值，然后通过 KEY0 开启串口的 DMA 发送，在发送过程中，通过 DMA_GetCurrDataCounter（）函数获取当前还剩余的数据量来计算传输百分比，并将比例显示在屏幕上，最后，在传输结束之后清除相应标志位，并显示已经传输完成。

完成上述代码编写后，编译工程，如有错误，找出原因并更正，最终生成二进制文件。下载、调试、运行软件。

代码下载到开发板后，打开串口调试助手软件，设置好串口通信参数，然后按 KEY0 按键，可以看到串口调试助手显示如图 12-19 所示内容。

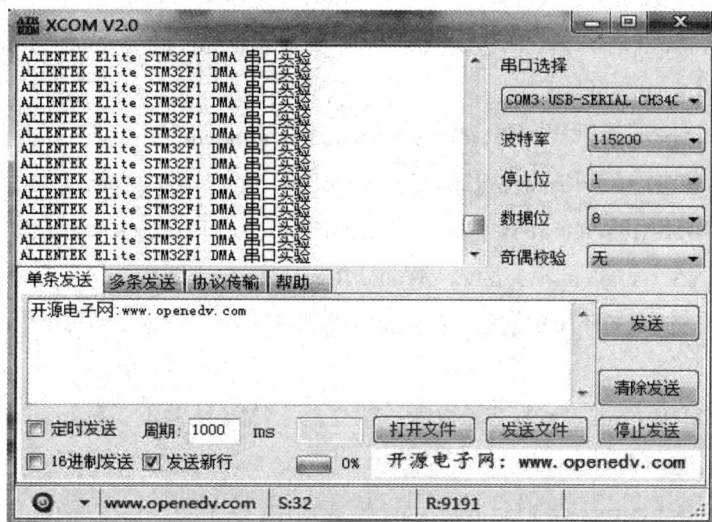

图 12-19　串口调试助手收到的数据内容

参考文献

[1] ST. STM32F101xx，STM32F102xx，STM32F103xx，STM32F105xx and STM32F107xx advanced Arm®–based 32–bit MCUs Reference Manual（RM0008），2021. http：//www. st. com.

[2] ST. 32 位基于 ARM 微控制 STM32F101xx 与 STM32F103xx 固件函数库用户手册（中文），2020. https：//www.stmcu.org.cn/.

[3] ST. STM32F103x 数据手册（中文），2015. http：//www. st. com.

[4] ST. STM32F10xxx/20xxx/21xxx/L1xxxx Cortex®–M3 programming manual（PM0056），2017. http：//www. st. com.

[5] ST. STM32 产品选型手册，2021. https：//www.stmcu.org.cn/.

[6] ARM. Cortex–M3 Devices Generic User Guide，2010. http：//www. arm. com.

[7] ARM. ARM v7–M Architecture Reference Manual，2018. http：//www. arm. com.

[8] ARM. Cortex–M3 Technical Reference Manual Revision r2pl，2016. http：//www. arm. com.

[9] 正点原子团队 . STM32F 开发指南（精英版 – 库函数版）. 广州市星翼电子科技有限公司，2019.

[10] Joseph Yiu. ARM Cortex-M3 权威指南（第 2 版）[M]. 吴常玉，程凯，译. 北京：清华大学出版社，2016.

[11] Joseph Yiu. ARM Cortex–M3 与 Cortex–M4 权威指南（第 3 版）[M]. 吴常玉，曹孟娟，王丽红，译. 北京：清华大学出版社，2015.

[12] 张勇 . ARM Cortex–M3 嵌入式开发与实践——基于 STM32F103[M]. 北京：清华大学出版社，2017.

[13] 周翟和 . STM32 嵌入式系统基础教程 [M]. 北京：科学出版社，2018.

[14] 张洋，刘军，严汉宇，等. 原子教你玩 STM32（库函数版）（第 2 版）[M]. 北京：北京航空航天大学出版社，2015.

[15] 黄克亚 . ARM Cortex–M3 嵌入式原理及应用——基于 STM32F103 微控制器 [M]. 北京：清华大学出版社，2020.

[16] 肖广兵 . ARM 嵌入式开发实例——基于 STM32 的系统设计 [M]. 北京：电子工业出版社，2013.

[17] 郑亮，王戬，袁健男，等 . 嵌入式系统开发与实践——基于 STM32F10x 系列（第 2 版）[M]. 北京：北京航空航天大学出版社，2019.